国家电网公司
电力科技著作出版项目

U0643180

抽水蓄能机组及其辅助设备技术

CHOUSHUI XUNENG JIZU JIQI FUZHU SHEBEI JISHU

发电电动机

国网新源控股有限公司　组编

中国电力出版社
CHINA ELECTRIC POWER PRESS

内 容 提 要

随着我国经济和电力工业的快速发展，我国抽水蓄能事业取得了非凡成就，尤其在抽水蓄能机组自主化方面，积累了很多成功经验。为了全面展示抽水蓄能机组自主化工作成就，提高抽水蓄能设备研发、设计、制造、安装、调试、运维水平，促进我国抽水蓄能领域技术人才培养，满足我国当前抽水蓄能事业快速发展的需要，国网新源控股有限公司组织编写了《抽水蓄能机组及其辅助设备技术》丛书，共 8 个分册，本丛书填补了同类技术书籍的市场空白。

本书为发电电动机分册。全书共分九章，主要内容包括发电电动机工作原理、性能设计、结构设计、实验研究、制造工艺、典型工程应用等，并对可变速发电电动机及行业发展中的一些新技术进行了讨论，从研发、试验、设计、制造加工到安装、运行、维护方面，对发电电动机的相关技术与知识进行了全面介绍。

本书既有理论知识，又有研发、设计、制造、安装和运维的实践与方法，同时还附有工程实例，适合从事抽水蓄能行业工程设计、建设，以及发电电动机研发、设计、制造、安装、调试、运维等方面的专业技术人员阅读，同时也可供相关科研技术人员和大专院校师生参考使用。

图书在版编目（CIP）数据

抽水蓄能机组及其辅助设备技术．发电电动机／国网新源控股有限公司组编 .—北京：中国电力出版社，2019.10（2023.5 重印）

ISBN 978-7-5198-1567-7

Ⅰ．①抽… Ⅱ．①国… Ⅲ．①抽水蓄能发电机组－发电机②抽水蓄能发电机组－电动机 Ⅳ．① TM312

中国版本图书馆 CIP 数据核字（2017）第 314061 号

出版发行：中国电力出版社
地　　址：北京市东城区北京站西街 19 号（邮政编码 100005）
网　　址：http://www.cepp.sgcc.com.cn
责任编辑：姜　萍（010-63412368）　杨伟国　何佳煜
责任校对：黄　蓓　太兴华
装帧设计：赵姗姗
责任印制：吴　迪

印　　刷：三河市航远印刷有限公司
版　　次：2019 年 10 月第一版
印　　次：2023 年 5 月北京第三次印刷
开　　本：787 毫米 ×1092 毫米　16 开本
印　　张：31.25　　插页 4
字　　数：712 千字
印　　数：2501—3500 册
定　　价：160.00 元

丛书编委会

主　　　任：高苏杰

副　主　任：黄悦照　贺建华　陶星明　吴维宁　张　渝

委　　　员：（按姓氏笔画排序）

　　　　　　王永潭　王洪玉　乐振春　冯伊平　任志武　刘观标

　　　　　　李　正　吴　毅　张正平　张亚武　张运东　陈兆文

　　　　　　陈松林　邵宜祥　郑小康　姜成海　宫　奎　徐　青

　　　　　　彭吉银　覃大清　曾明富　路振刚　魏　伟

执 行 主 编：高苏杰

执行副主编：衣传宝　李璟延　胡清娟　常　龙　牛翔宇

本分册编审人员

主　　　编：郑小康　高苏杰

副　主　编：骆　林　佟德利　孙玉田　周光厚　李建光

参 编 人 员：杨仕福　衣传宝　杨悦伟　李璟延　黄智欣　罗成宗

　　　　　　李志和　刘健俊　葛军强　李建富　朱　溪　张海波

　　　　　　万静英　孙永鑫　李　源　徐三敏　何启源　徐卫中

　　　　　　梁智明　王海涛　王建刚　胡　波　潘福营　尹　襄

　　　　　　林文峰　杨　玥　息丽琳　王新洪　骆建华　霍献东

　　　　　　曾建宏　吴卫东　马代斌　林国庆　李金鑫　邹应冬

　　　　　　武中德　奚　军

主　　　审：万凤霞　张　克　阮　琳　李　辉

序 一

　　抽水蓄能是当今世界容量最大、技术经济性能最佳的物理储能方式。截至 2019 年，全球已投运储能容量达到 1.8 亿 kW，抽水蓄能装机容量超过 1.7 亿 kW，占全球储能总量的 94%。我国已建成抽水蓄能电站 35 座，投产容量 2999 万 kW；在建抽水蓄能电站 32 座，容量 4405 万 kW，投产和在建容量均居世界第一。

　　抽水蓄能电站具有调峰填谷、调频调相、事故备用等重要功能，为电网安全稳定、高质量供电提供着重要保障，也为风电、光电等清洁能源大规模并网消纳提供重要支撑。随着坚强智能电网的不断建设和清洁能源大规模的开发利用，我国能源供给正在发生革命性的变化，发展抽水蓄能已成为能源结构转型的重要战略举措之一。

　　20 世纪 60 年代，河北岗南抽水蓄能电站投运，拉开了我国抽水蓄能事业的序幕。但在此后二十多年，我国抽水蓄能发展缓慢。20 世纪 90 年代，我国电力系统高速发展，电网调峰需求日趋强烈，随着广东广蓄、北京十三陵、浙江天荒坪三座大型抽水蓄能电站相继投产，抽水蓄能迈入快速发展阶段，但抽水蓄能装备技术积累不足，未能掌握核心技术，机组全部需要进口，国家为此付出巨大代价。

　　为了尽快实现我国抽水蓄能技术自主化，提高我国高端装备制造业水平，加速我国抽水蓄能电站建设，国家部署以引进技术为切入点开展抽水蓄能机组自主化工作。2003 年 4 月，在国家发展改革委、国家能源局主导下，国家电网公司牵头，联合国内主要装备制造、勘测设计、科研院所等单位，以工程为依托，启动了抽水蓄能机组自主化研制工作。经过"技术引进-消化吸收-自主创新"三个阶段，历时十余年，实现了抽水蓄能机组成套装备的自主化。安徽响水涧、福建仙游、浙江仙居等抽水蓄能电站相继投产，标志着我国已完全掌握大型抽水蓄能机组核心技术。大型抽水蓄能机组成功研制，是践行习近平总书记"大国重器必须牢牢掌握在我们自己手中"的最好体现。

　　为了更好地总结大型抽水蓄能机组自主化研制工作的技术成果，进一步促进我国抽水蓄能事业快速健康发展，国网新源控股有限公司牵头组织哈尔滨电机厂有限责任公司、东方电机集团东方电机有限公司、南瑞集团有限公司等单位，编写了这套《抽水蓄能机组及其辅助设备技术》著作，为我国抽水蓄能事业做了一件非常有意义的事。这套著作的出版，对促进抽水蓄能领域技术人才培养，支撑抽水蓄能事业快速发展将发挥至关重要的作用。

最后，我衷心祝贺这套著作的出版，也衷心感谢所有参加编写的同志们。我坚信，在广大技术人员的不断努力下，我国抽水蓄能事业发展道路将更加宽广，前途将更加光明！

是为序。

中国电机工程学会名誉理事长 郑宝森

2019 年 8 月 15 日

序 二

　　《抽水蓄能机组及其辅助设备技术》这一系统全面阐述抽水蓄能机电技术领域专业知识的"大部头"即将付梓，全书洋洋洒洒二百余万字，共8个分册，现嘱我作序，我欣然应允。

　　1882年，抽水蓄能电站诞生于瑞士苏黎士，经过近140年的发展，抽水蓄能机组已由早期的水泵配电动机、水轮机配发电机的四机式机组，逐渐发展为发电电动机、水泵水轮机组成的两机式可逆式机组。在主要参数上，抽水蓄能正沿着更高水头、更大容量、更高转速的技术路线不断迈进，运行水头已提升至800m级，单机容量已达到40万kW级，转子线速度可达到200m/s，世界上最大的抽水蓄能电站——河北丰宁抽水蓄能电站，装机容量已达到360万kW。

　　大型抽水蓄能机组是公认的发电设备领域高端装备，因其正反向旋转、高水头、高转速、多工况频繁转换的运行特点，使得机组在稳定性与效率上难以兼顾，结构安全性难以保证，精确控制难度极大，被誉为水电技术领域"皇冠上的明珠"。

　　我国对抽水蓄能机组的研究起步较晚，长期未能掌握机组研制核心技术，机组全部需要进口，严重制约了我国抽水蓄能事业的发展。2003年，在国家有关部门和相关单位的共同努力下，正式启动了抽水蓄能机组成套设备的自主化研制工作。攻关团队历经十年艰苦卓绝的努力，"产、学、研、用"联合攻关，顶住压力，坚持技术引进与自主创新相结合，在大型抽水蓄能机组研制的关键技术上取得了重大突破，成功研制出具有完全自主知识产权的大型抽水蓄能机组，并在安徽响水涧、福建仙游、浙江仙居等抽水蓄能电站实现工程应用，使我国完全掌握了大型抽水蓄能机组研制核心技术。

　　通过自主化研制工作，我国在大型抽水蓄能机组关键技术研发及成套设备研制方面实现了全面突破，在水泵水轮机、发电电动机、控制设备、试验平台和系统集成所需的关键技术方面均实现了自主创新，在水泵水轮机水力开发、发电电动机结构安全设计等专项技术上实现了重大突破，积累了深厚的理论知识、丰富的试验数据和宝贵的实践经验。

为了更好地传承知识、继往开来，国网新源控股有限公司肩负起历史责任，牵头组织编写了这套著作，对我国大型抽水蓄能机组自主化工作进行了全面技术总结，在国内外首次对抽水蓄能机组在研发、设计、制造、安装、调试、运维各领域关键技术进行系统梳理，同时也就交流励磁等抽水蓄能机组技术未来发展方向进行介绍，著作内容完备、结构清晰、语言精练，具有极高的学习、借鉴和参考价值。这套著作的出版，既填补了国内外抽水蓄能技术领域的空白，也为我国抽水蓄能专业技术人才的培养提供了十分重要的参考资料，为我国抽水蓄能事业的健康快速发展奠定了坚实的基础。

　　是为序。

中国工程院院士

2019 年 8 月 1 日

前　言

　　抽水蓄能是当今世界容量最大、最具经济性的大规模储能方式。抽水蓄能电站在电力系统中承担调峰填谷、调频调相、紧急事故备用和黑启动等多种功能，运行灵活、反应快速，是电网安全稳定和风电等清洁能源大规模消纳的重要保障。发展抽水蓄能是构建清洁低碳、安全高效现代能源体系的重要战略举措。

　　长期以来，我国大型抽水蓄能机组设备被国外垄断，严重束缚了我国抽水蓄能事业的发展。国家高度重视抽水蓄能机组设备自主化工作，自2003年开始，在国家发展和改革委员会及国家能源局的统一组织、指导和协调下，我国决定以工程为依托，通过统一招标、技贸结合的方式，历经"技术引进—消化吸收—自主创新"三个主要阶段，历经十余年产学研用联合攻关，关键技术取得重大突破，逐步实现了抽水蓄能机组设备自主化，使我国大型抽水蓄能机组设备自主研制能力达到了国际水平。2011年10月，我国第一座机组设备完全自主化的抽水蓄能电站——安徽响水涧抽水蓄能电站成功建成，标志着我国成功掌握了抽水蓄能机组设备研制的核心技术。随着2013年4月福建仙游抽水蓄能电站的正式投产发电，2016年4月仙居抽水蓄能电站单机容量37.5万kW机组的成功并网，我国大型抽水蓄能机组自主化设备不断获得推广应用，强有力地支撑了我国抽水蓄能行业的快速发展。

　　近年来，随着我国经济和电力工业的快速发展，我国抽水蓄能事业取得了非凡成就，在大型抽水蓄能机组设备自主化方面，更是取得了丰硕的科技成果。为了全面展示我国抽水蓄能机组自主化工作成就，提高我国抽水蓄能设备研发、设计、制造、安装、调试、运维水平，促进我国抽水蓄能领域技术人才培养，满足我国当前抽水蓄能事业快速发展的需要，为我国抽水蓄能建设打下更坚实的基础，国网新源控股有限公司决定组织编撰出版《抽水蓄能机组及其辅助设备技术》丛书。

　　本丛书共分为水泵水轮机、发电电动机、调速器、励磁系统、静止变频器、继电保护、计算机监控系统、机组调试及试运行八个分册。丛书具有如下鲜明特点：一是内容全面，涵盖抽水蓄能机组的各个专业。二是反映了我国抽水蓄能机组设备最高技术水平。对我国抽水蓄能机组目前主流的、成熟的技术进行了详尽介绍，着重突出了近年来出现的新技术、新方法、新工艺。三是具有一定的技术前瞻性。对大容量高水头机组、变速抽水蓄能机组、智能抽水蓄能电站等新技术进行了展望。四是理论与实践相结合，突出可操作性和实用性。五是填补了国内抽水蓄能机组及其辅助设备技术的空白。本丛书适合从事抽水蓄能行业研发、设计、制造、安装、调试、运维等专业技术人员阅读，同时也可供相关科研技术人员和大专院校师生参考使用。

本丛书由国网新源控股有限公司组织编写，哈尔滨电机厂有限责任公司、东方电气集团东方电机有限公司、南瑞集团水利水电技术分公司、国电南瑞电控分公司、南京南瑞继保电气有限公司、国网新源控股有限公司技术中心等单位承担了各分册的编写任务，中国电力出版社负责编辑出版工作。本丛书凝聚了我国抽水蓄能机组设备研发、设计、制造、调试、运维等单位专业技术骨干人员的心血和汗水，同时丛书编写过程中也得到了许多行业内其他单位和专家的大力支持，在此表示诚挚的感谢。

本书是《发电电动机》分册，编写任务由东方电气集团东方电机有限公司、哈尔滨电机厂有限责任公司和国网新源控股有限公司承担，郑小康、高苏杰担任主编，骆林、佟德利、孙玉田、周光厚、李建光担任副主编，万凤霞、张克、阮琳、李辉担任主审。

本书主要内容为：发电电动机工作原理、特点及技术发展现状；发电电动机的电磁、通风冷却系统、双向推力轴承、绝缘系统设计方法及刚强度动态特性分析；发电电动机总体布置、定子、转子、双向推力轴承、双向导轴承、机架、制动器及制动系统、高压油顶起减载系统、冷却系统、中性点接地系统、机组监测系统、灭火系统设计发电电动机通风、推力轴承、绝缘、动力特性试验研究方法；发电电动机定子线棒、定子铁芯冲片、定子机座、磁极、转子磁轭及支架、推力轴承、轴、机架及导轴承结构部件的制造方法；发电电动机定子、转子、机架、轴承的安装及轴线调整；发电电动机运行与维护；可变速发电电动机技术介绍；发电电动机工程应用案例介绍。

本书共分九章。第一章由骆林、佟德利、孙玉田、李建光、衣传宝、郑小康、高苏杰、李璟延编写，第二章由周光厚、李建富、张海波、杨仕福、梁智明、胡波、李源、邹应冬、郑小康、高苏杰、李志和、武中德编写，第三章由骆林、罗成宗、王建刚、李金鑫编写，第四章由周光厚、李建富、张海波、杨仕福、梁智明、胡波、何启源、葛军强、朱溪、万静英、孙永鑫、王海涛、潘福营编写，第五章由杨悦伟、尹襄、杨玥、骆建华、张海波、黄智欣、息丽琳、王新洪编写，第六章、第七章由曾建宏、马代斌、徐三敏、徐卫中编写，第八章由刘健俊、周光厚编写，第九章由黄智欣、骆林、潘福营、林文峰、王新洪、霍献东、吴卫东、林国庆编写，骆林、奚军对全书进行了校核。

鉴于水平和时间所限，书中难免有疏漏、不妥或错误之处，恳请广大读者批评指正。

编　者

2019 年 7 月 1 日

目　录

序一

序二

前言

第一章　概述 ………………………………………………………………… 1

　　第一节　发电电动机工作的可逆性 ………………………………… 1

　　第二节　发电电动机特点 …………………………………………… 2

　　第三节　发电电动机发展现状 ……………………………………… 4

第二章　发电电动机性能设计 …………………………………………… 12

　　第一节　性能设计基础 ……………………………………………… 13

　　第二节　电磁设计 …………………………………………………… 17

　　第三节　通风冷却系统设计 ………………………………………… 52

　　第四节　双向推力轴承设计 ………………………………………… 75

　　第五节　绝缘结构设计 ……………………………………………… 104

　　第六节　刚强度及动态特性分析 …………………………………… 121

第三章　发电电动机结构设计 …………………………………………… 157

　　第一节　总体布置 …………………………………………………… 157

　　第二节　定子 ………………………………………………………… 159

　　第三节　转子 ………………………………………………………… 178

　　第四节　双向推力轴承 ……………………………………………… 193

　　第五节　双向导轴承 ………………………………………………… 210

　　第六节　机架 ………………………………………………………… 213

　　第七节　制动器及制动系统 ………………………………………… 216

　　第八节　高压油顶起减载系统 ……………………………………… 220

　　第九节　冷却系统 …………………………………………………… 226

　　第十节　中性点接地系统 …………………………………………… 237

　　第十一节　机组监测系统 …………………………………………… 243

　　第十二节　灭火系统 ………………………………………………… 250

第四章　发电电动机实验研究 ································ 255

第一节　通风模型实验研究 ································ 255

第二节　双向推力轴承实验台设计与实验 ················ 263

第三节　绝缘实验及研究 ································ 283

第四节　结构动力特性实验研究 ·························· 288

第五章　发电电动机制造 ································ 298

第一节　定子线棒 ······································ 298

第二节　定子铁芯冲片 ·································· 303

第三节　定子机座 ······································ 306

第四节　磁极 ·· 309

第五节　转子磁轭及转子支架 ·························· 317

第六节　推力轴承的主要结构部件 ······················ 324

第七节　轴加工 ·· 325

第八节　机架及导轴承结构部件 ························ 336

第六章　发电电动机安装 ································ 343

第一节　安装概述 ······································ 343

第二节　定子安装 ······································ 347

第三节　转子安装 ······································ 361

第四节　机架安装 ······································ 373

第五节　轴承安装及轴线调整 ·························· 375

第七章　发电电动机运行与维护 ························ 388

第一节　抽水工况启动方法 ······························ 388

第二节　调试和运行 ···································· 396

第三节　检修和维护 ···································· 401

第八章　可变速发电电动机 ······························ 421

第一节　发电电动机变速方式概述 ······················ 421

第二节　双转速发电电动机 ······························ 423

第三节　全功率变频可变速发电电动机 ·················· 429

第四节　交流励磁可变速发电电动机 ···················· 432

第九章　工程应用案例 ································ 456

附录　术语 ·· 486

参考文献 ·· 487

附：彩图 ·· 490

第一章

概　　述

发电电动机是抽水蓄能电站实现电能和机械能相互转化的核心设备，因其在发电工况时作发电机使用，在抽水工况时作电动机使用，故称发电-电动机（简称发电电动机）。和单一功能的水轮发电机（通常称为常规水轮发电机，简称常规机组）相比，发电电动机具有大容量、高转速、双向旋转、频繁启停、过渡过程复杂、设计制造难度大、需要专门启动措施等特点和难点。

⊞ 第一节　发电电动机工作的可逆性

发电电动机的定子绕组中通有对称三相交流电流时，定子将产生一个以同步转速推移的旋转磁场。稳态下，转子也以同步转速旋转，定子旋转磁场与直流励磁的转子主磁场总是保持相对静止，两者相互作用并产生电磁转矩，实现机电能量转换。作为一种凸极同步电机，发电电动机在电磁原理上本身就是可逆的，在功率圆图上的运行范围也扩大到四象限，如图 1-1 所示。

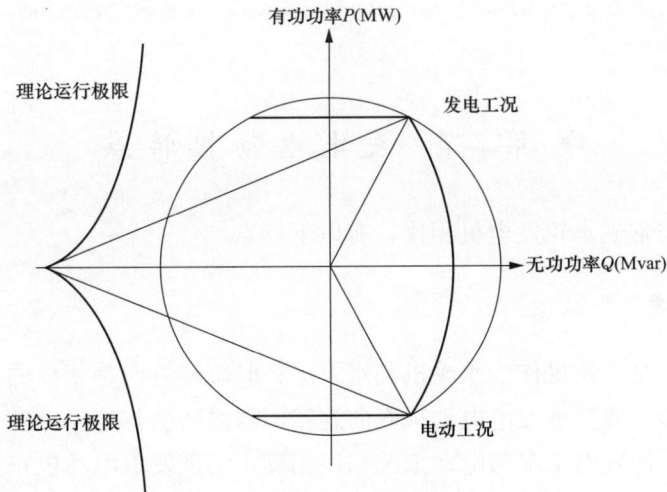

图 1-1　发电电动机四象限功率圆图

发电电动机有发电工况、电动工况、调相工况三种运行状态。发电工况将机械能转换为电能；电动工况把电能转换为机械能；调相工况中没有有功功率的转换，专门用以发出或吸收无功功率。发电电动机运行在哪一种工况，主要取决于定子合成磁场与转子

1

主极磁场间的夹角 δ（δ 被称为功率角）。

转子主极磁场超前定子合成磁场，功率角 $\delta>0$，此时转子上将受到一个与其旋转方向相反的制动性质的电磁转矩 T_e，如图 1-2（a）所示。为使转子能以同步转速 n_s 持续旋转，转子必须从原动机输入驱动转矩 T_1。此时，转子输入机械功率，定子绕组向电网或负载输出电功率，同步电机工作在发电工况。转子主极磁场与定子合成磁场的轴线重合时，功率角 $\delta=0$，则电磁转矩为零，如图 1-2（b）所示。此时，同步电机内没有有功功率的转换，同步电机处于调相工况或空载状态。转子主极磁场滞后定子合成磁场时，功率角 $\delta<0$，则转子上将受到一个与其转向相同的驱动性质的电磁电磁转矩 T_e，如图 1-2（c）所示。此时，定子从电网吸收电功率，转子拖动负载而输出机械功率，同步电机工作在电动工况。

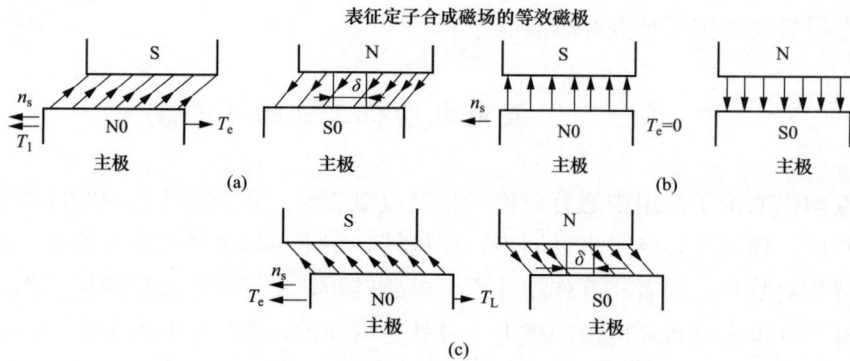

图 1-2　发电电动机机的三种运行状态

（a）发电工况（$\delta>0$）；（b）调相工况（$\delta=0$）；（c）电动工况（$\delta<0$）

⇶ 第二节　发电电动机特点

发电电动机与常规水轮发电机相比，有以下特点。

一、双向旋转

由于可逆式水泵水轮机作为水轮机和水泵运行时旋转方向是相反的，相应的发电电动机也需双向旋转。要实现发电电动机双向旋转，需要转换相序，一般采用在出口加装换相开关的方式，使发电工况与电动工况相序相反，实现发电电动机正反向旋转；同时要求发电电动机的通风冷却系统、轴承都要适应双向旋转运行需要，给结构设计带来了困难。

二、频繁启停

抽水蓄能电站在电力系统中起调峰填谷的作用，一天内多次启停，还需经常做调频、调相运行，工况的调整也很频繁。抽水蓄能机组要求能迅速增减负荷，大型机组要求有每秒变动 10MW 负荷的能力，从空载到满负荷以及从抽水直接转换到发电运行也要求在很短时间内完成。发电电动机处于这样的运行条件下，旋转部件机械应力幅值大小变化频繁，对疲劳使用寿命要求高，同时其内部温度变化大，电机绕组内部热应力及热变形变化频繁，对绝缘要求高。

三、需要专门的启动措施

抽水蓄能发电电动机和常规的水轮发电机一样都是同步电机，在作为发电机时可以利用水流冲动水轮机启动。但是，在作为电动机运行时没有启动力矩，必须依靠其他启动方法将机组从静止状态加速到同步转速附近，再并入电网，进入同步运行状态，所以必须采用专门的启动方法。

常用的启动方法有：同轴小电动机启动、异步启动、背靠背启动、静止变频器启动等。同轴小电动机启动，是通过装在发电电动机顶部的一台小容量绕线式异步电机进行启动和加速，这种方式目前较少采用。异步启动，需要在转子上装设专供启动用的阻尼绕组或者使用实心磁极，以产生足够大的启动力矩并吸收在启动过程中产生的大量热量。对于大型抽水蓄能机组，异步启动产生的启动电流对电网冲击过大，而且转子发热问题难以解决，一般采用同步启动方法，如背靠背启动和静止变频器启动。上述各启动方法都会增加专用电气设备和电站接线，使系统较常规电站复杂。

四、过渡过程复杂

抽水蓄能机组在工况转换过程中要经历各种复杂的水力过渡过程和机械、电气瞬态过程。在这些瞬态过程中，机组将发生比常规水轮发电机大得多且更加复杂的受力和振动，这对整个电机的设计都提出了更为严格的要求。

五、大容量、高转速

抽水蓄能电站机组因水泵水轮机特性决定其转速一般为 $200\sim600\text{r/min}$，较同等容量常规机组高得多。作电动机使用时，其输入功率为 $200\sim400\text{MW}$，容量远超单一功能的电动机。因此发电电动机单位体积能量密度和旋转部件应力水平超过了常规机组。

六、设计、制造难度大

电机的设计制造难度系数，常用两种方式表示。一种是电磁设计和机械设计的组合，即电机难度系数＝（视在功率×飞逸转速）×10^{-4}。其中，视在功率的单位为 MVA，飞逸转速的单位为 r/min。一种是推力轴承的承载能力和转速的组合，即推力轴承难度系数＝（推力负荷×转速）×10^{-3}。其中，推力负荷的单位为 t，转速的单位为 r/min。表 1-1 是几种大型常规水轮发电机和发电电动机的指标比较。

表 1-1　　　　　　　　大型常规水轮发电机和发电电动机的指标比较

项目	常规水轮发电机				发电电动机				
	古里	三峡	溪洛渡	白鹤滩	广蓄Ⅰ期	天荒坪	仙居	敦化	阳江
视在功率（MVA）	700	777.8	855.6	1111.1	333.3	333.3	416.7	388.9	445
推力负荷（t）	2800	4050	3720	4325	570	608	970	830	850
额定转速（r/min）	112.5	75	125	111.1	500	500	375	500	500
飞逸转速（r/min）	215	146	227	210	725	720	555	740	750
电机难度系数	15.05	11.35	19.4	23.3	24.2	24	23.1	28.78	33.4
推力轴承难度系数	315	303.8	465	480.5	285	304	363.75	415	425

由表 1-1 可见，发电电动机的设计制造难度系数和推力轴承难度系数超过或不低于巨型水轮发电机，是电机制造业中一种要求很高的产品。

第三节　发电电动机发展现状

一、国内发电电动机技术发展概况

抽水蓄能发电电动机技术复杂、研制难度大，我国的发电电动机发展先后经历了技术积累、技术合作和自主研发三个阶段。20 世纪 60 年代，河北岗南建设了中国第一座抽水蓄能电站。电站采用常规水电机组与抽水蓄能机组相结合的方式，分别装设了两台 15MW 的水轮发电机组和一台引进的 11MW 斜流可逆式抽水蓄能机组。20 世纪 70 年代，国内仿照岗南机组生产了两台同样的抽水蓄能机组，安装在北京密云水电厂。但由于当时技术局限性，这两台机组没能够发挥应有的作用。

随着国内能源工业快速发展，核电和火电装机容量迅猛增长，要求电力系统必须配备相应的抽水蓄能机组。20 世纪 80 年代起，国内开始大力兴建大型抽水蓄能电站，这一时期以引进机组设备为主，先后引进了潘家口、广州抽水蓄能电站一期和二期（分别简称为广蓄Ⅰ期、广蓄Ⅱ期）、十三陵、天荒坪等发电电动机，随后桐柏、泰安、宜兴、琅琊山、西龙池、张河湾等发电电动机陆续投运。上述引进的发电电动机主要技术参数参见表 1-2。

表 1-2　　　　　　　　　引进发电电动机主要技术参数

电站名称	发电电动机型式	额定功率：发电工况（MW）/抽水工况（MW）	额定电压（kV）	额定功率因数：发电工况/抽水工况	额定转速/飞逸转速（r/min）	装机台数（台）	第一台机组投运时间
潘家口	半伞式	91/96	13.8	0.9/1.0	125/142.9	3	1991
广蓄Ⅰ期	半伞式	300/334	18	0.9/0.975	500/725	4	1992
广蓄Ⅱ期	悬式	300/312	18	0.9/0.975	500/725	4	1992
天荒坪	悬式	300/336	18	0.9/0.975	500/720	6	1997
十三陵	半伞式	200/218	13.8	0.9/1.0	500/725	4	1995
溪口	悬式	40.7/47	10.5	0.85/0.97	600/830	4	1996
桐柏	半伞式	300/336	18	0.9/0.975	300/465	4	2004

电站名称	发电电动机型式	额定功率：发电工况（MW）/抽水工况（MW）	额定电压（kV）	额定功率因数：发电工况/抽水工况	额定转速/飞逸转速（r/min）	装机台数（台）	第一台机组投运时间
泰安	半伞式	250/274	15.75	0.9/0.975	300/460	4	2005
宜兴	悬式	250/275	15.75	0.9/0.98	375/562	4	2007
琅琊山	半伞式	150/167	15.75	0.9/1.0	230.8/358	4	2006
西龙池	半伞式	300/319.6	18	0.9/0.975	500/720	4	2008
张河湾	半伞式	250/268	15.75	0.9/0.98	333.3/535	4	2007

同时，国内也开始发电电动机技术积累。相继设计制造了寸塘口、响洪甸、白山和回龙等电站的发电电动机。其中，为适应电站水头变幅大的水力条件，响洪甸发电电动机采用双转速电机，但与大容量、高转速的先进技术相比还有不小差距。表 1-3 为国内技术积累期发电电动机主要技术参数。

表 1-3 　　　　　　　　国内技术积累期发电电动机主要技术参数

电站名称	发电电动机型式	额定功率：发电工况（MW）/抽水工况（MW）	额定电压（kV）	额定功率因数：发电工况/抽水工况	额定转速/飞逸转速（r/min）	装机台数（台）	第一台机组投运时间
寸塘口	悬式	1/1.25	6.3	0.8/1.0	500/825	2	1992
响洪甸	悬式	40/55、42	10.5	0.875/1.0	150、166.7/335	2	1999
白山	半伞式	150/159	13.8	0.88/0.91	200/320	2	2005
回龙	悬式	60/66.7	10.5	0.9/1.0	750/1050	2	2005

为了适应抽水蓄能电站大规模建设需要，提高我国电站机组设备的设计制造能力，2003 年起，通过技术合作，推进了抽水蓄能技术自主化进程。陆续投运了一批单机 300MW 高转速发电电动机，其主要参数见表 1-4。

表 1-4 　　　　　　　　技术合作期发电电动机主要技术参数

电站名称	发电电动机型式	额定功率：发电工况（MW）/抽水工况（MW）	额定电压（kV）	额定功率因数：发电工况/抽水工况	额定转速/飞逸转速（r/min）	装机台数（台）	第一台机组投运时间
惠州	悬式	300/330	18	0.9/0.95	500/725	12	2008
宝泉	悬式	300/330	18	0.9/0.95	500/725	4	2009
白莲河	半伞式	300/325	18	0.9/0.975	250/430	4	2009
蒲石河	半伞式	300/322	18	0.9/0.98	333.3/485	4	2010
黑麋峰	半伞式	300/320	18	0.9/0.975	300/465	4	2007
呼和浩特	悬式	300/320	18	0.9/0.975	500/725	4	2014

通过研发和工程实践，我国快速掌握了抽水蓄能核心技术。2011年，国内首台自主研发、自主设计和自主制造的安徽响水涧抽水蓄能电站机组正式投入运行。随后，仙游、仙居、溧阳一批抽水蓄能机组投入运行，标志着我国抽水蓄能关键技术自主化取得突破，随后的绩溪、敦化、长龙山、阳江更代表着抽水蓄能的高端技术水平。表1-5为自主化发电电动机主要技术参数。

表1-5　　　　　　自主化发电电动机主要技术参数（截至2019年）

电站名称	发电电动机型式	额定功率：发电工况（MW）/抽水工况（MW）	额定电压（kV）	额定功率因数：发电工况/抽水工况	额定转速/飞逸转速（r/min）	装机台数（台）	第一台机组投运时间
响水涧	半伞式	250/277.15	15.75	0.9/0.98	250/375	4	2011
仙游	悬式	300/325	15.75	0.9/0.98	428.6/620	4	2013
仙居	半伞式	375/413	18	0.9/0.975	375/413	4	2016
溧阳	半伞式	250/269	15.75	0.9/0.975	300/450	6	2016
深圳	半伞式	300/325	15.75	0.9/0.975	428.6/621.5	4	2017
丰宁	半伞式	300/320	15.75	0.9/0.975	428.6/620	10	在建
荒沟	半伞式	300/320	18	0.9/0.975	428.6/620	4	在建
绩溪	悬式	300/322.5	18	0.9/0.975	500/725	6	在建
敦化	悬式	350/373	18	0.9/0.975	500/740	4	在建
长龙山	悬式	350/374	18	0.9/0.975	500/740	4	在建
阳江	悬式	400/431	20	0.9/0.975	500/750	3	在建

随着抽水蓄能电站的大规模建设，自主化研发的发电电动机已占主导地位，当前抽水蓄能主力机组为300MW级，单机容量最大达到400MW。到2020年，我国抽水蓄能电站装机容量将达50000MW，电站机组数量、容量世界第一，技术水平世界领先。

二、国外发电电动机技术发展概况

自1882年在瑞士苏黎世建成世界上第一座抽水蓄能电站至今，已过去130多年。20世纪50年代以后，随着现代化大电网的形成，欧美各国对调峰电源的需求非常迫切，抽水蓄能电站建设得以迅速发展。表1-6是部分具有代表性的国外发电电动机主要参数。对于发电电动机，目前单机容量最大的是美国巴斯康蒂（Bath County）电站机组；每极容量最大的是日本神流川机组，达43.75MVA/极；制造难度系数最大的是日本神流川可变速机组；额定电压最高的是美国巴斯康蒂（Bath County）机组，20.5kV；推力负荷最大的是美国勒丁顿（Ludington）电站机组，2200t。

表 1-6　　　　　　　　　　　　国外部分发电电动机主要技术参数

电站名称	发电电动机型式	发电工况容量（MVA）/抽水工况功率（MW）	额定电压（kV）	额定功率因数：发电工况/抽水工况	额定转速/飞逸转速（r/min）	频率（Hz）	电站位置	第一台机组投运时间
巴斯康蒂（Bath County，增容改造）	半伞式	530/480	20.5	0.85/0.85	257.1/—	60	美国	2001
巴斯康蒂（Bath County）	半伞式	447/458	20.5	0.85/0.85	257.1/—	60	美国	1985
神流川	半伞式	525/464	18	0.9/0.95	500/755	50	日本	2004
神流川	半伞式	525/450	18	0.9/0.95	475～525/755	50	日本	2004
葛野川	半伞式	475/438	18	0.8/0.95	500/740	50	日本	1993
葛野川	半伞式	475/460	18	0.8/1.0	480～520/740	50	日本	2007
大河内 2 号机	半伞式	395/331～392	18	0.95/1.0	330～390/—	60	日本	1993
大河内 4 号机	半伞式	395/240～400	18	0.95/1.0	330～390/—	60	日本	1995
今市	半伞式	390/361	15.4	0.9/0.95	428.6/630	50	日本	1988
勒丁顿（Ludington）	半伞式	388/388	20	0.85/0.85	112.5/174.5	60	美国	1973
木州	半伞式	371/—	—	0.8/—	450/—	60	韩国	1995
新高瀬川	半伞式	367/330	18	0.9/0.9	214/340	50	日本	1997
盐原	半伞式	360/330	16.5	—	375/—	50	日本	1993
盐原	半伞式	360/200～330	16.5	—	345～405/—	50	日本	1992
奥清津Ⅱ	半伞式	345/340	16.5	0.9/1.0	428.6/—	50	日本	1996
奥清津Ⅱ	半伞式	345/230～340	16.5	0.9/1.0	408～450/—	50	日本	
金谷（Goldishal）	半伞式	340～352/300	18	—	300～346.6/535	50	德国	2002
金谷（Goldishal）	半伞式	331/261	18	—	333/535	50	德国	2002
小丸川	—	345/230～330	16.5	0.9/	576～624/—	60	日本	2007
三浪津	—	335.6/294.7	20	0.9/1.0	300/—	60	韩国	1981
玉原	半伞式	335/319	13.2	0.9/0.95	428.6/620	50	日本	1981
奥多多良木	—	320/314	18	0.95/1.0	300/460	60	日本	1972
扬河	—	278/—	—	0.9/	600/—	60	韩国	1996
大平	半伞式	265/240	11	0.95/1.0	400/570	60	日本	1973
帕尔（Palmiet）	—	250/253	16.5	0.8/0.8	300/—	50	南非	1983
切尔拉（Chaira）	悬式	235/224	19	0.9/0.95	600/912	50	保加利亚	1987
拉穆埃拉（La Muela）	—	230/230	14.5	0.86/1.0	500/790	50	西班牙	1984
清平	—	220/220	13.8	0.91/1.0	450/—	60	韩国	1978
菲安登 10（Vianden）	—	230/215	15.75	0.85/0.95	333/532	50	卢森堡	1973

三、抽水蓄能技术发展特点及趋势

从抽水蓄能技术的发展过程看到以下特点及趋势：

1. 单机容量的增加与额定转速的提高

一方面，随着电网的发展和抽水蓄能技术的进步，发电电动机单机容量迅速增加。目前，300～400MW机组已成为主力机型，美国巴斯康蒂（Bath County）电站机组达到480MW，正在设计中的德国布雷姆（Brem）电站，单机容量初步方案为660～750MW。另一方面，提高抽水蓄能电站的水头，可在蓄水量减小的情况下存储大量能量。随着单机容量增加，水泵水轮机有不断向高水头发展的趋势，发电电动机转速也相应提高。

至2014年底，世界上近90座大型抽水蓄能电站的360多台大容量、高转速空冷发电电动机基本情况如图1-3所示。单机容量和转速的提高给发电电动机结构设计和通风系统布置带来困难，也对电机刚强度水平、振动、噪声控制方面提出了一些新的要求。由图1-3可见大多数发电电动机转速在200～500r/min，个别转速在600r/min。大容量的600r/min发电电动机技术难度高，主要体现在两方面：一是通风散热困难，转速越高、磁轭内圆越小，难以形成足够压头、产生需要的风量，一般都需配有单独风机强迫通风，补充不足风量；二是旋转部件应力水平高，安全可靠性要求高，结构设计困难。

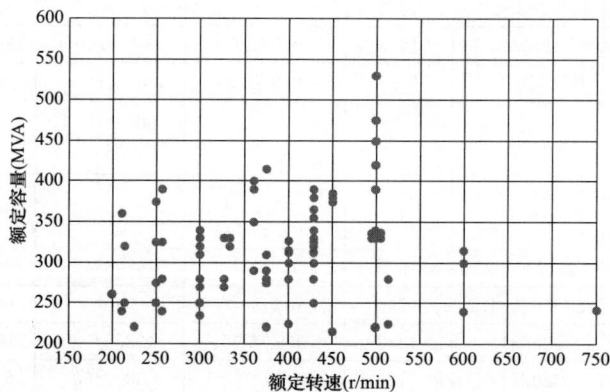

图1-3　世界上大容量、高转速空冷发电电动机容量—转速图

2. 通风冷却系统的多样化

由于发电电动机容量覆盖范围广，转速选取跨度大，所以对通风冷却系统提出了不同的要求，为此发展了多种通风冷却系统。

一是通风散热困难，转速越高、磁轭内圆越小，风道越短，难以形成足够压头、产生需要的风量，一般都需配有单独风机强迫通风，补充不足风量；二是旋转部件应力水平高，安全可靠性要求高，结构设计困难。

一是外装电动风机的强迫通风系统。这种通风冷却系统极大地提高了发电电动机的冷却效果，使早期发电电动机的线负荷由 800A/cm 提高到 900A/cm，成为 20 世纪 70 年代至 80 年代发电电动机的主要通风冷却方式，如大平、奥多多良木、新高濑川、玉原、今市和国内的广蓄Ⅰ期等电站。但由于外装电动风机强迫冷却方式存在结构布置复杂、辅助设备多、噪声及用电量大、维护保养困难等缺点，后期的发电电动机较少采用这种方式。

二是转子上带离心风扇的自通风系统。这种方式目前应用最广，如国内天荒坪、惠州、宝泉、桐柏、泰安、仙游、仙居等均采用此方式。

三是采用径流式风扇转子磁轭通风方式，在此基础上发展为转子上不装风扇的磁轭径间通风系统。最初这种系统用于低速大容量机组，后来逐渐用于高速大容量机组中，如葛野川、神流川、西龙池、清远。

3. 新结构、新工艺应用

在新结构、新工艺应用方面，改进定子绕组端部绑扎和固定方式，以承受机组频繁启停而引起的交变电动力和热应力；采用多 T 尾或菱形尾结构，保证磁极、磁轭在飞逸或启停状态下连接可靠；高速机组采用高强度厚钢板磁轭或锻造磁轭；采用磁轭与主轴合并一体的结构以缩小高速机组的转子直径；在上下机架及水导处设防振千斤顶，以增加导轴承支撑刚度等。

4. 双向推力轴承技术研究与应用

由于发电电动机经常启停和正反转，轴承只能中心对称布置支撑，所以与常规水轮发电机偏心支承轴承相比，中心支承双向推力轴承运行中油膜较薄、润滑性能差、轴承磨损大、散热困难。针对上述问题，国内外对发电电动机的双向推力轴承进行了大量理论分析和试验研究，形成了不同的设计结构形式，主要支承方式有弹性油箱支承、弹簧束支承、弹性垫支承、弹性杆支承、弹性圆盘支承等。

此外在双向推力轴承技术上进行了如下探索：

（1）采用直接水冷推力轴承。这种轴承冷却效果好，瓦温低，油膜厚度大，如本川电站 316MVA、400r/min 机组，赫尔姆斯（Helms）电站 390MVA、360r/min 机组。

（2）采用电磁推力轴承。它利用装在推力轴承支架上的环形励磁线圈，通直流电后，产生上拉电磁力而减轻推力轴承的轴向推力，如三浪津电站 336MVA、300r/min 机组和清平电站 220MVA、450r/min 机组，均采用电磁推力轴承。

（3）采用塑料轴承瓦。这是 20 世纪 70 年代中后期苏联普遍推广应用的技术，20 世纪 90 年代日本首先将聚四氟乙烯（PTFE）用于高见电站 105MW 发电电动机，后用于大型发电电动机。

（4）采用自调扇形瓦支承结构。具体方案如下：

1）用中心球面支承扇形瓦，在瓦的两侧加工出与供油泵相通的油沟。依转子旋转方向不同，压力油时间隔应不同油沟，从而使流体动力压力分布相对扇形瓦中心支承呈不对称状。

2）将扇形瓦依次按正偏心率和负偏心率装设，镜板旋转时，只有对该旋转方向具有正偏心率的轴承瓦工作，另一半轴承瓦不承受负荷。

3）采用滑阀式换向阀将运行中的扇形瓦由中心支承变为偏心支承，可提高承载能力 0.5～1 倍。

（5）在推力的进油边和出油边加工出台阶，代替传统的进油斜面，以增大油膜厚度，降低油层中的温度。

5. 双转速及可变速机组的应用

为了适应水头变幅大或大坝分期施工的需要，使水轮机和水泵都在较高的效率区范围内运行，扩大机组部分负荷运行范围，实现水泵工况的功率调节等。有的抽水蓄能电站采用了变速发电电动机，其主要变速方式有变极（包括大小极、改接、丢极）实现双转速，如瑞士欧瓦斯频（Ovaspin）27MVA 机组，挪威久克纳（Jukla）48MVA 机组，奥地利穆尔塔（Multa）70MVA 机组，国内潘家口 90MW 机组，响洪甸 40MW 机组；除此之外，还存在全功率变频变速和交流励磁变速方式。

全功率变频变速和交流励磁变速可在一定范围内连续变速，调节能力更为强大，受到电网重视。从 20 世纪 60 年代开始，随着电力电子技术的发展，国外就开始了这方面技术的研究试验工作。20 世纪 90 年代，日本已经将可变速抽水蓄能机组应用于电力系统，并在电力系统中发挥了重要作用。近年来，随着大量风力发电的接入，欧洲也开始引入可变速抽水蓄能机组进行电网功率平衡控制。

连续变速机组不仅水泵工况能够调节输入功率，而且与常规定转速机组水轮机工况相比，其功率调节的速度远远快于定转速机组。变速机组水泵工况功率调节可达到 200MW/s。这对配合风电、核电、太阳能等电源运行，提高新能源利用率来说非常有意义。一方面，可根据风电等新能源出力过程，更为灵活地跟踪电网频率，调节水泵输入功率，在保证电网安全稳定运行的前提下提高新能源利用率；另一方面，电站调节速率提高，可更好地跟踪风电的出力过程，从而减小新能源对电网的冲击。

日本是研发、制造和应用可变速抽水蓄能机组最早且最多的国家，世界上容量最大的可变速抽水蓄能机组葛野川 3 号/4 号，额定功率 460MW、额定转速 500r/min、最高扬程 782m，已顺利投运，部分可变速抽水蓄能机组的应用情况见表 1-7。

表 1-7　　　　　国际上部分已投运及建设中的可变速抽水蓄能机组统计表

电站名称及机组编号	所在国家	业主公司	容量/功率（MVA/MW）	转速范围（r/min）	供货商	投运时间
矢木泽 2 号机（Yagisawa）	日本	东京电力公司	85/82	130～156	东芝	1990
高见 2 号机（Takami）	日本	北海道电力公司	140/105	208～254	三菱	1993
大河内 4 号机（Okawachi）	日本	关西电力公司	400/337	330～390	日立	1993
盐源 3 号机（Shibara）	日本	东京电力公司	360/341	345～405	东芝	1995

续表

电站名称及机组编号	所在国家	业主公司	容量/功率（MVA/MW）	转速范围（r/min）	供货商	投运时间
奥清津二期 2 号机（Okukiyotsu）	日本	电源开发公司	345/340	405～450	东芝	1996
小丸川 4 号机（Omarugawa）	日本	九州电力公司	340/304	576～627	日立	2007
葛野川 3 号机（Kzaunogawa）	日本	东京电力公司	475/460	448～520	东芝	2017
金谷 1 号机（Goldisthal）	德国	联合能源股份	331/265	300～347	安德里兹	2004
AVCE	斯洛文尼亚	HSE 公司	195/	576～626	三菱	2009
林塔尔 1 号机（Linthal）	瑞士	KLL 公司	300/255	461～530	阿尔斯通	2015
德朗斯 1 号机（Nantde Drance SA）	瑞士	AFS 联合体	174/157	385～458	阿尔斯通	2018
特赫里 1 号机（Tehri）	印度	Tehri 水电开发公司	306/255	213～248	阿尔斯通	2016
弗拉德斯Ⅱ 1 号机（Frades）	葡萄牙	EDF	420/382	350～382.9	伏伊特	2014
丰宁二期	中国	国网新源	333/300	398.6～458.6	安德里兹	在建

第二章

发电电动机性能设计

　　发电电动机设计是个复杂的过程，需要考虑的因素和确定的数据很多，各项技术参数和经济指标间既相互联系又相互影响，如优化某项性能参数时，可能会导致其他性能参数变差，所以设计时必须综合、系统地考虑问题，不断优化直至达到最佳。本章介绍发电电动机性能设计相关内容，包括电磁、通风冷却系统、双向推力轴承、绝缘结构、刚强度及动态特性设计。

　　电磁设计主要确定发电电动机的尺寸、电磁负荷及热负荷。设计中要解决的问题包括电机应具有多大尺寸，使用多少材料才能完成给定功率的机械能和电能间的互相转换，电流密度、磁通密度、冷却强度能否满足空冷电机要求。另外作为电网中的重要元件，电网对发电电动机的参数也有一定要求，直轴瞬变电抗 X'_d 关系到机组的稳定性，直轴超瞬变电抗 X''_d 关系到短路过程中的电流水平，电磁设计中必须满足有关要求。

　　通风冷却系统设计保证发电电动机有必需的冷却风量；保证发电电动机的风量分配合理，促使发热均匀；尽量减少通风损耗，提高效率。电磁设计确定电气损耗和散热面积后进行通风冷却系统核算，如通风冷却系统不满足要求，需对电磁设计进行调整。

　　双向推力轴承的设计与其他几部分的性能设计相对独立。设计大负荷和高转速性能良好的双向推轴承要注意的问题有：各块瓦上的负荷分配均衡，滑动表面上的油膜压力分布均匀，最高油压与平均油压之比在一定范围内。对承重机架变形量要求高的某些型式推力轴承，在刚强度计算中，必须予以保证。

　　发电电动机的绝缘结构设计是确定定子、转子绕组，定子绕组槽内及端部固定，定子铁芯、引出线，集电环和轴承等部分的绝缘结构形式。在运行过程中，绝缘结构受到热、电和机械力的多种作用，以及各种环境因素的影响，会导致绝缘结构破坏引发事故，因此在设计中合理的选用绝缘材料和绝缘结构，对发电电动机的经济性和可靠性有着重要意义。例如定子绝缘的厚度和传热性能，就直接影响铁芯槽形尺寸和线棒散热性能，影响到有效材料的使用。

　　发电电动机的受力状态，稳定性控制以及机组的动、静应力分析、疲劳分析，机组动力稳定性分析，都是设计中的关键问题。发电电动机相比与常规水电机组，运行工况更加复杂、恶劣，对机组的稳定性和可靠性要求更高。发电电动机刚强度和动力特性分析研究对确保机组动力稳定性和可靠性十分重要。

⯭ 第一节 性能设计基础

一、发电电动机主要参数

发电电动机的主要参数有额定功率、额定功率因数、额定电压、绝缘等级、短路比和飞轮力矩等。

（一）额定功率和额定功率因数

发电电动机的额定功率包括两个参数，即发电机的额定功率和电动机的额定轴输出功率。与它们相关联的另一个参数是两种运行工况下的额定功率因数。发电电动机的视在功率（容量）主要表现为发电工况和抽水工况下的负载能力，同时也是设计电机的主要指标。在一定转速下，容量决定了电机大小和使用钢材、铜材的数量。

发电电动机在发电工况下的额定功率，应该与水泵水轮机在作为水轮机运行时的额定出力相匹配，即

$$P_G = S_G \cos\varphi_G < P_T \qquad (2-1)$$

式中　P_G——发电工况时发电机额定功率，kW 或 MW；

　　　S_G——发电工况时发电机视在功率（容量），kVA 或 MVA；

　$\cos\varphi_G$——发电工况时额定功率因数；

　　　P_T——水泵水轮机在水轮机工况时的额定出力，kW 或 MW。

发电电动机在抽水工况时的轴输出功率，应与水泵水轮机在水泵工况时的轴输入功率匹配，即

$$P_M = S_M \cos\varphi_M \eta_M > P_P \qquad (2-2)$$

式中　P_M——发电电动机在抽水工况时输出轴功率，kW 或 MW；

　　　S_M——发电电动机在抽水工况时电动机容量，kVA 或 MVA；

　$\cos\varphi_M$——发电电动机在抽水工况时额定功率因数；

　　　P_P——水泵水轮机在水泵抽水工况时的输入轴功率，kW 或 MW；

　　　η_M——发电电动机在抽水工况时的额定效率，%。

发电电动机设计容量 S 的确定应综合考虑发电和抽水两种工况，应在发电工况下设计容量 S_G 和抽水工况下的容量 S_M 两者中取最大值，即

$$S = \max[S_G, S_M] \qquad (2-3)$$

为了充分发挥发电电动机在两种工况下的效益，在规划设计中应尽可能使二者相等或相近，使得

$$\frac{P_T}{\cos\varphi_G} = \frac{P_P}{\cos\varphi_M \eta_M} \qquad (2-4)$$

式（2-4）能否得到满足或者近似满足，主要取决于以下几个条件：

（1）水轮机的出力 P_T 和水泵输入轴功率 P_P 两者间的相对大小。根据抽水蓄能电站的水量平衡、发电和抽水的工作小时数、水头、扬程等因素来看，两者接近，一般情况下 P_P 略大于 P_T。

（2）发电电动机的效率在两种工况下接近，一般情况下抽水工况效率 η_M 略大于发电工况效率 η_G。

（3）发电电动机功率因数反映了其对电力系统输出无功功率的能力，功率因数越小，表明发电电动机发出无功功率的能力越大，反之则越小。电力系统的电压水平取决于系统中无功功率的平衡情况。发电电动机在发电状态下，作为电力系统内的电源，应该向系统中输出一定的无功功率，因此功率因数 $\cos\varphi_G$ 应该略低。但是，过低的功率因数会增加发电电动机的设计容量，即增加了设备的投资，因此一般情况下 $\cos\varphi_G$ 取值范围为 0.9～0.95。在抽水工况下，发电电动机是电力系统中负荷的一部分，此时处在电力系统内电源有富裕的情况下，电力系统对无功功率的需求可以大一些，$\cos\varphi_M$ 一般情况下取值范围为 0.95～1.0。这样可有限减少抽水工况下发电电动机的设计容量，同时使 S_G 与 S_M 相近。

（二）额定电压与电压变化

额定电压是涉及发电电动机技术经济指标的重要参数，它同时与电机出口断路器、升压变压器以及封闭母线等设备的经济条件有密切的关系。根据相关国家标准，发电电动机可选用的电压等级有：6.3kV、10.5kV、13.8kV、15.75kV、18kV、20kV 等，22kV、24kV、26kV 电压暂未见应用。一般来说，发电电动机容量越大，其额定电压也相应越高，因为这样才能减少铜材的使用量，提高材料利用率，使经济性保证在合适范围内。实际运行过程中，发电电动机端电压会与额定电压有一定偏差，一般的允许变化值为±5%，部分发电电动机提高到±7.5%。

（三）绝缘等级

在发电电动机等电气设备中，绝缘材料是最为薄弱的环节。绝缘材料尤其容易受到高温的影响而加速老化并损坏。不同绝缘材料耐热性能有所区别，采用不同绝缘材料的电气设备其耐受高温的能力不同。因此一般的电气设备都规定了工作的最高温度。

绝缘等级是按照绝缘材料允许的极限温度，也就是绝缘材料的耐热等级来进行划分的，可分为 Y、A、E、B、F、H、C 七个等级。所谓允许极限温度是指绝缘材料允许的最高工作温度。当温度超过绝缘材料所规定的温度后，会加速绝缘材料的老化，缩短电机使用寿命。各等级绝缘材料的极限工作温度见表 2-1。

表 2-1　　　　　　　　　　绝缘材料及其极限工作温度一览表

绝缘等级	Y	A	E	B	F	H	C
极限工作温度（℃）	90	105	120	130	155	180	>180

发电电动机的定子和转子，一般按照 F 级绝缘设计制造，主要目的是使电机可以适应短时超载运行的情况，而在正常运行时绝缘等级按 B 级考核。这样即使机组在频繁启

停的条件下运行，也可以保证绝缘的可靠性。

（四）短路比

短路比由电站输电距离、负荷变化等因数确定。短路比大可以提高同步电机在电力系统中运行的静态稳定性，但是转子用铜量会增加，机组造价提高。一般来说常规水电站都距离负荷中心较远，为了增加输电的静态稳定性，常规水电机组均采用比较高的短路比，一般在 1.0～1.2 之间，而抽水蓄能电站在站址选择上比常规水电站灵活得多，且多位于距离负荷中心不远的地方，为了提高发电电动机的经济性，常选择较小的短路比，一般在 0.9～1.0 之间。

（五）飞轮力矩（GD^2）

发电电动机飞轮力矩是转动部分重量（G）与其惯性直径（D）二次方的乘积，用 GD^2 表示。飞轮力矩是表明电力系统出现大扰动时，发电电动机组转动部分仍能保持原有运动状态的能力，所以对电力系统的暂态过程和动态稳定有一定影响。飞轮力矩还影响到水泵水轮机调节保证计算。一般来说，飞轮力矩大，机组甩负荷后的转速上升率低一些，就允许较大的压力上升率，从而减小引水钢管直径或允许增加钢管长度，甚至不设调压井。但增加发电电动机的飞轮力矩，将会增加机组重量和造价，与此同时启动时间也会增长。

（六）额定转速

发电电动机的额定转速是由水泵水轮机根据机组的运行条件、工作水头及水头变幅、稳定性和经济性等因素确定。为满足发电电动机设计制造的可行性和合理性要求，包括额定电压、绕组支路数、槽电流的合理匹配，绕组的接线方式、性能参数要求，及通风冷却等方面的合理性，应对几种可能采用的转速进行综合分析论证后确定。

发电电动机的额定转速优先在下列转速中选择：1500r/min、1000r/min、750r/min、600r/min、500r/min、428.6r/min、375r/min、333.3r/min、300r/min、250r/min、214.3r/min、200r/min、187.5r/min、166.7r/min、150r/min、142.9r/min、136.4r/min、125r/min。

（七）飞逸转速

当机组在最高水头下运行而突然甩负荷，如水泵水轮机的调速系统及其他保护装置失灵，导水机构发生故障致使导叶开度在最大位置，在此工况下机组可能达到的最高转速称为飞逸转速。飞逸转速与水泵水轮机的转轮型式和最高水头等有关。飞逸转速的大小对电机的基本设计影响很大。它直接影响到电机转动部件的刚强度，尤其磁轭、磁极的强度问题最为突出。

二、发电电动机主要组成部分

发电电动机的主要组成部分和常规水轮发电机相近，一般由转子、定子、轴承、上下机架、制动系统和冷却系统等组成。在运行过程中，发电电动机的转动部分和固定部分所承受的电磁力、机械力及温度应力都比较大，所以在结构设计上要比同容量的水轮发电机具有更高的强度。典型抽水蓄能发电电动机结构剖面图如图 2-1 所示。

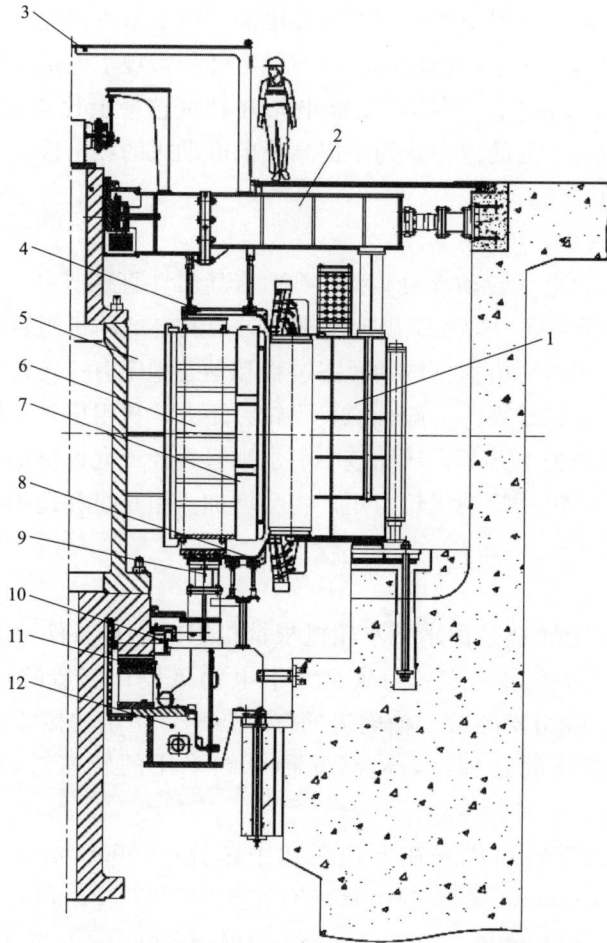

图 2-1 典型抽水蓄能发电电动机结构剖面图

1—定子；2—上机架；3—外罩；4—上挡风板；5—转子支架；6—转子磁轭；7—转子磁极；8—下挡风板；
9—制动器；10—下导轴承；11—推力轴承；12—下机架

（一）转子

发电电动机的转子由转子支架、磁轭、磁极三部分组成。转子支架的作用是用来固定磁轭并将电磁转矩传递到轴；磁轭是电机磁路的组成部分，用以固定磁极，同时为机组提供大部分的转动惯量，保证机组运行稳定；磁极上装有励磁绕组和阻尼绕组，是产生磁场的主要部件。

（二）定子

发电电动机的定子由机座、铁芯、定子绕组三部分组成。机座为环板和立筋构成的钢板焊接结构，用于固定铁芯。铁芯一般由 0.5mm 厚的硅钢片叠成，轴向段间设通风沟，两端靠压板压紧。定子绕组嵌放于铁芯槽中，并用槽楔紧固。定子绕组通过封闭母线、主变压器与电网相连。

（三）轴承

发电电动机的轴承包括上导轴承、下导轴承和推力轴承。导轴承的作用在于承受机组所受的径向力，阻止或限制机组产生径向摆动。推力轴承用于承受机组转动部分的全部重量，及水流的轴向力，并把力传递到负重机架。常规水轮发电机的推力轴瓦采用偏心支承，机组旋转以后轴瓦倾斜，在镜板面和轴瓦间形成楔形油膜承载。发电电动机需适应双向旋转的要求，只能采用中心对称支承，这将导致油膜减薄，轴瓦承载性能下降。

（四）机架

发电电动机的机架是安置轴承的主要支承部件。负荷机架承受推力负荷，非负荷机架承受机械不平衡力、气隙不均匀单边磁拉力以及半数磁极短路引起的径向力。

（五）制动系统

制动系统的作用在于停机过程中，通过制动器摩擦制动，缩短低转速惰性运行时间，从而缩短停机时间，同时有效防止低转速下推力轴承因油膜不足而损坏。

（六）冷却系统

发电电动机的冷却系统包括空气冷却系统和润滑油冷却系统。空气冷却系统通过空-水冷却器将电气及通风损耗产生的热量带走，润滑油冷却系统通过油-水冷却器将轴承运行过程中产生的热量带走。

第二节　电　磁　设　计

一、发电电动机基本电磁原理

（一）发电电动机的时空矢量图

1. 空载运行

与常规水轮发电机不同，发电电动机空载运行分为发电机工况空载运行和电动机工况空载运行两种形式。虽然这两种空载运行的定义方式不同，但发电机空载运行和电动机空载运行时的励磁电流几乎一致，因此发电电动机不同状态空载运行时的磁场分布相同。

图 2-2 表示发电电动机空载运行时一个单元电机模型的磁通示意图。空载工况下电机内的磁场仅由励磁电流建立。其中主磁通是经过气隙同时交链定子、转子的磁通，其磁密波形沿气隙圆周方向近似正弦空间分布。Φ_0 表示每极主磁通的基波分量，它参与定子、转子之间的能量转换过程。$\Phi_{1\delta}$ 为不与定子绕组交链但交链转子绕组的磁通，称为漏磁通，其不参与机电能量转换过程。

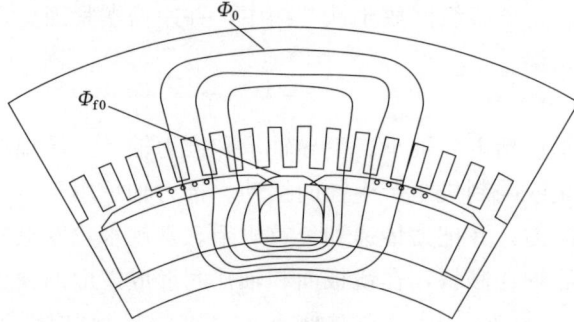

图 2-2 空载磁路

发电电动机空载运行时的时空矢量图如图 2-3 所示。由励磁磁动势产生的气隙磁密的基波分量 B_{fl} 与励磁磁动势的基波分量 F_{fl} 同相位，均位于 d 轴正方向。相量 $\dot{\Phi}_0$ 表示

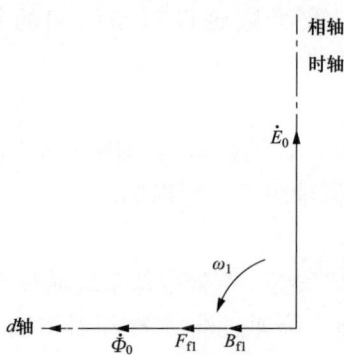

图 2-3 发电电动机空载运行
的时空矢量图

气隙磁密的基波分量与定子相绕组交链的磁通量。定子绕组各相的时间参考轴（简称时轴）都取在各自的相绕组轴线（简称相轴），因此时间相量 $\dot{\Phi}_0$ 与产生它的磁密矢量 B_{fl}（空间矢量）及磁势矢量 F_{fl}（空间矢量）重合；相量励磁电势 $\dot{E}_0$ 比产生的磁通 $\dot{\Phi}_0$ 滞后 $90°$。

2. 发电工况负载运行

不考虑磁饱和时，可以根据双反应理论将电枢磁动势 F_a 进行分解，分别得到其产生的直轴和交轴基波电枢反应磁通 $\dot{\Phi}_{ad}$、$\dot{\Phi}_{aq}$ 及其分别感应的电动势 $\dot{E}_{ad}$、$\dot{E}_{aq}$，再与励磁电动势 $\dot{E}_0$ 相量相加，即可得合成电动势 $\dot{E}$，

该电动势即为气隙电动势。它等于电枢的端电压 $\dot{U}$ 与定子绕组的电阻和漏抗压降之和。

电枢的相电压方程见式（2-5），即

$$\dot{U} = \dot{E}_0 + \dot{E}_{ad} + \dot{E}_{aq} - \dot{I}(R_a + jX_\sigma) \tag{2-5}$$

在不计磁路饱和和定子铁耗的情况下，感应的电动势 $\dot{E}_{ad}$、$\dot{E}_{aq}$ 的幅值正比于定子电流的直轴分量 I_d 和交轴分量 I_q；在时间相位上，$\dot{E}_{ad}$、$\dot{E}_{aq}$ 分别比 $\dot{I}_d$、$\dot{I}_q$ 滞后 $90°$，因此可以用相应的负电抗压降来表示感应的电动势 $\dot{E}_{ad}$、$\dot{E}_{aq}$，即

$$\begin{cases} \dot{E}_{ad} = -j\dot{I}_d X_{ad} \\ \dot{E}_{aq} = -j\dot{I}_q X_{aq} \end{cases} \tag{2-6}$$

式中 X_{ad}、X_{aq}——直轴电枢反应电抗、交轴电枢反应电抗。

X_{ad}、X_{aq} 物理意义为表征在对称负载下单位直轴、交轴电流三相联合产生的直轴、交轴基波电枢磁场在电枢每一相绕组中感应的电动势。

将式（2-5）和式（2-6）合并整理，发电机工况的电压方程可以改写为式（2-7），即

$$\dot{E}_0 = \dot{U} + \dot{I}R_a + j\dot{I}_d X_d + j\dot{I}_q X_q \tag{2-7}$$

其中

$$\begin{cases} X_d = X_{ad} + X_\sigma \\ X_q = X_{aq} + X_\sigma \end{cases} \tag{2-8}$$

式中　X_d、X_q——直轴同步电抗、交轴同步电抗。

X_d、X_q 物理意义为表征在对称负载下单位直轴、交轴电流三相联合产生的电枢总磁场（包括电枢反应磁场和漏磁场）在电枢每一相绕组中感应的电动势。

图 2-4 为发电工况负载运行时的相量图，图中 Ψ 为内功率因数角，可以用式（2-9）来计算，即

$$\Psi = \arctan \frac{U\sin\varphi + IX_q}{U\cos\varphi + IR_a} \tag{2-9}$$

3. 电动工况负载运行

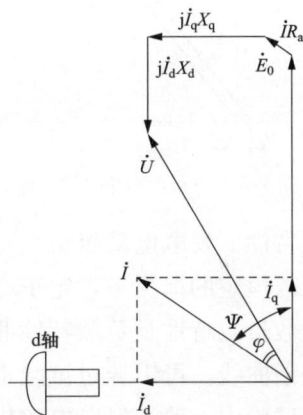

图 2-5 为发电电动机在电动状态的相量图，这里的电流方向按电动机惯例。当由电网输入电功率，而发电电动机的轴输出机械功率时即为电动工况。采用电动机惯例，把电网的输入电压、电流方向作为电枢电压、电流的正方向。

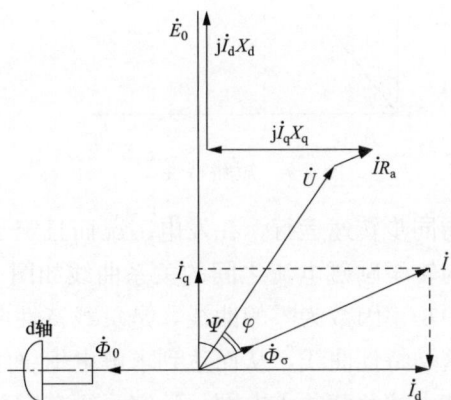

图 2-4　发电工况负载运行相量图　　图 2-5　发电电动机在电动工况的相量图

电动工况的电压方程见式（2-10），即

$$\dot{U} = \dot{E}_0 + \dot{I}R_a + j\dot{I}_d X_d + j\dot{I}_q X_q \tag{2-10}$$

式中　$\dot{I}_d$、$\dot{I}_q$——定子电流的直轴分量、交轴分量。

内功率因数角 Ψ 可由式（2-11）来计算。

$$\Psi = \arctan \frac{U\sin\varphi + IX_q}{U\cos\varphi - IR_a} \tag{2-11}$$

当 $\dot{U}$ 滞后于 $\dot{I}$ 时，φ 为正，反之为负；当 $\dot{E}_0$ 滞后于 $\dot{I}$ 时，Ψ 为正，反之为负。

（二）发电电动机的运行特性

1. 发电工况运行特性

（1）空载特性。空载特性是指当电机运行在同步转速时，定子绕组开路状态下定子端电压 U_0（空载运行时 $E_0 = U_0$）与励磁电流间的关系。空载特性曲线本质是反映电机

主磁路特性的磁化曲线。发电机工况运行时的空载特性常通过空载试验来测定，考虑到降低试验的破坏性风险，一般测试时 $U_0 \leqslant 1.25U_N$。由于磁滞现象，上升和下降的磁化曲线不会重合，工程中一般采用励磁电流下降时测取的数据点来作空载特性曲线。图 2-6 中上面的曲线即为空载特性的试验测定。空载特性试验中由于剩磁电压存在，需对空载特性曲线进行修正。修正方法为将特性曲线的直线部分延长与横轴相交，交点的横坐标绝对值 ΔI_f 为修正值，然后在所有试验测得的励磁电流数据加上此值，即可得到被修正的曲线（图 2-6 中下面过原点的曲线）。

（2）短路特性。短路特性通过电机三相稳态短路试验测定。试验时将电机的定子三相绕组短路，并拖动电机到同步转速，通过调节励磁电流来改变定子电流，可得到定子电流随励磁电流变化的特性曲线，如图 2-7 所示。由于试验时发电电动机的磁路处于不饱和状态，因此短路特性实际上是一条直线。

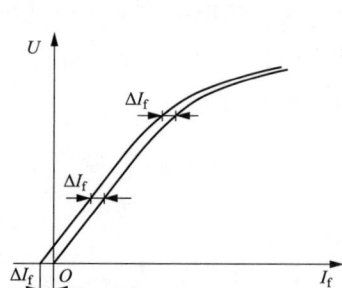

图 2-6　空载特性的试验测定与校正　　　图 2-7　短路特性

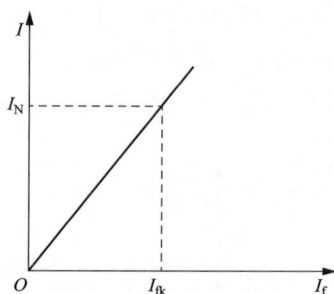

（3）负载特性。发电电动机负载特性是指同步转速运行，在发电工况而且定子电流恒定、功率因数恒定的情况下，定子端电压与转子励磁电流之间的关系曲线如图 2-8 所示。零功率因数负载特性是负载特性曲线族中功率因数为零的曲线，是负载特性曲线族中最常用的一条曲线。可以通过试验来测定这条特性曲线，从而达到求解电枢绕组的漏电抗的目的。试验中一般让发电电动机外接纯电感负载并入电网，让它运行在空载过励状态，确保功率因数接近于零即可。

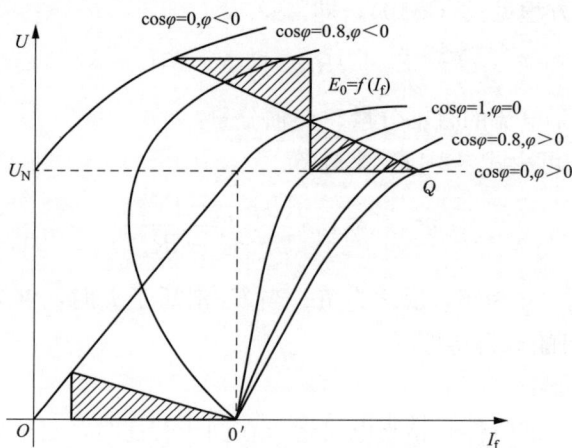

图 2-8　发电工况的负载特性

（4）外特性。外特性是指发电工况运行时，转速为同步转速且励磁电流和功率因数均为常数的条件下，发电电动机的定子端电压与定子电流之间的关系曲线。图 2-9 表示施加不同功率因数负载时的发电工况外特性，图中显示，当负载为感性负载和纯电阻负载时，受到去磁性质电枢反应和定子漏阻抗压降的影响，外特性是下降曲线。当负载为容性负载时，受到助磁性质电枢反应和容性电流的漏阻抗压降的作用，外特性是上升曲线。此外表征电机运行性能的电压调整率可以通过外特性来求解。电压调整率大的电机，负载变化对电网电压的波动影响较大，发电电动机常装有快速自动调节励磁装置，来确保电网电压在负载变化时保持不变。

（5）调整特性。调整特性是指发电工况运行时，在同步转速、定子端电压为额定电压和负载功率因数不变的条件下，发电电动机的励磁电流与定子电流之间的关系曲线。图 2-10 所示为加载不同功率因数负载时的发电机工况调整特性，图中显示，当负载为感性负载和纯电阻负载时，受到去磁性电枢反应和定子漏阻抗压降的影响，励磁电流随着定子电流的增加而增加，此调整特性是上升曲线。当负载为容性负载时，受到助磁性电枢反应和容性电流的漏阻抗压降的作用，励磁电流随着定子电流的增加而减少，特性曲线是下降曲线。

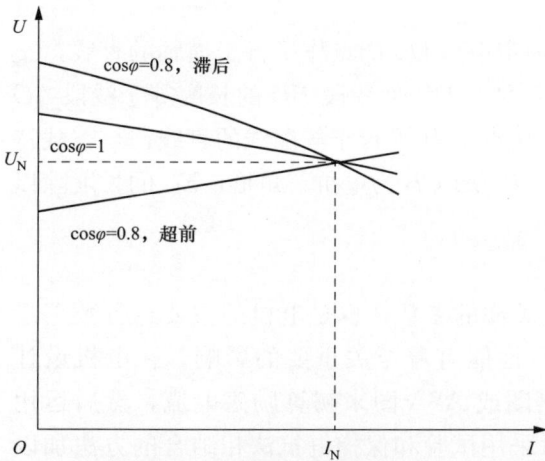

图 2-9　发电工况外特性　　　　　　图 2-10　发电工况调整特性

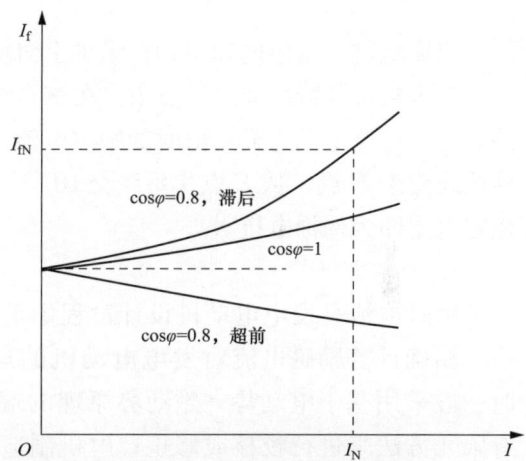

2. 抽水工况运行特性

抽水工况的运行特性主要有工作特性和 V 形曲线。工作特性是指在抽水工况运行的定子端电压为额定电压、励磁电流为额定励磁电流的条件下，发电电动机的电磁转矩、定子电流、效率、功率因数与输出功率之间的关系。其中电磁转矩与输出功率之间的关系为一条直线；定子电流与输出功率之间的关系近似为一条直线；效率特性与其他电动机类似；功率因数特性的特点是在任意负载下通过改变励磁电流使运行在电动工况的发电电动机的功率因数为 1，甚至可以达到超前状态。抽水工况 V 形曲线在下文中的发电电动机运行方式中说明。

（三）发电电动机的保梯电抗和励磁电流的确定

1. 保梯电抗

保梯电抗是包含转子漏磁影响的定子漏抗，因此其值比定子漏抗的值大。保梯电抗直接影响负载励磁电流的大小，因而是发电电动机设计中的关键参数。通过试验可以测定空载特性和零功率因数负载特性，进而可以通过这两个特性曲线来求解保梯电抗 X_P。保梯电抗的求解过程如图 2-11 所示。

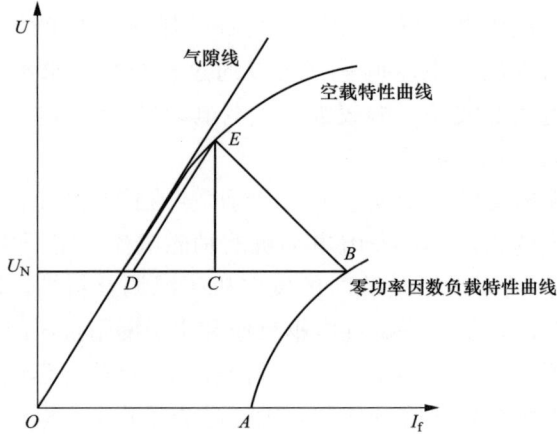

图 2-11　保梯电抗的求解

根据电抗三角形的知识，在纵轴上对应额定电压 U_N 的点作平行于横轴的直线，交零功率因数负载特性曲线于点 B。在该直线上取点 D，使线段 BD 的长度等于线段 AO 的长度（短路电流为额定值时的励磁电流），从点 D 作平行于气隙线的直线，与空载特性曲线交于 E 点，从 E 点作垂线交 BD 于 C 点。ΔECB 为电抗三角形，EC 的长度除以额定电流即为保梯电抗 X_P。

2. 励磁电流

励磁电流是发电电动机设计过程中重点关注的参数，也是电机的主要运行数据之一，精确计算励磁电流对发电电动机的运行性能有着至关重要的影响。在电机设计时一般采用基于电动势—磁动势原理的瑞典图或 ASA 图来初算励磁电流，然后运用有限元方法来进行校核或修正；电机制造后采用试验和保梯电抗法相结合的方法加以验证。

（1）保梯电抗法。根据型式试验中得到的空载特性、三相稳态短路试验数据和接近指定负载工况下的运行数据（定子电压、有功功率、无功功率和励磁电流），便可用保梯电抗法求取指定负载时的励磁电流，如图 2-12 所示。在保梯图中，首先，作出空载特性曲线，并做空载特性的气隙线；然后，作电压 U 和电流 I，它们相角差为功率因数角 φ；过电压 U 作电流 I 的垂线，使该线段长度等于 IX_P，从而得到保梯电动势 E_P；接着，过纵坐标值为 E_P 的点作水平线，与气隙线和空载特性曲线相交，其差值即为 I_{FS}；然后，再在气隙线上插值得到对应负载定子电压 U 的励磁电流 I_{FG}；根据短路特性曲线得到对应负载电流 I 的励磁电流 I_{FSI}；最后，过点 A 作平行于定子电流 I 的直线，并取点 B，使 $AB=I_{FSI}$，并将 OA 与 AB 作相量和，得到 OB；延长 OB 至 C，取 $BC=I_{FS}$，则 OC 就是负载励磁电流 I_{FL}。

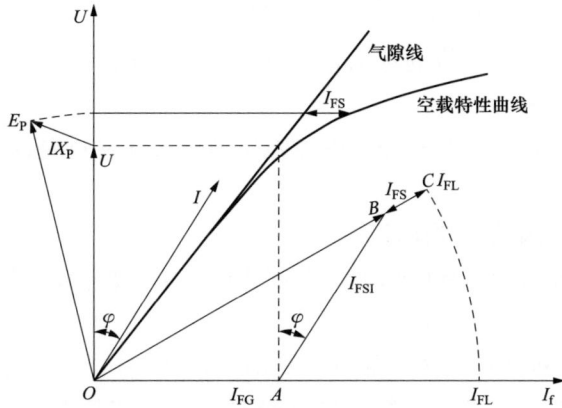

图 2-12 保梯电抗法求负载励磁电流

保梯电动势 E_P、保梯电抗 X_P、负载励磁电流 I_{FL} 可以用式（2-12）～式（2-14）来计算，即

$$E_P = \sqrt{(U\cos\varphi)^2 + (IX_P + U\sin\varphi)^2} \tag{2-12}$$

$$X_P = \frac{\sqrt{E_P^2 - (U\cos\varphi)^2} - U\sin\varphi}{I} \tag{2-13}$$

$$I_{FL} = I_{FS} + \sqrt{(I_{FG} + I_{FSI}\sin\varphi)^2 + (I_{FSI}\cos\varphi)^2} \tag{2-14}$$

（2）有限元法。对于磁路饱和程度不高或磁路结构简单的电机，采用基于电动势—磁动势原理的解析法来确定励磁电流，以满足工程精度的要求。但当磁路饱和程度高、结构复杂时，如采用解析法计算气隙磁势、转子漏磁会存在较大误差，加上磁耦合的简化、材料的非线性等因素的影响，用解析法计算的结果往往不能满足精度要求，因此这时就需要利用有限元法来精确计算励磁电流。在用有限元法计算空载励磁电流时，由于定子开路，只需要对励磁电流进行迭代直到定子端电压达到额定电压即可；计算负载励磁电流则需要同时对励磁电流和功率因数这两个参数进行迭代使负载模型的电压和功率满足精度要求。

二、电磁参数选择及电磁设计计算

发电电动机电磁设计是发电电动机设计的第一道程序，是总体设计中最重要的环节之一，很大程度上决定了机组的性能、技术指标、可靠性和经济性。电磁设计的方案并不唯一，通过多方案的计算和比较，选取决定发电电动机与电磁性能有关的各部位尺寸及电磁参数，从而最终确定一个既能满足技术规范要求又经济合理的电磁方案，为下一阶段设计（如发电电动机的机械结构设计、通风系统设计、辅机设计）提供依据或接口。

（一）主要尺寸选择

1. 主要尺寸比

发电电动机的主要尺寸比 λ 为电机的有效长度与极距之比，当电机体积不变的时候

λ 越大，电机越细长，反之越粗短。λ 值与电机的运行性能、经济性能、电机的通风冷却设计等都密切相关，对于 λ 值的选取，要充分考虑电机参数、飞轮力矩、电机发热、电机机械强度等如下因素：

（1）选择磁轭径向宽度时要充分考虑磁轭应力是否在材料允许强度极限范围内，同时满足 GD^2 的要求。

（2）各部件尺寸应满足大件运输要求。

（3）在 λ 值合理范围内，其值越大，端部绕组用铜量越少，端部绕组铜耗及漏抗相应减少。

（4）λ 值增大，电机细长，风路加长，冷却条件变差，因此在选择主要尺寸比时应充分考虑满足通风冷却的要求。以往的设计经验表明铁芯长度与定子内径比小于 0.3，对于高速大容量的电机，特别是发电电动机，可以突破该比值。

2. 主要尺寸的确定

在已知电机额定功率和额定转速的情况下，可以利用系数或者适当选择电磁负荷来初步确定电机主要尺寸，具体估算方法如下

$$P_s = k_A D_i^2 L_t n_N = KAB_\delta D_i^2 L_t n_N \qquad (2\text{-}15)$$

式中　P_s——发电电动机计算功率，kVA；

　　　k_A——发电电动机利用系数，表示单位体积有效材料的利用程度；

　　　K——计算系数，与极弧系数、绕组系数相关；

　　　A——定子线负荷，A/cm；

　　　B_δ——空载气隙磁密，T；

　　　D_i——定子内径，m；

　　　L_t——定子铁芯长度，m；

　　　n_N——额定转速，r/min。

主要尺寸的确定具体步骤如图 2-13 所示。

3. 极距的选择与铁芯内径的确定

从图 2-13 可以看出，发电电动机电磁设计的很多参数和极距相关，因此在最初设计的时候应首先确定发电机的极距，发电电动机的极距和定子铁芯内径 D_i 的关系如下

$$\tau = \frac{\pi D_i}{2p} \quad (\text{m}) \qquad (2\text{-}16)$$

对于中高速电机，尤其是抽水蓄能发电电动机机组，每极容量和极距较大，因此转子机械强度是限制电机极距的主要因素，可按照机械强度允许下的最大定子铁芯内径 D_i 来确定飞逸转速下的极距。转子磁轭的允许最大圆周转速见表 2-2。

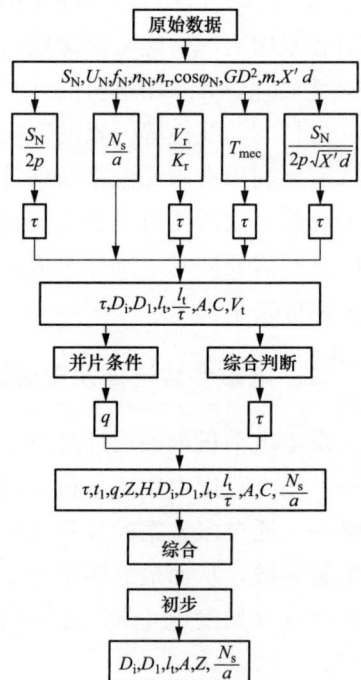

图 2-13　发电电动机主要尺寸计算程序图

表 2-2　　　　　　　　　转子磁轭的允许最大圆周转速（经验值）

磁轭结构	磁轭固定方式	材料牌号	材料屈服点（MPa）	最大圆周速度（m/s）
叠片磁轭	T尾或鸽尾	DER235	≥235	120～130
		DER345	≥345	130～145
		DER450	≥450	145～160
		DER490	≥90	160～170
		DER550	≥550	160～170
		DER600	≥600	170～180
		DER685	≥685	170～190
整锻或钢板磁轭	T尾或鸽尾梳齿结构	锻钢或钢板	≥670	170～190

在实际制造生产的过程中，根据经验总结出极距和每极容量的四次方根成正比，具体关系如下

$$\tau \approx (7.5 \sim 10)\sqrt[4]{\frac{P_s}{2p}} \quad (\text{cm}) \tag{2-17}$$

（二）电磁负荷选择

电磁负荷的选取，决定了发电电动机的利用系数，也就决定了发电电动机设计的经济性，更为重要的是电磁负荷的选择直接决定了电机运行参数和性能，因此电磁负荷的选取对电机设计具有至关重要的影响。

1. 电负荷

定子电负荷 A 也称为定子线负荷，它表示沿定子圆周上单位长度的安培导体数，具体如式（2-18）所示

$$A = \frac{ZN_s I_N}{\pi D_i a} \quad (\text{A/cm}) \tag{2-18}$$

式中　Z——定子槽数；

N_s——每槽导体数；

a——并联支路数；

I_N——额定电流，A；

D_i——定子内径，cm。

从式（2-18）可以看出线负荷与电机体积成反比，线负荷越大，电机尺寸越小，其经济性越好。

线负荷 A 与电流密度 J_1 的乘积构成定子的热负荷，热负荷表示定子圆周单位表面积上绕组电阻损耗，它直接影响发电电动机的温升。

对于全空冷的发电电动机，A 的取值如下：

10MVA 以内的小容量发电电动机 $A = 300 \sim 500\text{A/cm}$；

10～150MVA 的中容量发电电动机 $A = 500 \sim 650\text{A/cm}$；

150MVA 以上的大容量发电电动机 $A = 650 \sim 900\text{A/cm}$。

2. 磁负荷

发电电动机的磁负荷指空载气隙磁密，气隙磁密计算如下式

$$B_\delta = \frac{E}{2\sqrt{2}fW_1k_{\mathrm{N1}}S_\varphi} \quad (\mathrm{T}) \qquad (2\text{-}19)$$

式中 k_{N1}——绕组系数；

E——定子电势；

W_1——每相串联匝数；

S_φ——每极气隙面积。

从式（2-19）同样可以看出，B_δ 的提高可以缩小电机的尺寸，但较高的 B_δ 会增加转子表面的损耗和发热。发电电动机的空载气隙磁通密度 B_δ 一般选取在 0.6～1T 范围内。

3. 电磁负荷的匹配

电磁负荷的匹配决定了发电电动机铜铁材料的比例，影响其他电气参数。较高的线负荷会用较多的铜，而较高的磁负荷则需要较多的铁，电磁负荷的比值对电机效率影响较大，经常处于轻载运行的发电电动机通常选择较高的 A 和较低的 B_δ 以提高发电电动机效率，电机的各电抗参数都与 A/B_δ 成正比，励磁电流标幺值与 A/B_δ 成反比，因此需要合理地选择电磁负荷的比值以满足发电机电抗参数和铜铁用量的要求。

4. 电压等级的选择

当发电机容量、转速、支路数、槽数确定时，选择较高的电压等级不但会使定子线圈的防晕问题更加复杂，消耗更多的绝缘材料，电机电磁设计的有效材料也会增加，定子铁芯长度增加。但是过低的电压会造成发电电动机电流的增加，从而增加并联支路数，增加绕组连接线、铜环引线，同时给电站其他设备的制造选型带来困难，因此发电电动机电压等级的选择应该综合考虑电磁设计的合理性、经济性及电站配套设备制造的可行性等因素。

（三）定子、转子电磁设计

1. 定子电磁设计

（1）定子槽数的选择。定子槽数的选择主要根据下面的原则：

1）选择合理的槽电流和电负荷。式（2-18）经变换后得到定子槽数与电机电负荷和槽电流的关系如下

$$Z = \frac{A\pi D_\mathrm{i}}{I_\mathrm{s}} = \frac{A\pi D_\mathrm{i}}{I_\mathrm{a}N_\mathrm{s}} \qquad (2\text{-}20)$$

式中 I_s——定子槽电流，A；

N_s——每槽导体数；

I_a——支路电流，A。

发电电动机的槽电流直接影响电机的发热与冷却，不同冷却方式的发电电动机选取的槽电流也不同，根据工程经验，可参考以下数据对槽电流进行选择。对于全空冷方式的发电电动机，槽电流取值如下：

小容量发电电动机 $I_\mathrm{s}=2500\sim3000\mathrm{A}$；

中容量发电电动机 $I_\mathrm{s}=3500\sim4500\mathrm{A}$；

大容量发电电动机 $I_\mathrm{s}=4500\sim7500\mathrm{A}$。

2）满足绕组的对称性要求。三相发电机的对称条件是：各并联支路电势幅值、相位相同，各相空间彼此相差120°电角度，在定子槽数选择时也必须满足绕组对称，整数槽电机绕组总是满足对称要求的，对于分数槽绕组，必须满足以下条件：

a. $\frac{Z}{3t}$ 的值为整数。其中，t 为槽数 Z 与极对数 p 的最大公约数，即单元电机数。

b. 槽数 Z 能被相数 m 和并联支路数 a 之积整除，即 $\frac{Z}{am}$ 的值为整数。

3）每极每相槽数 q 的选择。为保证满足电压波形畸变率和电话谐波因数的要求，并避免谐波引起定子铁芯的共振，在选取 q 值时，应注意到：

a. q 为整数。选用整数槽绕组的优点是可以有效避免分数次谐波引起的定子铁芯振动，但是也会造成波形质量的下降，出现更大的谐波畸变率，因此在电磁设计时，可以采取以下措施改善波形质量：①定子采用斜槽抵消齿谐波的影响，一般多斜一个定子槽距；②选择较大的 q 值，q 值越大，齿谐波次数越高，谐波含量越小，电压波形畸变率越低；③选择合适的阻尼条节距；④减小定子槽宽和气隙的比值，通常让比值小于1.3；⑤选择合适的极弧系数，通常为0.65～0.75；⑥采用实心磁极或多段圆弧设计磁极表面，采用多段圆弧时，一般中段圆弧半径大，两端圆弧半径小，以减小磁场密度峰值。

b. q 为分数。分数槽绕组会引起一系列的分数次谐波，它们与主极磁场相互作用会产生一系列干扰力波，当某些干扰的力波的频率和铁芯的固有频率重合时，会引起共振，甚至造成机组发生重大事故，因此机组电磁设计时应提前做好相应的力波分析，避开容易引起共振的分数槽。

4）保证硅钢片的利用率。在进行扇形片设计时，首先要保证扇形片的槽数为整数，其次硅钢片的宽度应尽可能选择接近扇形片的弦长或者等于弦长的整数倍，冲剪余量取5～10mm，以保证硅钢片得到充分利用。

（2）槽型尺寸和各项参数的关系。

1）槽宽与齿距的比值。当定子铁芯的内径和槽数确定后，定子齿距已经确定，槽宽的选择就直接关系到定子齿磁密的大小，同时也会影响电机槽满率和发电电动机电压，选择窄且深的槽，定子齿部较宽，选取相同的磁密，电机的长度就可以减少，同时增加散热面积，改善电机冷却条件，但是窄且深的槽不利于铜的利用，增加了绝缘材料的使用，同时定子绕组槽漏抗增大，瞬变电抗增大。一般定子槽宽的选取范围如下

$$b_n = (0.38 \sim 0.45)t_1 \tag{2-21}$$

式中　b_n——定子槽宽；

　　　t_1——定子齿距。

2）槽高与槽宽的比值。槽高与槽宽的选取对铁芯齿部和轭部的合理分配有着重要的影响，一般定子槽高的选取范围如下

$$h_n = (4.5 \sim 7.5)b_n \tag{2-22}$$

式中　h_n——定子槽宽；

　　　b_n——定子槽高。

3）轭高和槽高的比值。为了满足定子铁芯轭部的刚强度，铁芯轭高和槽高要在一定的取值范围内，一般工程上定子槽高的选取范围如下

$$\frac{h_{\mathrm{j}}}{h_{\mathrm{n}}} > 0.8 \tag{2-23}$$

式中　h_{j}——定子轭高；

　　　h_{n}——定子槽高。

2. 定子绕组的设计

（1）发电电动机定子绕组的型式。绕组是发电电动机的重要组成部件，属于发电电动机的导电元件，是构成发电电动机电磁传递的重要组成部件，一般发电电动机的绕组型式可以按照电机的相数、绕组层数、每极每相槽数和绕法来分类。

按相数分，可分为单相和多相绕组；按照绕组层数来分，可分为单层和多层绕组；按照每极每相槽数来分，可分为整数槽绕组和分数槽绕组；按照绕法来分，可分为圈式叠绕组、条式叠绕组和条式波绕组。圈式叠绕组主要用于小型发电电动机，它具有匝数容易调整，更容易获得合适的槽电流和线负荷，以及线圈端部较短等优点，但圈式叠绕组极间连接线多，端部绝缘不固化，因此绝缘质量较全固化线圈更差。条式叠绕组的线圈是采用单根线棒，工艺上采用全固化，该绕组的优点是：端部用铜少，可降低发电电动机电磁刚度值，减少发电电动机单边磁拉力，有利于机组的轴系稳定性。其缺点是：极间连线多并在空间上存在立体交叉。

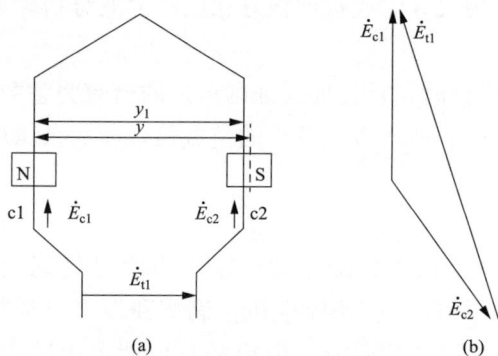

图 2-14　线匝电动势计算

(a) 匝电动势；(b) 矢量合成

（2）发电电动机绕组的电气设计。

1）绕组系数。电机的绕组系数决定了绕组合成电动势的大小，而绕组系数又是由短距系数和分布系数决定的。

a. 短距系数。

用端接线将导体 c1、c2 连接成一个线匝，如图 2-14（a）所示，其节距为 y_1。在线匝中，导体 c1、c2 感应电动势分别是 $\dot{E}_{\mathrm{c1}}$、$\dot{E}_{\mathrm{c2}}$，且 $\dot{E}_{\mathrm{c2}}$ 滞后于 $\dot{E}_{\mathrm{c1}}$ 相量 $y_1\alpha_1$ 电角度，如图 2-14（b）所示，线匝中电动势为

$$\dot{E}_{\mathrm{t1}} = \dot{E}_{\mathrm{c1}} - \dot{E}_{\mathrm{c2}} = \dot{E}_{\mathrm{c1}} - \dot{E}_{\mathrm{c1}} \mathrm{e}^{-\mathrm{j}\frac{y_1}{\tau}\pi} \tag{2-24}$$

$$\dot{E}_{\mathrm{t1}}\big|_{y_1=\pi} = 2E_{\mathrm{c}}\sin\left(\frac{y_1}{\tau} \times \frac{\pi}{2}\right) \tag{2-25}$$

式中　E_{c}——单根导体电动势幅值。

当 $y_1=\tau$，即线匝为整距时

$$\dot{E}_{\mathrm{t1}}\big|_{y_1=\pi} = 2E_{\mathrm{c}} \tag{2-26}$$

则短距系数为

$$k_{\mathrm{y1}} = \frac{E_{\mathrm{t1}}（节距为 y_1 的线匝电动势）}{2E_{\mathrm{c1}}（对应的整距线匝电动势）} = \sin\left(\frac{y_1}{\tau} \times \frac{\pi}{2}\right) \tag{2-27}$$

由上可知短距系数小于等于 1。

b. 分布系数。

每个极相组由 q 个线圈串联组成，极相组的合成电动势 $\dot{E}_{q1}$ 应为这 q 个线圈的电动势相量的相量和，可用式（2-28）来表示，即

$$\dot{E}_{q1} = \dot{E}_{y1}(1 + e^{-j\alpha_1} + e^{-j\alpha_2} + \cdots + e^{-j\alpha_{q-1}}) \quad (2\text{-}28)$$

如图 2-15 所示，其中每个线圈电动势为 E_{y1}，依次相差电角度 α_1。

极相组电动势之模为

$$E_{q1} = E_{y1}\frac{\sin\frac{q\alpha_1}{2}}{\sin\frac{\alpha_1}{2}} = qE_{y1}\frac{\sin\frac{q\alpha_1}{2}}{q\sin\frac{\alpha_1}{2}} = qE_{y1}k_{q1} \quad (2\text{-}29)$$

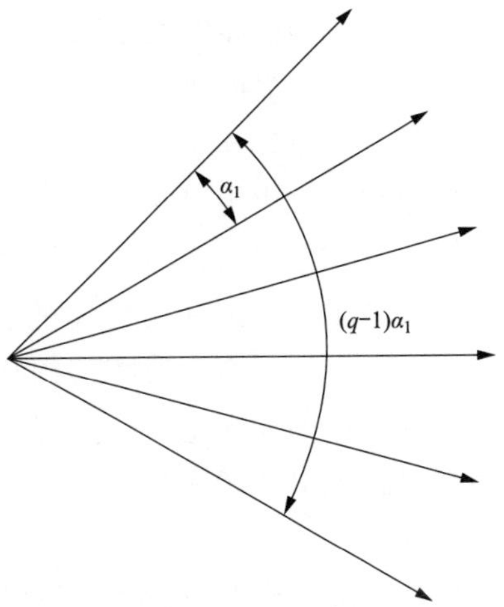

图 2-15　线圈组电动势相量

$$k_{q1} = \frac{E_{q1}(q\text{ 个分布线圈的电动势相量和})}{qE_y(\text{对应的 }q\text{ 个集中线圈电动势的代数和})} = \frac{\sin\frac{q\alpha_1}{2}}{q\sin\frac{\alpha_1}{2}} \quad (2\text{-}30)$$

k_{q1} 称为绕组的分布系数，对于集中绕组（$q=1$），$k_{q1}=1$；对于分布绕组，k_{q1} 总是小于 1。

c. 绕组系数。

短距系数和分布系数的乘积为绕组系数，即

$$k_{N1} = k_{y1}k_{q1} \quad (2\text{-}31)$$

则每个极相组电动势的有效值为

$$E_{\Phi1} = \sqrt{2}\pi Nk_{N1}f\Phi_1 = 4.44Nk_{N1}f\Phi_1 \quad (2\text{-}32)$$

式中　N——每相串联匝数；

Φ_1——每极磁通量。

2）每相串联匝数及每槽导体数。电机线负荷初选后，每相串联匝数为 $N=\dfrac{\pi D_i A}{mI_N}$。由式（2-15）可知，当电机主要尺寸确定后，电磁负荷的乘积就确定了，因此 N 减少，A 值降低而 B_δ 值增大，发电电动机短路比 K_c 增大，励磁功率增大，设计时可通过改变 N 获得不同的设计方案，如果定子绕组并联支路数为 a，则每槽导体数为

$$N_s = \frac{maN}{Z} \quad (2\text{-}33)$$

当 N_s 较大时，为了避免采用截面积太小的导体，一般把定子绕组接成 a 路并联，或采用并绕根数 N_t 的相同截面导体并绕，双层绕组最大并联支路数为 $2p$，而且应满足 $2p/a$ 为整数，定子绕组电流密度为

$$J_1 = \frac{I_N}{aN_tq_a} \quad (\text{A/mm}^2) \quad (2\text{-}34)$$

式中　q_a——单根导体截面积；

　　　N_t——并绕根数。

不同发电电动机的定子绕组电流密度取值范围为：

中小容量发电电动机定子绕组电流密度＝$3\sim5\text{A/mm}^2$；

大容量发电电动机定子绕组电流密度＝$2.5\sim3.9\text{A/mm}^2$。

从制造工艺考虑建议导体的宽高比应取在 $3.5\sim4$，随着比值的增大，导体的换位节距增大，导体越宽，线圈编织换位越困难，更容易造成导体绝缘损伤，导致匝间短路。当导体截面积固定时，选择过多的导体数量，会引起槽型变深，定子漏抗增加，从而使电机瞬态电抗增大。

3. 转子电磁设计

(1) 气隙长度 δ 的选择。发电电动机的气隙一般都设计成不均匀的，通常可按最大气隙与最小气隙之比 $\delta_{max}/\delta_{min}=1.5$ 来设计，从而得到较好的正弦波主极磁场。抽水蓄能机组也有按多段圆弧设计磁极表面，中段圆弧半径大，两端圆弧半径小，这种结构可以有效降低漏磁场，降低磁阻，改善电压波形。

用于计算气隙磁动势的气隙长度（计算气隙长度）按下式计算

$$\delta' = \delta_{min} + \frac{1}{3}(\delta_{max} - \delta_{min}) \quad (\text{mm}) \tag{2-35}$$

当 $\dfrac{\delta_{max}}{\delta_{min}}=1.5$ 时，$\delta'=1.166\delta_{min}$。

气隙的选择应遵循两个原则：①满足给定的同步电抗或短路比的要求。②机组运行不可避免发生气隙偏离平均值的情况，因此需要考虑机组运行可靠性及安装方便性。从满足给定的同步电抗或短路比的要求出发，发电电动机气隙长度可按照下述经验公式确定，即

$$\delta_{min} \geqslant (0.35 \sim 0.4)\frac{A}{B_\delta} \times \frac{\tau}{X_d} \quad (\text{mm}) \tag{2-36}$$

或者

$$\delta_{min} \geqslant (0.31 \sim 0.355)\frac{K_c A\pi}{B_\delta} \quad (\text{mm}) \tag{2-37}$$

式中　A——定子线负荷，A/cm；

　　　K_c——短路比。

从运行可靠及安装方便出发，发电电动机的气隙长度可按下述经验公式确定，即

$$\delta_{min} \geqslant (0.12 \sim 0.15)(1+D_i) \quad (\text{mm}) \tag{2-38}$$

(2) 磁极冲片主要尺寸。磁极冲片通常用 $1.5\sim2\text{mm}$ 厚的薄钢板冲制而成，磁极冲片结构如图 2-16 所示。

1) 极靴半径。发电电动机极弧半径可按下式计算

$$R_p = \frac{D_i}{2 + \dfrac{8D_i(\delta_{max} - \delta_{min})}{b_p^2}} \tag{2-39}$$

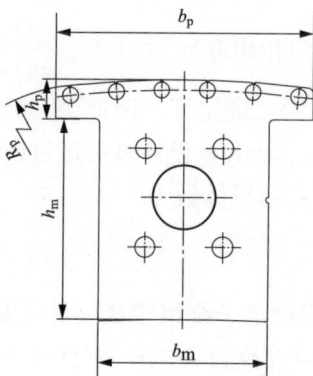

图 2-16　磁极冲片结构

式中　b_p——极靴宽，mm；

　　　D_i——定子内径，mm。

2）极弧系数。极弧系数是极靴宽度与极距之比，即

$$\alpha_p = \frac{b_P}{\tau} \tag{2-40}$$

根据经验极弧数取值为 $0.65 \sim 0.75$，若比值过大，极间漏磁增大，导致磁密达不到要求，比值太小会造成伸出部分不能有效支撑磁极线圈，事故工况易造成线圈脱落，极弧系数的正确选择对改善主极磁场波形，削弱高次谐波有着重大影响。

极弧系数与极距的关系如表 2-3 所示。

表 2-3　极弧系数与极距的关系

τ (mm)	$300 \sim 350$	$350 \sim 450$	$450 \sim 550$	$550 \sim 750$
α_p	$0.65 \sim 0.70$	$0.69 \sim 0.72$	$0.71 \sim 0.74$	$0.73 \sim 0.75$

3）极靴宽度。当极弧系数确定后，极靴宽度很容易求出，即

$$b_p = \frac{\tau}{\alpha_p} \tag{2-41}$$

其中，b_p 为整数，其个位数一般圆整为 0 或 5。

4）极靴高度。极靴高度应根据转子是否装设阻尼绕组以及在飞逸转速下对极靴的机械强度要求确定，电磁设计过程中，极靴高度与极距的关系见表 2-4。

表 2-4　极靴高度与极距的关系　　　　　　　(mm)

τ	h_p
$300 \sim 500$	$30 \sim 40$
$500 \sim 600$	$40 \sim 50$
$600 \sim 750$	$50 \sim 65$

5）极身高度。极身高度是由转子励磁绕组匝数和尺寸确定的，磁极高度越高，磁极漏磁也越大，漏抗相应增加。极身高度和极距的关系见表 2-5。

表 2-5　极身高度与极距的关系　　　　　　　(mm)

$\tau < 600$	$h_m = 0.8\tau - 0.0069\tau^2$
$700 > \tau > 600$	$h_m = 0.9\tau - 0.007\tau^2$
$\tau > 700$	$h_m = 0.96\tau - 0.00735\tau^2$

6）极身宽度。极身宽度的大小直接影响磁负荷的大小，也直接影响极身饱和程度，极身宽度越大，材料利用率越低，瞬变电抗增大，极身宽度与极距的关系如下

$$b_m = \frac{\tau}{K} \tag{2-42}$$

式中　τ——极距，mm；

　　　K——经验系数。

当 $n_N > 375\text{r/min}$ 时，$K = 1.9 \sim 2.0$；

当 $375\mathrm{r/min} > n_\mathrm{N} > 100\mathrm{r/min}$ 的，$K = 1.7 \sim 1.8$。

（3）阻尼绕组尺寸的选择。发电电动机设置阻尼绕组可抑制转子自由振荡，提高电力系统运行的稳定性。同时在不对称运行中，阻尼绕组起着削弱负序气隙旋转磁场的作用。因此，装设阻尼绕组的发电电动机负序电抗小，不对称负载引起的电压不对称度也随之减小。而且，负序气隙磁场的削弱，使得转子感应的负序损耗也随之降低。经验还表明，装设阻尼绕组的发电电动机承受不对称负荷的能力大大提高，同时可加速机组自同期并入系统。

设计阻尼绕组就是确定每极阻尼条个数，节距以及阻尼条直径和阻尼环截面尺寸。

1）阻尼条个数、节距及直径的选取。阻尼条个数和节距的选取对发电电动机电压波形和附加损耗均有影响，对于每极每相槽数 q 为整数及 $bd + c < 9$ 的分数槽发电机（$q = b + c/d$），综合考虑波形及附加损耗，阻尼条节距可按以下条件选取

$$0.8t_1 \leqslant t_2 \leqslant 0.9t_1 \text{ 或 } 1.1t_1 \leqslant t_2 \leqslant 1.2t_1 \tag{2-43}$$

式中　t_2——阻尼条节距；

　　　t_1——定子齿距。

对于分数槽发电电动机，阻尼绕组对电压波形影响的较小，为了使附加损耗降到最小，可取 $t_2 = t_1$。

一般每极阻尼条个数，n_b 取小于 $\max [b_\mathrm{p}/t_2]$ 的值。发电电动机功率小者取小值，阻尼条直径 d_b 的选取一般考虑两个方面的因素：

a. 应满足发电电动机承受不对称负荷的能力，因此在阻尼绕组直径设计时，应该满足以下要求

$$d_\mathrm{b} \geqslant \sqrt[4]{I_2^2 t} \sqrt{\frac{A\tau}{n_\mathrm{b}}} \quad (\mathrm{mm}) \tag{2-44}$$

式中　A——定子线负荷，A/cm；

　　　n_b——阻尼条数量；

　　　I_2——负序电流的标幺值；

　　　t——允许不对称时间。

b. 每极阻尼条的总截面积可取一个齿距下定子绕组铜导体总截面的 $15\% \sim 30\%$，则单个阻尼截面

$$q_\mathrm{b} = \frac{(0.15 \sim 0.30)3qS_\mathrm{N}q_\mathrm{a}}{n_\mathrm{b}} \quad (\mathrm{mm^2}) \tag{2-45}$$

式中　S_N——每槽导体数；

　　　q_a——每根线棒的截面积，$\mathrm{mm^2}$。

计算出单个阻尼条的截面积后按照下式计算阻尼条直径，即

$$d_\mathrm{b} = 1.13 \sqrt{q_\mathrm{b}} \quad (\mathrm{mm}) \tag{2-46}$$

2）阻尼环尺寸的选取。阻尼环尺寸的选择，应使其截面积约为一个极下阻尼条总面积的一半，即可以使阻尼环中的最大电流密度约等于阻尼条中的电流密度，即

$$q_\mathrm{R} \approx \left(\frac{\pi d_\mathrm{b}^2}{4} \times \frac{n_\mathrm{b}}{2} \right) \quad (\mathrm{mm^2}) \tag{2-47}$$

根据所得的阻尼环截面积，选取厚度不小于 $2/3d_b$ 的铜排，高度至少要比极靴的高度小 5mm。

（4）磁极线圈的设计。励磁绕组的设计包括确定励磁绕组铜线总高度、励磁绕组匝数、电流密度及每匝铜高。

1）励磁绕组铜线总高度。铜线总高度的确定根据极身高度进行估算，即

$$h_{cu} = h_m - (40 \sim 50) \quad (mm) \tag{2-48}$$

式中　h_m——极身高度，mm。

2）励磁绕组匝数的确定。励磁绕组匝数的确定可按照式（2-49）确定

$$W_2 = \frac{F_{fN}}{I_{fN}} \tag{2-49}$$

式中　F_{fN}——负载磁动势，A；

　　　I_{fN}——额定励磁电流，A。

3）励磁绕组电流密度。励磁绕组电流密度的大小直接影响转子绕组的温升，对于中小容量发电电动机转子采用空冷方式的电流密度可选取：$3 \sim 4A/mm^2$；大容量发电电动机转子采用空冷方式的电流密度可选取：$2.5 \sim 3.5A/mm^2$。

4）励磁绕组每匝铜高。计算出励磁绕组匝数，单匝励磁绕组铜高 a_2 可按照式（2-50）计算

$$a_2 = \frac{h_{cu}}{W_2 + 1} \quad (mm) \tag{2-50}$$

4. 参数、损耗、效率等性能计算

（1）稳态参数。

1）直轴同步电抗 X_d。直轴同步电抗 X_d 决定电动机的最大输出功率或静态稳定极限。X_d 越小，静态稳定度越高，电压变化率越小，线路充电容量越大。在电动机电磁负荷确定的条件下，其值主要取定于电动机的气隙长度，气隙越大，短路比越大，同步电抗越小。

2）短路比。发电电动机短路比是空载励磁电流 I_{f0} 与三相稳态短路电流为额定值时励磁电流 I_{fk} 之比。

$$K_c = \frac{I_{f0}}{I_{fk}} = k_\mu \frac{1}{X_d} \tag{2-51}$$

式中　k_μ——空载电压饱和系数。

短路比 K_c 的数值对发电电动机影响较大，它与同步直轴电抗 X_d 成反比。增大短路比的数值，可提高发电电动机的静态稳定性，例如，增大短路比可使发电电动机在欠励状态下的稳定能力增加，即提高在充电运行和进相运行工况下的稳定性；此外，增大短路比还可以减小发电电动机的电压变化率。但随着短路比的增大，发电电动机额定运行工况励磁电流会随之增加，使得发电电动机转子用铜增加，经济成本增加。因此，短路比的选择要兼顾运行性能和电机造价两方面的要求。

常规水轮发电机远离负荷中心，一般要求短路比大于 1.0，发电电动机通常位于负荷中心附近，对短路比的要求可以适当降低。

3) 空载电压波形畸变率。GB/T 7894《水轮发电机基本技术条件》中规定：水轮发电机定子绕组接成正常工作方法时，在空载额定电压和额定转速时，线电压波形的全谐波畸变因数 THD 应不超过 5%。THD 的计算方法为

$$THD = \sqrt{\sum_{n=2}^{k} u_n^2} \qquad (2\text{-}52)$$

式中　u_n——n 次谐波电压幅值与基波电压幅值之比；

　　　n——谐波次数，$k=100$。

(2) 瞬态参数。瞬态参数包括瞬变电抗和超瞬变电抗等，它们对发电电动机的运行性能有影响，直轴瞬变电抗 X_d' 影响发电电动机动态稳定极限，X_d' 越小，动态稳定极限越大，同时影响突加负荷时的瞬态电压降及电压变化情况；在电磁负荷已知的条件下其值主要取决于定子绕组和励磁绕组漏抗的大小。直轴超瞬变电抗 X_d'' 直接关系到发电电动机突然短路时短路电流的冲击幅值及脉振电磁转矩幅值，X_d'' 越小，冲击电流越大，同时作用于绕组端部及转轴颈上的力和转矩越大，X_d'' 越小承担不平衡负荷的能力越大。

1) 直轴瞬变电抗 X_d'。直轴瞬变电抗 X_d' 则影响发电电动机的动态稳定性。较小的 X_d' 能提高发电电动机的动态稳定性，但会制约电负荷 A 的提高，影响发电电动机的经济性。现代发电电动机的直轴瞬变电抗 X_d' 一般控制在 0.25～0.35 之间。大型机组取上限，定子内冷的发电电动机可适当突破上限值。

2) 直轴超瞬变电抗 X_d''。直轴超瞬变电抗 X_d'' 是制约发电电动机短路电流的关键参数。由于发电电动机动态超瞬变时间较短，因此，X_d'' 对动态稳定性的影响也很小。但在各种短路工况下，发电电动机短路电流的超瞬变分量有效值和非周期分量的最大值都与直轴超瞬变电抗 X_d'' 成反比和部分反比关系。所以，发电电动机设计中希望 X_d'' 取值大一些。

设计中影响直轴超瞬变电抗 X_d'' 主要因素有两个：一是电磁负荷的比值 A/B_δ，该值越大，X_d'' 越大；另一个因素就是阻尼绕组的漏磁。漏磁越大，X_d'' 越大。因此，有时为了提高 X_d'' 满足要求，可适当增加阻尼条槽口的深度和减小该槽口的宽度。

(3) 其他参数汇总。表 2-6 是发电电动机主要参数的取值。

表 2-6　　　　　　　　　　发电电动机主要参数典型值（不饱和值）

参数	典型值 一般选取范围
X_q	$\dfrac{0.71}{0.54\sim0.88}$
X_1'	$\dfrac{0.21}{0.15\sim0.35}$
X_q''	$(1\sim1.35)X_d''$

续表

参数	$\dfrac{\text{典型值}}{\text{一般选取范围}}$
X_2	$\dfrac{0.22}{0.15\sim0.3}$
X_0	$\dfrac{0.1}{0.061\sim0.17}$
T'_{d0}	$\dfrac{6.1}{1.77\sim10.5}$
T'_d	$\dfrac{1.8}{0.54\sim3.7}$
X''_d	$\dfrac{0.055}{0.0177\sim0.1}$
T_a	$\dfrac{0.2}{0.008\sim0.33}$

注　时间常数单位为 s，电抗为标幺值。

5. 效率与损耗

（1）效率。发电电动机的发电工况效率为发电机向电网输送的功率与输入发电机轴上的功率之比，电动工况效率为电机轴上输出的机械功率与电网输入电机的功率之比。

发电电动机效率表达式为

$$\eta = \left(1 - \frac{\sum P}{P_{\text{out}} + \sum P}\right) \times 100\% \tag{2-53}$$

式中　$\sum P$——发电电动机的总损耗，kW；

P_{out}——发电电动机的输出功率，kW。

一般小容量（50MW 以下），$\eta=92\%\sim97\%$；

中容量（50～150MW），$\eta=97\%\sim98\%$；

大容量（150MW 以上），$\eta=98\%\sim99\%$。

（2）损耗的分类。发电电动机主要损耗的分类、产生原因、主要决定因素以及降低损耗应特别注意的问题见表 2-7。

表 2-7　　　　　　　　　　　　发电电动机损耗及分类

损耗类别			产生原因
基本损耗	定子绕组铜损耗		负载电流的电阻损耗
	励磁损耗		励磁电流的电阻损耗、电刷接触损耗
	定子齿和轭铁损耗		主磁通交变引起的磁滞及涡流损耗
电气损耗 杂散损耗	附加铁耗	转子或磁极表面损耗	定子存在齿槽引起的气隙磁通波动
		阻尼绕组损耗	定、转子存在齿槽引起的气隙磁通波动
		转子或磁极表面损耗	定子磁动势的高次谐波和齿谐波
		定子齿附加损耗	定、转子磁场 3 次谐波
		端结构件中附加损耗	端部漏磁场在结构件中的涡流损耗
	附加铜耗		槽漏磁引起的电流集肤效应及股线处在槽漏磁场中不同位置而产生的循环电流及涡流损耗

续表

损耗类别		产生原因
机械损耗	通风损耗	风扇损耗及通风系统损耗
	风磨损耗	冷却气体与转子表面摩擦
	滑环摩擦损耗	电刷与滑环摩擦
	轴承摩擦损耗	液体润滑摩擦及搅拌损耗

三、发电电动机运行方式

（一）发电电动机电磁功率和静态稳定

功角特性是同步电机的电磁功率的一种常用表达方式，对于发电电动机

$$P_{em} = m\frac{E_0 U}{X_d}\sin\delta + \frac{mU^2}{2X_d X_q}(X_d - X_q)\sin2\delta \tag{2-54}$$

式中　　　　$m\dfrac{E_0 U}{X_d}\sin\delta$——基本电磁功率；

$\dfrac{mU^2}{2X_d X_q}(X_d - X_q)\sin2\delta$——附加电磁功率。

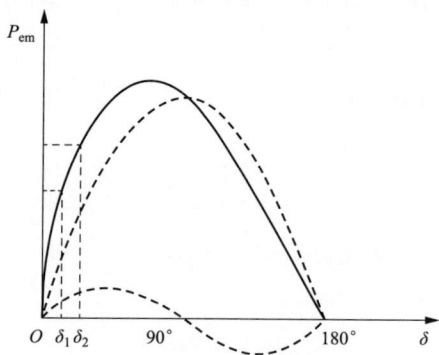

图 2-17　发电电动机的功角特性

由式（2-54）可知，当电网电压 U 和频率 f 恒定，参数 X_d 和 X_q 为常数，励磁电动势 E_0 不变（即 I_f 不变）时，同步电机的电磁功率只取决于 E_0 和 U 的夹角 δ，称为功率角，简称功角。功角可视为主极磁场轴线与气隙合成磁场轴线之间的夹角。习惯上，称 $P_{em}=f(\delta)$ 为同步电机的功角特性，图 2-17 为发电电动机的功角特性。

当发电电动机作为发电状态运行时，图 2-17 按发电机惯例，功角为主极磁场轴线超前气隙合成磁场轴线的角度。假定机组初始稳定运行在功角为 δ_1 的工作点上，忽略转子上损耗，则 $T_{em}=T_{mec}$，即电磁功率等于轴功率，如果增加水轮机的输出功率，则 $T_{mec} > T_{em}$，机组轴上会出现剩余功率，导致电机加速，主极磁场轴线前进一步超前气隙合成磁场轴线，功角增大。当电磁功率和水轮机新的输出功率匹配，电机将达到新的功率平衡，功角稳定运行在 δ_2。此时必有 $\delta_2 > \delta_1$。

当发电电动机作为抽水状态运行时，图 2-17 按电动机惯例，功角为主极磁场轴线落后于气隙合成磁场轴线的角度。同样地，忽略电机损耗，假定机组初始稳定运行在功角为 δ_1 的工作点上。若要增加抽水功率，则机械转矩会随之增加，使 $T_{em} < T_{mec}$，机组动力不足，导致电机减速，使主极磁场轴线进一步落后于气隙合成磁场轴线，功角增加，电磁功率增加。当电磁功率增加到水泵所需要的大小后，机组达到新的机电能量关系平衡，功角稳定运行在 δ_3。此时必有 $\delta_3 > \delta_1$。

无论机组运行在发电还是电动状态，有功功率增加后，功角都会随之增加。但当功

角增加到一定程度时，电磁功率达到极限 P_{emmax} 时，若再增加有功功率，则输入和输出之间的平衡关系将被破坏，机组将不断加速（发电状态）或不断减速（电动状态），最终导致失步。而 P_{emmax} 即为同步电机的极限功率，并由此引入了同步电机静态稳定性的概念。

当电网或原动机偶然发生微小扰动时，若在扰动消失后，机组能自行恢复到原运行状态稳定运行，则称系统是静态稳定的，反之，就是不稳定的。

显然，发电电动机稳定运行的条件是 P_{em} 和 δ 必须同时增减，即功角特性上 P_{em} 单调上升的一段区域。因此，静态稳定的判据为 $\dfrac{dP_{em}}{d\delta}>0$。

反之，若 $\dfrac{dP_{em}}{d\delta}<0$，则运行是不稳定的。

$\dfrac{dP_{em}}{d\delta}=0$ 时，发电电动机保持同步的能力为 0，处于稳定与不稳定的交界，故该点称为同步电机的静态稳定极限。

因此，$\dfrac{dP_{em}}{d\delta}$ 是衡量发电电动机保持同步运行能力的一个系数，称为同步电机的整步功率系数或比整步功率 P_{syn}，其值越大，保持同步的能力越强，发电电动机的稳定性越好。

对于发电电动机，其整步功率系数 P_{syn} 为

$$P_{syn} = m\frac{E_0 U}{X_d}\cos\delta + mU^2\left(\frac{1}{X_q}-\frac{1}{X_d}\right)\cos2\delta \tag{2-55}$$

实际应用中，为使同步电机能稳定运行，提高供电可靠性，应使发电电动机的极限功率比其额定功率大一定的倍数，称 $k_M=\dfrac{P_{emmax}}{P_N}$ 为静态过载倍数或过载能力。一般要求 $k_M>1.7$。增大励磁电流和减小同步电抗可以提高发电电动机的极限功率，从而提高过载能力和静态稳定性。

（二）功率圆图和 V 形曲线

1. 功率圆图

发电电动机功率圆图（或运行容量图）表达了发电电动机在端电压和冷却介质温度为额定值的条件下，其有功功率和无功功率的关系。可表明发电电动机在功率因数变化的不同运行工况下，保证长期安全运行所允许的运行限额图。

在如图 2-18 所示的功率圆图中，横坐标投影代表无功功率，正负分别表示发出和吸收无功功率，纵坐标投影代表有功功率，当采用发电机惯例时，发电机运行状态时功率圆图位于上半平面，电动机状态运行时，功率圆图位于下半平面。因此，对于发电电动机来讲，功率圆图可以为四象限运行。图 2-18 中，A 点对应于发电状态额定工况（定子额定电压 U_N，额定电流 I_N，额定功率因数 $\cos\varphi_N$），其他重要的曲线有：KMA 为功率限制线；AH 为转子发热限制线；1234 为理论运行极限；abc 为留有 10% 余量的运行极限；$BKDAC$ 为定子发热限制线。

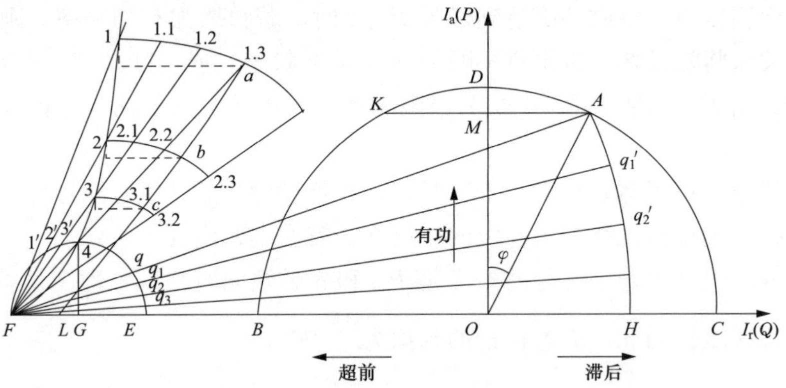

图 2-18　发电工况的功率运行特性

发电状态功率圆图可按如下步骤得到：

（1）电磁功率最大值表达式为

$$P_{emax} = U^2 \frac{X_d - X_q}{X_d X_q} \times \frac{\sin^3\delta}{\cos\delta} \qquad (2\text{-}56)$$

（2）设一系列功角 δ，求相应的 P_e（功角 δ 为 F 点的射线与 x 轴的夹角）。

（3）计算 U^2/X_q、U^2/X_d。

（4）作水平直线，取线上点 O 为圆心，以 $\overline{I} = \overline{I_N} = 1$ 作电流圆交于 B、D、C。（以下均用标幺值作图。）

（5）以 U^2/X_q 取 F 点，以 U^2/X_d 取 E 点，以 FE 为直径，以 G 为圆心作磁阻圆（下称小圆。）。

（6）以 F 点作对应于 δ 角的射线，对应于 P_e 值在纵轴坐标上取点 1、2、3、4…（第 4 点必须在小圆上，并过小圆圆心的垂线交点上），接 1、2、3、4、F 点，此即理论静稳定极限曲线。

（7）从 F 点作若干条射线，取 1—1′ 长度沿小圆弧上滑动得点 1.1、1.2、1.3…；取 2—2′ 长度沿小圆弧上滑动得点 2.1、2.2、2.3…；同理作出 3.1、3.2、3.3…，并分别连成曲线。

（8）从点 1、2、3…上分别量取 $0.1P_e$，并作水平线，分别交于 a、b、c、d…连接 a、b、c、d、…、L 点，即具有 10% 余量的实际静稳定极限曲线。10% 即考虑过负荷之值。此外，（$\overline{FL} = 0.1 \overline{Aq}$）。

（9）从 O 点取 φ 角作直线交于 A 点（φ 角即指 $\cos\varphi$ 角度），连接 A、F 点，交于小圆 q 点，$\overline{Aq} = I_{fN}$。

（10）从 F 作若干射线在 $\overline{AC}$ 范围内，取 $\overline{Aq}$ 长沿小圆弧滑动，量取 $\overline{q_2 q_2'}$、$\overline{q_2 q_2'}$、$\overline{q_3 q_3'}$…直到 H 点，连接 q_1'、q_2'、q_3'、…、H，使 $\overline{AH}$ 上各点到 Eq 上各点相等，则 $\overline{AH}$ 就是转子发热限制限。

（11）$\overline{AK}$ 为原动机功率线，AD 和 DK 为定子电流线，$\overline{OM}$ 为有功，$\overline{AM}$ 为滞后无功，$\overline{KM}$ 为超前无功。

如果实际静态稳定极限与定子电流圆相交，则将不稳定。为使相交情况下超前运行仍稳定，必须减小电流 I，画出新的定子电流圆，该圆必须在实际运行静稳定极限以下。

电动运行状态的功率圆图在三、四象限，与发电状态的功率圆图做法相似，只是功角为负。

2. V 形曲线

发电电动机在与电网并列稳态运行时，随其负荷的变化，定子电流的大小和相位（功率因数）也发生变化。同步电机的 V 形曲线（见图 2-19）是指定子电压额定、有功功率恒定、励磁电流变化时，电枢电流随励磁电流变化的曲线 $I = f(I_f)$。

在欠励区，励磁电流减小到一定数值时，电动机将失步，不能稳定运行。

图 2-19　同步电机 V 形曲线

改变励磁可以调节电动机的功率因数。利用同步电动机功率因数可调的特点，让其工作于过励状态，从电网吸收容性无功，可以改善电网的无功平衡状况，从而提高电网的功率因数和运行性能及效益。

（三）进相工况运行

随着电力系统的不断发展，电网结构的变化，特（超）高压、超高压远距离大容量输电网络的不断扩大，导致系统的无功需求大量增加。在节假日或午夜等系统负荷处于低谷时，其过剩无功将使电网电压升高，甚至超过运行电压容许的规定值，不仅影响供电的电能质量，还会使电网的损耗增加，经济效益下降。

发电电动机进相运行能吸收网络过剩的无功功率，降低系统电压。它是一种结合电力生产需要且切实可行的运行技术。最重要的是，它只需改变发电电动机工况就可以达到降压的目的，即利用系统现有的设备就能调节系统电压、改善电网电压的质量。这种方法操作简单，在发电电动机进相运行限额范围内安全可靠，还可以平滑无级调节电压，具有很强的灵活性。因此发电电动机进相运行是改善电网电压质量有效、经济的必要措施之一。

发电电动机进相运行属于一种正常的欠励同步运行状态，其吸收感性无功的能力（即发电电动机进相深度）受多方面因素制约，包括发电电动机组运行静态稳定性、定子过电流、发电电动机定子端部铁芯和端部结构件发热以及发电厂厂用电电压降低等。其中，发电电动机静稳定性除与发电电动机固有设计参数有关外，还与发电电动机所处的电力系统结构及其运行方式、选用的励磁调节器性能、运行及保护参数整定等因素有关。而发电电动机端部温升则是与发电电动机自身设计制造直接关联的，也关系到发电电动机运行安全和寿命的问题。

目前发电电动机进相能力的研究，已从传统作图、解析计算逐步发展为综合考虑系统机械、电气各模块影响的系统联合仿真、端部磁场及损耗数值分析、温度场仿真计算等。

（四）发电电动机不对称运行能力（负序能力）

当发电电动机所处电网有容量较大的单相负载或发生不对称故障（单相或两相短路）时，即处于不对称运行状态。此时，除正序系统外，还有负序和零序的电流与电

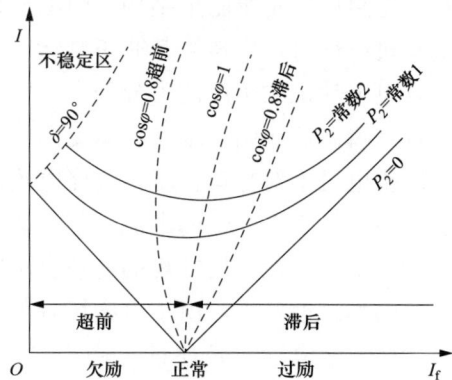

压，负序电流会在转子阻尼系统中引起附加损耗和发热，其发热程度与阻尼绕组节距、直径、全阻尼还是半阻尼结构、阻尼槽口深度及宽度、负序程度等都有关系。因此，发电电动机设计时，应核算其非正常运行工况下负序运行能力。

发电电动机的负序能力分稳态和暂态两种。稳态负序按其长期承受不对称负荷的能力设计，瞬态负序则要求其在承受两相突然短路等严重负序工况下短时间运行。

同步电机不对称运行时，负序电流产生的反向磁场会在转子铁芯、励磁绕组、阻尼绕组中感应频率为 $2f_n$ 的电流，引起附加损耗，转子过热。发电电动机转子结构复杂，除了励磁绕组损耗可用常规的电路方法准确计算之外，阻尼绕组与铁芯损耗的精确计算都十分困难。近年来，由于电磁场有限元计算研究取得了较大的进展，磁热耦合分析技术开始在发电电动机负序计算中得到应用。图 2-20 为发电电动机负序计算的电磁场、温度场模型，图 2-21 为稳态负序运行时阻尼条的涡流和温度分布。

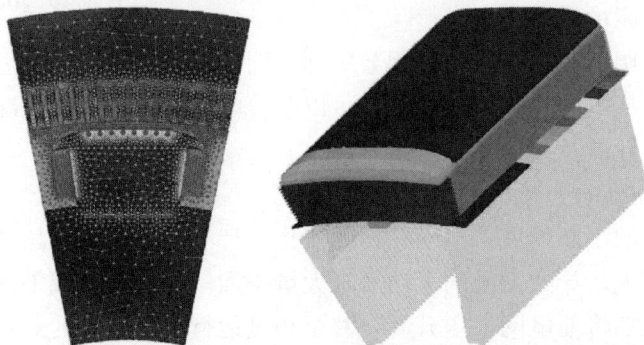

图 2-20　发电电动机负序计算的电磁场、温度场模型

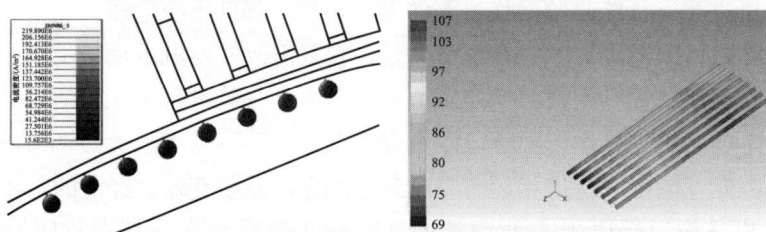

图 2-21　发电电动机稳态负序运行时阻尼条的涡流和温度分布

（五）发电电动机暂态非正常运行工况

发电电动机在电机故障情况下的暂态行为过程虽然很短暂，但对电机的危害却十分巨大。例如电机出口位置发生突然短路时，突然短路的峰值可能达到额定电流的 20 倍左右，会产生极大的电磁力和电磁转矩，可能会损坏定子端部线棒的绝缘，使转轴或机座发生变形。因此，在发电电动机的设计中，必须对其暂态非正常运行工况进行核算。

发电电动机典型的非正常运行工况有突然短路、误并网等。非正常运行产生的巨大冲击电流，会在定子端部绕组中产生巨大的电动力，给定子端部固定和绝缘造成危害。有必要对非正常运行工况的定子端部绕组电动力进行计算。

在工程应用中，对发电电动机暂态问题的研究方法已逐步从解析推导发展为系统仿真。通过仿真可得到对应工况的冲击电流和冲击转矩。以某抽水蓄能电站发电电动机及电网系统的仿真模型为例，发电电动机作为系统中的一个元件，考虑励磁调节器、调速器、水轮机、饱和效应，以微分方程组表示整个系统，如图 2-22 所示。

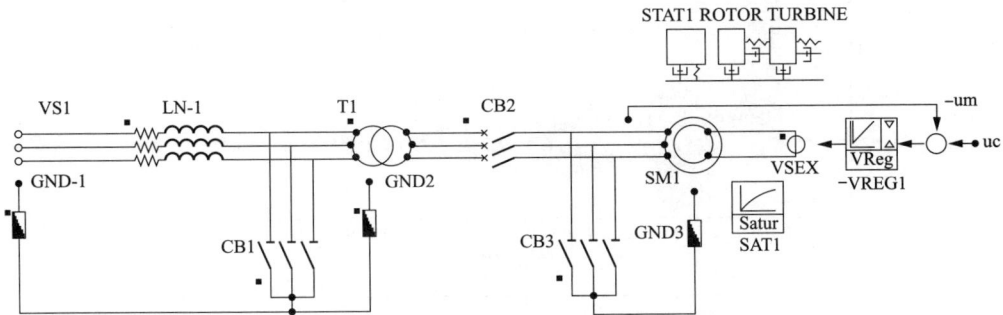

图 2-22 发电电动机暂态仿真计算模型

图 2-22 中，VS1 为表征电网的电源；通过线路阻抗 LN-1、主变压器 T1 与发电机 SM1 相连；CB2 为电机出口断路器；CB1、CB3 是模拟不同位置系统短路扰动的接地开关，经接地阻抗 GND3 接地；发电电动机由励磁电源 VSEX 励磁。在机械方面，系统模型包含电机的定子 STAT1、转子 ROTOR 及水泵水轮机 TURBINE。

典型的非正常运行工况仿真结果如图 2-23 和彩图 2-23 所示。分析定子端部受力的几何模型如图 2-24 和彩图 2-24 所示。

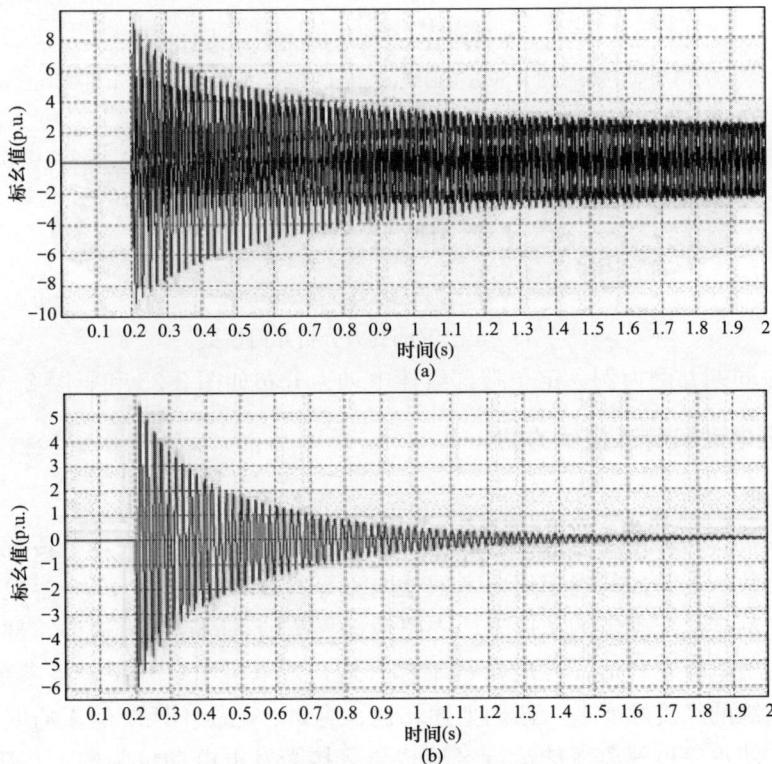

图 2-23 三相突然短路及 120°非同期并网瞬态过程（一）

（a）三相突然短路电流曲线；（b）三相突然短路电磁转矩曲线

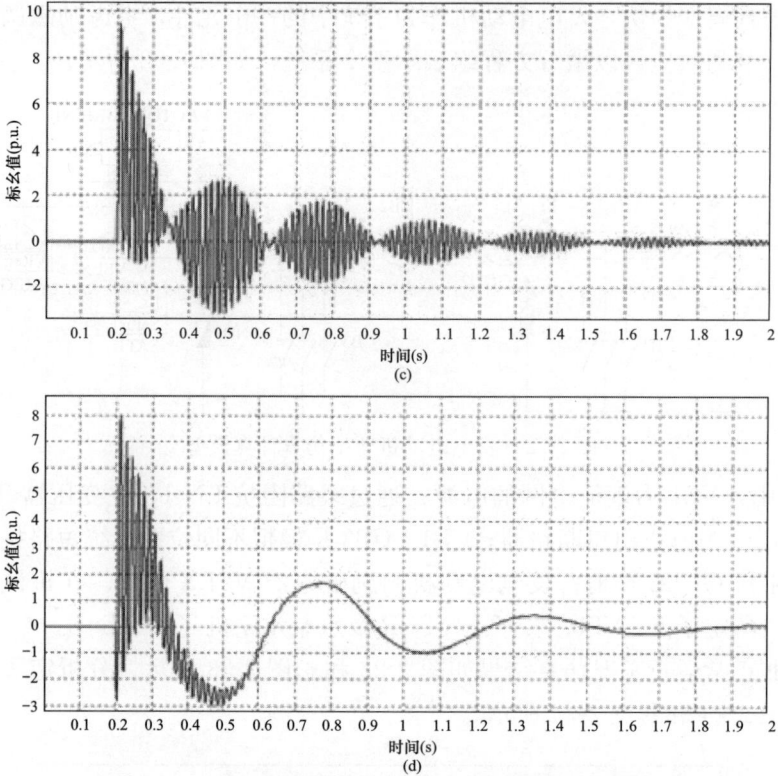

图 2-23　三相突然短路及 120°非同期并网瞬态过程（二）

（c）120°非同期并网 A 相电流曲线；（d）120°非同期并网电磁转矩曲线

图 2-24　定子端部受力分析几何模型

以 120°非同期并网为例，定子端部线棒电动力分布如图 2-25 和彩图 2-25 所示。

四、发电电动机特殊接线方式

（一）概述

水泵水轮机转速决定发电电动机极数选取，发电电动机极数决定了传统接线方式定子绕组的支路数。支路数的确定还要考虑槽电流等参数的合理性。某一容量的发电电动机，在转速和额定电压确定的条件下，支路数选择范围是固定的。这样，部分发电电动机可能会出现槽电流不合适，性能参数不尽合理，发电机出口开关设备参数选择困难，使整个电站系统的经济性变差。遇到上述转速、容量、电压不匹配的矛盾时，要么改变水轮机转速，使水轮机偏离最佳运行区域，要么接受发电电动机某些不尽理想的性能，使电站的经济性下降，二者的代价均很昂贵。特别是高转速抽水蓄能机组，各档转速之间差距大，很难通过调整水泵水轮机转速来兼顾发电机支路数选择。

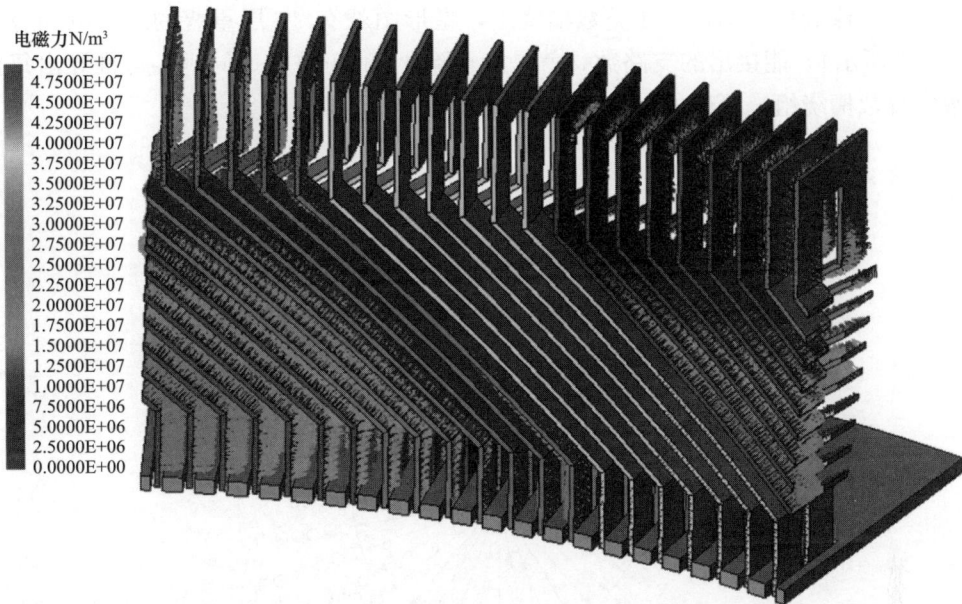

图 2-25　120°误并网定子端部电动力矢量分布

以某水头为 500m 级、单机容量为 300MW 级的抽水蓄能机组为例，转速选择为 428.6r/min 时，水泵水轮机综合性能最优；发电电动机极数为 14，采用传统常规接线的三相双层定子绕组，其支路对称条件及槽电流决定了支路只能选择 7，此时槽电流约为 3500A，虽能保证运行安全可靠性，但 X''_d 较低，槽数增多，铁芯较长，经济性相对较差。如果采用某种特殊接线方式将上述机组定子绕组接成 4 支路绕组，则其槽电流可提高到 6100A 左右，槽数可减少，铁芯可缩短，X''_d 饱和值可大幅度增加，可提高电站经济性，同时也可以进一步提高机组安全可靠性。

特殊接线绕组有两种方式：一种是采用非对称支路接线绕组，另一种是采用单根线棒连接对称支路接线绕组。所谓非对称绕组是指每相各支路电动势大小或相位不同的定子绕组；而对称绕组则是指每相各支路电动势大小和相位均一致的定子绕组。

（二）特殊接线的原理

传统常规接线方法，是以单个线圈作为基本单元进行分析。将一个线圈的上层边矢量与下层边矢量合成，作为该线圈的电动势矢量。对于整数槽绕组，绕组单元电机数 t 等于极对数 p，绕组电势星形图有 p 层重叠的线圈电动势矢量（如图 2-26 所示），支路数 a 是能整除极数 $2p$ 的正整数。对于每极每相槽数的分数槽绕组，可选的对称支路数 a 需满足 $\dfrac{4p}{aD}$ 的值为整数，其中 D 为每极每相槽数 q 的分母。对于 14 极发电电动机，无论每极每相槽数选择为整数还是分数时，按传统接线，对称支路数的选择范围最大为 1、2、7、14 四种。非对称支路绕组接线原理与传统接线一致，也是以线圈为基本单元，只是各支路电动势大小或相位不一致。

单根线棒连接，则是将单根线棒作为基本单元分析绕组，将上、下层线棒的电动势矢量单独分析，由于上、下层线棒电动势矢量方向一致，大小相同，星形图可扩展为包括上、下层线棒的星形图；对于整数槽绕组，星形图就有 $2p$ 层重叠的线圈电动势矢量（如图 2-27 所示），能接出的支路数 a 就是能整除 $4p$ 的正整数。同理，可推导出每极每相槽数的分数槽绕组，可选的对称支路数 a 为能整除 p 的正整数。

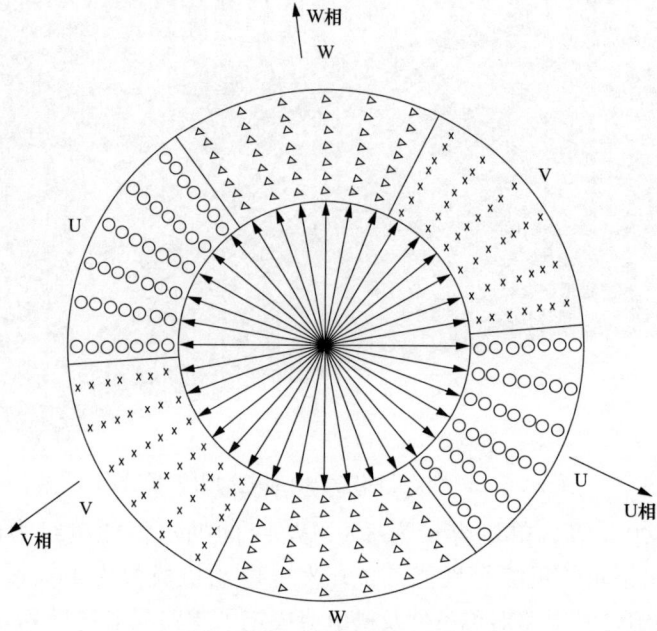

图 2-26　传统常规接线星形图

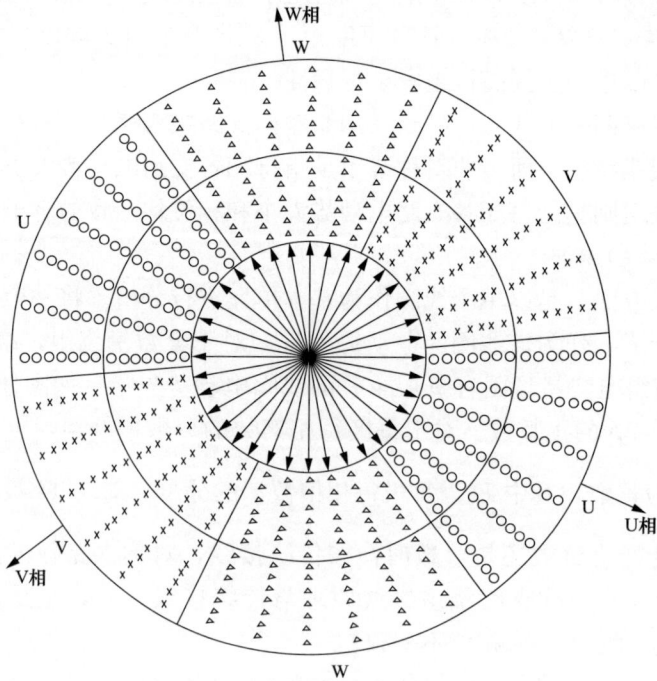

图 2-27　单根线棒连接法星形图

对于 14 极发电电动机，无论每极每相槽数选择为整数还是分数时，如果按单根线棒连接法接成 4 支路，则每相各支路对称，即各支路空载电动势大小、相位均一致。

采用非对称接线，无论是叠绕组还是波绕组，均可使用短距，以削弱定子 5、7 次谐波。而采用单根线棒对称接线，为接线方便一般使用整距，短距系数为 1，以单根线棒电动势矢量为基本单元，星形图中每一个矢量不是上下层线圈叠加的结果。

为了表示支路电动势的不同程度，引入不对称度，其定义为支路电动势差幅值的最大值与最大支路电动势幅值的比值，可表示为

$$\Delta U = \left| \frac{\Delta U_{max}}{U_{max}} \right| \times 100\% \tag{2-57}$$

（三）非对称支路接线

非对称支路接线可以分为两种情况，各支路间电动势同相位连接（各个支路的电压幅值略有不同、相角相同）和各支路间电动势非同相位连接（各个支路的电压幅值相同、相角略有不同）。

以某假定的 14 极发电电动机为例进行分析。该电机容量为 280MVA，额定电压为 16.5kV，频率为 50Hz，并联支路数为 4，定子槽数为 168，每极每相槽数 $q=4$。满足 $\frac{2p}{a}$ 的值为整数的所有可能的对称并联支路数是 1、2、7、14，最大并联支路数为 14。为了解决容量、转速和槽电流不匹配的矛盾，并联支路数取为 4。此时槽电流约为 4240A，比较合理。支路数 $a=4$ 时，每相每支路槽数为

$$Z_a = \frac{Z}{ma} = \frac{168}{3 \times 4} = 14 \tag{2-58}$$

1. 槽电势星形图绘制

每极每相槽数 $q=4$，极对数 $2p=14$，单元电机数 $t=7$，槽距角 $\alpha=15°$（电角度），可绘制槽电动势星形图如图 2-28 所示，图中只标出了 U、u 相带的槽号。从图 2-28 可以看出对于整数槽电机，绕组的单元电机数 t 等于极对数 p，槽电动势星形图有 p 层重叠的电动势矢量。这样，正、负相带就有 $2p$ 组相同的电动势矢量，正相带 p 组，负相带 p 组，最多可以接 $2p$ 条并联支路对称的绕组。这就是以单个线圈为基础的槽电动势星形图。从槽电动势星形图可以看出，U、V、W 三相是对称的，以其中 U 相为例进行分析：

属 U 相带的槽号：1，2，3，4，25，26，27，28，49，50，51，52，73，74，75，76，97，98，99，100，121，122，123，124，145，146，147，148。

属 u 负相带的槽号：13，14，15，16，37，38，39，40，61，62，63，64，85，86，87，88，109，110，111，112，133，134，135，136，157，158，159，160。

U、u 相带的槽数分别为 28 槽，各支路槽号可以划分如下。

U 相带串联槽号为

U1：1，25，49，73，97，121，145。

U2：2，26，50，74，98，122，146。

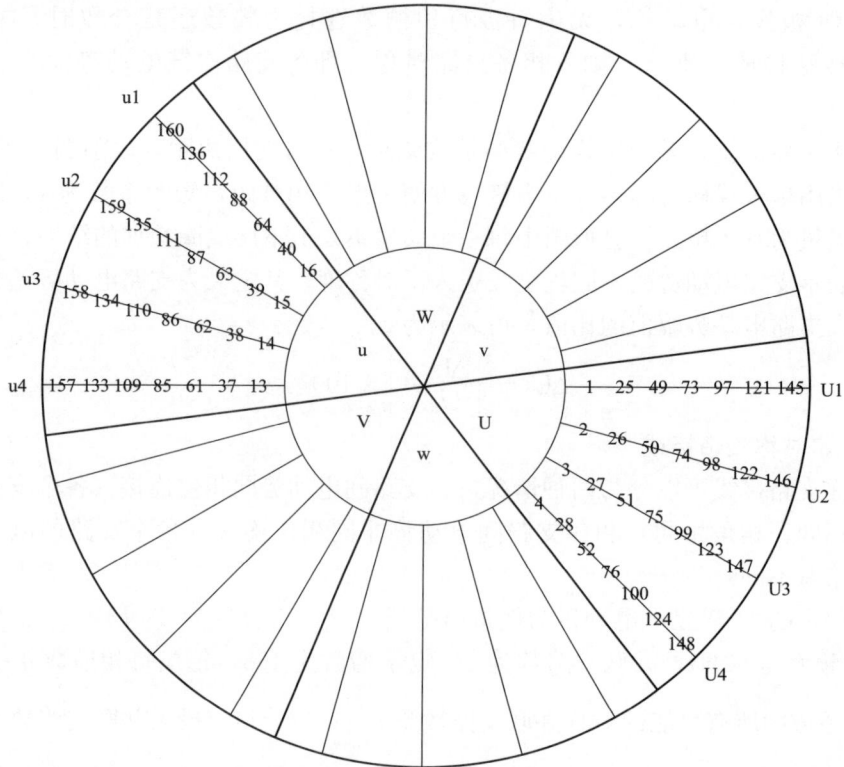

图 2-28　槽电动势星形图

U3：3，27，51，75，99，123，147。

U4：4，28，52，76，100，124，148。

u 负相带串联槽号为

u1：16，40，64，88，112，136，160。

u2：15，39，63，87，111，135，159。

u3：14，38，62，86，110，134，158。

u4：13，37，61，85，109，133，157。

正负相带四条支路可以有多种连接方式，常采用支路间电动势同相位接线和支路间电动势非同相位接线两类。这两类绕组接线没有改变上下层导体的相对位置，即绕组的节距没有改变，削弱谐波的情况也没有改变，所以只需研究绕组的分布系数。下面就这两种接线方式分析计算支路电动势、绕组分布系数和不对称度。

2. 单元电机 U 相支路电动势、分布系数和不对称度计算

以波绕组为例分析计算同相接线和非同相接线两种接线方式的支路电动势、绕组分布系数和不对称度。

（1）支路间电动势同相位接线。同相位接线的电势矢量图如图 2-29 所示，各支路正负相带电势的夹角为 α（整数槽时同槽距角）。可见，支路 1 的电动势 U_1 和支路 4 的电动势 U_4 大小相等，支路 2 的电动势 U_2 和支路 3 的电动势 U_3 大小相等，所以只需分析计算支路 1 和支路 2 的电动势、分布系数和不对称度。

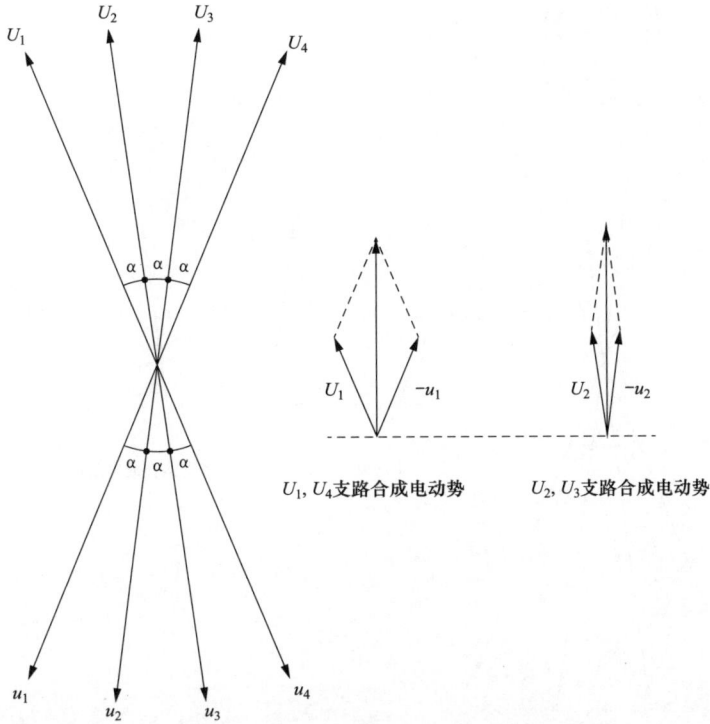

图 2-29　支路间电动势同相位接线图

支路合成电动势分别为

$$U_1 = U_4 = 2U\cos\frac{3}{2}\alpha \tag{2-59}$$

$$U_2 = U_3 = 2U\cos\frac{1}{2}\alpha \tag{2-60}$$

分布系数为

$$k_{d1} = k_{d4} = \frac{U_1}{2U} = \cos\frac{3}{2}\alpha \tag{2-61}$$

$$k_{d2} = k_{d3} = \frac{U_2}{2U} = \cos\frac{\alpha}{2} \tag{2-62}$$

显然，两组合成电动势矢量相位相同，但幅值大小不同，不对称度为

$$\Delta U = \frac{U_2 - U_1}{U_2} = 2\sin\alpha \cdot \tan\frac{\alpha}{2} \tag{2-63}$$

式中　U——每个线圈的电动势；

$U_1 \sim U_4$——支路 1～4 的电动势；

$k_{d1} \sim k_{d4}$——支路 1～4 的分布系数；

α——相邻矢量间夹角或槽距角（整数槽）。

（2）支路间电动势非同相位接线。非同相位接线各支路合成电动势矢量方向如图 2-30 所示。

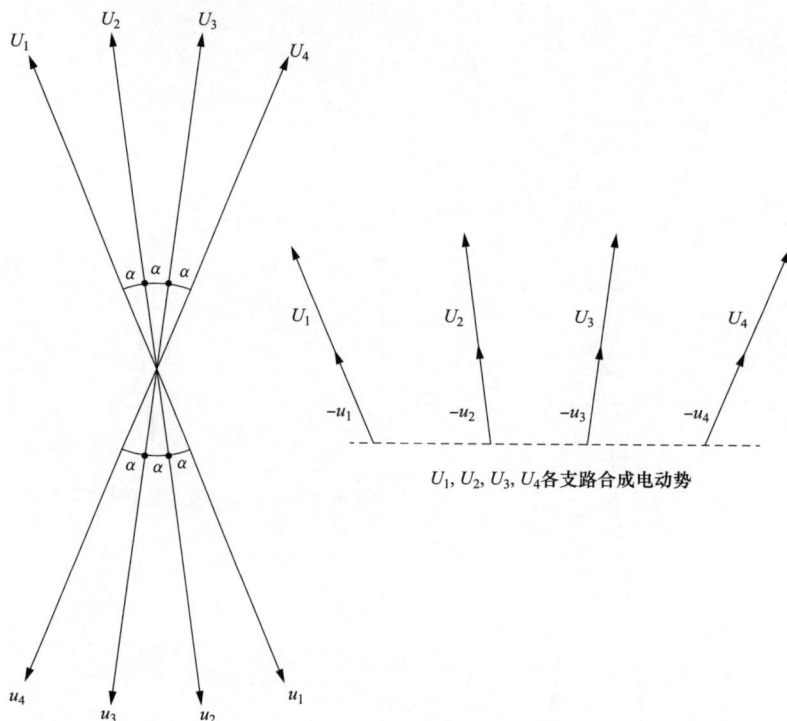

图 2-30　支路间电动势非同相位接线图

单元电机支路电动势为

$$\overline{U}_1 = 2U\left(\cos\frac{3}{2}\alpha + \mathrm{j}\sin\frac{3}{2}\alpha\right) \tag{2-64}$$

$$\overline{U}_2 = 2U\left(\cos\frac{\alpha}{2} + \mathrm{j}\sin\frac{\alpha}{2}\right) \tag{2-65}$$

$$\overline{U}_3 = 2U\left(\cos\frac{\alpha}{2} - \mathrm{j}\sin\frac{\alpha}{2}\right) \tag{2-66}$$

$$\overline{U}_4 = 2U\left(\cos\frac{3}{2}\alpha - \mathrm{j}\sin\frac{3}{2}\alpha\right) \tag{2-67}$$

分布系数为

$$k_{\mathrm{d}1} = k_{\mathrm{d}2} = k_{\mathrm{d}3} = k_{\mathrm{d}4} = 1$$

即四组合成电动势矢量幅值大小相同，但相位不同，不对称度为

$$\Delta U = \left|\frac{\overline{U}_1 - \overline{U}_4}{\overline{U}_1}\right| = 2\sin\frac{3\alpha}{2} \tag{2-68}$$

（四）单根线棒对称支路接线

以某假定的 6 极电动机为例进行分析。其定子槽数为 72，每极每相槽数 $q=4$。

1. 槽电势星形图绘制

每极每相槽数 $q=4$，极对数 $2p=6$，单元电机数 $t=3$，槽距角 $\alpha=15°$（电角度），可绘制槽电动势星形图如图 2-31 所示，图中只标出了 A、X 相带的槽号。从图 2-31 可以看出对于整数槽电机，绕组的单元电机数 t 等于极对数 3，槽电势星形图有 3 层重叠的电动势矢量。这样，正、负相带就有 6 组相同的电动势矢量，正相带 3 组，负相带 3 组，能接出的对称支路数为 1、2、3、6。但如果以单根线棒作为基本单元，那么重叠的矢量增加一倍，为 6 层，如图 2-32 所示。图中 1′、2′…表示第 1、2…槽下层线棒矢量。由此可看出，能接出的对称支路数为 1、2、3、4、6、12。

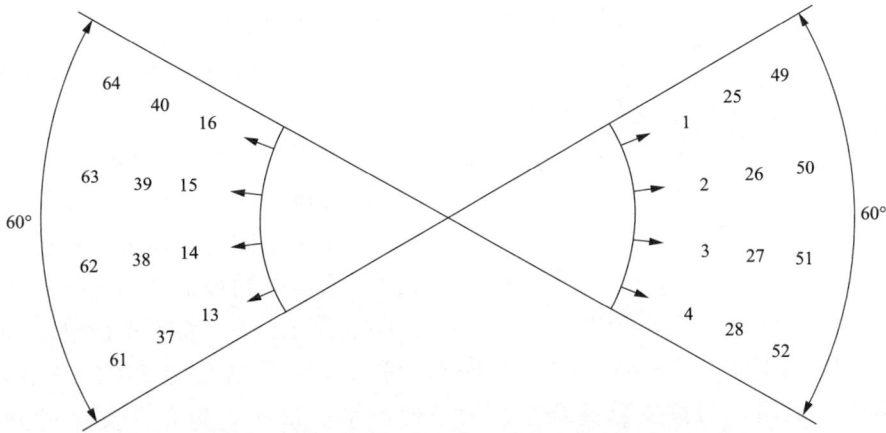

图 2-31 槽电动势星形图（3 层重叠电动势矢量）

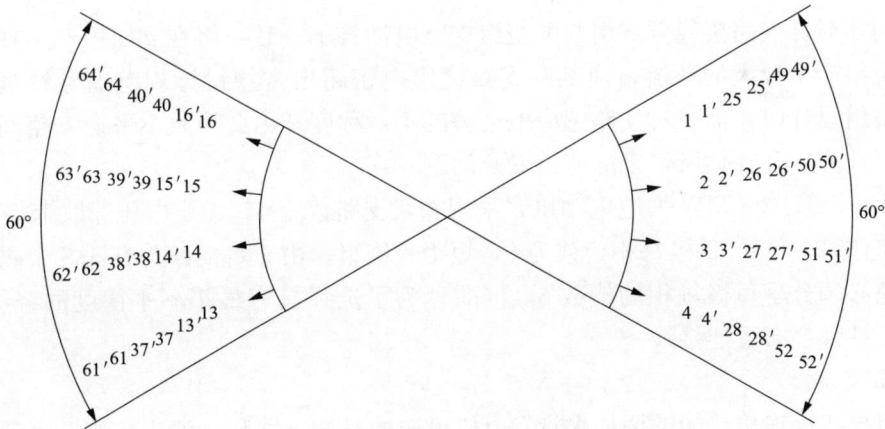

图 2-32 槽电动势星形图（6 层重叠电动势矢量）

2. 单根线棒连接法的电势谐波

单根线棒连接法的谐波研究表明采用 60°标准相带接线，5 次和 7 次谐波的分布系数分别为 0.2053 和 0.1576，绕组电动势的低次谐波幅值较大。采用增大每相分布角度的方法来降低低次谐波幅值，5 次和 7 次谐波的分布系数分别为 0.1039 和 0.0253。该方法是将不同相的电动势矢量在星形图中交叉分布，而不是按某一角度严格划分，在进行矢量划分时一定要注意三相的对称性，同时，每条支路所属的线棒矢量分布必须完全

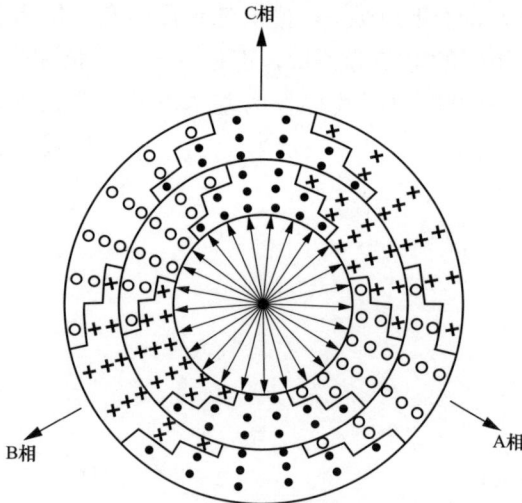

图 2-33　3 相 4 支路增大分布角度的
单根线棒电动势矢量星形图

相同，如图 2-33 所示。增大矢量的分布角度，可以有效地降低绕组电动势的低次谐波幅值，但分布角度不能增加太大，否则，基波分布系数过小，绕组的利用率降低。特别是对于高速大容量发电机，绕组系数的降低，对发电机的极限容量和效率都有较大的影响。

（五）几种特殊接线应用方式

1. 方式 1

采用非对称支路接线能够解决转速、容量、电压不匹配的矛盾。通过对定子线圈不同的连接方式进行比较，找出不平衡电动势最低的连接方式作为机组的接线方法，将不平衡电动势控制在 2‰ 之内。针对 14 极、300MW 发电电动机，可选择定子槽数为 240，采用分数槽、短距、接成 4 支路非对称支路叠绕组。为了使不平衡最小，每相 4 支路可分为相同的 2 组，每组具有相同的感应电动势。4 支路电压相量偏差是 0.67%，相角偏差 0.22°。

2. 方式 2

采用非对称支路接线方式引起的绕组支路电动势不一致，将在支路中产生环流。为了避免绕组产生较大的环流，使某些支路绕组电密超出常规设计规范而导致过热。因此，在绕组设计时，需要对支路感应电动势的不对称度和由此导致不平衡支路间的环流大小进行计算，并评估所带来的绕组发热问题。

对于 14 极、300MW 发电电动机，采用并联支路数为 4，额定电压选取 15.75kV 或 18kV，选择 252 槽，每极每相槽数为 6，短距叠绕组。由于每支路为有 3.5 个磁极，每两个支路必须分享每极每相的槽数 6。同时，为了选择具有最小不平衡度的绕组分布，绕组上下端都会布置连接线。

3. 方式 3

按单根线棒连接法能够增加水轮发电机可选的对称支路数，解决转速、容量、电压不匹配的矛盾。例如将发电电动机上、下层线棒单独考虑，其包含上、下层线棒电动势矢量的星形图由 14 层重叠电动势矢量组成（见图 2-34）。按 60° 标准相带，将星形图分为 6 个相带，每个相带包含 2 支路，每相每支路在星形图中从内到外含有 7 层共 42 个电动势矢量，其中每层为 6 个电动势矢量；每相每支路分布范围相同，且所包含的电动势矢量在星形图圆周方向和径向的分布均完全一致，保证每相各支路完全对称。在实际接线中，为了使 4 支路绕组适应特殊接线需要，采用了整距绕组，从上层线棒自然地连到下层线棒，并且在必要时增加少量的斜并头和连接线。

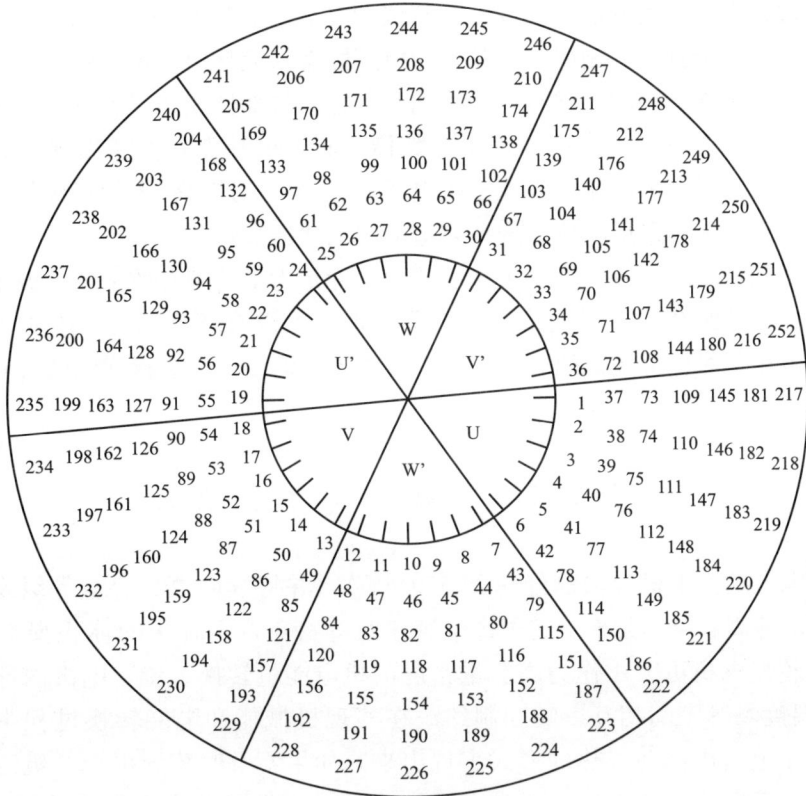

图 2-34 4 支路 252 槽电动势星形图

采用各方式解决转速、容量、电压不匹配的矛盾的理念不完全一致，但都是通过定子槽数的选择和不同的接线方式达到最终比较理想的设计方案。以 14 极、300MW 发电电动机为例，采用不同绕组型式及其导致的性能各有所不同。

（1）叠绕和波绕方面。叠绕和波绕的连接型式对电机运行性能的影响主要如下：叠绕组连接呈空间扇形分布，这种分布形式能大幅降低电磁刚度，这对发电机的运行稳定性十分有益。电机设计要求在不影响发电机电磁性能（满足绕组对称性并得到最大电动势）的条件下，应使绕组接线的极间连接线数量最少、长度最短，因此，对于高转速发电机（极数较少）宜采用叠绕组，对于低转速发电机（极数较多）宜采用波绕组。绕组形式的选择取决于整个绕组引线的长短，主要考虑减少定子铜耗以提高发电机的效率。即使是采用波绕组，也有全波绕组（每个分支均匀分布于电机内圆"1 周"或"几分之几周"或"几周"）和半波绕组（每个分支均匀分布于电机内圆"1/2 周"或"几分之一周"）之分，其对应的发电机的故障特点也不一样。

（2）跨接线连接方面。跨接线影响定子绕组发热量、定子端部受力。在实际工作中，希望跨接线最短最少。特殊接线 4 支路叠绕接线结构较复杂，绕组上端、下端均存在跨接。

（3）整数槽和分数槽选择方面。分数槽绕组能够改善电动势波形，但分数槽绕组产生的磁势中常含有一系列分数次谐波，在某些情况下它们和主极磁场相互作用可能产生一系列干扰力，当干扰力的频率（倍频）与机座固有（或自由）振动频率重合时，将发生共振，引起定子铁芯振动，导致定子线圈和其他结构部件损伤以致发生重大事故。整数槽绕组在接线和避免振动方面均优于分数槽，其主要缺点是可能出现较大的波形畸变，故在电磁设计时应采取相应措施改善电压波形，例如选择较大的每极每相槽数、优化极靴形状、定子铁芯采用斜槽、选择合适的阻尼绕组节距等。

（4）整距和短距选择方面。定子绕组节距设计是为了达到有效削弱谐波电动势。采用单根线棒连接整距绕组，则支路完全对称，理论上没有环流；若采用 4 支路短距绕组，则支路电压不对称，支路间有环流。不对称支路的设计应进行详细的计算，使支路环流电流最小。

➤ 第三节　通风冷却系统设计

大型发电电动机单机容量已经达到 500MVA，并持续向更高容量等级发展。发电电动机具有转速高、结构紧凑、转子每极容量大等特点，定转子的体积损耗密度相比常规电站水轮发电机更大，作为高能量密度的机电能量转换装置，电机内部多物理场（电磁场、温度场等）间相互影响和制约。在实现机械能和电能转换过程中，一部分能量将滞留于电机内部并以热的形式表现出来，如果不及时疏导出去，机组温度就会持续升高，严重时将破坏绝缘性能和金属结构件，对设备的安全运行造成重大影响。为此必须对电机通风冷却系统进行科学合理的设计和优化。

发电电动机的通风冷却系统涉及电机学、流体力学和传热学等多学科。虽然用于铁芯材料的硅钢片的低损耗化技术在不断地提高，但绕组的导体材料依然使用铜，目前仍然看不到因铜材料改善促进性能提高的迹象，因此要降低损耗是很困难的。如何实现电机的高效冷却，是电机设计工作的一个重要课题。

发电电动机通风系统结构复杂，转子部分处于高速旋转状态，内部空气处于相当复杂的流动换热过程。因此，其通风冷却系统设计必须将理论分析和工程试验统计相结合，相应的计算分析、模型试验和真机试验缺一不可。

一套良好的发电电动机通风冷却系统，不仅应产生足够的冷却风量，合理地分配空气流量，尽可能降低通风损耗，满足各部件的冷却需求，同时应考虑运行维护中的方便性，满足安全运行的各种要求。

一、发电电动机冷却方式和技术特点

大型发电电动机的冷却方式大体分为空冷式、水冷式和蒸发冷却式三种。水冷式电机在线圈内部布置空心股线，通入去离子水进行直接冷却，冷却效果好，并且效率高，但是定子线圈结构设计过于复杂，运行中存在一定安全隐患，因此直接水冷的技术应用并不广泛。蒸发冷却系统是一种非能动式冷却系统，相比水冷系统省去了动力水泵，但依旧不如空冷系统结构简单。相比而言，空气冷却是目前发电电动机采用的主流冷却

方式。

二、空冷发电电动机通风系统

根据发电电动机总体通风结构的布置方式，大体上分为强迫通风和自循环通风两种（见图 2-35）。

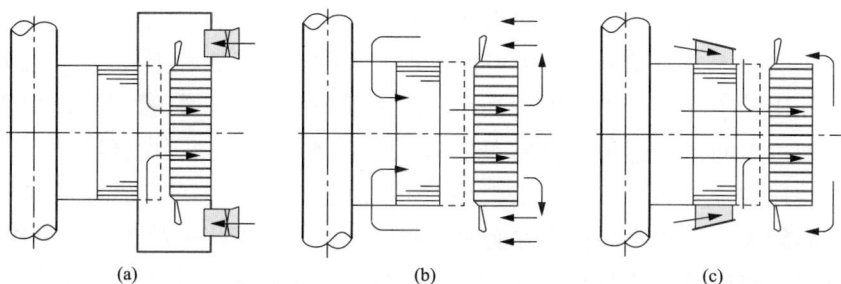

图 2-35 空冷发电电动机通风方式

（a）强迫通风；（b）自循环通风（径向）；（c）自循环通风（轴径向混合）

1. 强迫通风方式

20 世纪 80 年代，国外制造的 300MVA 级发电电动机由于轴向尺寸超过 3m，为了向转子极间供给大量冷却空气，采用了外置的电驱动鼓风机。这种强迫冷却方式由于比较容易保证较高的通风压头，冷却特性方面的限制得到了缓解，电机本身设计的自由度增大，线负荷取值可以超过 900A/cm，在当时成为主流设计方案并有大量工程应用，如日本玉原抽水蓄能电站 344MVA 级发电电动机。

我国早期的广蓄 I 期 333MVA，500r/min 级发电电动机也采用了强迫通风方式。该机组额定电压 18kV，槽数 171，槽电流 7128A，电负荷取值达到 882A/cm，这样高的电负荷是设计中很少采用的，因此设计中定子的通风冷却，特别是端部漏磁场引起的发热，成为重点解决的问题。为此，电机的定子机座采用多边形结构，机座外壁周向布置 8 台空气冷却器和上下端共 16 台风机（其中 2 台为备用风机）。定子通风沟宽度 8mm，轴向分段较为密集，便于冷却定子铁芯。为减小高线负荷下定子端部的发热，定子齿压板和端箍都采用了非磁性钢。另外，为满足转子强迫通风的要求，磁极铁芯和磁极线圈之间留有通风隙，使来自磁轭风沟和极间的气流能够同时冷却磁极线圈内外表面和磁极铁芯。磁极轴向上分段采用了特殊的冲片，使冷却空气可以沿磁极铁芯和线圈间通风隙径向流出到气隙和定子通风沟。图 2-36 为广蓄 I 期 333MVA 发电电动机通风系统布置。

强迫通风方式对外加风机选型有较高的技术要求。发电电动机自身风路风阻较大，如某 400MVA 级发电电动机选择强迫通风方式后，外加风机的实际工作压力将不低于 1200Pa，单个风机流量则达到 21600m³/h，考虑到安装空间有限，风机直径必须控制在 450～600mm 之间。综合这些技术要求，通风方案一般会选择十几台电功率 12.5kW 的中压级轴流（或混流）风机并联工作，以满足发电电动机的冷却需求。此外，风机需要具备长期负载不停转、故障率低的运行要求，以减少现场运维及更换次数；选择风机数量时还需考虑一定设计余量，若出现两台风机同时故障退出，剩余风机需要保证发电电动机负载工况的冷却条件不受影响。

2. 自循环通风方式

20 世纪 90 年代，推行电站无人值守运行，对电站主机设备提出了简化维护、省略辅机的要求。为此，淘汰了发电电动机外置电动鼓风机轴向通风的强迫通风方式，转而向自循环通风的技术方向发展。其中一种方式是通过在转子磁轭上设置大量的通风道和环形风隙，利用转子旋转形成的内外径离心压差驱动空气流动，提供发电机冷却条件。这种通过磁轭过风的径向通风方式在低转速的常规水轮发电机中已经得到了广泛的应用，但对于转速在 300r/min 以上的高速电机，由于径向尺寸小，磁轭通风面积有限，电机整体风阻较大，因此冷却特性方面的限制比较大。葛野川电站上依旧采用了自循环径向通风方式，整机风量达 229m³/s，定子线圈的温升也未超过设计保证值。清远抽水蓄能电站装备 356MVA-429r/min 级发电电动机组也采用了这种通风方式，整机风量达到 130m³/s。图 2-37 为葛野川 475MVA 发电电动机通风系统布置。

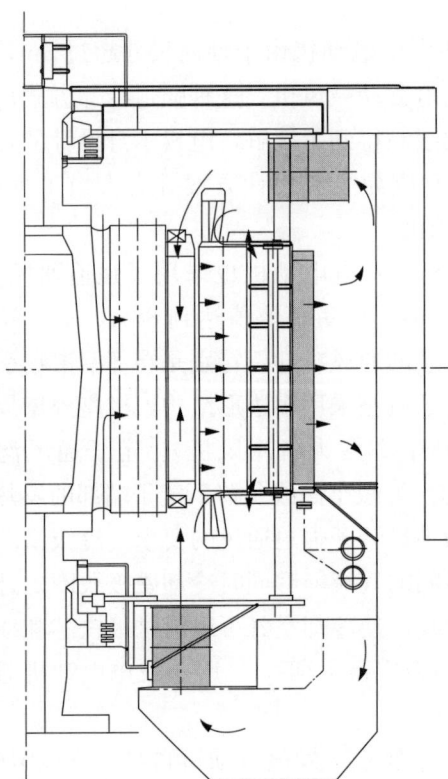

图 2-36　广蓄Ⅰ期 333MVA 发电电动机通风系统布置（强迫通风）　　图 2-37　葛野川 475MVA 发电电动机通风系统布置（径向自循环通风）

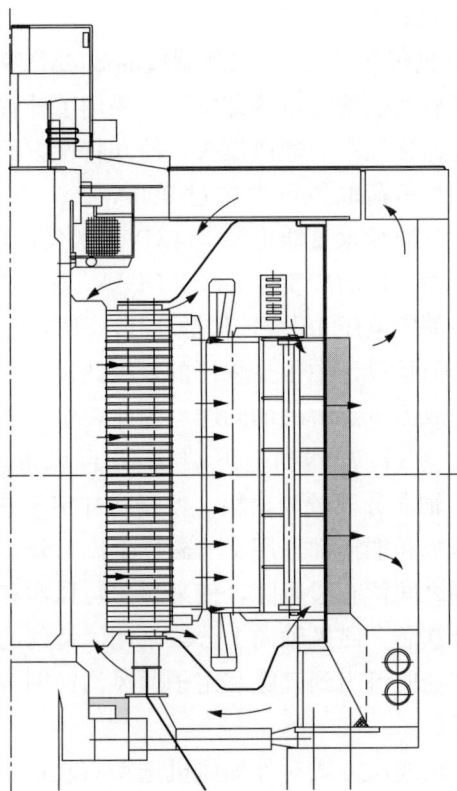

宝泉、惠州和呼和浩特等抽水蓄能电站装备的 333MVA，375r/min 采用了轴径向混合通风方式，整机风量达到 108m³/s。这种通风结构的磁轭上下端面安装了同轴离心式风扇，由于转子支架进风口的通风面积非常小，风路中超过 80％的冷却空气都会由离心风扇驱动流经转子磁极极间和定子端部，只有不到 20％的风量流经转子磁轭的径向风沟。为了保证转子磁极的有效冷却，除采用磁极铁芯和磁极线圈之间的通风隙外，在极间还布置了轴向挡风板，合理调节磁极线圈内外表面的冷却条件。图 2-38 为呼和浩特 333MVA 发电电动机通风系统布置。

仙居抽水蓄能电站 417MVA，375r/min 级发电电动机是国内目前单机容量最大并采用轴径向混合通风方式的机组，整机风量达到 165m³/s。与前述机组通风设计的不同之处在于，该电机采用端部回风方式，冷却空气从定子机座上风道和基础板下风道经定子线圈端部后，在转子离心风压作用下，流经磁轭和磁极，经过气隙进入定子铁芯径向风沟，最后汇入定子铁芯背部，重新回到冷却器。为保证足够的冷却风量，增加了转子磁轭上下端面与固定挡风板之间的离心导风叶。研究表明，对于这种通风结构，经过磁轭径向风隙的风量和经过离心导风叶到达极间的风量占转子总风量的比重可以各达到 50％。图 2-39 为仙居 417MVA 发电电动机通风系统布置。

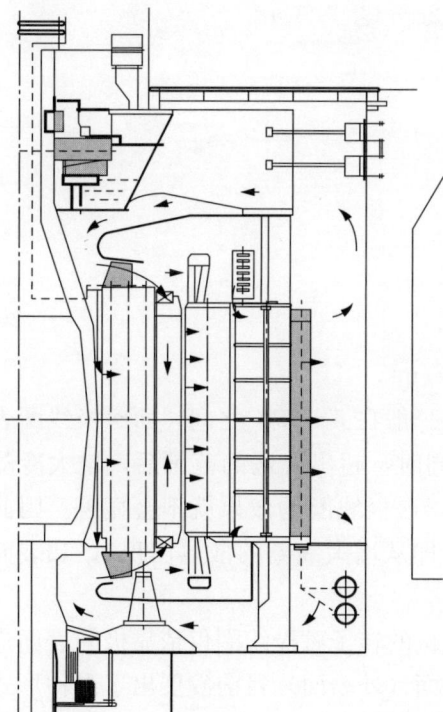

图 2-38 呼和浩特 333MVA 发电电动机
通风系统布置（轴径向自循环通风）

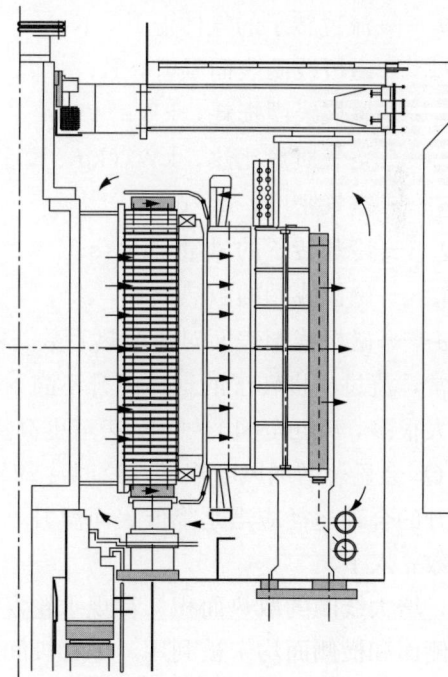

图 2-39 仙居 417MVA 发电电动机
通风系统布置（端部回风式轴径向通风）

3. 转子高效散热结构

转子高效散热技术是发电电动机冷却系统设计研制的技术难点。相较常规大型水轮

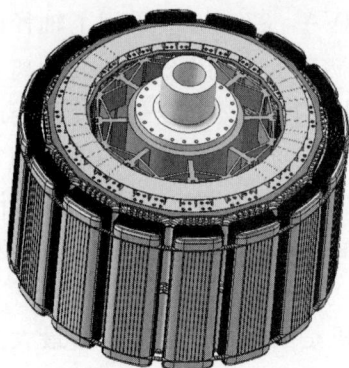

图 2-40　转子结构示意图

发电机，发电电动机的转子具有径向尺寸小、磁极极数少等特点（结构图如图 2-40 所示），转子每极容量远高于常规水轮发电机，转子线圈电流密度达到常规水轮发电机的 1.5 倍以上，相应同一参考温度下的励磁损耗密度（铜排单位体积发热量）远超后者。在如此高损耗密度条件下，仅采用磁极线圈外表面冷却结构要满足散热要求困难，可能引发绕组绝缘性能下降、线圈结构内部热应力和热变形过大等相关问题，所以要通过改进通风结构尽可能提高转子冷却效率。另外，机组风路设计需要综合权衡温升和通风损耗的关系。风量大、风速高固然对散热有好处，但会导致通风损耗超出合理范围，从而对电机效率产生负面影响，这一点在高转速电机中尤为突出。因此设计过程中既要在有限的空间里确保转子有效散热的同时，又要兼顾通风损耗的有效控制。

空冷电机转子的磁极线圈损耗热主要依靠表面的对流散热带走。磁极线圈对冷风的温升可以近似用式（2-69）表达

$$\theta_{rot} = \theta_g/2 + \theta_s = \frac{P_{rot}}{2c_g\rho_g Q_g} + \frac{P_{rot}}{A_s\alpha} \qquad (2\text{-}69)$$

式中　θ_g——流过转子的气体温升，K；

θ_s——磁极线圈表面温升，K；

P_{rot}——磁极线圈损耗，kW；

c_g——空气质量比热，kW/(kg·K)；

ρ_g——空气密度，kg/m³；

Q_g——冷却转子的风量，m³/s；

A_s——磁极线圈的散热面积，m²；

α——磁极线圈表面对流散热系数，kW/m²。

通常，流过电机转子的气体温升不高，θ_g 一般在 5～15K 之间，而磁极线圈表面温升却要大很多，θ_s 可达 40～60K 甚至更高。同时，超出合适的范围后，增大冷却转子的风量 Q_g 会显著增加风摩损耗，这时冷却转子磁极线圈的效果就不会显著。因此降低转子温升的合理途径应当是降低表面温升 θ_s，即从增大线圈的散热面积 A_s 和表面对流散热系数 α 入手。

（1）增大线圈的散热面积。常规水轮发电机的转子磁极线圈仅依靠极间表面进行散热，内侧面和横侧面均未被利用。尽管极间表面（外表面）目前发展出了多种形式的散热肋结构以增大散热面积，并在不断优化肋片效率，但依然不能够满足发电电动机冷却特性。目前被发电电动机普遍应用的是转子线圈架空的通风结构，也就是通常所说的磁极线圈内外表面散热方式。这种通风结构在线圈的内侧和极身之间留出狭窄的风道，相比单一的外表面散热，这种通风结构能够增加磁极线圈 40%～65% 的散热面积，有效地降低转子温升（见图 2-41）。

对于更大电密的线圈，还可以采用双层线圈或线圈内部开孔等结构，获得更大的散热面积。风道的出口可以在极靴侧的绝缘托板上开槽。线圈架空或双层线圈都使散热面积显著增大，但线圈架空后容易发生匝间错位或线圈变形，因此需要考虑设置有效的支承，例如在极身长度方向装设不锈钢围带等。

磁极线圈匝间架空也是利用匝间横侧面散热的有效措施，可以使线圈的散热表面积增大 200%～400%，因此能够获得最佳的散热能力（见图 2-42）。这种结构可以在相邻两匝之间垫以条形垫块，使磁极线圈的匝间形成 2～3mm 高的风道，也可以在铜排横侧面上铣出深 2mm 的横向槽，当线圈制成以后，就在各匝之间形成了横向风沟。冷却空气由磁轭环状风沟和风隙流出后，进入磁极线圈内侧风道，然后通过开设的横向风沟流至极间，完成对转子线圈的冷却。

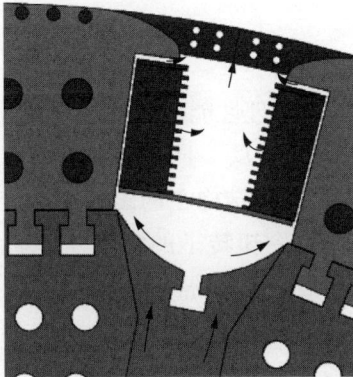

图 2-41　线圈内表面架空　　　　　图 2-42　线圈匝间架空

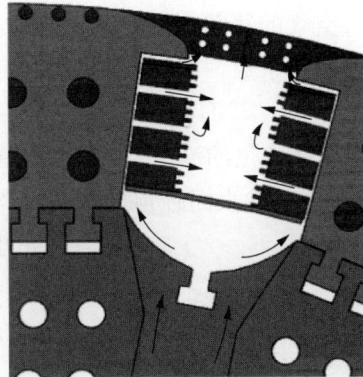

实际上，由于磁极的旋转作用，在背风侧线圈的风道出口处往往为负压区，显然空气还是能够顺利地穿过线圈匝间的风道到达极间。但对于迎风侧线圈的风道，由于气流的动压作用，将在出口处形成高压区影响风道出风。因此设计时常常在迎风侧设置特殊形状的挡板。

还有一种增大散热面积的方法是，磁极线圈的铜排制成 Ⅱ 型，由两股相对合并成空心风道，同时在空心导线的两侧铣出缺口（见图 2-43）。

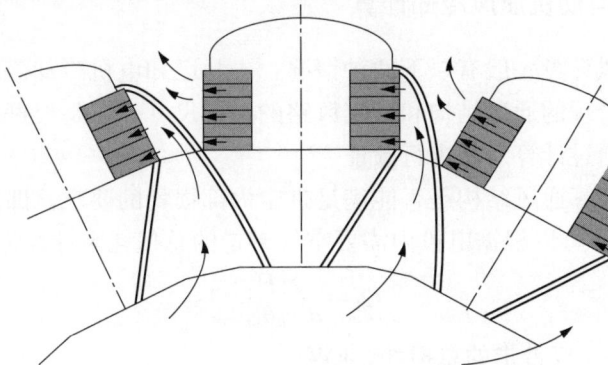

图 2-43　空心导线结构的转子磁极线圈

当磁极旋转时，空气从迎风面的缺口进入空心风道，再从背风侧的缺口流出。这种空心导线结构的磁极线圈冷却效果好，但是制作比较困难。而且发电电动机具有正反转运行的特点，磁极线圈的迎背风面会在实际运行中交替变化，因此并不适合采用这种通风结构。

（2）增大线圈表面对流散热系数。对于转子线圈表面，其散热系数可以用无量纲数 N_u 表示，即

$$\alpha = \frac{\lambda}{D_h} N_u = \frac{\lambda}{D_h} CRe^m Pr^n \tag{2-70}$$

式中 λ——空气导热系数，W/(m·K)；

D_h——水力直径，m；

Re——无量纲雷诺数，与空气流速 v 相关；

Pr——空气的普朗特数，近似为常数；

C，m，n——经验系数，根据线圈表面的空气流态确定。

式（2-70）表明，若不考虑温度对冷却空气热态物理性能参数的影响时，要提高表面散热系数 α，应增大空气的流速 v，减小流道的水力直径 D_h，同时增加散热表面的粗糙度。

为此可以考虑一种表面强迫冷却的结构形式。这种结构在两磁极之间装设一个导风的隔板。当冷却转子的空气从磁轭风沟或环隙进入极间后，由于隔板的作用，迫使空气由紧靠线圈的窄通道高速流过线圈表面，使表面对流散热系数 α 显著得到提高。为了进一步提高表面散热的能力，将转子线圈用七边形铜排绕成，使其散热表面积增大（图 2-44）。实践证明，采取这些措施后，转子线圈的温度有一定程度的下降。但是由于增加了极间隔板，发电机风阻增大，系统中径向方向的风量减少，总风量受到影响。因此这种措施对定子冷却的影响应当受到重视。

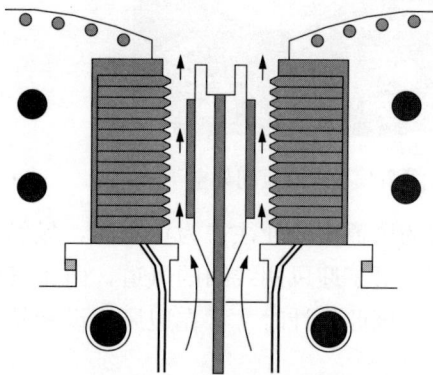

图 2-44 极间隔板结构

三、空冷发电电动机通风冷却计算

发电电动机通风计算一般有以下两种情况：一是已知电机冷却需求的风量和主要尺寸，通过计算选择合理的通风结构和确定风路的主要尺寸；二是根据以往经验预先设计好电机通风结构，通过计算对其进行验证。

（1）通过计算验算通风结构是否能满足带走内部损耗的要求，即能否达到电磁设计要求的需求风量 Q_0。可以根据电机内需要空气带走的总损耗来计算需求风量，即

$$Q_0 = \frac{\sum P}{\rho_g c_g \theta_{air}} \tag{2-71}$$

式中 $\sum P$——需要空气带走的总损耗，kW；

c_g——空气质量比热，kW/(kg·K)；

ρ_g——空气密度，kg/m^3；

θ_{air}——空气流过发电机后的温升，K。

由于通风计算的偏差，计算风量需要留有一定裕量，通常取 $10\%\sim15\%$，但也不宜取太大。风量太大会造成通风损耗的迅速增加，同时通风噪声、机组振动也会相应增强。

（2）适当选择风路结构如风压元件、风阻元件，或确定特定部位的形状、过流面积等，通过控制这些部件的参数来影响发电机的总风量和风量分配。例如，改变转子进风口的大小和位置可以调控电机的总风量，而控制机座出风孔的大小可以调配端部风量的大小。

（3）通风损耗的高低是通风系统性能好坏的重要标志之一，在相同风量的情况下，通风损耗越小对电机效率和温升就越有利。

1. 风路计算

在传统的工程计算中，通常把发电电动机通风系统用风路图来表达，根据电机实际通风结构画出等效风路。其中阻力元件代表着电机内部不同部位的流体阻力，通过众多风阻的串联或并联，构成电机总的通风网络。在知道转子或风机风扇特性的情况下，可以求出风路中的风量、风速以及风压。传统的风路计算方法主要有三种，即分析法、试探法和图解法，目前还发展出依靠数值计算程序的网络计算方法。

（1）分析法。对于一般只有串、并联的简单风路，可以先将各风阻按串、并联关系进行归并，对于串联风阻的合成风阻有

$$Z = \sum_{i=1}^{n} Z_i \tag{2-72}$$

对于并联风阻则有

$$\frac{1}{\sqrt{Z}} = \sum_{i=1}^{n} \frac{1}{\sqrt{Z_i}} \tag{2-73}$$

求出合成风阻后，则可以得到风路的风阻特性为

$$\Delta H = ZQ^2 \tag{2-74}$$

再结合风压元件（转子或者风扇等）的特性为

$$H_i = f(Q^2) \tag{2-75}$$

联立求解就可以得到风路的工作点，进而求出各部位的风量、风速和风压分布。

（2）试探法。采用分析法尽管十分方便，但是对于多支路的风路系统往往不可能进行简单的串、并联归并，特别是风路中有星形、三角形等联结时。这时可以采用试探法，逐步逼近预期精度的真值解。

（3）图解法。图解法是在确定了电机内各风压元件的风扇特性及各风阻元件的阻力特性之后，根据通风结构的实际情况，在坐标系中绘出各特性曲线，并求得其交点，从而得出总风量风压、各支路风量风压等参数。最终得到总的阻力特性曲线和风扇特性曲

线，它们的交点即为电机的通风系统工作点。

（4）通风网络计算方法。工程中由于电机通风系统十分复杂，边界条件不易确定，用前述的三种方法求解风路特性的难度较大，同时会耗费大量的时间进行复核。目前大多采用网络计算方法完成通风计算，通风计算可以根据电机结构的特点，将风路简化为等值风路。这种方法能够对通风系统的总体方案进行快速计算，把握方案的可行性和通风系统总体特征，一般会选为初设计算方法，也可以作为流场温度场分析的补充。

在对网络中各类元件（各种流动损失）进行稳态分析时，要求关联节点的质量流量用线性函数表示出来。在面积不变、损失系数与流体方向无关的情况下，等温不可压缩流体压差与流量的关系式为

$$\Delta P = K\,\frac{\rho V^2}{2} \tag{2-76}$$

用质量流量守恒原理表述的连续性方程为

$$V = \frac{\dot{m}}{\rho A} \tag{2-77}$$

式中　$\dot{m}$——流体的质量流量。

式（2-7）代入式（2-76）得

$$\Delta P = \frac{K\dot{m}^2}{2\rho A^2} \tag{2-78}$$

在网络中，质量流量的方向和压力变化符号是重要的，式（2-78）不能完全描述压差/流量的关系，用来对线性系数推导也是不适合的，可改写成

$$\Delta P = \frac{K\dot{m}\mid \dot{m}\mid}{2\rho A^2} \tag{2-79}$$

根据电机中的风路特点，支路质量流量与节点压力的关系可写成

$$\mid \dot{m}_1 \mid = \frac{-2rA^2}{\mid \dot{m}_1 \mid K}P_1 + \frac{-2rA^2}{\mid \dot{m}_1 \mid K}P_2 \tag{2-80}$$

$$\mid \dot{m}_2 \mid = \frac{-2rA^2}{\mid \dot{m}_2 \mid K}P_1 + \frac{-2rA^2}{\mid \dot{m}_2 \mid K}P_2 \tag{2-81}$$

在通风网络和每个节点上有若干个元件的网络支路，可给出每个节点的质量流量和，建立线性方程用于建立矩阵，进行求解。如对于四个线性方程可在节点上给出如下方程

$$\begin{bmatrix} a_{21}^1 & a_{22}^1 & 0 & 0 \\ a_{11}^1 & a_{12}^1 + a_{12}^2 + a_{12}^3 & a_{11}^2 & a_{11}^3 \\ 0 & a_{22}^2 & a_{21}^2 & 0 \\ 0 & a_{22}^3 & 0 & a_{21}^3 \end{bmatrix} \begin{bmatrix} P_1 \\ P_2 \\ P_3 \\ P_4 \end{bmatrix} = \begin{bmatrix} \dot{m}_{21} - a_{23}^1 \\ \dot{m}_{12} + \dot{m}_{32} + \dot{m}_{42} - \dot{a}_{13} - \dot{a}_{13} - \dot{a}_{13} \\ \dot{m}_{23} - a_{23}^2 \\ \dot{m}_{24} - a_{23}^3 \end{bmatrix} \tag{2-82}$$

通风网络中，阻力元件代表着不同的流道结构，如转子支架进风口、磁轭环

隙、磁轭风沟、极间间隙、定子径向通风沟、轴向通风孔、冷却器等，不同特征的阻力元件其风阻系数的取法是不同的。对这些系数的确定，一是根据试验获得的经验数据统计，二是通过流体力学公式计算得到。目前国内外大多采用网络法进行通风计算。

2. 通风损耗计算

（1）通风损耗的形成和传统计算方法。冷却空气在电机中循环时需要克服阻力做功。这些阻力包括空气与流道壁面的沿程摩擦阻力和空气沿各流道的扩散、拐角、收缩、漩涡等引起的局部损失。电机通风损耗一方面提供空气持续循环流动所需要的能量，另一方面需克服定转子之间由转子旋转产生的气隙空气摩擦（俗称风摩损耗）。

在封闭的自循环通风系统中，空气循环消耗的能量通常来自电机的轴功率。装有通风机的强迫通风系统还会消耗一定量的额外电功率。这些消耗的功率不仅参与电机效率的计算，同时还转化为热能后滞留在电机内部，需要经通风系统排至电机外。

发电电动机通风损耗的传统计算方法都依赖于通过试验统计得出的经验公式。由于研究方法不同，公式也多种多样，不同的研究机构得出的经验公式均有所不同。常见的公式如下

$$P_{V} = k_{V}\left(\frac{v_{rot}}{10}\right)Q \tag{2-83}$$

式中　P_{V}——电机通风损耗，kW；

　　　k_{V}——经验系数（范围 0.16～0.19，对于 500r/min 的高速发电电动机，一般取其上限）；

　　　v_{rot}——电机转子旋转时的表面线速度，m/s；

　　　Q——冷却电机的总风量，m^3/s。

在发电电动机总风量未知的情况下，可根据式（2-83）推导出下列计算公式

$$P_{V} = 0.171\left(\frac{v_{rot}}{10}\right)^2 \frac{P_{Fe} + P_{Cul} + P_d + P_{rot}}{c_g\theta_{air} - 0.171\left(\frac{v_{rot}}{10}\right)^2} \tag{2-84}$$

式中　P_{Fe}——电机空载铁耗，kW；

　　　P_{Cul}——基本铜耗，kW；

　　　P_d——附加损耗，kW；

　　　P_{rot}——励磁损耗，kW；

　　　v_{rot}——转子线速度，m/s；

　　　c_g——空气质量热容，kJ/(kg·K)；

　　　θ_{air}——空气流过发电机后的温升，K。

（2）通风损耗的数值计算方法。基于计算流体动力学原理，在后处理软件中仅需要进行简单的数据分析，就可以获得比较准确的电机通风损耗数值解。根据旋转机械动量

矩作用机理，转子和轴流风扇驱动空气流动所消耗的功率为

$$\dot{W}_{rot} = T\omega = (\vec{F} \times \vec{l})_\omega \qquad (2\text{-}85)$$

同时空气达到稳定循环状态时的内能变化量也是通风系统所消耗的功率，即

$$\dot{E}_g = c_g \dot{m} \theta_{air} \qquad (2\text{-}86)$$

上述两式得到电机通风损耗的不同表述，即

$$P_V = \dot{W}_{rot} = \dot{E}_g \qquad (2\text{-}87)$$

因此，发电机通风损耗的计算可以通过两种途径获得：计算转子和风扇的气动扭矩，或者计算系统中冷热风的温差。对计算的转子区域，每个表面微元受到气流的作用力矩表述为

$$dT = d(\vec{F} \times \vec{l}) = dF_n \cdot dR + dF_\tau \cdot d\tau \qquad (2\text{-}88)$$

式中　F_n——微元表面受到的法向压力；

$\qquad F_\tau$——法面受到的摩擦力。

对式（2-88）进行积分运算，就可以获得整个旋转部件的气动力矩。对于转子计算域，气动力矩即为各个离散单元的代数方程的求和。实际上，数值模型在经过通风特性计算后，结果文件中已经包含了这部分数据，使得对电机通风损耗计算变得异常简单。通过了解通风损耗在转子表面的详细分布，还可在必要时为优化设计方案中为减小风摩耗提供参考和帮助。

3. 温升计算

（1）发电电动机的损耗和分布。电机在运行中，由于电磁及机械等原因会产生损耗热。通风冷却系统的任务是将这些损耗带出电机外，以保证电机在允许的温升下正常运行。与电机冷却有关的损耗有下列部分：

P_{Fe}——基本铁耗；

P_{Cul}——基本铜耗；

P_{rot}——励磁损耗；

P_{Po}——极靴表面损耗；

P_{ZKP}——定子边端铁芯及端部结构件的损耗；

P_{Cuf}——定子绕组中的附加铜耗；

P_t——3次谐波在定子齿中的损耗；

P_{Ph}——高次谐波在磁极表面和阻尼绕组中的损耗；

P_{Pz}——定子齿磁场在极靴表面产生的损耗；

P_{ed}——定子磁场漏磁通在端部结构件中产生的损耗；

P_V——通风损耗。

从冷却分析的角度考虑，不仅要关注电机损耗热的大小，同时还要关注损耗热的分布。各种损耗值的计算这里不再赘述，对于其分布，因为电机所产生的损耗都是在旋转磁场的范围内发生的，可以认为沿整个电机圆周上大致是均匀分布的，但沿电机的轴向

是不均匀的。在选择通风方式的时候，应先作出电机损耗分布图，然后选择可能的通风路径，使散热能力和损耗分布相适应。为了简化说明，电机所产生的各项损耗的大小，近似地用一个矩形面积来表示，然后按损耗产生的位置排列这些矩形，即可得出电机的损耗排列图。

发电电动机的转速范围普遍高于常规水轮发电机，电机损耗热的 $35\%\sim45\%$ 通常被通风损耗占据，其余部分主要由铁耗、铜耗和励磁损耗等组成。现今随着材料性能和电磁设计能力的提高，附加损耗部分（如端部结构件涡流损耗、线棒的附加损耗等）所占的权重在逐步降低。

（2）热路法传热计算基本原理。发电电动机内部的传热方式主要有两种：结构件的热传导和空气与电机的热对流。电机额定运行时，定子线圈、定子铁芯、转子线圈等部件内部会产生电磁损耗，这些损耗的堆积会引起电机相应部件温度升高，进而在不同部件间、部件与空气之间形成温差，根据传热学原理，温差存在就会有热量的流动，这种流动在固体之间以传导形式出现，而在固体表面与气体接触面上则以对流换热的形式进行。当传导与对流换热量和部件内部产生损耗的量相当时，电机各部件的温度不再发生变化，此时部件与冷却介质之间形成的稳态温差就是电机部件的额定温升。

类似于欧姆定律给出的电阻表达式，部件之间热传导方式的热阻可以表示为

$$R_{\mathrm{d}} = \frac{\theta_{\mathrm{d}}}{q_{\mathrm{d}}} = \frac{l}{\lambda A} \tag{2-89}$$

式中　R_{d}——导热热阻，K/W；

$\quad\quad\theta_{\mathrm{d}}$——部件之间的传热温差，K；

$\quad\quad q_{\mathrm{d}}$——传热温差引起传递的热量，W；

$\quad\quad l$——传热路径的长度，m；

$\quad\quad\lambda$——部件材料的导热率，W/(m·K)；

$\quad\quad A$——传热路径的横截面积，m²。

同样，部件与冷却介质之间热对流方式的热阻可以表示为

$$R_{\mathrm{v}} = \frac{\theta_{\mathrm{v}}}{q_{\mathrm{v}}} = \frac{1}{\alpha A} \tag{2-90}$$

式中　R_{v}——对流热阻，K/W；

$\quad\quad\theta_{\mathrm{v}}$——部件与冷却介质之间的表面温差，K；

$\quad\quad q_{\mathrm{v}}$——对流作用传递的热量，W；

$\quad\quad\alpha$——部件表面的对流散热系数，W/(m²·K)；

$\quad\quad A$——部件表面的对流散热面积，m²。

电路表示法对于传热问题的概念化和量化计算都是非常有用的工具。不同部位热阻的组合方式不同。热阻的串并联计算方法和电路串并联计算方法相似。

对于串联热路，总热阻 R_{total} 等于各支路热阻之和，即

$$R_{total} = \sum_{i=1}^{n} R_i \qquad (2\text{-}91)$$

对于并联热路，总热阻 R_{total} 倒数等于各支路热阻倒数之和，即

$$\frac{1}{R_{total}} = \frac{1}{\sum_{i=1}^{n} R_i} \qquad (2\text{-}92)$$

图 2-45 为定子简化热路。以定子绕组直线部分的传热为例，其传热热阻有四个：一是发生在线棒内部，热量沿线棒轴向的热传导过程；二是发生在绕组与定子铁芯接触部分，热量通过线棒绝缘传递到定子铁芯的热传导过程；三是发生在定子线棒位于通风沟的位置，热量先以热传导方式穿过主绝缘，再以热对流方式传递给风沟中的冷却空气；四是定子铁芯通风沟表面还将热量以热对流方式传递给冷却空气。在传热过程中，不同热阻之间以串、并联方式进行合并，形成可供分析计算的热路或热网络。

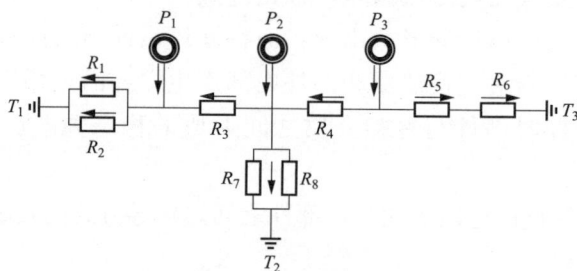

图 2-45　定子简化热路

T_1—铁芯背部风沟冷风温度；T_2—气隙及齿部风沟冷风温度；T_3—端部冷风温度；P_1—定子轭部损耗；P_2—定子齿部损耗；P_3—定子绕组损耗；R_1—轭部轴向热阻；R_2—轭部至背部热阻；R_3—齿部至轭部热阻；R_4—槽绝缘热阻；R_5—槽部至端部热阻；R_6—端部绝缘热阻；R_7—齿部主气隙热阻；R_8—齿部轴向热阻

通常，在确定了电机内部各部分的热阻后，采用叠加法进行温升计算。具体做法是逐个计算每个热源在热路中产生的热流的数值和方向，同时假定其他热源不存在，然后求出每个支路中在各个热源单独存在时的热流数值，并计算其代数和；再根据各支路的热阻，求出各热阻的温度降。在计算某部分温升时，往往不需要把所有部件的温度求出，而是把该部件到冷风的最短传热支路中的各元件温度降求出即可。

（3）热网络计算方法。与通风网络计算方法类似，热网络也是根据电机实际特点，将各部件等效成网络中的若干节点和元件（如源项、传导热阻、对流热阻、对流热桥、定温元件、定等热流元件），然后将元件赋予材料、结构、热的属性，利用计算机，通过数值计算方法进行热网络的迭代求解。这种计算方法相比热路法计算更为精确，反映的温度分布特征也更加详细。

（4）电机内部发热表面对流散热系数的经验公式。热路法和热网络计算中，发电电动机不同部位的表面对流散热系数一般通过经验公式进行计算，由于不同的研究单位采用的经验公式并不统一，同时这些公式普遍存在一定偏差，这里列出部分公式仅供参考。

1）定子内圆表面的对流散热系数为

$$\alpha_{gap} = 22.2(1 + 0.1v_{rot}) \tag{2-93}$$

式中　α_{gap}——定子内圆表面的对流散热系数，W/(m²·K)；

v_{rot}——转子表面线速度，m/s。

2）定子铁芯通风沟表面的对流散热系数为

$$\alpha_{duct} = 22.2(1 + 0.25v_{duct}) \tag{2-94}$$

式中　α_{duct}——定子铁芯风沟内的对流散热系数，W/(m²·K)；

v_{duct}——定子铁芯风沟内空气的平均流速，m/s。

3）定子绕组端部表面的对流散热系数为

$$\alpha_{end} = 16.67(1 + v_{end}^{0.5}) \tag{2-95}$$

式中　α_{end}——定子绕组端部表面的对流散热系数，W/(m²·K)；

v_{end}——定子绕组端部的空气平均流速，m/s。

4）对于带散热匝结构的励磁绕组表面，对流散热系数可以按下式计算

$$\alpha_{fin} = 22(1 + 0.82v_p^{0.69}) \tag{2-96}$$

5）对于不带散热匝结构的励磁绕组表面，对流散热系数为

$$\alpha_p = 22(1 + 0.58v_p^{0.69}) \tag{2-97}$$

4. CFD 数值仿真

大型电机通风冷却技术不断发展的根本目的，在于更有效地带走电机内因各种损耗产生的热量，从而控制电机温升，提高电机的安全性和效率。网络计算程序虽然可以完成常规机组的计算分析，但是对新设计研制的机型而言、缺乏可靠性和精度保障。其原因在于，电机内部风路结构和空气流动特性非常复杂，网络程序在进行等效建模和计算时需要引入一系列的假定，将复杂的流动状态简化，这样必然无法了解和分析电机内部各区域空气的实际流动状态，如层流、湍流、扰动、分离等物理现象，实际上这些复杂的流动状态对电机内传热的影响很大。为此，要对发电电动机的通风冷却系统进行比较深入的研究和分析，就有必要应用功能更强大、更专业的分析计算方法和软件。

随着近年来计算机硬件和计算流体力学的发展，CFD（流体动力学计算）流体分析软件的应用范围也从航天航空和军事领域扩展到一般民用领域。当今流体及传热的分析仿真技术已经在发达国家广泛应用。目前国际上比较流行的 CFD 软件包具有丰富的物理模型、先进的数值计算方法和强大的后处理功能，这在很大程度上弥补了传统计算方法中简化过多的缺点。对于一般电机中的流动和传热问题，都可以在软件中选择到合理的物理模型。

空冷发电电动机内部的传热过程主要是空气和电机结构件之间的强迫对流换热，其传热效果的优劣和流固交界面的流场情况、气体和固体的物理特性等众多因素相关。目前，CFD 软件都能进行二维、三维流场和温度场计算，适用于工程中所遇到的各种流动状态，如层流、湍流、亚音速流动、超音速流动等，实现多物理场耦合分析的功能，为电机优化设计提供了 CAE 平台。

发电电动机的通风冷却计算模型通过计算机进行三维建模，要求分析者必须对电机的结构设计、结构件材料、电机内的损耗分布、通风条件有着清楚的认识。此外，由于

大型电机体积庞大，几何形状复杂，还包含有转子等旋转部件，计算工作量巨大，对计算机硬件配置要求也比较高，目前完成大型电机整机流场温度场计算尚存在一定困难，但一定规模的大型计算完全可以实现。

（1）前处理。数值仿真是一种基于数学模型的分析工作，建立合理的数学模型、确定准确的计算边界条件非常重要。要建立研究对象的物理模型，首先按照实物尺寸建立模拟对象的计算域。由于电机在圆周方向的流场具有周期性，因此可以选定圆周1/2、1/4、1/8等有代表性的比例建模进行分析。

在CFD前处理主要进行网格剖分和边界定义等工作。图2-46为某发电电动机流场计算网格。

高质量的流场计算网格对于提高流场仿真效率和精度有着重要的意义，也是电机流场温度场仿真计算的主要难点之一。流场仿真采用的网格类型主要有两种：结构化网格和非结构化网格。就计算精度而言，目前还无法定论两种网格的精度优劣。一般旋转机械通流计算中都依靠结构化网格，但某些特定流场模型中，非结构化网格能获得比结构网格更为精确的结果。

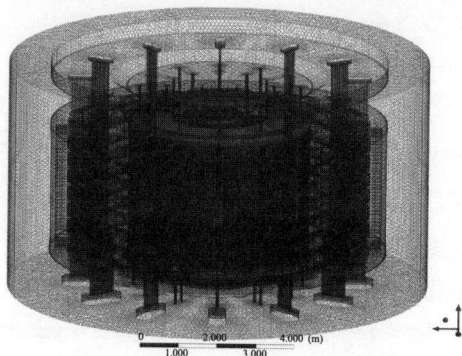

图 2-46　某发电电动机流场计算网格

混合网格是指将结构化网格和非结构化网格结合在一起的网格生成方法，其目的是提高网格质量并降低计算域网格离散难度。它将结构化网格和非结构化网格的优点有机结合并加以发挥，满足特定的网格需求。

（2）控制方程和边界条件设置。计算流体力学中，描述发电机内部流动与传热的控制方程如下：

连续性方程，即

$$\frac{\partial(\rho u_i)}{\partial x_i} = 0 \tag{2-98}$$

动量方程，即

$$\frac{\partial(\rho u_i u_j)}{\partial x_i} = \frac{\partial}{\partial x_j}\left(u_c\,\frac{\partial u_i}{\partial x_j} + \frac{\partial u_j}{\partial x_i}\right) - \frac{\partial P^*}{\partial x_i} + f_i \tag{2-99}$$

能量方程，即

$$\nabla\cdot(\rho\vec{U}h_{\text{tot}}) = \nabla\cdot(\lambda\,\nabla T) + \nabla\cdot\left(\mu\,\nabla\vec{U} + (\nabla\vec{U})^{\text{T}} - \frac{2}{3}\delta\,\nabla\cdot\vec{U}\right) + S_{\text{E}} \tag{2-100}$$

湍动能方程，即

$$\frac{\partial(\rho u_i k)}{\partial x_i} = \frac{\partial}{\partial x_j}\left[\left(\mu + \frac{\mu_t}{\sigma_k}\right)\left(\frac{\partial k}{\partial x_j}\right)\right] + \rho(\rho_r + \varepsilon) \tag{2-101}$$

湍动能耗散率方程，即

$$\frac{\partial(\rho u_i \varepsilon)}{\partial x_i} = \frac{\partial}{\partial x_j}\left[\left(\mu + \frac{\mu_t}{\sigma_\varepsilon}\right)\left(\frac{\partial \varepsilon}{\partial x_j}\right)\right] + \frac{\rho}{k}(C_1 \varepsilon p_r - C_2 \varepsilon^2) \tag{2-102}$$

理想气体状态方程，即

$$\rho = \frac{P_{\alpha}}{RT} \tag{2-103}$$

固体热传导方程，即

$$\text{div}(\lambda \text{grad}T) + q_{\text{v}} = \rho c \left(\frac{\partial T}{\partial t} \right) \tag{2-104}$$

当物理问题为求解共轭换热计算时，需要对计算域的质量、动量、能量等三类控制方程进行求解，才能够得到完整的流场温度场数值解。对于考虑共轭换热模型的对流交界面，采用壁面努塞尔数来关联数据，即

$$N_{u_{\omega}} = \frac{al}{k} = \frac{-(\partial T/\partial n)_{\omega}}{(T_{\omega} - T_{\omega})/l} \tag{2-105}$$

描述流体运动的守恒型方程组是非线性的，不能用解析的办法求解，因此需要由数值计算方法求解。对问题进行数值计算之前，先要对控制方程进行离散，使偏微分方程转化为代数方程组。由于应变量在节点之间的分布假设及推导离散方程的方法不同，就形成了有限差分法（FDM）、有限元法（FEM）和有限体积法（FVM）等不同的离散化方法。有限体积法又称控制体积法，是计算流体动力学中最通用的数值计算方法，其基本思想是：将计算区域划分为网格，并使每个网格点周围有一个互不重复的控制体积；对每一个控制体积的微分控制方程积分，从而得到一组离散方程，其中的未知数是网格点上的因变量 ϕ，因变量 ϕ 的积分守恒对任意一组控制体积都得到满足，对整个计算区域，自然也得到满足。求解定常流动微分控制方程，就是在控制体积上积分控制方程，再将控制方程在各个面上进行离散处理。以标量 ϕ 的守恒输运方程为例，对每个控制体进行积分。

标量 ϕ 的守恒输运方程为

$$\frac{\partial (\rho u_{\text{i}} \phi)}{\partial X_{\text{i}}} = \frac{\partial}{\partial X_{\text{i}}} \left(\Gamma \frac{\partial \phi}{\partial X_{\text{i}}} \right) + S_{\phi} \tag{2-106}$$

方程式在控制体单元内积分得

$$\int \Delta V \frac{\partial (\rho u_{\text{i}} \phi)}{\partial X_{\text{i}}} dV = \int \Delta V \frac{\partial}{\partial X_{\text{i}}} \left(\Gamma \frac{\partial \phi}{\partial X_{\text{i}}} \right) dV + \int \Delta V S_{\phi} dV \tag{2-107}$$

根据高斯-格林公式可得

$$\int \Delta V \frac{\partial}{\partial X_{\text{i}}} \left(\Gamma \frac{\partial \phi}{\partial X_{\text{i}}} \right) dV = \oint_{\sum face} (\Gamma_{\phi} \nabla \phi) \cdot \vec{n} dA = \sum_{f} \Gamma_{\phi} (\nabla \phi) A_{\text{f}} \tag{2-108}$$

有限体积法的对流—扩散方程的离散方法主要有中心差分格式，一阶迎风格式、二阶迎风格式和 QUICK 格式。其中，扩散项采用具有二阶精度的中心差分格式，这种格式能很好地反映扩散的过程特点，已经完全满足大多数流动状态的需要。采用非结构化的三角形或四面体网格时，对流项的差分方法采用一阶迎风格式将导致严重的数值耗散，这时应采用二阶迎风格式来获得准确的计算结果。

确定离散控制方程组后得到的是关于速度和压力的一组代数方程，一般情况下不能直接求解，还必须先对离散方程做些处理。离散方程的求解可分为耦合式求解方法和分

离式求解方法。耦合式求解方法先假定初始压力和速度等变量，确定离散方程的系数项和常数项，再同时联立求解流动方程（连续性方程、动量方程、能量方程），然后顺序求解湍流方程以及其他的标量方程。耦合式求解方法可以分为显式解法（在局部区域对所有变量联立求解）、隐式解法（所有变量整个流场联立求解）以及显隐式解法（部分变量整个流场联立求解）。在耦合式求解方法中，显式解法应用较普遍，求解速度较快，显隐式解法仅应用在变量动态性极强的场合。分离式求解方法不直接联立方程，而是依次求解控制方程组的动量方程、连续性方程、能量方程、湍流方程以及其他的标量方程。该解法分为原始变量法和非原始变量法。非原始变量法（如涡量-速度法）虽然解法简单，但不容易扩展到三维方式，且很多情况下初始条件不容易设定，目前应用较少。原始变量法常用的有压力泊松系数法、人为压缩法和压力修正法。工程中常用的是压力修正法。

对流体区域而言，边界条件的定义通常包含入口条件和出口条件，涉及参数包含压力、温度、速度、质量及流量等；对于湍流流动，入口参数还包含了湍流强度和耗散率；对于运动的流体区域，还包含了区域的旋转速度、平移速度及运动的加速度等；对于固体区域，则通常需要定义材料物性参数、表面粗糙度、内部热源等热边界条件。

（3）求解和后处理。求解过程视计算对象规模的大小和物理模型的复杂程度不同而不同，一般无需人工干预，通过对计算残差的监视就可以了解求解过程的收敛状态。实际计算中除残差监视外，还需要对重要的物理变量，如压力和温度等参数进行监视，以保证计算的有效性。求解过程结束后，可以通过 CFD 后处理程序进行数据分析，并将数值解用图像或图表的形式表达出来。其中，对于温度、压力、风速、传热系数等参数，可以用云图的方式表达；对于流场还可以用矢量图或者流线图的方式表达，对于特别关心的断面或者局部区域，可以在后处理中生成特定的等高线或梯度图来表达物理量的分布。后处理软件中还具备计算功能，可以方便地对参数平均值、最大值和最小值进行计算，或以曲线形式表达物理量的分布规律。

CFD 已经成为电机通风冷却设计分析中不可或缺的精确分析方法。图 2-47 和彩图 2-47 为某发电电动机内部风速分布矢量图，图 2-48 和彩图 2-48 则为某发电电动机内部风压分布云图。

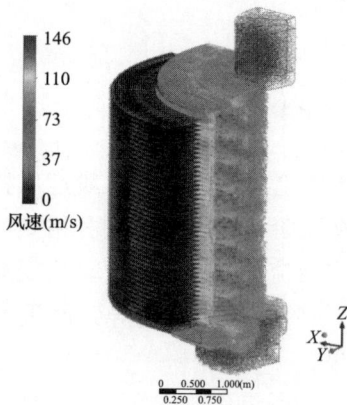

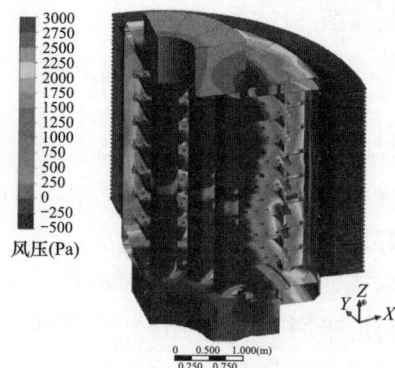

图 2-47　某发电电动机内部风速分布矢量图　　图 2-48　某发电电动机内部风压分布云图

图 2-49 和彩图 2-49 为采用 CFD 共轭换热模型计算得到的发电电动机转子温度分布云图。

三维温度场分析能够很好地分析出电机定转子最高温度点所在的区域以及量值，有助于在电机设计阶段对通风系统风路布置方案进行优化，提高产品的运行可靠性。

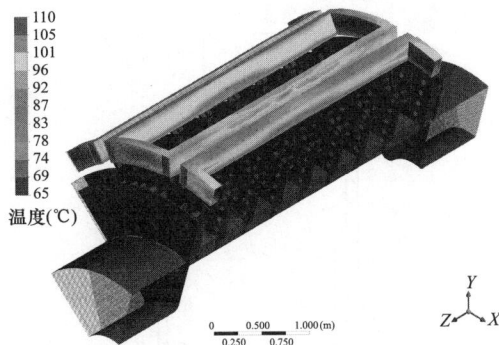

图 2-49　某发电电动机转子温度分布云图

四、蒸发冷却技术

蒸发冷却技术利用冷却介质相变换热的物理过程带走电机发热部件的损耗热。因为选择的冷却介质不同、蒸发温度高低不同、循环方法不同以及结构形式的差异，可以有多种形式。实际使用时，可选用其中的一种或结合两种以上的形式以满足电机的冷却需要。一次冷却介质蒸发温度高于或低于二次冷却介质称为常温或低温蒸发冷却。蒸发冷却系统外加了动力推动介质循环的，称之为强迫循环；不使用外界动力推动的，称之为自循环。根据结构形式不同又可分为管道内冷、开放管道内冷以及浸润式冷却，此外还有喷雾式、热管式蒸发冷却等。

（一）内冷式自循环蒸发冷却原理及技术发展

电机绕组空心导线内通入冷却液体，液体吸收导体产生的热量后，温度逐渐升高。当液体温度达到压力所对应的饱和温度时，就改变了其物理状态而沸腾气化，此时其气化潜热能会吸收大量的热量，冷却电机。常温环境中的内冷式自循环蒸发冷却技术是应用于立式水轮发电机定子绕组的成熟技术，它利用电机结构特点，以及液体气化后密度发生变化而引起压差变化，形成自然循环。其原理如下：绕组空心导体内的液体吸收了热量，在常温下气化，通道内形成气液两相混合物，其混合密度小于回液管内未受热的液体密度。在重力加速度作用下，两管中的静压头不同就产生了压差，这就是自循环的动力，称为流动压头。流动压头克服循环回路中的各种阻力损失，保证正常循环，压头和总的阻力相平衡。随着电机负荷的变化，绕组损耗发生变化，介质流动速度也发生相应的变化，流动压头和总的阻力损失在新的条件下达到新的平衡，并适应电机冷却的需求。这个自循环的原理同样适用于转子，由于离心加速度比重力加速度大很多倍，循环动力也增大很多，从而使转子可以实现多匝自循环。图 2-50 和图 2-51 分别为定子绕组和转子绕组的常温蒸发冷却自循环原理。

两相流动是一个复杂的过程，虽然它也发生在许多工业设备中，如石油和天然气输送管道、化学工程的反应器和蒸发器、锅炉的受热管、沸水原子能反应堆以及各种蒸发冷却装置上，但对两相流动的规律性认识还不够完善，没有一整套通用的设计计算方法。电机蒸发内冷的绕组导体，通常采用矩形孔。定子绕组各部分处于不同倾斜角的位置上，转子绕组又处于离心力作用下。因此，静止或旋转条件下有关矩形铜管通道内的蒸发冷却两相流动，无论从电机或从流体传热学方面来讲都是新的课题。

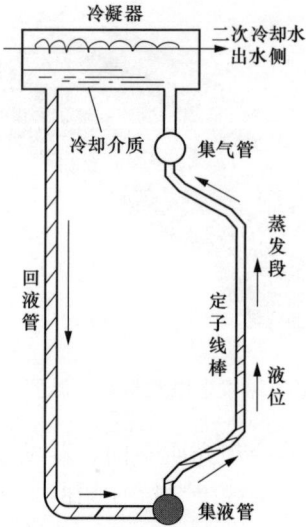

图 2-50 定子绕组常温蒸发
冷却自循环原理

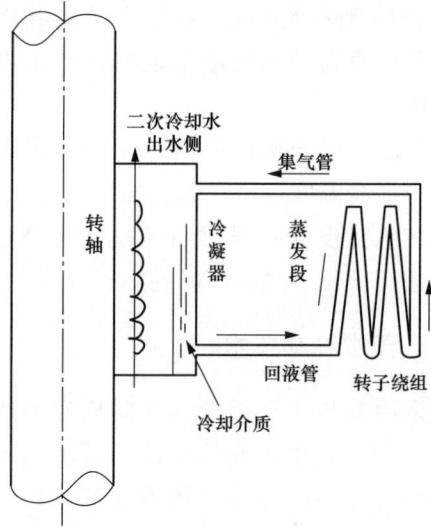

图 2-51 转子绕组常温蒸发
冷却自循环原理

图 2-52 700MW 级水轮发电机
蒸发冷却试验台

蒸发冷却技术是一种新型的冷却技术，不仅可以提高材料利用率，减少特大型发电机的制造难度，降低发电机定子绕组运行温度及温差和发电机定子的热应力，减少事故隐患，更重要的是蒸发冷却比水内冷更具优越性。首先，由于蒸发冷却为自循环系统，其冷却介质不需要另外的水处理设备，所以不占用厂房布置面积。其次，蒸发冷却消除了由于泄漏和氧化物堵塞造成事故的可能性，即使发生冷却介质泄漏，也不会产生事故，可采用减负荷运行，让发电机少介质蒸发冷却运行或空冷运行，待停机后再维修，这是水内冷发电机无可比拟的。

图 2-52 为 700MW 级水轮发电机蒸发冷却真机模拟试验台，图 2-53 为试验台的测试系统和监控界面。目前蒸发冷却技术已用于三峡地下厂房 700MW 机组，机组性能良好。

（二）蒸发冷却介质

蒸发冷却介质是蒸发冷却系统中的重要组成部分。因此，选用介质时，必须要求在不低于 180℃（H 级绝缘水平）的温度范围内保证其化学和热的稳定性；同时介质应与发电机广泛采用的金属材料和非金属材料有相容性；选用冷却介质还必须是无毒和符合环保要求，即满足臭氧层破坏潜能值（ODP）为 0。

选用蒸发冷却介质的主要性能参数应符合表 2-8 的要求。

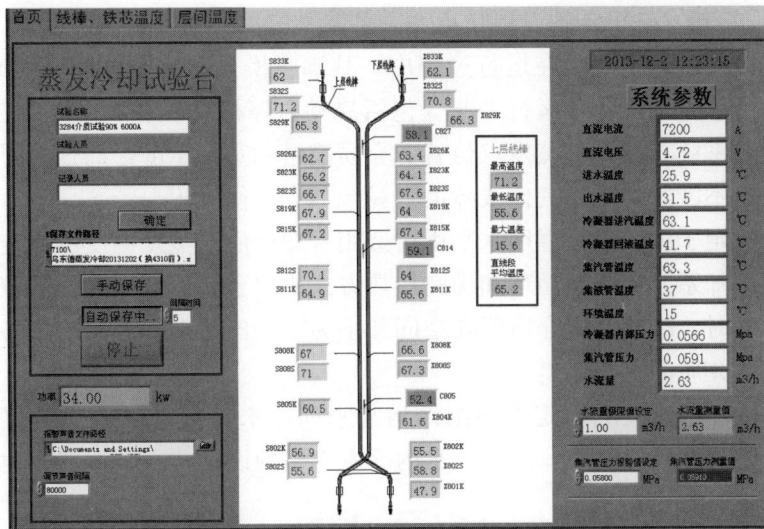

图 2-53 蒸发冷却试验台测试系统和监控界面

表 2-8 蒸发冷却介质主要性能参数要求（标准大气压下）

序号	参数	符号	单位	指标	备注
1	沸腾温度	T_b	℃	$40 \leqslant T_b \leqslant 70$	按介质选择定出单一值
2	蒸发潜热	H	kJ/kg	>115	对于原用非标准单位 27.5cal/g
3	冰点	T_i	℃	<-35	
4	液体黏度	μ	mPa·s	$\leqslant 0.7$	温度为 25℃时的测量值
5	击穿电压	U_m	kV/2.5mm	$\geqslant 20$	按 GB/T 507 标准测试
6	闪点	T_f	℃	无	

目前使用的部分冷却介质主要性能参数可参考表 2-9，质量标准参考表 2-10。

表 2-9 部分冷却介质主要性能参数

主要参数	符号	牌号及成分		
		V-XF	AE-3000	FLa
		$C_5H_2F_{10}$	$C_3F_7H_3O$	$(C_2F_5)_2N$
沸腾温度（℃）	T_b	55	56	70
冰点（℃）	T_i	-80	-94	-80
密度（25℃，g/cm³）	ρ	1.58	1.47	1.47
液体黏度（mPa·s）	μ	0.67	0.65	0.5
蒸发潜热（kJ/kg）	H	132	163	116
闪点（℃）	T_f	无	无	无
击穿电压（kV/2.5mm）	U_m	30	35	50
环境特性	ODP	0	0	0

表 2-10 冷却介质的质量标准

名称	数值	试验方法
纯度	$\geqslant 99.9\%$	
不挥发残留物	$\leqslant 0.001\%$	
含水量	$\leqslant 0.005\%$	GB/T 7601
酸度（mgKOH/g）	0.01	GB/T 264
外观	无色、透明	

（三）蒸发冷却发电机结构设计特点

（1）蒸发冷却水轮发电机在运行过程中，其沸腾换热和自驱动循环同时自行完成，从而使系统能适应发电机各种运行工况（包括启动、停机过程和特殊运行工况）。随着传热量的变化，系统自行调整蒸发点位置、介质流量和蒸气干度，而这一过程每个线棒既不依靠外力也不涉及和影响其他线棒的自我调节和平衡过程。

（2）发电机定子绕组运行温度水平由所选用冷却介质的蒸发温度所界定。

（3）蒸发冷却系统自驱动循环和沸腾换热方式决定了它以低压力、低流量运行，当二次冷却水足量时，冷凝器内介质所在空间几乎为零表压状态，而系统中各种部件所承受压力仅由内含介质的重力产生。

（4）蒸发冷却水轮发电机定子绕组结构与水内冷水轮发电机定子绕组结构基本相同，通称为内冷却水轮发电机。因此，水内冷发电机的设计特点，大部分也适用于蒸发冷却水轮发电机。

1. 总体布置

蒸发冷却水轮发电机总体布置基本与空冷水轮发电机相似，但是总体布置应考虑冷凝器的布置。蒸发冷却水轮发电机的冷凝器通常可布置在上机架的支墩上，也可布置在发电机机坑内的混凝土墙壁上，视具体的发电机总体结构选择。图 2-54 所示为 400MW李家峡水电站蒸发冷却水轮发电机总体布置。

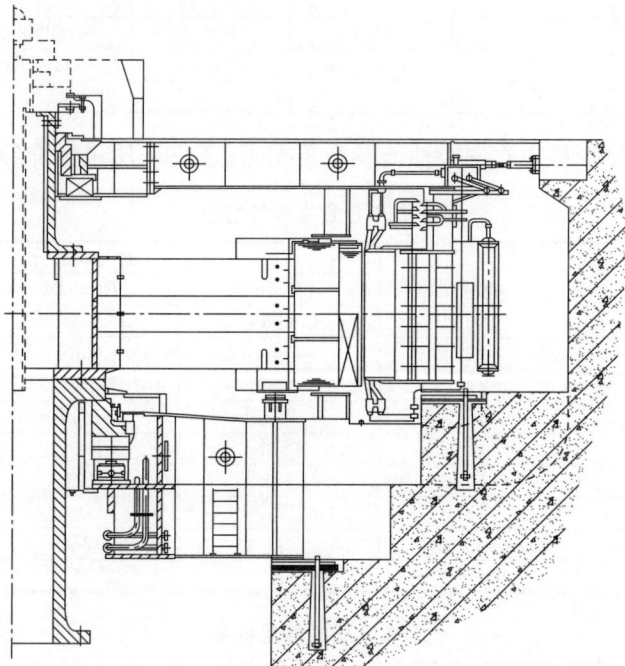

图 2-54 蒸发冷却水轮发电机总体布置

2. 蒸发冷却系统部分主要部件

（1）定子线棒。蒸发冷却发电机定子线棒由实心和空心股线编织换位制成，与水内冷发电机相似，线棒两端配备液电连接接头。依据其运行原理，每根线棒均构成一个冷却回路，线棒间为单支路并联形式，线棒两端通过密封接头和聚四氟乙烯塑料软管，分别并联到集气管和集液管。

（2）定子汇流环和主引出线。定子铜环引线和主引出线的冷却方式，通常因水轮发电机容量的大小决定，可以采用空气冷却方式，大容量水轮发电机也可采用蒸发冷却方式冷却。定子铜环引线和主引线采用蒸发冷却时，两端通过密封接头和绝缘管，分别并联到铜环引线和主引线专门设置的集汽环管和集液环管上，单根铜环的相对高端接至集气环管，低端接至集液环管，可与定子线棒蒸发冷却系统共用冷凝器，也可以单独使用冷凝器。

（3）冷凝器。冷凝器是将气/液态混合的介质所含热量经凝结换热，由二次冷却介质（水）带走还原为纯液态介质的装置，以释放潜热的凝结换热方式运行。冷凝器要求有一定的凝结能力和足够的冷却水流量，其外形见图 2-55。冷凝器的功能主要在于带走定子损耗产生的热量，因此其配置总换热容量等于定子损耗，并允许退出一台运行。

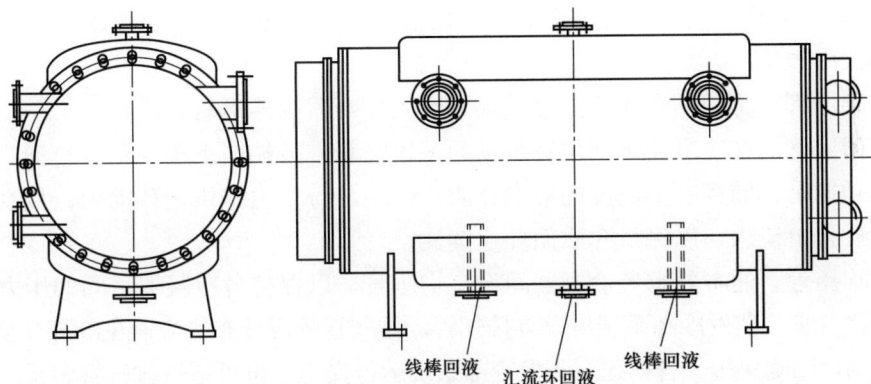

线棒回液　汇流环回液　线棒回液

图 2-55　冷凝器外形

冷凝器由水箱盖、橡胶垫、冷凝器壳体等组成。冷凝器壳体由承管板、筒壁、换热元件（双层冷却管）及接头等零件构成。换热元件（双层冷却管）内管采用不锈钢管，外管为 T2 纯铜管。冷凝器壳体一般采用奥氏体不锈钢材料。

冷凝器是整个蒸发冷却系统中的关键部件，承担冷却系统热量交换的重要功能。为确保长期安全、可靠运行，同时考虑蒸发冷却系统的工作压力低于二次冷却水供水系统的水压，可以考虑采用冷却元件为双层管的双管双板式结构的冷凝器。它具有良好的防漏功能，并带有漏水检测装置，能有效监测到冷却水的泄漏情况。冷凝器可根据需要设计一定的数量，均匀布置在上机架的支墩上，也可布置在发电机机坑内的混凝土墙壁上（每一个冷凝器对应一个管路冷却单元）。

冷凝器系统设置有均压环管，使各冷凝器之间相互连通，实现整个蒸发冷却系统的压力均匀，使线棒和汇流环（如果有）对应的冷却并联支路运行状况一致，各冷凝器带走的热量更均匀，即保证了水轮发电机定子绕组沿轴向和周向温度分布更均匀。

冷凝器供排水环管通常布置在机坑内空气冷却器供排水环管的正上方，采用全不锈钢管件，柔性接头连接，拆装方便，消除了水轮发电机本体振动造成的不利影响。管路的布置不影响发电机部件的检修和拆装。冷凝器应按专用技术规范或协议进行气密试验和水压试验，不得有渗漏。

（4）上集气环管/下集液环管。根据水轮发电机的总体布置和定子线棒端部尺寸，分别选择其直径。上集气环管因其内部通有两相介质，管径大于下集液环管，主要功能是将线棒中的蒸发两相介质汇集于此，使全部线棒的压力和温度均衡。环管材料为不锈钢管，环管与接头连接处采用焊接结构。接头焊接后进行水压试验，要求焊缝不得渗漏。试验合格后，进行酸洗处理，然后封住所有接头，防止脏物进入。上集气环管/下集液环管在最终装配后，需进行密封试验。

上、下层线棒可各自布置独立的上集气环管/下集液环管，以减少工地焊接工作量，提高蒸发冷却系统的可靠性。

（5）绝缘引气/液管。绝缘引气/液管的主要功能是将发电机定子线棒上、下两端通过它分别引至上集气环管和下集液环管，形成蒸发冷却系统回路。绝缘引管应采用与冷却介质相容的绝缘材料制造，通常选用聚四氟乙烯塑料软管。

绝缘引气/液管必须能满足耐电压、防振及防泄漏等要求，有关要求应在专用技术规范或协议中规定。

（6）导流管。将两相介质从上集气环管引入冷凝器的连通管。

（7）回液管。在冷凝器下部位置装设的一根竖管，下端与下集液环管连通，称为回液管。其功能是：储存一定高度的液态介质，借助自身重力提供循环动力；接受冷凝后的液态介质自由流入，以保持介质循环连续性。

（8）均压管。通常要求各冷凝器间设有均压管，以保持各冷凝器之间的压力平衡。

（9）排气管。蒸发冷却系统应设有排气管。排气管的设计布置应避免冷却介质在管内的冷凝堵塞，以确保排气管畅通，蒸发冷却系统运行安全。也可通过排气管为系统灌液。

（10）密封构件。密封构件包括密封件、紧固件等。其中密封接头是保证蒸发冷系统不发生泄漏的关键部件，要求密封性能好，易于安装、检查和更换。

（11）蒸发冷却系统部分检测系统。为确保机组运行安全、可靠，机组必须设有多个检测系统，包括定子绕组温度检测、液位检测、冷凝器压力检测、漏水和冷却水流量及进出水温度检测、发电机风罩内蒸发介质泄漏检测以及自动排气系统等。

1）温度检测。测温通常采用铂热电阻（PT100，三线制），在定子层间、定子线棒、冷凝器冷却水进出口及主引出线和汇流环等部位设置，分别测量各被测点的温度，一部分接入电站监控系统，一部分接入温度巡检装置。

2）液位检测。为检测蒸发冷却系统内部介质含量，应装设具有直观显示功能的液位计和液位信号变送装置。液位计与回液管并联，应安装在便于观察的位置。

3）压力检测。在蒸发冷却系统排气管、冷凝器进出水管和冷却水总管上安装压力表、压力信号器、压力变送器，进行压力检测。

4）冷凝器冷却水流量检测。在冷凝器进水总管和每一个冷凝器冷却水管上安装电磁流量计，来检测冷凝器进水管总管和每一个冷凝器冷却水管的流量。

5）冷凝器漏水检测。在每个冷凝器的适当部位装设一个冷凝器漏水报警装置，直接输出开关量信号到送电站监控系统。

6）排气控制。当蒸发冷却系统的压力超过设定值时，通过排气进行降压，使系统保持合适的压力。一般通过电磁阀来实现。

7）蒸发冷却供排液系统。为便于灌液和排液，系统中还应考虑供排液装置。排液管一端与处于最下端的定子线棒集液管相连，另一端与布置在发电机机坑外侧的供排液装置连接。如果定子铜环引线和主引线也采用蒸发冷却方式，则汇流环集液管和定子线棒集液管应设有连通管和阀门，阀门只在排液时打开。排液时，将定子线棒集液管的排液阀和汇流环集液管的排液阀都打开，利用泵将冷却介质抽入到供排液装置内。

（四）蒸发冷却技术在高转速发电电动机上的应用优势

与全空冷方式相比，蒸发冷却方式能很好地适应高转速发电电动机的特点和运行要求。其主要优势体现在：

（1）发电电动机具有容量大、转速高的特点。通风冷却难题一直是这类机型应用的关注焦点，确保通风系统能产生足够的有效风量，更是其中的关键。如果采用蒸发冷却技术，随着整个冷却系统对电机有效风量需求的降低，这一技术难题也将迎刃而解。而且高转速机组通风损耗占有很大比例，降低风量和减少通风损耗对于提高抽水蓄能电站运行的经济性具有实际价值。

（2）发电电动机具有启停频繁且正反向旋转的特点，冷热循环交替作用对机组特别是定子的内在影响比其他类型机组更加突出。如果采用全空冷方式，因定子绕组运行温度和温升相对较高，铜线与铁芯的温差更是高于内冷机组，在长期作用下，这一不利影响将会加剧，甚至可能会诱发绝缘与股线脱层的内在隐患，进而造成事故。反之，如果采用蒸发冷却技术，其先进的技术特性也正好降低了这一风险，有利于提高绝缘寿命，提高机组长期运行的安全可靠性。

（3）蒸发冷却介质在绕组空心线内部直接与铜线进行热交换，其冷却效果优于空气吹拂绕组绝缘表面的冷却方式。因此当定子绕组采用蒸发冷却方式时，可以显著提高其槽电流和线负荷的取值，从而降低定子铁芯长度，有利于在交变载荷作用下保持定子铁芯的长期压紧状态。另外，定子铁芯缩短后，可以显著减小导轴承到转子中心的距离，这对提高发电电动机一阶临界转速、改善轴系稳定性有好处。

（4）发电机采用定子绕组内冷技术时，所有线棒的温度都便于监测。高转速发电电动机的定子线棒数量少，需要的测温元件总数也大为减少，采用蒸发冷却技术容易实施全部在线监测，可以避免常规大型蒸发冷却发电机受通信端口数量的限制和不能用传统方式对全部线棒进行温度在线监测的客观问题。

总之，蒸发冷却技术的先进特点能解决抽水蓄能机组的技术难题，提高其可靠性。而抽水蓄能机组的自身特点也克服了蒸发冷却技术的一些局限，有利于蒸发冷却技术的进一步发展和推广。

第四节 双向推力轴承设计

一、滑动轴承的基础知识

发电电动机推力轴承负载大，通常采用滑动轴承形式。要正确地设计滑动轴承，必须合理地解决以下问题：轴承的型式和结构，轴瓦的结构和材料选择，轴承的强度和刚度，润滑剂的选择和供应，轴承温度和压力的分布以及轴承的油膜，轴承的热平衡问题。

轴瓦的结构通常为双金属结构。基体材料主要满足轴瓦的刚度及强度要求，一般采用铸钢或普通碳素钢。瓦表材料一般采用巴氏合金，也可以采用弹性金属塑料复合层。润滑剂一般采用抗氧化的汽轮机润滑油。

1. 油膜厚度

当膜厚过小时，两表面间会发生金属与金属直接接触，造成严重磨损，或许还有过热危险，轴承的正常运行遭到破坏。研究表明，如果轴承的表面粗糙度级别和转轴支撑面粗糙度级别相同时，转轴支撑面粗糙度的峰谷 R_{max} 决定了膜厚的实际破坏值。为确定油膜厚度的安全值，必须引入一个安全系数。安全系数一般取 3，即破坏值的三倍以上，见图 2-56。在规定的载荷和速度工况下，要增加工作膜厚，转轴直径就需加大，轴承尺寸也相应加大，或者采用黏度较高的润滑剂，并（或）降低进油温度。

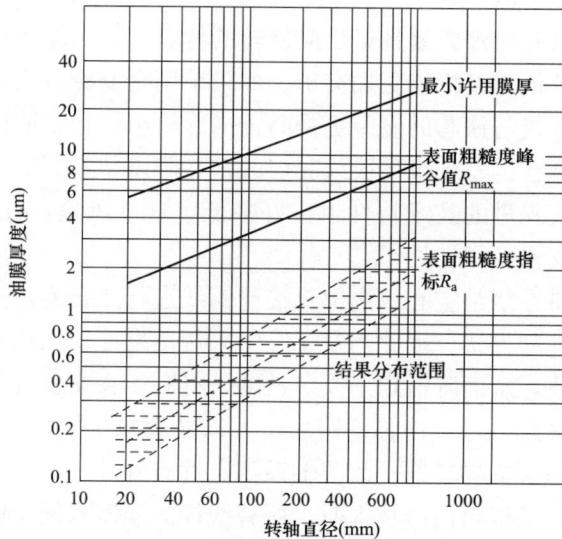

图 2-56　轴承许用膜厚的确定

2. 轴承的温度界限

轴承的极限使用温度是根据轴瓦材料而定，使用温度必须始终比材料的理论熔点低得多。例如锡基巴氏合金不能接近其熔点 232℃，因为在流体动压影响下，温度远低于 200℃时材料就发生软化，随即就产生塑性流动。为安全起见，轴承瓦表面巴氏合金的界限温度定为 120℃。

3. 油温限制

如果按瓦温限制 120℃考虑，纯矿物油会迅速氧化，氧化速率是温度的函数。工业用润滑剂中添加抗氧化剂，就是为了减慢氧化速率。考虑汽轮机油寿命达到数千小时，油箱内油温不应高过 75～80℃。

二、推力轴承的液体动压润滑一般原理

滑动轴承一维模型如图 2-57 所示。

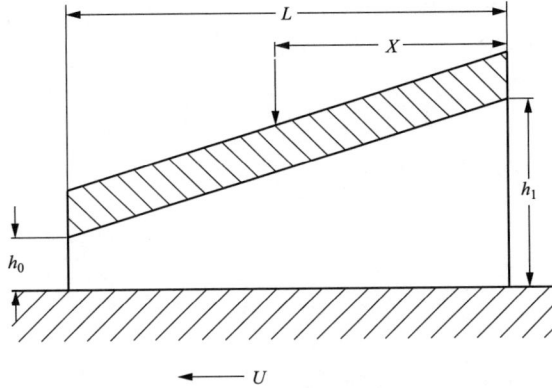

图 2-57　滑动轴承一维模型

对图 2-57 所示滑动轴承一维模型，其一维流体动压润滑方程（一维雷诺方程）为

$$\frac{\partial p}{\partial x} = 6\eta\upsilon\frac{h - h_0}{h^3} \tag{2-109}$$

式中　p——油膜压力；

η——润滑油动力黏度；

υ——油膜速度；

h——油膜厚度。

根据上述公式，可以得出形成流体动压的必要条件：

（1）相对运动两表面必须形成一个收敛楔形；

（2）被油膜分开的两表面必须有一定的相对滑动速度 υ，其运动方向必须使润滑油从大口流进，小口流出；

（3）润滑油必须有一定的黏度，供油要充分。

求解式（2-109），可解出油膜压力 p。一维模型油膜压力及油膜速度分布如图 2-58 所示。

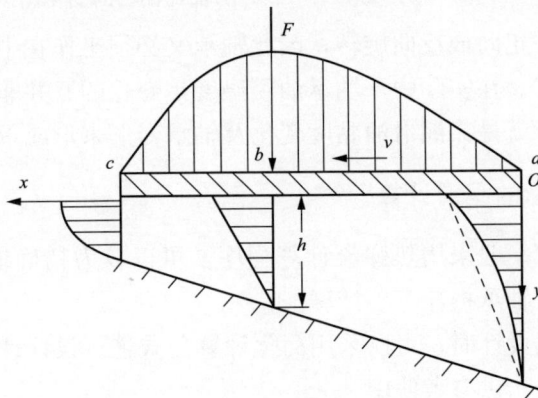

图 2-58　油膜压力及油膜速度分布

轴承无量纲承载力为

$$W^* = \frac{h_0^2 W/B}{6U\eta L^2} \tag{2-110}$$

式中　h_0——最小油膜厚度，m；

　　　W——轴瓦负荷，N；

　　　B——瓦宽度，m；

　　　L——瓦长度，m；

　　　η——润滑油动力黏度，Pa·s；

　　　U——镜面速度，m/s。

轴承偏心率为

$$X^* = \frac{X}{L} \tag{2-111}$$

式中　X——支承点位置，m。

油楔倾斜度为

$$K = \frac{h_1 - h_0}{h_0} \tag{2-112}$$

式中　h_1——进口油膜厚度，m。

轴承承载力曲线如图 2-59 所示。可以看出，在一维等黏度模型下，中心支承（$X^* = 0.5$）推力轴承无承载能力。

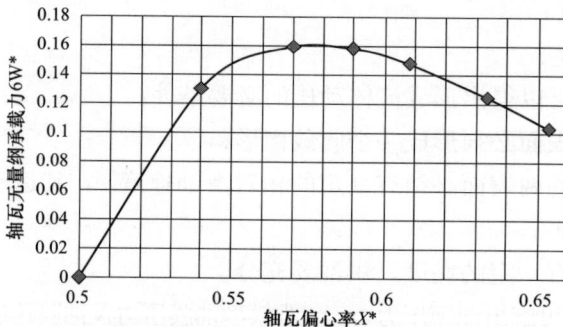

图 2-59　轴瓦无量纲承载力随轴瓦偏心的变化图

双向推力轴承允许正向或反向旋转，因此轴承又必须工作在中心支承状态，这使得轴承工作条件极为恶劣。在实际中，轴承油膜温度是变化的，并非是等黏度，且轴承存在变形，中心支承轴承就是靠润滑油黏度变化及轴承变形来形成承载能力。

三、双向推力轴承的润滑计算

推力轴承润滑计算一般采用热弹流计算程序，可以较为精确地完成推力轴承温度、油膜压力、轴瓦变形、轴承损耗等项计算。

在初步设计或方案设计时，可以采用简化计算公式进行设计计算。下面给出简化的推力轴承润滑计算流程，供参考使用。

根据给定的推力负荷和转速，计算确定推力轴承的主要尺寸，如扇形瓦的块数、内外径、长宽比、支撑位置及轴承的其他结构部件尺寸，预估轴承瓦温、损耗、油膜厚度等。推力轴承的主要计算尺寸，见图 2-60。

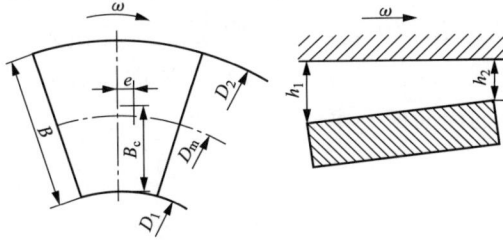

图 2-60　推力轴承的主要计算尺寸

1. 轴承基本参数选择

（1）额定转速，n_N(r/min)。

（2）推力负荷，F(N)。

（3）轴瓦内径（由结构设计确定），D_1(m)。

（4）轴瓦外径为

$$D_2 = \sqrt{\frac{4F}{\pi P_m \Phi} + D_1^2} \quad \text{(m)} \tag{2-113}$$

式中　P_m——比压，即轴瓦单位面积的平均油膜压力，Pa；

Φ——轴瓦填充系数，一般取 0.75～0.9。

对于支撑结构的弹性较好、各瓦受力不均匀度小于 5%、瓦面变形控制较好的推力轴承〔如弹性支柱单托盘支承、弹性油箱支承、小弹簧群（束）支承、双托盘弹性梁支承、弹性小支柱支撑的推力轴承〕，比压 P_m 可取 2～3MPa。

（5）轴瓦宽度为

$$B = \frac{D_2 - D_1}{2} \quad \text{(m)} \tag{2-114}$$

（6）轴瓦数为

$$m = \sqrt{\frac{\pi(D_2 - B)\Phi}{KB}} \text{（取整数值）} \tag{2-115}$$

式中　K——轴瓦长度与宽度的比值，一般取 0.6～1.0，按润滑计算结果进行调整。单托盘支承方式的巴氏合金瓦轴承取 0.75～0.85 为佳，$K = L/B$。

（7）轴瓦圆心角为

$$\alpha = \frac{2KB}{\pi(D_1 + D_2)} \times 360° \tag{2-116}$$

（8）轴瓦径向支撑位置直径为

$$D_c = \frac{2}{3} \frac{D_2^3 - D_1^3}{D_2^2 - D_1^2} \quad \text{(m)} \tag{2-117}$$

径向偏心为

$$B_c = \frac{D_c - D_1}{2} \quad \text{(m)} \tag{2-118}$$

径向偏心率为

$$\overline{R} = \frac{B_c}{B} \qquad (2\text{-}119)$$

径向偏心率通常取 $\overline{R}=0.50\sim0.54$。长宽比 K 值小，或者平均线速度 v_m 值小，则 R 取较大值；反之，长宽比 K 值大，或者平均线速度 v_m 值大，则 $\overline{R}$ 取较小值。

周向偏心 e：对于常规单向旋转的推力轴承，周向偏心 e 一般取值为（$0.04\sim0.1$）L，正反向旋转推力轴承的周向偏心率取 $e=0$。

（9）平均直径为

$$D_m = \frac{D_1 + D_2}{2} \quad (\text{m}) \qquad (2\text{-}120)$$

（10）轴瓦名义长度为

$$L = \frac{\pi D_m \Phi}{m} \quad (\text{m}) \qquad (2\text{-}121)$$

式中　Φ——轴瓦填充系数，一般取 $0.75\sim0.9$。

（11）长宽比为

$$K = \frac{L}{B} \quad (\text{m}) \qquad (2\text{-}122)$$

（12）单块轴瓦面积为

$$A = LB \quad (\text{m}^2) \qquad (2\text{-}123)$$

（13）比压为

$$P_m = \frac{F}{mA} \quad (\text{Pa}) \qquad (2\text{-}124)$$

（14）平均线速度为

$$v_m = \frac{\pi D_m n_N}{60} \quad (\text{m/s}) \qquad (2\text{-}125)$$

2. 推力轴承简易润滑计算

简易润滑计算根据古典流体力学理论及大量试验得到的经验系数，可快速对推力轴承的润滑主要参数进行计算，一般用于初步选型。

计算所用到系数可按图 2-61 选取，对于发电电动机双向推力轴承计算选取 $K=h_1/h_2=2$。

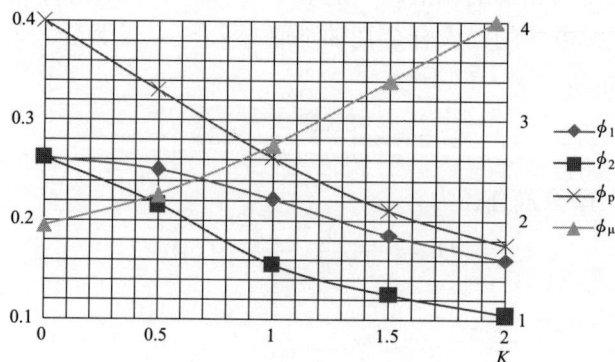

图 2-61　推力轴承计算曲线图

ϕ_p—负载系数；ϕ_μ—摩阻系数；ϕ_1，ϕ_2—循环系数

一般取润滑油比热容 $C=1900\mathrm{J/(kg \cdot K)}$，密度 $\rho=886\mathrm{kg/m^3}$。

轴瓦进油温度取 $t_1=30\sim35℃$。

油流过轴瓦后温升为

$$\Delta t_1 = 5.5 \times 10^{-6} P_\mathrm{m} \quad (\mathrm{K}) \tag{2-126}$$

油平均温升为

$$t_\mathrm{c} = t_1 + \frac{\Delta t_1}{2} \quad (\mathrm{K}) \tag{2-127}$$

油平均黏度：按 t_c 温度查得油的平均黏度 η（参考表 2-11）。

轴瓦润滑特性参数为

$$\theta = \sqrt{\frac{\eta v_\mathrm{m}}{P_\mathrm{m} L}} \tag{2-128}$$

式中　P_m——单位比压，Pa；

L——轴瓦周向长度，m；

v_m——轴瓦平均线速度，m/s。

轴瓦出口边最小油膜厚度为

$$h_2 = \Phi_\mathrm{p}\theta L \times 10^3 \quad (\mathrm{mm}) \tag{2-129}$$

建议　　　　　　　　$h_2 \geqslant 0.03 \quad (\mathrm{mm})$

油膜摩擦系数为

$$\mu = 0.1\Phi_\mu\theta \tag{2-130}$$

推力轴承总损耗为

$$W = \frac{\mu F v_\mathrm{m}}{102} \quad (\mathrm{kW}) \tag{2-131}$$

总耗油量为

$$Q = 0.0975\Phi_1 m v BL\theta \quad (\mathrm{m^3/s}) \tag{2-132}$$

油平均温升为

$$\Delta t = \frac{W}{\rho QC} \quad (\mathrm{K}) \tag{2-133}$$

式中　ρ——润滑油密度，$\mathrm{kg/m^3}$。

3. 推力轴承热弹流润滑计算

推力轴承性能计算，一般有二维热弹流分析（2D-TEHD，Two-Dimensional Thermoelasto Hydro Dynamic Analysis）与三维热弹流分析（3D-THED，Three-dimensional Thermoelasto Hydro Dynamic Analysis）之分。二维热弹流分析是略去油膜厚度方向的温度梯度，只考虑平均温度，有的虽考虑了油膜向瓦面和镜板的热流输出，但由于难以给出输出热流的热流系数，因而这种分析具有局限性。对于一般的小型推力轴承，由于瓦变形小，计算结果不准确不致引起瓦计算性能大的改变，因而仍有一定的实用价值。在大中型推力轴承中，2D-TEHD 计算结果与实际测试结果存在较大差别，仅取两个例子：其一，测试表明瓦（巴氏合金瓦）表面最高温度总是出现在瓦表面内，而 2D-TEHD 计算结果中瓦面最高温度总是出现在瓦油出口边；其二，2D-TEHD 无法考虑镜板散热和镜板变形，而测试结果证明镜板变形不是一个小量，一般与最小油膜厚度在同一量级，而 3D-TEHD 却可以考虑油膜中热流传递与镜板变形，与实际更为符合。从计算与实测的结果来看，3D-TEHD 计算结果是相当令人满意的。

抽水蓄能机组一般转速较高，且要适应正反转要求，因此需要考虑轴承部件的传热与变形影响，采用 3D-TEHD 十分必要。提高计算的准确性，对改进设计，提高轴承运行性能具有重要的意义。

3D-TEHD 可耦合计算油膜温度场、压力场、轴瓦及镜板温度场、热弹变形、润滑油黏温方程、油膜厚度方程等。图 2-62 为推力轴承计算坐标图。

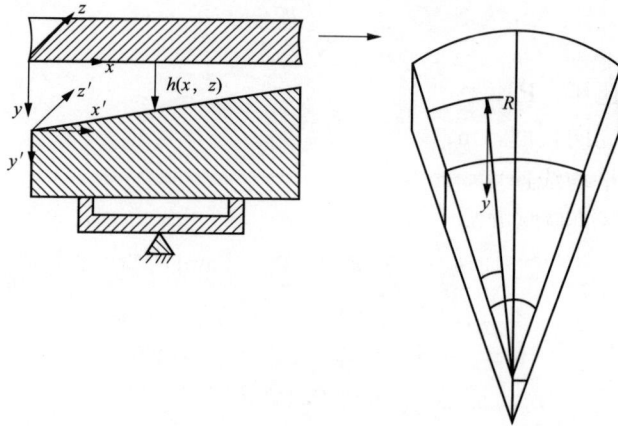

图 2-62 推力轴承计算坐标图

（1）雷诺方程。圆柱坐标下的雷诺方程为

$$\frac{\partial}{\partial x}\left(F_2\frac{\partial p}{\partial x}\right)+\frac{\partial}{\partial z}\left(F_2\frac{\partial p}{\partial z}\right)=U\frac{\partial y_{\mathrm{m}}}{\partial x} \tag{2-134}$$

其中，$F_2=\int_0^{h(x,y)}\dfrac{y(y-y_{\mathrm{m}})}{u}\mathrm{d}y$，$y_{\mathrm{m}}=\int_0^{h(x,z)}\dfrac{y}{u}\mathrm{d}y\div\int_0^{h(x,z)}\dfrac{1}{u}\mathrm{d}y$

式中 μ——润滑油的动力黏度；

$h(x,z)$——油膜在点（x,z）的厚度。

边界条件为瓦边界压力为 0。

（2）能量方程。直角坐标系下的能量方程为

$$\rho C_{\mathrm{v}}\left(v_{\mathrm{x}}\frac{\partial T}{\partial x}+v_{\mathrm{z}}\frac{\partial T}{\partial z}\right)=\lambda\frac{\partial^2 T}{\partial y^2}+\mu\left[\left(\frac{\partial v_{\mathrm{x}}}{\partial y}\right)^2+\left(\frac{\partial v_{\mathrm{z}}}{\partial y}\right)^2\right] \tag{2-135}$$

v_{x} 为 x 方向的油流速度，有

$$v_{\mathrm{x}}=-\frac{\partial p}{\partial x}\int_0^y\frac{y_{\mathrm{m}}-\xi}{\mu}\mathrm{d}\xi+U\left(1-\frac{1}{F_0}\int_0^y\frac{1}{\mu}\mathrm{d}\xi\right) \tag{2-136}$$

式中 U——镜板的滑动速度。

v_z 为 z 方向的油流速度，有

$$v_z = -\frac{\partial p}{\partial z} \int_0^y \frac{y_m - \xi}{\mu} d\xi \qquad (2-137)$$

F_0 为计算引进的一个符号，有

$$F_0 = \int_0^h \frac{1}{\mu} dy \qquad (2-138)$$

润滑油的导热系数 λ，密度 ρ，比定容热容 C_v 边界条件如下：

1）油膜与镜板接触面温度-耦合计算；

2）进口油温 TA 采用边界层计算；

3）油膜与推力瓦接触面-耦合计算，即

$$\lambda \cdot \frac{\partial T}{\partial y} = \lambda_1 \cdot \frac{\partial T}{\partial y'} \qquad (2-139)$$

式中 λ_1——推力瓦导热系数。

（3）润滑油黏温方程。润滑油黏温关系式按实验数据给出，通常为一指数曲线。为进一步减小误差，指数项用二次函数，即

$$\mu = e^{a_0 + a_1 T + a_2 T^2} \qquad (2-140)$$

其中，a_1、a_2、a_0 是按最小二乘法定出的系数。

（4）油膜厚度方程。

$$h = h_0 + h_2 + R\sin\gamma \qquad (2-141)$$

式中 h_0——支点处油膜厚度，mm；

h_2——瓦面变形，mm；

γ——瓦面相对于基准平面 xyz（基准平面与镜板表面平行）的摆动弧度角；

R——瓦面上点至节线距离，mm，该节线指瓦面与基准平面的相交线。

（5）瓦体导热方程。

$$\frac{\partial^2 T}{\partial x^2} + \frac{\partial^2 T}{\partial y^2} + \frac{\partial^2 T}{\partial z^2} = 0 \qquad (2-142)$$

边界条件为

1）与润滑油膜接触面：

$$\lambda_1 \frac{\partial T}{\partial y} = \lambda \frac{\partial T}{\partial y} \qquad (2-143)$$

2）与油槽中油的接触面：

$$\lambda_1 \frac{\partial T}{\partial n} = H(T_0 - T) \qquad (2-144)$$

（6）固体热弹位移方程。轴瓦、镜板、推力头为固体，固体热弹位移方程为：

$$(\lambda+\mu)\frac{\partial\theta}{\partial x'}+\mu\nabla^2\mu-\frac{\alpha E}{1-2v}\times\frac{\partial T}{\partial x'}=0$$

$$(\lambda+\mu)\frac{\partial\theta}{\partial y'}+\mu\nabla^2v-\frac{\alpha E}{1-2v}\times\frac{\partial T}{\partial y'}=0 \qquad (2\text{-}145)$$

$$(\lambda+\mu)\frac{\partial\theta}{\partial z'}+\mu\nabla^2w-\frac{\alpha E}{1-2v}\times\frac{\partial T}{\partial z'}=0$$

其中 $\theta=\dfrac{\partial u}{\partial x'}+\dfrac{\partial v}{\partial y'}+\dfrac{\partial w}{\partial z'}$, $\lambda=\dfrac{Ev}{(1+v)(1-2v)}$, $\mu=\dfrac{E}{(1+v)\times2}$

式中 α——泊松比；

         E——弹性模量；

u、v、w、x'、y'、z'——方向位移。

（7）计算流程。图 2-63 为计算流程，图中 A，B 是程序中的条件转入节点。

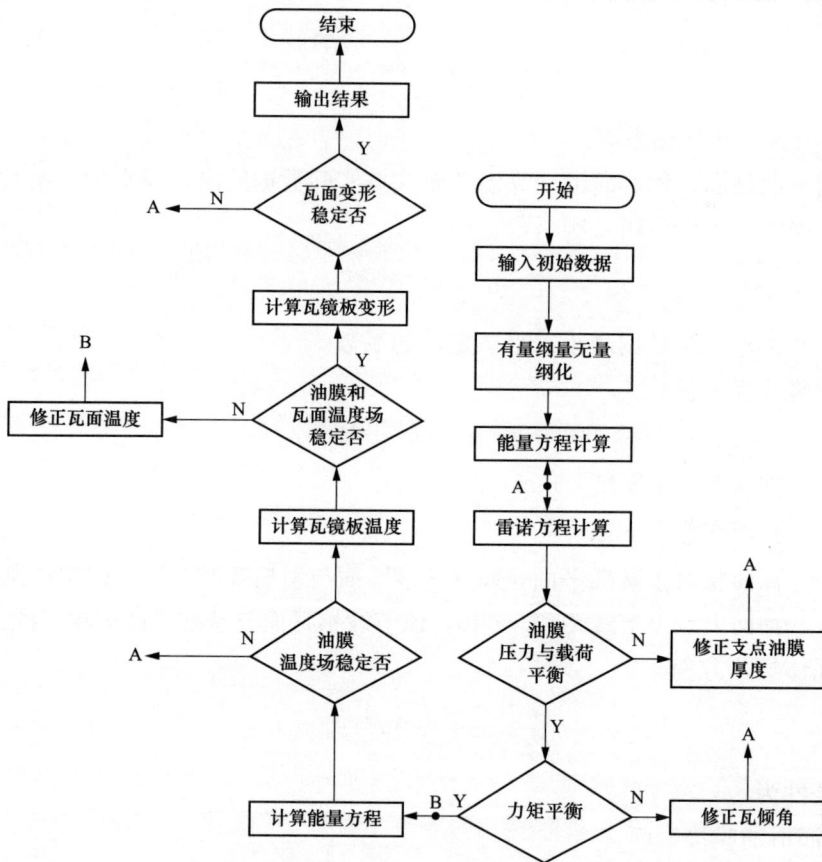

图 2-63 计算流程

（8）计算结果。图 2-64 为计算结果-油膜厚度分布图，图 2-65 为计算结果-油膜压力分布图，图 2-66 为计算结果-瓦面温度分布图，图 2-67 为计算结果-推力头镜板温度等值线图。

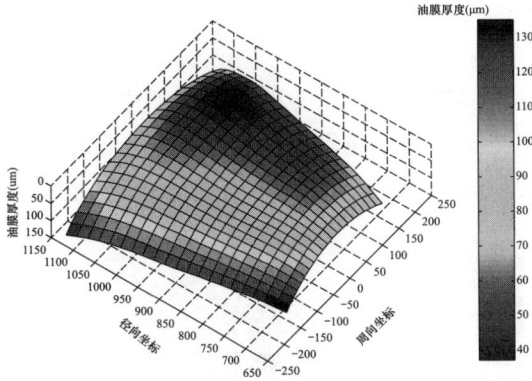

图 2-64 计算结果-油膜厚度分布图

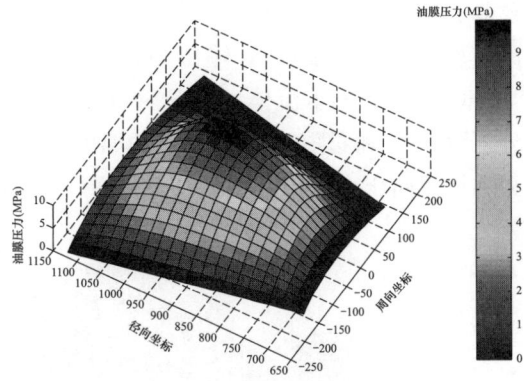

图 2-65 计算结果-油膜压力分布图

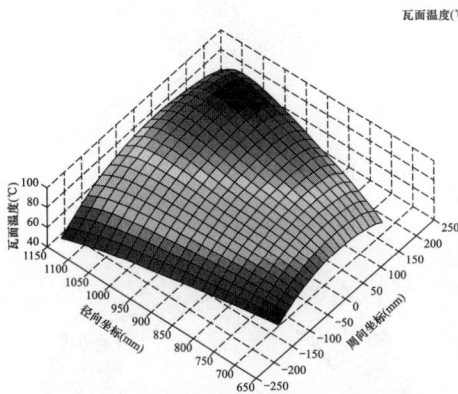

图 2-66 计算结果-瓦面温度分布图

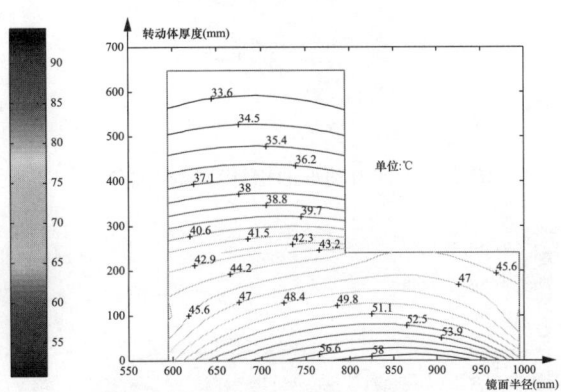

图 2-67 计算结果-推力头镜板温度等值线图

4. 推力轴承流体动力学计算

（1）推力轴承流体动力学计算的简介。随着计算机硬件技术的发展和计算软件技术的发展，CFD 技术在工程上获得了越来越广泛的应用。由于其网格划分可以适应各种形状的流道，使推力轴承油槽油流采用 CFD 计算成为可能。CFD 分析是对润滑油在油槽内流动的数字模拟，也是对三维热弹流分析的补充和校核。计算结果对指导推力轴承结构设计具有重要的意义。

CFD 计算可采用通用计算软件 Fluent 或 CFX 等。由于其采用专用网格划分软件，具有大量的可选边界条件、多种求解器、完善的后处理软件、处理轴承系统的黏性流体动力计算，有较强的优势。但 CFD 计算较为复杂，对真实模型需要合理的简化，进行网格划分，才能使计算收敛，得到真实解。

对推力轴承油槽进行 CFD 计算，一个重要的目的是为了获得整个油槽温度分布。依据计算结果指导油槽的结构设计，使油槽中的润滑油进行有效的热交换，以避免出现死油区与局部高温油区。通过对油槽的优化设计，进一步提高推力轴承的运行可靠性。同时，CFD 是对推力轴承全油槽进行仿真分析，可以对三维热弹流分析结果、镜板泵外循环系统分析计算结果进行校核。

对油槽进行 CFD 分析，需要耦合轴瓦、油膜、油槽中润滑油进行计算，难度系数较高。依据镜板泵与冷却器耦合定出的管路油流量作为计算系统的输入（规定单位时间流体质量——质量流），输出为自由流出边界条件。

（2）推力轴承流体动力学计算结果。图 2-68 及彩图 2-68 为推力轴承油槽计算网剖分，图 2-69 和彩图 2-69 为油槽油温度分布，图 2-70 为推力轴承瓦温度分布，图 2-71 为推力轴承瓦面压力分布，图 2-72 和彩图 2-72 为油膜油流速分布，图 2-73 为瓦面温度分布。

图 2-68 推力轴承油槽计算网格剖分

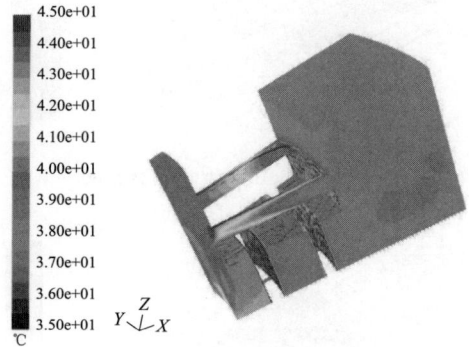

图 2-69 油槽油温度分布

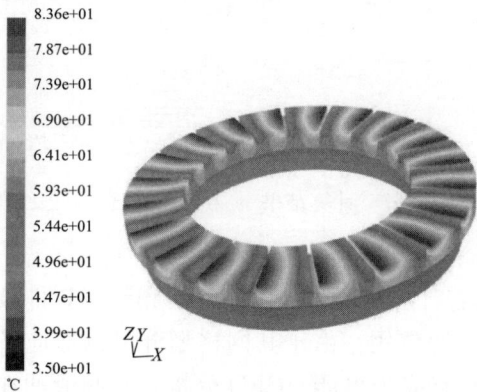

图 2-70 推力轴承瓦温度分布

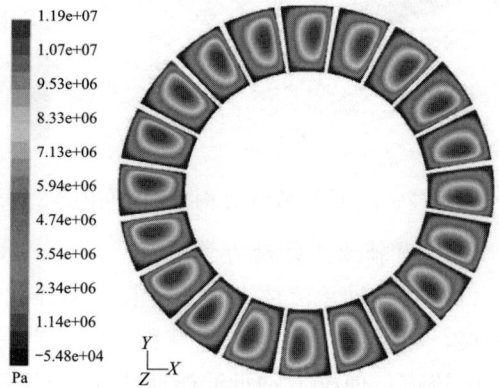

图 2-71 推力轴承瓦面压力分布

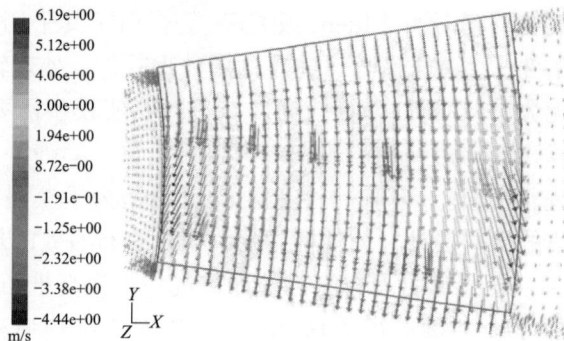

图 2-72 油膜油流速分布

四、轴承的损耗与瓦温计算

对抽水蓄能电站，由于机组转速较高，轴承损耗是一个需要重点关注的问题。由损耗带来的油温超标、瓦温超标，都是一个较易出现的问题。为便于理解，以实例说明。

某抽水蓄能电站推力负荷 8000kN，转速 500r/min 的单机容量 350MW 的发电电动机推力轴承，推力轴承尺寸达到 $\phi2300$mm。其轴承速度极限 DN（轴承外径×转速）值为 1.15×10^6mm·r/min，属于高速轴承（DN 值大于 $0.3\sim0.4\times10^6$mm·r/min 称为高速轴承）。

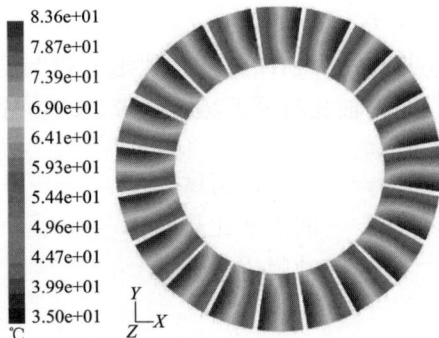

图 2-73　瓦面温度分布

1. 轴承损耗

首先计算轴承损耗。为说明轴承中的热量，以有理论解的径向圆轴承为例阐释（径向轴承展开就成平面轴承）。按 Petroff 油膜摩擦力定义式为

$$F = \frac{2\pi\eta URL}{c} \tag{2-146}$$

转换成平面轴承为

$$F = \frac{\eta UBL}{h} \tag{2-147}$$

功率为

$$P = FU = \frac{\eta U^2 BL}{h} = \frac{\eta U^2 A}{h} \tag{2-148}$$

平均油膜温度以 60℃计（L-TSA 动力黏度为 0.0179Pa·s），瓦面总面积为 3m²，平均线速度为 44m/s，平均油膜厚度为 0.075×10^{-3}m，推力轴承损耗为

$$P = \frac{0.0179 \times 44^2 \times 3}{0.075 \times 10^{-3}} = 1386 \times 10^3 \quad (W)$$

随着发电电动机转速升高，推力轴承损耗中搅拌损耗所占比例加大。图 2-74 为试验台测量某推力轴承浸油功率，与采用喷淋非浸油形式功率对比曲线。

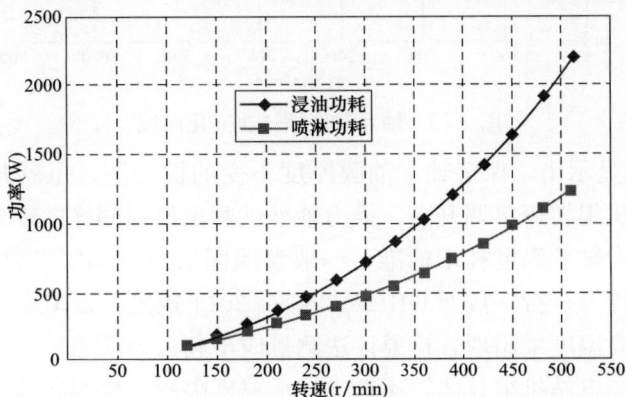

图 2-74　某轴承浸油功率与喷淋功率对比曲线

2. 轴瓦温度

其次计算轴瓦温度。理论分析与实验都显示，油膜发热的热量几乎都由润滑油带走，通过轴瓦与镜板热传导带走的热量都为小量。12 块瓦带走油膜损耗为

$$P = 12\rho CQ\Delta t \tag{2-149}$$

式中 ρ——润滑油密度；

C——润滑油比热容；

Q——油膜流量。

$$Q = \frac{U}{2}Bh \tag{2-150}$$

轴瓦宽度 B 为 0.625m，平均油膜厚度 h 为 0.075×10^{-3}m。油膜温升 $\Delta t = 67℃$。如果轴瓦入口油膜补充油温 40℃，瓦面温度将达到 107℃。

3. 轴承温度随转速的变化

轴承损耗决定了轴承的温度。为了进一步观察转速变化引起轴瓦温度的变化，将轴承损耗公式带入瓦温升计算公式，得到

$$\frac{\eta U^2 A}{h} = 12\rho C\frac{U}{2}Bh\Delta t \tag{2-151}$$

$$\frac{\pi NAR}{180\rho CBh^2} = \frac{\Delta t}{\eta} \tag{2-152}$$

其中，R 为轴瓦的平均半径 0.8375m，N 为轴承转速（r/min），η 为油膜平均温度下的动力黏度，A 为轴瓦面积 3m²，密度 $\rho = 880$kg/m³，比热容 $C = 1900$J/(kg·K)，$B = 0.625$m，平均油膜厚度保持为 0.075×10^{-3}m，轴瓦的进油温度保持为 40℃。按公式计算出瓦面温度随转速变化曲线，见图 2-75。

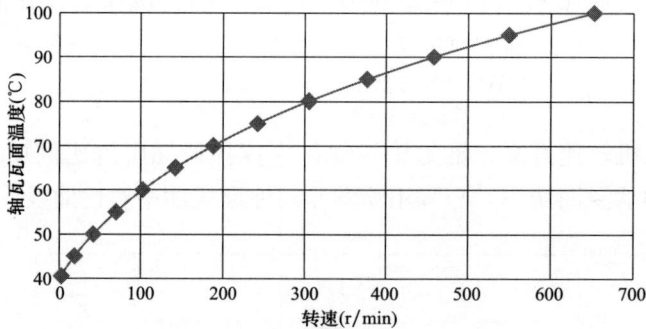

图 2-75　轴瓦温度随转速变化曲线

图 2-75 清晰地显示出，保持轴承油膜厚度不变的情况下，也就是保持轴承可靠性不变，轴瓦温度随机组转速单调升高。推力轴承试验也显示同样的现象。

发电电动机推力轴承温度技术标准，一般参照国家标准 GB/T 20834—2014《发电电动机基本技术条件》执行，按照 GB/T 20834—2014 规定：发电电动机在正常运行工况下，其轴承的最高温度采用埋置检温计法测量应不超过 80℃。

根据各抽水蓄能电站机组具体转速选定轴承温度限制。机组转速越高，应适当提高推力轴承温度，以避免加大机组的效率损失。

五、润滑油

油的黏度对轴承润滑性能有很大影响，发电电动机轴承一般采用 L-TSA32、L-TSA46 汽轮机油。对于高速发电电动机（$n > 300\text{r/min}$）宜选用黏度小的 L-TSA32 润滑油，以减小轴承损耗；对于中、低速发电电动机选用 L-TSA46 润滑油。常用润滑油参数见表 2-11～表 2-13。

表 2-11 　　　汽轮机润滑油国标（L-TSA）与国际标准 ISO-VG
动力黏度（mPa·s）对照表

温度（℃）	30	40	50	60	70	80	90
L-TSA46	74	43.3	27.2	17.9	12.65	9.21	6.79
ISO-VG46	73	42.3	26.9	17.7	12.47	9.15	6.9
L-TSA32	47.7	28.6	18.7	12.8	9.06	6.77	5.14
ISO-VG32	49	29.2	19.1	12.9	9.3	6.9	5.26

表 2-12 　　　　　　　润 滑 油 黏 温 关 系 表

油温（℃）	L-TSA32(Pa·s)	L-TSA46(Pa·s)	L-TSA68(Pa·s)
30	0.0446	0.0668	0.1079
40	0.0283	0.04	0.0626
50	0.0188	0.0257	0.0398
60	0.0132	0.0176	0.0262
70	0.0098	0.0123	—
80	0.0074	0.0092	0.0129
90	0.0056	0.0070	—
100	0.0045	0.0055	0.0075

表 2-13 　　　　　　　　润 滑 油 主 要 技 术 要 求

序号	项目	质量指标		
		L-TSA 汽轮机油（A 级）		
1	黏度等级（GB/T 3141）	32	46	68
2	外观	透明	透明	透明
3	运动黏度（40℃），mPa·s	28.8～35.2	41.4～50.6	61.2～74.8
4	黏度指数，不小于	90	90	90
5	倾点（℃），不高于	−6	−6	−6
6	闪点（开口）（℃），不低于	186	186	195
7	酸值（以 KOH 计，mg/g），不大于	0.2	0.2	0.2
8	水分（质量分数%），不大于	0.02	0.02	0.02

六、推力轴承油循环冷却计算

发电电动机推力轴承常采用内循环或外循环冷却方式。内循环分为立式冷却器的内循环系统（如图 2-76 所示）、卧式冷却器的内循环系统（如图 2-77 所示）。外循环常采用外加泵外循环、镜板泵外循环、导瓦泵外循环等油冷却方式。

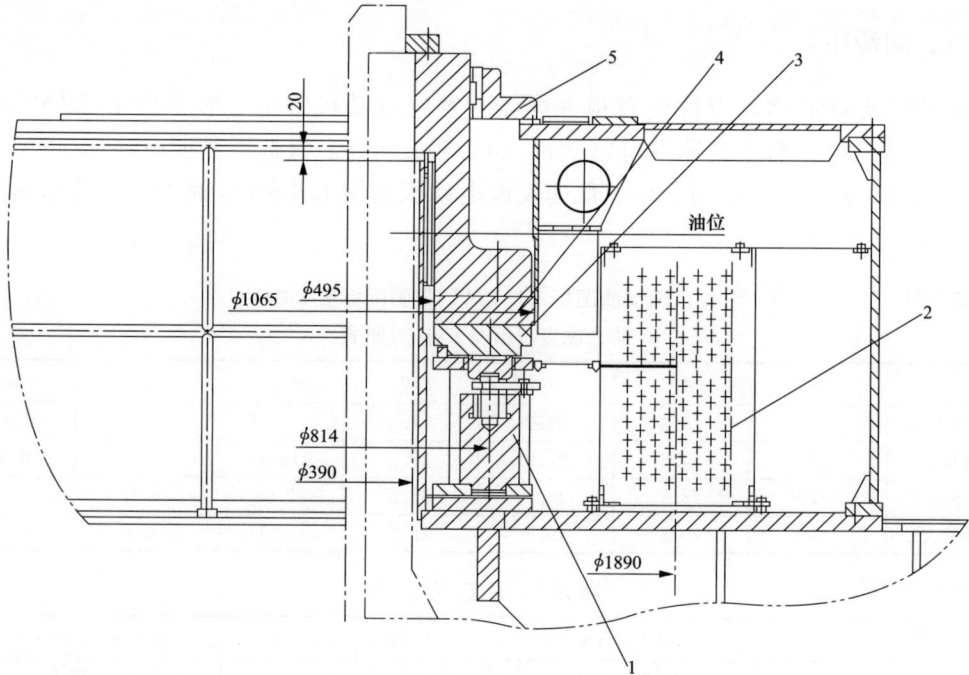

图 2-76　装有立式冷却器的内循环系统

1—推力轴承座；2—油冷却器；3—推力瓦；4—镜板；5—密封盖

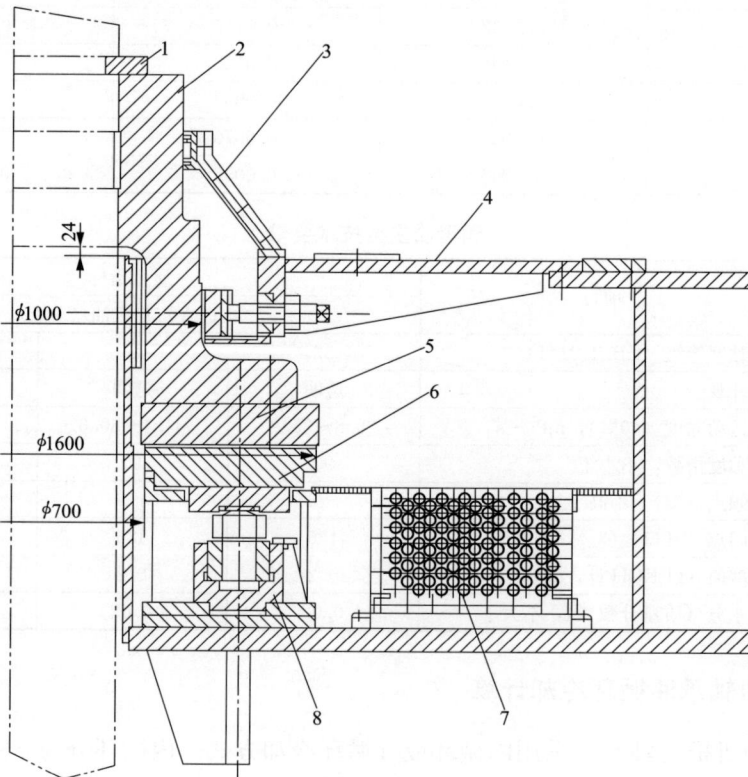

图 2-77　卧式冷却器的内循环系统

1—卡环；2—推力头；3—密封盖；4—油槽盖；5—镜板；6—推力瓦；7—油冷却器；8—轴承座

（一）内循环油冷却特点及油槽容量计算

1. 循环动力

促使油循环的动力，一般认为有三个方面。

（1）黏滞泵的作用。润滑油具有一定的黏性，可以附着在浸入油内的旋转件表面（例如镜板或推力头）。当旋转件达到一定转速时，润滑油被甩出，形成油流流速 A，见图 2-78。在一定温度下，随着转速增高，切向速度 v 呈直线上升，而径向速度 u 相对增长较慢，因此被甩出的油流 A 的切向角度 α，随着转速的上升而逐渐减小。

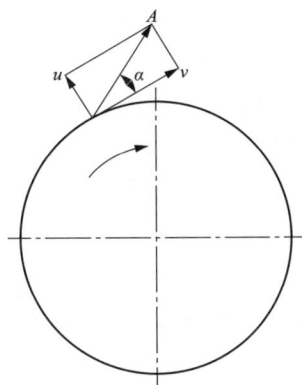

图 2-78　浸油旋转体的
周边油流方向

在镜板旋转和油膜压力的作用下，轴瓦摩擦面的部分热油膜被甩出，余下的形成润滑油楔的进出油流。虽然这部分油流的动力和流量不大，但温度很高，是油流热量的主要来源，它与黏滞泵油量混合后通过冷却器进行循环冷却。

（2）由冷却器引起的冷、热油对流。油流过冷却器后，温度降低，体积减小，密度增大，冷油下沉，即形成温差对流。因冷、热油的温差较小，所以它在整个循环动力中所占的比例是不大的。

（3）离心泵的作用。如果在镜板（或推力头）上加工数个径向或后倾方向的泵孔，就构成内循环的镜板泵，可以极大地提高油循环的动力，改善轴承的冷却效果。为了加速油的循环流动，提高轴承的冷却效果，还可在推力头或镜板的内缘装设旋桨式叶片，并使其延伸到轴瓦内径的供油区。叶片用钢板弯成，用螺栓固定或直接焊在泵轮上，构成简易的旋桨泵。旋桨泵的特性参数可用旋桨风扇的类似方法估算。

2. 循环阻力

引起流体动力压头损失的阻力，称为流体阻力。对于一个稳定的油流循环系统，动力特性曲线和阻力特性曲线有一个交点，即为动力和阻力的平衡工作点。平衡以后的内循环油流分布场可以采用 CFD 软件进行计算分析。而在进行结构初步设计时，应注意以下要点：

（1）冷却器和旋转件之间的距离要适中，既要适应循环油流的方向，减小油流进入冷却器的入口阻力，又要有一定的油流扩散区，防止入口撞击造成动压损失。对于高速的推力轴承，油流的切向角 α（见图 2-78）较小，冷却器和旋转件之间的距离应适当减小。为了改善油循环冷却条件，旋转件与冷却器之间可以装设导油装置，将油流引至冷却器，可以避免碰撞造成的动压损失和油气混合。

（2）要注意循环油路的密封，避免动压损失，力求将它变为有利于循环的静压（当然也包括部分动压）。密封的主要部位是冷却器上面稳油板外缘，这个间隙应尽量小，以使运行时呈抛物线的油面外圆翘起端被封住，不能上翘。在稳油板下的动压油，一部分改变方向向下流，一部分变为静压油，构成所需要的循环动力。轴承座与冷却器之间的隔油板也应注意密封，避免热油流短路。

（3）为了减小压头损失，循环油路的各段截面应尽量一致。例如，立式冷却器的上、下两部分截面相等，立式冷却器和油槽壁之间所形成的过流面积与冷却器上、下部分的截面相仿等。

（4）冷却器的油流阻力取决于冷却管的管距、排列方式和排数。常用的管距与排列方式见图 2-79（a）。从冷却管分布来看，这种交错排列方式虽然有约 120°的拐弯，但油道的截面变化不大，所以局部摩擦阻力较小。也有采用直列的，见图 2-79（b）。据有关资料介绍：当 $t/d_w<1.2$ 时（t 为管间距，d_w 为管外直径），直列的摩阻系数较大；而当 $t/d_w>1.2$ 时，直列的摩阻系数显著减小。在满足对冷却管要求的散热面积条件下，冷却管的排数应尽量减少，对矩形截面的冷却器而言，一般取 4～8 排。

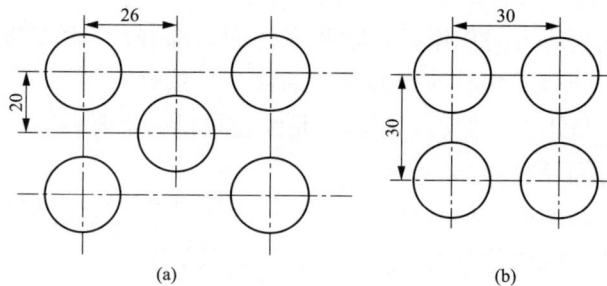

图 2-79 冷却水管的排列
（a）交错排列式及常用管距；（b）直列式及常用管距

3. 油槽油量计算

油槽中的润滑油量，要比轴承润滑计算中进入瓦块的循环油量多，使达到热平衡后的整个油槽油温不致过高。即进入油冷却器的热油，是从轴瓦排出的热油和油槽内温度较低的油的混合体，其温度约在 40℃以下。

油槽的润滑用油量，可根据在额定工况时允许油冷却器短时断水运行的时间确定。通常，机组的自动化系统处理断水故障至少需要 5min，因此一般要求，轴承应允许在其冷却器的冷却水中断时，机组在额定转速、最大持续容量工况下无损运行 10min，且油槽油温不超过 50℃。这样，油量可按下式估算

$$Q=\frac{PT}{\rho C\Delta t}\quad(\mathrm{m}^3)\tag{2-153}$$

式中 Δt——允许油温升高值，取 10K；

    T——断水持续的时间，取 600s；

    P——轴承损耗，W；

    ρ——润滑油密度，kg/m³；

    C——润滑油比热容，J/(kg·K)。

更精确的计算需要考虑随油温的变化，轴承损耗也同时发生变化这一现象。

（二）外循环冷却计算

1. 外加泵外循环油冷却方式

（1）结构特点。图 2-80 为外加泵外循环油冷却系统。

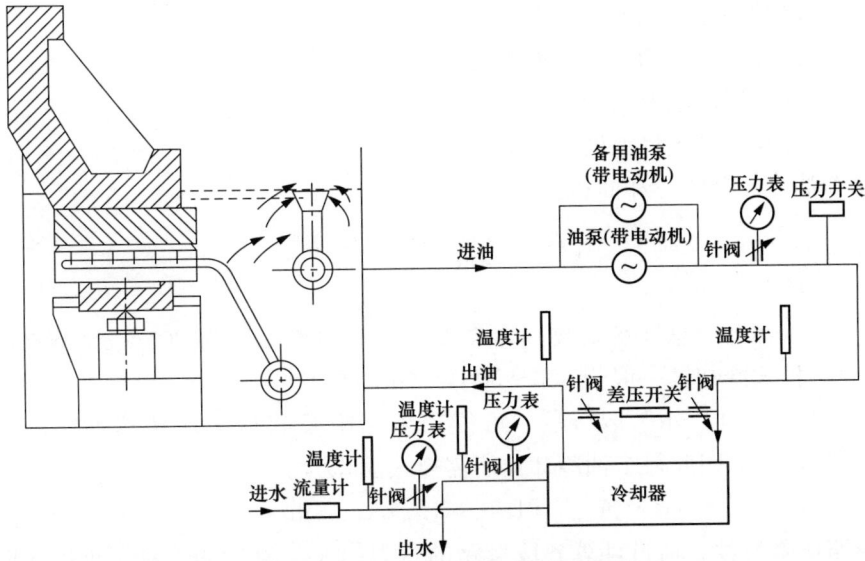

图 2-80　外加泵外循环油冷却系统

外加泵外循环冷却方式，就是在油循环管路上增加抽油泵，将油槽内热油抽出，经外冷却器冷却后送回油槽。因此外加泵计算既要考虑油冷却器的换热能力满足要求，还要计算出所需泵的流量及压力。

（2）主要计算过程。

1）循环油流量可按下式确定

$$Q_y = \frac{P}{\rho C \Delta t_y} \times 10^{-3} \quad (\text{m}^3/\text{s}) \tag{2-154}$$

式中　P——轴承损耗，kW；

　　Δt_y——冷却器进出油温差，K；

　　C——润滑油的比热容，J/（kg·K）；

　　ρ——润滑油密度，kg/m³。

2）冷却器出水温度确定。对于管式冷却器的冷却水速可按 1～1.5m/s 估算水量，对于板式冷却器的冷却水量可按循环油量选取。

出水温升为

$$\Delta t_s = \frac{P}{4180 Q_s} \quad (\text{K}) \tag{2-155}$$

式中　P——轴承损耗，kW；

　　Q_s——冷却水流量，m³/s。

出水温度为

$$t_{so} = t_{si} + \Delta t_s \quad (\text{℃}) \tag{2-156}$$

式中　t_{si}——进水温度，按照我国江河的情况，最高进水温度一般不超过 30℃。

3）计算对数温差为

$$\Delta t_{\log} = \frac{(t_{o2} - t_{so}) - (t_{o1} - t_{si})}{\ln \dfrac{t_{o2} - t_{so}}{t_{o1} - t_{si}}} \tag{2-157}$$

式中　t_{o2}——冷却器进口油温，可按 $40\sim45℃$ 选取；

　　　t_{o1}——冷却器出口油温，按低于进口 $7\sim10℃$ 选取；

　　　t_{so}——冷却器出水温度，℃；

　　　t_{si}——冷却器进水口温度，一般不超过 $28℃$。

4）每个油冷却器的冷却面积为

$$A_0 = \frac{P}{M\alpha\,\Delta t_{\log}}\quad(\text{m}^2)\tag{2-158}$$

式中　M——冷却器的个数；

　　　α——冷却器的总传热系数，管式或筒式冷却器一般为 $200\sim350\text{W}/(\text{m}^2\cdot\text{K})$，板式冷却器一般为 $250\sim500\text{W}/(\text{m}^2\cdot\text{K})$。

考虑到由于管内、外壁运行后，可能产生垢阻及其他影响传热性能的因素，取 $10\%\sim20\%$ 的裕量。因此每个油冷却器所需换热面积为

$$A_L = (1.1\sim1.2)A_0\quad(\text{m}^2)\tag{2-159}$$

5）管路压降特性。通过计算各段管路的压力损失与流量的关系可求出压降特性曲线，管路总压降为各段沿程压力损失和局部压力损失的总和。沿程压力损失为

$$\Delta p_f = \lambda\,\frac{l}{d}\times\frac{\rho v^2}{2}\quad(\text{Pa})\tag{2-160}$$

$$v = Q/A\quad(\text{m/s})$$

式中　v——管内平均流速；

　　　Q——流量，m/s；

　　　A——各段的过流面积，m²；

　　　d——圆管内径，m；

　　　l——管长，m；

　　　ρ——流体密度，kg/m³；

　　　λ——沿程阻力系数，它是雷诺数 Re 的函数，可按参考文献《机械设计手册—液压传动》中公式计算。

局部压力损失为

$$\Delta p_r = \xi\times\frac{\rho v^2}{2}\quad(\text{Pa})\tag{2-161}$$

式中　ξ——局部阻力系数，各种情况的局部阻力系数见参考文献《机械设计手册—液压传动》。

管路总压降为

$$\Delta p = \sum\lambda_i\times\frac{l_i}{d_i}\times\frac{\rho v_i^2}{2}+\sum\xi_i\times\frac{\rho v_i^2}{2}\quad(\text{Pa})\tag{1-162}$$

6）油泵的选择。根据求出的管路压降特性曲线，选用标准油泵。或根据现有标准油泵的规格，适当地调整管路压降特性，以满足对流量和压头的要求。

泵特性与压降特性的交点（即泵的工作点）即为所对应的工作流量。

如果在瓦间安置喷油管结构，应使泵在喷油管出口处保持 $0.05\sim0.1\text{MPa}$ 的压力。这个值选择过高，喷油管区域易形成紊流，不利于瓦的润滑。喷油管的总喷油量应为所

需理论润滑油量的 1.5～2 倍。喷油管的喷油量可按下式估算

$$Q = 1700nd^2 \times \sqrt{p} \quad (\text{L/min}) \tag{2-163}$$

式中　n——管段上的孔数；

　　　d——孔的直径，m；

　　　p——喷油管出口处压力，一般取 0.05～0.1MPa。

7) 外循环油冷却器的选择。发电电动机一般转速较高，轴承损耗大，因此冷却系统庞大。且一般冷却水水压较高，要求冷却器耐压等级高。冷却器的选择要在满足耐压等级的基础上满足换热能力，且尽可能选择高效冷却器，以缩小冷却系统的空间占用尺寸及提高冷却效率。

根据冷却器的换热面积、压降要求以及供水情况，常用的有管式冷却器和板式冷却器。

油水冷却器管侧为水，壳侧为油。由于油的换热系数 [116～145W/(m² · K)] 远低于水的换热系数 [1000～2000W/(m² · K)]，因此油水冷却器的关键之一是尽可能提高油侧的散热面积，通常油侧采用螺旋、翅片、板翅等来加大换热面积。第二个关键因素是尽可能提高油侧的换热系数，如采用板式换热器，强迫油紊流流动。

一般来说，除保证换热能力外，还要特别注意以下问题：

冷却器漏水。冷却器漏水是电站最常发生的故障，尤其是冷却水进入油槽，需要停机换油和更换冷却器。漏水常见原因为焊点渗水与水管腐蚀渗漏。因此冷却器的选用要求水管焊接（或胀管）密封质量高，水管材质要耐腐蚀，如紫铜管。

冷却水管的结垢。长期运行后，冷却水管内壁一般会结垢，导致冷却器换热效率下降。结垢的程度与水质相关。对于水质差的电站，管中水流速不能过小，否则冷却器使用时间会下降。

冷却器的选用。如果水压不高，可优先选用板式冷却器。板式冷却器整体尺寸较小。如果水压超过板式冷却器的承受能力，则应该采用管式冷却器。管式冷却器优先采用套片式油冷却器，其次选用翅片管冷却器。一般不选用光管式冷却器，因为其换热效率低，体积庞大。

冷却器的清洗。板式冷却器清洗困难，需要解体冷却器清洗板片。而管式冷却器相对容易，一般正冲水与反冲水交替进行即可。

2. 镜板泵外循环计算

(1) 结构特点。镜板泵外循环冷却系统（见图 2-81）与外加泵外循环系统的主要区别是没有外加油泵装置。

(2) 镜板泵外循环计算。主要计算程序如下：

1) 按照外加泵外循环相同的方法计算镜板泵外循环所需的循环油流量、冷却水量、冷却器出水温度、冷却器对数温差、冷却器的冷却面积、管路压降特性等。在冷却能力相同的情况下，优先选用压降小的冷却器，目前镜板泵外循环系统常用管式冷却器。

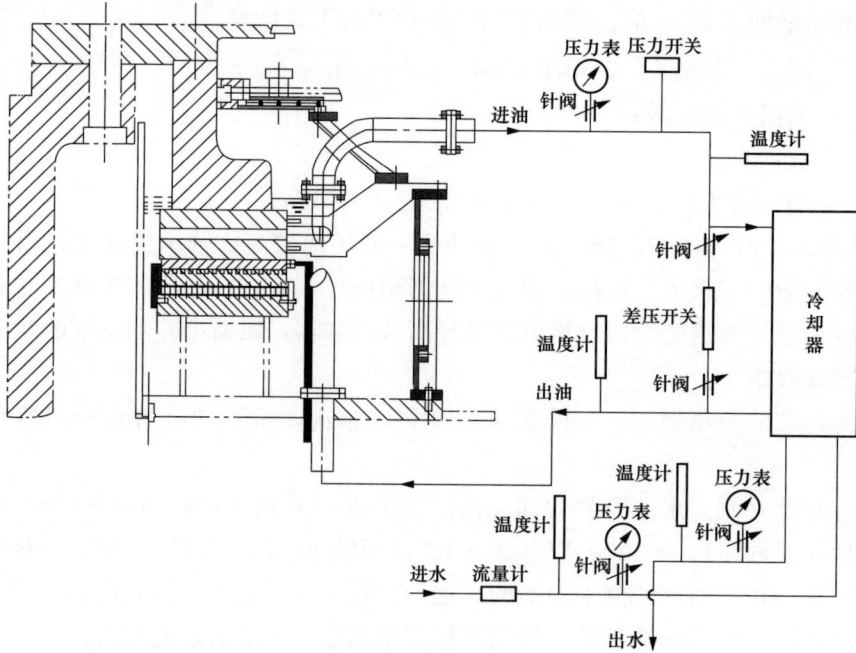

图 2-81　镜板泵外循环冷却系统

2）镜板泵的最高压头（空载压头）为

$$P_{\max} = K_{\mathrm{o}}\rho(u_2^2 - u_1^2) \times 10^{-6} \quad (\mathrm{MPa}) \tag{2-164}$$

$$u_2 = \frac{\pi D_2 n_{\mathrm{N}}}{60}$$

$$u_1 = \frac{\pi D_1 n_{\mathrm{N}}}{60}$$

式中　u_2——镜板泵出口外圆周边速度，m/s；

u_1——镜板泵进口内圆周边速度，m/s；

D_1，D_2——镜板内、外径，m；

n_{N}——机组额定转速，r/min；

ρ——润滑油的密度，kg/m³；

K_{o}——压头系数，取决于泵孔结构及密封情况，两组试验数据举例如图 2-82 所示。

3）镜板泵的最大流量（短路流量）为

$$Q_{\max} = K_{\mathrm{L}} A u_2 \quad (\mathrm{m^3/s}) \tag{2-165}$$

式中　A——泵孔的总截面积，m²；

K_{L}——流量系数，取决于泵孔结构及密封情况，如图 2-83 所示。

4）绘制泵特性曲线。不同流量对应的压头可按下式计算

$$p_{\mathrm{o}} = p_{\max}\left(1 - \frac{Q^2}{Q_{\max}^2}\right) \quad (\mathrm{MPa}) \tag{2-166}$$

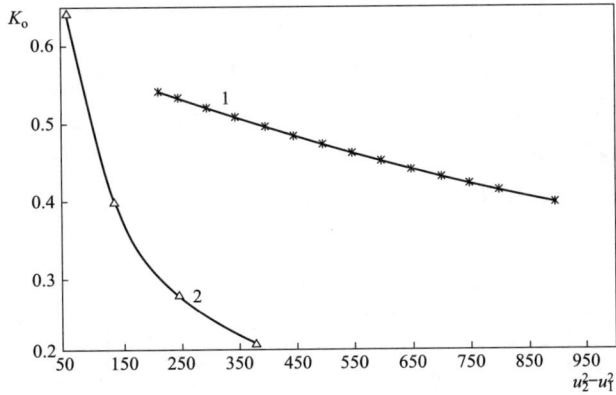

图 2-82 压头系数

1—500r/min 的机组采用后倾式泵孔；2—某试验台数据

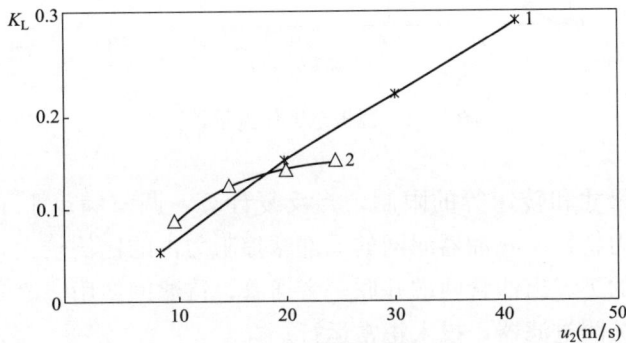

图 2-83 流量系数

1—500r/min 机组采用后倾式泵孔；2—某试验台数据

式中　p_o——对应某一给定流量的压头，MPa；

　　p_{max}——泵的最高压头，MPa；

　　Q——给定的流量，m/s；

　　Q_{max}——泵的最大流量。

5）管路压降特性。按照外加泵外循环管路系统类似的方法，计算各段管路的压力损失与流量的关系，得到管路压降特性曲线。管路总压降为各段沿程压力损失和局部压力损失的总和。

6）确定镜板泵的参数。利用泵特性曲线和管路压降特性曲线（见图 2-84），求两者的交点即是镜板泵的工作点。镜板泵的工作点应该满足以下要求：

a. 泵特性与压降特性的交点所对应的流量，应比循环冷却所需要的流量 Q 大 20%～30%，以补偿计算误差。

b. 如果在瓦间安置喷油管结构，应使泵在喷油管出口处保持 0.05～0.1MPa 的压力。这个值选择过高，喷油管区域易形成紊流，不利于瓦的润滑。喷油管的总喷油量应为所需理论润滑油量的 1.5～2 倍。喷油管的喷油量可按式（2-167）估算，与外加泵瓦间喷油量计算公式（2-163）相同。

$$Q = 1700nd^2 \times \sqrt{p} \quad (\text{L/min}) \tag{2-167}$$

式中　　n——管段上的孔数；

　　　　d——孔的直径，m；

　　　　p——喷油管出口处压力，一般取 0.05～0.1MPa。

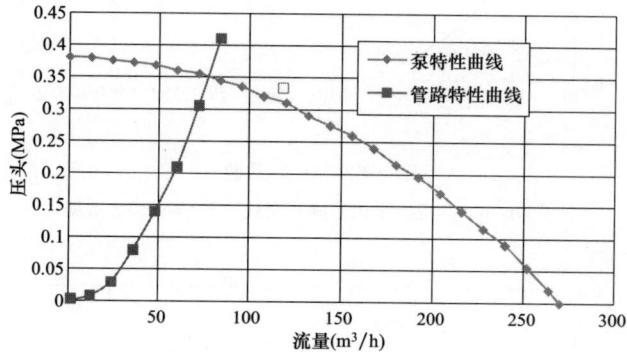

图 2-84　镜板泵工作流量计算

　　镜板泵受外形尺寸和转速等的限制，当反复计算、调整满足不了对泵参数的要求时，应集中调整阻力特性。滤油器滤网的局部摩擦阻力占的比例较大，为了减小滤网的阻力，可在滤油器的进、出油管两端并联一旁通管，待滤网使用一段时间后（机组试运行）打开旁通阀，关闭过滤器，投入正常运行。

　　3. 导瓦自身泵外循环油冷却计算

　　（1）结构特点。导瓦自身泵外循环冷却系统是瑞士 ABB 公司的传统结构，导瓦自身泵工作原理如图 2-85 所示，整个管路系统的油流循环动力由导瓦前部或侧面的泵槽阶梯轴承产生，没有外加油泵装置。在导轴承的底部，附加有出油管，将泵打出的热油汇集到系统油环管，经外置油冷却器冷却后，返回到位于轴承下部的冷油环管，然后进入油槽，再回到推力瓦的内缘附近，一部分冷油进入推力瓦，另一部分与热油混合后，回到导瓦泵槽，完成循环过程。当机组运行时，可形成稳定的压头。由导瓦泵产生的静压头为 0.15～0.2MPa，冷却器压力损失约为 0.02MPa，管路压力损失约为 0.02MPa，其他杂散压力损失约为 0.02MPa，因此要求导瓦泵的出口压力大于 0.06MPa。

　　对于双向旋转的发电电动机，油流也存在正反两个旋转方向，因此相应地在导瓦上开了两个方向的泵槽，在汇油管前端分别设有两个方向的逆止阀，从而保证油流均是单向通过的。为防止冷热油混合，相邻瓦之间设置有导流隔板。

　　有两种导瓦自身泵结构，分别为泵槽在导瓦前部、泵槽与导瓦平行，如图 2-86 所示。泵槽在导瓦前部可产生较大的压头及流量，泵槽与导瓦平行所产生的流量较小。

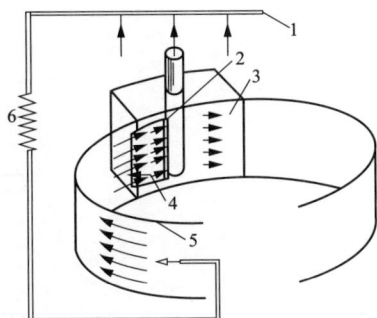

图 2-85 导瓦自身泵工作原理

1—环管；2—泵槽；3—油膜厚度；4—泵槽深度；
5—轴承工作面；6—冷却器

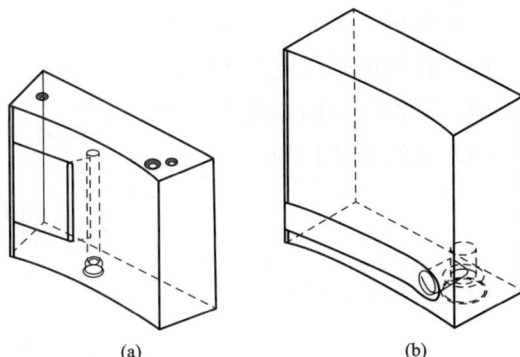

图 2-86 自身泵导瓦的结构

（a）泵槽在导瓦前部；（b）泵槽与导瓦平行

（2）导瓦自身泵外循环计算。导瓦自身泵外循环所需的循环油流量、冷却水量、冷却器出水温度、冷却器对数温差、冷却器的冷却面积和管路压降特性等，按照与外加泵外循环相同的方法计算。在冷却能力相同的情况下，优先选用压降小的冷却器，如压力损失在 0.02MPa 左右的管式冷却器。

自身泵导瓦分成普通导瓦和自身泵导瓦两段。在导轴承计算后进行自身泵计算时，需使用运行时的导瓦油膜厚度值。

以泵槽在导瓦前部的导瓦泵为例简述其计算过程，计算原理类似阶梯轴承。图 2-87 所示为泵槽在导瓦前部的自身泵导瓦结构尺寸。

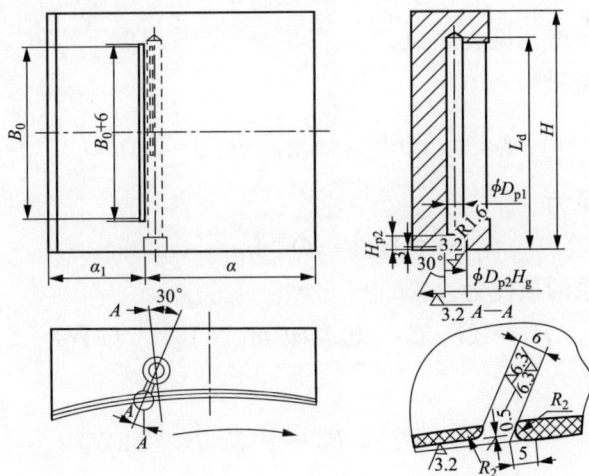

图 2-87 泵槽在导瓦前部的自身泵导瓦的结构尺寸

（1）机组额定转速 n_N，r/min；

（2）滑转子外径 d，m；

（3）有泵槽的轴瓦数 m_1；

（4）瓦块夹角 α；

（5）泵槽夹角 α_1，一般 $\alpha_1 \leqslant \alpha/2$；

（6）瓦块的轴向宽度 H，m；

（7）泵槽的轴向宽度 B_0，m；

（8）瓦块的弧长为

$$L = \frac{\alpha \pi d}{360} \quad (\text{m}) \tag{2-168}$$

（9）泵槽的有效长度为

$$L_1 = \frac{\alpha_1 \pi d}{360} - 0.01 \quad (\text{m}) \tag{2-169}$$

（10）滑转子外缘的周速为

$$v_\text{m} = \frac{\pi d n_\text{N}}{60} \quad (\text{m/s}) \tag{2-170}$$

（11）导瓦自身泵的出口压力 $p_\text{back} = 0.06\text{MPa}$。

（12）润滑油一般选用 L-TSA32、L-TSA46、L-TSA68 汽轮机油。

（13）油膜厚度 h，m。

（14）泵槽深度 h_1，m。

（15）泵槽平均深度为

$$h_\text{p} = h + h_1 \quad (\text{m}) \tag{2-171}$$

（16）进泵槽的流量为

$$Q_\text{pocket} = \frac{v_\text{m}}{2} h_\text{p} B_0 - \frac{h_\text{p}^3 B_0}{12 L_1 \eta} p_\text{back} \quad (\text{m}^3/\text{s}) \tag{2-172}$$

式中　η——润滑油黏度，见表 2-11。

（17）进导瓦的流量为

$$Q_\text{pad} = \frac{v_\text{m}}{2} h B_0 - \frac{h^3 B_0}{12 L \eta} p_\text{back} \quad (\text{m}^3/\text{s}) \tag{2-173}$$

（18）泵的总流量为

$$Q_\text{p} = (Q_\text{pocket} - Q_\text{pad}) m_1 \quad (\text{m}^3/\text{s}) \tag{2-174}$$

（19）导瓦自身泵的损耗为

$$P_\text{p} = (F_\text{pocket} - F_\text{edge}) v_\text{m} m_1 \times 10^{-3} \quad (\text{kW}) \tag{2-175}$$

其中

$$F_\text{pocket} = \frac{p_\text{back}}{2} h_\text{p} B_0 + \frac{v_\text{m}}{h_\text{p}} \eta L_1 B_0 \quad (\text{kW}) \tag{2-176}$$

$$F_\text{edge} = \frac{p_\text{back}}{2} h (H - B_0) + \frac{v_\text{m}}{h} \eta L_1 (H - B_0) \quad (\text{kW}) \tag{2-177}$$

（20）导瓦自身泵带走的总损耗为

$$P_\text{total} = P_\text{thrust} + P_\text{guide} + P_\text{p} \quad (\text{kW}) \tag{2-178}$$

式中　P_thrust——推力轴承损耗，kW；

P_guide——导轴承损耗，kW。

（21）冷却器的油温升为

$$\Delta t_{y} = \frac{P_{total}}{\rho C Q_{p}} 10^{3} \quad （℃）\tag{2-179}$$

一般要求设计的导瓦自身泵满足 $\Delta t_{y} < 12℃$。

（22）管路压力损失。按照外加泵外循环管路系统类似的方法，计算各段管路的压力损失。管路总压降为各段沿程压力损失和局部压力损失的总和。要求管路总压降与冷却器压力损失的总和小于 0.06MPa。

七、瓦面材料

1. 导轴承低摩擦金属的要求

表 2-14 为导轴承低摩擦金属的要求。

表 2-14　　　　　　　　导轴承低摩擦金属的要求

物理要求	技术原因
软金属基体中溶解硬颗粒	试运行时主轴和轴承轮廓的误差补偿
嵌入特性	间隙中金属颗粒和松散的污物不会刮伤主轴
潮湿特性	油膜不容易破裂
好的热导率	轴承需要低的工作温度
耐腐蚀性（耐油或其他）	防止长期腐蚀
在温度升高和拉伸时，有适当的机械性能和硬度	高的工作载荷下充分发挥轴承性能
适当低一点的熔点	紧急情况下金属熔化而不损伤主轴
与瓦块支撑很好地结合	剪切力会在支撑面上发生变化及好的热传导
热膨胀系数与主轴及瓦块支撑相同	为了保证轴承的几何间隙近似为常数

2. 影响轴承性能的参数

表 2-15 为影响轴承性能的参数。

表 2-15　　　　　　　　　　影响轴承性能的参数

对径向轴承（包括有衬垫和无衬垫）的研究得到的结论	技术概念上的轴承类型	轴承直径的表面速度	轴承几何尺寸及排列方式	轴承间隙	轴承金属与支撑界面的结合程度	轴承金属的质量	润滑油质量
轴承金属温度	1	1	2	2	1	4	2～3
轴承寿命	1	1	2	1～2	1	1	3
由摩擦引起的损耗	1	1	3	2	4	4	3
油流量	1	1	2	1	4	4	2～3
运行稳定性	1	1	1	1	4	4	2
油膜刚度	1	1	3	2	4	4	2～3

注 1—较高影响；2—中度影响；3—较小影响；4—无影响；1～2介于中度、高度影响之间；2～3介于较小中度影响之间。

3. 温度对巴氏合金的影响

在机组运行时巴氏合金的最高温度应低于 120℃，在设计阶段对比做出技术说明是十分必要的。长期高温（150℃）会导致结构硬粒轮廓永久性分离，不仅仅导致刚度降低，同时也导致塑性变形。在230℃时巴氏合金开始融化造成额外的轴承损耗。重新浇铸巴氏合金并加工后通常都能修复轴承。

当油膜破裂时，温度会呈指数上升，并且导致巴氏合金熔化，根据载荷和速度的不同，这种情况会在很短的时间内发生以至于无法反应和测量。

4. 锡基轴承合金 ZSnSb11Cu6

锡基轴承合金 ZSnSb11Cu6 是国内最常用滑动轴承衬套材料。表 2-16、表 2-17 分别为该合金的化学成分和机械性能（GB/T 1174—1992）。

表 2-16 化学成分：锡基轴承合金 ZSnSb11Cu6

成分	符号	百分比（%）
锡	Sn	其余（80 左右）
锑	Sb	10.0～12.0
铜	Cu	5.5～6.5
铅	Pb	0.35
砷	As	0.1
锌	Zn	0.01
铝	Al	0.01
铁	Fe	0.1
铋	Bi	0.03
其他元素总和		0.55

表 2-17 机械性能：锡基轴承合金 ZSnSb11Cu6

名称	单位	数值
屈服强度	MPa	≥66
抗压强度	MPa	≥113
断后延伸率	%	≥6
抗拉强度	MPa	≥113
抗压屈服强度	MPa	≥80
疲劳极限	MPa	≥24
硬度	HBS	≥27

5. 巴氏合金 V-738

巴氏合金 V-738 是最值得推荐的用于水轮发电机组轴承衬套的材料，表 2-18 为该合金的化学成分。

表 2-18 化学成分：巴氏合金 V-738（Goldschmidt，德国）

成分	符号	百分比（%）
锡	Sn	～80
锑	Sb	11.0～13.0
铜	Cu	5.0～5.5
镉	Cd	0.7～1.7

续表

成分	符号	百分比（%）
砷	As	0.3～0.7
镍	Ni	0.2～0.6
铅	Pb	≤0.06
铋	Bi	≤0.05
铝	Al	≤0.05
锌	Zn	≤0.05
银	Ag	≤0.01
铁	Fe	≤0.01

6. 巴氏合金 ASTM　B-23，Alloy 3

另外一个在全球享有盛誉的是巴氏合金 ASTM B-23，Alloy 3，其性质见表 2-19。

表 2-19　　　　　　　　　　巴氏合金 ASTM B-23，Alloy 3 性质

分类	成分		符号	百分比（%）
化学成分	锡		Sn	83.0～85
	锑		Sb	7.5～8.5
	铜		Cu	7.5～8.5
	铅		Pb	≤0.35
	镍、银		Ni、Ag	≤0.20
	砷		As	≤0.10
	铁		Fe	≤0.08
	铋		Bi	≤0.08
	镉		Cd	≤0.05
	铝		Al	≤0.05
	锌		Zn	≤0.05
机械性能	名称		单位	数值
	屈服应力	20℃	MPa	45.5
		100℃		21.7
	压缩应力	20℃	MPa	121.7
		100℃		68.3
	延伸率	20℃	%	1.0
	拉伸应力	20℃	MPa	71.0
	布氏硬度	20℃	HB	27.0
		100℃		14.5
	黏着力		MPa	见图 2-91

7. 设计和安装注意

如有必要，在轴承瓦块装配图上列出如下几项：

（1）加工后的碳钢与巴氏合金接触面的表面粗糙度在 Ra3.2 和 Ra6.3 之间。

（2）当从接触面移除材料时应用压缩空气以保护轴承表面不受到污染。

（3）在加工完接触面后应该用低毒性的溶剂进行清洗并用圆玻璃进行喷丸处理以消除加工后的残余应力。

（4）在浇铸巴氏合金前接触面应覆盖一层约 0.1mm 的无污染的锡基层。

（5）由于铜的硬度远大于锡，可能刮擦主轴，为了防止铜成分不能融合，巴氏合金的熔化温度不得低于 440℃。

（6）在巴氏合金浇铸前，轴瓦支撑的温度应在 265～285℃ 之间。

（7）巴氏合金熔化的目标温度在（515±10）℃，在 7～10min 内迅速冷却。

（8）在径向方向的巴氏合金加工量至少在 4～6mm 之间，剩余的厚度应约为 3mm。根据瓦块的厚度最高可到 4mm。

（9）对自身泵轴承，除去泵腔区域，巴氏合金衬套的厚度至少应为 3mm，由于泵腔有大约 1mm 深的腔，因此这个区域巴氏合金衬套的厚度为 2mm。

✠ 第五节 绝缘结构设计

发电电动机绝缘结构是指不同绝缘材料、不同组合方式和不同制造工艺制成的绝缘部分的结构形式。其主要作用包括防止电流向不希望的方向流动及对不同电位的导体进行隔离、机械固定及支撑等。而发电电动机绝缘结构设计的主要任务为：进行绝缘结构设计（确定结构的组合方式和尺寸、合理设计绝缘结构的电场和热场分布），进行绝缘材料筛选及工艺方案的优化，以及对绝缘结构进行功能性评定。

发电电动机绝缘结构分为定子绝缘结构和转子绝缘结构，及与其相关联的连接线、引出线、并头套、铁芯、集电环、轴承绝缘等。电机运行时，绝缘结构将承受热、电、机械等多种应力的联合作用以及各种环境因素的影响，使绝缘部分常成为机组结构中最薄弱的环节。因此，从正确选用绝缘材料、合理设计绝缘结构和科学选择制造工艺等多方面，来提高电机的绝缘水平，对保证电机的经济性和可靠性均具有十分重要的意义。

一、发电电动机绝缘的基本性能

发电电动机绝缘结构设计时，须充分考虑电机绝缘结构的基本性能（包括电气性能、机械性能、热性能与耐环境性能等）能否完全满足机组设计的需求。

（一）绝缘强度与耐电性能

1. 瞬时介电强度

发电电动机绝缘的瞬时介电强度是定子绝缘设计的重要参数之一，它是衡量绝缘质量高低的主要指标。击穿电压与外施电场的均匀度、电压波形、加压方式（是连续升压还是阶梯升压）、升压速度、绝缘厚度及其密实性、环境温度、机械损伤和机械杂质以及散热条件等有关。一般来说，绝缘的击穿电压 U_B 与介电强度 E_1 关系为

$$U_B = E_1 d^n \tag{2-180}$$

式中　E_1——当单边绝缘厚度 $d=1mm$ 时的击穿电场强度，kV/mm；

　　　n——与电场均匀度有关的指数，$n=0.7～0.9$。

击穿电场强度随主绝缘厚度的增加而下降。绝缘厚度 d 在 3.0mm 以下时，每增加 1mm 的厚度，工频瞬时击穿场强约降低 4kV/mm；绝缘厚度 d 在 3.0～4.25mm 之间

时，绝缘厚度每增加 1mm，工频瞬时击穿场强约降低 1.0kV/mm。

绝缘的击穿在宏观上是由分布在绝缘层中的各种缺陷（如机械损伤、杂质、气隙等）所引起的，因而即便是同一批生产的线棒，其击穿电压也有一定的分散性。在电机运行中，绝缘在长期的机械、热和电应力的作用下，工频瞬时击穿场强将逐年下降，个别线棒甚至在过电压、预防性试验和运行中发生击穿。在制造新的线棒时，要求具有足够的安全贮备系数 k（即新线棒的工频瞬时击穿电压 U_B 与电机的额定相电压 U_ϕ 之比）。

2. 耐电特性

瞬间击穿电压反映绝缘结构所能承受的瞬间最高电压，而耐电特性则反映绝缘结构承受一定电压长期作用的能力。对于电动机定子绕组主绝缘的耐电压与时间的关系，即 U-t 特性，成为选择绝缘结构和工艺的主要依据之一，U-t 特性曲线通过长期耐电压试验即加速电老化试验获得。图 2-88 为云母绝缘击穿场强与寿命时间关系情况。

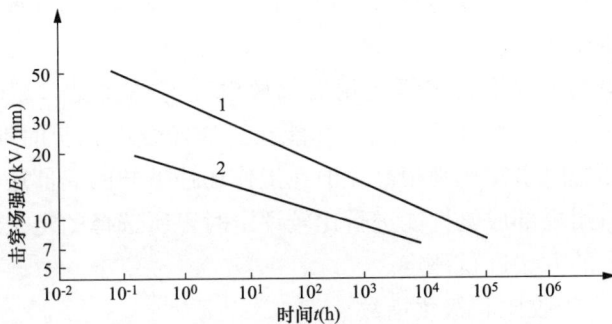

图 2-88　在一定条件下云母绝缘击穿场强与寿命关系
1—粉云母绝缘；2—片云母绝缘

在应用 U-t 特性评定绝缘的耐电压寿命时，其试验场强 E 与其作用时间 t 的关系为

$$t = kE^n \tag{2-181}$$

式中　t——寿命时间，h；

　　　E——外施电场强度，kV/mm；

　　　n——对数坐标时直线的斜率（由绝缘结构、绝缘工艺和老化因子所决定的常数）；

　　　k——经验常数。

由于 n 值取决于绝缘结构、工艺以及老化因子等，因此其变化的范围较大。对真空压力浸渍（VPI）的环氧粉云母绝缘和环氧粉云母多胶模压绝缘（绝缘厚度 $d=2mm$），n 约在 6～16 范围内。对真空压力浸渍的环氧片云母绝缘（绝缘厚度 d 约为 3～4mm），n 约在 10～17 范围内。一般情况下，由绝缘老化到破坏的过程，若系局部放电所致，则 n 较小（约为 3）；若系树枝状放电所致，则 n 较大（约为 10）。

3. 工频耐压试验的累积效应

电机绕组绝缘，在制造、维修和预防性试验中，必须按相应规范的规定，对绕组进行多次工频耐压试验。每次工频耐压试验均会对绝缘造成一定程度的损伤，使其介电强度有所下降，此即所谓工频耐压试验的累积效应。表示该下降率的累积效应系数 α 与外

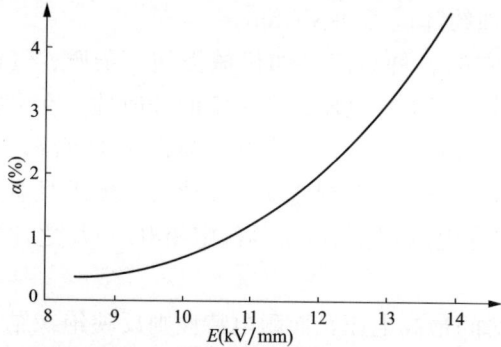

图 2-89　环氧多胶玻璃粉云母绝缘 1min 耐压试验
累积特性系数 α 与外施电场强度 E 的关系

施的电场强度及其作用时间有关，图 2-89 为环氧多胶玻璃粉云母绝缘 1min 耐压试验的累积效应系数 α 分外施电场强度 E 的关系。

若采用超低频（如 0.1Hz）或直流耐压试验，则对电机绝缘的介电强度影响小得多，这是业内采用直流耐压试验或超低频耐压试验的原因之一。

4. 耐局部放电（或电腐蚀）特性

在运行电压下，常在定子绕组绝缘内部的空隙中、出槽口、通风沟附近和端部的绝缘表面上产生局部放电现象。放电使绝缘腐蚀或化学降解，导致绝缘性能劣化直至绝缘损坏。绝缘的耐局部放电性能对高压电机的长期安全运行有重要影响。

在出现局部放电的情况下，绝缘的耐局部放电性能往往比其短时击穿性能更有意义。有些绝缘虽然短时击穿场强不太高，却能在工作场强下较长时期保持其介电性能；也有许多绝缘，虽然短时击穿场强很高，但在工作场强下却因局部放电而在较短的时期内损坏。对绝缘材料耐局部放电性能进行比较评定时，所选择的定子绕组绝缘材料应压成板状试样，按规定的方法进行评定。

（二）绝缘电阻、吸收比和极化指数

1. 绝缘电阻

绝缘电阻是外施直流电压和通过绝缘的泄漏电流之比。但大容量发电电动机绝缘的吸收电流衰减需要较长的时间，因此工程上常采用外施电压与 10min、1min、15s 时的电流比值表示在不同时刻的绝缘电阻，记为 10min、1min、15s 绝缘电阻。

发电电动机定子和转子绕组结构复杂，不能装屏蔽电极，用高阻计或绝缘电阻表测得的绕组绝缘电阻由体积电阻和表面电阻并联而成。特别是当绝缘表面受到污秽或吸潮时，表面电阻是影响绝缘电阻的主要因素（如同步发电机转子绕组的绝缘电阻等）。因此，在温度和湿度以及污秽等诸多因素的综合影响下，即使同一台发电电动机，其绝缘电阻在不同的时间和测量环境中也常在很大的范围内变化。

发电电动机绕组的绝缘电阻，按不同的测量温度，又分为热态绝缘电阻和冷态绝缘电阻。热态绝缘电阻主要是电机的体积绝缘电阻，是评定绝缘结构、处理工艺和绝缘状况的重要指标之一；冷态绝缘电阻除与绝缘材料、结构、工艺和测试方法等因素有关外，还与绝缘表面状态和环境条件密切相关，它常在绕组工频耐压试验和电机启动前，作为判断绝缘性能的参考。

发电电动机运行中，可以根据其绝缘电阻长期变化的趋势来判断绝缘的状况。图 2-90 为大型电机转子绕组绝缘电阻变化的一个实例。在图 2-90（a）中，尽管绝缘电阻的分散性较大，但是长期变化趋势没有下降。而图 2-90（b）中，大型电机转子绝缘电阻的分散性较小，但其变化的趋势是逐月下降的，说明电机受到污秽或吸潮，需加以注意。

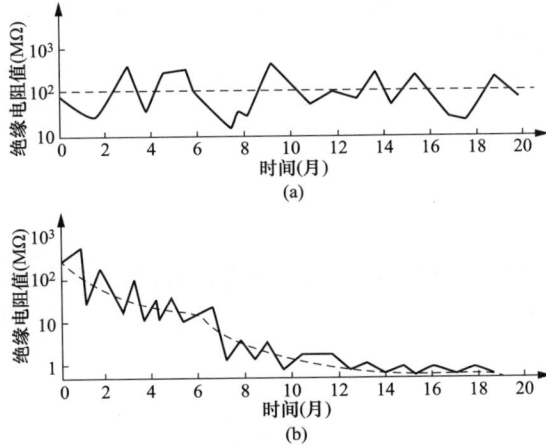

图 2-90　电机转子绝缘电阻变化的典型实例

（a）无油、无尘埃，只有水分变化的情况；（b）有炭粉、油气相对湿度变化的情况

2. 吸收比

吸收比是在一定的直流试验电压下，试验样品在 60s 时的绝缘电阻与 15s 时的绝缘电阻的比值。一般认为，吸收比小于 1.6 时，表示绝缘状况不佳。

3. 极化指数

当吸收比较小时，为了更好地判断绝缘是否受潮，可以用极化指数再进行判定。极化指数 PI 为 10min 时的绝缘电阻与 1min 时的绝缘电阻的比值。根据参考文献要求，极化指数 PI 小于 2.0 时，表示绝缘状况不佳。

（三）介质损耗角正切（$\tan\delta$）及其增量（$\Delta\tan\delta$）

在交流电压下发电电动机主绝缘材料的介质损耗主要来自四个方面：绝缘体内直流泄漏电流引起的电导损耗、松弛极化引起的介质损耗、界面极化引起的损耗以及局部放电引起的损耗。$\tan\delta$ 值能灵敏地反映整个电机绝缘层受潮、制造工艺差、主绝缘发空（内部气隙）的情况，以及材质的优劣，是判断电机定子绕组主绝缘质量的主要指标之一。还可从 $\tan\delta$ 随电压和温度升高所产生的增量来判断主绝缘的状况。

1. $\tan\delta$-U 特性

当定子绕组主绝缘内部存在气隙时，若电压提高到一定程度，内部气隙发生放电，由此而引起损耗使随电压的增加而迅速增大。其典型特性曲线如图 2-91 所示。

在较低的电压下，$\tan\delta$ 一般不随电压而变化，记做 $\tan\delta_0$；超过某个电压 U_i 时，气隙发生放电，$\tan\delta$ 值随电压增加而迅速增大。$\Delta\tan\delta$ 值与主绝缘内部气隙的多少及其分布的状况有关。$\tan\delta$ 可表示为

$$\tan\delta = \tan\delta_0 + \Delta\tan\delta \qquad (2\text{-}182)$$

发电电动机定子线棒的 $\tan\delta$ 和 $\Delta\tan\delta$ 按 GB/T 20834 发电电动机基本技术条件要求，其限值见表 2-20。

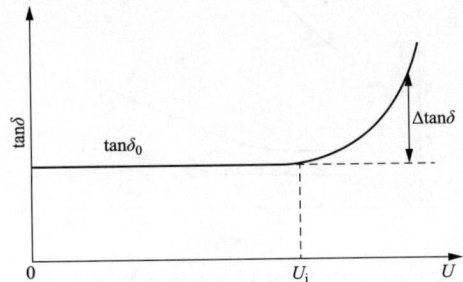

图 2-91　电机定子绕组绝缘 $\tan\delta$-U（介质损耗与电压的关系）特性的典型曲线

表 2-20　　　　　　　　　　　常态介质损耗角正切值及其增量限值

试验电压	$0.2U_n$	$0.2U_n \sim 0.6U_n$
介质损耗角正切值及其增量限值	$\tan\delta$	$\Delta\tan\delta = \tan\delta_{0.6U_n} - \tan\delta_{0.2U_n}$
指标值（%）	$\leqslant 1$	$\leqslant 0.5$

注 1. U_n 为发电电动机额定线电压；
　　2. 按 100% 检测。

2. $\tan\delta$-T 特性

各种绝缘的 $\tan\delta$-T 特性通常差异较大。与室温时的 $\tan\delta$ 相比，热态 $\tan\delta$-T 特性更能反映绝缘的种类、处理工艺和绝缘状态。特性曲线见图 2-92～图 2-94。

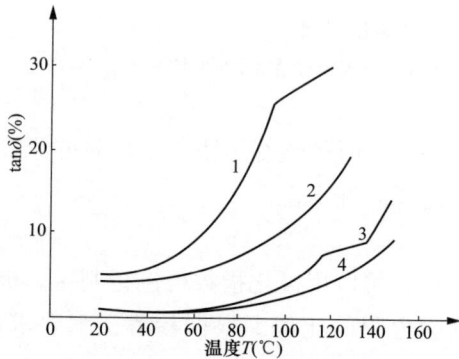

图 2-92　不同材料的线棒绝缘 $\tan\delta$-T
（介质损耗与温度的关系）特性
1—虫胶云母绝缘；2—沥青绝缘；
3—聚酯树脂绝缘；4—环氧树脂绝缘

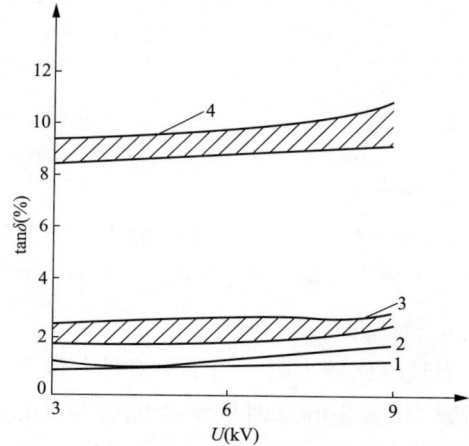

图 2-93　不同绝缘处理工艺的
线棒绝缘 $\tan\delta$-T 特性
1、3—真空模压工艺；2、4—模压工艺；
1、2—室温测量；3、4—130℃测量

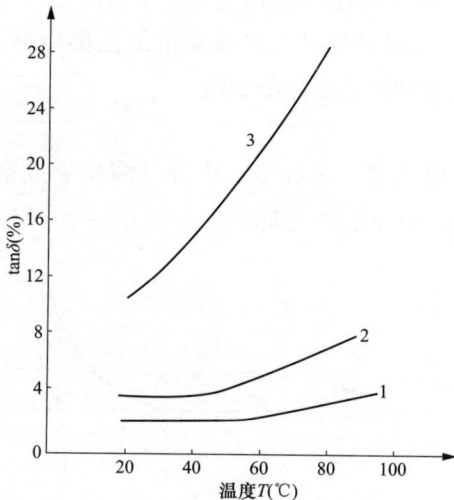

图 2-94　不同绝缘状态电机线棒的 $\tan\delta$-T
特性（U_n＝11kV 线棒，试验电压 2kV）
1—良好；2—劣化；3—吸潮

大量的试验研究发现，热态 $\tan\delta$ 的大小直接影响电热老化试验时电机线棒的绝缘寿命长短，其原因是热态 $\tan\delta$ 大时，则该损耗产生的热量将导致主绝缘内温度升得更高，进而促使 $\tan\delta$ 进一步增大，致使主绝缘更容易发生热击穿。因此，在设计主绝缘时，应尽可能降低热态 $\tan\delta$ 并避免在其允许的工作温度范围内出现峰值。

（四）局部放电

电机在长期运行过程中，定子绝缘承受电、热、机械应力和环境等因子的联合作用，其绝缘内部会产生气隙、分层、裂纹和剥离等缺陷，从而造成槽楔松动和端部振动。在运行电压的作用下，除了绝缘内部可能放电外，还可能存在槽部放电、端部放电和闪络放电等。当放电量较大时，就有可能引起定子绝缘更强烈的放电，甚至会发生接地短路、匝间短路、相间短路和绝缘大面积烧损等重大故障，严重影响电机运行的可靠性。

局部放电检测是一种应用最广泛的非破坏性的电机绝缘状态检测方法。表征局部放电特性的特征参数的属性有三种类型。每种放电参量从不同的角度来描述绝缘中的局部放电信息，将这些参量结合起来，能较为全面地反映绝缘中的放电情况。

（1）基本参量：视在放电量 q、放电能量 W、放电重复率 N 和放电相位角 φ。

（2）分布参量：时间分布参量、相位分布参量和谱分布参量。

1）时间分布参量包括放电电荷量平均值 $q_{mean}(t)$、起始放电电压 $U_{inc}(t)$、放电电流 $I(t)$、放电脉冲密度 $N_q(t)$、最大放电能量 $W(t)$、放电功率 $P(t)$；

2）相位分布参量包括放电次数的相位分布 $H(\varphi)$、最大放电量相位分布、平均放电量相位分布；

3）谱分布参量包括放电脉冲幅值的谱密度 $H(q)$、放电能量分布 $H(p)$、放电三维分布 $H(\varphi, q)$。

（3）统计参量：偏斜度 S_K、峭度 K_u、不对称度 A_{sy}、互相关系数 C_c。

一般认为，要判断高压定子绕组主绝缘层的密实性，可通过测量 $\Delta\tan\delta$ 和局部放电来实现。但是局部放电试验结果受到试验设备、关键参数、试验线路、试验方法、试验试品及试验环境等多方面因素影响，很难形成统一的意见。在 IEC 60034-27—ed1.0、IEC 60270 ed3.0—2000、IEEE 1434—2014、GB/T 7354—2016、GB/T 20833.1—2016 和 T/CSEE 0008—2016 等国内外标准中均给出离线局部放电的推荐试验方法。

（五）力学性能

大型发电电动机定子、转子绕组及其绝缘，在运行过程中，承受着电磁力、热应力和机械力的作用，易使绝缘产生缺陷和老化，力学性能下降。优良的力学性能（特别是抗弯、抗冲击和截面尺寸的热稳定性）是电机，特别是大型发电电动机设计制造的基本要求。

1. 电磁力

当大容量发电电动机非同步合闸或三相突然短路时，会出现很大的冲击电流，使作用在定子绕组槽部和端部的电磁力超过额定状态的数十倍以上，这对绕组及其绝缘的危害尤为严重，因而电磁设计是发电机绕组（特别是端部）固定结构设计的依据。当大容量、线负荷较高的高压电机在额定条件下运行时，载流定子绕组与槽内横向漏磁场在槽内产生的径向力以及载流定子绕组端部与端部漏磁场产生的力是双倍工频的电磁力。这个力每天要引起几十万次以上的振动，加之实现电能与机械能相互转换的切向力和当相邻两齿的磁饱和程度不同时，载流线棒与槽内主磁通相互作用而产生的切向力，把线棒挤向槽壁，这是导致槽内绝缘磨损的主要原因。同时，振动也是引起定子绕组引线绝缘断裂、端部绝缘磨损和槽楔松动等现象的主要原因。

通常以抗弯和交变弯曲疲劳特性来评定绝缘承受电机启动时的电磁力的能力。要求线棒在室温和工作温度时能承受上述电磁力。在设计时，除了考虑绝缘的耐热性和介电性能外，还要重点考虑绕组绝缘在室温和工作温度下的机械强度（特别是抗弯和抗冲击强度及疲劳特性）。

2. 热 应 力

发电电动机在启动、停机和负荷变化过程中，定子绕组主绝缘所承受的热应力，主要是由于各种材料和结构件的热膨胀系数差异和温度差异引起的，也就是由于铁芯与线圈端部的固定使热膨胀受到束缚而产生的，见图 2-95。铜和环氧粉云母绝缘的线膨胀系数分别为 $16.7 \times 10^{-6} \mathrm{K}^{-1}$ 和 $(10 \sim 13) \times 10^{-6} \mathrm{K}^{-1}$。当温度变化时，由于线膨胀系数不同，电机定子绕组导体和绝缘之间的膨胀量之差可达 10mm，在绝缘层内产生热应力，

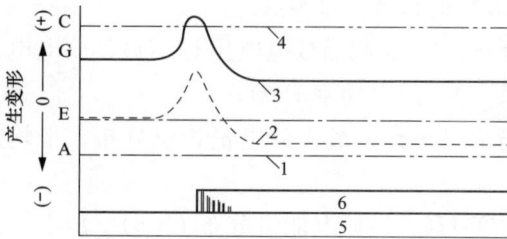

图 2-95　绝缘热应变产生的机理

1—残余变形；2—束缚引起的变形；3—实际变形；
4—温度引起的变形；5—线圈；6—铁芯

使绝缘层间以及绝缘层与导体之间产生热应变，故绝缘层受到很大的张力和剪切力。槽内绝缘所受的剪切力在从槽内中部向铁芯端的方向上呈指数关系增加，出槽口处剪切力最大，使绕组绝缘在出槽口处发生蠕动变形。因此，对长铁芯抽水蓄能发电电动机的绝缘结构研究时，模拟热应变（或热应力）为主要老化因子的冷热循环试验是非常必要的。

热应力也会使大型发电电动机转子绕组绝缘相对导体产生位移，因而转子绕组绝缘也将承受很大的剪切应力。

3. 机 械 应 力

转子绕组绝缘在电机运行中长期承受着离心和剪切力等应力的作用。对于转速高、直径大、质量大的发电电动机转子绕组，在运行中会产生很大的离心力。离心力作用在转子绝缘上使其承受很大的压力，因此在选择转子绝缘时必须考虑其力学性能。线圈制造过程中的搬运和嵌线，使绝缘不可避免地还会受到冲击、弯曲和压缩等外力的作用，在这些应力的联合作用下，如果固定结构不良，线圈产生不允许的变形，可引起绝缘损伤和击穿电压下降。

此外，定子绕组主绝缘还应具有较高的刚度和截面形状的热稳定性，以减小因受力变形而影响嵌线和固定。同时必须严格控制线圈（棒）的几何形状和尺寸，以减少嵌线时绝缘的机械损伤。

（六）耐热性和导热性

1. 耐 热 性

电机运行时所产生的损耗，包括导体中的铜耗、磁路中的铁耗、机械摩擦损耗、风耗和绝缘中的介质损耗等将转变成热能，使电机的温度升高。

热是导致绝缘的电性能、力学性能和寿命降低（绝缘老化）以及绝缘件松动的重要原因，例如，环氧多胶粉云母绝缘的条式定子绕组，经模压固化后，其绝缘击穿电压随温度升高而降低；环氧粉云母 VPI 绝缘的机械弯曲强度随温度升高也呈现降低的趋势。

温升高低主要取决于电机的工况、负荷参数（热负荷和磁负荷）与通风设计等。即使在同一台电机中，因绝缘所处位置不同，其温度差异也很大。因此，绝缘结构的最热

点温度，按 IEC 规定不得超过所用绝缘材料耐温指数的极限温度。

电机绝缘结构由不同耐温指数的绝缘材料组合而成（如 F 级绝缘结构，其组合的绝缘材料并非都必须是 F 级的），其耐温指数通常须经热老化试验评定。提高运行的可靠性和寿命，是电机采用 F 级绝缘的主要目的。因而，尽管采用 F 级绝缘，但仍常按 B 级或略高于 B 级绝缘进行电机设计，以便留有一定的裕度。

提高电机绝缘的耐温指数，既可改善电机的技术经济指标，又可提高运行可靠性。

2. 导热性

提高绝缘的导热性是改进电机绝缘的重要措施之一。提高绝缘导热性的关键，首先是选择导热率高的绝缘材料，其次是选择最佳的绝缘处理技术与工艺，以消除空隙和不良界面层的影响。提高绝缘导热性的目的是为了降低导体温度与绝缘表面温度之差，从而降低定子有效部分的最高温升和定子绕组的平均温升。

二、发电电动机绝缘结构

(一) 高压电机的发展趋势和设计要求

高压电机绝缘结构设计的主要目的是确定绕组导线截面形状、主绝缘和匝间绝缘的厚度、防晕结构、线圈端部斜边间隙以及线圈端部的固定及材料的选择。主要设计要求如下：

(1) 根据电机的技术要求，选择符合耐热等级要求的绝缘。对于在高原、湿热带、海洋、化工、原子能电站等特殊环境中运行的电机，须选择相适应的绝缘结构；对于频繁启动、正反转和带冲击性负荷的电机，其定子绕组的绕组线或匝间绝缘的耐温指数，应比正常工作方式的高一级，并应加强定、转子绕组的固定。

(2) 在保证电机可靠运行和达到预期寿命（发电机多为 40 年，定子绕组多为 30 年）的前提下，尽量选用厚度较薄的绝缘，以提高槽利用率，缩小电机尺寸，提高技术经济指标。对于尺寸受到限制的电机，减薄绝缘厚度尤为重要。

(3) 设计多层组合绝缘结构时，为了使各层绝缘内的电场强度分布合理，应使不同绝缘材料的击穿场强与其相对电容率的乘积彼此接近或相等，以得到合理的电场分布。

(4) 虽然现代大型同步发电机的励磁电压增加到 500V 及以上，但转子绝缘设计的立足点仍然是力学性能和耐热等级。

(5) 采用新技术，运用先进合理的工艺，以提高劳动生产率，并应努力改善劳动条件，重视工业卫生、人身健康和环境保护等。

(6) 原材料应资源丰富、易得，并且价格低廉。

总之，绝缘结构应具有所要求的耐温指数、足够的介电强度、优良的力学性能和良好的工艺性，并在预期运行期间，性能降低不致影响电机安全运行水平，而且不危害环境。

(二) 定子线棒绝缘结构

如图 2-96 所示，发电电动机定子线棒包括电磁线、排间绝缘、换位绝缘、换位填充、内均压层、主绝缘、防晕层等。

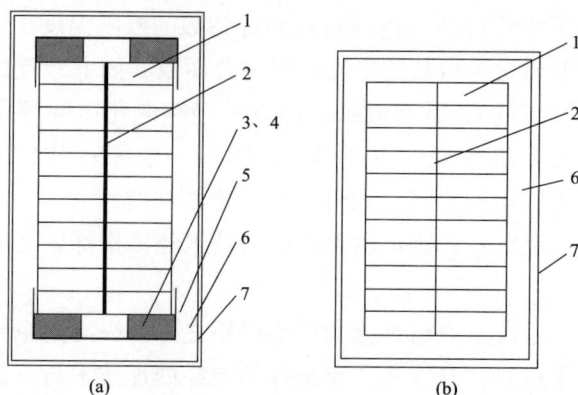

图 2-96　线棒绝缘结构示意图

（a）槽部绝缘结构；（b）端部绝缘结构

1—电磁线；2—排间绝缘；3—换位绝缘；4—换位填充；5—内均压层；6—主绝缘；7—防晕层

1. 电磁线

高压电机定子线棒常用的电磁线有单/双玻璃丝包铜扁线、双涤纶玻璃丝包铜扁线、涤纶玻璃纤维烧结铜扁线、涤玻烧结漆包铜扁线、H 级聚酯亚胺漆包涤纶玻璃丝包烧结铜扁线等。特别是涤玻烧结漆包铜扁线具有优异的弯曲附着力与弯曲电气击穿性能，在线棒罗贝尔换位中能保证换位处股线绝缘的可靠性。

2. 排间绝缘

定子线棒排间绝缘除起绝缘作用外，还将两排或多排导线黏结固定，使导线成为一个刚性的整体，通常选择衬垫一定厚度的半固化绝缘材料。定子线棒常用的排间绝缘包括环氧预浸渍玻璃毡布、环氧多胶粉云母板等。

无论是 F 级热固化高强度环氧胶粘接无碱玻璃布复合无碱玻璃毡，还是改性桐马环氧胶粘剂粘接云母纸与无碱玻璃布，其成型方式均为热压迫使胶粘剂发生流动并填充股线的间隙，固化成型后均具有良好的电气性能和黏结性能。

3. 换位绝缘

在电磁线编花换位时，由于机械弯曲过程对换位处的电磁线可能造成一定的损伤，为了避免导线股间短路现象的发生，一般需在换位处衬垫一定厚度的绝缘材料。目前使用较多的是柔软云母板、复合纸或者 NOMEX 纸等，垫在每支线棒导线上下两小面换位电磁线下面，使电磁线绝缘即使局部破损也能达到股线间相互隔离的作用。

4. 换位填充

换位填充材料的性能直接影响到导线的质量，填充材料的主要作用为填充密实导线换位段空隙以避免换位处空气隙引起的局部放电以及消除导线表面不平整性。

目前换位填充材料多采用多胶云母板或无补强材料的云母粉腻子。两种换位填充材料的胶粘剂在热态下均具有一定的流动性、良好的适形性和填充性，能够保证空隙填充的完整性，且固化后机械强度高，便于打磨和倒角等处理。

5. 内均压层

电磁线导体截面形状的影响，主要体现在导体的棱角曲率半径对电场分布的影响。工作场强（电机的额定相电压与主绝缘单边厚度之比）是指主绝缘在电机运行中所承受的平均场强，而导线棱角处（角部）的场强则为最大场强。在工频瞬时击穿和长期耐电压的试验中，90%以上的击穿点（包括内击穿点和外击穿点）均位于导线的棱角部位。因此，角部场强是影响线棒绝缘击穿的重要因素。大型电机定子铁芯的槽为矩形，按照设计要求，放入槽内的线圈或线棒也选择矩形截面，以便提高槽满率。然而这种矩形截面导体的电场强度沿四周的分布是不相等的，其四个角部高达 $6\sim9kV/mm$，而 4 个直边却只有 $2\sim3kV/mm$，见图 2-97。

采用内均压层（或等电位层）结构主要有两个目的，一是屏蔽导线换位处空气隙的不均匀电场，二是加大导线的圆角半径、均匀电场且改善角部电场分布。目前发电机等电位层结构主要为局部内均压层（半导体漆涂刷型、半导体腻子填充型和半导体板热压型）和全屏蔽内均压层结构，如图 2-98 所示。

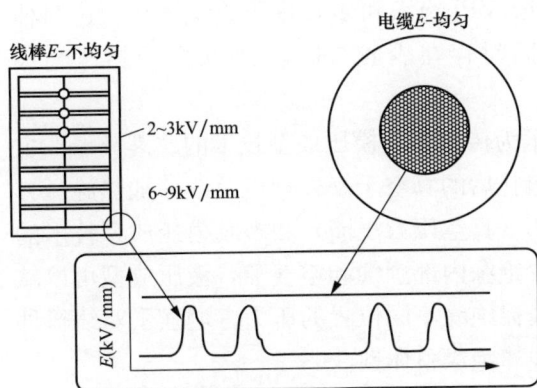

图 2-97 电场强度 $E(kV/mm)$ 分布

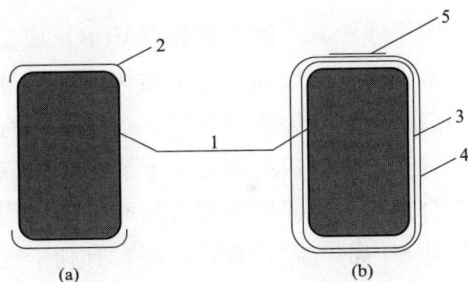

图 2-98 定子线棒内均压层截面示意图
(a) 局部屏蔽内均压层结构；(b) 全屏蔽内均压层结构
1—导线；2—局部屏蔽内均压层；3—云母带；
4—低电阻防晕带；5—导电铜箔

6. 主绝缘体系及材料

定子线棒主绝缘的厚度对高压电机运行的可靠性、寿命和技术经济指标有很大的影响。因此，只有在保证运行可靠性和寿命的前提下，才能减小绝缘的厚度。

（1）主绝缘材料。定子线棒直线部分最重要的绝缘材料是主绝缘材料，主要有环氧玻璃粉云母带、胶粘剂和（或）浸渍漆等。

主绝缘由云母带（连续式绝缘）或云母箔（卷烘式绝缘）绕包而成。目前多采用煅烧粉云母或水冲大鳞片粉云母，云母纸厚度已由 0.05mm 增至 0.1mm，标重约 180g/ m^2。为提高主绝缘的介电性能，有些采用了单面补强或以大网格玻璃布补强的云母带，其主绝缘的云母含量高达 63%。主绝缘的力学性能主要取决于补强的材质。有的云母带或云母箔采用 0.023mm 的单面玻璃布或聚酯薄膜，或采用 0.023～0.025mm 的双面玻璃布等作为补强，其中聚酯纤维纸的耐电晕性和耐热性虽不及玻璃布，但其抗冲强度比玻璃布高出数十倍以上。

胶粘剂和浸渍漆是影响主绝缘工艺和性能的重要因素，对粉云母制品尤其重要。胶粘剂和浸渍漆以双酚 A 环氧、酚醛环氧、脂环族环氧、脂肪族环氧树脂为主，加入固化剂、催化剂和稳定剂以及活性稀释剂等配制而成。

（2）主绝缘体系。环氧云母绝缘体系按含胶量和工艺分为多胶和少胶两大体系：①多胶体系云母带胶含量大，达 35%～40%，但云母含量较低，适用于热模压工艺；在导线胶化成型后连续半叠包云母带到要求尺寸，然后在模具中热压成型。②少胶体系云母带胶含量少，约 5%～10%，但云母含量高、结构疏松、吸胶能力强，适用于真空压力浸渍（VPI）工艺；对于中小型电机，成型线圈嵌线后整体真空压力浸渍（GVPI）无溶剂浸渍漆，然后整体烘焙固化成型，对于大型发电机条式线棒，则进行单支线棒真空压力浸渍（SVPI），直线部分或直线与端部一起在模具中热压固化成型，最后嵌线装配。

大型发电机采用的绝缘有两大体系：少胶 VPI 绝缘和多胶热压绝缘体系，这两种体系是目前世界上通行的。国内电机制造同时存在少胶 VPI 绝缘和多胶热压绝缘体系。

定子线棒真空液压多胶（VPR）成型技术为传统多胶模压成型技术的改进流派，主要技术特点包括增加了定子线棒多胶云母带包扎后的真空干燥处理以及线棒加热施压方式由组合模具变为液体介质。该技术具有 VPI（真空压力浸渍）和多胶模压成型技术的一些特点，例如成型前真空干燥处理可以减少绝缘内部潮气和空气隙，液压成型可以减少组合模具与线棒绝缘配合尺寸偏差，均匀线棒绝缘不同位置的压力，增强了对线棒外形尺寸和内部气隙的有效控制，有利于提高线棒绝缘整体性。

对于大型/特大型发电机而言，单支线棒多胶模压体系和单支线棒少胶 VPI 体系两种制造工艺都能制造出符合标准要求的定子绝缘线棒。由于两种工艺路线所固有的特点及各自的适应性，所以在可见的未来均具有巨大的生命力和竞争力。

7. 单支线棒防晕系统

对于高电压大容量发电机而言，单支线棒防晕水平对定子绕组整体防晕性能至关重要。单支线棒防晕结构通常可分为一次成型防晕结构、涂刷型防晕结构、一次成型＋二次涂刷型防晕结构等。一次成型防晕结构为线棒的防晕材料与主绝缘材料一次热压成型；涂刷型防晕结构为线棒主绝缘成型后涂刷或涂敷防晕漆固化成型；一次成型＋二次涂刷型防晕结构则为前两者综合。

单支定子线棒典型一次成型＋二次涂刷型防晕结构如图 2-99 所示。

（三）定子绕组槽部与端部固定结构

1. 定子绕组槽部固定结构

大容量高压发电机的槽部固定典型结构可分为以下两种。

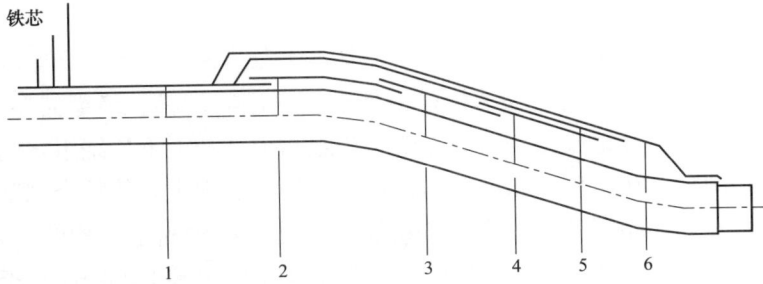

图 2-99 单支定子线棒典型一次成型＋二次涂刷型防晕结构

1—低电阻防晕层；2—中阻防晕层；3—中高阻防晕层；4—高阻防晕层；5—防晕保护层；6—覆盖漆

（1）过盈紧配合结构。如图 2-100 所示，大型高压发电机槽部切向固定的普通结构，可归纳为如下两种：①采用双层斜槽楔、单层斜槽楔或平槽楔，上下层线圈之间和槽底垫半导体垫条或绝缘垫条；②采用双层斜槽楔或单层斜槽楔，楔下垫波纹板，上下层线圈之间垫半导体垫条或绝缘垫条，槽底垫半导体适形材料，侧面垫半导体垫条或绝缘垫条。

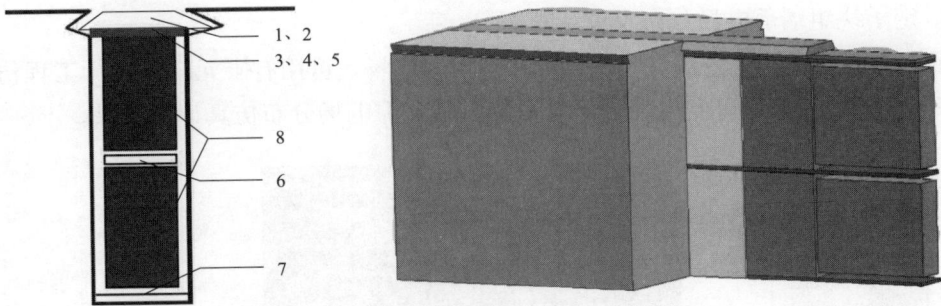

图 2-100 定子绕组槽部切向固定结构（普通）

1—槽楔；2—斜楔；3—波纹板；4—楔下垫条；5—调节垫条；6—层间垫条；7—槽底垫条；8—侧面垫条

（2）U 形槽衬结构或绕包型槽衬结构。如图 2-101 所示，在半导电无纺布上涂抹半导电、导热的膏状环氧或硅橡胶腻子，包在定子线棒上形成"U"形或缠绕在线棒槽部表面，使线棒与定子铁芯槽壁紧密配合，降低槽电位，改善槽部线棒与铁芯间的散热。

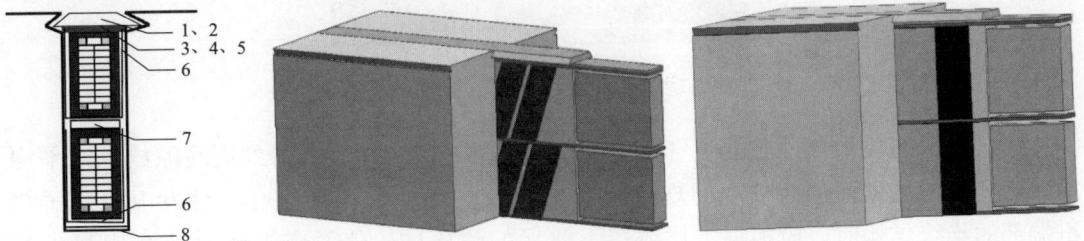

图 2-101 定子绕组槽部切向固定结构（U 形或绕包型）

1—槽楔；2—斜楔；3—波纹板；4—楔下垫条；5—调节垫条；6—槽衬；7—层间垫条；8—槽底垫条

115

2. 定子绕组端部固定结构

大中型水轮发电机定子绕组端部的固定，基本上分为两大类型，即紧固定绑环结构与非紧固定绑环结构。紧固定绑环结构是由外端箍、层间端箍、绝缘支架、适形材料、间隔块、玻璃丝绑扎带等组成。绕组与支架、绕组与绑环和上下层绕组之间均填以适形材料使之密合无间隙。在出槽口和鼻部加强径向和切向的固定，使整个端部的力均匀地传递到支架上，然后在端部表面上浇漆或刷漆并固化。两种固定结构的主要区别在于：为消除因铜、铁和绝缘的膨胀差产生的应力，整个定子绕组端部沿轴向是否设有可移动或伸缩的结构，即定子绕组及绝缘支架相对于定子铁芯或机座能否允许相对滑动。

总的来说，上述两种端部的固定方式有如下的共同点：

（1）整个端部在切向、径向连成整体并紧固；

（2）凡绕组固定点（如绕组与绑环、绕组与支架，绕组与口部垫块、绕组与间隔垫块之间）均填适形材料，固化后确保密实无间隙；

（3）绕组出槽口及绕组并头为重点固定区域，以增强刚度、减少振动并提高绕组固有振动频率。

（四）定子绕组端部斜边间距、并头套和连接线绝缘

1. 定子绕组端部电场分布及设计间距

定子绕组端部电场是复杂的三维空间不均匀电场，可用有限元软件进行工程仿真计算。图 2-102 和彩图 2-102 为定子绕组端部斜边间隙电场分布仿真计算结果。

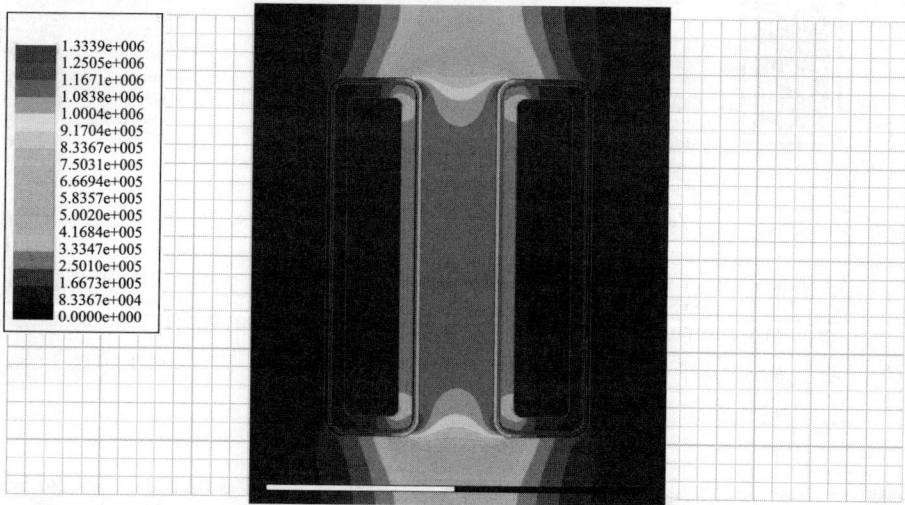

图 2-102　定子绕组端部斜边间隙电场分布仿真计算结果

通过线棒与接地部件之间空气间隙的仿真计算与放电试验，得到短间隙放电的平均场强随间隙的增大而逐渐减小的规律（如图 2-103 所示）。因此，在设计发电机定子绕组端部的绝缘结构时，应根据下层线棒下线后的耐压试验值对应于针尖-平板电极的放电曲线上的间隙值来选择间隙，以避免下线后在耐压试验过程中发生端部闪络现象。

由于定子绕组端部固定的需要，通常在相邻斜边间隙之间垫入垫块。在线棒与垫块

之间如有空隙时，则该空隙将首先放电。因此，在垫块与线棒之间应采用浸渍树脂的适形材料以消除空气隙，避免起晕电压的下降。

2. 定子绕组并头绝缘

定子绕组并头绝缘设计基本相同（但绝缘材料与具体结构可能不同），一般可分为并头套绝缘结构和手包型绝缘结构两类。其中并头套绝缘结构又可分为整体绝缘盒＋灌注胶、分瓣搭接或拼接绝缘盒＋灌注胶、无灌注胶的整体绝缘盒（特别是内冷机型）等结构。图 2-104 为定子绕组典型并头套绝缘结构。

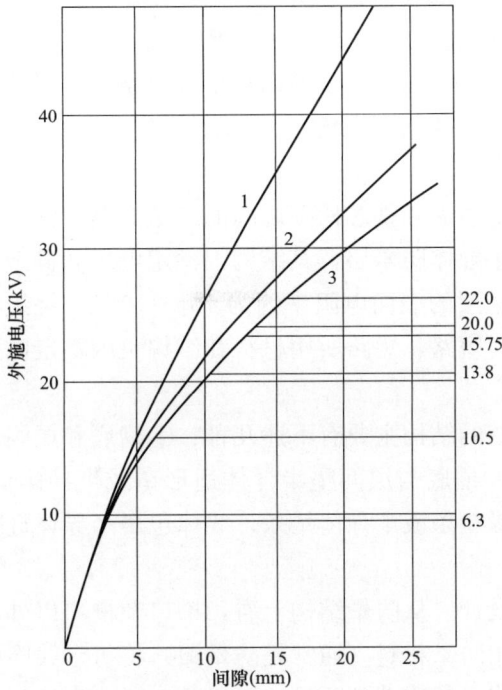

图 2-103 定子绕组端部的斜边间隙放电与外施电压关系
1—均匀电场；2—击穿；3—起晕

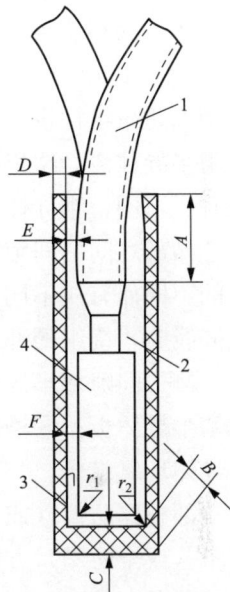

图 2-104 定子绕组典型并头套绝缘结构
1—线棒；2—灌注胶；3—绝缘盒；4—并头套

3. 定子端部配套绝缘

大型发电机定子绕组铜排连接线、铜排引出线、金属端箍、金属支架等绝缘通常采用金属外包环氧玻璃粉云母带及热收缩固化的方式成型。其接头处绝缘通常采用手包环氧玻璃粉云母带与涂刷室温固化环氧胶的方式固化成型。

（五）定子绕组槽部与端部防晕结构

高压电机定子绕组槽部和端部都要采取防晕措施，以抑制电晕及电腐蚀，确保电机长期安全运行。

1. 防晕设计原理

（1）槽部位置。在生产中，为防止绕组嵌线时损伤绕组主绝缘，绕组槽部宽度尺寸总比铁芯宽度小 0.3mm 以上，因此高压电机定子绕组槽部外表面与铁芯槽壁之间总有 0.3mm 及以上间隙。当电机额定电压为 6kV 以上时，气隙中最高场强大于空气中不均匀电场下起晕电场强度（3kV/mm），进而产生电晕，形成电腐蚀并损伤主绝缘。为防止电腐蚀，绕组槽部必须进行防晕处理。槽部防晕原理是使绕组槽部外表面和铁芯槽壁之间的气隙短路。

（2）端部位置。端部放电部位有槽口放电和槽口以外部位放电两部分。

槽口放电最严重，因为槽口处电场集中，使定子绕组端部出槽口处绝缘表面电场强度很高，引起额定电压 6kV 及以上电机的定子绕组的槽口处起晕。耐压试验时，绕组端部未进行防晕处理，试验电压超过 30kV 时，将会产生严重的沿面放电甚至闪络，使耐压试验无法进行，所以高压电机定子绕组端部表面必须进行防晕处理。槽口防晕的原理是使槽口外绕组端部表面电位梯度尽量均匀。

槽口以外部位放电情况比较复杂，由于槽口以外部位的结构十分复杂，电场分布更复杂，而且所处的环境条件经常受运行状态的变化而变化。

2. 防晕结构设计

（1）槽部防晕结构设计。为使绕组槽部表面和铁芯槽壁之间的气隙短路，铁芯槽内要喷低电阻半导体漆，绕组槽部表面应有半导体防晕层，其结构因额定电压和额定容量的不同而有所不同，半导体漆或低电阻防晕层的表面电阻率约为 $10^3 \sim 10^5 \Omega$。绕组槽部表面和铁芯槽部之间的间隙需用半导体材料短路，短路所用材料和结构也因额定电压和额定容量的不同而有所不同。

绕组嵌线时，绕组槽部表面与铁芯槽壁的结构主要有下述几种：①槽底和层间塞半导体垫条、侧边间隙塞半导体板的结构；②槽底与层间垫半导体适形毡或半导体垫条，侧边间隙塞半导体板；③槽底和层间垫绝缘垫条或半导体垫条，线棒包裹半导体硅橡胶腻子或半导体环氧腻子。

（2）端部整体防晕（或全防晕）结构设计。从防晕结构上看，槽口及槽口以外部位的整体防晕（或全防晕）方案最简单，即用防晕材料（通常是防晕漆）将每个线圈的全部端部加以覆盖，甚至与端头引线表面相连。整体端部防晕层可以是一段或多段，防晕层在线棒表面上相互连成连续的整体，甚至防晕层会与线棒端头引线相连。

整体防晕方案的优点是可以解决槽口放电和缓解槽口以外部位的放电问题，槽口以外放电的部位主要是在异相绕组相邻线圈端部间隙，其电压可达到较高的线电压值。整体防晕方案的整个端部都有防晕层，对异相绕组相邻线圈端部绝缘表面之间的电位差有一定的改善作用，因此也可能较易解决槽口以外部位的放电问题。

整体防晕方案并不是一种完美的方案，主要缺点：①端部电场分布表明，各段只有接近电机槽口的一小段能起抑制电场作用，其余部分作用很小或不起作用，若防晕不分段，则电场分布更不均匀；②经济性方面不合适，因为消耗过多的防晕材料和增加工艺复杂性；③整个端部有防晕层，使端部主绝缘的弱点较易暴露；④由于流过端部绝缘层的电容电流增大，且集中起来经防晕层向槽口流动，所有很可能使整机的损耗和泄漏电流增大。

3. 端部（槽口以外）电腐蚀原理、分析及抑制措施

（1）端部电腐蚀原理。对发电机而言，端部电腐蚀现象主要在定子绕组的端部表面

产生（不包括绝缘内部的局部放电、线棒槽部表面与铁芯之间的槽放电）。对单支线棒，当线棒端部表面任意两点之间的表面电位差高于其表面空气的局部击穿电压时，就会产生电晕放电现象。单支线棒的电晕容易在槽部和端部防晕层的搭接部分（或低阻末端）、出槽口 R 部分的棱角上、端部防晕层末端等部位。对于由单支线棒组合而成的定子绕组，在定子线棒端部表面与绕组端部绝缘固定结构件（绑绳、绝缘垫块、绝缘支架等）之间、异相定子线棒端部之间，当两者之间的表面电位差高于其空气间隙的局部击穿电压时，就会产生电晕放电现象，若持续发展则形成电腐蚀。

端部电腐蚀将产生声、光、热、化学等效应，表现为产生"嘶嘶"声音，产生蓝色的晕光，使周围介质温度升高；将产生高频脉冲电流，对无线电通信造成干扰；将使空气发生化学反应，产生臭氧、氮氧化物等氧化性和腐蚀性强的物质。

对于发电机定子绕组绝缘而言，端部电腐蚀的危害主要体现在其热效应和化学效应等方面，放电时产生的局部高温可能导致电介质材料发生分解，产生的强氧化性和强腐蚀性的物质可能与电介质材料发生化学反应，导致其电气、机械性能逐渐劣化，从而影响绕组绝缘的性能。

（2）端部电腐蚀部位与发展过程。端部电腐蚀可以分为内部电腐蚀和外部电腐蚀，内部电腐蚀大多发生在防晕层、防晕保护层和端部主绝缘三者之间的间隙，外部电腐蚀位置包括绕组与绑环间、绕组与支架间、绕组与槽口垫块间、绕组与斜边间隔垫块间等。

一般来说，内部电腐蚀主要来源于定子绕组设计和制造阶段，而定子绕组安装质量和运行环境也会加速内部电腐蚀的发展，但主要通过优化绝缘结构设计和绝缘成型工艺来解决。外部电腐蚀来源较广，包括运行环境、运行电位、安装质量、绝缘和防晕设计、制造等多个环节，需要分析原因后综合解决。

从电腐蚀发展过程来看，外部电腐蚀发展过程如图 2-105 所示。

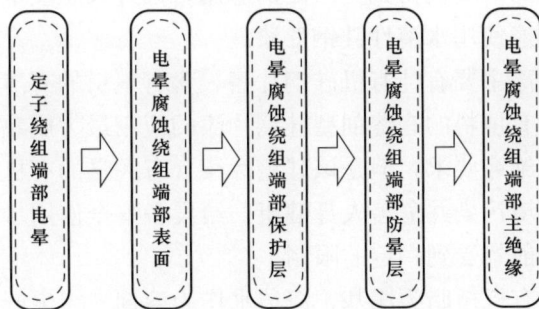

图 2-105　外部电腐蚀发展过程

需要强调的是，现在的发电机定子绕组的主绝缘材料是以云母为主体、无碱玻璃布为补强，云母在绝缘结构中的占比一般不低于 60%；无机云母材料本身具有很好的耐电晕性能，能够阻挡电晕放电导致的电树枝发展的路径，极大地降低了主绝缘在电晕放电条件下的绝缘失效概率，大大延长了电腐蚀导致绝缘失效的时间。因此，发电机绕组端部电腐蚀对绝缘性能的劣化是一个漫长的、逐步发展的过程。既要高度重视、高度关注端部电腐蚀，但也需要明确：仅仅是端部电腐蚀很难对绕组绝缘造成破坏性的影响，单一电腐蚀因素基本不会造成定子线棒绝缘破压或出现异相短路事故。

（3）端部放电或电腐蚀抑制措施。基于上述分析，为了防止槽口以外部位的放电，可采取如下措施：

1）内部应采取防止各种污秽因素的措施。

2）垫块表面应能防潮或防其他污秽（例如表面涂防潮、防污秽涂料）。

3）各种金属支架的关键部位不应有尖角或毛刺，关键部位表面可包封电容率较高的材料（例如添加无机填料特别是云母粉的涂料或腻子），以均匀该处电场分布。

4）绕组固定点（如绕组与绑环、绕组与支架、绕组与槽口部垫块、绕组与间隔垫块之间）均填充适形材料，固化后确保密实无间隙；绕组与垫块接触处也填充适形材料以便平稳过渡，消除尖角或直角。

5）消除线棒及绕组防晕层、防晕保护层和端部主绝缘三者之间的间隙。

6）优化线棒及绕组防晕材料及防晕结构耐受热应力、电应力、环境因素等能力。

7）降低绕组端部相间电位差。

（六）定子铁芯冲片绝缘

定子铁芯冲片绝缘在整个发电机绝缘结构中占据着非常重要的地位，它能有效减少铁芯的涡流损耗，提高电机效率，降低电机温升，增强电机的抗腐蚀、耐油和防锈性能。定子铁芯冲片表面绝缘处理要求绝缘层应具有良好的介电性能、耐油性、防潮性、附着力以及足够的机械强度和硬度，要求该绝缘漆膜层在满足性能的前提下尽量薄，以提高铁芯的叠压系数，增加铁芯的有效长度。

国外使用的硅钢片漆主要有纯有机硅钢片漆、水溶性硅钢片漆以及纯无机硅钢片漆。相对而言，水溶性硅钢片漆由于其优异的绝缘性能、较薄的厚度、较低的收缩率、环境友好以及相对低廉的成本而得到更广泛的应用。国外大型发电机制造受到环境友好和节能排放等限制，普遍使用水溶性硅钢片漆。

我国使用的硅钢片漆主要有纯有机硅钢片漆、含有填料的有溶剂型硅钢片漆以及水溶性硅钢片漆，其中含有填料的有溶剂型硅钢片漆的应用最为成熟。这种硅钢片漆能够满足发电机定子铁芯的绝缘要求，但是该硅钢片漆含有大量的有机溶剂，涂漆过程中的有机溶剂挥发，造成环境污染并危害人身健康，给设备安全使用带来隐患，在日益强调环境保护的未来，应用前景受到一定的限制。

水溶性硅钢片漆以有机树脂为漆基，清洁水作为溶剂，在生产、使用过程中无大量有机溶剂挥发，利于环保，成型漆膜绝缘性能优异，得到越来越多的认可和使用。目前我国已推广使用水溶性硅钢片漆，同时正在开展国产水溶性硅钢片漆的应用与推广工作。

（七）转子绕组绝缘结构

大型水轮发电机一般采用凸极式转子磁极绕组，其转子绕组绝缘包括单个磁极绕组绝缘、极间连接线和引出线绝缘等。

1. 单个磁极线圈绝缘结构

单个磁极绕组绝缘结构如图 2-106、表 2-21 所示。

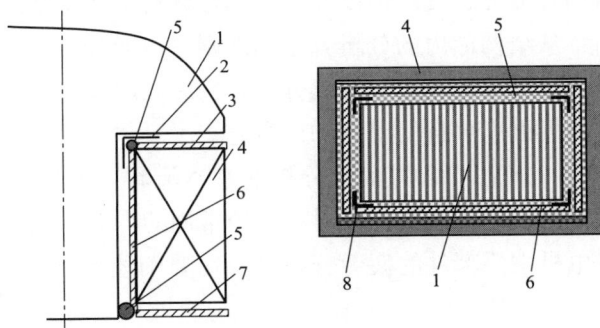

图 2-106　单个磁极绕组绝缘结构

1—磁极铁芯；2—角部加强绝缘；3—磁极外托板；4—磁极线圈；5—间隙填充；

6—极身绝缘；7—磁极内托板；8—极身加强绝缘

表 2-21　　　　　　　　　　单个磁极绕组绝缘结构与绝缘材料

绝缘名称		绝缘材料名称
匝间绝缘		上胶绝缘纸、上胶玻璃毡布、上胶玻璃坯布等
对地绝缘	角部加强绝缘	复合材料或绝缘纸、薄膜粘带
	外托板	F 级模压成型托板或层压玻璃布板
	内托板	F 级模压成型托板或层压玻璃布板
	极身绝缘	复合材料或绝缘纸、高强度层压玻璃布板、DMD、NHN
	极身加强绝缘	复合材料或绝缘纸、薄膜粘带
	衬垫绝缘	层压玻璃布板、涤纶毛毡、室温固化环氧胶
磁极绕组密封		室温硫化硅橡胶、浸胶玻玻绳或涤玻绳

2. 转子绕组配套绝缘

凸极式转子绕组连接线、引出线等绝缘通常采用铜排外包环氧玻璃粉云母带及热收缩固化的方式成型，其连接处绝缘通常采用手包环氧玻璃粉云母带与涂刷室温固化环氧胶的方式固化成型。

第六节　刚强度及动态特性分析

对于抽水蓄能机组而言，发电电动机是进行机械能与电能转化的关键部件。发电机上机架、下机架、定子机座、转子支架、磁轭、磁极、线圈等部件构成了发电电动机的基本结构。发电电动机机组载荷分为三大部分：

（1）机组离心力载荷。主要与机组转速、结构的分布质量和半径相关。

（2）电磁载荷。主要涉及正常运行及短路工况的扭矩载荷、正常运行以及半数磁极短路的径向不平衡磁拉力，以及由于磁拉力引起的各导轴承位置的支反力。

（3）地震载荷等惯性力载荷。上述载荷的工况组合对于机组结构的静强度、疲劳分析以及结构的稳定性分析产生直接影响。

针对发电电动机的静强度、疲劳强度及动力特性分析，从以下三个方面逐一阐述。

结构静强度分析：从结构应力的分析方法和准则，应变分析方法及判断准则，静止部件应力及变形分析，转动部件应力及变形分析，铁芯屈曲稳定性分析等方面来大致的描述抽水蓄能机组结构静强度分析的要点和内容。

结构疲劳强度分析：阐述了结构疲劳分析的基本流程，给出了疲劳损伤的判定准则，并以算例的方式给出了计算说明。针对机组中常用的焊缝、螺栓疲劳给出了计算的方法和示例。对于发电机主要部件的疲劳分析进行简要阐述。对于 FKM 强度评估方法进行简要介绍。

结构动力特性及轴系稳定性计算分析：该部分对上机架—机座、下机架的模态及定子铁芯响应进行了介绍，对轴系动力特性、气隙稳定性、轴系响应等进行了阐述。

一、结构静强度分析

（一）抽水蓄能机组中应力、应变分析方法和准则

传统的结构应力计算分析中，采用基于材料力学经典公式的方法进行应力分析和强度校核，这种方法对于形状规则的梁、板、柱等结构是适用的。但是实际工程中的结构往往比较复杂，存在多处的几何不连续（即在几何过渡位置没有圆角等圆滑过渡），对于这些位置的应力计算，借助传统经典公式的方法很难得到满意的答案。

随着计算手段的提高，以有限单元法为代表的应力分析方法逐渐被广泛采用。有限单元法不仅能够对于结构平滑区域的应力进行精确求解，对于几何不连续位置的应力也能获得精确的数值。

如何评判有限元分析计算得到的应力？我国的标准体系中规定的应力考核方法多是基于经验公式得到的应力（即解析解平均应力）考核方法。对于应力的分类较少涉及，因此难以对于应力集中区域进行分析和评价。

在高转速高水头的抽水蓄能机组设计研发中，在某些结构不连续的位置计算应力水平较高。采用何种标准进行细致的应力分类和判别，是该部分介绍的重点。

美国机械工程师协会（ASME）规范中不仅给出了基于应力分类的详细判别方法，同时给出了基于应变模式的判别准则。但是该应变模式操作性较差，有些概念在公式中的描述不够明确，因此又引入了塑性应变的判别方法。

抽水蓄能机组中，针对结构应力的分析和判别，总结了一套较为实用的方法。结构中的不连续导致较高的应力集中现象，往往能够引起较大二次应力的增量应力，该应力集中部位的应力称之为缺口应力。未计入缺口应力将采用 ASME 应力分类的方法进行考核；计入缺口应力后，应力集中部位的局部应力较高，采用线弹性方法计算得到的应力不足以反映结构的真实应力状态，针对结构的高应力集中部位的应变，将借助应变考核标准进行强度评估。

1. 美国机械工程师协会（ASME）应力分类及判别方法

根据 ASME 标准给出了一些用有限元法计算应力的限制，将应力分类如下：P_m 为总体薄膜应力；P_L 为局部薄膜应力；P_b 为弯曲应力；Q 为二次薄膜应力＋不连续的弯曲应力。

参考许用应力为

$$S = \min\left(\frac{\sigma_b}{3}, \frac{2\sigma_s}{3}\right)$$

式中　σ_b——材料抗拉强度；

　　　σ_s——材料屈服强度。

不同应力类型的许用应力为

$$P_m \leqslant S \tag{2-183}$$

$$P_L \leqslant 1.5S \tag{2-184}$$

$$P_L + P_b \leqslant 1.5S \tag{2-185}$$

$$P_L + P_b + Q \leqslant 3S \tag{2-186}$$

其中，$P_L + P_b + Q + F$ 部分将借助基于应变的方法进行单独的分析和处理。表 2-22 为 ASME 应力分类表。

表 2-22　　　　　　　　　　美国机械工程协会（ASME）应力分类表

应力分类	主要应力			2次薄膜＋弯曲应力	峰值应力
	总体薄膜应力	局部薄膜应力	弯曲应力		
定义	结构断面的主要平均应力。不包含由机械载荷引起的不连续及应力集中	结构断面的主要平均应力。包含由机械载荷引起的不连续但不包含应力集中	与结构截面中心的距离成正比的主要应力组件。不包含由机械载荷引起的不连续及应力集中	在结构不连续位置为满足结构不连续性产生的自平衡应力。可由机械载荷及温度梯度引起，不包含应力集中	（1）由应力集中引起的主要或2次应力的增量应力（缺口应力）（2）会导致疲劳的确定热应力但不会引起管件的变形
符号	P_m	P_L	P_b	Q	F

2. 应变分析及判别准则

（1）局部应力应变 Neuber 假定及 Ramberg-Osgood 方程。从有限元的分析结果中，可直接得到计入应力集中系数 K_t 的应力结果，线弹性的应力应变是满足 Hooke 定律的。但是在结构不连续的缺口应力位置，存在一个较小的塑性区域，该区域的应力 σ_{peak} 低于弹性应力，而应变 ε_{peak} 高于弹性应变。存在以下关系

$$\sigma_{peak} < K_t\sigma_{nom}, \quad \varepsilon_{peak} > K_t\varepsilon_{nom} \tag{2-187}$$

式中　σ_{peak}——峰值应力；

　　　σ_{nom}——名义应力；

　　　ε_{peak}——峰值应力；

　　　ε_{nom}——名义应变。

基于 Neuber 假定，塑性应力应变乘积 $\sigma_{peak}\varepsilon_{peak}$ 仍符合弹性的假定，即

$$\sigma_{peak}\varepsilon_{peak} = K_t^2\sigma_{nom}\varepsilon_{nom} \tag{2-188}$$

若以 K_σ、K_ε 分别表示塑性集中系数，则

$$K_\sigma = \sigma_{peak}/\sigma_{nom}(< K_t)$$
$$K_\varepsilon = \varepsilon_{peak}/\varepsilon_{nom}(> K_t) \tag{2-189}$$

Neuber 假定可以简化为

$$K_\sigma K_\varepsilon = K_t^2 \tag{2-190}$$

基于弹性理论，$\varepsilon_{nom}=\sigma_{nom}/E$，代入式（2-119），有

$$\sigma_{peak}\varepsilon_{peak} = (K_t\sigma_{nom})^2/E \tag{2-191}$$

在有限元的分析计算中，网格的细分使得计算之后的结果实际上计入了因几何不连续等产生的应力集中系数，因此，有限元计算得到的应力峰值 $\sigma_{FEApeak}=K_t\sigma_{nom}$，基于有限元分析计算结果的 Neuber 假定可进一步写出各峰值的表达式

$$\sigma_{FEApeak}\varepsilon_{FEApeak} = \sigma_{FEApeak}^2/E \tag{2-192}$$

式（2-192）是有限元应力分析计算结果结合 Neuber 假定法则的实际运用。

Ramberg-Osgood 方程描述了材料应力与实际应变关系，公式如下

$$\varepsilon_{total} = \varepsilon_e + \varepsilon_p = \frac{\sigma}{E} + \left(\frac{\sigma}{K}\right)^{1/n} \tag{2-193}$$

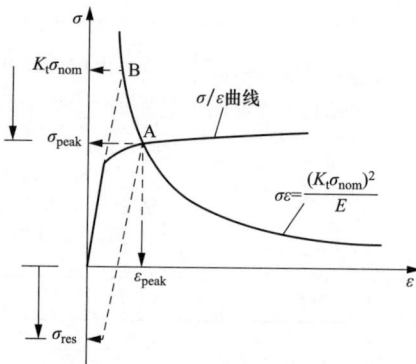

图 2-107 计算塑性应力应变的图示法

式中　K——硬化系数；
　　　n——硬化指数；
　　　E——弹性模量。

计算塑性应力应变的图示法如图 2-107 所示。

关于应力应变曲线，在 ASME 中 ANNEX3.D 部分给出了相关的计算流程，并给出了常规材料的基本材料参数供参考和查阅。

（2）ASME 规范中关于弹塑性应变判别标准如下

$$\varepsilon_{peq} + \varepsilon_{cf} \leqslant \varepsilon_L \tag{2-194}$$

$$\varepsilon_L = \varepsilon_{Lu}\exp\left\{-\left(\frac{\alpha_{sl}}{1+m^2}\right)\left[\left(\frac{\sigma_1+\sigma_2+\sigma_3}{3\sigma_e}\right)-\frac{1}{3}\right]\right\} \tag{2-195}$$

式中　ε_{peq}——总的等效应变，可通过有限元 FEA 分析计算得到；
　　　ε_{cf}——基于材料和制造方法的成型应变，可以查表得到。

α_{sl}，m_2 可查标准得到，σ_1，σ_2，σ_3，σ_e 可由有限元结果应力提取得到。

（3）弹塑性应变判别标准。针对抽水蓄能机组结构部件局部应力高点的问题，可借鉴应力分析标准中关于防止局部失效的分析。

ASME 及相关标准中，针对塑性和半塑性材料，基于缺口应变的总应变应满足

$$\varepsilon_{\text{total}} \leqslant 1.0\% \tag{2-196}$$

3. 计算实例

以发电机转子装配中的磁轭为例，来简要阐述上述应力应变分析准则的应用，对该机组 300MW 等级，转速为 428.6r/min，结构应力主要受离心力的影响。在发电机磁轭中，磁轭槽位置有较小的过渡圆角，应力集中系数较高。表 2-23 为转子装配材料，图 2-108、图 2-109 为磁轭在飞逸下的应力分布图，可以发现磁轭在飞逸状态下的最大应力为 781.387MPa，最大应力发生的位置存在几何的应力集中以及载荷传递的不连续。

表 2-23   转 子 装 配 材 料

部件	材料名称	材料性能		按 ASME 标准确定许用应力		
		屈服强度 σ_s	强度强度 σ_b	$P_m < S_m$	$P_L + P_b < 1.5S_m$	$P_L + P_b + Q < 3.0S_m$
转子磁轭	WDER750 或等同材料	750	800	266.7	400	800

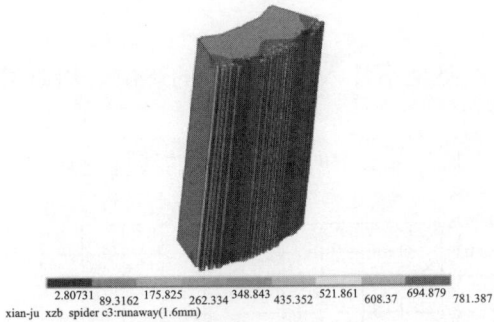
图 2-108 磁轭在飞逸下的应力分布图

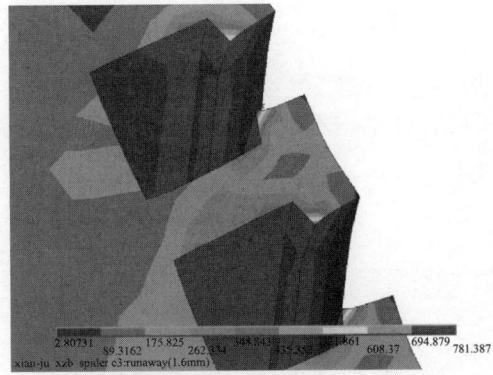
图 2-109 磁轭在飞逸下的应力分布（局部放大）

（1）在远离几何应力集中及载荷不连续的位置选取合适的路径计算 P_m。

图 2-110 为 P_m 的路径定义图，图 2-111 为基于 P_m 路径的线性化应力。

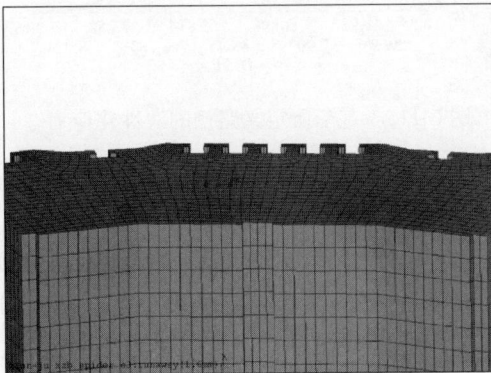
图 2-110 P_m 的路径定义图

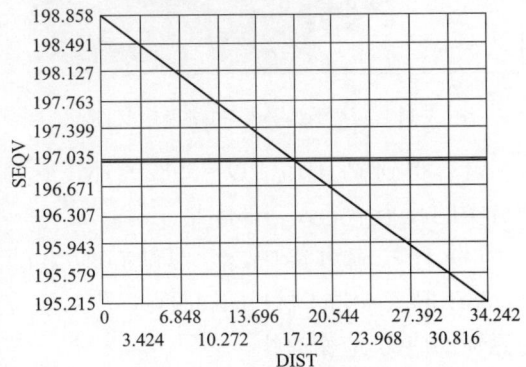
图 2-111 基于 P_m 路径的线性化应力

计算得到 $P_m = 197.035 < S_m = 266.7\text{MPa}$。

（2）在远离几何应力集中，包含载荷传递不连续的位置选取合适的路径计算 P_L，$P_L + P_b$。

图 2-112 为 $P_L + P_b$ 的路径定义图，图 2-113 为基于所定义路径的线性化应力。

图 2-112　$P_L + P_b$ 的路径定义图

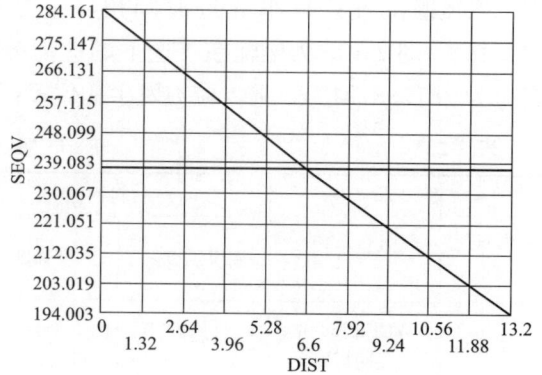

图 2-113　基于所定义路径的线性化应力

计算得到，$P_L = 239.083\text{MPa} < S_m = 266.7\text{MPa}$。$P_L + P_b = 284.161\text{MPa} < 1.5 S_m = 400\text{MPa}$。

（3）在结构不连续的位置选取合适的路径，但是不计入缺口应力的影响，以计算 $P_L + P_b + Q$。

图 2-114 为 $P_L + P_b + Q$ 的路径定义图，图 2-115 为基于所定义路径的线性化应力。

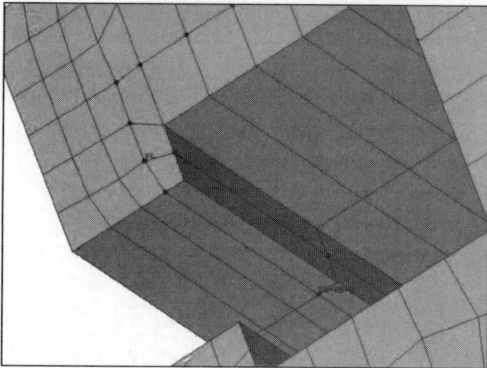

图 2-114　$P_L + P_b + Q$ 的路径定义图

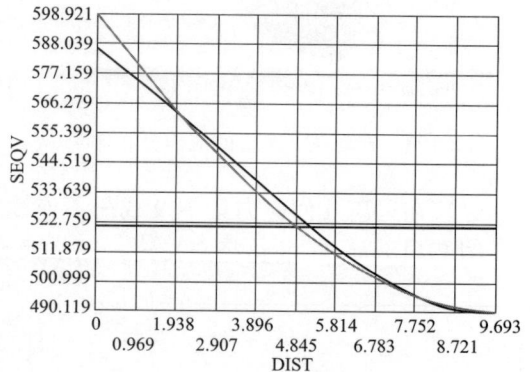

图 2-115　基于所定义路径的线性化应力

计算得到 $P_L + P_b + Q = 598.921\text{MPa} < 3.0 S_m = 800\text{MPa}$。由此可知，ASME 关于应力分类的几个不等式全部满足。

（4）计入应力集中，考虑缺口应力的影响，基于线弹性分析的应力最高点为 781.387MPa，超过了材料的屈服点，需对该位置的弹塑性总应变进行评估和判断。图 2-116 为磁轭的应力-应变曲线。

计算得到，总应变为 0.003977 < 1% 的许用应变标准。因此该位置虽然应力水平较高，塑性区域较小，计算应变在规定的范围之内，不会造成结构破坏。

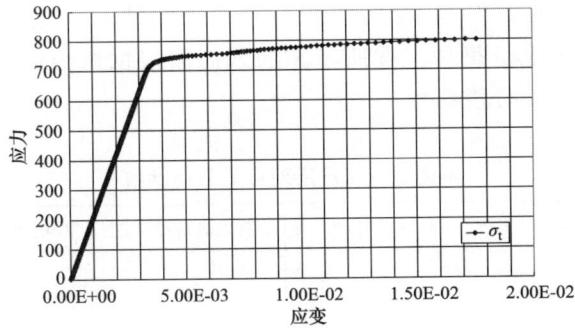

图 2-116　磁轭的应力-应变曲线

（二）静止部件应力及变形分析

发电电动机中，静止部件主要为：定子机座-铁芯，上机架、下机架等部件。其中因上机架支撑在机座的上部，上机架的重力会传递到定子机座上，同时，由于连接处的结构对于机座的刚度也会产生一定的影响，因此对于上机架与机座的应力及变形分析往往采用联合建模的方式。

1. 上机架、机座联合应力及变形分析

（1）计算模型。上机架、机座联合仿真计算模型由上机架中心体、支臂、机座、铁芯和斜支腿组成，在进行有限元建模时，用三维板单元来模拟机座和机座腿和上机架支臂，用三维体单元来模拟铁芯和上机架中心体。发电电动机上机架-机座实体模型见图 2-117，发电电动机上机架-机座网格模型见图 2-118。

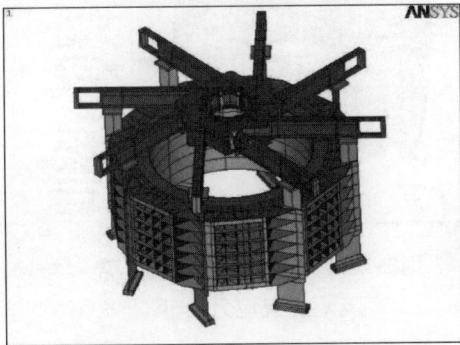

图 2-117　发电电动机上机架-机座
实体模型图

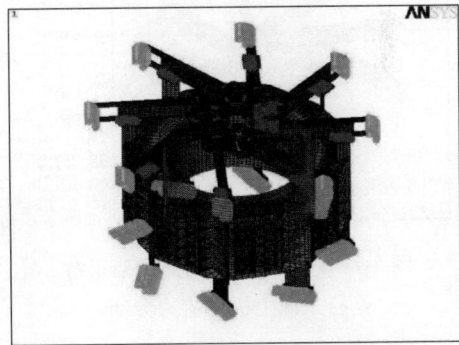

图 2-118　发电电动机上机架-机座联合受力
网格模型及边界条件

（2）边界条件。根据结构的特点，采取空间柱坐标系，上机架支臂与基础板连接处采用边界约束，机座腿与基础连接处边界约束，在图 2-118 网格模型中已展示边界条件的施加。

（3）载荷工况及参数。对于抽蓄机组上机架机座而言，主要载荷涉及自重、不平衡磁拉力、电磁扭矩、温度、轴向负荷以及地震载荷的影响。

计算工况涉及正常运行发电工况、正常运行电动工况、半数磁极短路工况、两相短路工况以及异步同期工况。每种工况所考虑的载荷需根据机组运行条件确定。表 2-24 为正常运行工况所对应的载荷参数。

表 2-24　　　　　　　　　　　不同运行工况所对应的载荷参数

作用载荷	正常运行发电工况	正常运行电动工况	半数磁极短路工况	两相短路工况	异步同期工况
自重	√	√	√	√	√
磁拉力（上机架）	√	√	√	—	—
磁拉力（铁芯）	√	√	√	—	—
电磁扭矩	√	√	/	√	√
温度	√	√	√	√	√
轴向负荷	√	√	√	√	√
地震载荷	√	√	—	—	—

通过有限元应力分析计算，最终可以得到上机架、机座的应力和位移分布。图 2-119、图 2-120 分别为上机架、定子机座正常运行工况的应力分布。通过对应力和变形的评估，可以确定结构是否可靠，变形是否满足预期的设计要求。

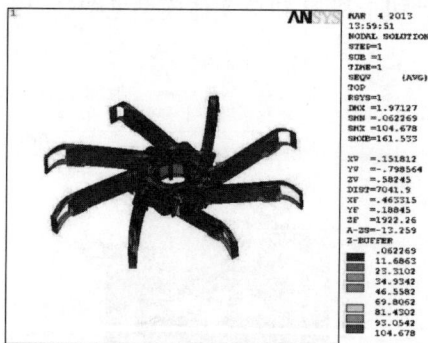

图 2-119　发电电动机上机架正常
运行工况上机架应力分布

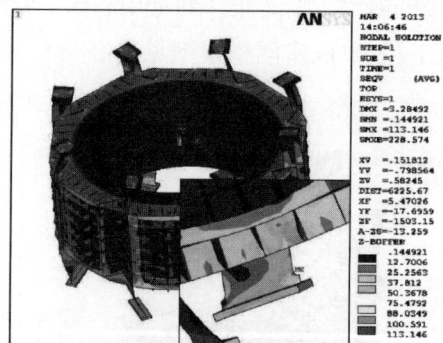

图 2-120　发电电动机机座正常
运行工况应力分布

对于正常运行工况，上机架最大等效应力为 104.7MPa，定子机座的最大等效应力为 113.1MPa 应力水平较低，均能满足合同和 ASME 许用应力标准。

2. 下机架应力及变形分析

（1）计算模型。下机架由下机架中心体、支臂组成，在进行有限元建模时，用三维体单元和壳单元来模拟，下机架实体模型见图 2-121，网格模型见图 2-122。

（2）边界条件。根据结构的特点，采取空间柱坐标系，下机架支臂下部与基础板连接处进行位移约束，下机架支臂中部与基础连接处的节点进行径向位移约束。

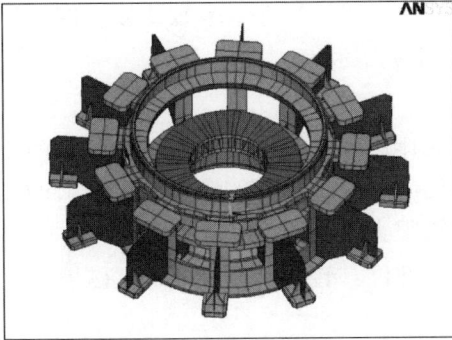

图 2-121 下机架实体模型图

图 2-122 下机架网格模型

（3）载荷工况及参数。对于抽水蓄能电站下机架而言，主要载荷涉及自重、不平衡磁拉力、温度、轴向负荷、转子重量以及地震载荷的影响。

计算工况涉及正常运行发电（电动）工况、半数磁极短路工况以及顶转子工况。每种工况所考虑的载荷需根据机组运行条件确定。

表 2-25 为正常运工况所对应的载荷参数。

表 2-25　　　　　　　　　　　　不同运行工况所对应的载荷参数

作用载荷	正常运行发电（电动）工况	半数磁极短路工况	顶转子工况
自重	√	√	√
磁拉力（下机架）	√	√	—
温度	√	√	—
轴向负荷	√	√	—
转子重量	—	—	√
地震载荷	√	—	—

通过有限元应力分析计算，最终可以得到下机架的应力和位移分布。图 2-123 为正常运行工况下机架的等效应力分布，图 2-124 为下机架正常运行工况的位移分布。通过对应力和变形的评估，可以确定结构是否可靠，变形是否满足预期的设计要求。

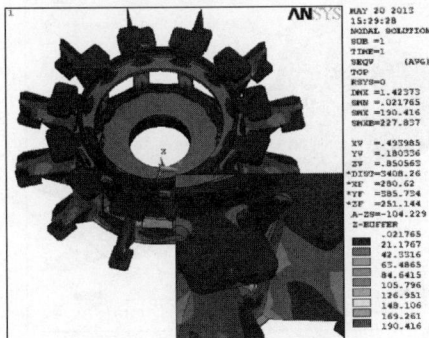

图 2-123 正常运行工况下机架等效应力分布图

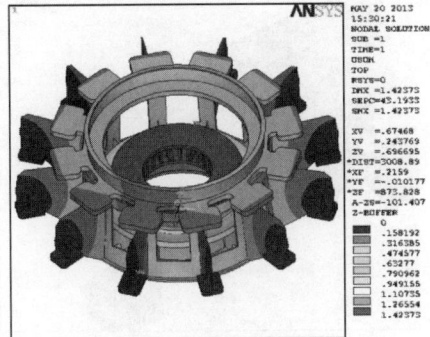

图 2-124 正常运行工况下机架综合位移分布图

对于正常运行工况，下机架最大等效应力为 190.416MPa，半数磁极短路工况，最大等效应力 214.054MPa，均能满足 ASME 许用应力标准。

（三）转动部件静强度分析

发电电动机转动部件设计难度大，在高转速作用下，结构的应力水平明显高于常规机组，在甩负荷、飞逸等工况条件下，某些结构应力集中区域的应力超过材料的屈服强度，进入塑性变形区域，这给强度设计评估带来很大的困难。

发电电动机转动部分主要包含以下主要结构部件：转子支架、磁轭、磁极。

1. 转子支架应力及变形分析

（1）计算模型。发电电动机转子支架由中心轴、三角支撑等组成，转子支架与磁轭之间设磁轭键。转子支架实体模型见图 2-125。在建立有限元计算模型时，应用三维实体单元和壳单元对结构进行离散。由于该结构为旋转对称结构，分析时取 1/8 进行建模分析。

（2）边界条件。在转子支架上端轴位置施加约束，磁轭与磁轭键及转子支架建立接触。

（3）计算载荷及工况。转子支架外部载荷主要承受转速、扭矩及自重的作用，静止工况的应力主要受打键紧量的影响。

对于打键工况，转子支架在分离转速下，转子支架只承受离心力作用，通过计算磁轭内缘和支架之间的径向位移差可以得到打键紧量。

额定转速下，转子支架承受离心载荷、扭矩以及剩余打键紧量的作用。在飞逸转速下，转子支架只承受离心载荷。表 2-26 为转子支架各计算工况所对应的载荷参数。

表 2-26　　　　　　　　　　　转子支架各计算工况所对应的载荷参数

作用载荷	打键工况	正常运行	飞逸
自重	√	√	√
离心载荷	—	√	√
电磁扭矩	—	√	—

在打键工况下，支架最大等效应力位于大立筋与中心轴交接处，属于典型的局部应力集中；图 2-126 为打键工况下转子支架等效应力分布，图 2-127 为转子支架打键工况的径向位移分布。同时，还可计算得到打键工况下转子支架的翘曲安全系数。通过综合评估转子支架各运行工况下的应力水平，可判断结构是否安全可用。

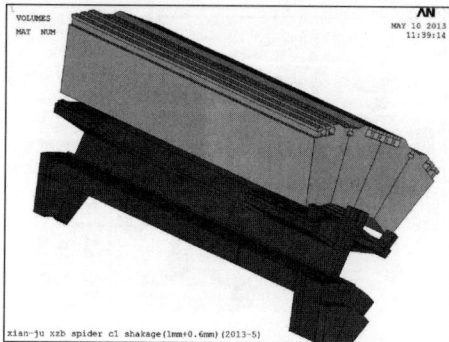

图 2-125　转子支架实体模型

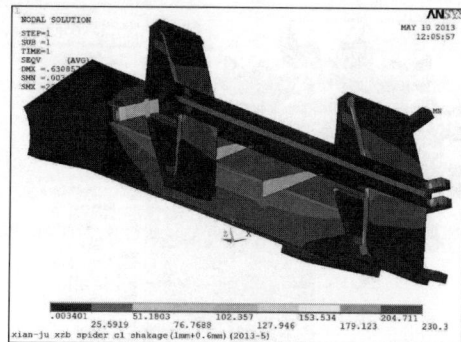

图 2-126　转子支架等效应力分布（打键工况）

2. 磁轭、磁极应力及变形分析

对于抽水蓄能机组中转子磁轭、磁极冲片的应力计算可采用平面应变的方法进行。

（1）计算模型。模型采用 ANSYS 软件中的平面单元建模，具体结构参见磁极设计图，磁极有限元实体模型见图 2-128，有限元网格模型见图 2-129。

（2）边界条件。在转子磁极 T 尾与磁轭接触位置建立接触关系。

（3）计算载荷及工况。转子磁极的主要外部载荷为转速，其余载荷如扭矩、重力等对于应力的影响较小，可忽略。

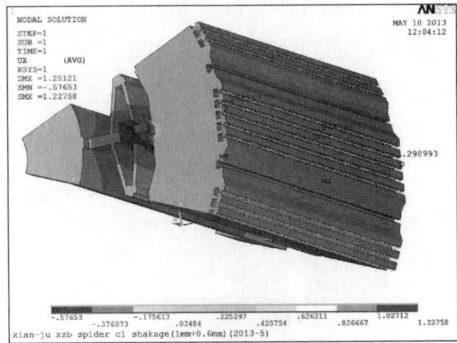

图 2-127 转子支架径向位移分布（打键工况）

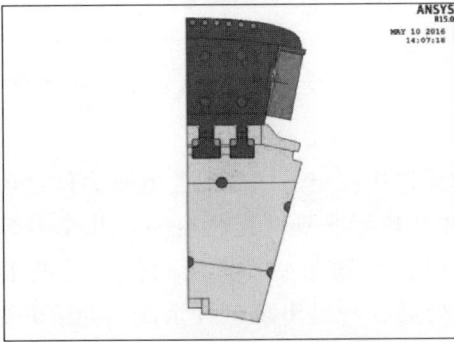

图 2-128 磁极磁轭有限元实体模型

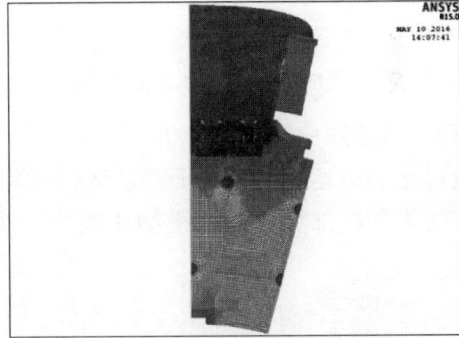

图 2-129 磁极磁轭有限元网格模型

（4）计算应力。磁极在额定运行工况下的应力水平较低，而在飞逸工况下，计算应力往往超过材料的屈服强度，发生塑性屈服，此时结构静强度是否安全可靠应以塑性应变的大小进行判断。在 ASME 及欧标中对于塑性和半塑性材料的应变进行了规定。当塑性和半塑性材料的总应变之和小于 1%，认为结构的应力集中部位是安全的。图 2-130 为飞逸工况磁极等效应力分布（MPa），图 2-131 为飞逸工况磁轭等效应力分布（MPa）。

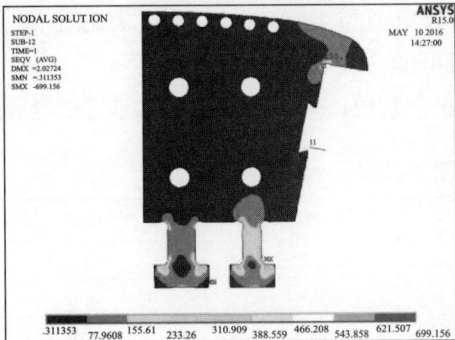

图 2-130 飞逸工况磁极等效应力分布（MPa）

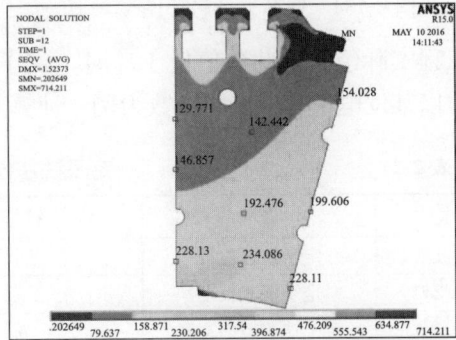

图 2-131 飞逸工况磁轭等效应力分布（MPa）

　　在飞逸工况下，采用线弹性的计算方法，得到 T 尾的应力为 699MPa，已超过材料的屈服强度，采用弹塑性分析可以得到该位置的应力为 458MPa，总应变为 0.38%＜1%。

　　此外，通过对磁极在飞逸工况、额定运行工况下的疲劳分析，磁极的疲劳性能能够满足 50 年的设计寿命要求，不发生疲劳破坏。图 2-132 为磁极冲片等效应力，图 2-133 为主应变分布（飞逸工况、弹塑性分析）。

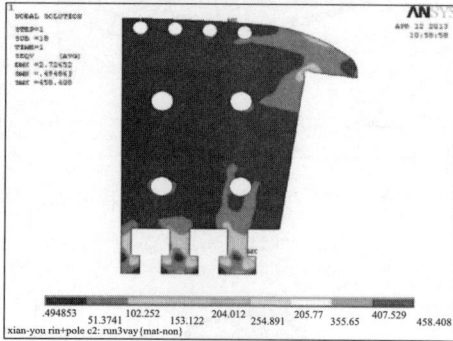

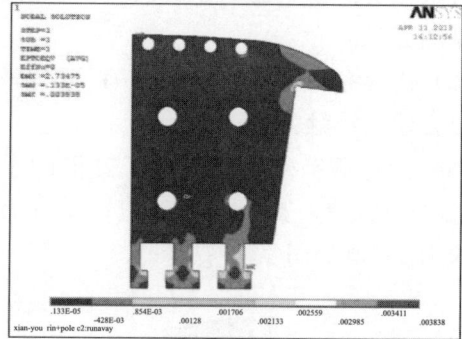

图 2-132　磁极冲片等效应力（飞逸工况）　图 2-133　主应变分布（飞逸工况、弹塑性分析）

（四）铁芯翘曲稳定性分析

　　发电电动机运行时，定子铁芯运行时除承受作用在定子铁芯上的电磁力外，还承受热膨胀带来的内部热应力及机械压紧力。当铁芯热膨胀到一定程度时，几个力综合作用，有可能发生翘曲变形，从而使铁芯波浪度变大，产生松动。一旦出现这种情况，会给机组带来很大的危害，严重时引起铁芯断齿、烧毁以及线棒破压等事故，造成巨大的经济损失。因此，定子铁芯设计必须考虑由于电磁力、机械力和发热产生翘曲带来的影响。定子铁芯在机械力和发热作用下，由于约束限制，存在失稳的可能，变形趋势如图 2-134 所示。

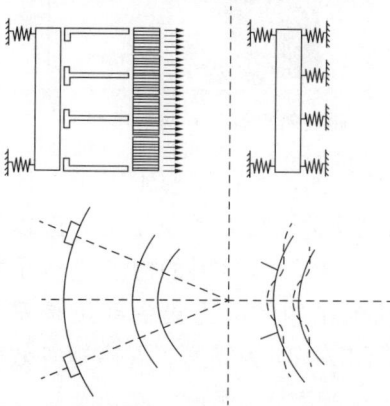

图 2-134　铁芯失稳趋势图

　　在发电电动机定子结构设计时，必须考虑定子铁芯翘曲变形的问题。一般用翘曲安全系数来衡量定子铁芯发生翘曲变形的可能性。所谓翘曲安全系数，是指临界应力与实际工作切向应力的比值，根据工程实际经验，此数值低于 4 时，定子铁芯很可能会发生翘曲现象。

　　以某发电电动机实际参数为例，计算其翘曲安全系数，基本计算数据如表 2-27 所示。

表 2-27　　　　　　　　　　　　定子铁芯翘曲计算基本数据

序号	名称	符号	数值	单位
1	定子铁芯内径	D_b	5400	mm
2	定子铁芯长度	AL	2883	mm
3	定子铁芯轭部宽度	b	300	mm
4	硅钢片厚度	h	0.5	mm

续表

序号	名称	符号	数值	单位
5	定子机座横截面积	A_f	0.191	m²
6	定子铁芯横截面积	A_c	0.747	m²
7	气隙磁密	B_δ	0.902	T
8	机座与铁芯温差	$\Delta\alpha$	17.5	℃
9	铁芯切向弹性模量	E	2.1×10^5	MPa
10	铁芯轴向弹性模量	E_a	412	MPa

温度引起的铁芯切向应力为

$$\sigma_\alpha = \alpha E \Delta\alpha \frac{A_f}{A_f+A_c} = 8.074 \quad (\text{MPa}) \tag{2-197}$$

式中　α——材料热膨胀系数，$\alpha=11\times10^{-6}\text{K}^{-1}$。

磁拉力引起的定子铁芯切向应力为

$$\sigma_\mu = \frac{B_\delta^2 D_b}{2\mu_0 2b} = \frac{0.902^2 \times 5400}{2 \times 0.4\pi \times 2 \times 300} = 2.91 \quad (\text{MPa}) \tag{2-198}$$

总的铁芯切向应力为

$$\sigma = \sigma_\alpha + \sigma_\mu = 10.984 \quad (\text{MPa})$$

在计算翘曲失稳临界应力时，硅钢片简化为一个具有刚性的梁，铁芯简化为弹性基础，其刚度为 k。铁芯翘曲计算模型如图 2-135 所示。

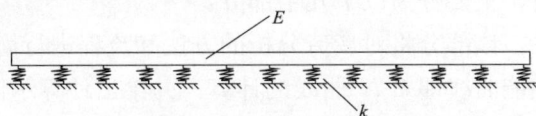

图 2-135　铁芯翘曲计算模型

叠压弹性基础刚度为

$$k = E_a \frac{b}{AL} = 412 \times \frac{300}{2883} = 42.87 \quad (\text{MPa}) \tag{2-199}$$

引起翘曲失稳临界力为

$$N_{cr} = 2\sqrt{kE\frac{bh^3}{12}} = 2\sqrt{42.87 \times 2.06 \times 10^5 \times \frac{300 \times 0.5^3}{12}} = 10506.7 \quad (\text{N}) \tag{2-200}$$

引起翘曲失稳临界应力为

$$\sigma_k = \frac{N_{cr}}{bh} = \frac{10506.7}{300 \times 0.5} = 70.04 \quad (\text{MPa}) \tag{2-201}$$

安全系数为

$$S = \frac{\sigma_k}{\sigma} = \frac{70.04}{10.984} = 6.38 \tag{2-202}$$

从上述理论计算可知，安全系数 S 的数值大小主要与铁芯和机座的温差、各自的弹性模量以及机座和铁芯的结构参数等因素有关。机座的刚度设计选值过高、片间压力选择过低、温升计算值与实际情况不一致、机座与铁芯热膨胀量不匹配、铁弹性模量过小等原因都将使翘曲安全系数降低，可能引起定子铁芯翘曲现象。

从机组结构设计角度分析，如果铁芯片间压力值选取较低，会导致铁芯压紧后径向方向弹性模量太小，从而使铁芯整体抗热变形能力低，在运行时受同样的机座限制力的情况下，铁芯冲片易发生受力失稳，出现翘曲。另外，机座刚度过大，且未在鸽尾筋与托块间预留热膨胀间隙时，当机组运行温度升高后机座膨胀的尺寸较小，使机座限制铁芯径向膨胀的力过大，也容易导致铁芯发生翘曲。同时，在选择铁芯定位筋数量时，如果定位筋数量较少，会使叠片精度不易控制，铁芯抗轴向变形能力低，产生较大的波浪状变形，这也是产生铁芯翘曲现象的潜在原因之一。

除了结构设计的因素以外，铁芯的安装质量也会影响到机组运行后的安全稳定性。当铁芯安装质量差，出现卡片或未达到设计要求时，会使装压后铁芯的实际片间压力太低，使得铁芯装压后径向方向的弹性模量太小，不能保证计算的铁芯翘曲安全系数，从而也会导致铁芯的翘曲变形。此外，如果采用机座在厂内焊接定位筋，分瓣运输到工地后组圆机座，然后进行铁芯叠片，会因为机座运输过程中变形的原因，导致定位筋弦距不好，叠片时有定位筋卡片现象，使铁芯装压后波浪度大，铁芯难以压紧，造成运行一段时间后发生铁芯松动，片间压力达不到设计值，留下铁芯翘曲的隐患。

二、结构疲劳强度分析

结构疲劳强度分析，主要分为以下几个部分：

（1）疲劳计算方法：该部分将对疲劳分析的方法和流程进行简要介绍，涉及平均应力修正的方法，疲劳性能曲线即 S-N 曲线的计算，并给出计算示例加以说明。

（2）焊缝疲劳分析和螺栓疲劳分析：该部分针对焊接疲劳、螺栓疲劳简要介绍其分析方法。

（3）发电机主要部件疲劳分析：该部分针对机组的上机架、下机架、机座、转子支架、磁轭、磁极、引线等关键部件的疲劳分析给出概括介绍。

（4）FKM 强度评估分析方法简介：该部分针对 FKM 结构强度分析准则，以局部应力法为例进行了简要的介绍。

（一）基于有限元的疲劳分析

1. 基于有限元疲劳分析流程

根据结构有限元应力分析计算结果，采用英国公司的结构疲劳分析软件 FE-safe，结合 ASME 规范中的 S-N 数据，对整体转子进行了全寿命疲劳损伤分析计算。

疲劳损伤计算过程如下。在 FEA 软件中导入 3D 模型，经过前处理之后，就模型计算单位载荷作用下的节点应力结果。以计算之后的单个节点的应力状态为例，每个节点具备 6 个应力状态即 S_X、S_Y、S_Z、S_{XY}、S_{XZ}、S_{YZ}。对应力分量进行合成即可得到单个节点的最大主应力 S_1。与载荷谱相乘，最终得到 S_1 的应力时间历程。对此应力谱进行雨流计数统计。同时参照材料的 S-N 曲线，结合采用 Miner 线性累积损伤理论，以及相应的修正方法，最终得到所考察部位的疲劳损伤值。

所有的节点的损伤，均可参照上述方法进行。整个计算流程如图 2-136 所示。

```
┌─────────────────────────┐
│  从CAD/Solidworks/UG 等软件中导入 │
│         3D结合模型        │
└─────────────────────────┘
            ↓
┌─────────────────────────┐
│        有限元分析         │
│  (采用ANSYSPDL/WORKBENCH)  │
└─────────────────────────┘
            ↓
┌─────────────────────────┐        ┌─────────────────┐
│   计算所有节点的单位载荷的应   │        │   载荷时间谱F(t)    │
│      力分量不σᵢ, ⱼ      │        └─────────────────┘
└─────────────────────────┘
            ↓
      ┌──────────────┐              ┌─────────────────────┐
      │ 单个节点为例, 计  │              │   材料的强度极限,      │
      │ 算最大主应力S₁    │              │   屈服极限, 加工尺      │
      └──────────────┘              │   寸因子, 表面粗糙      │
            ↓                       │   度, 修正因子…       │
      ┌──────────────┐              └─────────────────────┘
      │ 单个节点的主应    │                      ↓
      │ 力时间谱S₁(t)    │
      └──────────────┘
            ↓
   ┌────────────────────┐           ┌─────────────────┐
   │ 对应力谱进行雨流计数统计 │           │   材料的S-N曲线    │
   │(Rain Flow Method Statics)│        └─────────────────┘
   └────────────────────┘
            ↓                                ↓
      ┌──────────────┐              ┌─────────────────┐
      │ 单个节点的损伤D   │              │  Good-man,       │
      └──────────────┘              │  Gerber等修正理论  │
            ↓                       └─────────────────┘
      ┌──────────────┐
      │  整个表面的损伤   │
      └──────────────┘
```

选取下一个节点

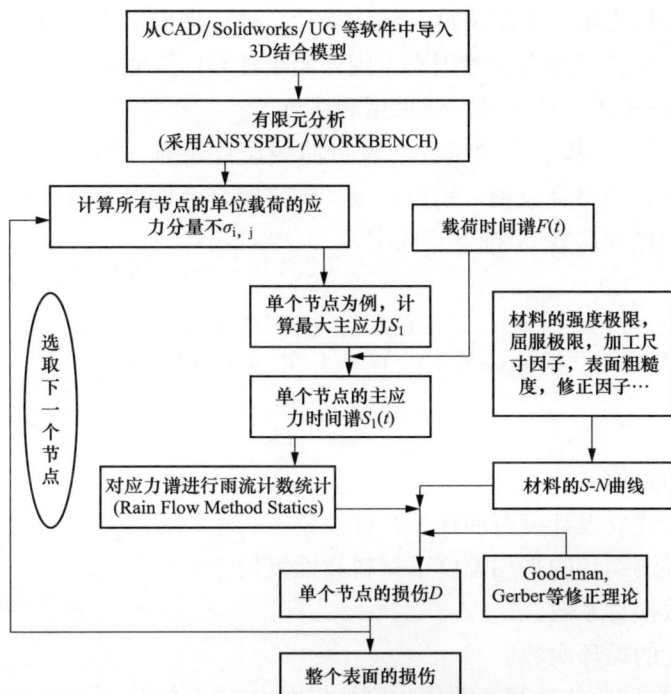

图 2-136　疲劳分析计算流程框图

疲劳分析中的 Good-man 平均应力分析为线性关系。Good-man 为平均应力修正理论，其修正曲线如图 2-137 所示。Good-man 平均应力修正公式如下

$$\frac{S_a}{S_{ao}} + \frac{S_m}{f_t} = 1.0 \tag{2-203}$$

式中　S_a——应力幅值；

　　　S_m——平均应力；

　　　S_{ao}——平均应力为 0 时的材料的持久应力幅值；

　　　f_t——材料的极限强度。

在计算疲劳损伤时，每个工况的应力幅值 $\Delta\sigma_i$，均对应一个应力循环次数 n_i。通过与材料的疲劳性能 S-N 曲线进行比对计算，即可得到单个工况下的损伤值。采用 Palmgren/Miner 线性累积损伤假定，即可得到结构寿命周期内的累积损伤。

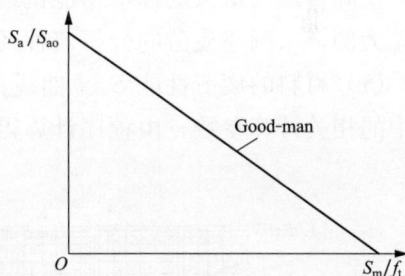

图 2-137　Good-man 平均应力修正曲线

2. 疲劳损伤判别标准

结构疲劳强度方可满足要求，疲劳损伤值需满足以下公式

$$D = \sum_i n_i / N_i \leqslant 1 \tag{2-204}$$

式中　n_i——单个工况的应力实际循环次数；

　　　N_i——单个工况的应力理论计算循环次数。

3. 材料疲劳性能 S-N 设置

疲劳分析中，材料疲劳性能 S-N 是个关键环节。材料的疲劳性能 S-N 影响因素众

多，涉及材料的屈服强度、极限强度、结构尺寸、缺口应力集中系数、受载类型、应力比、表面粗糙度、工艺成型方法等因素。国外船级社 GL 认证标准中对于材料的疲劳性能 S-N 设置有详细描述，且已被广泛采用和认可。

在 ASME 标准中，基于光轴试件的疲劳曲线设计是基于多项式函数的方式给定，涉及低合金碳素钢、镍铬合金钢、铜镍合金、镍铬钼合金钢以及高强度螺栓等材料。不同应力幅值对应的循环次数 N 按下式确定

$$N = 10^X \tag{2-205}$$

$$X = \frac{C_1 + C_3 Y + C_5 Y^2 + C_7 Y^3 + C_9 Y^4 + C_{11} Y^5}{1 + C_2 Y + C_4 Y^2 + C_6 Y^3 + C_8 Y^4 + C_{10} Y^5} \tag{2-206}$$

$$Y = \frac{S_a}{C_{us}} \times \frac{E_{FC}}{E_T} \tag{2-207}$$

式中　S_a——应力幅值；

E_{Fc}——用于建立设计疲劳曲线的弹性模量；

E_T——在被测循环的平均温度下材料弹性模量；

C_{us}——常数换算系数；

N——设计的循环次数。

式中 C_i（$i=1，2，\cdots，10$）数值均可从标准中查得。

通过对比发现，国外船级社 GL 认证标准对于结构件的疲劳性能 S-N 曲线的设计，程序更具通用和严格，能对工艺参数和材料进行量化和细化到最终的疲劳性能 S-N 曲线中，ASME 的方法具有较宽的使用范围。

4. 计算示例

在高转速高水头的抽水蓄能机组中，转动部件承受了复杂多变的载荷工况，以转子支架为例，来阐述疲劳的分析流程及判别。

（1）材料的疲劳性能 S-N 曲线数据。材料的疲劳性能 S-N 曲线通过查找 ASME 标准中的相关计算参数，由程序计算得到。图 2-138 为材料的疲劳寿命 S-N 曲线数据。

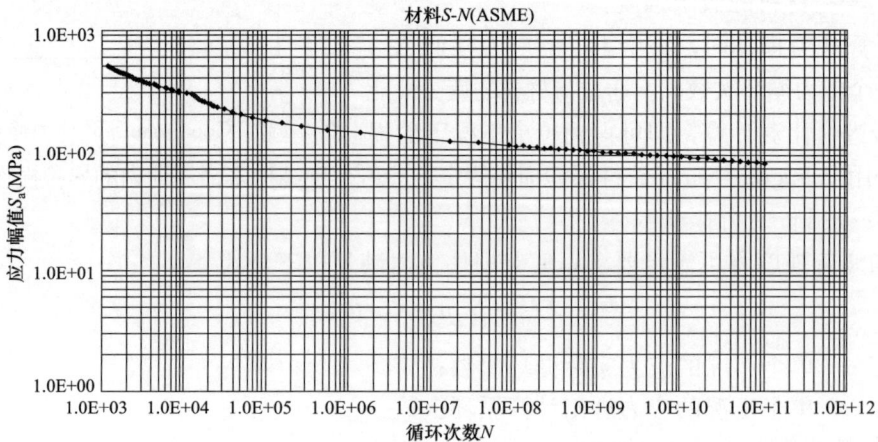

图 2-138　材料的疲劳性能 S-N 曲线数据

（2）载荷工况设置。进行疲劳计算考虑的工况包括启停机、飞逸、运行工况（部分负荷、满负荷）。表 2-28 为疲劳分析的复合周期。

表 2-28　　　　　　　　　　　　疲劳分析的负荷周期

负荷周期	工况条件	循环周期数
1	启机→正常运行→停机	60(年)×365(天)×10(次)
2	正常运行（60%～100%负荷）	60(年)×300(天)×24(时)×3600(秒)×f_n
3	部分负荷运行（小于 60%负荷）	60(年)×65(天)×24(时)×3600(秒)×f_n
4	启机→正常运行→飞逸→停机	10(次/60 年)
5	启机→正常运行→甩负荷→停机	60(年)×12(月)×4(次)

（3）疲劳损伤计算结果。根据转子支架静动应力计算结果，采用 FE-safe，对整体转子支架进行了全寿命疲劳损伤分析计算。

计算得到转子支架的最小对数寿命为 0.2619 [计算寿命 100.2619×50（年）]，结果见图 2-139，所以算得转子支架的损伤因子 $D=0.547<1$；疲劳安全系数为 1.0625>1，结果见图 2-140。

综上分析，该转子支架结构具有足够的疲劳安全裕量。

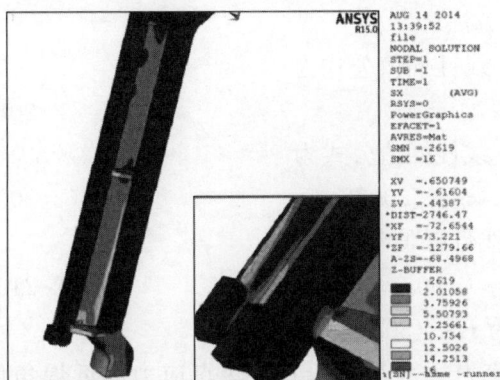

图 2-139　转子支架疲劳寿命分布图　　　图 2-140　转子支架疲劳安全因子分布图

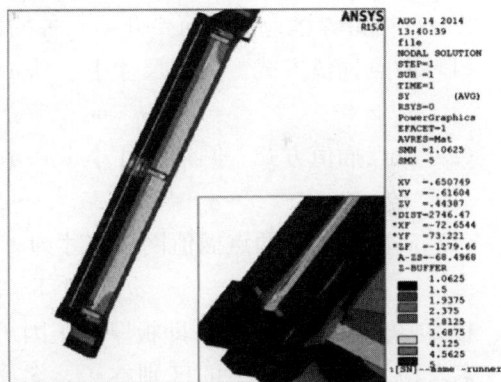

（二）焊缝疲劳强度分析

在抽水蓄能机组中，焊缝是常见的结构连接方式，针对该类型的连接疲劳强度问题，国际焊接规范中对于计算分析方法进行了详细的分类。

在 IIW 中针对焊缝疲劳给出了基于应力分析的三种计算方法，分别是基于名义应力、基于热点应力外推以及基于缺口应力的疲劳强度分析。IIW 规范的特点是针对 FEM 仿真分析提出了指导和建议。

1. 热点应力法

以热点应力外推计算焊缝疲劳为例，来简要介绍 IIW 规范中计算焊缝疲劳的方法。热点应力法用于结构名义应力无法明确定义的情况，热点应力的获取可采用参考点应力插值外推的方式计算，需要指出的是，由于局部缺口引起的非线性峰值应力 σ_{nlp} 是未被考虑的。

热点应力法是名义应力法的延伸和拓展。就应力分类而言，名义应力法和热点应力法均考虑了结构的薄膜应力和弯曲应力。图 2-141 为结构热点应力的定义，图 2-142 为热点类型示意图。

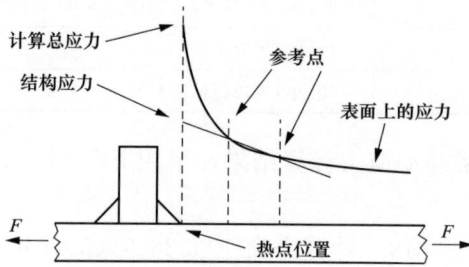

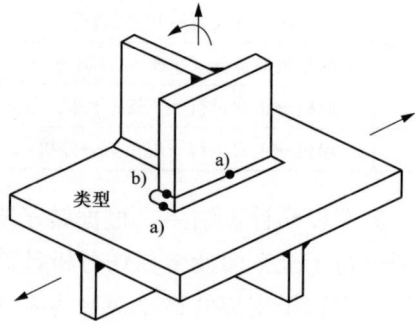

图 2-141 结构热点应力的定义　　图 2-142 热点类型示意图

在采用热点应力法之前，需要对热点类型有个概括的认识。热点类型归纳为两类：在板平面上的定义为 a) 类；在板边缘位置上的定义为 b) 类，如图 2-142 所示。

以 a) 类型焊缝为例，简要介绍几种插值方法。

（1）两点插值方式。网格尺寸小于 $0.4t$，线性插值公式为

$$\sigma_{hs} = 1.67\sigma_{0.4t} - 0.67\sigma_{1.0t} \tag{2-208}$$

（2）三点插值方式。网格尺寸小于 $0.4t$，线性插值公式为

$$\sigma_{hs} = 2.52\sigma_{0.4t} - 2.24\sigma_{0.9t} + 0.72\sigma_{1.4t} \tag{2-209}$$

（3）高阶粗网格两点插值网格尺寸为 t，线性插值公式为

$$\sigma_{hs} = 1.5\sigma_{0.5t} - 0.50\sigma_{1.5t} \tag{2-210}$$

板厚修正指数 $n=0.4$，即板厚修正因子为 $K=(30/t)^{0.4}$。

名义应力与热点应力的区别在于，名义应力远离焊点位置，热点应力靠近焊角位置。名义应力法和热点应力计算中考虑的应力分类是薄膜应力和弯曲应力。

对于某些焊接结构，名义应力法与热点应力法均难以实现时，需借助缺口应力法进行分析。该方法需要在焊角位置以 $r=1mm$ 的圆弧替代焊角的过渡。缺口应力计入了薄膜应力、弯曲应力以及非线性峰值应力，因此选取的疲劳等级要高一些。

2. 焊缝疲劳性能 S-N 定义

焊缝疲劳性能 S-N 的定义参考标准 IIW 焊接规范标准：

区域Ⅰ：疲劳性能 S-N 斜率为 $m_1=3$，应力循环次数 $N_i \times 1.10^7$。

区域Ⅱ：疲劳性能 S-N 斜率为 $m_2=5$，应力循环次数 $N_i \geqslant 1.10^7$。

DC 定义，对应的循环次数为 $N_0 \geqslant 2 \times 10^6$。

图 2-143 为焊缝疲劳性能 S-N 曲线。

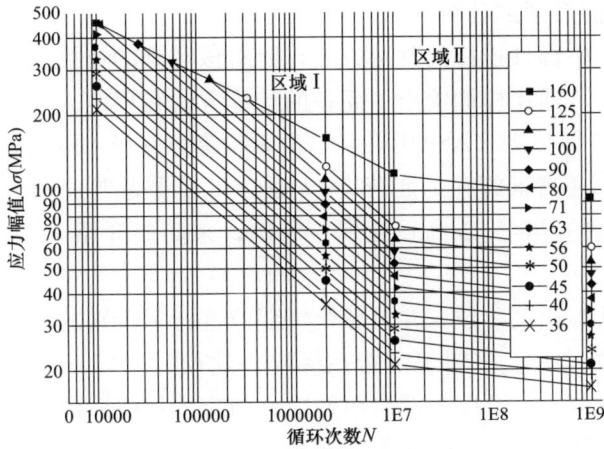

图 2-143 焊缝疲劳性能 S-N 曲线

3. 焊缝损伤的判别标准

焊缝疲劳强度方可满足要求，损伤需满足以下公式

$$D = \sum_i \frac{n_i}{N_i} \leqslant 0.5 \qquad (2\text{-}211)$$

式中 n_i——单个工况的应力实际循环次数；

N_i——单个工况的应力理论计算循环次数。

4. 计算实例

以某开口结构为例，在开口边缘采用焊接补强的措施以保证结构的连接强度。该结构如图 2-144 所示，图中表示了热点应力的位置，以及相关插值点的位置。通过提取插值点的应力（如图 2-145 所示），并进行相应疲劳分析计算，最终得到几个主要热点的疲劳损伤值（见表 2-29）。

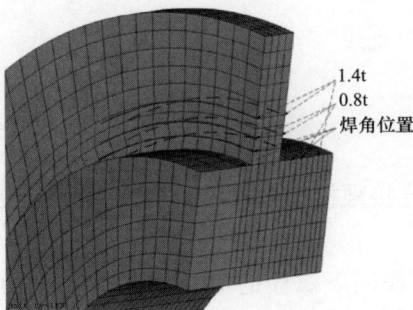

图 2-144 某开口轴热点应力点示意图

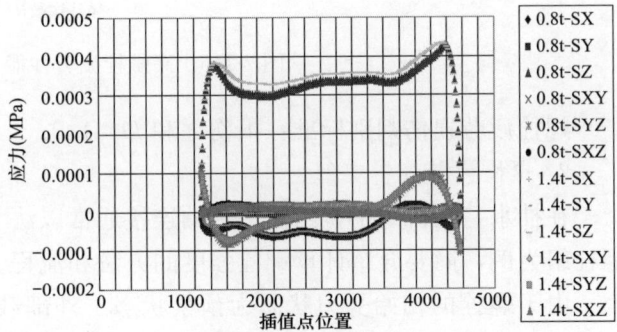

图 2-145 单位载荷下两参考点的应力分量

表 2-29　　　　　　　　　　　　典型特点的损伤值

热点位置	疲劳等级	板厚（mm）	缩减因子	安全系数	疲劳损伤
1	100	42	0.901	1.265	0.0452
2	100	42	0.901	1.265	0.0654
3	100	42	0.901	1.265	0.0258

注 上述最大损伤 $D=0.0654<0.5$，因此焊缝满足抗疲劳性能要求。

（三）机组螺栓疲劳强度分析

螺栓连接是机组中部件连接的常用方式，针对该类型的连接疲劳强度，ASME 规范对于高强度螺栓以及普通螺栓均给出了完备的计算方法和界定。

1. 美国机械工程师协会（ASME）规范的螺栓疲劳分析

ASME 规范中对于普通螺栓的疲劳 S-N 设计可以参考普通结构钢的方法，但对高强度螺栓进行了特殊的界定。以高强度螺栓为例，来简要介绍 ASME 关于螺栓的计算方法。

标准中给出了计算相关参数，并对螺栓头部位进行了特别的说明，在计算疲劳时需要引入应力集中系数 $k \geqslant 4$。该项规定指在螺栓头建模时，可不对螺纹建模分析，在计算螺栓部位的应力幅值时，可以光滑表面的应力与应力集中系数的乘积来替代螺纹部位的应力。这为螺栓头的应力分析带来了方便。

同时，高强度螺栓在选取了 ASME 规定的 S-N 后，无需考虑预紧应力的平均应力修正，因 S-N 设置时已考虑了预紧的影响。

高强度螺栓的 S-N 如图 2-146 所示。

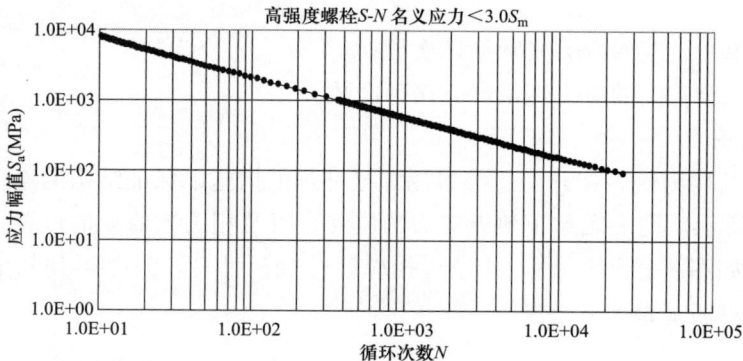

图 2-146 高螺栓疲劳性能 S-N 曲线

螺栓疲劳损伤判别标准：损伤之和 $D < 1.0$。

2. 螺栓疲劳分析实例

在抽水蓄能机组中，两段主轴的连接通常以法兰连接螺栓的方式进行连接。以连接螺栓组为例，简要介绍计算螺栓强度的方法和流程。

由于螺栓的初始受力状态为预紧状态。外部载荷作用下螺栓的应力状态是基于初始预紧及载荷作用之和，需要得到单位载荷作用下螺栓的应力增量。螺栓法兰连接、螺纹连接均为接触非线性行为，确定合理的螺栓载荷与应力增量的关系，才能得到恰当的单位应力结果，并获得较为正确的疲劳损伤。上述是螺栓疲劳分析的几个难点介绍。

在得到合理的螺栓载荷与应力增量的关系后，结合螺栓作用的载荷谱，导入 ASME 标准中的螺栓 S-N 数据，采用 FE-safe 软件就可进行分析求解。图 2-147 为螺栓组疲劳寿命分布图，图 2-148 为螺栓组疲劳安全因子分布图。

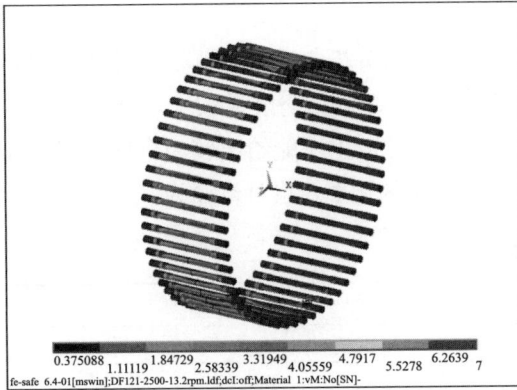

图 2-147 螺栓组疲劳寿命分布图

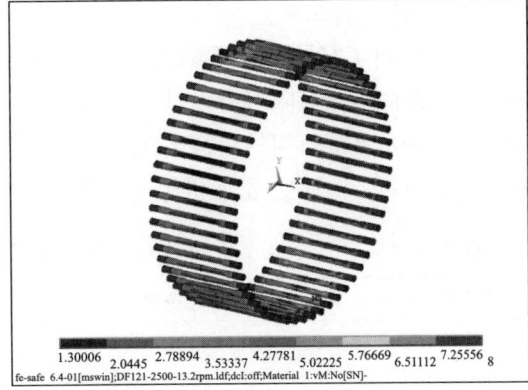

图 2-148 螺栓组疲劳安全因子分布图

计算得到螺栓的最小对数寿命为 0.375［计算寿命 $10^{0.375} \times 50$（年）］，所以算得螺栓的损伤因子 $D = 0.421 < 1$；疲劳安全系数为 $1.3006 > 1$。综上分析，该螺栓连接结构具有足够的疲劳安全裕量。

（四）发电电动机关键部件疲劳分析

对于抽水蓄能机组来说，发电电动机结构部件的疲劳分析尤为重要。抽水蓄能机组在投运和调试阶段经历了复杂的工况转化。涉及机组频繁的启停机、甩负荷、发电与抽水工况转换等，机组工况转换必然引起承载结构的应力交变，从而导致结构疲劳损伤的发生。

在进行发电电动机结构部件疲劳分析时，需要对部件所选材料的疲劳曲线、结构部件的交变应力进行计算和分析。

1. 部件选材及相关性能

在疲劳分析中，发电电动机部件的材料选择对于部件的疲劳性能影响较大，一般转子磁轭、磁极等承受应力水平较高的部件，选取性能较好的材料。对于应力水平稍低的部位，可以选取普通材料。

对于承受容量较大，离心力水平较高的机组，发电电动机的材料选择较为严格，表 2-30 给出了关键零部件的材料和性能，供参考。

表 2-30　　　　　　　　　　　发电电动机材料及性能

部件名称	材料名称	屈服极限 σ_s（MPa）	强度极限 σ_b（MPa）
转子支架	Q345B	275	450
转子支架中心体	锻钢 A668.E	330	530
转子磁轭	B780CF	670	760
转子磁极	DER650	685	750
磁极围带	玻璃布板	343	490
上机架	Q345B	275	450
下机架	Q345B	275	450
转子支架	Q345B	275	450
定子机座	Q345B	275	450

2. 疲劳分析工况

疲劳分析工况是疲劳强度设计中的关键环节。随着疲劳分析水平的进步，当前的结构疲劳分析逐渐倾向于有限寿命设计，之前的无限寿命设计的结构安全余量较大，结构不够精巧。对于抽水蓄能机组的运行工况，往往需借助大量的统计数据才能给出较为合理的工况设置。表 2-31 给出了抽水蓄能机组中可能的运行工况及发生的频率，设计寿命为 50 年。

表 2-31　疲劳分析的负荷周期

负荷周期	工况条件	循环周期数
1	甩负荷次数（发电）	12 次/年
2	甩负荷次数（抽水）	6 次/年
3	飞逸次数	2 次/年
4	短路	1 次/年（三相、两相和半数磁极短路）
5	非同期误并列	1 次/5 年
6	启停机次数	3 次/天×365 天/年

3. 材料疲劳性能 S-N 设置

材料的 S-N 曲线是疲劳分析中的另一关键环节。由于材料的 S-N 曲线的影响因素较多，涉及材料本身的机械性能、结构件的厚度尺寸、应力的状态以及表面的粗糙度等。如何将如此多的影响参数进行量化，是个难事。表 2-32、表 2-33 的内容基于材料 Q345，经过一系列的参数运算，给出了材料的疲劳 S-N 的数据。

表 2-32　示例材料 S-N 计算流程输入参数表

材料牌号	Q345
厚度（mm）	100
抗拉强度 R_m（MPa）	450
屈服强度 R_p（MPa）	345
拉压/弯曲/扭转应力状态（TC/B/T）	TC
应力集中因子 αK	1
尺寸≥100mm（Y/N）	Y
表面粗糙度 R_a（μm）	6.3
应力比 R	−1

表 2-33　示例材料 S-N 数据表

循环次数	应力幅值 S_a（MP）
1000	197.3355
10000	159.2274
100000	128.4785
1000000	103.6676
1469032.573	100.0179
10000000	91.06884
100000000	81.3765
1000000000	72.71571
10000000000	64.97667

采用同样的方法，可以得到转子支架、下机架以及上机架、定子机座等所选用材料的 S-N 曲线，以供疲劳分析使用。

4. 转子部分疲劳计算

发电机转子部件作为机组的旋转部件，承受机组的反复启停机、甩负荷、飞逸、短路以及非同期误并列等工况，是机组最易发生疲劳断裂的部件。转子部件包括转子支架、磁轭、磁极以及绝缘框和引线等部件，这些都将是转子部件分析中重点关注的部位。

转子部分疲劳实体计算模型见图 2-149，有限元模型见图 2-150。模型中可清楚地看到转子支架、磁轭及磁轭的装配关系。

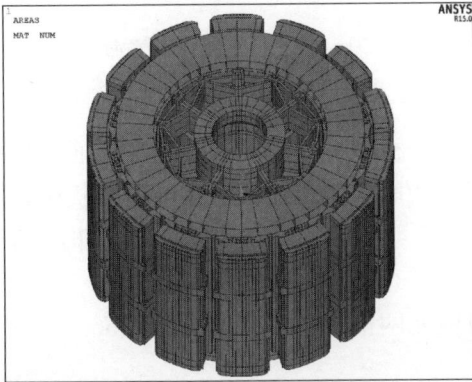

图 2-149　转子部分实体模型

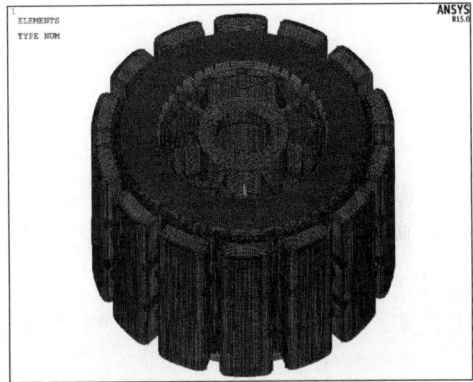

图 2-150　转子部分有限元模型

根据转子静动应力计算结果，采用 FE-safe，对整体转子进行了全寿命疲劳损伤分析计算。

计算得到转子支架的最小对数寿命为 0.243061，转子磁轭的最小对数寿命为 0.188764，转子磁极的最小对数寿命为 0.210713，转子磁极极间连接铜排的最小对数寿命为 0.215875，分别见图 2-151～图 2-154。

综上分析，转子支架、转子磁轭、转子磁极、磁极绝缘板、极间连接铜排的疲劳损伤均小于 1，疲劳安全系数均大于 1，均具有较大的疲劳安全余量。

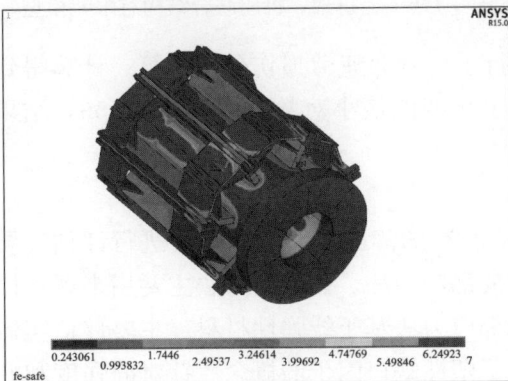

图 2-151　转子支架疲劳寿命分布图

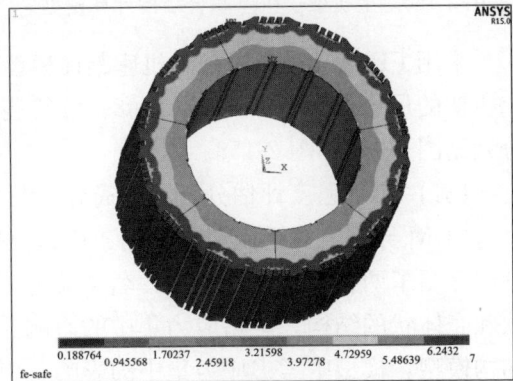

图 2-152　转子磁轭疲劳寿命分布图

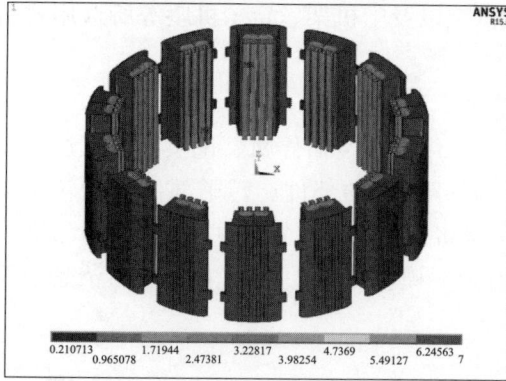

图 2-153　转子磁极疲劳寿命分布图

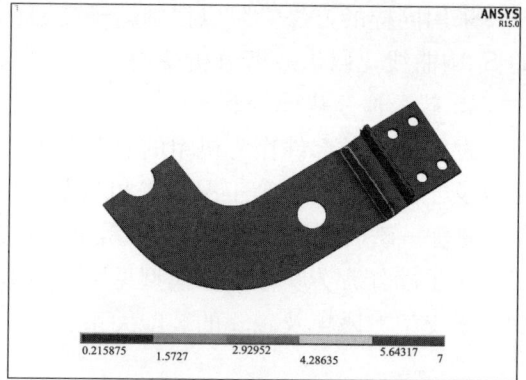

图 2-154　连接铜排疲劳寿命分布图

5. 发电电动机上机架、机座联合结构疲劳分析计算

在工程实际中，上机架是位于机座的上部，上机架支撑腿与机座上环板通过焊接成为一体。因此该种结构往往需进行上机架和机座的联合受力分析。在疲劳分析中，仍采用计算静强度的有限元模型，计算工况涉及两相、三相、半数磁极短路、非同期误并列，停机-正常运行等工况转换。

上机架、机座实体联合结构计算模型和有限元网格见图 2-155、图 2-156。

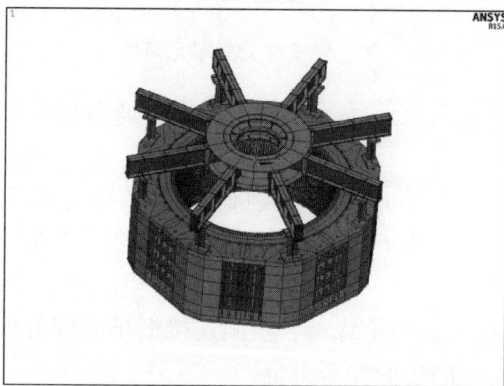

图 2-155　上机架、机座联合结构计算模型

图 2-156　上机架、机座联合结构有限元模型

采用 FE-safe 对上机架、机座整体模型进行了全寿命疲劳损伤分析计算。计算得到上机架的最小对数寿命为 0.71168，计算得到上机架的最小对数寿命为 0.17556，结果分别见图 2-157、图 2-158。

（五）FKM 强度评估分析方法简介

FKM 导则针对机械工程中钢、铸铁、铝等材料的静强度和疲劳强度进行评估。导则中介绍了两种方法评估强度：名义应力法和局部应力法。名义应力法主要用来评估棒状和壳体状的结构，忽略应力集中的影响。局部应力法基于线弹性材料，主要评估实体结构模型，模型中考虑应力集中的影响，引入了塑性缺口因子的概念。针对静强度和疲劳强度的分析评估，FKM 导则中均以使用度的方式给出判别和评估。

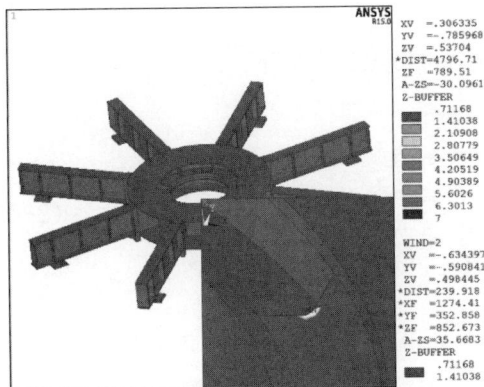

图 2-157　上机架疲劳寿命分布图

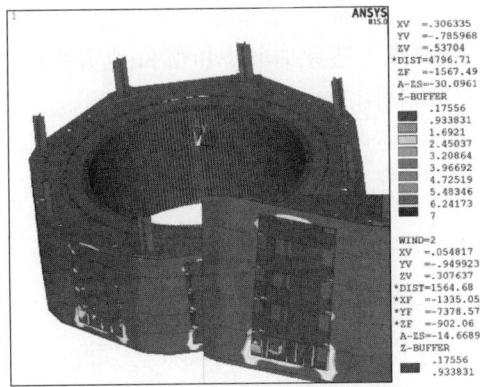

图 2-158　机座疲劳寿命分布图

以名义应力法为例，简要介绍 FKM 的静强度和疲劳强度分析计算流程。

1. 基于局部应力法的 FKM 静强度评估

局部应力法评估非焊接部件静强度的等效利用度公式为

$$a_{SK} = \frac{\sigma_V}{\sigma_{SK}/j_{ges}} \leqslant 1 \qquad (2\text{-}212)$$

式中　σ_V——参考点的等效应力；

　　　σ_{SK}——部件静强度；

　　　j_{ges}——总安全系数。

从表 2-34 中可以看出，部件等效利用度 $a_{SK}<1$，满足静强度设计要求。

表 2-34　　　　　　　　　　　　静 强 度 利 用 度

工况	σ_V	σ_{SK}	j_{ges}	a_{SK}	是否安全
额定工况	164.0MPa	345MPa	1.5	47.5%<1	是

非焊接部件静强度等效利用度如图 2-159 所示。

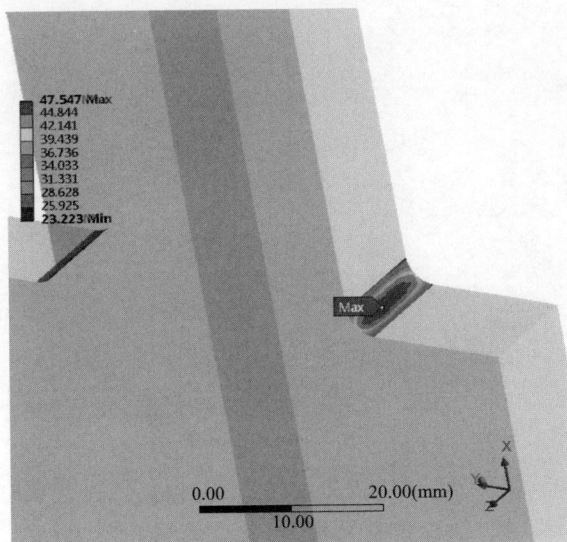

图 2-159　非焊接部件静强度等效利用度（%）

145

2. 基于局部应力法的 FKM 疲劳强度评估

局部应力法评估非焊接部件疲劳强度利用度的公式分别如下。

分项利用度为

$$a_{\mathrm{BK},\sigma} = \frac{\sigma_{\mathrm{a},1}}{\sigma_{\mathrm{BK}}/j_{\mathrm{D}}} \leqslant 1$$

$$a_{\mathrm{BK},\tau} = \frac{\tau_{\mathrm{a},1}}{\tau_{\mathrm{BK}}/j_{\mathrm{D}}} \leqslant 1 \tag{2-213}$$

式中 　$\sigma_{\mathrm{a},1}$——最大应力幅；

σ_{BK}——部件相对变幅疲劳强度；

j_{D}——总安全系数。

组合利用度为

$$a_{\mathrm{BK},\sigma\mathrm{v}} = q a_{\mathrm{NH}} + (1-q) a_{\mathrm{GH}} \leqslant 1$$

$$a_{\mathrm{NH}} = \max(|s_{\mathrm{a},1}|,\ |s_{\mathrm{a},2}|,\ |s_{\mathrm{a},3}|)$$

$$a_{\mathrm{GH}} = \sqrt{\frac{1}{2}\left[(s_{\mathrm{a},1}-s_{\mathrm{a},2})^2 + (s_{\mathrm{a},2}-s_{\mathrm{a},3})^2 + (s_{\mathrm{a},3}-s_{\mathrm{a},1})^2\right]} \tag{2-214}$$

$$s_{\mathrm{a},1} = a_{\mathrm{BK},\sigma1}$$

$$s_{\mathrm{a},2} = a_{\mathrm{BK},\sigma2}$$

$$s_{\mathrm{a},3} = a_{\mathrm{BK},\sigma3}$$

从表 2-35 中各分项利用度及组合利用度均小于 1，满足疲劳强度设计要求。

表 2-35　　　　　　　　　　　疲 劳 强 度 利 用 度

工况	$a_{\mathrm{BK},\sigma1}$	$a_{\mathrm{BK},\sigma2}$	$a_{\mathrm{BK},\sigma3}$	$a_{\mathrm{BK},\sigma\mathrm{v}}$	是否安全
启停机工况	6.55%<1	50.5%<1	0.01%<1	47.5%<1	是

非焊接部件疲劳强度最大利用度如图 2-160 所示。

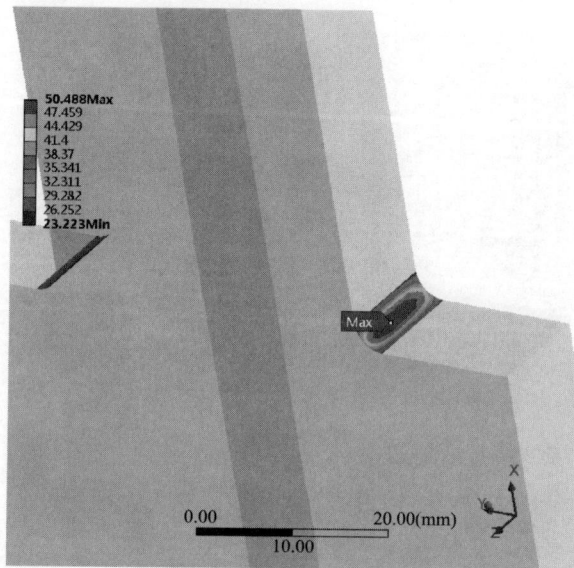

图 2-160　非焊接部件疲劳强度最大利用度（%）

三、结构动力特性及轴系稳定性计算分析

机组的动力特性至关重要，如果产生剧烈振动可能会导致机组结构破坏，降低寿命，而且大大降低机组运行效率和出力，同时还会引起水工建筑物的振动破坏。上机架、下机架以及定子机座是发电机的主要部件，它的动力特性，与机组稳定运行息息相关。

实际上，动力特性分析和轴系稳定性分析对于保证抽水蓄能机组的安全稳定运行同样重要。对于机组的固定部件，模态计算分析后，其各阶的振型及频率应避开机组的转频、倍频、电磁频率等激励频率；对于机组整个转子系统而言，轴系的 1 阶临界转速应大于飞逸转速 1.25 倍。同时，为了预估机组的振动和摆度水平，可对机组结构部件进行响应分析。

（一）基本原理

1. 模态分析的原理

模态分析是用于计算结构的振动特性，以获取结构的固有频率和振型等重要信息，在动力学分析中是一个必要的步骤。通过模态分析，可以帮助人们认识结构的振动特性，对结构进行合理的振动评价和设计。模态分析也是进行结构响应等动力学分析的基础。

在进行模态分析时，通常有以下的基本假设：

（1）结构应具有恒定的刚度和质量效应。

（2）模态分析通常是无阻尼分析。

（3）不考虑随时间改变的集中力、位移、压力或者温度等情况。

在结构模态分析中，求解特征值问题的方程为

$$K\varphi_i = \lambda_i M\varphi_i \tag{2-215}$$

式中　K——结构的刚度矩阵；

　　　φ_i——特征向量；

　　　λ_i——特征值；

　　　M——结构的质量矩阵。

对于带预应力的结构，K 还会包含应力刚化矩阵 S 的影响。

模态分析以及部分模态的提取是用来计算特征值和特征向量的计算技术。几种常见的模态提取方法是：Block Lanczos 法，子空间法，Power Dynamics 法，缩减法，不对称法和阻尼法。

2. 结构屈曲分析的原理

弹性结构的屈曲失稳是指结构在承受逐步增加的载荷时，突然出现位移迅速增大，而载荷基本维持不变的力学行为。

线性屈曲载荷可以通过在常规刚度矩阵上增加一个未知的应力刚化矩阵乘子来计算，即

$$(K + \lambda_i S)q_i = 0 \tag{2-216}$$

式中　K——刚度矩阵；

　　　S——应力刚度矩阵；

　　　λ_i——产生应力刚度矩阵 S 的载荷乘子；

　　　q_i——位移特征向量。

使上式有非零解的条件是 $|K+\lambda_i S|q_i=0$，从而求解特征值屈曲分析的问题，也是求解特征值 λ_i 的问题。

3. 结构响应分析基本原理

对于承受随时间变化外力的结构，有以下的控制方程

$$M\ddot{U} + C\dot{U} + KU = F^t \tag{2-217}$$

式中　M——结构的质量矩阵；

　　　C——结构的阻尼矩阵；

　　　K——结构的刚度矩阵；

　　　U——节点位移；

　　　$\dot{U}$——节点速度；

　　　$\ddot{U}$——节点加速度；

　　　F^t——载荷列向量。

求解方法分为显式和隐式算法，简要介绍下 Newmark 隐式算法，即

$$\begin{aligned}\dot{u}_{n+1} &= u_n + [(1-\delta)\ddot{u}_n + \delta\ddot{u}_{n+1}]\Delta t \\ &= \dot{u}_n + [\ddot{u}_n + \delta(\ddot{u}_{n+1} - \ddot{u}_n)]\Delta t\end{aligned} \tag{2-218}$$

$$\begin{aligned}u_{n+1} &= u_n + u_n\Delta t + \left[\left(\frac{1}{2} - \alpha\right)\ddot{u}_n + \alpha\ddot{u}_{n+1}\right]\Delta t^2 \\ &= u_n + \dot{u}_n\Delta t + \left[\frac{1}{2}\ddot{u}_n + \alpha(\ddot{u}_{n+1} - \ddot{u}_n)\right]\Delta t^2\end{aligned} \tag{2-219}$$

其中 α，δ 为 Newmark 积分参数；$\Delta t = t_{n+1} - t_n$；u_n、$\dot{u}_n$ 以及 $\ddot{u}_n$ 为 t_n 时刻的节点位移向量、速度向量以及加速度向量；u_{n+1}、$\dot{u}_{n+1}$ 以及 $\ddot{u}_{n+1}$ 为 t_{n+1} 时刻的节点位移向量、速度向量以及加速度向量。

（二）上机架-机座联合动力特性分析

1. 计算模型

在电站机组的实际安装状态中，上机架与机座的上环板采用把合连接结构，该位置的连接对于上机架和机座的某些模态和振型均带来一定的影响，随着计算手段的进步，对于上机架和机座采用联合受力模型进行分析成为可能。

上机架-机座联合仿真计算模型由上机架中心体、支臂、机座、铁芯和斜支腿组成，在进行有限元建模时，用三维板单元来模拟机座、机座腿和上机架支臂，用三维体单元来模拟铁芯和上机架中心体。发电电动机上机架-机座有限元及边界模型见

图 2-161。

2. 边界条件

根据结构的特点，采取空间直角坐标系，上机架支臂与基础板连接处采用边界约束，机座腿与基础连接处边界约束。

3. 计算结果

上机架机座自由振动频率计算结果见表 2-36。

4. 计算结论

表 2-37 为激励力频率表。

图 2-161　上机架-机座结构有限元
模型及边界条件

表 2-36 　　　　　　　　　　上机架-机座自由振动频率

阶数	频率值（Hz）	振型说明
1	19.104	机座轴向振动
2	32.416	机座绕水平振动
3	46.471	机座两对节点振动
4	69.955	上机架支臂振动

表 2-37 　　　　　　　　　　激　励　力　频　率　表

激励力名称	激励力频率（Hz）
机组转动频率	6.25
机组飞逸转速频率	9.25
电磁激励频率	100.0
转轮叶片通过频率	56.25
压力脉动频率	1.5625～2.0833

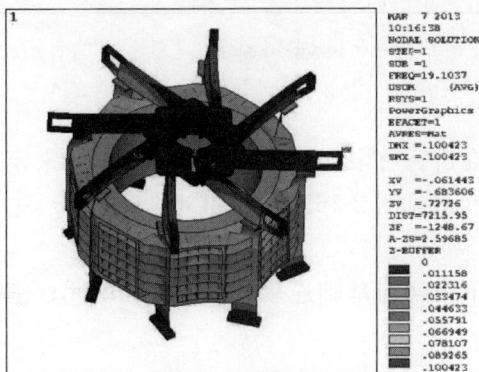

图 2-162　19.104Hz 的振型图

对于上机架的模态分析而言，上机架的激励力频率主要来自机组的转频和倍频成分，转轮叶片以及压力脉动激励力，因振动的传递路径较远，对于机架的影响较小。对于机座的振动而言，转频及其倍频和电磁激励频率是避开的重点。错频裕度应在 10%及以上。

由表 2-36、表 2-37 和图 2-162 的振型图可知，前几阶自由振动频率对应的振型均为机组振动能量较大的主要振型，它们的频率均远离激励频率，不会发生共振对机组构成危害，机组动力特性良好。

（三）定子铁芯、机座 100Hz 振动

铁芯 100Hz 激励力作用下的振动幅值是考核铁芯振动水平的关键指标。考核工况包括空载工况，额定负载工况，9％负序工况。定子铁芯机座空载工况如图 2-163 所示，32 节点力波振动幅值分布如图 2-164 所示。

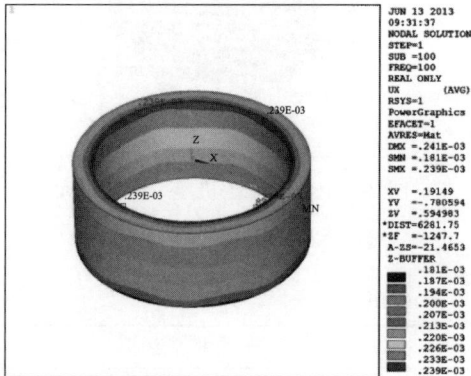

图 2-163　定子铁芯、机座空载工况（100Hz）　　图 2-164　32 节点力波振动幅值分布（mm）

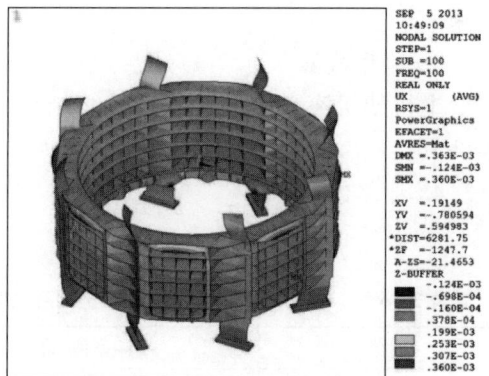

铁芯振动计算幅值见表 2-38。从表 2-38 可见，定子铁芯在 100Hz 激励力波作用下最大振动为 $0.270\mu m$，远远低于《水轮发电机组安装技术规范》中规定的定子铁芯振动（100Hz 双振幅值）小于 $30\mu m$ 的要求，铁芯不会发生较大振动，机座振动最大为 $0.407\mu m$，小于 $20\mu m$ 要求，机组满足振动设计规范。

表 2-38　　　　　　　　　　铁芯、机座 100Hz 振动幅值表

计算工况	空载	额定负载		9％负序
力波节点数	32	32	64	0
铁芯振动幅值（μm）	0.239	0.270	0.00208	0.0249
机座振动幅值（μm）	0.36	0.407	0.00313	0.0375

（四）下机架动力特性分析

1. 计算模型

该计算模型由下机架中心体、支臂组成，在进行有限元建模时，用三维单元来模拟下机架中心体、支臂，计算实体模型和有限元网格见图 2-165、图 2-166。

2. 边界条件

根据结构的特点，采取空间直角坐标系，下机架与基础连接处采用接触单元；基础外节点进行约束。

3. 计算结果

下机架自由振动频率计算结果见表 2-39。

表 2-39　　　　　　　　　　　　　　下机架自由振动频率

阶数	频率值（Hz）	振型说明
1	70.08	绕轴向转动
2	148.34	支臂局部振动
3	226.23	中心体翻转振动
4	233.03	中心体椭圆振动

4. 结果分析及结论

对于下机架的振动而言，转频及其倍频、电磁激励频率是避开的重点。错频裕度应控制在 10%。由表 2-39 和图 2-167～图 2-170 所示的振型图可知，前几阶自由振动频率对应的振型均为机组振动能量较大的主要振型，它们的频率均远离机组转频、电网频率等激励频率，不会发生共振对机组构成危害的情况，机组下机架动力特性良好。

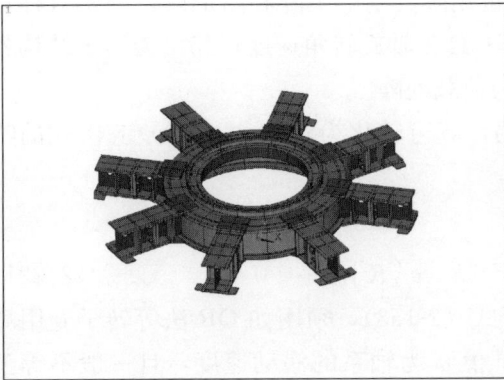

图 2-165　计算实体模型

图 2-166　有限元网格

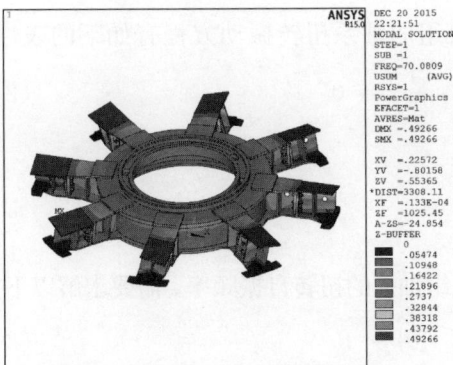

图 2-167　频率为 70.08Hz 的振型

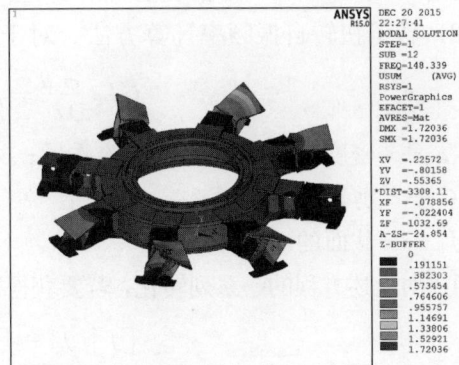

图 2-168　频率为 148.34Hz 的振型

（五）轴系动力特性分析计算

1. 转子系统动力学分析方法

（1）转子临界转速以及响应的计算方法。理论上，转子系统动力学方程是从研究转子振动的出发，其动力学方程可写为

$$[M]\{\ddot{\delta}\} + \Omega[J]\{\dot{\delta}\} + [C]\{\dot{\delta}\} + [K]\{\delta\} = \{p(t)\} \qquad (2\text{-}220)$$

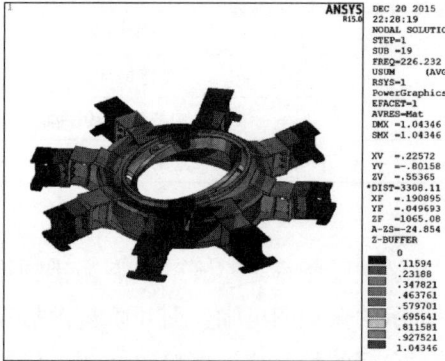

图 2-169 频率为 226.23Hz 的振型   图 2-170 频率为 233.03Hz 的振型

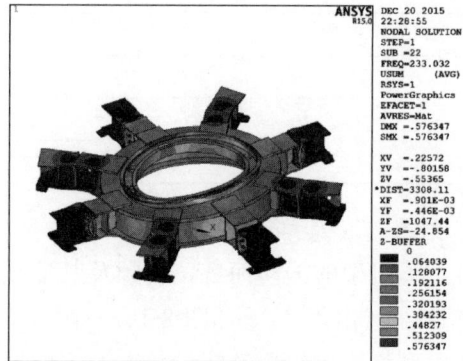

其中 $[M]$，$[K]$，$[O]$ 分别为系统的质量矩阵、刚度矩阵和阻尼阵，为实对称矩阵；$[J]$ 为系统的回转矩阵，为实反对称矩阵；Ω 为轴旋转角速度；$\{\delta\}$ 为转子结构各节点在任意时刻 t 的振动位移列阵；$\{P(t)\}$ 为荷载列阵。

对机组轴系临界转速（横向自振特性）的计算可转化为对式（2-220）齐次式的特征值的求解。

令 $\{P(t)=0\}$，则式（2-220）可写为

$$[M]\{\ddot{\delta}\} + \Omega[J]\{\dot{\delta}\} + [C]\{\dot{\delta}\} + [K]\{\delta\} = 0 \qquad (2\text{-}221)$$

一般的求解动力学特征值方法并不适用于式（2-153），须用如 QR 法等转子专用算法求解。当给定转子转速 Ω 时，计算出的特征值 ω 为轴系的涡动速度，且一般不等于 Ω，而当 $\Omega = \omega$ 时，ω 便是轴系的临界转速。对机组轴系横向振动响应（摆度）的研究可转化为对式（2-221）的精确求解的研究。

（2）转子扭转自振频率计算方法。对于机组的轴系扭转振动方程有如下的表达

$$GJ_P \frac{\partial^2 \theta}{\partial x^2} - \rho J_P \frac{\partial^2 \theta}{\partial t^2} = 0 \qquad (2\text{-}222)$$

式中 ρ——密度，为单位体积杆的质量；

G——剪切弹性模量；

J_P——截面的极惯性矩。

通过对上述方程的一系列转化，若要获得机组轴系的扭转自振频率，需要求解以下方程：

$$[J]\{\ddot{\theta}\} + [K]\{\theta\} = 0 \qquad (2\text{-}223)$$

式中 $[J]$——系统的扭转惯量矩阵；

$[K]$——抗扭刚度矩阵；

$\{\theta\}$——位移列阵是关于角度的列阵。

对于系统扭转自振频率的研究可以转换为对式（2-223）的求解。

2. 计算模型

在计算发电机轴系临界转速时，运用了 XLROTOR 转子动力学计算专用程序中的

梁单元、弹簧单元和质量单元，发电机转动系统和转轮部分的附加质量与转动惯量分别加于相应的位置上。

在计算发电机轴系扭转自振频率时，轴承刚度可不计。计算的梁轴单元模型可与临界转速计算模型相同。轴系临界转速及扭振计算模型如图 2-171 所示。

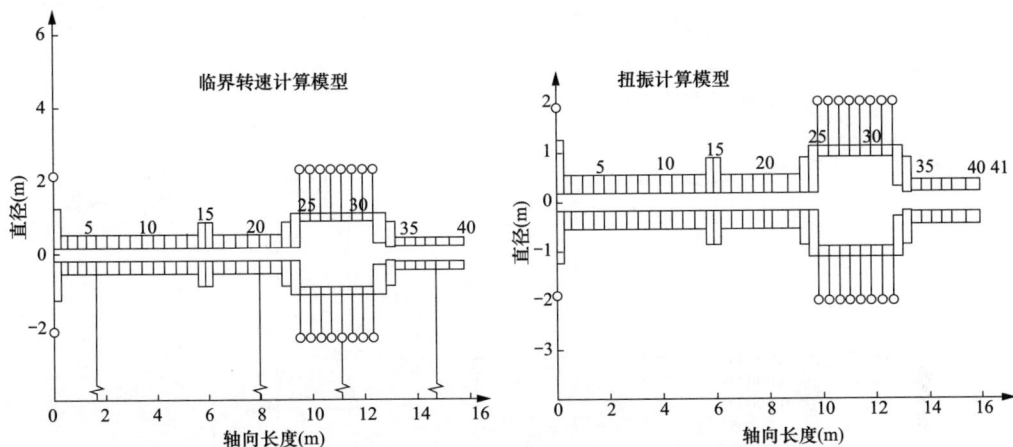

图 2-171　轴系临界转速及扭振计算模型

3. 计算结果

通过计算，可以得到轴系 1、2 阶临界转速及 1、2 阶扭振频率计算结果。表 2-40 为临界转速计算结果。

表 2-40 临 界 转 速 计 算 结 果

阶次	临界转速（r/min）	振型描述
1	793.7	发电机转子部分振型较大
2	886.2	转子支架部分振型较大
阶次	扭转自振频率（Hz）	
1	20.1	
2	73.8	

4. 共振裕度分析

表 2-41 为临界转速、自振频率与激振频率对比表。

表 2-41 轴系临界转速、自振频率与激振频率对比表

轴系临界转速、自振频率与激励频率之比（$\eta = F_b / F_{ex}$）		轴承临界转速、自振频率 F_b（Hz）			
		1 阶临界转速	2 阶临界转速	1 阶扭转自振频率	2 阶扭转自振频率
激励频率 F_{ex}（Hz）	额定转速	1.85	2.07	2.81	10.33
	飞逸转速	1.28	1.43	1.95	7.14
	导叶通过频率（20 个）	0.09	0.10	0.14	0.52
	叶片通过频率（9 个）	0.21	0.23	0.31	1.15
	电网频率	0.26	0.30	0.40	1.48
	2 倍电网频率	0.13	0.15	0.20	0.74

5. 结果分析

轴系转速、响应、扭转自振频率如图 2-172～图 2-174 所示。机组轴系的一阶临界转速应满足合同要求的 1.25 倍。1、2 阶临界转速及 1、2 阶扭转自振频率均能避开额定转速、飞逸转速、叶片通过频率、导叶通过频率、电网频率及 2 倍电网频率，不会发生共振。

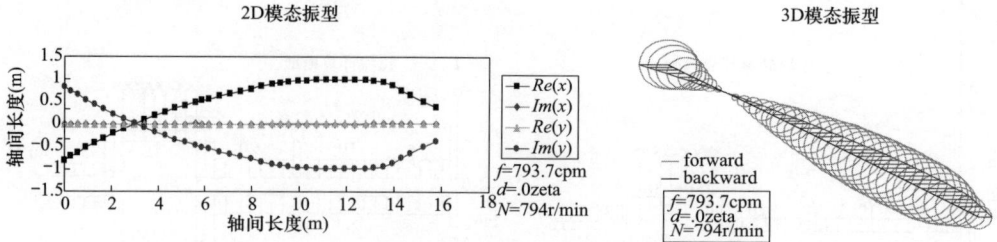

图 2-172 轴系的一阶振型的 2D 及 3D 图

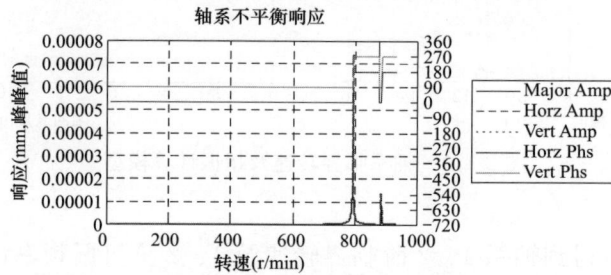

图 2-173 轴系不平衡响应曲线

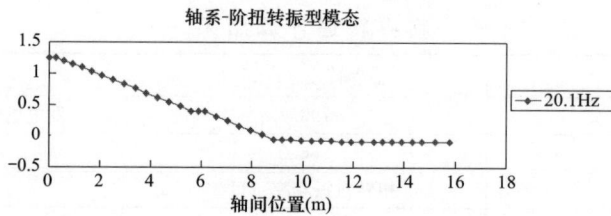

图 2-174 1 阶扭转自振频率及振型

由于转轮水力转矩不均匀、外部负荷不稳定、电气事故等原因，造成机组电力系统振荡和轴系扭转振动。此时机组转速、电流、电压、功率、转矩等都将发生周期性变动或振荡，对机组的扭振频率应予以充分关注。

6. 气隙稳定性计算

气隙稳定性决定了发电机运转过程中是否发生碰磨，对机组正常稳定运行有重要影响，所以需要在总体设计阶段就对机组的气隙稳定性进行分析计算。

机组定转子系统的机械刚度、导轴承支撑刚度以及电磁刚度均为气隙稳定性的重要影响因素。

通过分析发电机组定子机械椭圆刚度和偏心刚度、转子机械椭圆及偏心刚度、发电机电磁椭圆和偏心刚度以及在不同工况下的变形，进而分析发电机定、转子动态耦合振动及变形，最终确定发电机在不同工况下的气隙稳定性。图 2-175 为机械-电磁耦合作用示意图。

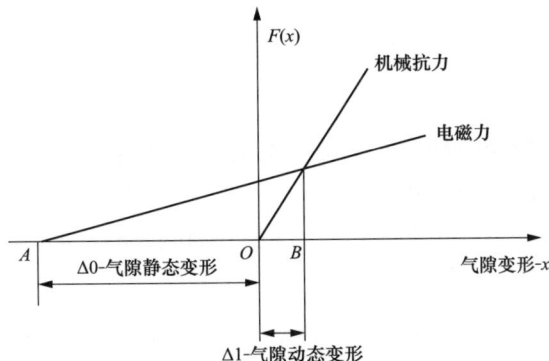

图 2-175　机械-电磁耦合作用示意图

　　计算结果表明：该机组额定运行时气隙均匀稳定，在半数磁极短路工况下，动静态气隙最大改变量小于设计气隙的 50%。发电机定、转子不会发生碰摩，保证了发电机运行气隙的稳定性和可靠性。

　　7. 轴系响应计算

　　(1) 轴系受到的径向动态力。机械不平衡力与转动系统的平衡精度等级密切相关，可根据相关规范与标准对于转子的机械不平衡力进行估算。

　　1) 额定负荷。作用于发电机转子上的径向动态力为机械不平衡力和电磁不平衡力，其表达式可写为

$$F_1 = A\sin\omega t \tag{2-224}$$

式中　ω——转频；

　　　　A——径向动态力幅值。

　　作用于转子支架处的径向动态水力频率为转频、导叶通过频率，其表达式可写为

$$F_4 = A\sin(\omega t + \varphi_1) + B\sin(n\omega t + \varphi_2) \tag{2-225}$$

　　其中，φ_1、φ_2 为初始相位角，n 为导叶数，ω 为转频，A、B 为动态力幅值。图 2-176 为额定负荷下的动态力。

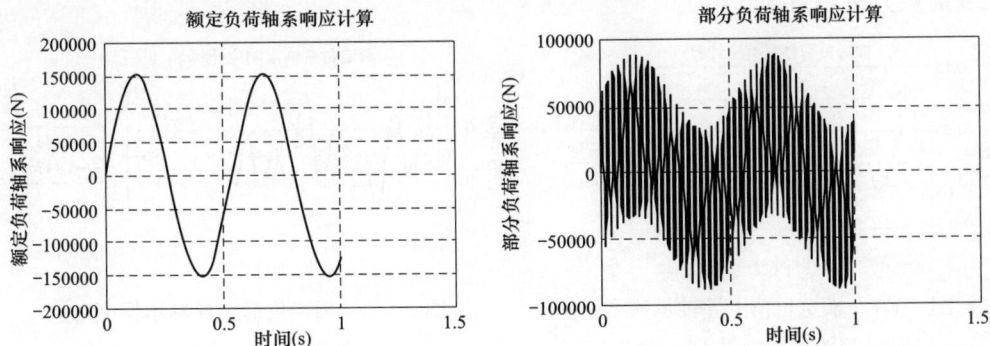

图 2-176　额定负荷下的动态力

　　2) 部分负荷。作用于发电机转子上的径向动态力为机械不平衡力和电磁不平衡力，其表达式可写为

$$F_1 = A\sin\omega t \tag{2-226}$$

式中　ω——转频；

　　　A——动态力幅值。

作用于转子支架处的径向动态水力频率包括转频分量、1/3 转频分量、2/3 转频分量及导叶通过频率分量及其表达式可写为

$$F_4 = A_1\sin(\omega t + \varphi_1) + A_2\sin(1/3\omega t + \varphi_2) + A_3\sin(2/3\omega t + \varphi_3) + A_4\sin(n\omega t + \varphi_4)$$

$$\tag{2-227}$$

其中，φ_1、φ_2、φ_3、φ_4 为初始相位角；n 为导叶数；A_1、A_2、A_3、A_4 分别为动态力幅值。图 2-177 为部分负荷下的动态力。

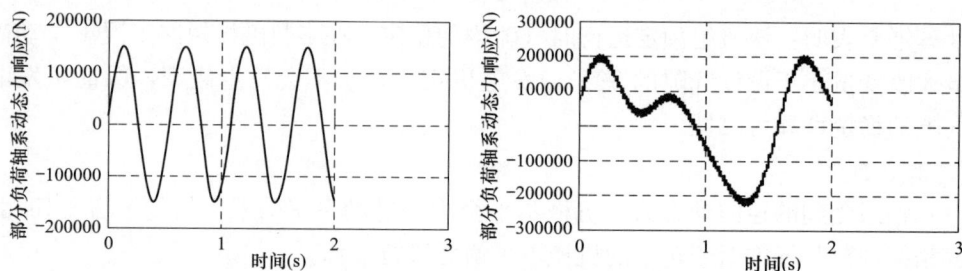

图 2-177　部分负荷下的动态力

（2）轴系响应计算结果。机组轴系摆度进行计算，结果见表 2-42。

表 2-42　　　　　　　　　　　　　　轴系摆度计算结果（峰峰值）　　　　　　　　　　　　（mm）

位置	额定负荷工况（100%负荷）（峰峰值）	部分负荷工况（60%负荷）（峰峰值）
上导	0.18	0.20
下导	0.14	0.15
水导	0.05	0.21

额定负荷运行工况下，上导、下导轴承摆度时程图分别如图 2-178、图 2-179 所示。通过轴系的响应分析，可以对于机组投运之后的摆度进行粗略的估计，从而为抑制机组的摆度提供方法和指导。

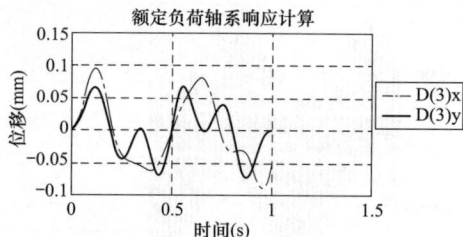

图 2-178　额定负荷上导轴承摆度时
程图（x，y 方向）

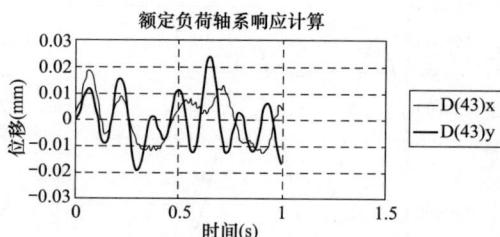

图 2-179　额定负荷下导轴承摆度时
程图（x，y 方向）

（3）结果分析。机组轴系摆度计算值为机组可能发生的最大摆度，由表 2-42 可知机组轴系摆度在 100%负荷工况和在 60%负荷工况下运行时均达到国家标准，满足安全稳定运行的要求。

第三章

发电电动机结构设计

　　发电电动机结构设计是根据性能设计确定设备主要尺寸和技术方案，完成具体结构部件形式、材料、加工要求的设计。一般双向旋转的发电电动机功率在 200～400MW，转速在 200～600r/min，属于典型的大容量、高转速机组，结构可靠性要求高，设计难度大。抽水蓄能发电电动机大多采用立式，本章主要介绍立式发电电动机总体布置方式及其优缺点，定子、转子、双向推力轴承等主要部件结构设计，以及制动、冷却、灭火等辅助系统设计。

⊕　第一节　总　体　布　置

　　发电电动机的总体结构形式与常规水轮发电机相似，分为卧式机组和立式机组。早期三机式组合抽水蓄能机组（由水泵、水轮机、发电电动机串联组成）容量小，多采用卧式，其中容量最大的是 1964 年投产的卢森堡菲安登（Vianden）抽水蓄能电站 115MVA 卧式机组。

　　现代抽水蓄能机组单机容量大，几乎全部采用立式机组。立式机组按轴承的位置可分为悬式和伞式两大类。推力轴承装设在转子上方的称为悬式，装设在转子下方的称为伞式。如转子上方还有一个导轴承的称为半伞式，无此轴承的称为全伞式，全伞式目前很少采用。现在抽水蓄能机组对于额定转速在 400～500r/min 范围的多采用悬式结构，而低于 400r/min 的多数采用半伞式结构。

　　伞式机组的推力轴承与下导轴承装设在电机的下机架上，为降低机组总高度，也可将推力轴承装设于水泵水轮机顶盖上方，如广蓄Ⅰ期。从机组总高度来看，悬式机组最大，半伞式次之，全伞式最小。悬式机组推力轴承处于电机顶部，因不传递电磁扭矩，故轴径减小，推力轴承的尺寸小，轴承损耗低。半伞式与悬式机组特点比较可见表 3-1。

表 3-1　　　　　　　　　　　　半伞式与悬式机组特点比较

序号	半伞式	悬式
1	定子机座不承受推力荷载	定子机座承受推力荷载
2	轴系短	轴系长
3	上下导轴承间跨距可以缩短、临界转速较高	上下导轴承间跨距较半伞式大、临界转速较低
4	下机架为承重机架，支撑跨度较小，造价低	上机架为承重机架，支撑跨度较大，造价高
5	推力轴承检修空间较小	推力轴承检修空间较大
6	推力损耗较大	推力损耗较小
7	推力轴承直接支撑在下机架上，轴向刚度较高	推力轴承支撑在上机架及定子机座上，轴向刚度较低
8	吊转子不需拆推力轴承	吊转子需拆推力轴承
9	机组总造价较低	机组总造价较高

典型的悬式发电电动机总体布置图如图 3-1 所示，典型的半伞式发电电动机总体布置图如图 3-2 所示。

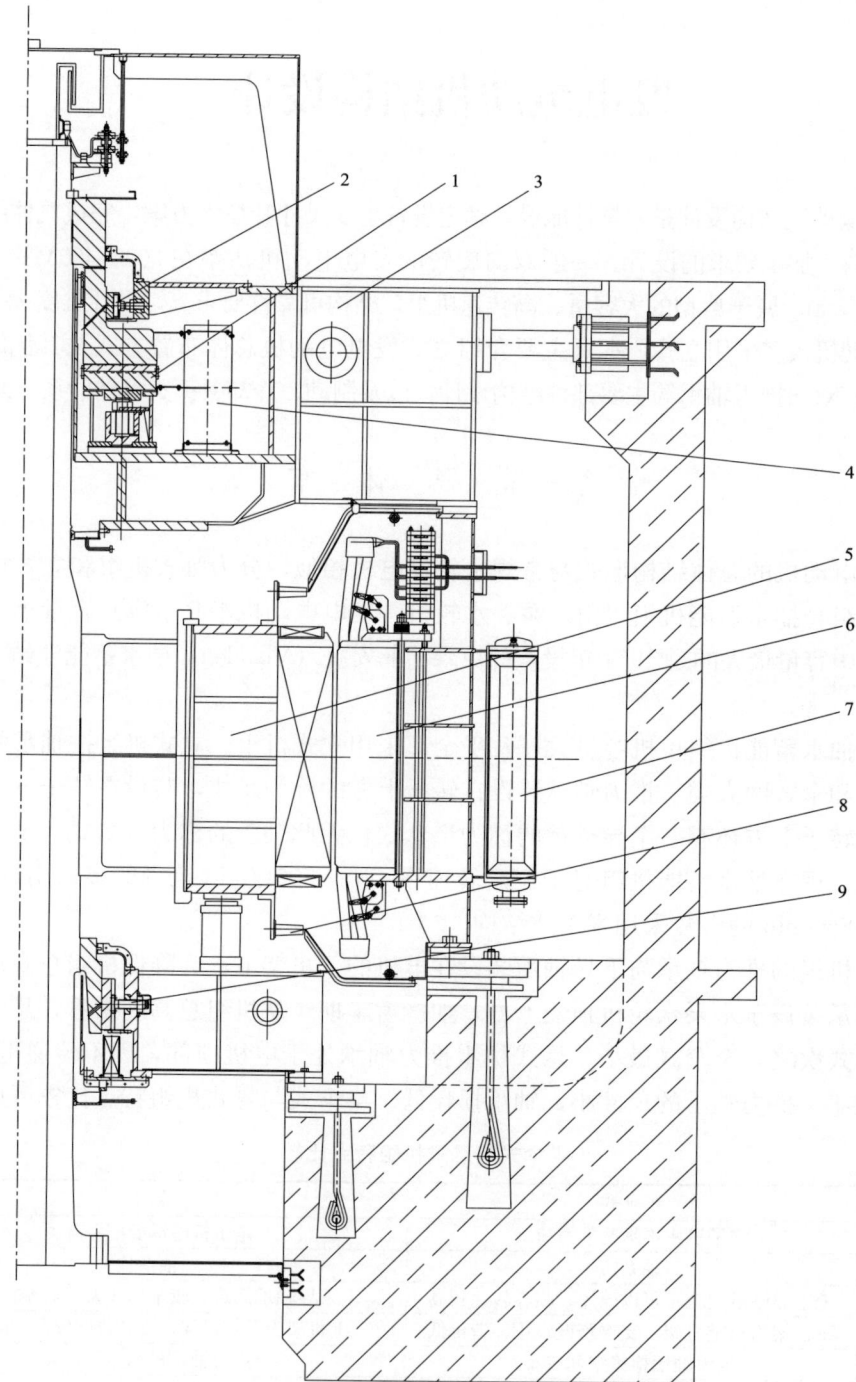

图 3-1 悬式发电电动机

1—推力轴承；2—上导轴承；3—上机架；4—千斤顶支撑；5—转子；
6—定子；7—空气冷却器；8—风扇；9—下导轴承及下机架

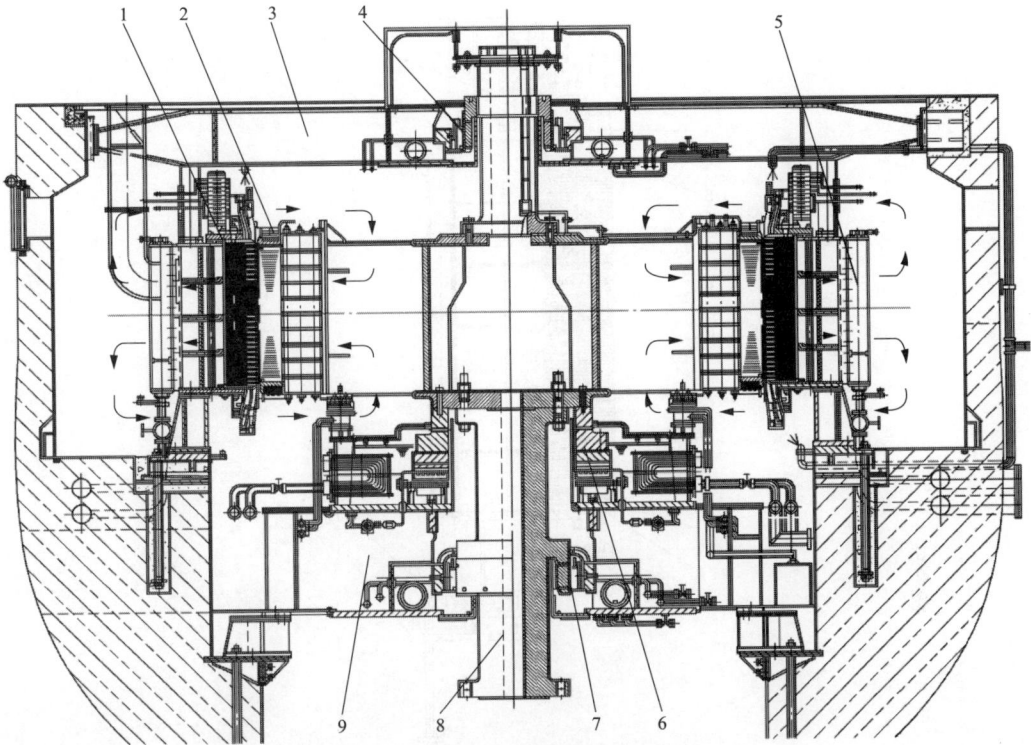

图 3-2 半伞式发电电动机

1—定子；2—转子；3—上机架；4—上导轴承；5—空气冷却器；

6—推力轴承；7—下导轴承；8—主轴；9—下机架

第二节 定　　子

定子是发电电动机产生电磁感应、进行机械能与电能转换的主要部件。定子主要由机座、铁芯、绕组、端箍、铜环引线、基础板及基础螺栓组成。典型的定子结构如图 3-3 所示。

确定定子结构的主要因素如下：

（1）根据电磁设计尺寸和运输条件的要求，合理考虑定子采用整圆还是分瓣结构，或机座分瓣运输到工地，组圆后再进行叠片的定子结构方案。

（2）合理的定子机座刚度是定子结构设计中的关键，对于大型发电电动机的定子来说，尤其重要。

（3）在考虑定子结构时，应注意避免定子铁芯的振动。通常引起振动的原因有：分数槽绕组次谐波磁动势与主磁场相互作用；齿谐波振动；定、转子不同心；分瓣定子合缝处松动；铁芯装压不紧等。

（4）根据电压等级，确定绕组的绝缘结构和防晕措施。

（5）对于大容量发电电动机，必须考虑铜环引线的发热与冷却。

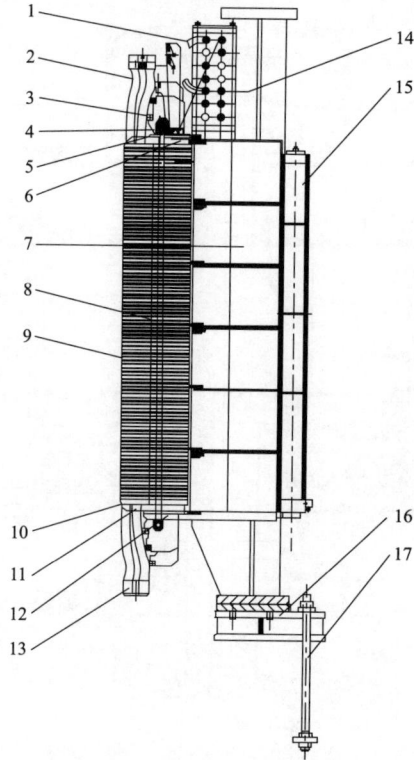

图 3-3　典型定子结构图

1—铜排引线；2—定子绕组；3—端箍；4—碟形弹簧；5—上齿压板；6—上压指；
7—机座；8—拉紧螺栓；9—定子铁芯；10—槽楔；11—下压指；12—大齿压板；
13—绝缘盒；14—引出线；15—空气冷却器；16—基础板；17—基础螺栓

一、定子机座

定子机座是发电电动机定子的主要结构部件，主要功能是固定定子铁芯。

机座一般采用钢板焊接结构。定子机座的结构应能承受定子绕组短路时产生的切向力和半数磁极短路时产生的单边磁拉力，同时还要能承受各种运行工况下的热膨胀力，以及额定工况时产生的切向力和定子铁芯通过定位筋传来的 100Hz 交变电磁力。分瓣机座还要能承受贮存、运输及安装过程中的应力，不产生有害变形。立式机座还应具备支撑上机架及其他构件的能力。

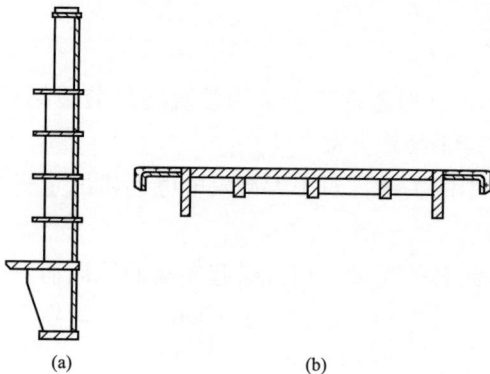

图 3-4　立式和卧式机座示意图

（a）立式机座；（b）卧式机座

（一）机座结构类型

机座类型按发电电动机结构形式可分为立式和卧式（如图 3-4 所示）；按机座形状

可分为圆形和多边形（如图 3-5 所示）；按机座的大小可分为整体和分瓣机座（如图 3-6 所示）；按机座的立筋型式分为普通立筋结构、盒形筋结构及斜立筋结构（如图 3-7 所示）。

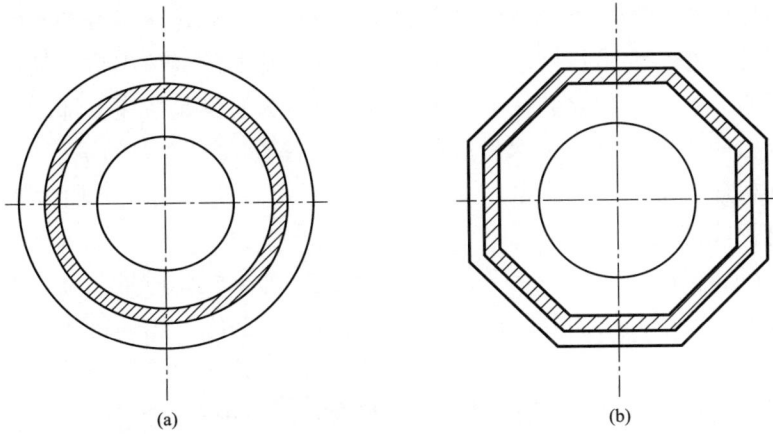

图 3-5 圆形和多边形机座示意图

（a）圆形机座；（b）多边形机座

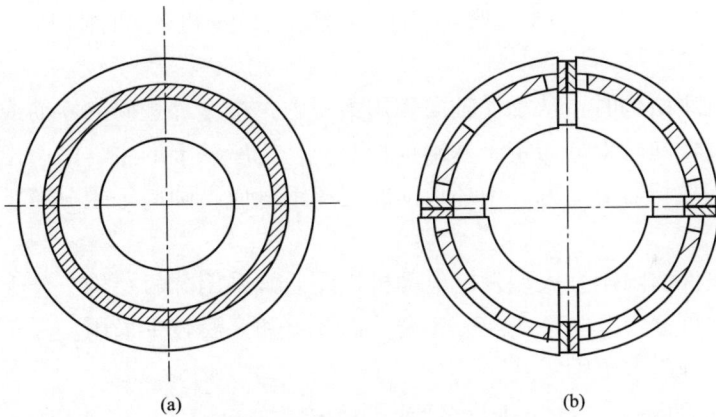

图 3-6 整体和分瓣机座示意图

（a）整体机座；（b）分瓣机座

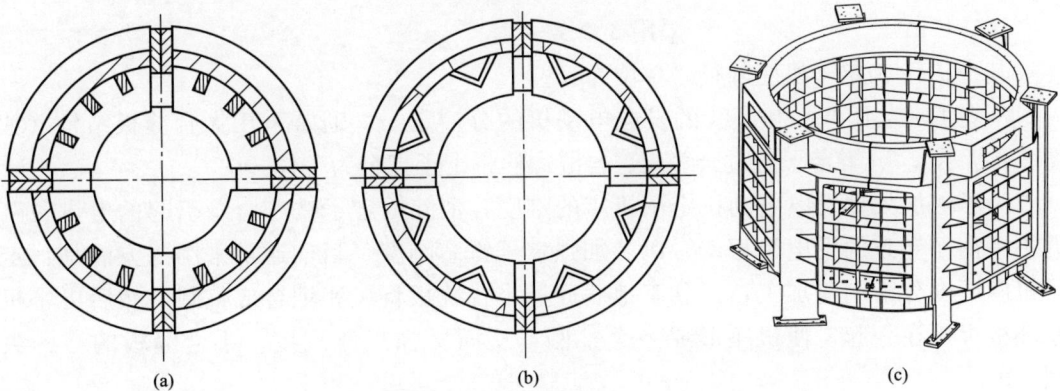

图 3-7 不同筋结构机座示意图

（a）普通立筋机座；（b）盒形筋结构；（c）斜立筋机座

（二）机座结构设计

1. 卧式电机机座

卧式电机座结构设计，首先考虑机座的径向宽度，在满足流经冷却空气需要的截面下，决定其尺寸大小。要求从铁芯通风沟流到空气冷却器的通风出口，其截面大小应该是一样的。通常，空气冷却器装在定子机座的底部，为了满足机座上部的最小刚度和方便加装内隔板去防止由于空气旋涡引起的干扰，机座在底部方向的宽度可以适当增加。同时，要求在机座底脚上的负荷和可能产生的不平衡磁拉力引起弯曲力矩增加的情况下，机座刚度仍能满足要求。

对于大型卧式机座，通常在水平方向分成两瓣。如果机座质量和尺寸受到运输限制时，也可以分成三瓣或四瓣。分瓣机座合缝处可以制成凸缘，用销钉式的螺栓把合。为了使铁芯磁路闭合，可在机座合缝处打上相应的标记，并在合缝的凸缘处外边间隙部分垫上垫片（或径向销钉），使合缝处得到一个整圆，最后用螺栓把合。

2. 立式电机机座

立式电机机座用以固定定子铁芯和支承上机架，对悬式电机还要支承推力轴承。因此，必须在机座结构上增加轴向立筋来加强机座的刚度，以满足结构的需要。

设计立式机座结构时，从承受轴向作用力考虑，机座环板间的立筋或盒型筋应与上机架支臂相对应，同时也应与定子基础板相对应。机座壁上的主、中引出线孔位置，一般不宜放在空气冷却器的上方。中环板间的支撑钢管应沿圆周等距分布，并与鸽尾筋相对应。

由于运输条件的限制，大型发电电动机机座通常采用分瓣结构。分瓣数由机座的直径来决定，通常可分为 2、3、4、6、8 瓣，而 3 瓣和 8 瓣较少采用。

定子机座的分瓣数范围：

$4\text{m} < D_j < 5.5\text{m}$	采用 2 瓣
$5.5\text{m} < D_j < 8\text{m}$	采用 2~3 瓣
$8\text{m} < D_j < 12\text{m}$	采用 3~4 瓣
$D_j > 12\text{m}$	采用 6 瓣或 8 瓣

其中，D_j 为定子机座外径，单位为 m。

不在工地装压铁芯和下线的发电电动机的分瓣定子，通常采用大合缝板结构（如图 3-8 所示）。分瓣定子通过合缝板、合缝螺栓将定子把合为一体。

为了增加大型发电电动机定子机座的刚度，消除因定子铁芯合缝引起的电机磁路的不平衡而导致的发电机振动，以及加强定子铁芯刚度，目前通常采用的方法是：定子机座厂内分瓣制造加工，运到工地后通过小合缝板将机座把合成整圆，然后再将机座环板焊接在一起，使机座形成一个整圆，从而增强机座刚度。小合缝板的结构见图 3-9。

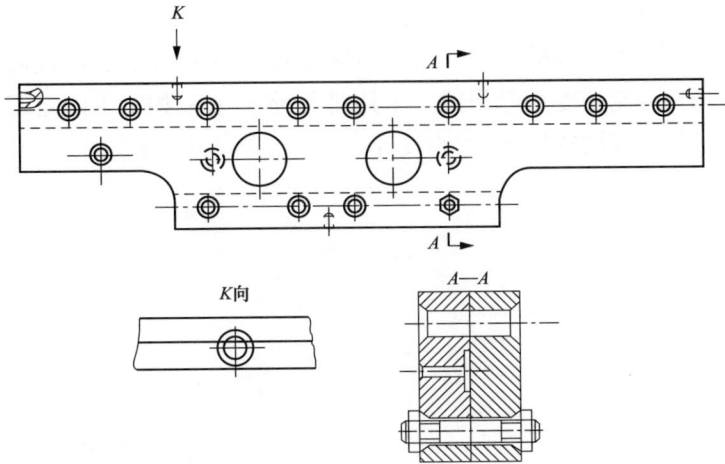

图 3-8 大合缝板

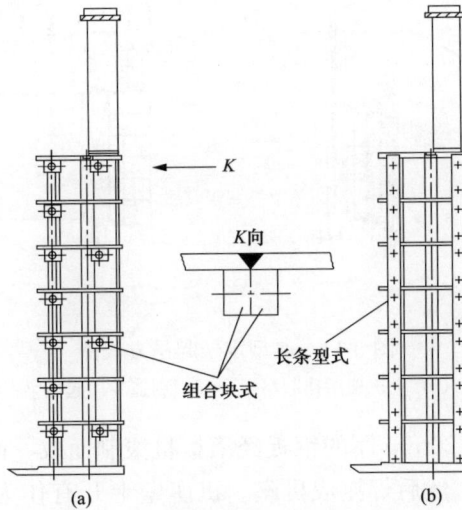

图 3-9 小合缝板

(a) 组合块式；(b) 长条型式

立筋是定子机座的主要支撑元件。机座各层环板通过立筋连接组合。通常立筋由16～20mm 厚的钢板制成。一般大型机座选用 20mm 厚的钢板，中、小型机座选用16mm 厚的钢板。立筋的类型有两种：一种是普通立筋，均匀布置在机座的圆周上和机座环板的各层间；另一种是盒型筋（如图 3-10 所示），这种结构不但有利于通风，而且对增强定子机座的刚度有着显著效果，目前在大、中型机座上被广泛采用。

一般机座设计中，要考虑方便机座制造、翻身以及定子起吊。有的定子机座设计有专门的起吊柱。对整圆机座，起吊柱布置在环间，位于冷却器窗孔处；对分瓣定子机座，起吊柱布置在靠近合缝板两侧

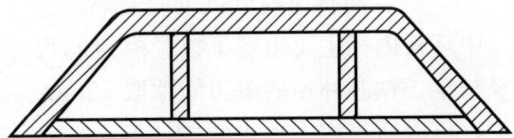

图 3-10 盒型筋结构

163

和每瓣机座中心的中环间处。图 3-11 是两种典型的发电电动机定子起吊方式图，图 3-11（a）为上机架用作起吊梁，采用起吊螺杆将上机架与定子连接起来，桥机主钩起吊；图 3-11（b）为制造专用起吊梁，采用螺栓将起吊梁和定子固定起来，平衡梁起吊。起吊方式的不同将影响定子机座的设计方案。

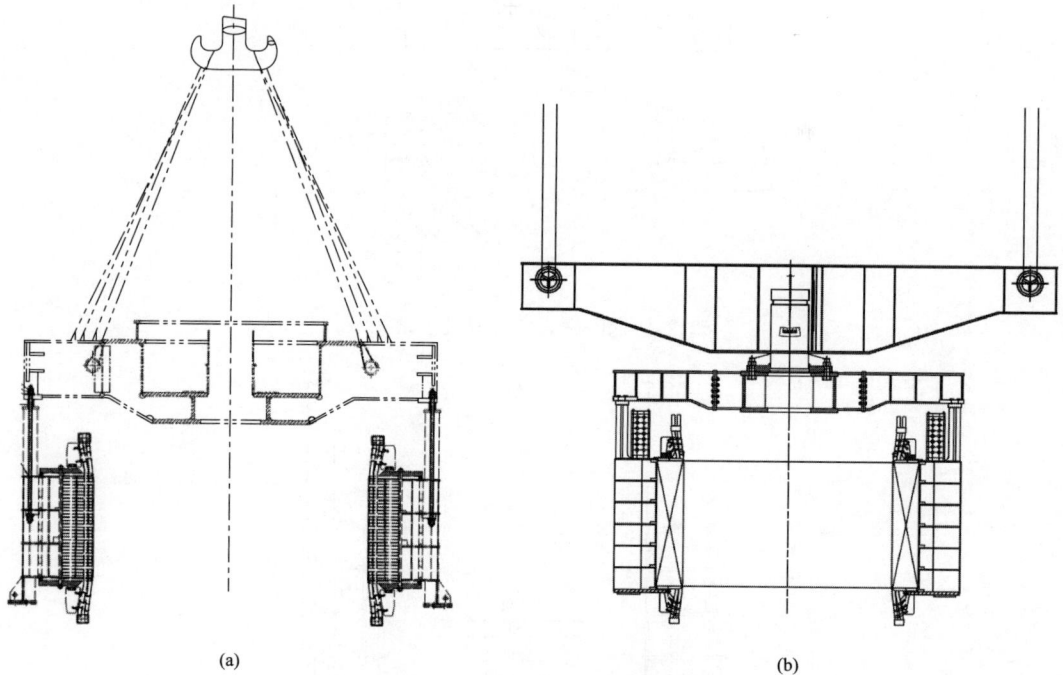

图 3-11 典型定子起吊方式图

（a）上机架用作起吊梁；（b）制造专用起吊梁

圆形机座壁常用 12～20mm 厚的钢板经滚板机滚制而成。而多边形机座壁通常下料成多边形边（允许并焊），然后焊接成机座。机座壁上开有作为空气冷却器通道的窗口及主、中性引出线的出线孔。如果是分瓣定子的机座，为了把合固定合缝的螺栓，在合缝处空气冷却器窗口的上、下方也留有窗孔，方便合缝时把合合缝螺栓，在工地合缝后，再用盖板将此孔盖好。

机座外径可以通过电磁计算中已确定的定子铁芯外径 D_a 来确定。一般用以下经验公式求得

$$D_j = k_1 D_a \text{（mm）}$$

式中　D_a——定子铁芯外径，mm；

　　　k_1——系数，可根据发电机的容量和转速关系选取，通常是 $k_1 = 1.13 \sim 1.15$，高转速发电机可取上限。

中环板内径主要由定子拉紧螺栓的尺寸决定。定子拉紧螺栓小于 M42 时，中环板内径与定子铁芯外径的单边间隙取 55mm 左右。大型水轮发电机机座中环板内径一般不加工，可以适当增大单边间隙，取 70mm 左右。中环板宽度是决定机座刚度的主要因素，应根据机座刚度进行校核和选择。

二、定子铁芯

定子铁芯是定子的重要部件，也是发电电动机磁路的主要组成部分。它由扇形片、通风槽片、定位筋、上下齿压板、拉紧螺栓及托板等零件组成。定子铁芯是用硅钢片冲成扇形片叠装于定位筋上，定位筋通过托板焊于机座环板上，并通过上、下齿压板用拉紧螺栓将铁芯压紧成整体而成，如图3-12所示。铁芯也是固定绕组部件，发电机运行时，铁芯将受到机械力、热应力及电磁力的综合作用。

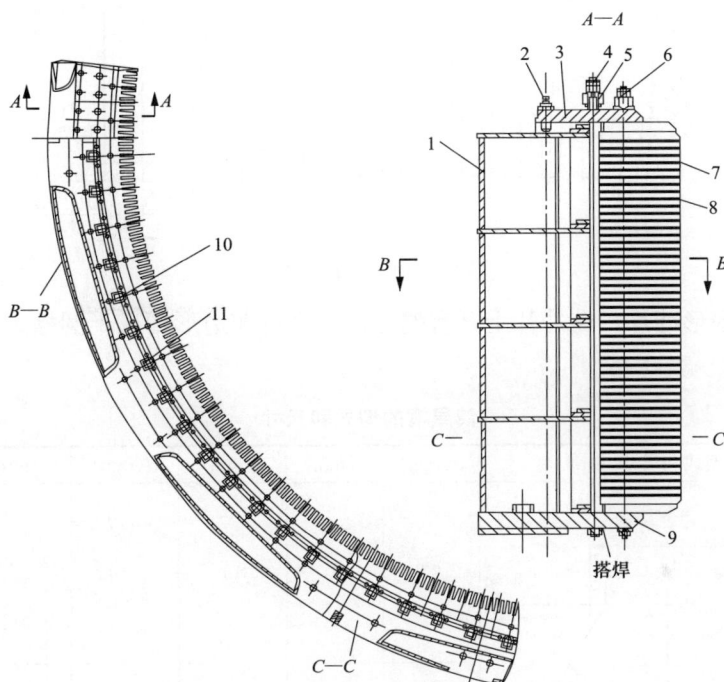

图 3-12　定子铁芯

1—定子机座；2—调整螺栓；3—上齿压板；4—拉紧螺栓；5—碟形弹簧；6—穿心螺栓；
7—通风槽片；8—扇形冲片；9—下齿压板；10—定位筋；11—托板

（一）铁芯冲片

发电电动机铁芯冲片材料，通常采用无取向冷轧硅钢片。硅钢片是一种含碳量很低的薄型钢板，为了得到可行的低磁滞损耗，在特殊控制条件下进行生产。一般纯铁不适用于交变磁场中，主要因为其电阻率小，会引起大的涡流损耗。加入硅元素后，由于硅与铁形成固溶体型合金，因而提高了电阻率。硅钢片就是利用电阻率增加和减少厚度方向引起的涡流损耗两个措施降低损耗。通常发电电动机铁芯用的硅钢片厚度为0.5mm，少数也有采用0.35mm。

目前，在电机中应用的硅钢片分冷轧和热轧两种。冷轧的硅钢片又分为有取向和无取向两种。有取向硅钢片即是各向异性，当磁通方向与轧制方向平行时，其单位损耗特别低，因此是变压器铁芯的一种理想材料，但在发电机内应用时，其范围极其有限。无取向硅钢片即是各向同性，用与各向异性硅钢片类似的方法轧制而成，在轧制质量、电气性能等方面与有取向的硅钢片相比较，具有优越性。因此，在大型发电电动机的定子铁芯冲片上采用各向同性无取向冷轧硅钢片，已成为现在普遍的做法。

大型发电电动机定子铁芯尺寸大，冲片采用扇形片，叠装成整圆。设计扇形冲片时，每张冲片上的槽数必须为整数，并使片间接缝位于槽中。为避免相邻扇形冲片边缘搭叠，接缝处应留有 0.2~0.25mm 的间隙。为防止接缝处槽底错牙损伤绕组绝缘，应将接缝处的槽底直角处冲成 30°倒角 2mm，如图 3-13 所示。

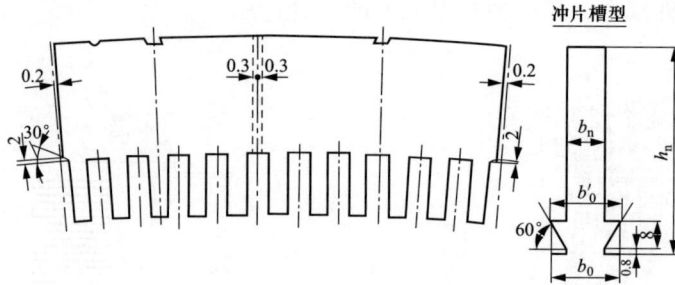

图 3-13 扇形冲片

为了装压扇形冲片，在冲片上开有鸽尾槽、平行四边形槽或半圆槽。槽的型式和尺寸可参考表 3-2~表 3-4。

表 3-2 鸽尾槽的型式和尺寸

槽的型式和尺寸	a(mm)	b(mm)	c(mm)	d(mm)	e(mm)	面积（cm²）
	27	10	19	17.8	1	2.34
	37	10	29	27.8	1	3.34

表 3-3 平行四边形槽的型式和尺寸

槽的型式和尺寸	b(mm)	e(mm)	g(mm)	k(mm)	l(mm)	m(mm)	面积（cm²）
	10	1	8.9	9.5	13.5	14.7	2.93
	10	1	13.9	14.5	18.5	19.7	3.93
	10	1	11.0	11.6	18.5	19.7	5.9

表 3-4 半圆槽的型式和尺寸

槽的型式和尺寸	螺杆直径	d(mm)	a(mm)	b(mm)	h(mm)	面积（cm²）
	21	21.3	9	16	8	3.7
	25	25.3	11	22	10	5.61
	31	31.3	14	25	12.5	8.42
	38	38.3	18	32	16	12.51
	45	45.3	21	37	19	17.97

通常每张扇形片上开有两个鸽尾槽，即每张冲片上有两根鸽尾筋，两根鸽尾筋之间的距离控制在 350~450mm。定子装压时，为了避免扇形冲片的接缝不集中在一处，造成不必要的附加气隙而影响电磁性能，在叠装冲片时需要交错叠装。为了方便叠装，通常采用 1/2 交错叠装，也可根据情况采用 1/3、1/4 和 1/5 的交错叠装方法。

由于冲头和冲模之间必须有间隙，在冲剪时模具的刃口处产生剪切和弯曲，有时冲片的毛刺最大可达 0.08mm 左右。扇形冲片在除去毛刺后进行绝缘，即将扇形冲片上涂上一层硅钢片漆，漆膜厚度一般在 0.015~0.02mm 范围内。扇形冲片的绝缘用来限制铁芯中的涡流损耗。

大、中型发电电动机定子铁芯采用径向通风冷却。在定子铁芯段设有一定数量的由通风槽片构成的通风沟。通风槽片由扇形冲片、通风槽钢及衬口环组成，如图 3-14 所示。

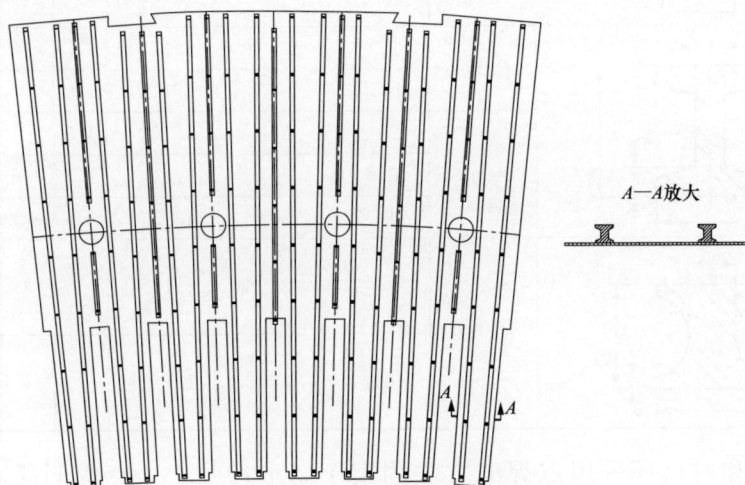

图 3-14 定子铁芯通风槽片

通风槽片用的扇形冲片材料可采用 0.65mm 厚的酸洗钢板或硅钢片本体，但注意用于通风槽片的硅钢片表面不预涂漆膜，否则会影响通风槽钢的焊接。钢板表面要求平整、光滑、不得有氧化膜或其他污迹。通风槽片在点焊通风槽钢时，齿部易产生变形致使碰上定子绕组。因此，通风槽片的槽型需要扩孔，以避免损伤绕组。一般槽型扩孔在直径方向增加 2mm，槽宽方向也增加 2mm 左右。通风槽片在齿部槽楔部分的尺寸，通常依据比例图来选取，倒角也为 60°，选取尺寸的原则是通风槽片在槽口部分不碰槽楔。

通风槽钢是形成定子通风沟的主要零件。目前采用的通风槽钢高度规格有 4mm、5mm、6mm、8mm 和 10mm 等，材料为非磁性钢。通风槽钢表面要求光滑，没有纵向擦伤、裂缝、毛刺和其他外部缺陷；钢条必须平直，无论是侧面或水平面都不允许有波浪形弯曲；钢条上不允许有氧化膜妨碍点焊；每米长度内钢条绕纵轴扭转角度不允许大于 5°。

过去中、小型电机通风槽钢常用的材料为低碳钢。近年来，在大、中型电机中，特别是内冷电机，电磁负荷越来越高，端部漏磁通和电枢电流在绕组边中产生的漏磁通，使通风槽钢中存在着相当大的漏磁通。尤其是当齿部的磁通密度很高（$B_t > 1.5T$）时，在冲片齿部的通风槽钢对磁通形成相当大的分支路，造成通风槽钢内损耗增加和发热。采用非磁性的合金钢作为通风槽钢，对减少损耗将起到很大的作用。所以，一些电磁负荷较高的发电电动机，都采用非磁性的合金钢作为通风槽钢。表 3-5 为通风槽钢型式和尺寸。

表 3-5　　　　　　　　　　　　通风槽钢型式和尺寸

序号	截面形状	尺寸（mm）						断面系数（mm³）
		a	b	c	d	e	R	
1		4 ± 0.3	$4_{-0.1}^{0}$					0.0107
			$6_{-0.1}^{0}$					0.024
			$8_{-0.1}^{0}$					0.0427
			$10_{-0.1}^{0}$					0.0667
2		4 ± 0.3	$8_{-0.1}^{0}$	$1.5_{0}^{+0.3}$	$1.1_{-0.1}^{+0.2}$		1.5	0.0314
			$10_{-0.1}^{0}$	$1.5_{0}^{+0.3}$	$1.1_{-0.1}^{+0.2}$		1.5	0.0053
		6 ± 0.3	$6_{-0.1}^{0}$	$2_{0}^{+0.3}$	$1.1_{-0.1}^{+0.2}$		1.5	0.033
			$8_{-0.1}^{0}$	$2_{0}^{+0.3}$	$1.1_{-0.1}^{+0.2}$		1.5	0.007
			$10_{-0.1}^{0}$	$2_{0}^{+0.3}$	$1.1_{-0.1}^{+0.2}$		1.5	0.0684
3		8 ± 0.5	$8_{-0.1}^{0}$	$2_{0}^{+0.3}$	$1.1_{-0.1}^{+0.2}$		3	0.0701
			$10_{-0.1}^{0}$	$2_{0}^{+0.3}$	$1.1_{-0.1}^{+0.2}$		4	0.108

通风槽钢和衬口环采用点焊的方法固定于扇形冲片上，点焊间距一般在 50～60mm 为宜。衬口环位于扇形冲片的鸽尾槽处，点焊 3 点。点焊通风槽钢和衬口环后，在通风槽钢表面喷铁红醇酸底漆和浅灰色硝基内用磁漆各一层，或按专门规范喷漆。

（二）铁芯固定

扇形冲片通过定位筋、拉紧螺栓、齿压板等零件固定在机座上。铁芯固定的几种结

168

构如下：

图 3-15（a）所示结构，为压力通过拉紧螺栓加到铁芯两端的压板上，再将齿压片加到铁芯上，固定定子铁芯。拉紧螺栓位于定子铁芯背部与定位筋间隔，并在同一圆周上。

图 3-15（b）所示结构，是采用在定位筋上加工螺孔，铁芯压紧时是用一组螺栓拧入在定位筋上的螺孔内，以代替在铁芯背后的拉紧螺栓。

图 3-15（c）所示结构，是将定位筋穿过压板，并将伸出部分车圆，加工出螺纹，使其成为受拉杆件。加压时，通过压板（齿压片）将压力传到铁芯上，固定铁芯。

图 3-15（d）所示结构，是将绝缘的拉紧螺栓穿过定子扇形冲片径向宽度（轭部）中间的孔，然后把紧螺栓，将铁芯压紧并固定铁芯。

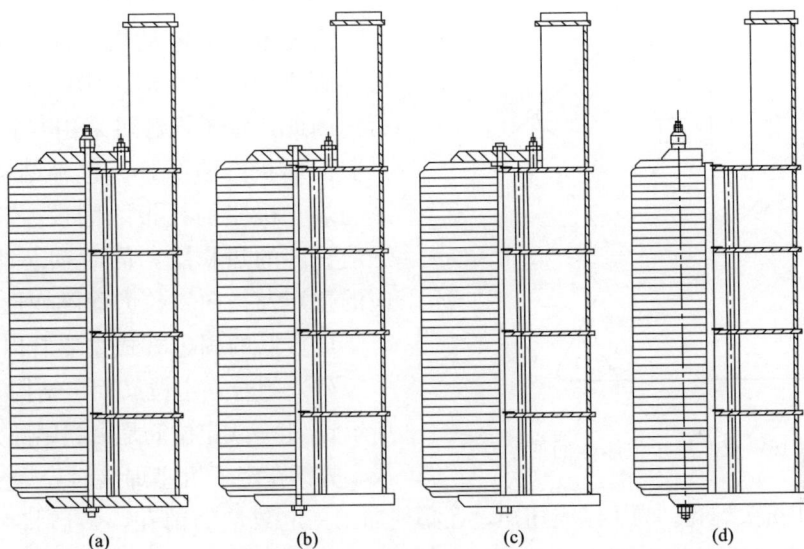

图 3-15 铁芯和机座固定结构

（a）拉紧螺杆固定；（b）螺钉拧入定位筋螺孔内固定；（c）定位筋加工螺纹固定；（d）穿心螺杆固定

固定铁芯所用主要零件有拉紧螺栓、定位筋、托板、齿压板、调节螺栓、固定片和碟形弹簧等。

拉紧螺栓是铁芯压紧和固定的重要部件。在结构布置上，通常采用定位筋、拉紧螺栓分开布置的结构如图 3-15（a）、（d）所示。也有采用定位筋合为一体的结构，将定位筋伸长一段加工成圆形，车出螺纹，作拉紧螺栓用，如图 3-15（b）、（c）所示。

采用穿心拉紧螺栓也是铁芯固定的一种方式，如图 3-15（d）。穿心拉紧螺栓通常采用高强度冷拉圆钢，并要求绝缘或加装绝缘套管，以防止引起定子铁芯冲片的短路。

定位筋通常用方钢加工而成，因其形状像鸽尾，故又称为鸽尾筋，也有采用螺杆的。定位筋主要的功能是固定扇形冲片，通常在扇形冲片弦长 700～800mm 的范围内布置两根定位筋。常用的定位筋主要尺寸见表 3-6。定位筋的长度一般比定子铁芯长度长 60～80mm。

表 3-6 常用定位筋尺寸

	尺寸（mm）					
a_1	a_2	b_1	b_2	h_1	h_2
26 ± 0.2	$28.7^{-0.28}_{0}$	16	50	50	$11^{-0.1}_{0}$
36 ± 0.2	$38.7^{-0.28}_{0}$	26	65	65	$11^{-0.1}_{0}$

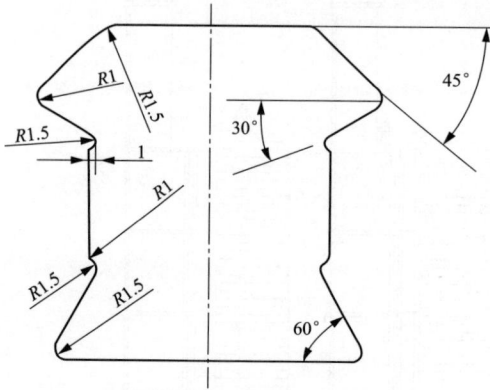

图 3-16 双鸽尾定位筋截面形状

大容量发电电动机可能会出现定子铁芯热膨胀而翘曲变形，影响机组的安全运行。因此，定子铁芯可采用双鸽尾定位筋，其截面形状见图 3-16。这种结构在定子铁芯与焊于机座的托板之间设一定间隙，以适应铁芯的热膨胀，同时铁芯能够承受相应的扭矩及径向磁拉力而不变形。

定位筋的固定方式主要有以下几种。

（1）组合式定位筋固定结构（如图 3-17 所示）。组合式定位筋是由鸽尾部分和方钢组成。方钢在定子机座焊接时先焊于机座筋板上，然后加工沉头螺孔。为了承受扭矩，还必须加工一定数量的销孔，最后将鸽尾部分用沉头螺栓把合在机座的方钢上［如图 3-17（a）所示］，同时打上销钉［如图 3-17（b）所示］。

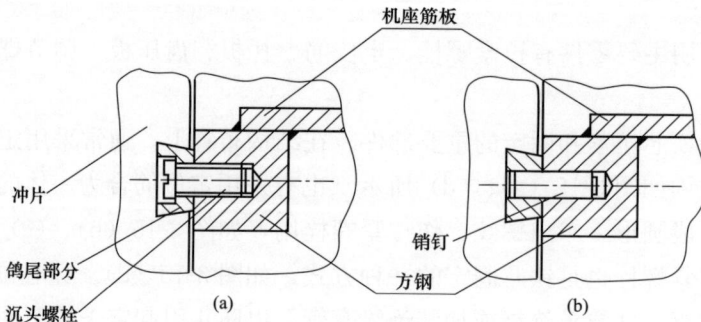

图 3-17 组合式定位筋固定
（a）将鸽尾部分合于方钢上；（b）打上销钉

（2）大型发电电动机定位筋的固定采用焊接式。一般先将定位筋与托板焊接在一起，然后再将托板焊于定子机座上（如图 3-18 所示）。

（3）双鸽尾定位筋的固定方式（如图 3-19 所示）。这种定位筋的固定一般先叠一段铁芯（约 50mm），然后将短鸽尾筋（工具筋）插入，把托板套入定位筋，并在定位筋与托板之间插入钢楔板楔紧，使托板和定位筋两边贴紧。在定位筋与铁芯之间加入垫片，经检查合格后换上正式定位筋，进行叠片。在铁芯叠压过程中逐个将托板套入定位筋，并与机座焊接。

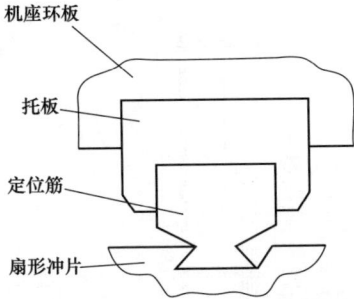

图 3-18　普通定位筋固定

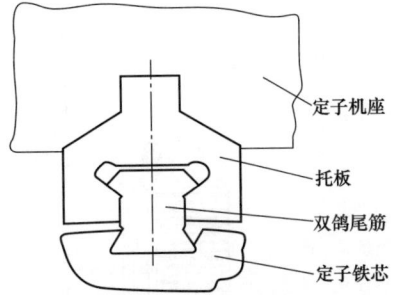

图 3-19　双鸽尾定位筋固定

托板是用于固定定位筋的部件。通常用 16mm 厚钢板制成，如图 3-20 所示。托板设计应根据托板的焊缝应力大小决定其尺寸。对在厂内进行装压铁芯和下线的分瓣电动机机座，在合缝处的托板尺寸需根据其结构布置的可能，确定托板的大小。

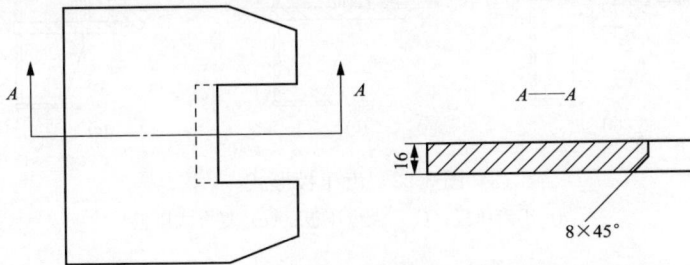

图 3-20　托板

齿压板由压板和齿压片组成，见图 3-21，是固定铁芯的主要零件。铁芯的轴向压紧力是通过齿压板及拧紧螺母和拉紧螺栓而产生并维持的。

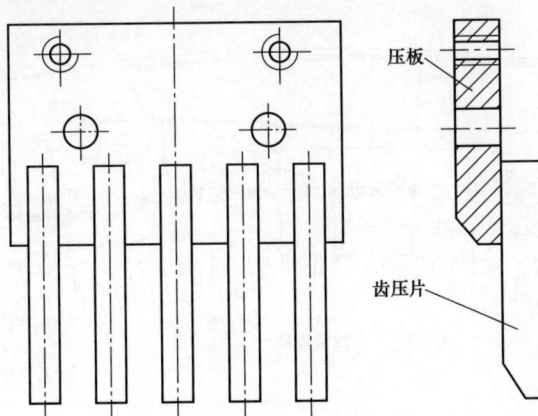

图 3-21　齿压板

齿压板分小齿压板和大齿压板两种结构。小齿压板结构如图 3-22（a）所示。大、中型发电电动机定子铁芯上端一般采用小齿压板，而下端采用与定子机座连成一体的大齿压板结构，如图 3-22（b）所示。这种结构可以方便定子铁芯装压和提高铁芯装压质量，并能增强机座的刚度。近年来，为了便于铁芯装压和防止铁芯松动，采用由大齿压板和小齿压板组成的复合式压板，如图 3-22（c）所示。

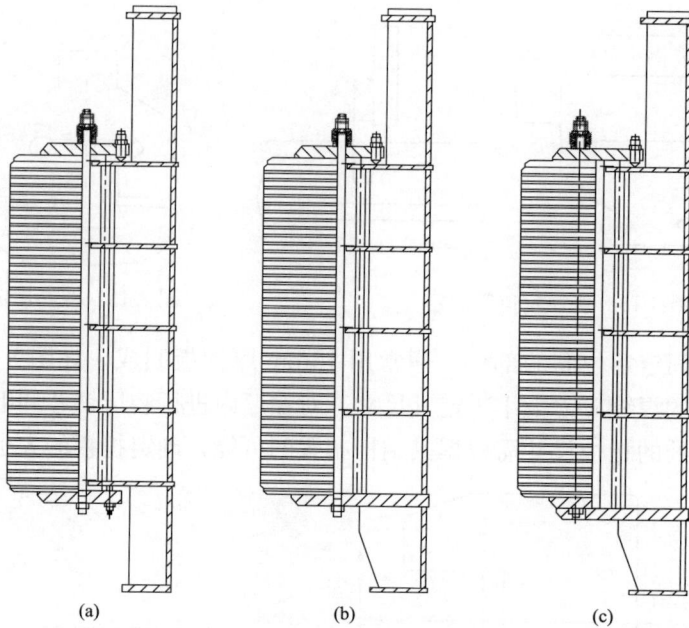

(a)　　　　　　　　(b)　　　　　　　　(c)

图 3-22　齿压板形式

（a）小齿压板；（b）大齿压板；（c）复合式压板

发电电动机的压板材料一般都是采用普通钢板，压板的厚度根据机械计算结果确定。压板上的孔应比拉紧螺栓直径大 4～5mm，螺孔的布置按冲片上定位筋的布置决定。通常在每根定位筋处布置两根拉紧螺杆，如图 3-23 所示。

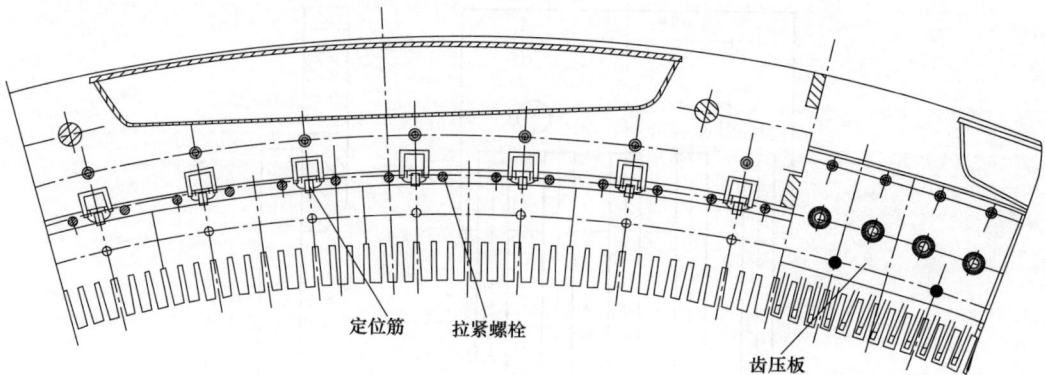

定位筋　拉紧螺栓　　　　　　　　齿压板

图 3-23　定位筋、拉紧螺栓及齿压板结构布置

齿压片是焊于压板上起压紧铁芯作用的零件。焊接时，应保持齿压片位置准确。齿压片采用非磁性材料。

三、定子绕组

定子绕组是构成发电机的主要部件，属于发电机的导电元件，也是发电机产生电磁作用必不可少的零件。

定子绕组构成原则具体如下：

（1）合成电动势和合成磁动势的波形要求接近于正弦，数量上力求获得较大的基波电动势和基波磁动势。

（2）对三相绕组，要求各相的电动势和磁动势对称，绕组的电阻、电抗要求平衡。

（3）绕组结构要求简单、省铜，绕组铜耗要小。

（4）绕组绝缘要可靠，机械强度、散热条件要好，制造简单、方便。

（一）定子绕组型式及选择

绕组型式可按电机相数、绕组层数、每极每相所占槽数和绕法来分类。

按电机相数划分，分为单相绕组和多相绕组；按槽内绕组层数划分，分为单层绕组和双层绕组；按绕组每极每相所占槽数 q 等于整数或分数划分，分为整数槽绕组和分数槽绕组；按绕组的制作和绕法划分，分为多匝圈式叠绕组和单匝条式波绕组。大型发电机电动机的定子绕组大多为三相、双层单匝条式波绕组或条式叠绕组。下面对绕组型式做简单介绍。

1. 多匝圈式叠绕组

圈式叠绕组绕制时，相邻的两个串联绕组中，后一个绕组都是紧"叠"在前一个的上面。在叠绕组中，每一个极相组内部的绕组是依次串联的。不同磁极下的各个极相组之间，视具体需要既可接成串联亦可接成并联。一般圈式叠绕组结构如图 3-24 所示。

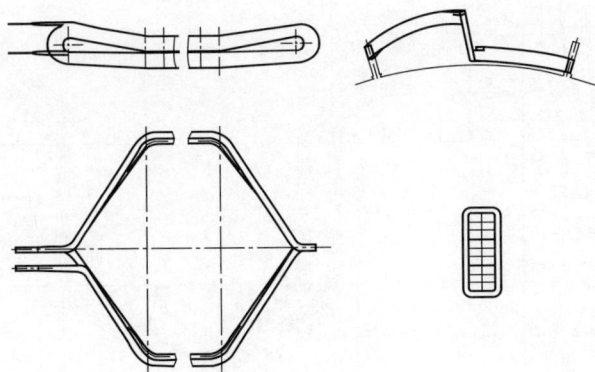

图 3-24　定子叠绕组

圈式叠绕组的最大设计特点是：其绕组匝数和电机的槽数比较容易调整，从而获得一个比较适宜的槽电流和电负荷。此种绕组端部接线的焊接量小，通常采用短节距

（绕组节距比为 0.85 左右），以改善电压波形，但绕组之间和极间连接线较多，这些连接线的全部长度往往超过定子铁芯外径圆周长的三倍左右。圈式叠绕组适用于小容量电机。

2. 单匝条式波绕组

对于多极、支路导线截面较大的水轮发电机，为节约极间连接线用铜量，常采用条式波绕组。波绕组的特点是：两个相连接的绕组呈波浪形前进，如图 3-25 所示。

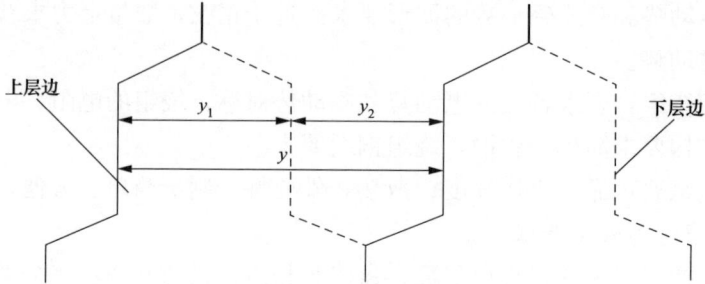

图 3-25 波绕组节距

相串联的两个绕组其对应绕组边，即上层绕组边与上层绕组边之间的距离，通常称为合成节距，用 y 表示，如图 3-25 所示。

条式波绕组的匝间绝缘可靠，端部连接线少，股线的直线部分还可以编织换位，以减少循环电流引起的附加损耗，而且嵌装方便，被广泛应用于中、大型容量的发电电动机上。单匝条式波绕组如图 3-26 所示。

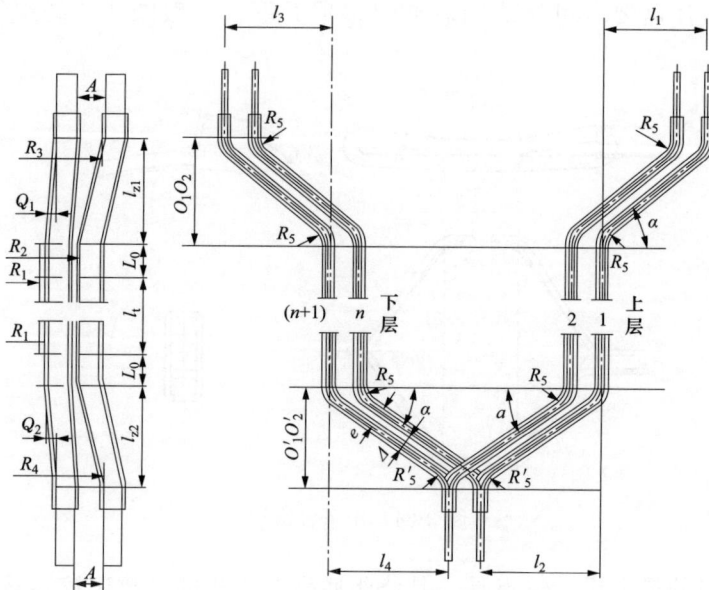

图 3-26 定子单匝条式波绕组

3. 单匝条式叠绕组

采用单匝条式叠绕组，定子绕组各支路独立分布在周向的某个区域，在转子存在偏心时，靠近转子的支路绕组将感应较高的电势；远离转子的支路绕组将感应较低的电势。各个支路感应的电势的微小差别，将使支路间产生微小的环流。这种微小的环流恰恰可以抵消一部分气隙不匀所引起的磁拉力，降低电机的电磁刚度，从而抑制和阻止转子的进一步偏心。因此，采用集中布置的定子绕组可减少发电机各部分的摆度值、增加机组动态稳定性。其线棒形式如图 3-27 所示。

4. 绕组型式选择

（1）多匝圈式绕组在选择定子绕组匝数和电机的槽数时，比条式波绕组具有较大的灵活性。

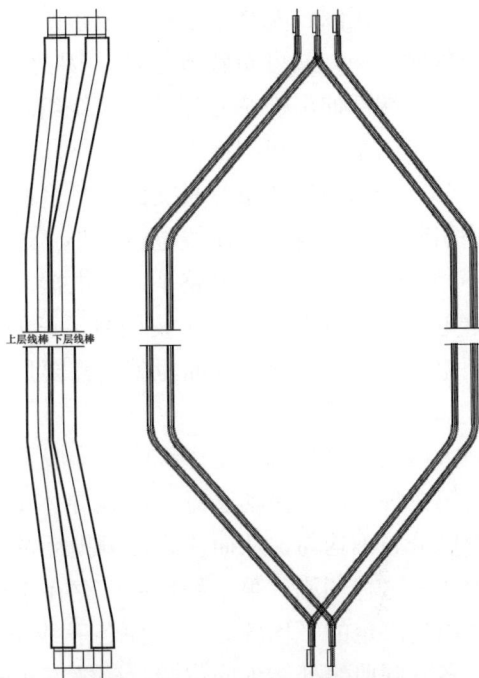

上层线棒　下层线棒

图 3-27　定子单匝条式叠绕组

（2）多匝圈式叠绕组的绕组一般用张形机加工，因此绕组的加工要受到张形机设备能力的限制。而条式波绕组的绕组采用手工制成单根线棒，所以不受这种限制。但是用机械制造的多匝圈式叠绕组，比手工制造的单匝波绕组在制造成本上要便宜。选择时，需视具体情况而定。

（3）多匝圈式绕组下线时，在下层绕组边嵌入槽内后要弯曲上层绕组边。为了保证进行这种弯曲时，不致损坏绕组边出槽口处的绝缘，要求绝缘要有一定的柔韧性。对大截面、节矩较短的绕组危险更大，尤其在运行过程中更换烧坏的绕组时，也会出现这种情况。如果采用条式波绕组，下层线棒和上层线棒分别下入槽内时就不需要弯曲。

（4）条式波绕组需要用并头套将每一对线棒前后端钎焊起来，使线棒串联为绕组。采用多匝圈式叠绕组时，不需要这样钎焊，因此造价更低。

（5）多匝圈式叠绕组除对地主绝缘外，还要将每匝进行绝缘，形成足够的介电强度，以承受因线路切换或雷击引起的冲击波的冲击。这种匝间绝缘会降低槽深方向的空间利用系数。对于单匝条式波绕组，当每槽有 2 根有效线棒时，匝间绝缘的厚度自然比对地绝缘大一倍，因此不需要采取预防冲击波的特殊措施。

（6）绕组的截面较宽时，为了防止涡流效应过大，需考虑将每个有效线匝中的单根股线换位。而对于多匝圈式叠绕组，若每个绕组的匝数大于 3，绕组鼻端 180°。扭转就形成了自然换位，可使循环涡流损耗限制到可以允许的值。若匝数为 2 或 3，将绕组的一匝进行半罗贝尔换位，也可有效地减小循环涡流损耗。单匝条式波绕组由于端部没有换位，主要靠线棒槽部采用罗贝尔换位以消除其循环涡流损耗。

（7）多匝圈式叠绕组总被制成短距绕组。对于单匝条式波绕组，当 q 为分数时，既可布置成长距，又可布置成短距。因此，可灵活选择节距而不改变绕组端部的总用铜量。绕组端部伸出铁芯的部分，波绕组较叠绕组长，但是波绕组的端部连接线少，长出的部分可以基本上得到抵消。

（8）若每相有两条并联支路，且多匝圈式绕组的匝间绝缘损坏，则将在两条并联支路中引起循环电流，并使线电流减小。通常将两条支路末端引出，并装上两条支路的电压不相等时即能动作的电路平衡继电器，以弥补上述不足，而且必须每相中都接入这样的继电器。但对于单匝条式波绕组，正如（5）所述，采用这种波绕组时，不可能出现匝间绝缘损坏的情况，因而也就不需要这样的继电器。

（二）定子线棒换位

大型发电电动机的定子绕组由多股导线组成。实践证明，在这种绕组中存在两种环流。第一种环流，流动于每一股线导体中，产生集肤效应（挤流），使导体内的各点电流密度分布不均匀，从而使附加铜损耗及交流电阻增加。如果采用较薄的股线，实际上就解决了这种环流。第二种环流，存在于任意两根股线所组成的回路之中，它叠加在由负载电流决定的平均值之上，使各股线电流呈现不均匀现象。第二种环流出现的原因是：各并联股线处在不同位置，磁链不相同，因而产生的电势也就不同，因此在各股线回路中形成了电势差，出现了环流。计算表明，如果没有采取专门的措施，它可能比第一种环流要大得多（因为回路中限制环流的阻尼很小）。这种环流，既增加了定子附加铜损耗，又使股线出现过热点，将直接危害绕组绝缘寿命，限制电动机出力的提高。为了消除或减少环流所引起的损耗，通常电机绕组采用不同方式的换位，实践证明这是行之有效的方法。

大型发电电动机定子绕组通常都采用单匝条式线棒。线棒是由许多并联的股线组成，一般股线都选用厚度较薄的铜带，目的是将股线中的挤流附加损耗降低到可以接受的范围内。从条式线棒结构可知，这些并联的股线在线棒的两端连接处是焊在一起的。如果一根线棒有 N 根股线，相当于两端并头套（连接处）间有 N 条并联支路，故这些并联股线（支路）的端部处于十分复杂的端部漏磁场之中。由于各并联股线在端部处在不同的位置，它们的磁链也不尽相同，所以每根股线内就不可能感应出相同的电势，就此在各并联的股线（支路）间不可避免地出现了循环电流及其损耗。

为了减少这种环流损耗，必须给这些并联股线（支路）以某种方式的换位。显然，理想的换位是使并联的股线（支路）能机会均等地经过槽部及端部漏磁场的每一物理位置。这样，各并联股线（支路）就具有相同的漏磁电势，因而消除了环流及其损耗。但是这样的股线换位实际上是做不到的，在结构以及工艺上均无法实现。近年来，对单匝条式线棒的换位进行了大量的研究工作，并取得了较大成果。目前，单匝条式线棒的换位方式主要有以下三种。

1. 0°/360°/0°正常罗贝尔（Roebel）线棒换位

0°/360°/0°换位广泛应用于大型电机的绕组中，也被称为罗贝尔（Roebel）线棒换位。Roebel 线棒换位方式是 1912 年 BBC 公司的工程师 Ludwig Roebel 首先发明的，典型的 Roebel 线棒见图 3-28。

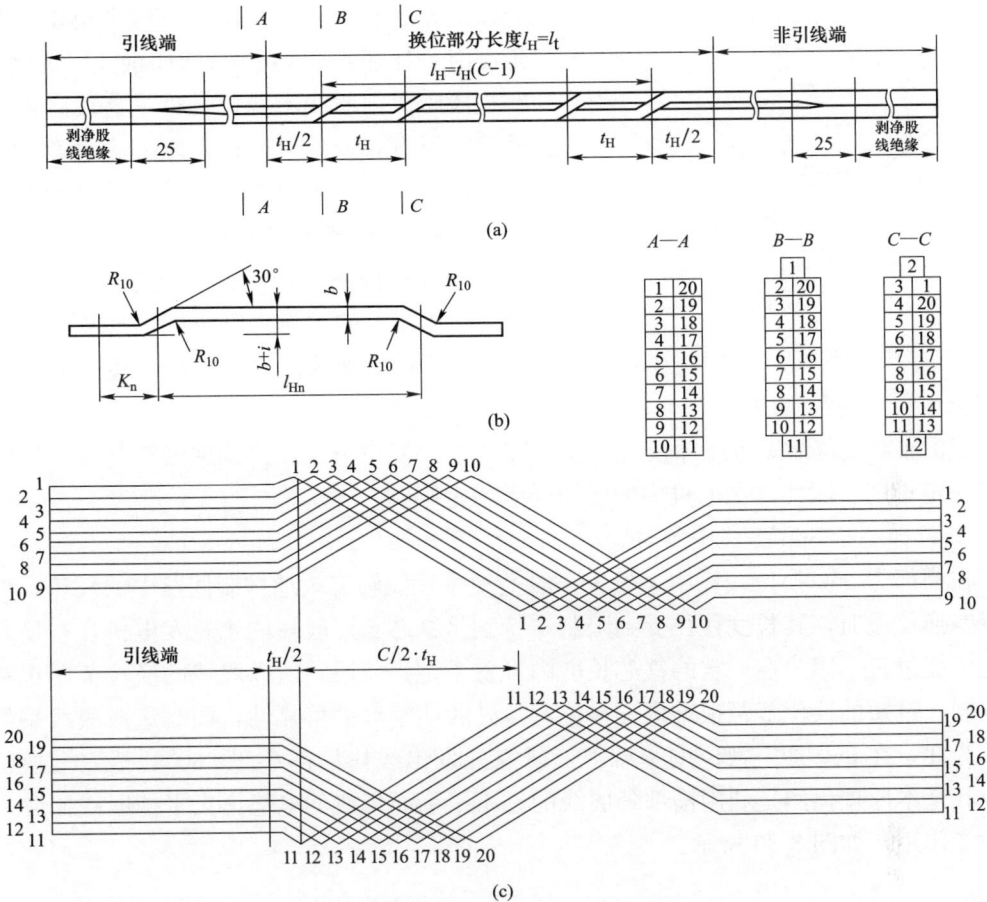

图 3-28 典型的 Roebel 线棒换位

（a）两排导线编织在一起；（b）单根导线换位压弯；（c）导线股数 $C=20$ 时导线的换位编织示意图

$0°/360°/0°$ 换位的主要特点是：线棒的股线在定子铁芯全长度上进行换位，而线棒的端部（上、下端部）不进行换位。$0°/360°/0°$ 换位的 Roebel 线棒的任意一对股线所组成的回路中，由于各股线在槽部均匀平衡地换位，使横向磁场感应的电势和径向磁场感应的电势在槽底部的合成值均为 0。然而，横向磁场与径向磁场在线棒两个端部的感应电势均未能抵消，因此将在股线间形成相应的环流。这种环流也是线棒股线间产生温差的根本原因。根据对多台水轮发电机定子线棒带电测试铜股线温度的结果可知，铜股线间的温差较大，最高温差达 30～40℃，严重影响绝缘寿命和限制发电机的出力。

多年来，为了消除 Roebel 线棒中的温度分布不均匀现象，对此种换位方式做了更深一步的分析研究和电站实测。经分析，要消除 Roebel 线棒中的温度分布不均现象，必须设法抵消线棒中由端部磁场引起的股线环流及其损耗。为此，展开了条式线棒其他换位方式的研究。

177

2. 360°加空换位

在 0°/360°/0°正常换位中,在槽部设置一个空换位段,如图 3-29 所示。也就是说,

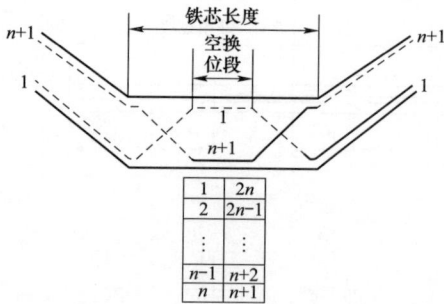

图 3-29　360°加空换位

线棒从左到右进行全换位的过程中换位到某一角度时,让股线保持该角度向前走一段距离,在这段距离内股线不换位,过了这段距离后再继续按原方式换位。这样,原来磁平衡的槽部全部换位,产生人为不平衡,就是利用这一不平衡来抵消端部磁场在股线间产生的环流电势。环流被抑制,从而使股线电流趋于均匀。但由于相位上的差异,完全抵消环流是不可能的,只能正确地选择空换位段长度,将剩余电势控制在最小的范围内。

360°加空换位缩短了线棒换位长度,即减小了换位节距,给制造线棒与编织股线带来了一定难度。因此,在电机中的应用受到一定限制。

3. 槽部小于 360°不完全换位

在槽部为 360°换位线棒中,设置一段空换位段能够有效地抑制回路中的环流。但在设置空换位段时,其长度往往受到限制,特别是铁芯长度较短的水轮发电机,空换位段长度不能过长。因为在一定的铁芯长度内设置了空换位段,所以股线的换位节距也将受到限制。过短的换位节距很难保证换位弯角处股线绝缘的可靠性,同时造成股线编织困难。为此,在 360°加空换位的基础上,研究开发出线棒槽部小于 360°的不完全换位方式。其基本原理仍然是利用槽部各股线的磁不平衡而形成的电势,去平衡股线回路中端部磁场作用,如图 3-30 所示。

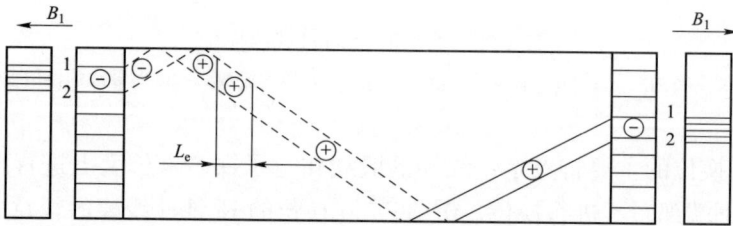

图 3-30　槽部小于 360°不完全换位

采用小于 360°不完全换位,换位节距比 0°/360°/0°正常换位节距增大,股线编织容易,有利于确保换位弯角处股线的绝缘质量。

⚙ 第三节　转　　　子

发电电动机转子是由转轴、转子支架、磁轭和磁极等部件组成,如图 3-31 所示。转子的设计制造和安装质量等是影响机组安全稳定运行的重要因素。因此,转子结构设

计应满足下列要求：

（1）有足够的刚强度，在任何工况下有足够的安全系数，不得失去稳定，并在飞逸转速时不发生有害变形。

（2）紧固件连接牢靠，有良好的电磁性能及通风结构。

（3）根据水泵水轮机调保计算，保证计算所要求的转动惯量。

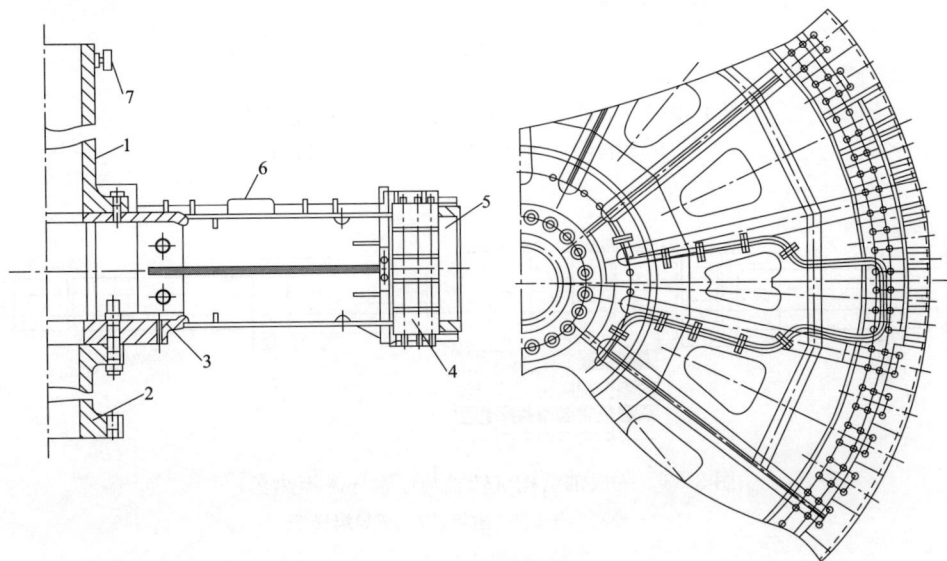

图 3-31 转子典型结构

1—上端轴；2—下端轴（主轴）；3—转子支架；4—磁轭；5—磁极；6—转子引线；7—集电环

一、转轴

转轴承受机组转动部分的质量和水推力产生的拉应力、转矩产生的剪应力和单边磁拉力引起的弯曲应力。转轴设计应满足下列要求：

（1）具有足够的强度，在额定负荷（最大负荷）和突然短路等工况下，转轴任何一部分不能有残余变形和损坏。

（2）具有足够的刚度，其挠度必须在规定的范围内。

（3）机组轴系的临界转速不低于飞逸转速的120%，以防发生共振。

转轴形式分为一根轴和分段轴结构，通常根据发电电动机的容量和转速、机组结构型式进行选择。

高转速、大容量悬式发电机一般选择一根轴结构，其上部装有推力头和上导滑转子。目前广泛使用的一根轴结构有以下几种型式：

（1）转轴与转子支架轮毂热套在一起。通过轴与轮毂的配合紧量或紧量与键传递扭矩，如图 3-32 所示。

（2）转轴与厚钢环磁轭热套在一起，采用轴与磁轭之间的紧量与键传递扭矩，见图 3-33。

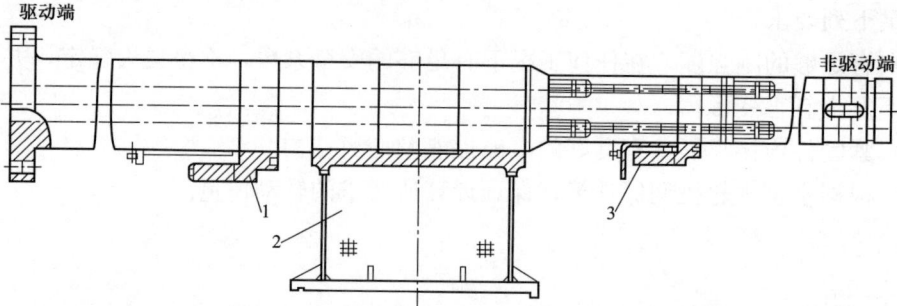

图 3-32 一根轴结构（转轴与转子支架轮毂热套）

1—下导滑转子；2—转子支架；3—上导滑转子

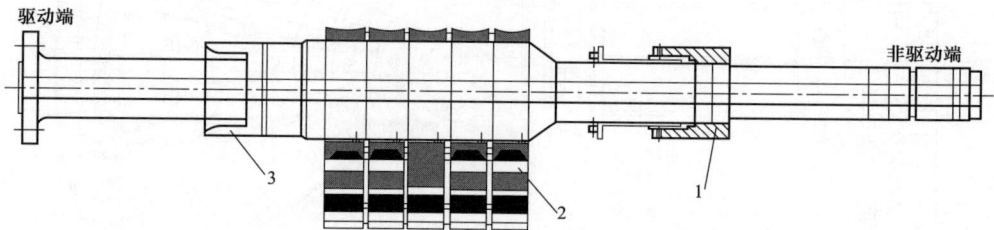

图 3-33 一根轴结构（转轴与厚钢环磁轭热套）

1—上导滑转子；2—磁轭；3—下导滑转子

（3）磁轭与转轴锻成一体的结构，如图 3-34 所示。

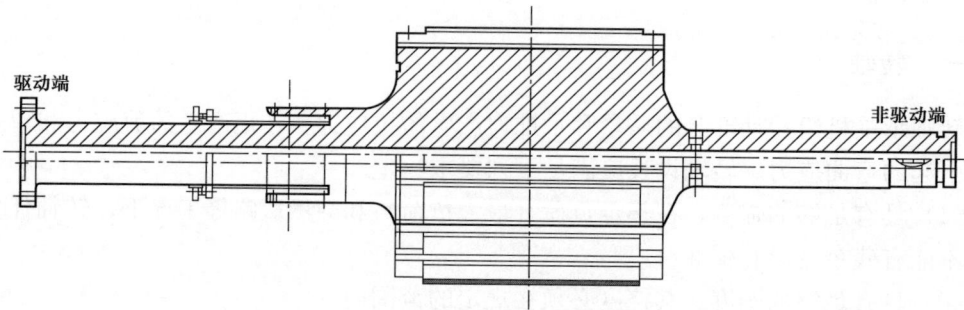

图 3-34 一根轴结构（磁轭与转轴锻成一体）

（4）为避免磁轭与转轴锻成一体引起加工和竖轴困难，可在轴上焊接或加工出支架，然后热套磁轭。因高应力区分布在磁极与磁轭的连接处，转轴可选用一般材质，而磁轭圈应选用高强度材质，如图 3-35 所示。

大容量伞式发电电动机多采用分段轴结构。分段轴由上端轴、转子支架中心体和下端轴组成。上端轴下法兰与转子支架中心体通过螺栓连接，如图 3-36 所示。

下端轴上法兰与转子支架中心体连接，下法兰与水轮机轴连接。如厂房内起吊高程和结构布置允许，下端轴可与水轮机轴合为一体，如图 3-37 所示。

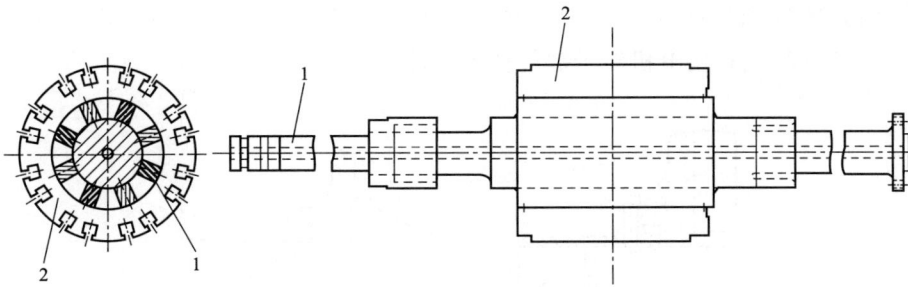

图 3-35 一根轴结构（转轴焊接支架）
1—转轴；2—磁轭

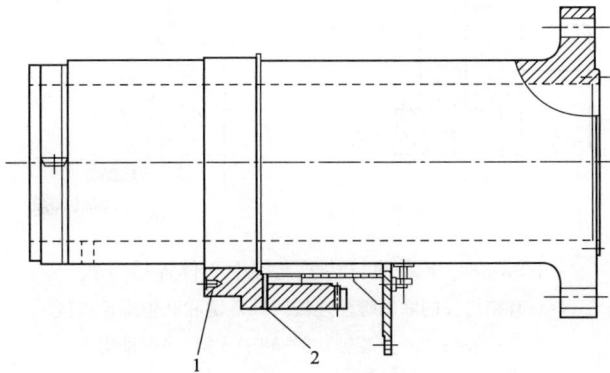

图 3-36 上端轴
1—转轴；2—滑转子

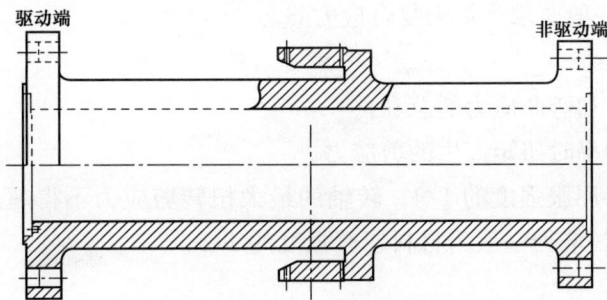

图 3-37 下端轴

下端轴与转子支架中心体的连接方式为：

（1）采用有销钉段的联轴螺栓连接，推力头用螺栓固定在转子支架中心体下圆盘上，如图 3-38（a）所示。

（2）采用键和联轴螺栓连接，推力头热套在下端轴上，如图 3-38（b）所示。

转轴通常采用锻钢 20SiMn、18MnMoNb 等，锻钢应符合 JB/T 1270《水轮机、水轮机发电机大轴锻件 技术条件》，并按该技术条件进行探伤检查。转轴锻件一般采用整锻结构，大容量发电电动机也可采用分段锻造再组焊结构。高转速电机的转轴也可采用高强度锻钢 34CrNilMo、34CrNi3Mo、25CrNi3MoV 等，锻钢应符合 JB/T 1267《50MW～200MW 汽轮发电机转子锻件技术条件》。

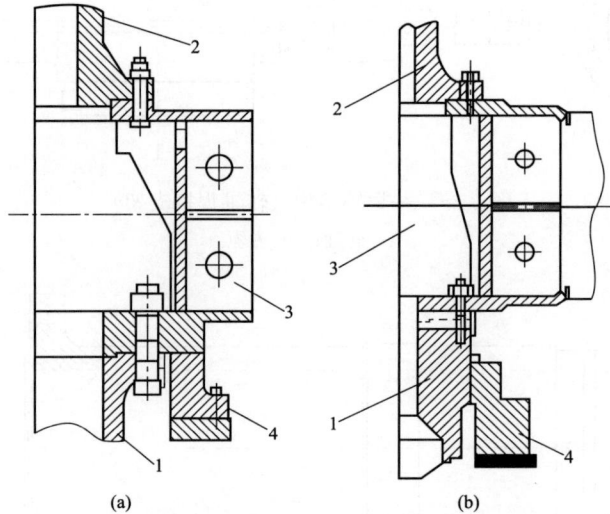

图 3-38 下端轴与转子支架中心体连接方式

（a）有销钉段的联轴螺栓连接；（b）键和联轴螺栓连接

1—下端轴；2—上端轴；3—转子支架；4—推力头

转轴所承受的主要载荷有：额定转矩、机组转动部分质量和水推力产生的轴向力、单边磁拉力及转子机械不平衡力等。对于转轴与轮毂热套结构，还承受径向配合力。

转轴刚强度的一般要求为最大复合应力 S_{max}

$$S_{max} = (S^2 + 3T^2)^{1/2}$$

式中 S——拉应力和弯曲应力的总和；

T——最大功率时扭矩产生的剪应力。

S_{max} 不超过材料屈服强度的 1/4。转轴的最大扭转剪应力不得超过材料许用拉应力的 50%。材料许用拉应力一般为材料屈服强度的 1/3。

二、转子支架

转子支架是连接磁轭和转轴的部件，也是通风系统的一个压头元件。正常运行时，转子支架承受扭矩、磁极和磁轭的重力、自身的离心力以及热打键径向配合力。对转子支架与转轴热套结构，还需承受热套引起的配合力。

转子支架结构形式有辐射式和斜支撑式。

辐射式转子支架具有刚度大、传递扭矩大和通风损耗小等优点，应用较为广泛。大型发电电动机一般转速较高，转子支架尺寸小，整体制造，图 3-39 是辐射式转子支架常见的形式。如受运输尺寸的限制，转子支架中心体和分瓣外环组件也可运到工地后焊接成整体。

斜支撑转子支架如图 3-40 所示，由转子中心体、斜支臂和外环组件组焊成一体。斜支撑的转子支架相对于直支臂型式，能更好地承受正常运行时的扭矩、磁极和磁轭的重力矩；能有效地吸收离心力、热膨胀力和热打键配合力；有足够的切向和轴向刚度，可避免不应有的变形，保证磁轭与磁极同心以及气隙的均匀度。斜支撑的倾斜角度、方向，外环组件上、下圆环的内径尺寸需经通风系统和结构强度计算确定。

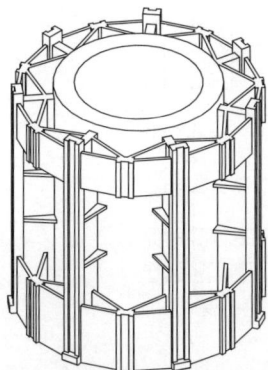

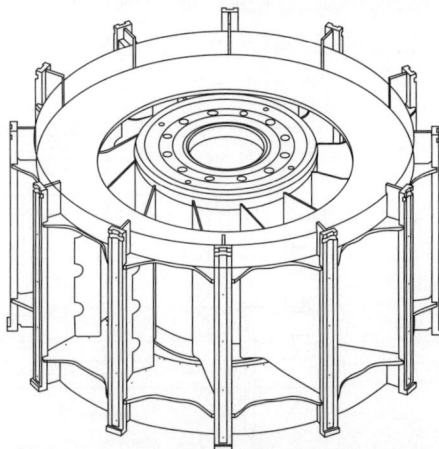

图 3-39 转子支架   图 3-40 斜支撑式转子支架

三、磁轭及磁轭固定

转子磁轭是发电电动机磁路的组成部分，也是固定磁极的结构部件。发电电动机的转动惯量主要由磁轭产生。磁轭分为整体磁轭和叠片磁轭。整体磁轭一般通过键或热套等方式与转轴连成一体。叠片磁轭由扇形片交错叠成并用拉紧螺栓紧固成一体。磁轭承受由磁轭本身和磁极离心力产生的切向力。

1. 磁轭

转子磁轭主要有以下三种结构型式：

（1）钢环磁轭由锻钢或厚钢板固定于在轴上，通过轴与磁轭的配合紧量（或紧量与键）传递扭矩，如图 3-41 所示。

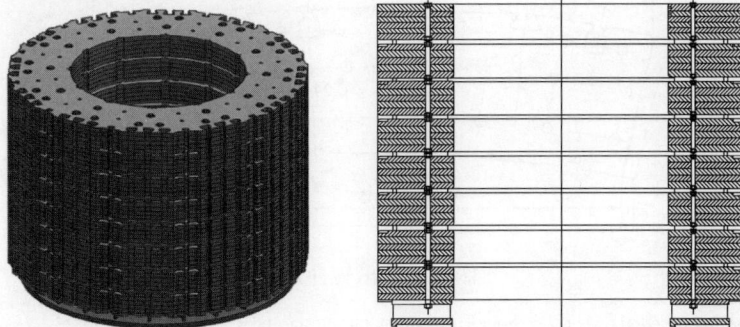

图 3-41 钢环磁轭

（2）磁轭与转轴锻成一体，如图3-34所示。

（3）叠片磁轭由磁轭冲片、通风槽片、磁轭拉紧螺栓、磁轭压板、磁轭键等零部件组成，如图3-42所示。采用层间交错一定极距并正反向叠片的方式，通过磁轭拉紧螺栓紧固成一个整体。磁轭沿轴向设有若干径向通风沟，其高度和数量由通风计算确定。为增大风量和提高风量分布的均匀性，在磁轭冲片片间还留有一定数量的径向通风隙。有些发电机的磁轭不设通风沟，靠通风隙通风。通风隙的数量与磁轭冲片的大小和叠片方式有关。磁轭通过键与转子支架相连接。

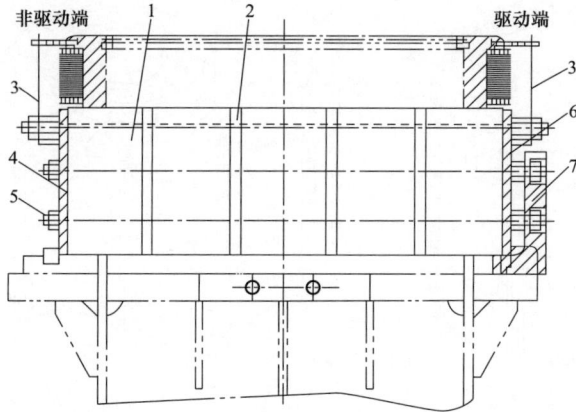

图 3-42　叠片磁轭装配

1—磁轭冲片；2—通风槽片；3—挡风板；4—上磁轭压板；

5—磁轭拉紧螺栓；6—下磁轭压板；7—制动环

磁轭冲片材料一般采用高强度热轧钢板。冲片冲制后需称重，并按质量分级装箱，级差一般为0.2kg。磁轭冲片（如图3-43所示）的径向宽度根据对磁轭的机械应力计算和转动惯量的要求确定。在飞逸转速时，磁轭和磁极的离心力在磁轭上产生的平均切向拉应力应不大于材料屈服强度的3/4。一般磁轭的转动惯量约占发电机转动惯量的55%～65%，磁轭冲片的径向宽度应在考虑机械应力允许的条件下，满足转动惯量的要求。磁轭冲片的弦长与每张冲片的极数、叠片方式及冲剪能力有关。

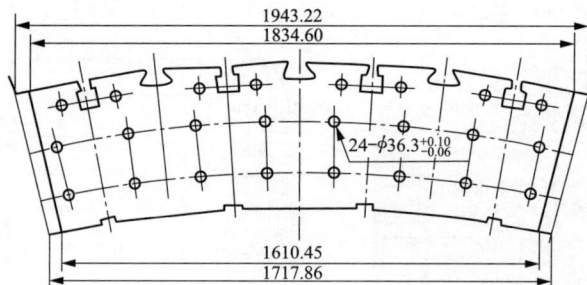

图 3-43　磁轭冲片

磁轭通风槽片由磁轭冲片、衬口环和导风带组成，如图3-44所示。衬口环用无缝钢管加工而成，焊在磁轭冲片上。导风带用厚度为3mm的钢板弯制而成。

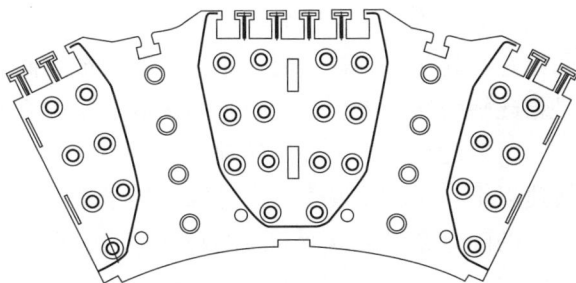

图 3-44 磁轭通风槽片

磁轭拉紧螺杆一般采用调质圆钢，直径尺寸允许偏差级别为 h8～h11。螺杆直径、数量及片间压紧力的选择，关系到磁轭整体性能，飞逸时不产生片间滑移现象。通常螺杆孔面积与磁轭冲片净面积之比在 0.025～0.035 范围内。

磁轭的叠片方式直接影响磁轭的切向拉应力、磁轭拉紧螺杆的剪应力以及发电机的冷却风量。结构设计时，应对磁轭的不同叠片方式（每片磁轭的极数、相邻冲片错开的极距等）、通风效果（通风隙的数量、冷却风量）以及冲片的材质（切向拉应力）等进行综合分析比较，以获得最经济、安全、可靠的叠片方式。磁轭的叠装如图 3-45 所示。

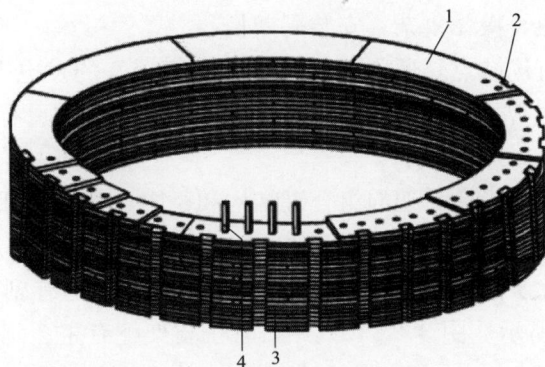

图 3-45 磁轭冲片叠装
1—磁轭冲片；2—T 尾槽；3—叠片接缝；4—磁轭拉紧螺杆

2. 磁轭固定

磁轭的固定方式可分为浮动磁轭和非浮动磁轭两大类。

浮动磁轭结构是指磁轭与转子支架连接位置径向方向留有间隙，机组运行时通过周向固定，保证转子中心不发生偏移。所采用的切向键保证机组在任何工况下，圆度、同心度及气隙的均匀度基本不变化，并能有效传递扭矩。

浮动磁轭结构一般采用组合键固定结构，如图 3-46 所示。组合键由凸键和副键组成。副

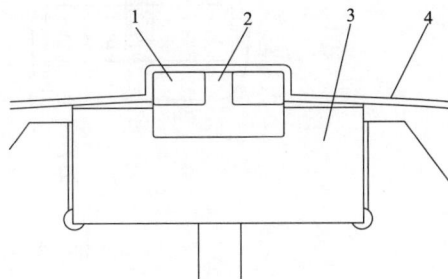

图 3-46 浮动磁轭键固定
1—副键；2—凸键；3—转子支架；4—磁轭

键为切向键，安装时切向打紧。副键可以设置在磁轭侧，也可设置在转子支架侧。凸键也有切向定位作用，凸键在与转子支架连接时，采用紧配合或小间隙配合。

非浮动磁轭结构是指磁轭与转子支架连接位置径向有一定配合紧量，一般通过加热磁轭热打键或加垫实现。紧量的设置大于额定转速下磁轭与转子支架间的间隙，这样可确保额定转速及额定转速以下，磁轭不发生自由外涨，转子中心不发生偏移。超过额定转速，磁轭与转子支架间的配合紧量为0所对应的转速称为分离转速。常规水电机组分离转速一般设置1.2～1.6倍额定转速，抽水蓄能发电电动机一般设置1.05～1.1倍额定转速。

浮动磁轭结构的优点：由于没有径向紧量，机组在静止状态下，转子支架受力小，运行启停过程中，转子支架承受的交变应力幅值小；工地安装时，不需要对磁轭加热，安装周期短。浮动磁轭结构的缺点：机组运行时，磁轭的定位完全靠切向键，如果磁轭稳定性较差，就会造成机组转子中心偏移，引起机组振动，所以浮动磁轭只能应用于稳定性好的磁轭结构。

非浮动磁轭结构的优点：机组在飞离转速内运行时，径向紧量能保证机组同心度及气隙均匀度。非浮动磁轭的缺点：由于配合紧量存在，机组在静止状态下，转子支架受力比较大，运行启停过程中，转子支架承受的交变应力幅值大，易造成转子支架疲劳；工地安装需对磁轭加热，操作复杂，安装周期长。

两种结构形式各有优缺点，通常对磁轭整体刚度较好的发电电动机采用浮动磁轭，采用非浮动磁轭结构通常采用径切向组合键，使磁轭径切向均具有定位，保证机组运行时磁轭同心度。

磁轭键可分为两类：径向、切向组合键结构和径向、切向分开键结构。

径向、切向组合键结构：径向固定键与切向固定键设置在一起，这种结构应用较广，常见的结构形式除了图3-46副键设于磁轭侧形式外，还有副键设于转子支架侧的结构形式，如图3-47所示。图3-47（a）中，转子支架配有主、副两种立筋，装配时副立筋工地配刨。图3-47（b）中切向键为成对键。

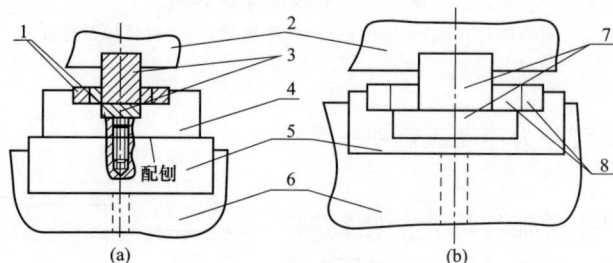

图 3-47 组合键结构形式

（a）转子支架配有主、副两种立筋；（b）切向键为成对键

1—切向键；2—磁轭；3—径向键；4—副立筋；

5—主立筋；6—转子支架；7—T形径向键；8—切向键

另外还有L形组合键结构形式，如图3-48所示。

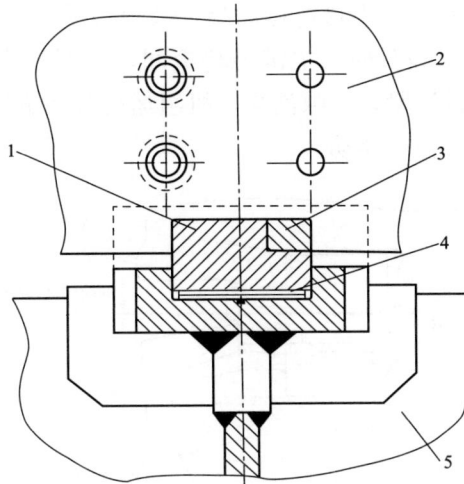

图 3-48　L 形组合键

1—L 形径向键；2—磁轭；3—切向键；4—垫片；5—转子支架

径向、切向分开键结构，径向固定键与切向固定键布置在转子支架的不同立筋槽内，对于大直径的磁轭，有的机组还设有加强键，增强磁轭的周向刚度，如图 3-49 所示。这种结构一般都用于非浮动磁轭，需要在工地加热磁轭打紧径向键，或在径向键背部加垫。

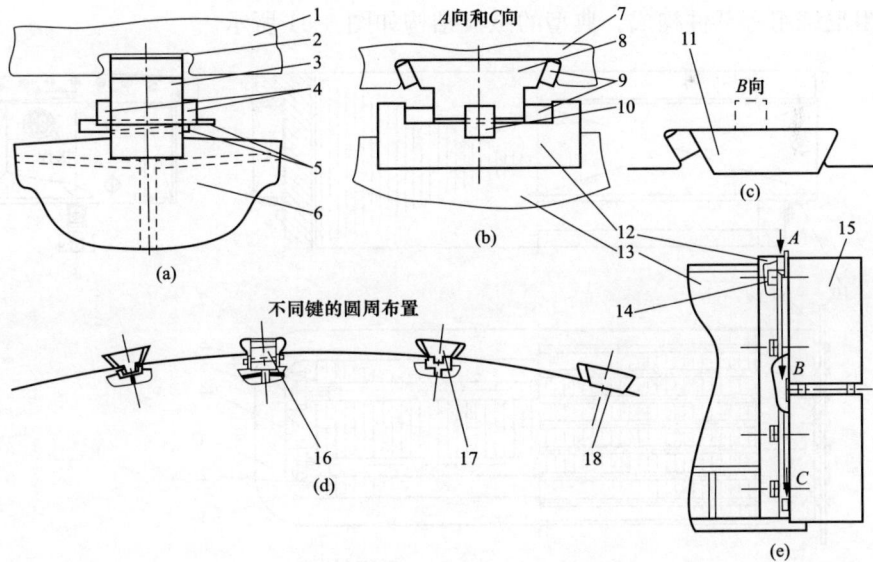

图 3-49　径向、切向分开键结构

（a）径向键（磁轭键）结构；（b）切向（主和副）键结构；（c）分段磁轭加强键结构；

（d）不同键的周围布置；（e）径向键结构

1—磁轭；2—垫片；3—径向键；4—挡块；5—调节键；6—转子支架；7—磁轭；

8—切向主键；9—切向副键；10—卡块；11—加强键；12—支架立筋；13—转子支架；

14—调节键；15—分段磁轭；16—径向键；17—切向键；18—加强键

在径向键的设计中，为了减小热打键时转子支架受力过大的问题，采用弹性键结构，如图 3-50 所示。弹性键设计时，主键与垫板间，根据计算预留一定的间隙。机组静止时，弹性键如同弹簧被压紧，间隙消除，机组运行时弹簧伸长，但仍保证有一定的径向压紧力和紧量，保证磁轭不浮动。

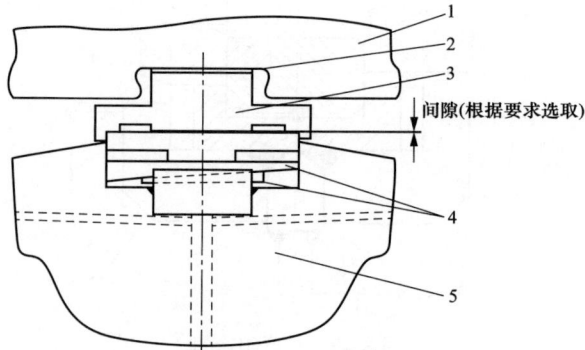

图 3-50　弹性键固定

1—磁轭；2—垫片；3—弹性键主键；4—调节键；5—转子支架

四、磁极及磁极固定

磁极是发电电动机产生磁场的主要部件，又属于转动部件，因此它不但要具备一般转动部件应有的机械性能，还必须有良好的电磁性能。磁极主要由磁极铁芯、磁极线圈、阻尼绕组等部件构成。典型的磁极结构如图 3-51 所示。

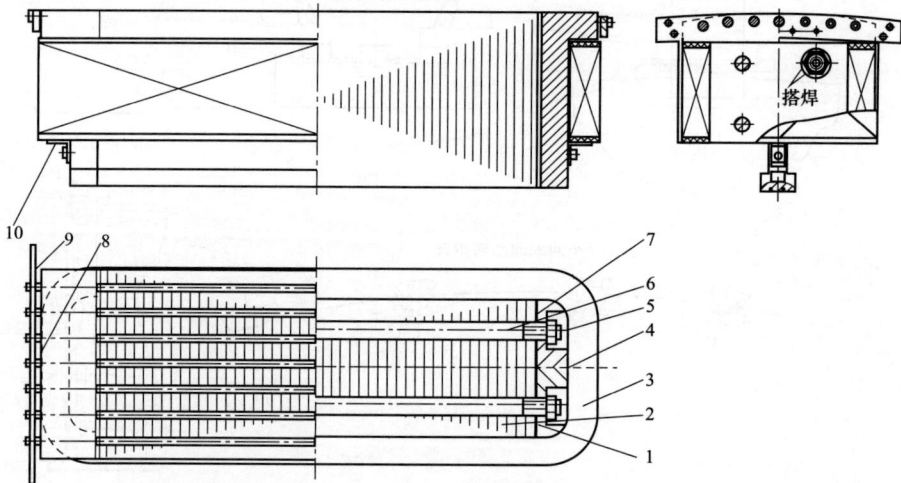

搭焊

图 3-51　磁极结构

1—磁极压板；2—磁极铁芯；3—磁极线圈；4—极身绝缘；5—螺母；
6—拉紧螺杆；7—极身绝缘；8—阻尼条；9—阻尼环；10—支撑角钢

（一）磁极线圈

发电电动机一般采用扁绕铜排或焊接铜排的方式。磁极线圈的铜排截面尺寸由电磁设计根据励磁容量而定，同时考虑通风冷却需要。常用的铜排截面形状有以下几种：矩形铜排、五边形铜排、七边形铜排和异形铜排，后三种如图 3-52 所示。

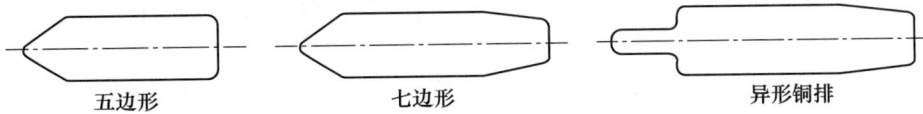

五边形   七边形   异形铜排

图 3-52 不同截面铜排

矩形铜排应用较广，五边形铜排、七边形铜排能提高线圈表面散热面积，同等截面积的七边形铜排散热面比矩形铜排大 1.8～2.0 倍。为进一步提高铜排的散热能力，在七边形铜排基础上开发出异形铜排，散热面积高于七边形铜排，一般适用于厚度 8mm 以上的铜排，否则散热翅太薄，易损坏。

磁极线圈按制造过程可分为绕制式和焊接式。中小型电机一般采用绕制线圈，线圈材料为软铜。焊接式磁极线圈，每一匝需要拼焊，制造成本高，适用于厚度较厚的铜排。焊接式的优点：采用高强度硬铜排，并方便地将磁极线圈做成散热匝结构，提高磁极线圈的散热能力，线圈外形尺寸精度高。如图 3-53 所示，一般散热匝结构的线圈，沿高度方向，每隔一段距离就配制一匝宽度较宽的铜排。通常散热匝比普通匝宽 12～15mm，间隔 10～15mm。

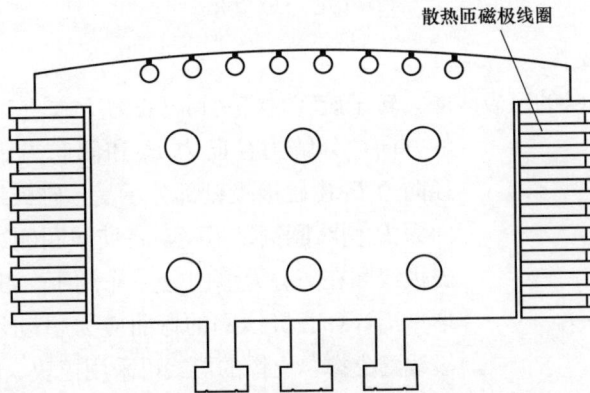

散热匝磁极线圈

图 3-53 散热匝结构磁极线圈

（二）磁极铁芯

磁极铁芯由磁极冲片、压板、拉紧螺杆、阻尼绕组等组成。

磁极冲片位于电机磁场的主回路中，又是旋转部件，设计时不但要考虑导磁性能，还要考虑机械性能。磁极冲片常用 1.5～3mm 厚的高强钢板冲制而成。磁极冲片的主要尺寸由电磁计算确定。极靴形状直接关系到电机的电压波形，极靴如采用一段圆弧，一般圆弧半径 R_p 小于定子内径，与定子不同心，径向最大气隙设计成最小气隙的 1.5 倍；如采用多段圆弧，中间一段与定子同心，其他的圆弧段半径根据电磁计算确定，目的在于改善电压波形、减少极间漏磁，并能在一定程度减少励磁电流。磁极极身形状分为塔形和矩形两种，如图 3-54 所示。塔形磁极一般应用于高速机组，它使极身两侧的磁极线圈重心保持向心状态，在离心力作用下理论上无侧向分力，从而保证磁极线圈安全运行。

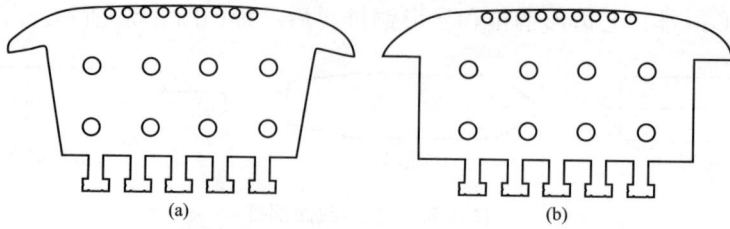

图 3-54　不同极身形状磁极冲片

（a）塔形磁极冲片；（b）矩形磁极冲片

磁极极尾尺寸和数量，主要根据发电电动机在飞逸转速时磁极极尾的受力情况来确定。常用的结构有 T 尾和鸽尾两种，如图 3-55 所示。

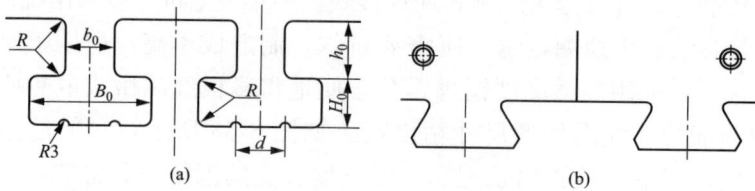

图 3-55　不同极尾

（a）T 尾；（b）鸽尾

（三）磁极线圈支撑

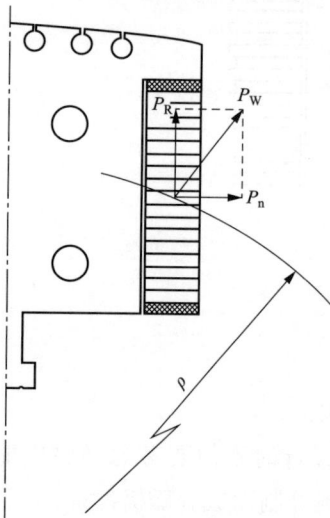

图 3-56　磁极线圈受力图

对于矩形磁极极身的磁极线圈，转子旋转时将受到离心力 P_w，它沿极靴两个互相垂直的方向，分解为径向力 P_R 和侧向力 P_n，如图 3-56 所示。径向力 P_R 由磁极极靴部分承受，磁极线圈受压应力。而侧向力 P_n 由线圈铜排承受，将使线圈侧边产生变形。为防止磁极线圈在离心力侧向分力作用下，线圈侧向产生有害变形，当计算磁极线圈的弯曲应力超过允许值时，应加装磁极线圈支撑，支撑的形式可采用撑块、围带或围板。

1. 撑块结构

撑块的优点是结构简单，如图 3-57 所示为采用螺杆固定的两种形式。撑块加工成 V 形，利用螺杆固定产生的楔紧作用，将相邻两线圈撑紧，防止线圈铜排弯曲变形。螺杆可如 3-57（a）所示固定于磁轭，也可如图 3-57（b）所示用双头螺柱把紧。撑块结构的缺点是无法直接拔磁极检查或处理问题，必须将整个转子吊出；其次撑块会在一定程度影响极间通风及散热。

2. 围带、围板结构

围带或围板结构可满足在不吊出转子情况下拆除磁极，如图 3-58 所示。围带结构主要由围带和绝缘垫块组成。围带材料一般采用非磁性钢板，其厚度根据强度计算确定。围板结构与围带类似，为加强安全性，有机组围板结构侧面设有支撑围板结构。

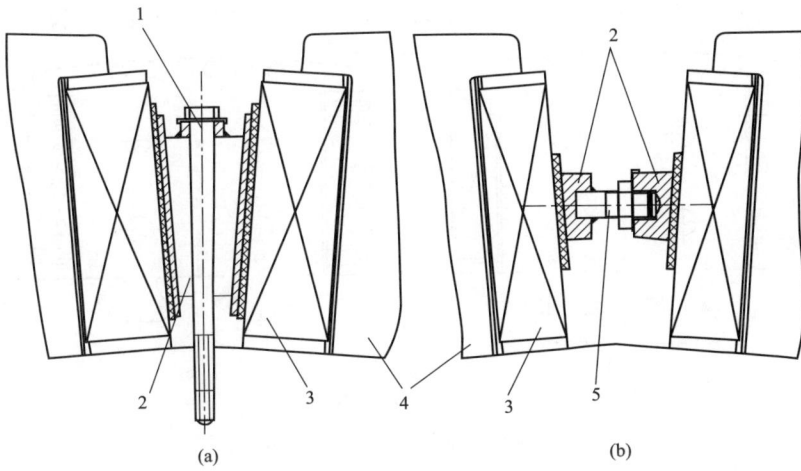

图 3-57　撑块结构形式

（a）螺杆固定于磁轭；（b）螺杆用双头螺柱把紧

1—螺杆；2—撑块；3—磁极线圈；4—磁极铁芯；5—螺柱

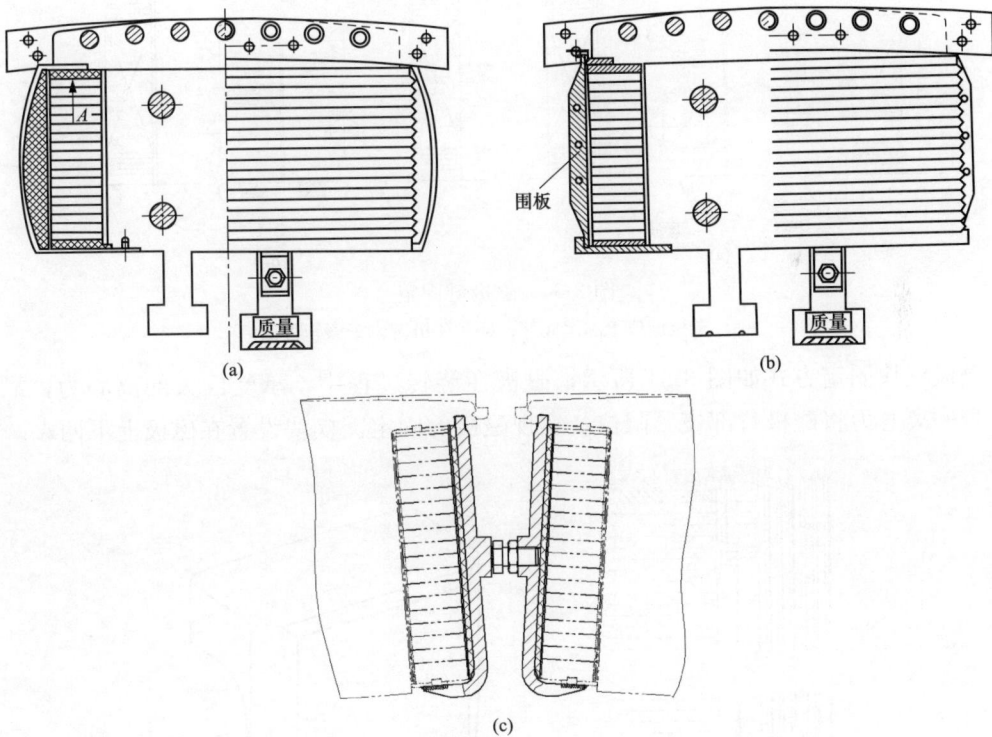

图 3-58　围带、围板结构

（a）围带结构；（b）围板结构；（c）设支撑围板结构

（四）磁极固定

磁极与磁轭固定为一体，常用的形式有磁极键和磁极楔块两种。

磁极键设置在磁极 T 尾或鸽尾处，可通过垫片调整定、转子气隙。常见磁极键结构贯通整个磁极，结构简单，广泛应用于大、中容量的发电电动机，如图 3-59 所示。

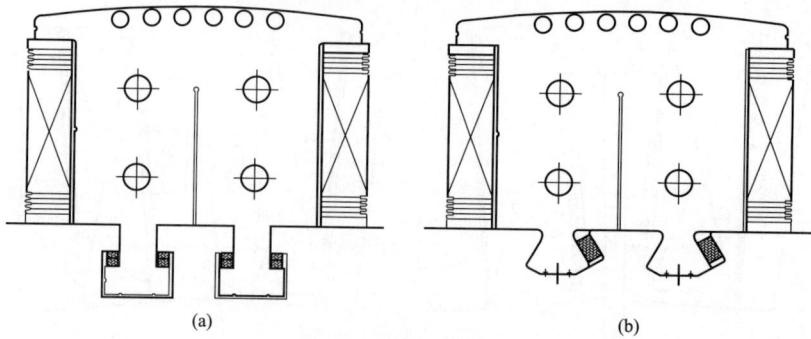

图 3-59　磁极键固定

（a）磁极键 T 尾处固定；（b）磁极键鸽尾处固定

对于鸽尾固定，还有以下两种打键形式，一种将磁极键布置在鸽尾底部，另一种将磁极键布置在磁轭外侧，如图 3-60 所示。

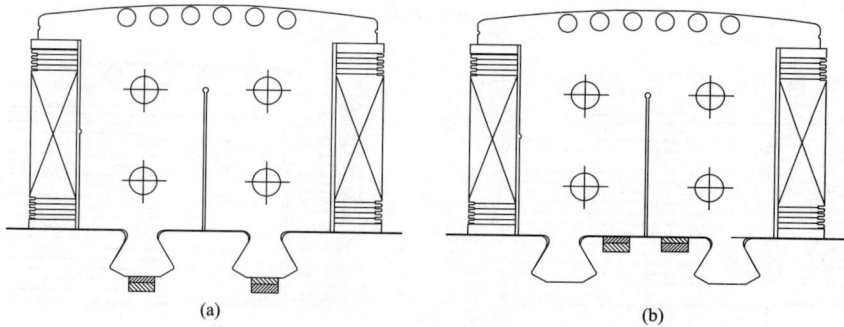

图 3-60　磁极键固定

（a）磁极键位于鸽尾底部；（b）磁极键位于磁轭外侧

磁极楔块固定方式如图 3-61 所示，磁极在旋转过程中，承受巨大的离心力，靠磁极自身的离心力将磁极背部楔紧限位，实现磁极的固定。楔块设置在磁极上下两端。

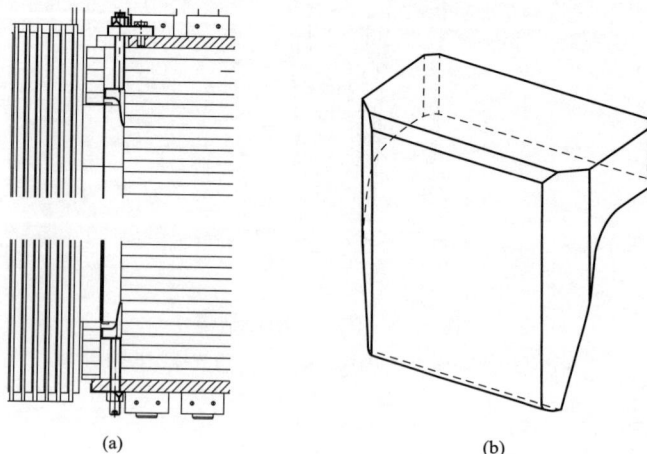

图 3-61　磁极楔块固定（一）

（a）楔块固定；（b）磁极楔块

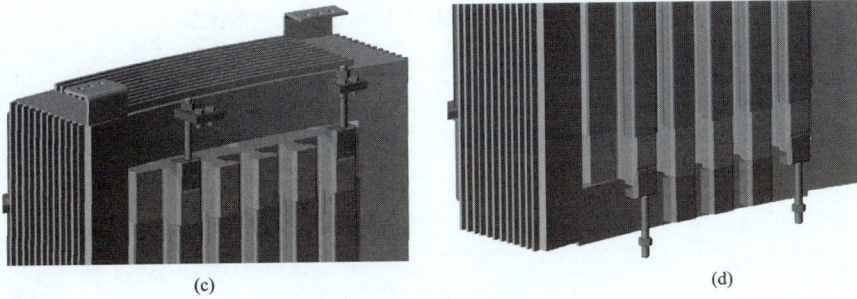

图 3-61 磁极楔块固定（二）

（c）磁极上端楔块；（d）磁极下端楔块

➠ 第 四 节 双 向 推 力 轴 承

水轮发电机推力轴承是应用液体动压润滑承载原理的机械结构部件，它承受机组的全部轴向负荷。常规水电机组多采用偏心支承可倾瓦式动压推力轴承，推力瓦的油楔角度可随着负荷、转速以及环境温度的变化而变化，以产生相应的压力场平衡轴承负荷。

抽水蓄能机组由于要适应双向旋转需要，采用中心支承结构。典型的推力轴承结构主要由卡环、轴承支撑、推力轴瓦、镜板、推力头、轴承座和冷却器等部件组成，如图 3-62 所示。

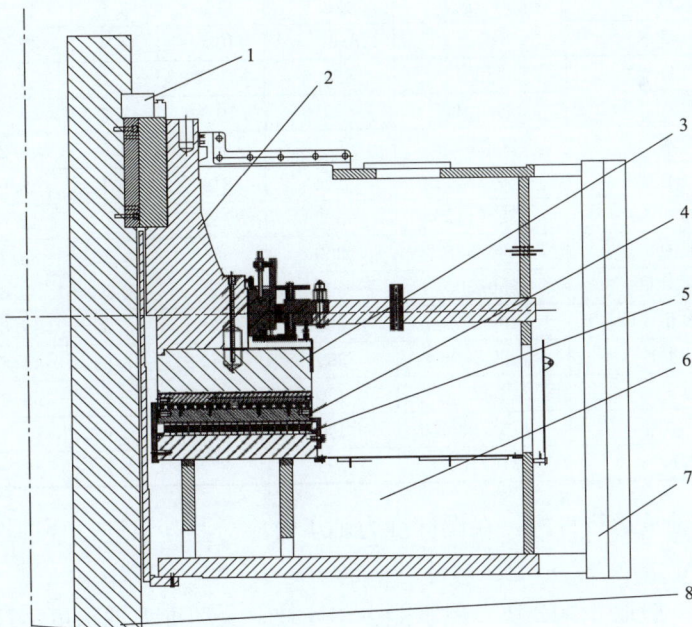

图 3-62 典型推力轴承结构

1—卡环；2—推力头；3—镜板；4—推力轴瓦；

5—弹簧束；6—油槽；7—机架；8—轴

已投运的典型大容量发电电动机推力轴承主要技术数据见表 3-7。

表 3-7 典型大容量发电电动机推力轴承主要技术数据表

序号	电站名称	额定容量/功率（MVA/MW）	额定转速（r/min）	推力负荷（kN）	比压（MPa）	平均周速（m/s）	pv 值（比压×平均周速）
1	天荒坪	333/300	500	5890	4.2	42.4	178.1
2	桐柏	334/300	300	8100	2.79	32.91	91.8
3	泰安	278/250	300	6870	3.46	31.8	110
4	宜兴	278/250	375	6125	3.9	34.2	133.38
5	宝泉	334/300	500	6156	2.34	43.85	102.61
6	广蓄Ⅰ期	333/300	500	5890	2.0	69.9	139.8
7	广蓄Ⅱ期	334/300	500	7360	3.49	44.7	156
8	十三陵	222/200	500	5300	3.7	41.3	152.81
9	明潭	300/270	400	—	2.7	37	99.9
10	鲍尔瑟梅多（美国）	225/—	400	7424	4.2	39.4	165.48
11	巴德溪（美国）	313/360	300	10000	1.9	40.6	77.14
12	洛基山（美国）	361/325	225	10751	3.9	22.4	87.36
13	贝尔斯万普（美国）	333/300	225	14249	3.0	26.2	78.6
14	新高濑川（日本）	367/330	214	15288	3.6	24.5	88.2
15	巴其那．巴斯塔（南斯拉夫）	315/300	428.6	12309	4.0	43.4	173.6
16	新丰根（日本）	250/237.5	257	12299	2.8	28.9	80.92
17	大平（日本）	265/251.8	400	12250	3.4	42.1	143.14
18	德拉肯斯堡（南非）	280/252	375	12093	4.4	45.3	199.32
19	今市（日本）	390/351	428.6	11564	3.6	44.9	161.64
20	奥清津Ⅱ（日本）	345/—	428.6±5%	10506	4.4	49.8	219.12
21	奥清津Ⅱ（日本）	355/301.8	428.6	12446	3.73	44.9	167.5
22	玉原（日本）	335/301.5	428.6	10290	3.3	43.3	142.9
23	奥吉野（日本）	220/201.3	514	8624	3.5	46.2	161.7
24	奥美浓（日本）	279/251.1	514	8154	4.1	52.6	215.7
25	柴拉（保加利亚）	235/211.5	600	7115	5.0	42.6	213
26	三浪津（韩国）	336/386	300	6243	4.12	34.7	143
27	帕尔米特（南非）	250/200	300	9055	3.59	32.6	117
28	奥多多良木Ⅱ（日本）	400/360	360	11780	3.9	49.8	194.22
29	大河内（日本）	350/320	360	11711	3.9	49.6	193.44
30	木舟（韩国）	343/308.7	450	9555	3.0	60.0	180
31	葛野川（日本）	475/403.8	500	12152	3.64	52.4	190.74
32	本川（日本）	316/300	400	13720	4.2	51	214

为了使推力轴承运行良好，在设计推力轴承时应对其参数进行合理选择，通常参数选取的基本原则：

（1）瓦块数一般取 6～12 块，但不能少于 4 块，大型推力轴承可多达 20 块以上。

（2）瓦平均圆周长度 L 与瓦宽 B 之比，一般取 $L/B=0.6～1.0$。

（3）多块瓦平均圆周长度之和 ZL 与轴瓦的平均直径圆周长度 πD_m 之比 K，推荐 K 取 $0.7～0.85$。K 值过大，瓦间距过小，由一块瓦排出的热油易于进入下一块瓦，使瓦温和进油温度提高。

（4）轴瓦的外径 D_2 与内径 D_1 之比 D_2/D_1，一般取 $1.5\sim3$。

（5）轴瓦的单位面积压力，一般取 $p=2.5\sim4.0\text{MPa}$。

（6）考虑制造工艺和轴承运行安全，一般认为应保证最小油膜厚度 $h_{\min}\geqslant0.025\text{mm}$。

一、推力轴承支承结构

推力轴承支承结构的基本要求：必须具有足够的弹性以适应轴瓦承载的要求；尽量将载荷向推力瓦各处扩散和均衡；具有一定的沿周向自动调节各瓦负载的能力，保证各块瓦受力基本相同。常见的支承结构形式主要如下。

1. 刚性支承

刚性支承结构主要由托盘、支柱螺钉及套筒等部件组成，其属于单支点支承，如图 3-63 所示。小负荷轴承也有采用无托盘结构的，有托盘结构各瓦块的负荷均匀性、推力瓦面的变形，较无托盘结构都有较大改善。

刚性支承轴瓦的受力靠调节支柱螺钉的高低实现，调整瓦块保持在同一水平面上，以保证受力均匀。由于支柱的刚性较大，几乎没有弹性，在安装时，各瓦面不易调到同一水平，而且各瓦受力不易调匀，安装调整工作量较大。运行时，各瓦块的负荷差异较大，这种现象是由加工和安装误差以及负荷变化引起的。刚性支撑推力瓦面变形较大，因此，常用于单位压力小于 3MPa 的中、小负荷推力轴承。

支柱螺钉是刚性支承的主要部件，如图 3-64 所示。一般头部加工成半径 $800\sim1000\text{mm}$ 的球面，经淬火处理，表面硬度达 HRC40～45。

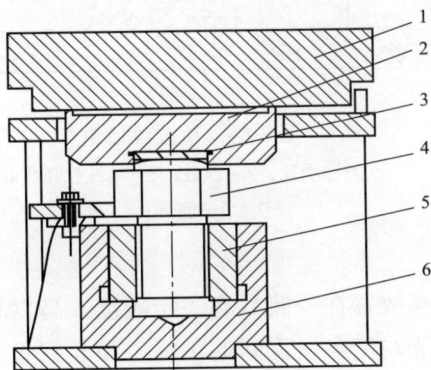

图 3-63　刚性支承结构

1—推力轴承瓦；2—托盘；3—垫片
4—支柱螺钉；5—套筒；6—轴承座

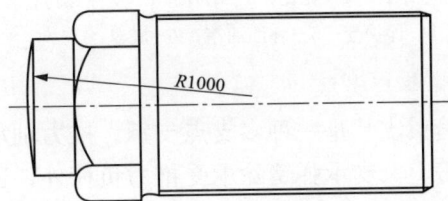

图 3-64　支柱螺钉

2. 液压弹性油箱支承

弹性油箱支撑结构，如图 3-65 所示，推力轴瓦直接放置在弹性油箱的顶面，各油箱用油管相连并充初始油压。运行时，各瓦之间的不均匀负荷通过弹性油箱的轴向变形及油压均衡，使各瓦受力均匀。在整个弹性油箱支撑结构装配和充油后，弹性油箱顶面进行精加工，使油箱顶面与底盘面间的高度公差控制在 0.05mm 以内。油箱弯曲反力矩对偏心的影响仅为1%，因此，能让推力轴瓦灵活倾斜。

为了防止温度变化，使油箱内润滑油体积变化，引起油箱内压力变化过大，在油箱腔体内放置支铁，以减小充油量。支铁的另一个作用是，一旦油箱出现泄漏，支铁可以支承负载，不致造成结构破坏。油箱外表的保护套可以保护油箱表面不受机械损伤。同时，在安装时可拧动保护套使它与底座接触，作为刚性盘车支承用。弹性油箱支承的轴承高程可用支柱螺钉进行调整，也可通过精加工保证油箱支撑面平面度，不需调整直接安装推力瓦。

弹性油箱有三波纹和单波纹（如图3-66所示）结构。三波纹弹性油箱对油箱的材质和制造工艺要求较高，制造成本较高。而单波纹的结构较简单，可节省材料和加工工时，但弹性较多波纹的差。

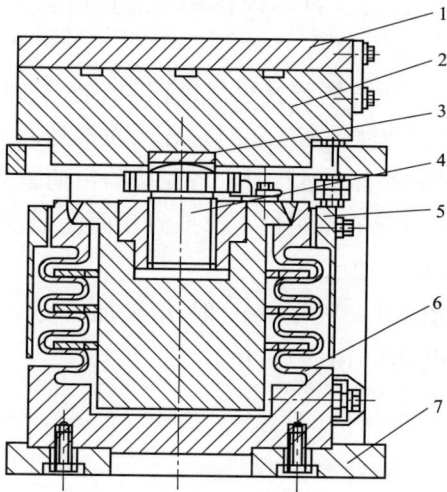

图3-65 弹性油箱支承（三波纹）
1—推力轴承瓦；2—托瓦；3—垫片；4—支柱螺钉；
5—保护套；6—弹性油箱；7—底盘

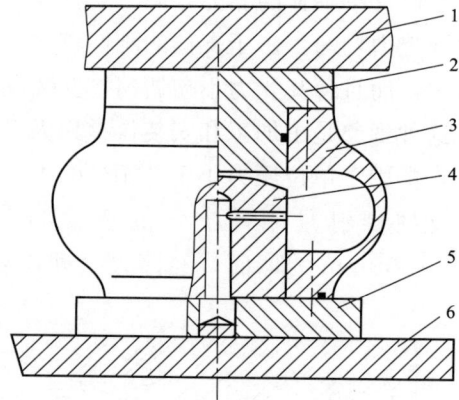

图3-66 单波纹油箱
1—推力轴承瓦；2—顶盖；3—单波纹弹性油箱；
4—支铁；5—底环；6—机架

3. 弹簧束支承

弹簧束支承是一种多支点支承。推力轴承瓦放置在一簇具有一定刚度、高度相等的支承弹簧上。支承弹簧除承受推力负荷外，还能均衡各块瓦间的负荷，和起到吸收振动的作用。典型的结构如图3-67所示。

弹簧束支承结构具有较强的承载能力，其主要特点有：

（1）瓦块在油膜压力作用下产生的凹变形，能够部分抵消瓦块的热凸变形和镜板、推力头的热凸变形，最终的效果是轴承的径向油膜厚度和油膜压力分布比较均匀，而且瓦块的凹变形能够动态地适应热凸变形的变化；

（2）主承载区油膜较厚，因此，弹簧束支承推力轴承能够运行在较高的油槽温度下，而不烧瓦；

（3）能够自动均衡瓦间推力负荷，不需要调整瓦块受力；

（4）轴承的承载能力大、温升低、运行平稳。

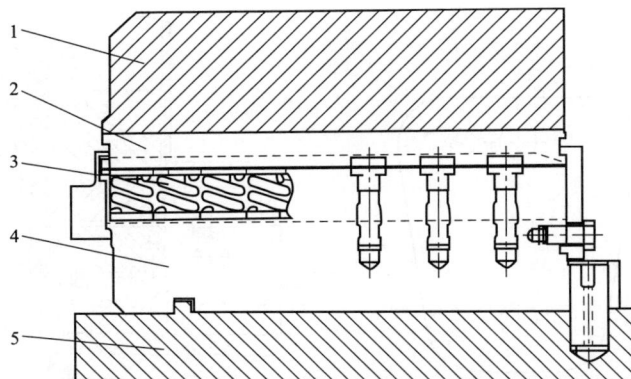

图 3-67　典型弹簧束支承结构
1—镜板；2—推力轴瓦；3—弹簧束；4—底座；5—机架

常用的弹簧束有螺旋弹簧束和碟形弹簧束两种，如图 3-68 所示，单个碟形弹簧束的负载能力要大于螺旋弹簧束。

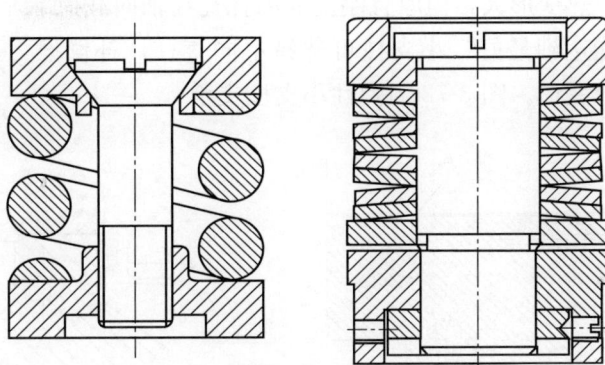

图 3-68　螺旋弹簧束与碟形弹簧束

4. 弹性垫支承

将推力轴瓦直接放在弹性耐压耐油橡胶垫上，依靠垫的弹性变形吸收瓦的不均匀负荷，并使瓦倾斜形成动压承载油楔。弹性垫为扇形薄板，一般用 5mm 厚的耐油橡胶板制成，其几何尺寸比轴承瓦的略小，如图 3-69 所示。国外有些弹簧垫是圆形的，承载面积较小，约为轴瓦面积的一半以下，装配时，将 3～4 片叠放在圆形槽内，如图 3-70 所示。

弹性垫的主要优点是：安装维护简便；造价低廉；与同容量的刚性支柱球面点支撑结构相比，轴承受力均匀，瓦变形较小，轴瓦温度分散度约 3℃。但由于材质的限制，一般适用于小负荷推力轴承。

5. 弹性杆单托盘支承

如图 3-71 所示，推力瓦由弹性杆和托盘支承。轴瓦高程可由弹性杆调节。在弹性杆中心加工有直径 7.5mm 左右、长度达 500～600mm 的小孔，用于安装测量轴瓦受力的测量杆，推力轴瓦轴向受力时，轴瓦向下压缩弹性杆及测量杆，通过检测测量杆压缩量，可在线检测轴瓦负荷。

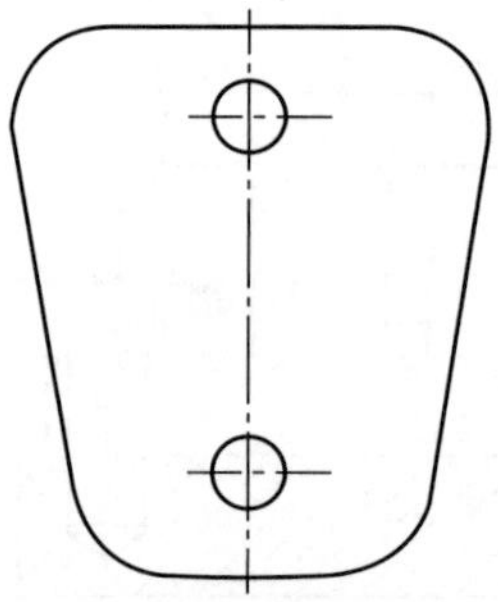

图 3-69　扇形弹性垫支撑垫 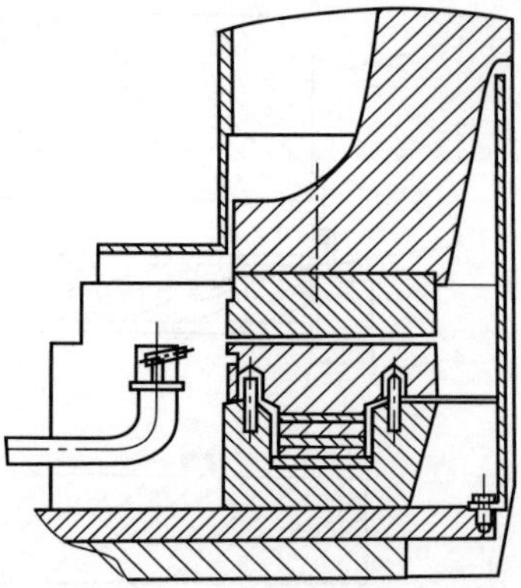　　　　图 3-70　弹性垫支承推力轴承

6. 弹性小支柱支承

如图 3-72 所示，弹性小支柱支承属于一种多支点支承。这种结构的轴承采用双层瓦，推力瓦与托瓦间，布置了一系列直径不等的弹性小支柱。托瓦厚，热变形小，推力瓦薄，温度梯度大，热变形大，但厚且刚度大的托瓦在轴向载荷下，可使推力瓦几乎保持为平面，承载性能达到最好。小支柱可选择不同直径，补偿推力瓦弹性变形和热变形，及镜板的大部分变形。图 3-72 为弹性小支柱支承。

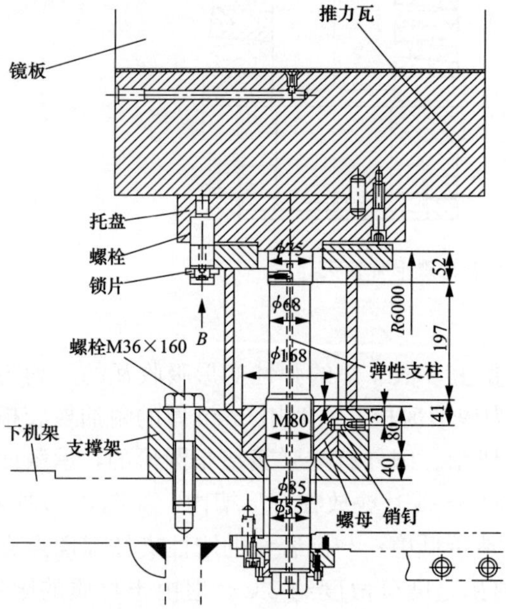

图 3-71　弹性支柱单托盘支承 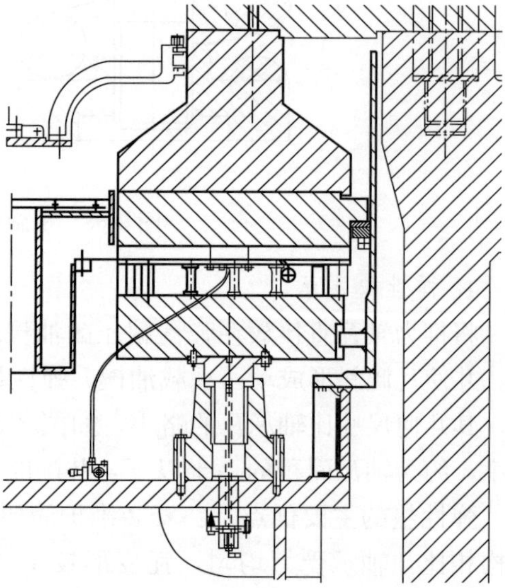　　　　图 3-72　弹性小支柱支承

7. 弹性圆盘支承

推力轴瓦由两个相对组合在一起的弹性圆盘支撑，上弹性盘固定在轴瓦下，下弹性盘放在加工出凹槽的机架上，圆盘的球形曲面可使轴瓦自由偏转，以形成楔形油膜。轴瓦变形与单托盘支撑方式相当，圆盘的弹性变形可吸收瓦块之间的不均匀负荷，但均衡

瓦块之间负荷的能力不如三波纹弹性油箱和弹簧束支撑。

如图 3-73 所示，弹性圆盘支撑是一种结构简单、性能较好的支撑结构，可以有效地降低推力轴承的高度。弹性圆盘要求能承受轴承的最大负荷，同时还要有一定的弹性变形。因此，在设计弹性圆盘尺寸时，除了考虑机械强度外，还要考虑在轴承负荷作用下的弹性量。当轴承需要比较大的弹性时，一般在轴瓦下布置两个弹性圆盘，否则仅布置一个弹性圆盘。弹性圆盘最大弹性量的选择应考虑推力机架的变形量。弹性圆盘材质和单件加工精度要求较高，使用材料的强度极限达 1300～1700MPa。

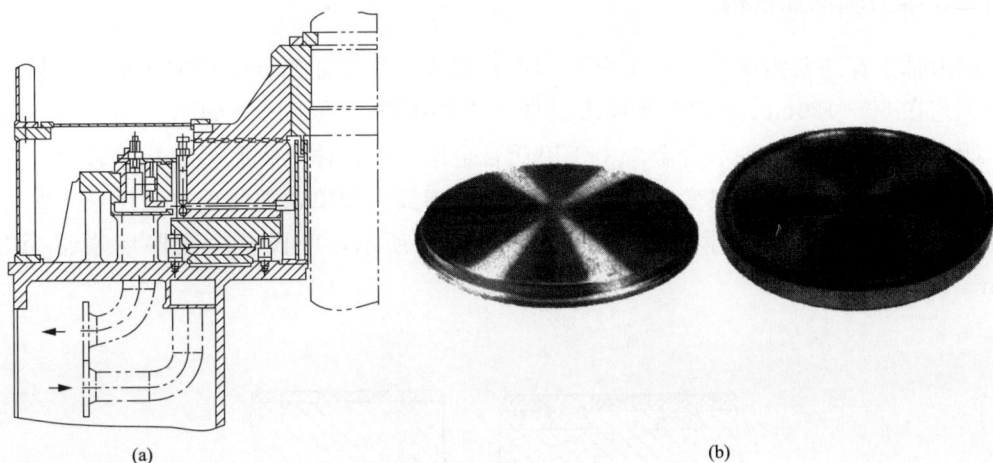

图 3-73　弹性圆盘支承
(a) 弹性圆盘支承结构；(b) 弹性圆盘

推力轴承支承结构对推力轴承瓦的变形、瓦面的压力分布以及楔形油膜的形成与保持起着重要作用，对推力轴承运行性能、可靠性有重要影响，可从下面三个方面进行分析比较。

(1) 推力轴瓦变形。推力轴瓦的机械变形和热变形的不良后果就是导致瓦面局部单位压力增大，使该处的油膜厚度减小到安全运行油膜以下，以至产生镜板和推力轴瓦面的半干摩擦或干摩擦，推力轴瓦面受到损伤和破坏，推力轴承发生故障。

支承结构在轴瓦上的作用范围越大对减小推力轴瓦的变形越有利，并且要求支承结构有适当弹性。对推力轴承瓦本身而言，希望瓦面积越小越好，尽量避免狭长的轴瓦。弹簧束、弹性垫和弹性小支柱都属于多点支承，其支承作用范围大，有利于减小推力轴瓦机械变形。弹性圆盘也能起到使轴瓦受力均匀的作用，但与弹簧束、弹性垫和弹性小支柱结构相比，效果略差。

刚性支承、液压弹性油箱、弹性杆通过合理设计托盘，也能有效减小推力轴瓦的变形，但结构复杂，加工和安装的要求高。

(2) 推力轴瓦倾斜灵活性。推力轴瓦倾斜灵活性有利于瓦面楔形油膜的形成，尤其是在机组启动及运行工况变化过程中，更需要推力轴瓦倾斜的灵活性。在各种支承结构中，弹簧束、弹性垫和弹性小支柱支承对推力轴瓦的倾斜灵活性要弱于其他支承，因此这几类支承的轴承在设计时要着重考虑启动及变化的工况。

（3）推力轴瓦负载的均匀性及其调整。推力轴承在运行中力求各块轴瓦受力均匀，以避免个别或少数推力轴承瓦受力过大、单位压力高、最小油膜过小而导致运行故障。为此，要求支承结构具有适当的弹性，最好是各瓦的支承结构能相互联动，当某一块或某几块推力轴承瓦负荷偏大时，能通过支承结构的联动作用将偏大的轴瓦负荷自动移到其他轴承瓦，从而达到均匀各块轴瓦负载的目的。

二、推力轴承瓦结构

推力轴承瓦通常为扇形，由钨金层和钢胚组成。为保证钨金层和钢胚结合牢靠，老式的工艺在 60～120mm 厚的钢瓦坯表面加工出鸽尾槽，或矩形槽如图 3-74（a）、（c）、（d）所示，然后再浇铸轴承合金。由于巴氏合金层与钢瓦体热膨胀系数相差较大，在加工槽附近钨金层的不均质热变形较大，局部易出现鼓包现象，因此现在采用新工艺方法直接在钢瓦坯表面浇铸轴承合金，如图 3-74（b）所示，巴氏合金层厚度通常为 3～5mm。

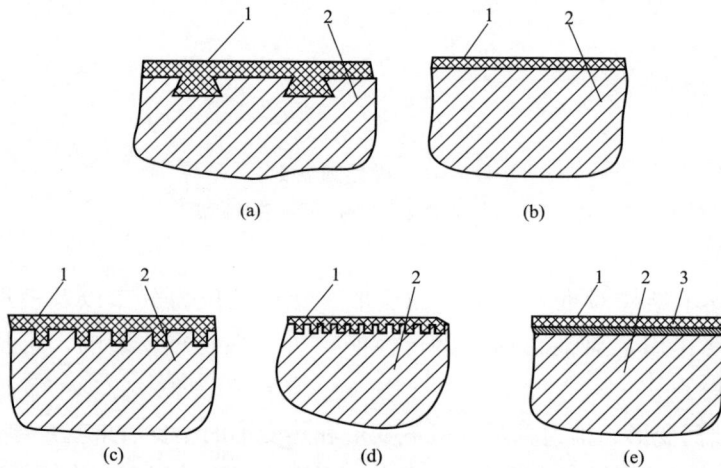

图 3-74 推力轴瓦的轴承合金结构
（a）鸽尾槽；（b）光面；（c）小方槽；（d）密方槽；（e）铜底
1—轴承合金；2—钢质瓦坯；3—铜层

在钢坯和轴承合金之间铺焊一层 2～3mm 厚的铜层，如图 3-74（e）所示。轴承合金与铜黏合较牢。轴承合金的线膨胀系数值约比钢大两倍，在两者之间铺焊一层紫铜过渡层（铜的线膨胀系数值介于钢和轴承合金之间），可以防止由于热膨胀而引起的瓦面（鸽尾槽处）凸起变形和轴承合金脱壳。

从推力轴承瓦的结构来分，有以下形式。

1. 单层轴瓦

单层轴瓦是一种常见的推力瓦结构形式，如图 3-75 所示，这种轴瓦结构简单，用

60～200mm 钢板直接加工后浇铸钨金，再精加工钨金层表面到设计要求。由于瓦胚较厚，一般受力后机械变形小，设计时主要注意热变形的影响。

2. 双层轴瓦

为了方便推力轴瓦的检修和更换，大、中容量机组的推力轴瓦常采用双层瓦结构，由推力瓦和托瓦组成。推力瓦较薄，厚度约为 50mm，它由刚度较大的托瓦承托，见图 3-76。沿轴瓦厚度方向的温度变化主要落在推力瓦上，托瓦顶面开冷却油沟，因而托瓦厚度方向的温差较小，热变形小。托瓦刚度大，可减小轴瓦的机械变形。双层瓦适用于轴瓦尺寸较大和润滑参数较高的推力轴承。

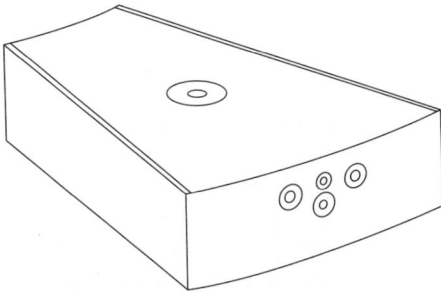

图 3-75　单层轴瓦

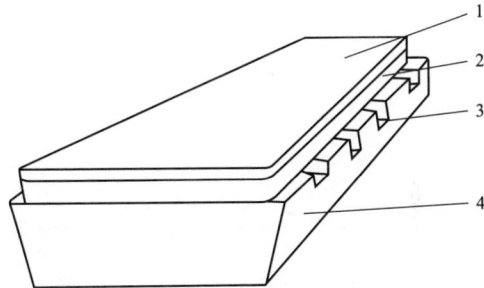

图 3-76　双层轴瓦

1—钨金层；2—上层薄瓦；3—冷却油沟；4—托瓦（厚瓦）

3. 水冷轴瓦

普通巴氏合金推力瓦轴承的一部分摩擦损耗由润滑油膜带走，其余的损耗依靠瓦体与油之间的温差散出去。在瓦面轴承合金层间嵌铸冷却管或在瓦体内加工出冷却水道，制成水冷巴氏合金瓦，见图 3-77。在瓦的出油边侧通入冷却水，可将瓦面的大部分损耗带走，另一部分损耗由常规冷却器带走。水冷瓦的冷却效果好，瓦温较一般瓦的低，故可以提高轴承的承载能力，并可使油冷却器的容量减少一半以上。但冷却水管附近温差较大，导致局部变形较大。水冷瓦结构适用于轴瓦尺寸和推力负荷大的低速、大容量发电机推力轴承，或 PV 值等润滑参数高的高速、大容量发电机的推力轴承。

采用水冷却轴瓦可以提高推力轴承的负载，但轴瓦沿厚度方向的温度梯度相差很大，瓦面凉，瓦底热，造成轴瓦变形不均匀，如控制不当会引起烧瓦事故，而且水冷瓦制造工艺复杂，近年来很少使用。

4. 弹性金属塑料瓦

通过专门工艺方式，将弹性复合层与推力瓦的金属瓦坯焊牢在一起，并经加工后具有符合要求的形状和几何尺寸的轴瓦称弹性金属塑料瓦，简称塑料瓦或 EMP 瓦，见图 3-78。弹性复合层是由弹性金属丝层（一般为绕簧状金属丝）与塑料材料（一般为氟塑料）在一定工艺条件下形成的复合材料层，其弹性金属丝在塑料层中有一定的镶嵌深度。弹性复合层所采用的瓦面材料有白色的纯聚四氟乙烯塑料和灰蓝色的改性聚四氟乙烯塑料。改性聚四氟乙烯塑料中加入了一些改性填料，因此其耐磨性能和机械性能有所改善。弹性金属塑料瓦轴承具有一些明显的优点，因此在水轮发电机推力轴承上得到广泛应用。

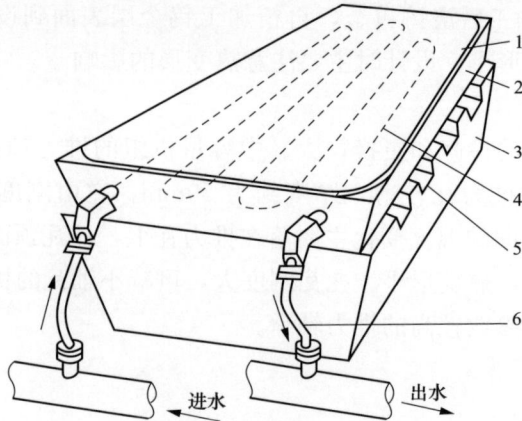

图 3-77 水冷却推力轴瓦
1—轴承合金；2—推力瓦；3—托瓦；4—冷却水管；5—冷却油沟；6—软管

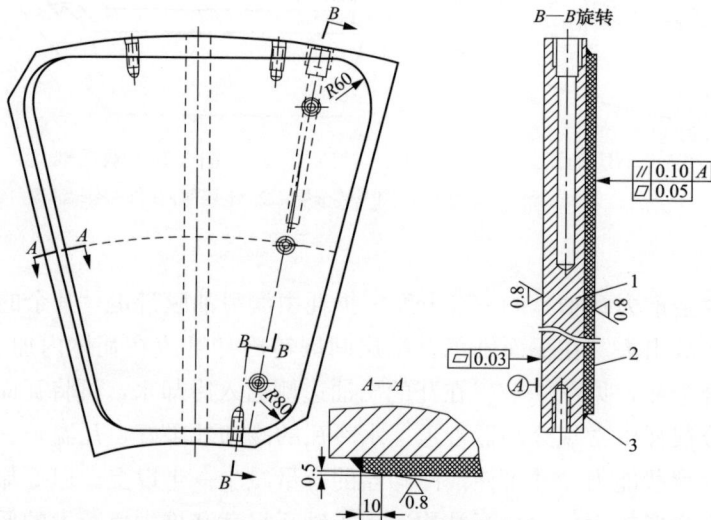

图 3-78 弹性金属塑料瓦
1—钢坯；2—弹性复合层；3—焊料

弹性金属塑料瓦优点主要有：

（1）瓦面不需研刮，减轻了检修工作量，缩短了检修工期。

（2）不需要设高压油顶起装置。

（3）对机组"冷态""热态"启动不受限制。

（4）允许推力油温 5～50℃，瓦温比相同工况下的钨金瓦低 20℃左右。

（5）允许降低刹车转速。

（6）白色的纯聚四氟乙烯塑料瓦的工作表面绝缘电阻大于 5MΩ，对防止轴电流增加了一道保护。

（7）相对于钨金瓦，塑料瓦允许运行在较高的推力油温和比压工况下，从而降低轴承损耗。

5. 青铜塑料烧结复合材料轴瓦

青铜塑料烧结复合材料（国外称为 C-1-Y 材料）轴瓦是在轴瓦钢基上烧结青铜抗磨粉多孔层和带填料的氟塑料，这种材料具有自润滑性能。它的主要优点是：摩擦系数小（0.06～0.07）和耐高温。因此，可以改善轴承的启动性能和提高轴承的承载能力。苏联首先将 C-1-Y 材料推力瓦用于推力负荷 12.7MN（1300t）、平均周速 12m/s、单位压力达 9MPa 的轴承上，运行情况良好。

三、推力轴承瓦一般技术要求

1. 巴氏合金轴瓦

对于巴氏合金轴瓦有以下要求。

（1）瓦面轴承合金厚度一般为 3～5mm，表面粗糙度通过加工或研刮达 $0.8\mu m$。如研刮则要求每平方厘米有 1～3 点接触，瓦面局部不接触面积每处不应大于轴瓦面积的 2%，最大不超过 16cm，其总和不应超过轴瓦面积的 5%。瓦的周边修成 R2 圆角，进油边可在 10mm 范围内刮出深 0.5mm 的楔形斜坡，如图 3-79 所示，有利于发电机启动时油膜的形成。

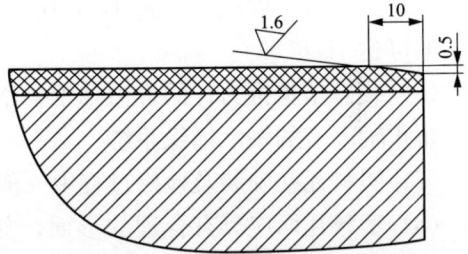

图 3-79 推力瓦进油边楔形斜坡

（2）为了减小轴瓦进油和出油区的流体阻力，可在瓦外径的左上角和内径的右下角切去一块，如图 3-80（a）所示，或切去后能修成圆弧形或双曲线形，如图 3-80（b）所示，则更为理想。

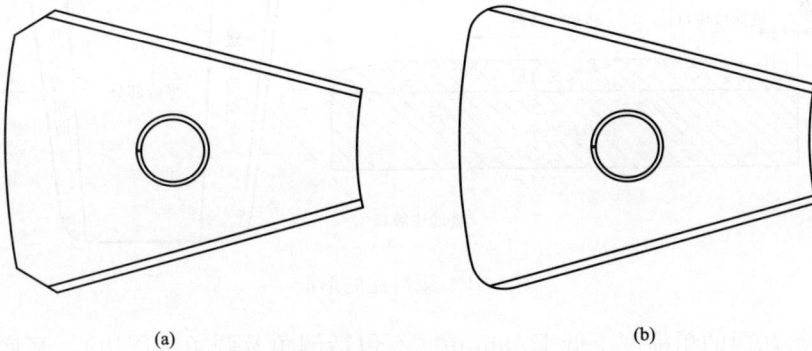

(a)　　　　　　(b)

图 3-80 推力轴承瓦外形
（a）切去一块瓦外径的左上角和内径的右下角；（b）切去后修成圆弧形或双曲线形

（3）轴瓦应采用超声波探伤和着色检验方法，检查轴承合金与瓦坯的结合情况。

（4）双层瓦结构的推力轴承，推力瓦与托瓦之间的接触面积不小于 80%，四周间隙不超过 0.03mm。

（5）无调节螺栓的轴瓦厚度应一致，同一组各瓦块厚度差不应大于 0.02mm。

（6）使用安装于瓦内的温度传感器时，巴氏合金瓦温低于80℃能长期运行。

2. 弹性金属塑料瓦

按 GB/T 7894、JB/T 10180、GB/T 8564、DL/T 622 的相关规定，设计制造的塑料瓦应满足以下技术要求：

（1）单位许用压力不大于 7.0MPa。

（2）许用平均线速度不大于 40m/s。

（3）应根据不同推力轴承支撑结构和金属瓦体、镜板的变形选取合理的瓦面柔度数，当试验单位压力为最大油膜压力、温度为（20±2）℃时，柔度数 A 的范围一般在 3～12μm/MPa。

（4）轴承采用符合 GB 11120 要求的汽轮机油润滑，允许油槽油温为 5℃ 及以上时机组起动；运行时，热油温度不超过 50℃；不允许断油运行。

（5）在年起、停机不超过 1200 次、年运行 5000h 以上的情况下，塑料瓦的使用年限一般可达 15 年。

（6）装有塑料推力瓦的推力轴承，不再设置高压油顶起装置。采用塑料瓦后，可以取消防止轴电流的轴承绝缘系统。

（7）塑料瓦在安装及检修过程中一般不需要刮、研瓦面和瓦背面。

（8）塑料瓦面应具有合理的形面，如图 3-81 所示，这对瓦面油膜的稳定形成非常重要。周向型面一般由 4 段平面组成：进油边坡口、进油边斜面、平台部分和出油边斜面。进油边坡口周向宽度为 5～12mm，深度为 0.3～0.6mm。

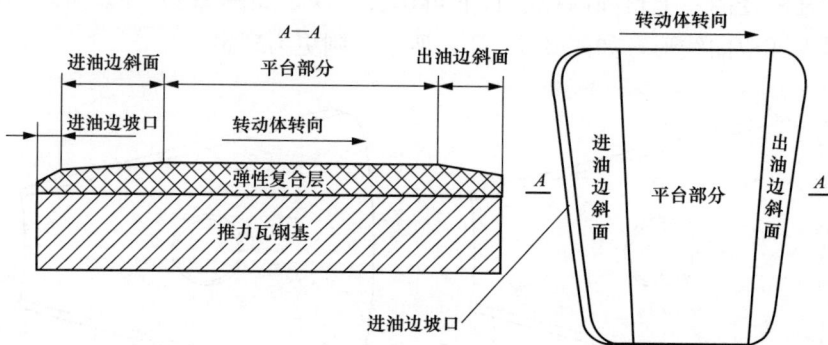

图 3-81 塑料瓦的形面

（9）塑料瓦面的粗糙度不低于 1.6μm（不包括倒角及圆角、周边），瓦底面的粗糙度为 0.8μm，瓦面平台部分及瓦底的平面度为 0.03mm，平行度为 0.05mm。

（10）为方便检测瓦面的磨损情况，可以在同套瓦中的几块瓦的出油边附近沿径向加工 1～3 个同心环槽，环槽深度为 0.05～0.20mm，槽深差一般为 0.05mm。

（11）瓦面材料可以添加或者不添加补强填充剂，但添加的填充剂不得脱落也不得划伤镜板表面。

（12）弹性金属塑料复合层厚度推荐为 8～10mm，其中塑料层厚度为 1.5～3.0mm。

（13）弹性复合层必须整体压制，不允许采用塑料层拼接方式。表面观察应无金属丝裸露，弹性复合层与钢基结合的周边不允许存在脱焊、脱壳、分层等缺陷，切割的断面应光滑、平整。

四、镜板、推力头及其他轴承部件

1. 镜板

镜板是推力轴承的关键部件之一。当轴承运行时，油膜厚度只有 0.02～0.07mm，因此要求镜板有较高的精度和表面粗糙度。镜面有伤痕、硬点等缺陷，则可能破坏油膜，甚至造成烧瓦事故。镜板上、下两平面的平行度，直接影响机组安装时摆度的调整和运行稳定性。对镜板的精度要求，如图 3-82 所示，镜板外径大于 4m 的平行度公差取 0.04mm，外径为 1～4m 的平行度公差取 0.03mm，外径 1m 及以下的取 0.02mm。镜板径向每米长的平面度误差取 0.02mm，镜板表面粗糙度可取 0.1～0.4μm。

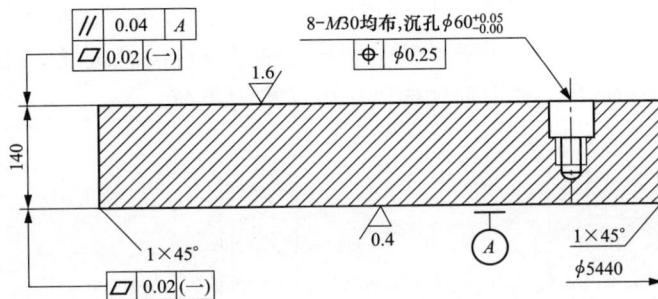

图 3-82　镜板的形面

镜板材料一般采用锻钢 45A、50A、55A、40CrA。材质应符合下列要求：

（1）机械性能和化学成分应符合 JB/T 7023 标准。

（2）在全部热处理（包括消除应力处理）完成后，检验锻件时应测量镜板平面的硬度，其值应为 190～240HBS（布氏硬度），镜面任意两点硬度差值不超过 30HBS。镜板锻件表面不应有肉眼可见的裂纹、折叠和其他影响使用的外观缺陷。经超声波探伤，不应有白点、裂纹、缩孔等缺陷。镜面上不应有影响使用的亮点（硬质点）存在，在整个镜面上不应有大于 0.8mm×0.8mm（或相应面积）的单个非金属夹杂物，或在 5mm×5mm（或相应面积）范围内不允许有 3 点以上的上述大小的非金属夹杂物。

镜板应有足够的刚度。有的镜板因刚度小，在运转时产生周期性的波浪状变形，导致推力头与镜板结合面的接触腐蚀，机组轴线发生偏摆，轴的摆度增大。

当镜板的尺寸超过运输极限时，可采用分瓣镜板结构，如图 3-83 所示。但由于分瓣镜板合缝处的刚度较小，沿圆周方向的刚度不均匀，从而影响精度。除极特殊情况外，不推荐采用分瓣镜板。

2. 推力头

对结构紧凑的半伞式发电电动机，多采用镜板与推力头锻成一体设计，而悬式多采用镜板与推力头分开的结构。推力头作为承受轴向负荷和传递转矩的结构部件，有以下几种结构型式：

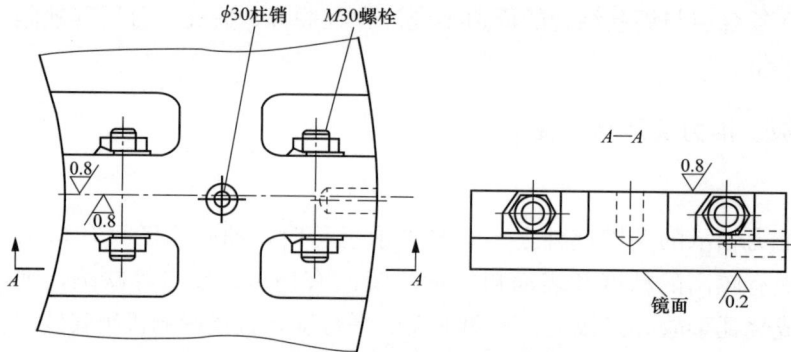

图 3-83　分瓣镜板合缝结构

（1）镜板与推力头一体结构。分段轴结构的半伞式发电电动机，常将推力头与大轴做成一体，如图 3-84 所示。这种结构通过精加工保证推力头与大轴间的垂直度。

（2）单独推力头结构。多用于导轴承与推力轴承分设的悬式发电电动机，如图 3-85 所示，推力头热套于轴上，靠卡环轴向固定传递推力负荷。

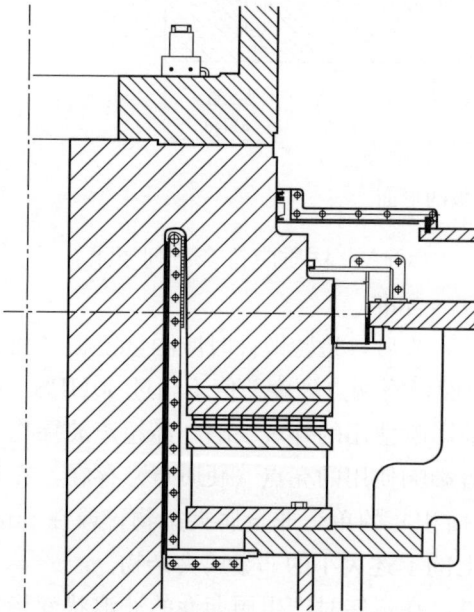

图 3-84　镜板与推力头一体结构

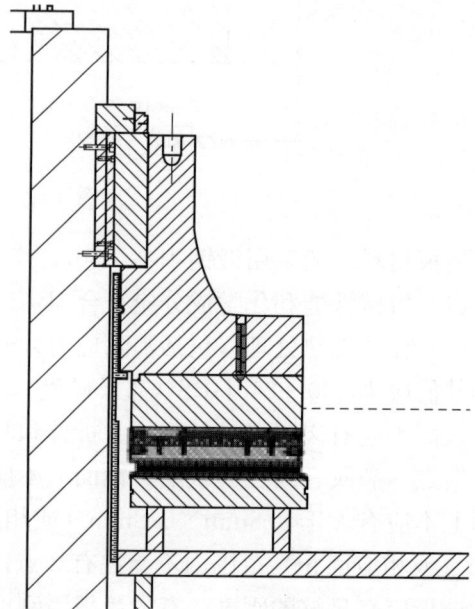

图 3-85　单独推力头结构

（3）推力头兼滑转子结构。多用于组合轴承的悬式发电电动机，推力轴承与导轴承布置在同一油槽内，如图 3-86 所示。

（4）弹性锁紧板结构。为吸收刚性支撑轴承瓦间不均匀负荷，国外有采用推力头弹性锁紧板结构的，如图 3-87 所示，沿推力头圆周装设 6～10 个辐射排列的弹性锁紧板。安装时，在板端固定支点上加垫进行调整，使其相互受力均匀，并具有一定的预紧力，以适应轴向不平衡负荷。

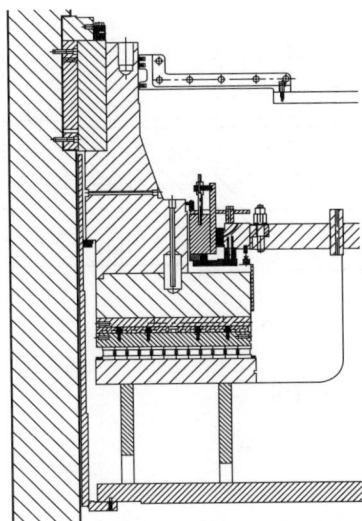

图 3-86 推力头兼滑转子结构

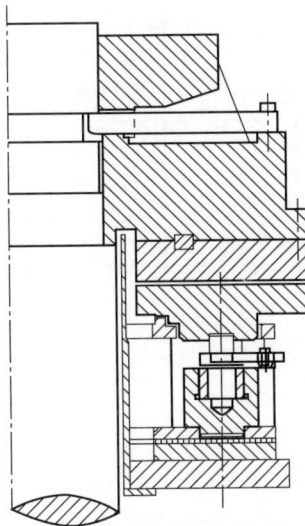

图 3-87 弹性锁紧板结构

推力头应有足够的刚度和强度，以承受轴向推力产生的弯矩作用，不致产生有害变形和损坏。推力头的材料可以采用铸钢 ZG30、合金结构铸钢 ZG20SiMn、锻钢 20MnSi。推力头材质典型的机械性能要求为：

抗拉强度　　　　≥520MPa

屈服强度　　　　≥300MPa

延伸率　　　　　≥16%

断面收缩率　　　≥30%

硬度 HB　　　　156～197

3. 托盘

托盘作用在于：在轴向负荷作用下，托盘支承轴瓦产生四周高、中间低的机械变形（近似凹形），通过合理设计可以和轴瓦的凸起热变形相抵消，从而达到减小瓦变形的目的，使轴瓦瓦面形状趋于较理想的平面；另外，托盘的轴向柔度，在运行中也有一定的均衡负荷作用。

托盘的材质一般选用能承受较大弯曲应力的高强度弹性材料，如优质合金钢，如 45 号锻钢、40Cr、30Cr 等。托盘材质的典型机械性能为：

抗拉强度　　　　≥450MPa

屈服强度　　　　≥225MPa

延伸率　　　　　≥14%

断面收缩率　　　≥22%

硬度 HB　　　　143～187

托盘的应力及挠度计算。图 3-88 给出托盘应力用的结构尺寸，主要计算过程如下：

（1）挤压应力为

$$\sigma_j = 1.275 \frac{F_m}{d_2^2 - d_1^2} \quad (\text{Pa}) \tag{3-1}$$

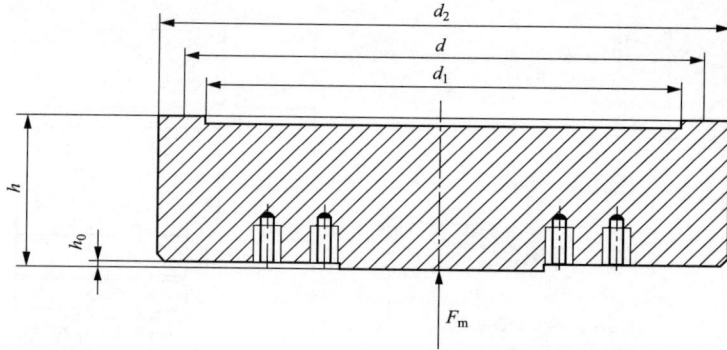

图 3-88 托盘结构

式中 F_m——每块瓦的受力，N；

d_2——托盘支撑环的外径，m；

d_1——托盘支撑环的内径，m。

（2）极限载荷的安全系数为

$$n_j = 1.57(h - h_0)^2 \frac{\sigma_s}{F_m} \tag{3-2}$$

式中 σ_s——托盘材料的屈服点，Pa；

h——托盘厚度，m；

h_0——托盘底部的沉孔深度或者凸台高度，m。

（3）托盘的挠度为

$$f = \varphi \frac{F_m}{Eh} \quad (m) \tag{3-3}$$

式中 φ——计算系数，与 $2h/d$ 的关系见表 3-8；

E——托盘材料的弹性模量，E 取 2.1×10^{11} Pa。

表 3-8   计 算 系 数 φ

$2h/d$	0.35	0.40	0.45	0.50	0.55	0.60
φ	5.62	4.78	3.76	3.27	2.88	2.59

（4）单个托盘柔度为

$$\lambda = \frac{f}{F_m} \quad (m/N) \tag{3-4}$$

（5）托盘总刚度为

$$C = \frac{F_m \cdot m}{f} = \frac{m}{\lambda} \quad (N/m) \tag{3-5}$$

式中 m——支柱螺栓数，即瓦块数。

4. 弹性油箱

弹性油箱承受轴向推力负荷。油箱内充满润滑油，充油前已将油箱内气体排净，油箱之间用钢管相连，整个油压系统需牢固密封。利用油箱的轴向变形及油压传递使各瓦受力均匀。为减小由于温度变化而引起的油箱附加应力，在油箱腔内放有支铁，以减少充油量。另外，当油箱出现漏油事故时，支铁可以承受负荷，不致造成支撑结构破坏的危险。油箱壁的波纹数是根据受力状态和负荷均匀度的需要确定的。当安装时的刚性调整精度达到 ±0.1mm 时，三波纹弹性油箱可以满足 3% 均匀度的要求。单波纹弹性油箱的工作原理与多波纹的相同，只是结构和负荷均匀度有些区别。

弹性油箱有焊接式和装配式两种结构。焊接式结构是将弹性油箱直接焊在底盘上，通过底盘的油沟互相连通。装配式结构是将弹性油箱与底盘用螺栓连接，通过外部油管连通。弹性油箱的几何形状比较复杂，可采用有限元法精确计算各部分的变形和内应力。弹性油箱计算时应考虑油的热膨胀和油压缩的影响。在 25℃ 时充油初压值为 0.75MPa，在 10℃ 时充油初压值为 0.15MPa。弹性油箱材质的屈服点应大于 440~460MPa，安全系数取 1.10~1.15。

5. 电磁减载装置

中心支承的发电电动机推力轴承承载能力弱，为了优化和完善油润滑推力轴承。利用磁悬浮电磁轴承作为推力轴承的磁力减载装置，可减小轴承的设计难度，并可提高发电机效率。电磁轴承（active magnetic-bearing，简称 AMB）是利用电磁铁与铁磁材料之间的可控电磁引力实现对转子的无接触支撑。如图 3-89 所示。

与一般的通用轴承相比，电磁轴承具有几个突出的特点：

（1）与转子间无机械接触、微摩擦，无磨损，功耗约普通轴承的 1/10~1/100。

（2）对转子的静动特性具有主动的控制能力。可低速、高速或超高速运行，其极限转速仅取决于材料的强度。

（3）对工作环境具有极强的适应能力，可在任何介质中或真空中工作，工作温度范围宽。

图 3-89　电磁轴承

电磁轴承已用于总推力负荷 12MN（1230t）的 300MW 抽水蓄能机组中，主要是减轻推力轴承的静负荷，与传统推力轴承组合，有效地减小推力负荷，进而减小推力轴承的摩擦损耗。

目前，推力轴承磁力减载装置主要由电磁铁、励磁绕组和补偿绕组、位移传感器、控制器、功率放大器组成。电磁铁包括固定部分的吸盘和转动部分的回转盘。励磁绕组用来产生磁场，补偿绕组用来消除电磁铁内、外侧的漏磁，以避免产生有害的轴向电流，两绕组分别固定在电磁铁吸盘的槽中。由于电磁铁的吸盘与回转盘之间构成的引力型系统本身是不稳定的，须引入反馈控制才能实现稳定悬浮。系统在控制器的调节下正常工作时，传感器测出转子实际位置，控制器根据测得位置与设定位置之间的偏差按一定的控制规律输出控制励磁电流的指令信号至功率放大器，由功率放大器调节电磁铁的励磁电流，从而调节对转子回转盘的吸力，使转子在设定位置附近达到稳定悬浮。

用超导电磁轴承作为水轮发电机推力轴承的磁力减载装置也是选项之一。用作电磁

轴承的超导体，要求其临界温度应尽量高，以便于冷却。同时要求超导体内部具有较强的封闭滞止效应，从而产生大的封闭滞止力，以提高轴承的承载能力。MPMG2超导材料就是具有最大封闭滞止力的一种超导磁性材料。

⁜ 第五节　双向导轴承

发电电动机导轴承主要承受机组转动部分的径向机械和电磁的不平衡力，使机组在规定的摆度和振动范围内运行。典型的导轴承结构如图3-90所示。

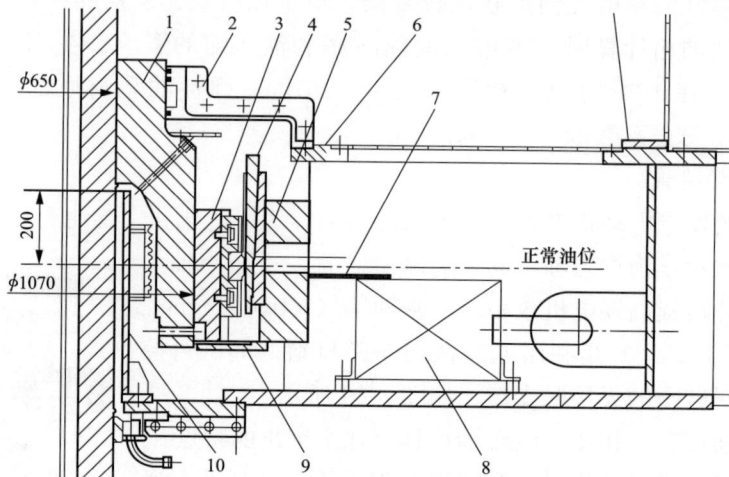

图 3-90　导轴承结构

1—滑转子；2—密封盖；3—导轴承瓦；4—楔子板；5—座圈；
6—机架；7—挡油板；8—冷却器；9—垫板；10—内挡油筒

机组导轴承的布置和数目（两导或三导）与机组容量、转速及结构型式有关，应满足机组轴系刚度和临界转速计算的要求。对于轴系较长的高速机组，多采用上、下两个导轴承。对于中、低速机组，在轴系的临界转速和联轴法兰处的摆度满足要求的条件下，可以不装设下导轴承，使机组的安装、检修和维护简化。

导轴承通常安装在机架中心体的油槽内。根据发电机总体布置，导轴承主要有以下两种结构形式（如图3-91所示）：

（1）具有独立油槽的导轴承（导轴承与推力轴承各用一个油槽）。

1）适用范围：一般适用于滑转子、导轴承瓦直径较小，瓦块数也少的机组。

2）优点：具有良好的运行条件，轴承损耗也小。

（2）合用油槽的导轴承（导轴承与推力轴承合用一个油槽）。

1）适用范围：适用于伞式发电机的下导和中小型悬式发电机的上导轴承。

2）优点：推力头兼作导轴承滑转子，结构紧凑。

3）缺点：导轴承直径较大，瓦块数较多，轴承损耗大。

根据支撑方式又可分为两种类型的导轴承瓦块（如图3-92所示）：

(1) 楔子板支撑的导轴承。

(2) 支柱螺钉支撑的导轴承。

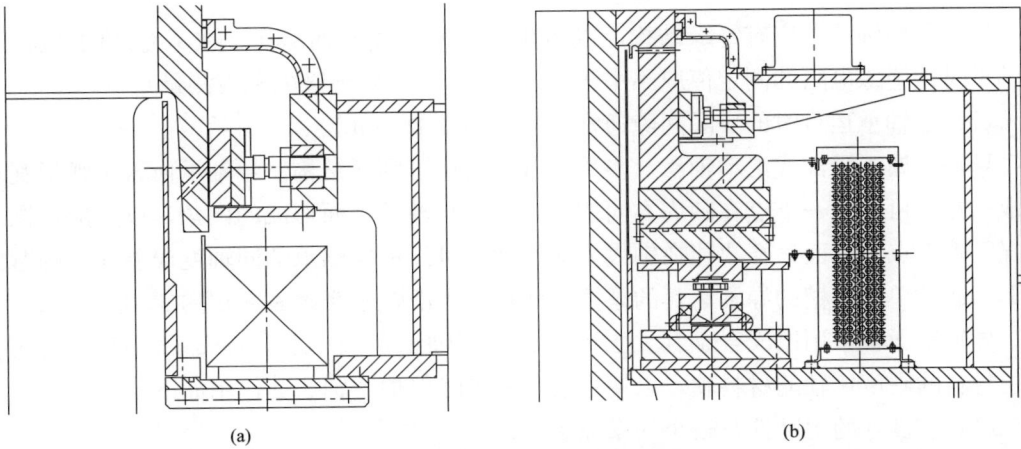

图 3-91 导轴承类型（根据总体布置）

（a）独立油槽结构；（b）合油槽结构

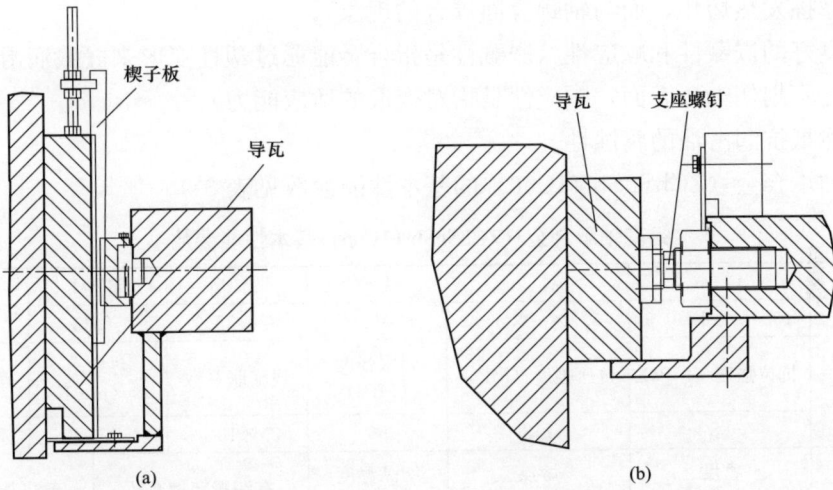

图 3-92 导轴承类型（根据支撑结构）

（a）楔子板结构；（b）支柱螺钉结构

导轴承的结构尺寸是根据发电机的结构型式（伞式或悬式）、总体布置及润滑计算确定。在进行导轴承结构设计时，应满足下述要求：

（1）具有足够的油膜厚度（>0.04mm），瓦温不超过允许值（80℃），油路循环畅通，满足润滑冷却的要求。

（2）结构简单，便于安装和检修。

（3）静止油面一般设计在导轴承瓦轴向长度的 1/2 处，但当导轴承瓦轴向较长时，油面应超过瓦长的 1/2。对于导轴承与推力轴承合用一个油槽的结构，油面一般不低于导轴承瓦轴向长度的 1/3。

（4）为防止导轴承甩油和油雾扩散，应采用较为有效的密封结构。

（5）挡油管与油面的相对高度应合理选择。选择太低容易甩油；反之，又影响结构的合理性。

（6）上导轴承，应有绝缘结构，以防止轴电流腐蚀导轴承瓦。在不充油的情况下，导轴承对地绝缘电阻的测定值应不小于 $1M\Omega$（用 1000V 绝缘电阻表测量）。

（7）导轴承运行时的实际间隙通常为 0.15～0.20mm。

导轴承属于浸油式滑动轴承，多采用分块扇形可倾瓦结构。导轴承由若干弧形瓦块组成，瓦块可以绕一支点在圆周方向摆动，改变与轴颈表面形成的楔角，以适应不同的工况。若支点为球面，瓦块能在轴线方向摆动，可以适应轴承的同轴度误差和轴的弯曲变形。通常单独油槽的导轴承瓦的摩擦表面积约为滑转子摩擦表面积的 60%～80%。

导轴承通常采用巴氏合金瓦，国内常为锡基轴承合金（ZChSnSb 11Cu6），巴氏合金层材料的硬度比轴的材料软，以便当发生损伤时保护主轴。其作用如下：

（1）有良好的耐磨性及较小的摩擦系数；

（2）能承受足够的机械负荷，有较高的疲劳强度；

（3）良好的抗咬合性（咬合是指轴颈与轴承在瞬间直接接触摩擦时，因轴瓦表面有微小凸起摩擦发热熔化，而与轴颈表面焊合的现象）；

（4）良好的嵌藏性和顺应性（嵌藏性是指合金能通过塑性变形来嵌藏润滑油带来的硬质点使之不划伤轴颈表面，顺应性是指对变形的适应能力）；

（5）能抵抗润滑油的腐蚀性。

锡基轴承合金（ZChSnSb 11Cu6）的基本性能参数见表 3-9。

表 3-9　　　　　　　　锡基轴承合金（ZChSnSb 11Cu6）基本性能参数

主要化学成分	锑 Sb	铜 Cu	铁 Fe	铅 Pb	铝 Al	杂质总和
	10.0%～12.0%	5.5%～6.5%	≤0.1%	≤0.35%	≤0.1%	≤0.55%
主要机械及热力学性能	抗拉强度（MPa）	抗压强度（MPa）	屈服强度（MPa）	线膨胀系数	热导率 [W/(m·K)]	硬度（HBS）
	88	113	66	23×10^{-6}	33.5	27
主要物理性能	密度（g/cm³）	熔点（℃）	结晶温度（℃）	有润滑摩擦系数		无润滑摩擦系数
	88	113	66	0.005		0.28

单位：mm

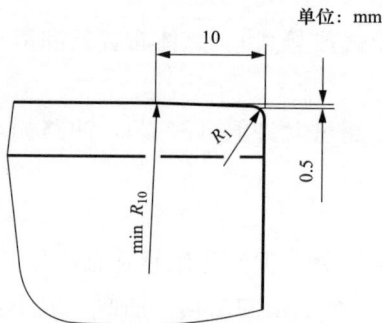

图 3-93　导轴承瓦面倒角

为了使油更容易进入到瓦块和推力头之间，在瓦块进油边必须开有倒角。而另一边仅仅需要倒圆。特别要注意的是，发电电动机转子为双向旋转，瓦块两边都需要开倒角便于吸油。

推力瓦表面巴氏合金层加工精度要求为 $Ra\,0.8$。巴氏合金层的倒角详细设计如图 3-93 所示。

第六节 机 架

发电电动机机架根据布置位置分为上机架和下机架，是发电电动机安置推力轴承、导轴承、制动器等的支撑部件，承受机组推力负荷以及转子径向机械不平衡力和固定、转子气隙不均匀而产生的单边磁拉力。因此，机架是发电电动机的一个较为重要的结构部件。

一、机架的形式与结构

机架的结构型式通常由发电电动机的总体布置确定。机架是由中心体和数个支臂组成的钢板焊接结构。由于运输尺寸的限制，当机架支臂外端的对边尺寸满足运输条件时，采用中心体与支臂焊为一体的结构；当机架支臂外端的对边尺寸超出运输尺寸限制时，应采用可拆卸支臂或部分拆卸支臂的机架，中心体与支臂通过合缝板或焊接组合。

1. 按机架承载性质划分

(1) 负荷机架。放置推力轴承的机架统称为负荷机架。它承受机组转动部分的全部质量、水轮机的轴向水推力、机架自重及作用在机架上的其他负荷。悬式发电电动机的上机架（如图 3-94 所示）、伞式或半伞式发电电动机的下机架（如图 3-95 所示）都属于负荷机架。根据结构布置要求，有时也将导轴承装设在负荷机架内。所以，这种负荷机架除承受轴向负荷外，还承受径向负荷。悬式发电机的上机架固定在定子机座顶环上。这种机架的跨度较大，为了满足其挠度值在允许范围内，需增加机架的高度。伞式发电机的负荷下机架位于转子下面，它通过基础板用地脚螺栓固定在基础上，机架的跨度较小，因此在挠度值要求相同的条件下，可降低高度，减小机组质量。

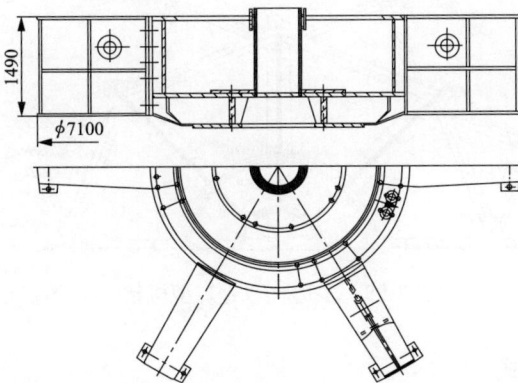

图 3-94 悬式发电电动机上机架　　图 3-95 伞式/半伞式发电电动机下机架

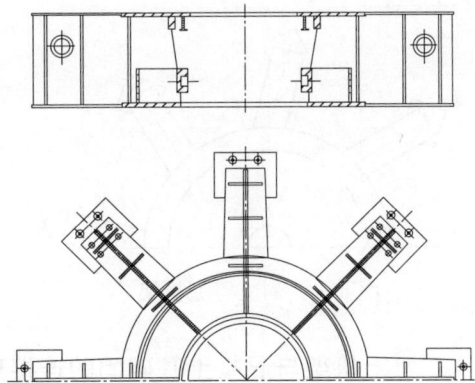

(2) 非负荷机架。一般只放置导轴承，主要承受转子径向机械不平衡力和固定、转子气隙不均匀而产生的单边磁拉力。悬式发电电动机的下机架（如图 3-96 所示）和半伞式发电机的上机架（如图 3-97 所示）均属于非负荷机架。

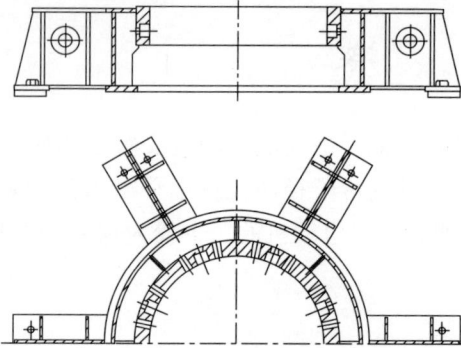

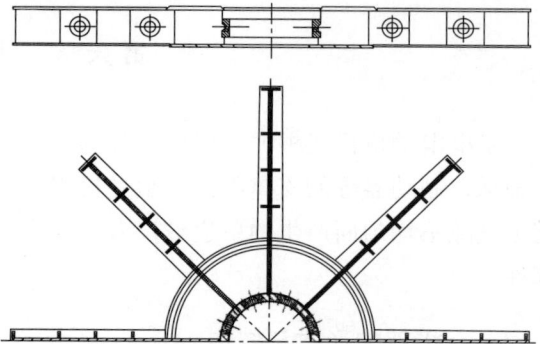

图 3-96　悬式发电电动机下机架　　　　图 3-97　半伞式发电电动机上机架

2. 按机架支臂结构型式划分

（1）辐射型。这种结构支臂相对于中心成辐射状布置，受力均匀，特别适用于负荷机架，如图 3-94 和图 3-95 所示；非负荷下机架，如图 3-96 所示；跨度较大的低速、大容量发电机的非负荷上机架，如图 3-97 所示。

（2）斜支臂型。该结构适用于中、大容量发电机的上机架，如图 3-98 所示。采用斜支臂后，机架径向刚度降低，当温度变化时，径向热变形阻力小，传递到基础上的受力也较小，适应了机架热膨胀。同时机架受力时中心体绕中心旋转，同心度保持较好，不会影响导瓦间隙，保证了运行的稳定性。

（3）多边（八卦）型。这种结构的上机架与基础板间径向不约束以适应热膨胀，仅设切向键打紧，也就是说，机架仅能传递切向力到基础，基础不受径向力，有利于保护基础，如图 3-99 所示。

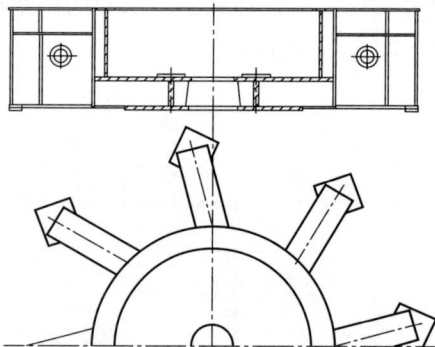

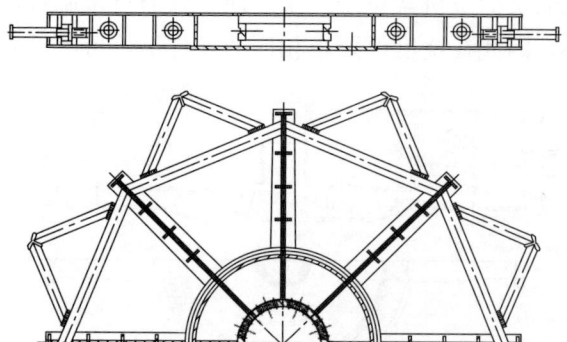

图 3-98　斜支臂型机架　　　　　　图 3-99　多边（八卦）型机架

二、上机架与混凝土基础间的连接形式

上机架一般是以支臂式结构为主，在上机架内部中心体安装上导轴承以及冷却设备。对于非负荷上机架，主要传递机组机械不平衡力以及电磁力产生的水平径向力，同时通过上导轴承给予轴系支撑刚度，控制轴系的振动。而对于负荷上机架，还要同时承受推力负荷。上机架支撑型式各不相同，传递径向力以及转换方式也不相同，这些力最

终均作用到基础上。因此，在上机架结构设计时要考虑采取一定的措施，尽量减小基础径向受力，或将径向力转换为切向力传递到基础，改善基础受力状态。上机架与混凝土基础间的连接形式一般有以下几种。

1. 径向千斤顶

径向千斤顶如图 3-100 所示，这种结构一般用于小型机组辐射机架。其一端与上机架连接，另一端固定在机坑壁上，将机组所受径向力直接传递到基础，千斤顶载荷一般按上导轴承总载荷的 1.5～2 倍考虑。为了使机坑壁在发电机半数磁极短路时不受损坏，在千斤顶支柱上装设了剪断销。

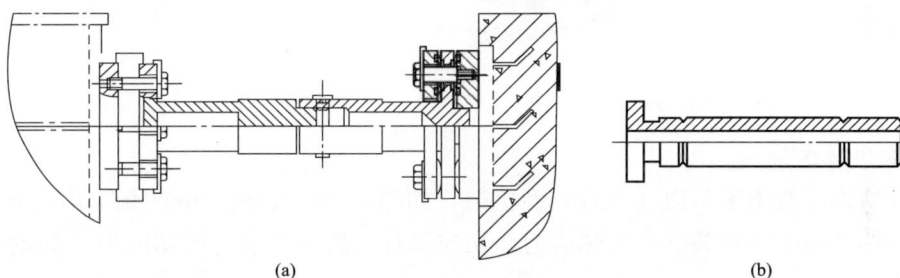

(a)   (b)

图 3-100 径向千斤顶及剪断销

（a）径向千斤顶；（b）剪断销

2. 弹性减振板

上机架与机坑混凝土基础间采用弹性减振板，可将上机架所受径向力通过顶丝螺栓传递到机坑上。根据机组机械不平衡力的大小，对螺栓进行一定的初期预紧，保证各支臂对混凝土基础始终保持有一定的压力。减振板为弹性板，能吸收机架支臂热膨胀的位移，而不使基础混凝土产生有害变形，结构形式如图 3-101 所示。

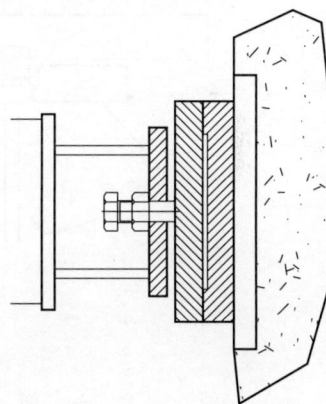

图 3-101 弹性减振板

3. 弹性阻尼支撑

弹性阻尼支撑结构采用液压阻尼原理设计。支撑装置中充满黏度极大的液态物体，其物理模型可简化为刚度 K_s 的弹簧，与刚度 K_d 弹簧，阻尼器 C 的并联，如图 3-102 所示。在静态力作用（如热胀）下，阻尼支撑的静态径向刚度 K_s 较小，可以适应热变形，大大降低机架热变形产生的径向力。在机组运行时，阻尼器 C 和动态径向刚度 K_d 弹簧发挥作用，使整个装置（如图 3-103 所示）在动态力作用下具有很强的刚度支撑。

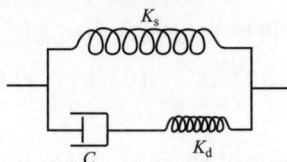

图 3-102 弹性阻尼支撑
物理模型

4. 径向键连接

这种机架与基础的固定结构一般用于斜支臂型机架。径向键打紧后，将机架与基础板牢牢固定在一起，机架所承受径向力及切向力都通过基础板传递到混凝土基础。图 3-104 为径向键连接。

图 3-103　弹性阻尼支撑

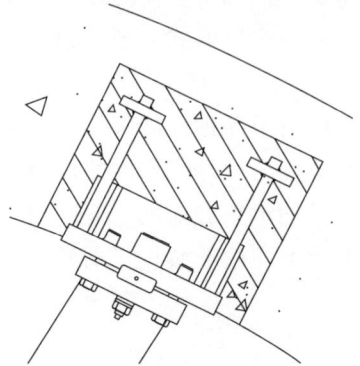

图 3-104　径向键连接

5.切向键连接

这种结构一般用于多边（八卦）型机架，如图 3-105 所示。由于径向留有间隙，机架可自由热胀而不会对基础产生热应力。切向键打紧后，仅能传递切向力到基础，基础径向不受力。

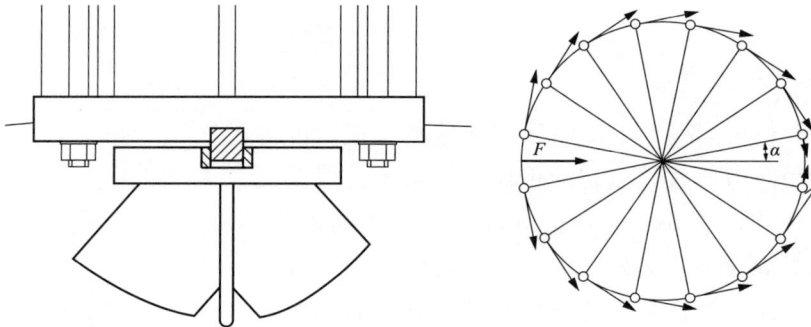

图 3-105　切向键连接及受力图示

➠ 第七节　制动器及制动系统

按国标 GB/T 20834 规定：发电电动机的机械制动系统应能适应机组正反双向旋转运行的要求，确保在各种工况下安全停机并满足工况转换的要求。发电电动机多采用混合制动，当机组转动部分转速达到 50% 额定转速时，按设置的程序自动投入电气制动，定子出线端短接，用电磁阻力矩制动，转速继续下降到额定转速的 5%～10% 时，再投入机械制动系统直到停机。

机械制动装置单独用于紧急停机时，一般在机组转速下降到额定转速的 30%～35% 时，用空气压力为 0.5～0.7MPa 的压缩空气顶起制动器内的活塞和制动器上的制动块，与转子上的制动环接触形成摩擦制动。

一、制动器

制动器是发电电动机制动系统中作为机组制动（刹车）和顶起转子的主要部件，也是机械制动的关键部件。制动器从结构型式来分，大致有三种：

（1）单缸单活塞制动器。制动器仅一个气缸，采用一个活塞，充气后推动活塞向上进行制动。活塞具有复位结构，当充入反方向气体后将活塞向下进行复位，此种结构的制动器均为油气不分开结构，活塞与气缸采用O形密封圈密封，如图3-106所示。

（2）单缸双活塞制动器。制动器有两个活塞（上、下活塞）在一个气缸内工作，如图3-107所示。制动器利用气压复位。管路系统油气分开，避免相互污染，活塞与气缸均采用O形密封圈密封。

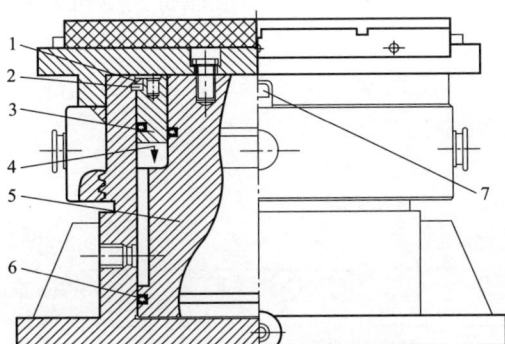

图 3-106 单缸单活塞制动器

1—压圈；2—半环键；3—衬套；4—气压复位；

5—活塞；6—密封圈；7—定位销

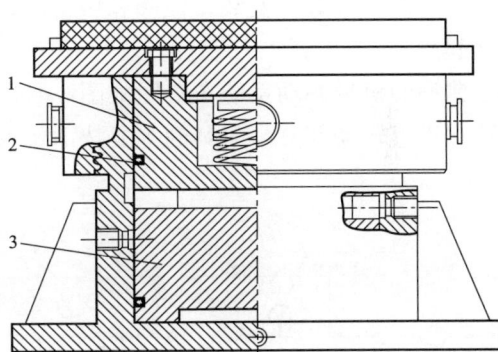

图 3-107 单缸双活塞制动器

1—上活塞；2—密封圈；3—下活塞

（3）双缸单活塞制动器。制动器具有两个气缸，每一气缸各有一个活塞，工作时两气缸活塞共同顶起一块制动块，提高了制动器的顶起能力。

制动块是制动器的关键零件。制动块要求磨损小，使用寿命长，粉尘少、烟雾低、无味、无毒。目前我国广泛采用的非金属无石棉制动块，均能满足以上要求。其主要性能参数如下：

冲击韧性　≥20J

抗压强度　>20MPa

布氏硬度　HB≥20～35

吸水率　<2%

吸油率　<1%

摩擦系数　>0.35

磨损量　<0.6mm/h

可保证在300℃时，无烧伤、裂纹及永久变形产生。

制动器的O形密封圈采用标准密封圈，其材料一般选用丁腈橡胶HN7445，外观质量指标等符合相关标准规定。

经过多年发展，目前发电机制动器已形成系列。按活塞直径来分，有 φ120mm、φ160mm、φ220mm、φ250mm、φ280mm、φ300mm 等常用规格可根据样本选用。

二、机械制动系统

制动系统应具有以下功能：

（1）在发电机停机过程中，为避免推力轴承在低速下油膜被破坏导致瓦面烧损，制动系统应能在专用技术协议中规定的预定时间（一般为 2～3min）将机组转动部分从 20%～30%（采用塑料瓦的机组为 10%～20%）额定转速下连续制动至停机。

（2）当水轮机漏水使机组产生的转矩不大于水轮机额定转矩的 1% 时，制动系统应保证机组制动停机。

（3）制动装置在安装、检修和启动前，以高压油注入制动器，应能将发电机旋转部分顶起。

典型的机械制动系统布置图如图 3-108 所示，压缩空气用于制动，而压力油部分用于顶起机组转动部分。对其的主要技术要求见表 3-10。

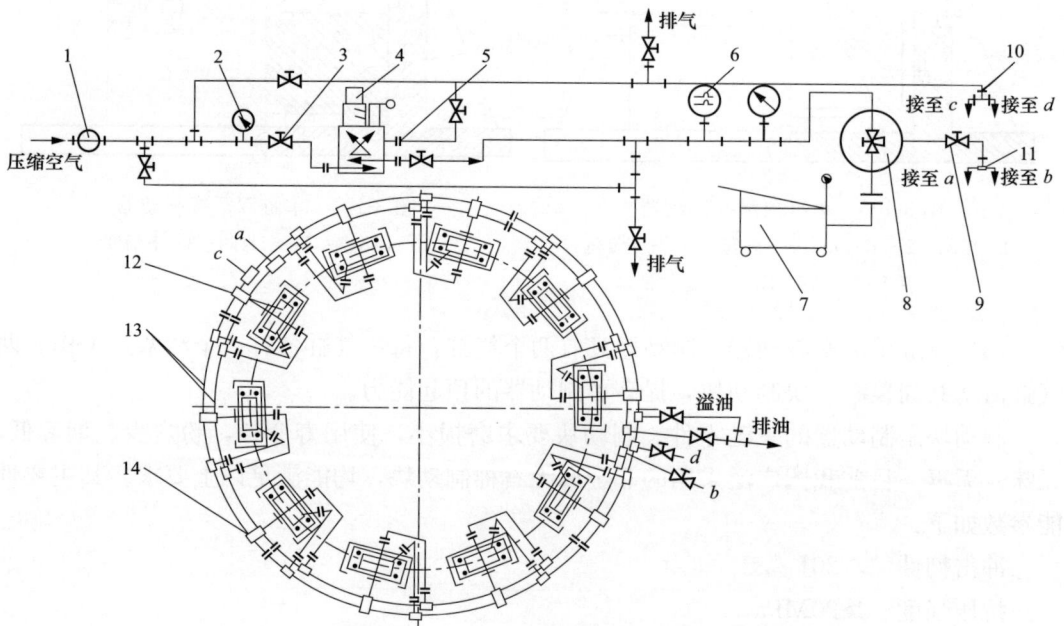

图 3-108　机械制动系统布置示意图

1—空气过滤器；2—压力表；3—低压气阀；4—电磁空气阀；5—法兰；6—压力信号器；7—高压电动油泵；8—高压三路活门；9—高压油阀；10—低压三通；11—高压三通；12—制动器；13—环管；14—管夹

表 3-10　　　　　　　　　　　机械制动系统主要技术要求

序号	项目	技术要求
1	制动时气压（MPa）	0.5～0.7
2	顶转子时油压（MPa）	8～12

续表

序号	项目	技术要求
3	机械制动转速（r/min）	20%～30%额定转速（钨金瓦）
		10%～20%额定转速（塑料瓦）
4	顶起距离（mm）	15～20
5	顶起转子时基础承受压应力（MPa）	<2.5

三、电气制动系统

转动惯量较大的水轮发电机及启动和停机频繁的发电电动机，当停机时采用机械制动易使制动环和制动块磨损加剧，并使制动环产生变形、开裂甚至断裂现象，一般配合采用电气制动。

电气制动的工作原理基于同步电机的电枢反应。机组与电网解列，发电机转子灭磁后，通过电气制动开关使定子三相短路，同时给转子加励磁电流，使定子中产生等于额定电流的短路电流，产生一个方向与机组惯性力矩的方向相反，具有强大制动作用的电磁力矩制动。励磁电流由厂用电系统经整流后的外部电源供给。

电气制动投入前需满足下述条件：

（1）发电机必须从电网解列。

（2）磁场必须灭磁，发电机机端电压降到残压。

（3）导叶关闭，机组不再有原动力矩。

（4）发电机无内部电气故障。

在机组制动期间，这个制动力矩和转轮在水中转动摩擦引起的水阻力矩、发电机通风损耗引起的风摩阻力矩及轴承摩擦损耗引起的阻力矩构成机组总的阻力矩。

根据同步电机理论推导，电气制动力矩 M_e 可表达为

$$M_e = \frac{P_E}{\omega} = \frac{3I_K^2 R}{2\pi n/60} = K\frac{I_K^2 R}{n}, \quad I_K = \frac{E}{\sqrt{X_d^2 + R^2}} \tag{3-6}$$

式中　P_E——定子铜耗；

R——定子电阻；

ω——机械角速度；

I_K——定子中的短路电流；

E——定子中的内电势；

X_d——定子直轴电抗，$X_d = 2\pi f L \infty n$ 转速。

在较高速度制动时，水轮机转轮的水阻力矩起主要作用；而在较低的速度范围里，定子绕组铜损耗和外串电阻所产生的损耗起主要作用；其他的制动力矩随着转速下降而急剧下降，只有电磁功率与转速无关，电制动力矩随着转速下降而增大，这是电气制动的优点，但当转速继续降低到一定程度，定子中感应的内电势减小，定子电阻大于电抗，定子电流不足以达到额定电流，电制动力矩也会下降。

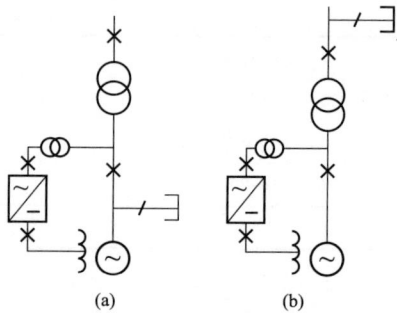

图 3-109　电气制动接线图

（a）电气制动接线方式一；

（b）电气制动接线方式二

常用的电气制动接线方式如图 3-109（a）所示，电气制动短路开关设于发电机出口附近。也可如图 3-109（b）所示，将电气制动开关设于主变压器高压侧，这样变压器可提高附加制动损耗，制动效果更好，但电气制动开关电压等级高，对耐高频次操作要求高，目前很少应用，仅在个别地区少量应用。

电气制动配合机械制动的混合制动方式在抽水蓄能电站中广泛使用，表 3-11 为广蓄 300MW 机组在不同制动过程中的时间统计。

表 3-11 　　　　　　　　　　不同制动过程时间统计

制动情况（投入转速）	自然减速时间（s）	电气制动减速时间（s）	机械制动减速时间（s）	总时间（s）
正常制动（50％额定转速投电制动，5％投机械制动）	180	100	5	285
仅机械制动（20％额定转速投机械制动）	186		56	242
紧急制动（25％额定转速投机械制动）	143		71	214

⌗ 第八节　高压油顶起减载系统

发电电动机机组启动和停机低速运行过程中，镜板与推力轴承间难以建立油膜，可能导致推力轴承处于半干摩擦状态，容易发生磨损事故。为使推力轴承可靠运行，减小推力轴承的静摩擦转矩，以建立足够的油膜厚度，可以采用高油压顶起减载系统。

高油压顶起减载系统用高压油将镜板顶起，在推力瓦和镜板之间建立承载油膜，成为短时运行的静压轴承，从而保证了推力轴承低速下的运行安全。

一、高油压顶起减载系统工作原理

如图 3-110 所示装有高压油顶起的单块轴瓦，轴瓦摩擦面设置有顶起用油室，并通过轴瓦上的进油孔与供油泵相连。当供油泵开动后在油室中就产生压力 P_1。当 P_1 不断上升到 P_0 足以使镜板和轴瓦分离时，润滑油即溢出。由于高压油泵不断向油室供油，因此在镜板和瓦间形成一个连续的油膜层，并借助油膜层压力将负荷 W 抬起一个很小的高度 h，从而在轴瓦与镜板间建立稳定的高度 h 的润滑油膜。

实际使用时，高压油顶起系统用一个供油泵同时向数块轴瓦供油，油泵一用一备。系统如图 3-111 所示，由油泵、节流阀、安全阀（溢流阀）、单向阀、滤油器和管路等附件组成。

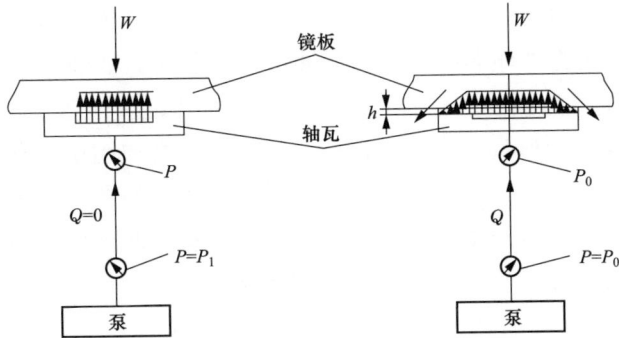

图 3-110 单块瓦高压油顶起示意图

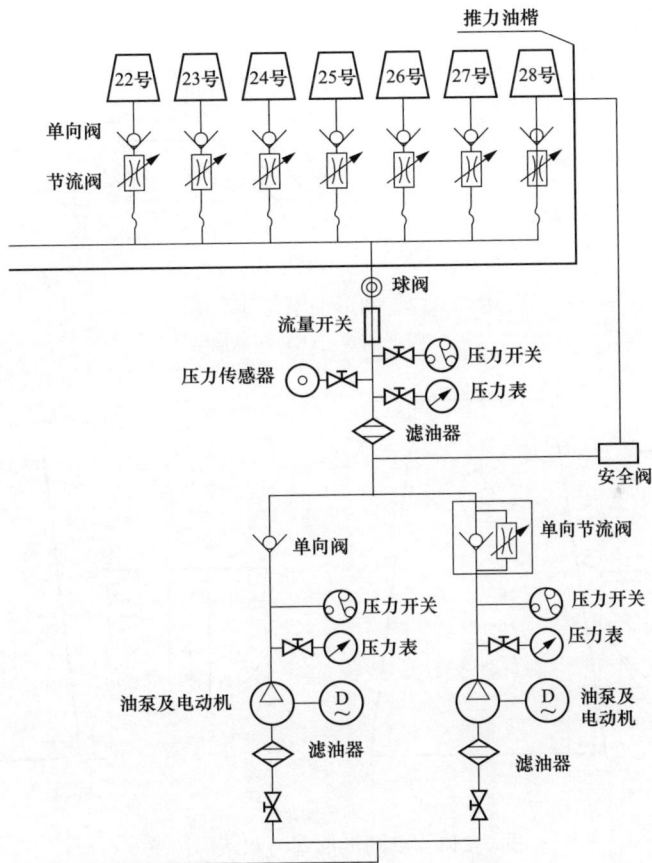

图 3-111 高压油顶起系统示意图

安全阀用于控制管路中的最高压力，保护管路；单向阀防止正常运行时动压油膜使油流向油室管路倒灌，从而破坏油膜而设；节流阀用于调整每块瓦油流量，保证每块瓦油膜均匀。此外，为了防止油泵停止后因高压油管内的高压油倒流引起油泵倒转，在油泵出口设有单向阀。上述系统元件对油路稳定均有一定影响，在选择各类高压液压元件时保证质量。

二、高油压顶起减载系统设计计算

油室压力和油量是设计计算高压油顶起系统两个最基本的数据。

油室压力主要受油室形状、尺寸影响，常见的油室有圆形和环形两种，如图 3-112 所示。一般认为，环形油室比圆形油室好，在同样的油膜厚度和承载能力情况下，它可减小 20% 的油室面积和油室压力，同时对动压油膜的影响也较小。

根据瓦面积的大小和形状，长宽比接近 1 的推力瓦常采用单油室，对于大负荷的推力瓦和长宽比小于 0.75 的长条形推力瓦常采用双油室，如图 3-113 所示，分别为双圆形油室和双条形油室，也可采用双环形油室。条形油室是两个周向的平行沟，这些油沟有利于高压油的作用，并减少对动压油膜的破坏作用。

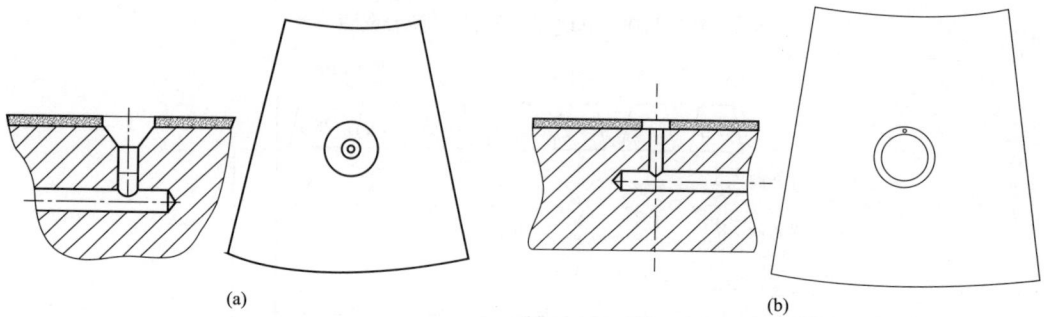

图 3-112 圆形油室与环形油室
（a）圆形油室；（b）环形油室

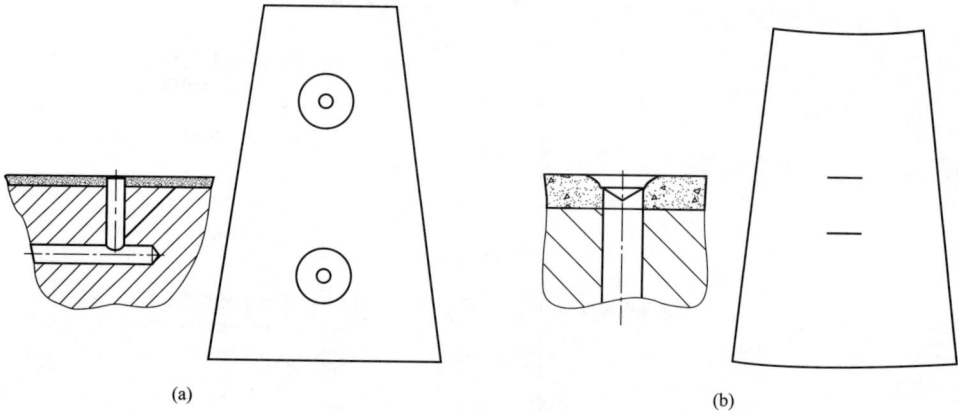

图 3-113 双圆形油室与双条形油室
（a）双圆形油室；（b）双条形油室

高压油压顶起减载系统，实质上是短时运行的静压推力轴承，因此两者的计算原理是相同的。有限元计算软件系统，可以对高压油顶起时的油膜厚度分布、油膜压力分布、瓦块镜板和推力头的变形等进行较精确地耦合计算。而在进行推力轴承油压顶起减载装置的初步设计时，假设镜板被均匀顶起，可以采用如下的简化方法进行计算。

（1）单油室的负荷系数和流量系数。

负荷系数为

$$a_f = \frac{1}{2\ln f_d}(f_d^2 - 1) \tag{3-7}$$

流量系数为

$$q_f = \frac{\pi}{6\ln f_d} \tag{3-8}$$

式中 f_d——油室系数，$f_d = r_1/r_2$，圆形油室一般取 $f_d = 0.15 \sim 0.25$；

       r_1——油室半径，如图 3-114，对于圆形油室取真实油室半径，对于环形油室取油室的外半径，对于条形油室取两条油室的最大外接圆半径，m；

       r_2——轴瓦以油室中心为圆心的最小内切圆半径，m。

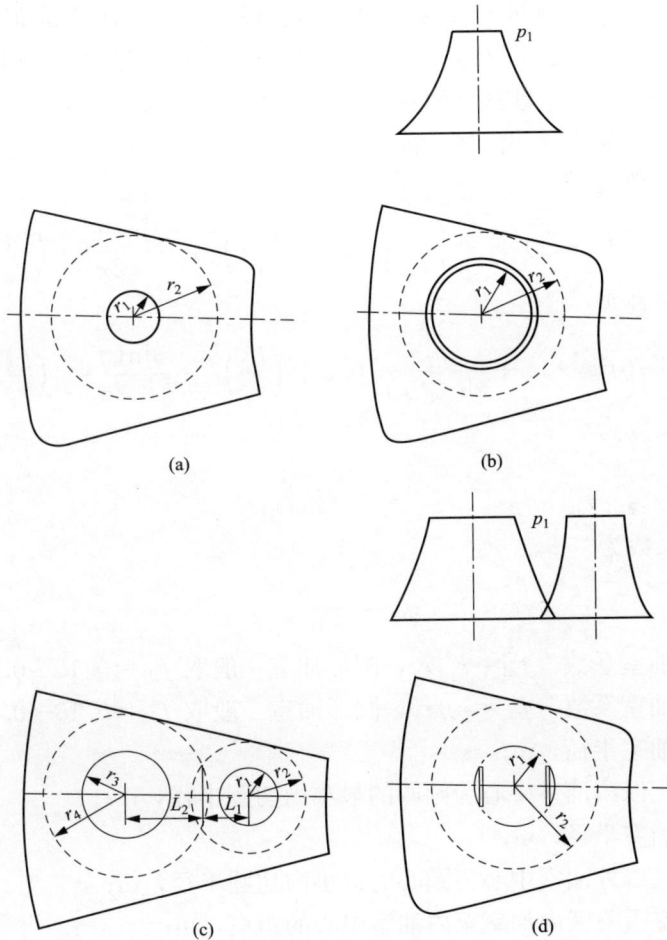

图 3-114   油室计算

（a）圆形油室；（b）单环形油室；（c）双环形油室；（d）条形油室

（2）单油室的油室压力。

工作油压为

$$p_r = \frac{F_0}{ma_f \pi r_2^2} \quad (\text{Pa}) \tag{3-9}$$

式中 F_0——机组转动部分总重和启动时的附加水推力，N；

m——瓦块数。

顶起时油室理论上承受的最大压力为

$$p_{\max} = \frac{F_0}{1.44 m \pi r_2^2} \quad \text{(Pa)} \tag{3-10}$$

（3）流过单油室轴瓦油膜间隙的润滑流量为

$$Q_{\text{jack}} = m q_f p_r \frac{h_{\text{jack}}^3}{\eta_0} \quad \text{(m}^3/\text{s)} \tag{3-11}$$

式中 h_{jack}——油膜厚度，m，对于发电电动机应大于 0.05mm；

$\quad\quad \eta_0$——润滑油在顶起时油温下的动力黏度，Pa·s。

可见高压油顶起的供油量 Q_{jack} 与顶起的油膜厚度 h_{jack} 三次方成正比。在一定范围内，增大油膜厚度对降低启动摩擦系数，和提高安全性有一定效果，但过大的油膜厚度使供油量急剧增加，因此合理选择油膜厚度对经济性有很大影响。

（4）双油室的负荷系数和流量系数。

内油室负荷系数为

$$a_{f1} = \frac{1}{2\ln(f_{d1})}(f_{d1}^2 - 1) + \frac{\theta_1}{\pi \ln(f_{d1})}\left[0.5 + \left(\frac{L_1}{r_2}\right)^2\right] - \frac{3\ln(f_{d1})}{2\pi}\left(\frac{L_1}{r_2}\right)^2 \tan\theta_1 \tag{3-12}$$

外油室负荷系数为

$$a_{f2} = \frac{1}{2\ln(f_{d2})}(f_{d2}^2 - 1) + \frac{\theta_2}{\pi \ln(f_{d2})}\left[0.5 + \left(\frac{L_2}{r_4}\right)^2\right] - \frac{3\ln(f_{d1})}{2\pi}\left(\frac{L_2}{r_4}\right)^2 \tan\theta_2 \tag{3-13}$$

内油室流量系数为

$$q_{f1} = \frac{\pi}{6 \ln f_{d1}} \tag{3-14}$$

外油室流量系数为

$$q_{f2} = \frac{\pi}{6 \ln f_{d2}} \tag{3-15}$$

式中 f_{d1}——内油室系数，$f_{d1} = r_1/r_2$，圆形油室一般取 $f_{d1} = 0.15 \sim 0.25$；

$\quad\quad f_{d2}$——内油室系数，$f_{d2} = r_3/r_4$，圆形油室一般取 $f_{d2} = 0.15 \sim 0.25$；

$\quad\quad r_1$——内油室半径，m；

$\quad\quad r_2$——轴瓦以内油室中心为圆心的最小内切圆半径，m；

$\quad\quad r_3$——外油室半径，m；

$\quad\quad r_4$——轴瓦以外油室中心为圆心的最小内切圆半径，m；

$\quad\quad L_1$——油室重叠区内油室至内油室中心的距离，m；

$\quad\quad L_2$——油室重叠区内油室至外油室中心的距离，m。

若 $L_1 < r_2$，则 $\theta_1 = \arccos^{-1}(L_1/r_2)$，否则 $\theta_1 = 0$；若 $L_2 < r_4$，则 $\theta_2 = \arccos^{-1}(L_2/r_4)$，否则 $\theta_2 = 0$。

（5）双油室的油室压力。

工作油压为

$$p_r = \frac{F_0}{m(a_{f1}\pi r_2^2 + a_{f2}\pi r_4^2)} \quad \text{(Pa)} \tag{3-16}$$

式中 F_0——机组转动部分总重和启动时的附加水推力，N；

m——瓦块数。

顶起时油室理论上承受的最大压力为

$$p_{max} = \frac{F_0}{1.44m\pi(r_1^2 + r_3^2)} \quad (Pa) \tag{3-17}$$

（6）流过双油室轴瓦油膜间隙的润滑流量为

$$Q_{jack} = m(q_{f1} + q_{f2})p_r \frac{h_{jack}^3}{\eta_0} \quad (m^3/s) \tag{3-18}$$

式中 η_0——润滑油在顶起时油温下的动力黏度，Pa·s。

（7）油泵的工作压力为

$$p_{pump} = p_r + \Delta p_1 + \Delta p_2 \quad (m^3/s) \tag{3-19}$$

式中 p_r——油室压力，Pa；

Δp_1——节流器的压差，Pa；

Δp_2——高压油管路的压力损失，Pa。

（8）高压油泵的功率为

$$P_{pump} = p_{pump}Q_{jack}/\eta_{pump} \quad (W) \tag{3-20}$$

式中 η_{pump} 为高压油泵的效率，一般为 0.7。

（9）高压油泵的参数选择。高压油泵的额定压力一般取 $1.5 \sim 2p_{pump}$，额定流量取 $1.5Q_{jack}$，电动机功率取 $2.25 \sim 3P_{pump}$。

三、高油压顶起减载系统设计要点

1. 推力瓦高压油室设计

高压油室几何尺寸由油压顶起计算确定。

2. 高压油润滑油喷嘴设计

如果在推力瓦的高压油出口设置高压油喷嘴，为了使高压油在顶起镜板时，从油嘴正常喷出，使轴瓦表面钨金不分层，其余部位有良好的密封性，在高压油喷嘴、喷嘴座以及推力瓦各相关的焊接处，要设计出足够大的焊缝坡口，用银铜焊焊牢，并对各焊缝进行油压试验。设计喷嘴时，颈部要长些，比钨金层厚度伸出 2~3mm，使在浇铸钨金后，喷嘴露出钨金层表面，以便在以后的加工过程中找正高压环形油室的位置和把喷油嘴开在高压环形槽中。

3. 高压管路设计

装置中的进油孔与接头连接处，以及高压管路的所有接头处都必须绝对密封。因为一旦某处漏油，将导致正常的油膜遭到破坏，轴瓦的动压承载能力降低，严重时将使轴瓦钨金表层与镜板处于半干摩擦状态，轴瓦破损。高压供油主环管和进油连接管的直径，都要根据管路压力进行计算，并用无缝钢管制成。

为使高压油泵获得充足的油量，低压侧的供油管直径应适当放大。为减小液压系统的阻力，管路中接头和弯头应尽量减少，设计时高压油泵的安装位置应在推力轴承油槽的油面以下，从而可避免油流入高压油泵时将空气带入。同时将溢油阀或者安全阀的回油管接至推力轴承油槽的热油区，而将进入油泵的低压油管接至推力轴承油槽的冷油区，可避免空气进入管路系统。

为了防止高压输油管在油槽中由于自身重力和热变形影响轴瓦自由摆动，进而影响轴瓦润滑，将高压输油管中进入推力轴瓦前端的高压管弯成一个螺旋圆圈，并使其在油槽中呈自由悬挂状态，或者在推力轴瓦前端采用高压软管作为输油管。在靠近推力轴瓦高压油入口处设置单向阀。可防止正常运行时动压油膜向油室和管路系统倒流，避免动压油膜破坏，推力瓦与单向阀之间不能装有压力表或其他易泄漏的元器件。在每块推力轴瓦的高压油管路上应设置节流阀，以提高静压油膜的刚度。对各种阀和高压油管都要分别做油压试验，其中单向阀和接头根据需要做 15～20MPa 油压试验。

第九节　冷　却　系　统

发电电动机在工作运行过程中，会产生各种损耗，这是电机发热的内在因素，总的来说损耗可分为以下几大类：

（1）铁损耗。通常分为基本铁耗和附加损耗，基本铁耗是主磁通在铁芯中交变引起的磁滞和涡流损耗，附加损耗包括转子表面损耗，高次谐波在定、转子引起的损耗，齿内脉振损耗，定子端部附加损耗等。

（2）铜损耗。铜损耗包括电流流过定、转子产生的基本铜耗和槽内漏磁通引起的附加损耗。

（3）机械损耗。机械损耗包括轴承损耗、通风损耗和电刷摩擦损耗。

冷却系统的作用在于将电机产生的损耗和热量带走，将电机温度控制在一定范围内，保证机组各部分能正常工作。对于空冷发电电动机，上述损耗中，除了轴承损耗通过油冷却器及润滑油冷却系统带走，其余损耗通过空气冷却器及通风冷却系统带走。

一、空气冷却器及通风冷却系统

（一）空气冷却器

空气冷却器也称为空气热交换器，如图 3-115 所示，是发电电动机内主要的换热元

图 3-115　空气冷却器外形

件。它将发电电动机运行过程中加热的空气进行冷却，使热空气温度降低后再次进入电机内部冷却铁芯、绕组等发热元件。如此循环，将损耗产生的热量通过空气冷却器的冷却水带走。

一般情况下，空气冷却器固定于定子机座壁上，且沿圆周等距分布。各个冷却器采用并联方式，通过阀门连接至环形进出水管上。当某一个冷却器发生故障时，可以将其单独关闭而不影响其他冷却器的运行。

空气冷却器主要由水箱盖、承管板、冷却管等几部分组成，如图3-116所示。

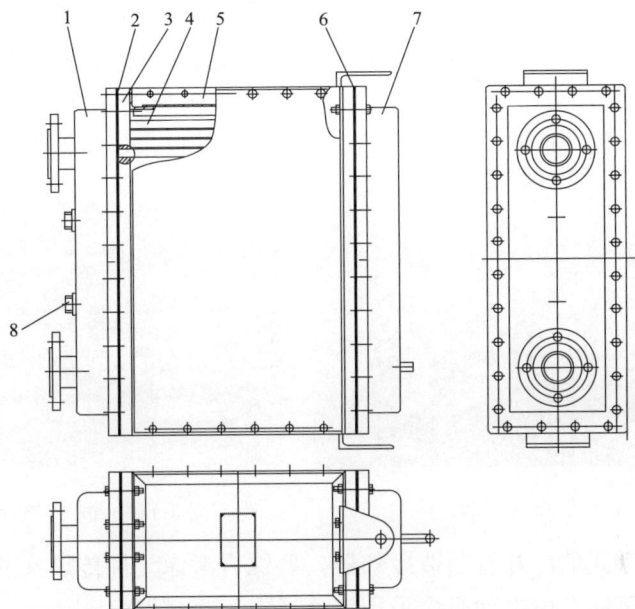

图 3-116 空气冷却器结构
1—下水箱盖；2—下密封垫；3—下承管板；4—冷却管；
5—壁板；6—上密封垫；7—上水箱盖；8—螺塞

水箱盖一般为钢板焊接结构，上下水箱盖与承管板一起组成了冷却器的上下水箱。水箱与冷却管构成了冷却水通路。

承管板用于固定冷却水管，也是冷却器的骨架。一般用钢板加工而成，加工后镀锌处理。

冷却管是冷却器用来热交换的元件，主要的型式有以下几种：

（1）铜丝绕簧式。如图3-117所示，将铜丝绕成的簧圈，按螺旋状绕于铜管上并焊牢形成绕簧管。绕簧式冷却管一般采用 $\phi19/\phi17$ 铜管，外绕的螺旋铜丝形成的螺旋铜丝圈称为叶片，由 $\phi0.69$ 铜丝线绕成长方形弹簧状，外径为 $\phi44mm$。

（2）串片式。如图3-118所示，将冷却铜管穿入冲有凸缘的多孔冷却翼片内，然后采用胀接的方式结合固定为一体。

（3）绕片式。将铜带折成L形后，经轧片，按螺旋状绕于铜管上并焊接牢。绕片管的翅片外径一般为 $\phi34mm$，片间距为2.3mm。

图 3-117　铜丝绕簧式冷却管

图 3-118　串片式冷却管

（4）针刺式。将针刺直接从铜管上加工挑出，针刺与铜管为同一材料，两者间没有二次接触，如图 3-119 所示。一般采用 $\phi 20/\phi 17$ 铜管加工，针刺外径为 $\phi 54mm$。

（5）铜-铝挤片式。采用专门的刀具将铝片挤压到铜管表面，作为散热翼片，如图 3-120 所示。一般翼片取 $\phi 35mm$，铜管直径为 $\phi 19/\phi 17$，片间距为 2.4mm。

图 3-119　针刺冷却管

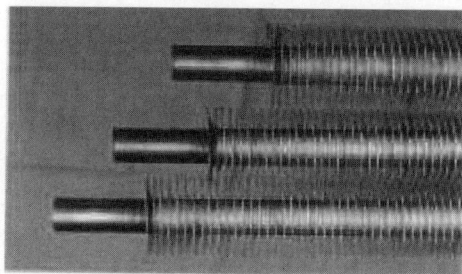

图 3-120　铜-铝挤片式冷却管

具体选用哪种型式的冷却管制造冷却器，要综合考虑元件传热系数、散热面积和风阻压降，目前抽水蓄能发电电动机多采用串片式空气冷却器。

（二）通风系统的压头元件

在无外加风机的发电电动机自循环通风系统中，转子和风扇是主要的压头元件，定子则是主要的风阻元件。电机能够产生的风量 Q_0，主要取决于转子的工作压头 H_1 与定子的风阻系数 Z_T，三者的关系可写为

$$Q_0 = \sqrt{H_1/Z_T} \tag{3-21}$$

可见，电机产生的风量，主要与转子的工作压头和定子风阻系数之比值的平方根成正比。而工作压头 H_1，可通过联立式（3-22）来求解。其中，H_0 为转子空载压头；Z_p 为转子风阻系数。

$$H_1 = H_0 - Z_p Q_0^2 \tag{3-22}$$

转子部分能产生压头的元件主要是转子支架、磁轭风沟和磁极，它们串联在一起组成压头元件，风扇的设置根据初步的计算风量确定。如果计算风量满足需要风量，并有一定裕度，可以不设置风扇，如果计算风量小于需要风量，则需要设置风扇，提高压头，增大计算风量。

1. 转子支架压头的有效利用

转子支架为发电电动机的第一增压元件。其压头因转子支架幅板的旋转而形成。对

于辐射型支架如同一个大的离心式风扇，支架幅板如同离心式风扇叶片，所不同的是气流进入叶片的方向是轴向而不是径向。

在旋转状态下，转子支架产生的压头 H_0 可以表示为

$$H_0 = \eta_0 \rho (u_2^2 - u_1^2) \tag{3-23}$$

式中　η_0——压头效率系数；

　　　ρ——空气密度；

　　　u_2——转子支架出口速度；

　　　u_1——转子支架入口速度。

转子支架压头能否有效利用与其局部压头损失有关。当气流进入转子支架时，入口处的压头损失 ΔH_w 可用下式表示

$$\Delta H_w = \xi_w \rho \frac{W_1^2}{2} \tag{3-24}$$

式中　ξ_w——转子支架入口处风阻系数；

　　　W_1——转子支架入口处空气合成速度。

转子支架的压头要得到有效利用，必须使气流在转子支架入口处的压头损失最小，即使 W_1 为最小。

另外，进入转子支架的气流，在支架幅板的驱动下流向磁轭风沟入口。由于磁轭入口面积突然减小，转子支架在靠近磁轭处静压增高。对于支臂式支架如果在两相邻支臂间不加盖板，易形成上下转子支架径向漩涡。这种漩涡随支架旋转，在上机架与定子机座空间中，如果漩涡半径超过支架上圆盘面与定子机座顶环面间的距离，气流将撞击上机架支臂并进入上风道，造成风道堵塞，甚至倒流。设计转子支架时，应尽量减小这种漩涡的影响，可在两相邻支臂间加装盖板。

2. 磁极压头作用

磁极处于发电电动机转动部分的最外缘，其线速度较高，加之磁极间通风面积相对较大，因而磁极有相当大的风扇作用。通过对一电站的通风试验，将转子径向风沟、磁轭冲片间的通风隙全部堵上，并拆除电机上的全部风扇，在此情况下，磁极成为通风系统中唯一有效的压头元件。测试结果证明，磁极单独作用产生的风量约占全部压头元件联合作用时所产生的总风量的 2/3。

磁极的风扇作用，通常以典型的离心式风扇方式来分析，与常规的离心式风扇的主要差别，在于进入磁极入口的气流是轴向的，并按照不均匀的分布流入极间空间，因此磁极的风扇作用效率比较低。据分析，磁极压头的效率系数仅为常规离心式风扇效率系数 η_0 的 40%～50%。尽管效率系数较低，但磁极压头的作用不能忽视。由于磁极出风面积大，其在最大流量点的值很大。因此 H-Q 特性曲线较平坦，在风阻较大情况下，它仍能产生较大的风量。发挥磁极的风扇作用是改善通风系统的重要途径。

3. 风扇的作用

发电电动机由于双向旋转需要，只能采用径向风扇，而不能采用轴向螺旋桨风扇和

斗式风扇等型式。径向风扇在和转子一起旋转时，气流从它的上下环间幅板经过，压力增高。径向风扇设计时，应考虑风扇入口面积略大于磁极入口面积。如果过流面积小，流经风扇的气流速度增加，内阻增大，风扇的有效压头下降，会导致其不能发挥正常作用，严重时压力过低，气流由定子热风区向端部倒流。

（三）通风系统的风阻

发电电动机的总风阻元件，主要是由定子铁芯、冷却器及端部结构件等组成。

1. 定子通风沟风阻

定子通风沟风阻和空气冷却器风阻，为通风系统的基本风阻。这两部分的风阻约占电机风阻的 95% 以上。在这两部分风阻中，定子通风沟风阻为主要部分。对某电站的电机进行通风试验，首先在正常情况下实测电机的总风量和空气冷却器的压力降。然后再将空气冷却器全部拆除，测量电机总风量的变化，实测电机总风量比原来提高约 30%。

总风阻可认为是定子通风沟风阻和空气冷却器风阻之和，即

$$Z = Z_s + Z_c \tag{3-25}$$

当空气冷却器全部拆除后

$$Z' = Z_s \tag{3-26}$$

假定电机的工作压头不变，可根据风阻反比于流量的二次方规律，得出定子通风沟风阻在整个风路系统中所占比例，即

$$\frac{Z'}{Z} = \left(\frac{Q}{Q'}\right)^2 \tag{3-27}$$

$$\frac{Z_s}{Z_s + Z_c} = \left(\frac{1}{1.3}\right)^2 = 0.59$$

式中　Z——总风阻；

Z'——拆除全部空气冷却器后的风阻；

Z_s——定子通风沟风阻；

Z_c——空气冷却器风阻；

Q——正常结构时电机的总风量；

Q'——拆除全部空气冷却器后的总风量。

可见，电站实测，定子通风沟风阻约占电机总风阻的 60%。定子通风槽钢，是影响通风沟风阻的主要部件。当气流进入定子通风沟后，会多次撞击通风槽钢。为减小入口处风压损失，可将入口处通风槽钢弯成一定角度，约能减小风阻 25% 以上，但对于双向旋转的发电电动机，通风槽钢全为径向布置。

2. 端部结构件风阻

如图 3-121 所示，空气从齿压板入口，经铁芯背部与定子环板的间隙进入机座热风区，这一过程会产生压力降。这一路风阻主要考虑齿压板入口和环板间隙风阻。

如图 3-122 所示，空气进入端腔时，一部分流经线圈顶端的空间，另一部分空气穿过端部线圈，后者相当于空气流过网格栅栏，按网格栅栏的风阻公式计算。

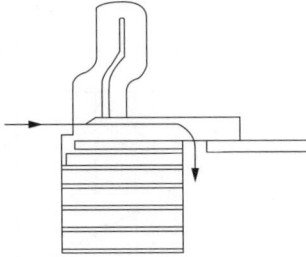

图 3-121 定子齿压板风路   图 3-122 定子端部风路

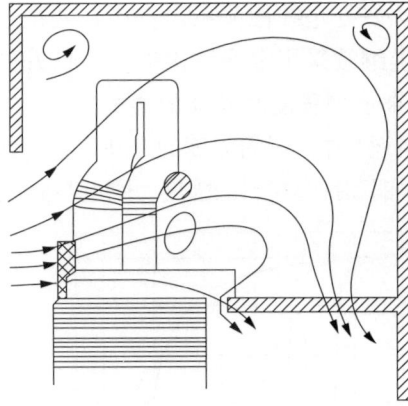

（四）发热对材料的影响

发电电动机冷却的目的是把各部分温度控制在合理范围内。而在发电电动机内，绝缘材料由于其有机物质的特点，能承受的温度大大低于金属结构件，因而发电机温升限值的制定主要视绝缘材料的温度承受能力而定。不同等级的绝缘材料温升极限值也不同，相关温升的标准在 GB/T 7894 中有明确规定。

1. 发热与绝缘寿命的关系

发热是影响绝缘寿命的主要因素，发电电动机绕组绝缘结构所采用的绝缘材料在发电机发热的影响下，其物理、电气及力学性能都要发生变化。当温度升高到一定值时，绝缘材料的物理、化学性质将发生质的变化，最终失去绝缘作用。

试验证明，绝缘材料在额定温度 θ_N 下持续工作的寿命大致在 6～8 年（平均可取 7 年），如 125℃（B级），155℃（F级），220℃（H级）在不同温度条件下工作的绝缘材料，其寿命可按式（3-28）进行计算

$$D = 7 \times 2^{\frac{\theta_N - T}{m}} \tag{3-28}$$

对于 B、F、H 级绝缘，温度每上升 10℃、12℃、14℃，绝缘寿命将缩短一半。

除经验公式计算外，绝缘材料的寿命也常常由实验来确定。由于各种绝缘材料、结构及实验方法的差异，各种文献提供的数据差异也较大。

在某些特定情况下，发电机绕组的温升限度，往往不全取决于所用绝缘材料及结构的允许最高温度，还要考虑一些其他因素，例如，进一步提高发电机绕组的温度意味着发电机损耗的增大和效率下降。因此，目前有些发电机虽然采用了 F 级或以上的绝缘结构，但发电机温升限度仍按照 B 级绝缘进行考核，这是由于考虑了绝缘寿命的因素。

当然，随着绝缘材料、结构的不断改进和发展，发电电动机绝缘结构的性能在不断提升。比如，发电电动机主绝缘厚度的减薄、VPI（真空压力浸渍）技术的应用使得绝缘结构的耐热性能不断提高，也使得发电电动机绕组散热条件得到较大改善。过去，一般 B 级绝缘材料的导热系数通常取为 0.16～0.18W/(m·K)，而现在的新型绝缘材料导热系数已经可以达到 0.22W/(m·K) 或以上，同时发电电动机主绝缘厚度减薄 20% 以上。这意味着从绕组铜线向铁芯传热所经过的绝缘热阻的传热路径缩短 20% 以上，

其所带来的散热好处呈线性关系，直接好处是绝缘温降下降，绕组铜温下降，这为在大型发电电动机上继续采用空冷结构提供了良好的机遇。

2. 发热对金属件强度和硬度的影响

发电电动机运行中，随着温度的升高，金属件的强度和刚度会逐渐下降。发电电动机中最常见的铜、银铜和钎焊材料的强度、刚度与温度的关系，分别如图 3-123 和图 3-124 所示。

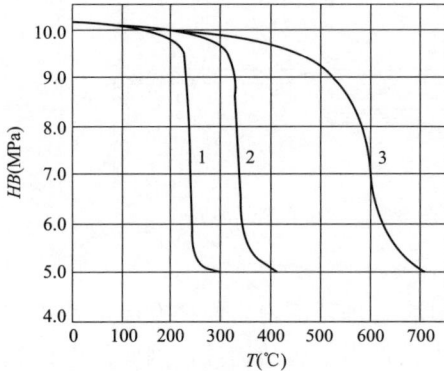

图 3-123 铜的硬度与温升的关系
1—电解铜；2—银铜；3—锆铜

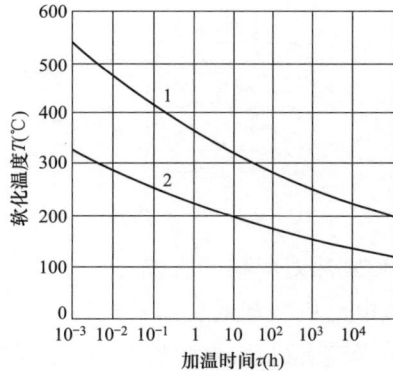

图 3-124 铜的软化温度与加温时间关系
1—银铜；2—电解铜

发电电动机中局部温度可能达到较高的程度，这些高温除对绕组绝缘直接造成一些危害外，对材料的机械强度产生的影响也是不可忽视的。几种金属材料的硬度随温度变化示于图 3-123 中。当温度超过 220℃时，常用电解铜的硬度会迅速下降；到 280℃时，几乎只有原来的 1/2 左右。温度不太高但持续时间长也能造成金属软化。在大型发电机中，局部温度出现超过 160~170℃的情况是存在的，因此必须对材料热变形和热应力问题予以考虑。

（五）冷却与散热

根据传热学原理，物体稳定温升的大小，一方面与物体内部的发热量大小有关，另一方面又与物体与周围介质间传热条件的好坏有关。一般来讲，物体向周围介质传热有三种方式，即传导、对流和辐射。

（1）传导：分子不发生位移，能量由高温至低温。

（2）对流传热：由于流体的宏观运动、分子碰撞引起的热交换现象。

（3）辐射：物体通过电磁波来传递能量的方式。

当物体的绝对温度不高时，主要考虑前两种传热方式。在发电电动机中，最主要的散热方式是对流和传导。不同的区域有不同的传热形式，一般情况下不考虑辐射的作用。发电机额定运行时，定子绕组、定子铁芯、励磁绕组等部件内都会产生铜损耗或铁损耗。如前所述，这些损耗的堆积会引起发电机相应部件温度升高，进而在不同部件间、部件与空气之间形成温差。根据传热学原理，温差存在就会有热量的流动，这种流动在固体之间以传导形式出现，而在固体表面与气体接触面上则以对流换热的形式进行。当传导与对流换热量和部件内部产生损耗的量相当时，发电机各部件的温度不再发生变化，此时发电机部件与冷却介质之间形成的稳态温差称为发电机部件的额定温升。

对于空冷电机，部件的温升大小取决于以下因素：

(1) 部件内部损耗的大小。

(2) 固体部件间导热系数的大小。

(3) 电机内部空气总流量及掠过相应部件表面的流速高低。

(4) 发热部件表面散热面积的大小。

(5) 发热部件表面几何因素。

表 3-12 是发电电动机内一些典型传热部位的传热方式。

表 3-12 发电电动机内典型传热部位的传热方式

传热部位	传热方式
定子绕组铜线与主绝缘之间	传导
定子绕组主绝缘与定子铁芯之间	传导
励磁绕组与托板和极身之间	传导
定子铁芯表面与空气（定子风沟内）	对流
定子绕组与空气（定子风沟内、定子绕组端部）	对流
励磁绕组与空气（极间）	对流

二、油冷却器及润滑油冷却系统

油冷却器用于将推力轴承和导轴承工作运行过程中产生的损耗带走，将润滑油冷却。布置于推力轴承和导轴承的油槽内的，称为内循环油冷却器，一般内循环冷却器的冷却管外露，工作时浸没在润滑油中；布置于油槽外的称为外循环油冷却器。

（一）内循环油冷却器

用于内循环的油冷却器，按其结构型式，尺寸大小和不同的换热容量，大致可分为以下几种。

(1) 扇形分瓣式油冷却器。这种油冷却器的形状呈扇形半环式，如图 3-125 所示。冷却器布置在油槽内对称的位置，一般由两瓣组成圆形，结构简单，安装、维修方便。

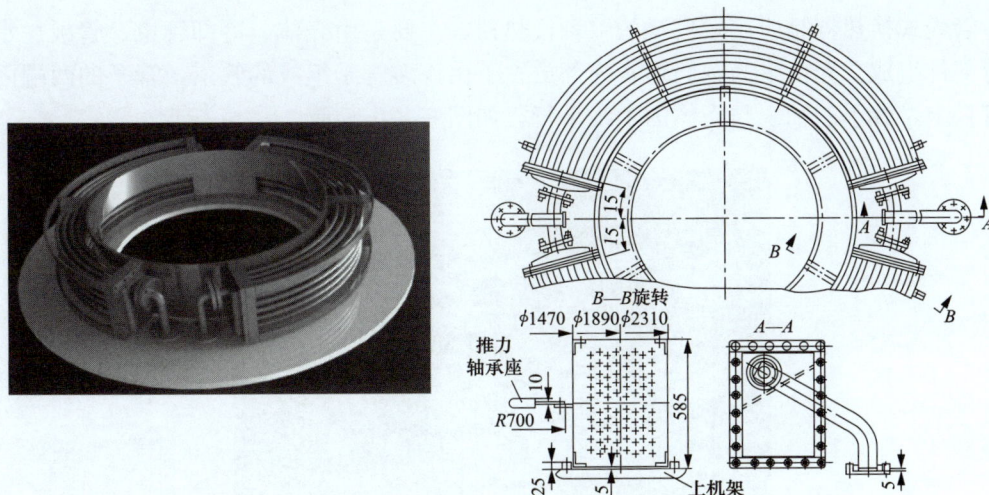

图 3-125 扇形分瓣式油冷却器

233

（2）抽屉式油冷却器。这种油冷却器采用 U 形铜管装配而成，如图 3-126 所示。油冷却器安装在轴承的油槽壁上，拆装方便。适用于大、中型电机内循环冷却系统的油槽。

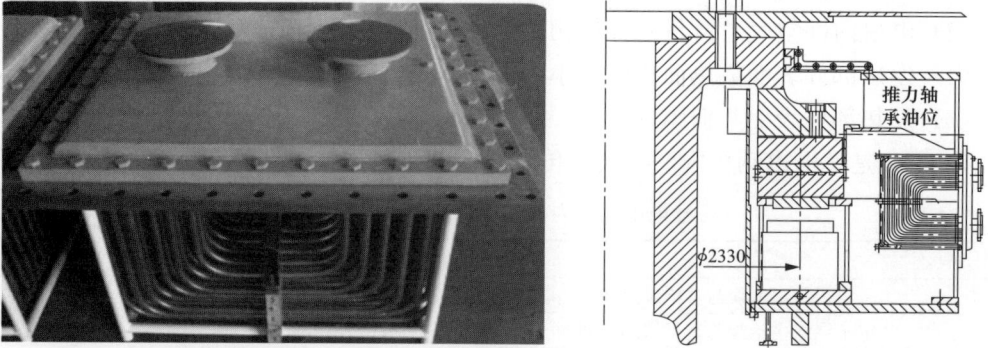

推力轴承油位

φ2330

图 3-126　抽屉式油冷却器

（3）盘式油冷却器。这种油冷却器的结构形式呈弧形，如图 3-127 所示，其结构简单，便于拆装，水路多为单路在半圆内反复绕行，没有水箱，结构紧凑，可布置于小容积油槽内，但水阻较大。

（4）螺旋管式油冷却器。这种油冷却器采用铜管螺旋绕制呈螺旋弹簧形，如图 3-128 所示。结构简单，水路连接方便，每间隔布置一个冷却器，适用于导轴承油槽。

（二）外循环油冷却器

外循环冷却器布置于厂房内，安装维护方便。在抽水蓄能发电电动机组中，常见的外循环冷却器有两种，管壳式冷却器与板式冷却器。

1. 管壳式冷却器

管壳式冷却器在厂房中的布置形式，可如图 3-129（a）立式布置，也可根据需要如图 3-129（b）卧式布置。

管壳式换热器是应用较广泛的一种换热器，主要是由壳体、冷却管束、管板、水管箱等部件组成。壳体多为圆筒形，内部放置了由许多管子组成的管束，管子的两端固定在管板上，管子的轴线与壳体的轴线平行，如图 3-130 所示。

图 3-127　盘式油冷却器（一）

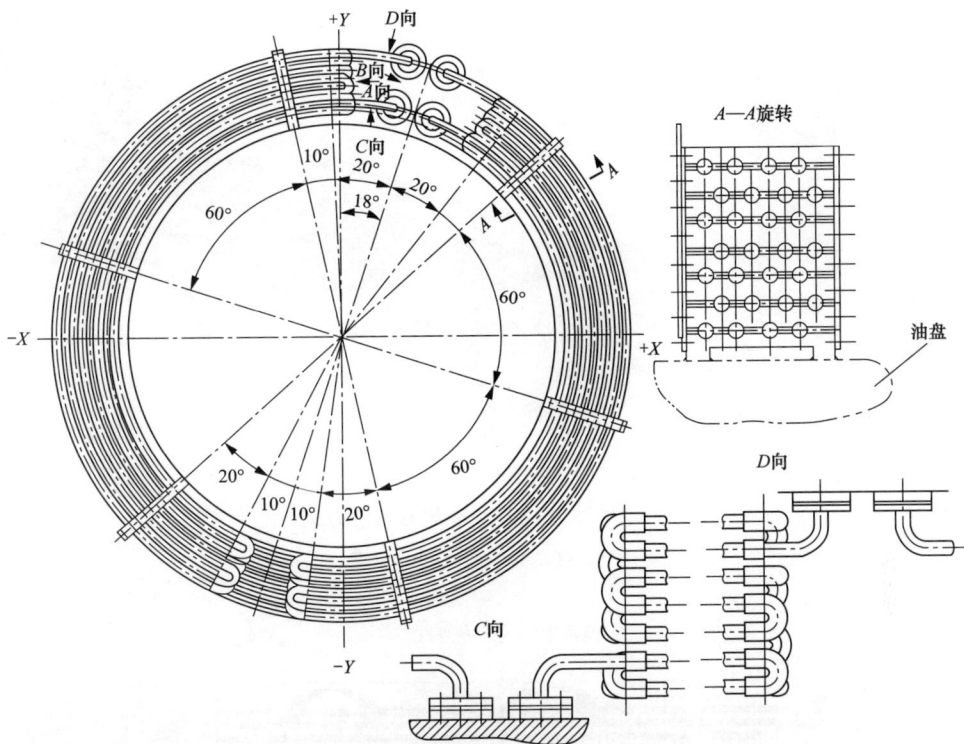

图 3-127 盘式油冷却器（二）

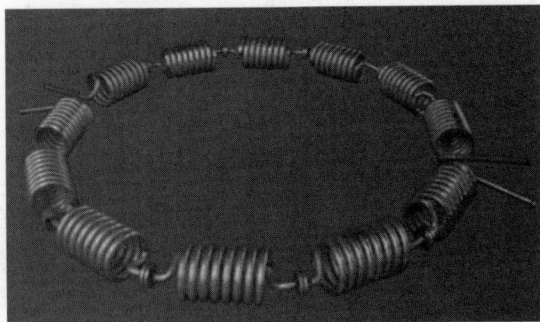

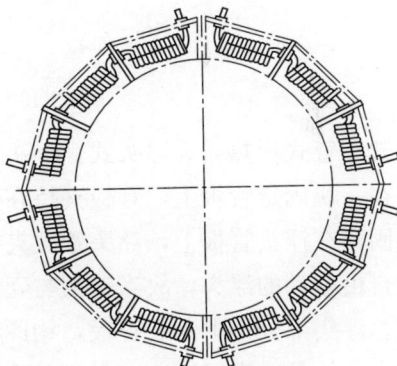

图 3-128 螺旋管式油冷却器

　　进行换热的冷热两种流体，水在管内流动，称为管程流体；润滑油在管外流动，称为壳程流体。为了增加壳程流体的速度以改善传热，在壳体内安装了折流板。折流板可以提高壳程流体速度，迫使流体按规定路程多次横向通过管束，增强流体湍流程度。

　　流体每通过管束一次称为一个管程，每通过壳体一次就称为一个壳程。为提高管内流体速度，可在两端管箱内设置隔板，将全部管子均分为若干组。这样流体每次只通过部分管子，因而在管束中往返多次，称为多管程；同样，为提高管外流速，也可以在壳体内安装纵向挡板，迫使流体多次通过壳体空间，称为多壳程。多管程与多壳程可以配合使用。

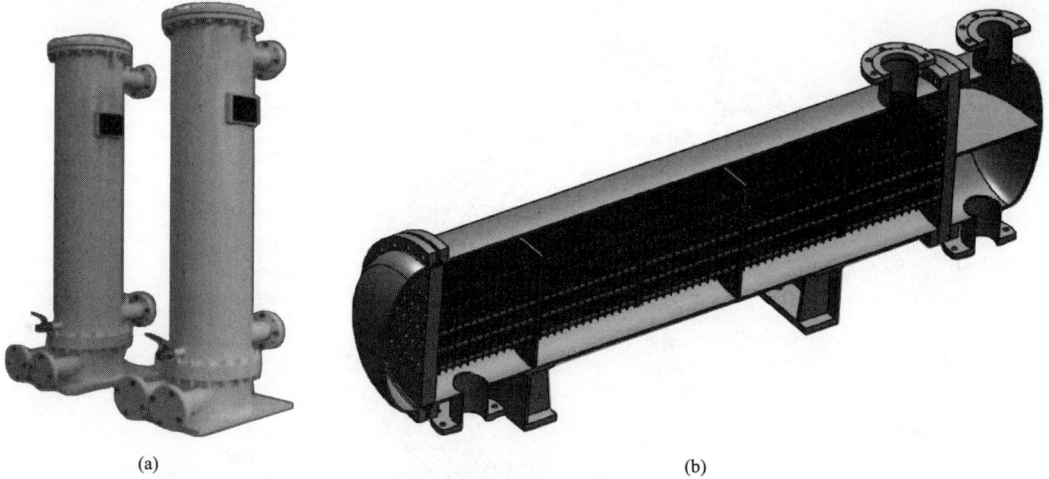

(a)   (b)

图 3-129 管壳式油冷却器布置方式

（a）立式布置；（b）卧式布置

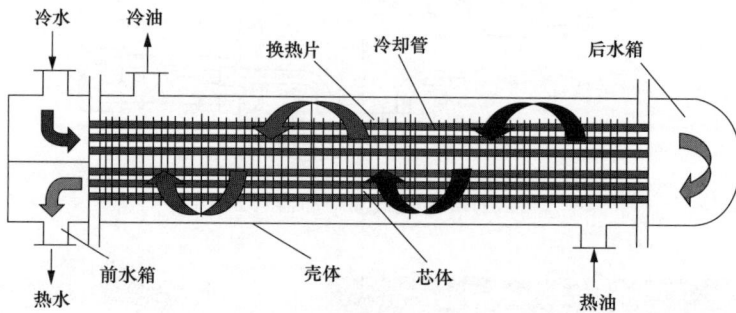

图 3-130 管式油冷却器工作原理

常用管式换热器为浮头式，浮头式换热器便于清洗维护，较常选用。其冷却管一端固定在一块固定管板上，管板夹持在壳体法兰与管箱法兰之间，用螺栓连接；冷却管另一端固定在浮头管板上，浮头管板夹持在用螺柱连接的浮头盖与钩圈之间，形成可在壳体内自由移动的浮头，故当管束与壳体受热伸长时，两者互不牵制，因而不会产生温差应力。浮头部分是由浮头管板，钩圈与浮头端盖组成的可拆连接，因此容易抽出管束，故管内管外都能进行清洗，也便于检修。

这种换热器的结构不算复杂，造价不高，可选用多种结构材料，管内清洗方便，适应性强，处理量较大，高温高压条件下也能应用。

2. 板式冷却器

板式冷却器是按一定的间隔，由多层波纹形的传热板片，通过焊接或由橡胶垫片压紧构成的高效换热设备，如图 3-131 所示。

按其加工工艺分为可拆式换热器和全焊接不可拆式换热器，半焊接式换热器是介于两者之间的结构，即两种流体作为相对独立的结构体进行组装的。板片的焊接或组装遵循两两交替排列原则组装时，两组交替排列。为增加换热板片面积和刚性，换热板片被冲压成各种波纹形状，目前多为 V 型沟槽，当流体在低流速状态下形成湍流，强化了传热的效果，工作原理如图 3-132 所示。为防止在板片上结垢，板上的四个角孔，设计成流体的分配管和泄集管，两种换热介质分别流入各自流道，形成逆流并流过每个板片进行热量的交换。

图 3-131 板式冷却器外形   图 3-132 板式冷却器工作原理

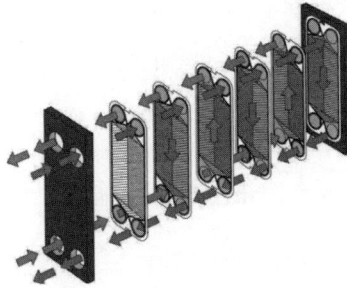

板式冷却器的特点如下：

(1) 由于采用 0.6～0.8mm 不锈钢片，热交换系数高，传热效率得到极大的提高。

(2) 体积小，是管壳式换热器体积的 1/3～1/5，大大减少了占地面积。

(3) 组装灵活，便于推行标准作业。

(4) 由于体积小、散热面积大、响应迅速。

(5) 焊接式板式换热器的缺点是焊接工艺要求高、带来成本的增加，可拆卸换热器运行温度受密封材料制约，一般在 200℃ 以下，耐压能力也较差。

⊪ 第十节 中性点接地系统

发电电动机机中性点接地方式与定子接地保护的构成密切相关，同时中性点接地方式还与单相接地故障电流、定子绕组过电压等问题有关。

一、发电机中性点接地方式

1. 中性点不接地方式

中性点不接地方式一般应用于小型发电机组，适用于回路电容电流不超过规定值的情况，当发生一点接地故障时，允许带故障运行一段时间而不必立即停机。中性点不接地系统 W 相单相接地短路的电路图和向量图如图 3-133 所示。

假设 U、V、W 三相系统的电压和线路参数都是对称的，每相导线对地电容用集中电容 C 来表示。当如图 3-133 所示 W 相发生单相接地故障时，W 相对地电压降为零，而非故障相 U、V 对地电压在相位和数值上均发生变化，即

$$\dot{U}'_U = \dot{U}_U + (-\dot{U}_W) = \dot{U}_{UW} \qquad (3-29)$$

$$\dot{U}'_V = \dot{U}_V + (-\dot{U}_W) = \dot{U}_{VW} \qquad (3-30)$$

$$\dot{U}'_W = \dot{U}_W + (-\dot{U}_W) = 0 \qquad (3-31)$$

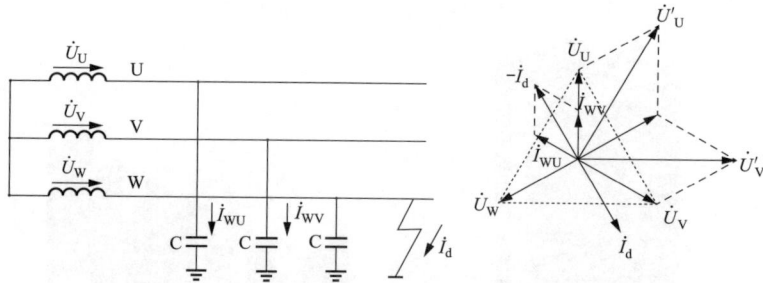

图 3-133　中性点不接地系统电路图及向量图

由图 3-133 所示向量图可知，当 W 相发生接地故障时，U 相和 V 相对地电压幅值等于正常运行时的线电压，即相电压的 $\sqrt{3}$ 倍。这样，线路及各种电气设备的绝缘要按线电压设计，绝缘投资所占比重加大，显而易见，电压等级越高绝缘投资就越大。还可看出，在系统发生单相接地故障时，三相间的线电压仍然对称，也就是说，系统发生单相接地故障时不必马上切除故障部分。

中性点不接地系统发生单相接地故障时，在接地点将流过接地故障电流（电容电流）。例如，W 相发生接地故障时，W 相对地电容被短接，U、V 相对地电压升高到线电压，所以对地电容电流变为

$$\dot{I}_{WU} = \frac{\dot{U}'_U}{-jX_c} = \sqrt{3}\omega C \dot{U}_U e^{j60°} \qquad (3-32)$$

$$\dot{I}_{WV} = \frac{\dot{U}'_V}{-jX_c} = \sqrt{3}\omega C \dot{U}_U \qquad (3-33)$$

接地电流 $\dot{I}_d$ 就是上述电容电流的向量和，即

$$\dot{I}_d = -(\dot{I}_{WU} + \dot{I}_{WV}) = 3\omega C \dot{U}_U e^{j30°} \qquad (3-34)$$

可见，中性点不接地系统发生单相接地故障时，故障电流等于正常运行时每相对地电容电流的 3 倍。中性点不接地系统发生单相接地故障时，接地电流在故障处可能产生稳定的或间歇性的电弧。实践证明，如果接地电流大于 30A 时，将形成稳定电弧，成为持续性电弧接地，这将烧毁电气设备和可能引起多相相间短路。如果接地电流大于 5A，小于 30A，则有可能形成间歇性电弧，这是由于电力网中电感和电容形成了谐振回路所致。间歇性电弧容易引起弧光接地过电压，其幅值可达 2.5～3 倍相电压，将危害整个电网的绝缘安全。如果接地电流在 5A 以下，当电流经过零值时，电弧就会自然熄灭。

2. 中性点直接接地方式

如图 3-134 所示中性点直接接地的电力系统。如果该系统发生单相接地故障时，则中性点与接地极构成单相接地短路回路，就是单相短路。线路上将流过很大的单相短路

电流，使线路上安装的继电保护装置迅速动作，断路器跳闸将故障部分断开，从而防止了单相接地故障时产生间歇性电弧过电压的可能。很显然，中性点直接接地的发电机接地的系统发生单相接地故障时，是不能继续运行的，必须立即停机，中性点直接接地系统电路图如图 3-134 所示。

3. 中性点经消弧线圈接地方式

中性点不接地系统发生单相接地故障时，在短时间内仍可继续供电，这是其优点。若接地电流大到使接地电弧不能自行熄灭的程度，将产生间歇性电弧而引起弧光接地过电压，甚至发展成为多相短路，造成严重事故，为此，可将中性点经消弧线圈接地。

所谓消弧线圈，其实就是具有气隙铁芯的电抗器，安装在变压器或发电机中性点与大地之间，如图 3-135 所示。由于装设了消弧线圈，当发生单相接地故障时，接地故障相与消弧线圈构成了另一个回路，接地故障相接地电流中增加了一个感性电流，它和装设消弧线圈前的容性电流的方向刚好相反，相互补偿，减少了接地故障点的故障电流，使电弧易于自行熄灭，从而避免了由此引起的各种危害，提高了供电可靠性。

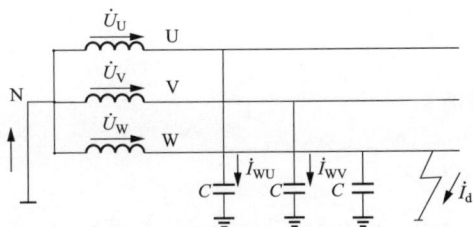

图 3-134 中性点直接接地系统电路图   图 3-135 中性点经消弧线圈接地系统电路图

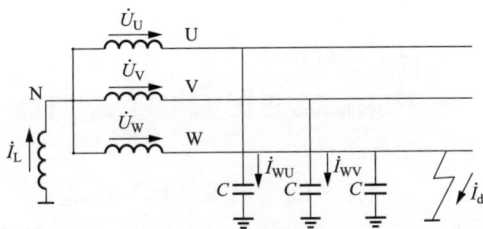

可以看出，例如 W 相发生接地时，中性点 N 电压 $\dot{U}_0$ 变为 $-\dot{U}_W$，消弧线圈在 $-\dot{U}_W$ 在作用下，产生电感电流 $\dot{I}_L$，其数值为 $I_L = U_W/X_L$，X_L 为消弧线圈电抗。

经消弧线圈接地时，有三种补偿方式，即全补偿方式、欠补偿方式和过补偿方式。

(1) 全补偿方式。选择消弧线圈的电感时，使 $I_L = I_d$，则接地故障点电流为零，此即全补偿方式。这种补偿方式并不好，因为当感抗等于容抗时，电力网将发生谐振，产生危险的高电压或过电流，影响系统安全运行。

(2) 欠补偿方式。选择消弧线圈的电感时，使 $I_L < I_d$，此时接地故障点有未被补偿的电容电流流过。采用欠补偿方式时，当电力网运行方式改变而切除部分线路时，整个电力网对地电容将减少，有可能发展成为全补偿方式，导致电力网发生谐振，危及系统安全运行；另外，欠补偿方式容易引起铁磁谐振过电压等其他问题，所以很少被采用。

(3) 过补偿方式。选择消弧线圈电感时，使 $I_L > I_d$，此时接地故障点有剩余的电感电流流过。在过补偿方式下，即使电力网运行方式改变而切除部分线路时，也不会发展成为全补偿方式，致使电力网发生谐振。同时，由于消弧线圈有一定的裕度，随着电网发展，线路增多、对地电容增加后，原有消弧线圈还可继续使用。因此，实际应用中大多采用过补偿方式。

4. 中性点经电阻接地方式

中性点经电阻接地方式，即是中性点与大地之间接入一定电阻值的电阻。该电阻与系统对地电容构成并联回路，由于电阻是耗能元件，也是电容电荷释放元件和谐振的阻压元件，对防止谐振过电压和间歇性电弧接地过电压，有一定优越性。

另外采用电阻接地时，当发生一相接地后，未接地相相电压上升至系统电压，接地跳开后，三相电压迅速恢复到正常值，接地点电流值由系统电容电流的大小和中性点电阻值共同决定。在发生非金属性接地时，受接地点电阻的影响，流过接地点和中性点的电流比金属性接地时有显著降低，同时，健全相电压上升也显著降低，零序电压值约为单相金属性接地时的一半。由此可见，采用经电阻接地方式能在单相接地故障时产生限流降压作用，对设备绝缘等级要求较低，其耐压水平可以按相电压来选择。

二、发电机中性点不同接地方式比较

发电机中性点接地方式的选择是涉及机组安全运行的一个重要方面，实际使用时，按接地阻抗大小以及型式，大致可分为：

（1）直接接地。

（2）经低阻抗接地。

（3）不接地或经电压互感器（避雷器）接地。

（4）经高阻接地。

（5）经消弧线圈（谐振接地）接地。

对于（1）（2）接地方式，若发生定子绕组单相接地故障，相当于定子绕组匝间短路，虽然此时的暂态过电压最低，但故障电流往往很大，即使继电保护能够快速动作，也不能避免发电机的内部损伤。在实际工况中，使用这种方式比较少，通常为小型发电机机组使用过。

对于（3）接地方式，当发生定子绕组单相接地故障时，间歇性电弧可能引起定子绕组电容对地之间积累性的电压升高，威胁非故障相的定子绕组绝缘以及与之相关系统设备的绝缘。但是随着绝缘材料的进步和制造工艺的提高，这种方式在小型、单机运行的工况下，是经常使用的。对于和主网连接的大型发电机，这种方式显然是不适合的。

现今发电机机组中性点接地方式多采用上述的（4）（5）两种接地方式。

1988 年国际大电网会议（CIGRE）第 23 专业委员会第 6 工作组（SC23-06）发表了一份重要的报告。这份报告征询了 17 个国家、33 家电力公司关于"发电机、发电机升压变压器中性点接地方式"的现状，其中统计了 1975 年以来投入运行单组容量为 50～1640MVA 的 754 个大中型发电机组，征询结果显示：

（1）有 53% 的选择了经配电变压器高阻接地，其中 256 个机组为经单相配电变压器电阻接地，140 个机组采用经丫/△接线的三相配电变压器电阻接地。

（2）15 家公司的 154（约 20%）个机组为直接经高电阻接地。

（3）2 家公司的 106 个机组采用了经低电阻接地电接地方式，占 14%，值得注意的是，虽然是低阻接地方式，但定子绕组单相接地故障电流已指明限制到 20～30A，也就是说与高阻接地方式相近。

（4）7 家公司的 77 个机组中性点没有接地，但是发电机组的三相出口均接了副边为开口三角的丫/△接线的配电变压器，其原边中性点接地，副边开口三角接电阻，并且接地。这实际是一种经过变化的中性点接地方式。

（5）有 3 家公司 17 台机组选择了经消弧线圈接地方式，所占比例非常小。

我国以前对不瞬时跳闸的机组，规定发电机单相故障电流不超过 5A 时，发电机中性点不接地，当发电机故障电流超过 5A 时，需采用消弧线圈接地。通过对定子铁芯烧损试验，铁芯烧损程度与电弧的能量有密切关系，电弧能量又与发电机电压有关，机组电压越高，要求故障电流越小。当发电机单相故障电流超过表 3-13 中的值时，就需要采用消弧线圈进行补偿。补偿后的残流也不超过表 3-13 的规定值。

表 3-13　　　　　　　　　　　发电机允许单相故障电流值

发电机额定电压（kV）	6.3	10.5	13.8～15.75	18～20
故障点残余电流（A）	≤4.0	≤3.0	≤2.0	≤1.0

随着电网的发展，发电机容量不断增大，发电机单相故障电流也增大，再采用机组带故障运行，将消弧线圈补偿残流限制到规定值是非常困难。由于系统储备容量的增大，不再需要发电机带单相故障运行一段时间。为防止单相接地故障扩大为匝间故障或相间故障，同时定子铁芯修复的时间又较长，故大容量机组都是采用瞬时跳闸。只要继电保护准确无误地动作，发电机中性点采用高阻接地或消弧线圈接地都是可行的，但后者的残流要小些。

我国早期，大型水轮发电机中性点绝大多数是经消弧线圈接地方式，积累了丰富的运行经验，而美国、加拿大、法国等国家则多采用经高阻接地方式。现有的 50MW 以上的水轮发电机，中性点经消弧线圈接地的运行经验已有 50 多年；20 世纪 80 年代之后，又逐渐向美国等西方国家学习，大型机组以及引进国外的大型机组大多改为经配电变压器变化的高阻接地方式。如三峡电站这样标志性的大电站，其中左岸机组无一例外地抛弃了经消弧线圈接地方式，而采用了经高阻接地方式。

三、发电电动机中性点经变压器高阻接地系统组成与设计选型原则

目前发电电动机中性点接地方式，多选择经变压器高阻接地方式。

接地装置柜由以下几个部分组成：接地变压器、电阻器、隔离开关、二次部分以及壳体。

1. 接地变压器选型

在高阻接地设备中，接地变压器柜起到的是阻抗变换的作用，因为电容电流通常不大，如果直接使用丝绕电阻，存在着电阻丝截面小，容易断损，同时电阻丝绕的电阻电感比较大，会影响系统运行的工况，因此使用接地变压器以增加接地设备的可靠性。

（1）额定电压。当发电电动机发生接地故障时，此时中性点的电压为相电压，但实际工程根据有关标准选取，接地变压器的额定电压（一次电压）应该为发电机的出口电压即线电压，这是为防止发电机发生单相接地时，出现过电压的情况引起变压器过励磁，较大的励磁涌流烧损变压器。而二次电压的选择，通常是根据电阻值的要求来进行选择，能方便变压器低压线圈的加工，同时设有抽头，在发生故障时，可以提供电压信号给继电保护。

（2）额定故障电流。变压器的额定电流为发电机发生故障时的电容电流，这个电流主要是由发电机的定子绕组对地电容决定，同时电厂系统中的出口断路器、母线、厂变高压侧、主变低压侧的电容也会对这个电流产生影响，在设计时，这些数据提供的越细致，这个电流计算得越准。

（3）额定容量。实际在中性点高阻接地系统中，接地变压器的额定容量不是故障容量。考虑到变压器在发生接地故障时是处于短时工作的状态，因此变压器的额定容量＝故障容量(S)/过载系数(K)。故障容量 $S＝I_C U_N$，即线电压和三相对地总电容电流的乘积。变压器过载系数 K 的选择非常的重要，它除了影响到变压器的额定容量，整套设备的成本和设备占地空间以外。它对发电机接地保护的安全运行也起着至关重要的作用。根据 IEEE 和国标上的要求，对过载系数 K 按以下曲线选取（如图 3-136 所示）。

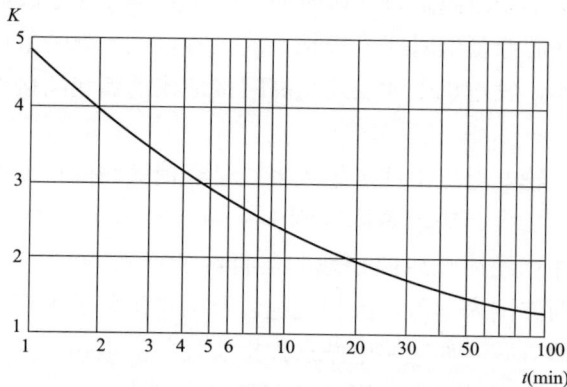

图 3-136　接地变压器过载系数选择曲线

这个曲线说明过载系数 K 和运行时间 t 的关系，在同样材料、同样结构的情况下，变压器的温升和损耗（发热量 $I^2 R_t$）成正比，即在变压器不被烧坏，同等温升条件下电流的平方与运行时间成反比，也可以认为是过载系数 K 与时间 t 成反比关系。这个曲线实际反映的是变压器在过载情况下发热而不烧坏的极限能力。要能满足变压器不被烧坏，首先就要保证导线使用的是铜材，因为相对于其他的导体材料（比如铝），铜具备高导电性性能、小比热容和高熔点。其次是绝缘材料的绝缘等级不能低于 F 级，最好能达到 H 级以耐热。

（4）绝缘水平。在发电机接地系统中，发电机耦合电容大，容抗小，接地变压器耦合电容比较小，容抗大，传递过电压系数比较大，因此在出现过电压的时，变压器受到的传递过电压会很高。所以提出接地变的绝缘水平比普通电力变的绝缘水平要高，一般要提高 20%～50%。而且这个绝缘水平是按照线电压的要求来提的，因此提高绝缘水平能保证变压器也能承受 2.6 倍的过电压不损坏，保障发电机的安全运行。

2. 电阻器

（1）额定阻值。电阻器额定阻值的确定主要由两个因素影响，一是发电机三相对地总容抗，二是接地变压器的变比，也就是变压器的二次电压，随着二次电压的变化，二次电阻值也会相应地变化。一般根据继电保护的要求，这个阻值多选取在 $0.5\sim1\Omega$ 之间。这是因为传统的信号输出，比如通过零序 CT 的电流信号，和变压器二次侧的电压信号都会因为发电机正常工作时的三相不平衡位移而容易出现误动作或者形成继电保护装置的死区。因此大多数的电站的继电保护都选用一种注入 20Hz 交流电源的做法，通过调节这个注入信号源的内阻的大小来比较接地过渡电阻的大小来判断是否绝缘出现了损伤实施保护，简化原理图如图 3-137 所示。

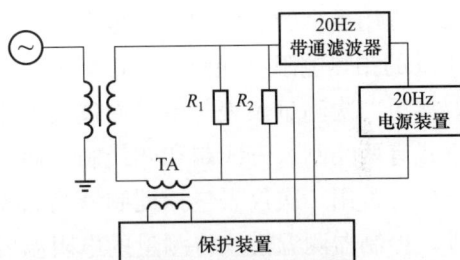

如果二次电阻过小，相当于这个注入式定子保护单元被短路了，会影响到这个继保装置的精度，从而影响继保装置起到正常的保护作用。

图 3-137　注入 20Hz 交流电源原理图

（2）材料与结构。应该选用稳定的金属电热材料（通用采用的是镍铬合金），同时在结构上应具备较高的机械强度，以及尽量小的自身电感。

（3）温升。标准上并没有明确规定 1min 的运行或者 10min 运行时间，电阻的温升为多少，但是要求电阻表面无损伤。

其他配件包括隔离开关、电流互感器、二次部分以及壳体，都按照设计院要求和现场的工况给予配合，满足相关国家标准即可。

❖ 第十一节　机组监测系统

从最初的"有人值班"，到目前的"无人值班"（少人值守），直至最终的"无人值班"，自动化程度要求越来越高，机组监测系统将直接影响电站整体自动化水平的提高。发电电动机相对于常规发电机，由于其转速高，启动频繁，工况多且转换复杂等，这就对机组监测系统提出了更高的要求。

一、温度测量

温度测量在机组监测系统中占据着重要的地位，主要测点包括推力与导轴承瓦温、油槽油温、定子铁芯温度、定子线棒温度、油冷却器的进出口油温与水温、空气冷却器进出口水温与风温、机坑空间温度等。

常用的温度测量方法可根据测量原理的不同分为电子式与机械式。

1. 电子式温度测量

电子式测温是基于温度与测量元件相关电量值之间的特定关系，通过测量相关电量值来间接测量温度。

（1）常用的测温元件有热电阻与热电偶，在中低温区热电阻应用最广泛，适用于机组测温。热电阻的测温原理是基于导体或半导体的电阻值随温度变化而变化这一特性来测量温度，其电阻值与温度之间存在特定的函数映射关系，可制成标准的分度表，测量电阻值便可得到对应的温度。目前主要有金属热电阻和半导体热敏电阻两类。金属热电阻因其测量准确、稳定性好、性能可靠，在过程控制中的应用极其广泛，通常由纯金属制成，应用最多的是铂和铜，也有镍、锰和铑等。铂热电阻的精度最高，其中分度号为PT100 的铂热电阻（如图 3-138 所示）在机组测温中使用最多。热电阻只是感温元件，需要接至二次测量仪表，由二次仪表测量其电阻值并转换成各种标准信号。热电阻的接线方式有两线制、三线制和四线制，通常采用三线制。

（2）常用二次仪表包括控制器测温模块、温度变送器、温度数字显控仪、温度巡检仪等。控制器测温模块将测量的电阻温度信号转换成内部数字量供控制器使用。温度变送器将测量的电阻温度信号转换成各种标准模拟量信号输出，也可带开关量输出。温度数字显控仪（如图 3-139 所示）是一种智能数字仪表，可实现信号显示、转换输出、信号隔离、可编程控制等功能，输出标准模拟量信号和开关量信号（动作值可自定义），同时具备通讯功能，带 RS232、RS422、RS485 接口，支持 Modbus、Profibus 等通信协议。温度巡检仪用来对多路温度信号进行循环监视报警，可接入高达 64 路温度信号，同样可输出标准模拟量和开关量信号，具备通信功能。

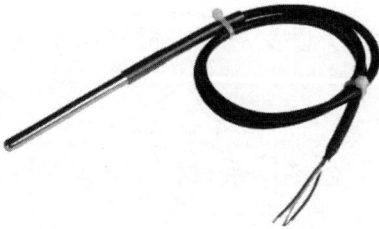

图 3-138　PT100 铂热电阻　　　　　　　图 3-139　温度数字显控仪

电子式测温可用在发电电动机所有需要测量温度的场合，通常在测温部位埋入或安装带保护套管的测温元件，然后用信号电缆将其经中间端子箱转接至柜内二次测量仪表。机组运行时油槽内油会对测温元件产生冲击，需关注其引线接头的强度，引线穿出油槽时要注意密封问题。对带电部位温度的测量要特别注意测温元件的绝缘问题。轴瓦、定子铁芯、定子线棒等部位的温度测量，是将测温元件埋入其中，若测温元件故障将很难对其进行更换，这些部位的温度测量最好采用双支测温元件，对特别重要的部位

甚至可以配置多个双支测温元件来满足测温要求。

测温元件与二次测量仪表是分开独立的，还有将测温元件与二次测量部分集成在一起的一体化温度变送器。这种变送器直接将温度信号在内部就转换成标准信号，避免了微弱的测量信号在测温元件与二次仪表之间传输时受到干扰，结构上也更加紧凑，多用在管道上测量油温与水温，采用插入式安装，对轴瓦、定子铁芯与线棒等需埋入测温元件的部位则不适用。

2. 机械式温度测量

机械式测温是基于热胀冷缩的原理，有双金属式、膨胀式等。

（1）双金属式温度计是利用两种不同金属在温度改变时膨胀程度不同的原理制成，由环形弯曲状的双金属片组成，当一端受热膨胀时，带动指针旋转，指示相应温度。主要用在管道上测量油温与水温，采用插入式安装。

（2）膨胀式温度计（如图3-140所示）是利用封闭容器中介质压力随温度升高而增大的原理制成，通常由温包、毛细管、弹簧管组成，三者内腔构成封闭容器，温度升高时内充的工作介质（液体或气体）压力增大，弹簧管产生变形，带动指针旋转，指示相应温度。多用于油槽内瓦温与油温的测量，选用时需注意毛细管的强度问题，必须带铠装，避免油液冲击导致毛细管断裂。因表头通常安装在机坑外盘柜上，距测量部位较远，毛细管较长，需关注在满足测量精度与安装距离的情况下，温包的外形尺寸是否能满足安装要求。

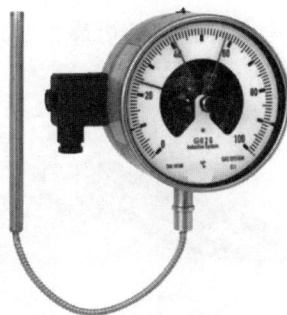

图3-140　膨胀式温度计

机械式测温的优点是不受电磁干扰，但通常只能用于现地监视，为满足远方监视的要求，可加装电接点附件，输出开关量信号。

二、振动、摆度测量

振动和摆度是评价机组运行稳定性的重要指标，考虑到发电电动机转速高，双向运行，工况多，工况间转换复杂，启动频繁，对振动和摆度的监测就变得更加重要。

1. 测点配置

测点的配置直接影响发电电动机振摆监测的真实性与后期运行状态评估的可信度。根据抽水蓄能机组的水力特性、机械特性、电气特性、整体结构与运行规律，发电电动机一般采用表3-14所示典型测点配置。

表 3-14　　　　　　　　　　　发电电动机典型测点配置

序号	测点名称	单机数量	传感器类型
1	上导轴承 X、Y 向摆度	2	电涡流位移传感器
2	下导轴承 X、Y 向摆度	2	电涡流位移传感器
3	上机架 X、Y 向水平振动	2	低频速度传感器

序号	测点名称	单机数量	传感器类型
4	上机架 Z 向垂直振动	1	低频速度传感器
5	下机架 X、Y 向水平振动	2	低频速度传感器
6	下机架 Z 向垂直振动	1	低频速度传感器
7	定子机座 X、Y 向水平振动	2	低频速度传感器
8	定子机座 Z 向垂直振动	1	低频速度传感器
9	定子铁芯 X、Y 向水平振动	2～6	加速度传感器
10	定子铁芯 Z 向垂直振动	1～3	加速度传感器

2. 传感器选型

传感器是监测系统的感觉器官，是后期处理分析的基础，其选型直接决定了振摆监测的准确性。随着传感器技术的进步和发展，各种传感器越来越多，在选择时就应该充分考虑传感器的可靠性、适用性和针对性。

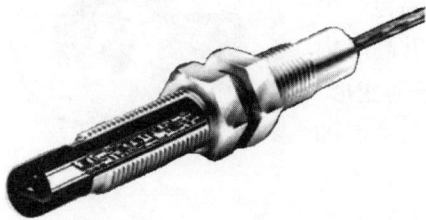

图 3-141　电涡流传感器

（1）电涡流传感器（如图 3-141 所示）利用电涡流效应，精确测量被测物体（金属导体）与探头端面的相对位置，属于位移测量传感器，其特点是可靠性好、灵敏度高、抗干扰能力强、非接触测量、响应速度快、不受油水等介质的影响，被广泛应用于各种旋转机械转轴径向摆度测量，所以发电电动机大轴摆度的测量通常都选用电涡流传感器。

电涡流传感器通常由感应探头、信号电缆和前置处理器组成，也有将前置处理器集成在探头内，制成一体式的电涡流传感器，一体式电涡流传感器因其安装方便，平均工作间隙较大。

电涡流传感器输出的是一个正比于探头与测量面距离的电压信号，可将其分为两个分量，直流分量对应于平均间隙，交流分量便对应于摆度。

一般在大轴 $+X$、$-Y$ 方向上成 $90°$ 安装两个电涡流传感器，安装位置应尽量靠近导轴承，通常在轴承油槽盖上焊接固定支架，然后将传感器安装在支架上，支架应有足够的刚强度，传感器固定必须牢固。安装时应注意调整好探头与大轴之间的间隙，一方面要保证传感器工作于线性范围内，另一方面也要保证在平均间隙两边有充足的摆动裕量。

（2）发电电动机上机架、下机架、定子机座等部位的振动测量通常选择速度传感器（如图 3-142 所示）。电涡流传感器尽管有前述多种优点，但因其是非接触式测量，应用在振动测量上存在安装困难的问题。加速度传感器测量的是加速度，而机组支撑部件的振动加速度很小，若应用加速度传感器，其输出信号必然很微弱，不利用测量，且加速度信号需要进行两次积分才能转换为位移信号，转换为速度信号也需要一次积分，这样，本来就微弱

图 3-142　速度传感器

的信号还要经过积分，测量误差就会很大。

尽管发电电动机的转速较常规发电机要高，但相比其他高速旋转机械仍然较低，而且对机组稳定性有直接影响的水力脉动频率一般也比较低，故发电电动机的振动一般为低频振动，所以在传感器选型时要选择低频速度传感器。

速度传感器多基于磁电式原理，输出速度信号，经一次积分可得位移信号。在选型和安装时需注意，有水平安装和垂直安装两种；一般在所测部件的水平 X、Y 方向各装设一个，垂直 Z 方向装设一个，直接固定于所测部件上。

（3）定子铁芯的振动通常为 100Hz 的电磁激振，选择加速度传感器来测量比较合适。加速度传感器（如图 3-143 所示）通常由质量块、阻尼器、弹性元件、敏感元件和适调电路等部分组成，在振动过程中，通过对质量块所受惯性力的测量，利用牛顿第二定律获得加速度。定子铁芯的振动推荐设置 1～3 组测点，每组在水平 X、Y 方向各装设一个，垂直 Z 方向装设一个。

图 3-143　加速度传感器

3. 数据采集处理

振动、摆度信号通常统一送入数据采集处理装置，由其负责采集、存储和数据处理，并进行实时监测和分析，同时对相关数据进行特征参数提取，得到机组状态数据，完成机组故障的预警，并将数据进行存储和回放，还可通过网络上传至上位机，供进一步的在线监测分析和诊断。

三、轴电流测量

由于制造和安装的误差，机组的主轴实际上总是在一个不完全对称的磁场中旋转，这样就会在主轴两端感应出轴电压，当轴绝缘变差时，就可能形成导电回路，产生轴电流。轴电流过大会破坏轴承油膜的稳定性，灼伤轴颈和轴瓦表面。

图 3-144　轴电流监测系统

轴电流测量就是要实时监测机组轴电流的大小，当轴电流超过限值时发出报警，甚至停机。轴电流测量系统（如图 3-144 所示）主要由两部分组成，一是轴电流互感器，主要负责实时感应轴电流的变化，二是轴电流监测装置，主要负责接收互感器输出的轴电流信号，对其进行分析处理。

轴电流互感器为穿心环形电流互感器，一般分为两瓣，套装在主轴上，经安装支架固定于机组机架上。互感器应安装在轴电流的流通路径上，安装位置最好避开励磁电缆，以免受其干扰。

轴电流监测装置一般安装于控制柜，具备现地显示功能，同时输出 4～20mA 模拟量信号和开关量报警信号，报警信号可延时输出，延时时间也可自定义。报警信号通常分两级，一级用于报警，二级用于停机。

四、油混水测量

油系统在长期运行过程中，不可避免地会出现油中混入水分的情况，混入的水分会产生许多危害：水与油起反应，形成酸、胶质和油泥；降低润滑性，加速高应力部件的磨损；造成控制阀的黏结或产生气蚀损害；腐蚀、锈蚀金属。

油混水信号器（如图 3-145 所示）常用于水电站油系统中水含量的自动化检测仪表。当油箱、油管路中水含量超过报警设定值时，发出报警信号，提醒值班人员及时检查系统，确保发电机组安全运行。

油混水信号器是基于当其他条件不变时，电容值只随电容两极间介电常数的变化而变化的原理。通常由探头外壳、内芯构成电容两极，当探头浸没在油中，两极间充满油液，若其中混入水分将改变其介电常数，从而引起电容值变化。

安装方式有顶装和侧装之分，顶装式还有杆式和缆式两种。对于发电电动机而言，主要是测量轴承油槽中的油混水，因安装空间受限，采用侧装式的情况居多。安装时要保证探头完全浸没于油中，因水比油密度大，有向下沉积的趋势，所以不论是测量静态还是动态油液，都应保证探头深入油槽最底部，测量动态油液时还要保证探头所处部位油液的流通性，否则测量将不准确。长期运行后，信号器的探头可能吸附杂质，需注意定期清洗。

五、烟雾报警

发电电动机的烟雾报警就是要求当机坑内出现火灾险情时，能通过对早期烟雾的探测来预警，一般采用感烟探测器来实现，近年来也有一些大型水电站开始配置空气采样式极早期烟雾探测系统。

1. 感烟探测器

目前常用的感烟探测器（如图 3-146 所示）大致分为离子型和光电型两种。

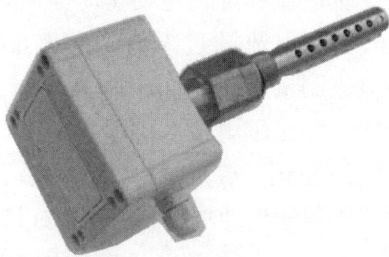

图 3-145　油混水信号器　　图 3-146　感烟探测器

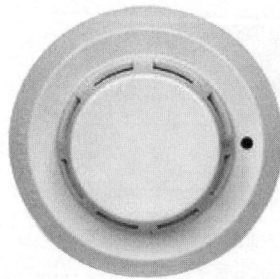

（1）离子型感烟探测器的内外电离室中有少量放射源，它将电离室内局部空气电离，在电场作用下形成离子流，当没有烟雾时，离子流处于稳定状态，而当有烟雾进入时，离子的移动减弱，探测器便发出报警。

（2）光电型感烟探测器是基于火灾早期产生的烟雾能改变光的传播这一特性制成

的。根据烟粒子对光线的吸收和散射作用，又可分为遮光型和散光型两种。

感烟探测器通常安装于上机架，沿定子机座圆周均匀分布。

2. 空气采样式极早期烟雾探测系统

感烟探测器属于被动式烟雾探测，存在一定的局限性，其受环境气流影响较大，烟雾探测的及时性受限。

空气采样式极早期烟雾探测系统又称吸气式烟雾探测系统，属于主动式烟雾探测，其设计思想是实现火灾早期对烟雾的主动探测与报警，报警时间可比传统被动式烟雾探测提前很多。其主要组成部分为采样管网和探测报警装置，探测报警装置又由吸气泵、过滤器、激光探测腔、控制电路等组成。吸气泵通过采样管网从被保护区域连续抽取采样空气至探测器进行在线实时分析检测，可实时显示烟雾浓度，当浓度超过设置限值时发出火灾报警。

空气采样式极早期烟雾探测系统可独立使用，也可配合其他探测系统一起使用，目前已在国内外一些大型水电站开始应用。

六、油位测量

发电电动机油位测量主要是各个油槽油位的测量，常用的测量方式有浮子式、压力式。

1. 浮子式油位测量

浮子式油位测量是基于浮力原理。最常用的就是磁翻柱（板）油位计（如图 3-147 所示），根据安装方式不同可分为顶装式和侧装式。

顶装式是通过一个顶部带磁性体的联杆与飘浮在被测油面的浮子连接，而侧装式则采用连通器原理使油液等高引入油位计主体内，主体内飘浮一个带磁性体的浮子，随着油位的变化，浮子也相应的高低变化，对应的磁性体就会通过磁耦合作用带动油位计外部磁翻柱（板）翻转，实现油位的指示。

图 3-147　磁翻柱油位计

为满足远方监视的要求，可在油位计上安装磁性开关和油位变送器，输出开关量与模拟量信号。对于磁性开关，需关注其可安装范围，两个磁性开关可正确监视的最小油位差。油位变送器需注意其分辨率，因其由干簧电阻链组成，输出信号并不是连续的而是成阶梯状的。

发电电动机转速比常规发电机高，油槽内油的波动情况更加复杂。顶装式需加装防波筒防止浮子晃动。侧装式需选择合适的连通管管径，防止油位动态变化时响应过快，或者在连通管上加装节流阀，必要时可做调整。油位计磁性体的磁力作用也必须足够强，保证油位剧烈变化时，指示器、磁性开关、油位变送器可靠工作。

侧装式油位计选型时应注意下连通管距油位计最底部的距离是否满足现场安装空间的要求。

浮子装入主体时应特别注意安装方向。其他的浮子式测量方式如杆式浮球液位开关、杆式浮球液位变送器、电缆浮球开关等，均不太适用于发电电动机油位的测量。

2. 压力式油位测量

压力式油位测量是基于液体压力与液位高度成正比的原理，可使用投入式油位变送器或常规压力变送器来测量。

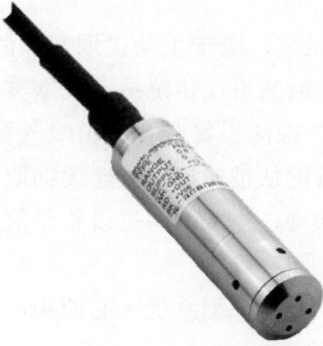

图 3-148　投入式油位变送器

（1）投入式油位变送器（如图 3-148 所示）使用较多，有电缆式和杆式两种，不论哪种型式，变送器都应深入至油位最低处，还应采取可靠的固定措施，防止变送器随油液晃动碰撞轴承转动部位。安装时要保护好变送器测压面，防止损坏，应保持通气导管通畅，保证变送器正常工作。

（2）使用常规压力变送器来测量油位，通常将其直接安装于油槽底部或使用连接管引出至方便安装的位置，后者则要注意引出管管径的选择，应保证变送器与油槽底部处于同一水平面。

发电电动机的推力轴承油槽可能出现负大气压的情况，此时若采用压力式油位测量就要考虑此因素对测量的影响。可采用差压变送器，一端接油槽底部，另一端接油槽顶部，测取差压值来消除负大气压的影响。

不论是使用投入式油位变送器还是常规压力变送器，选型时都要注意其响应速率，保证测量的油位值能准确、及时、平稳。

发电电动机油槽油位的测量不论采用哪种方式测量，都应以正常油位作为零点来整定，监视的应是实际油位与正常油位的偏离值。

第十二节　灭　火　系　统

一、灭火方式概述

为保证发电电动机组在事故状态下不致烧毁，通常设置灭火系统。常用的灭火系统有水、二氧化碳、卤代烷。我国多采用水灭火系统，国外则以二氧化碳居多。

1. 水灭火方式

水灭火方式利用水作为灭火剂。一般水的汽化热高，导热系数小，水汽化变成水蒸气后容积迅速扩大，在一个大气压下，全部汽化后的水蒸气体积约为水的体积的 1240 倍。灭火时，因水受热汽化，一方面吸收大量的热量，降低燃烧物及四周的温度；另一方面，水蒸气在燃烧物周围形成一个绝热层，并使燃烧物周围的氧浓度迅速降低，可迅速将火扑灭。故用水灭火方式具有灭火效率高的优点。加之取水容易、价廉、经济性好，此种方式成为目前国内外普遍采用的灭火方式。

但水作为灭火剂，也存在缺点。如一旦使用后会使定子铁芯的硅钢片锈蚀，使绕组绝缘电阻下降；事故后必须对绕组进行清洗、烘干；灭火钢管可能发生生锈堵塞，事故时难以打开。此外，还存在水进入轴承或制动器及机坑内的其他电气设备之虑。

2. 二氧化碳灭火方式

二氧化碳灭火方式以二氧化碳（CO_2）作为灭火剂。CO_2 的主要作用是降低空气中氧气的相对含量（窒息作用），其次是降低燃烧物的温度。由于 CO_2 是一种不导电的惰性气体，故适宜扑灭带电设备的火灾。另外，它具有灭火较迅速、灭火后能快速散逸不留痕迹、来源广泛、对生态影响小的特点。所以一般选用 CO_2 灭火装置。

同样，CO_2 灭火装置也存在缺点：

（1）因 CO_2 灭火是靠窒息作用来达到灭火目的的，只有当机内 CO_2 体积浓度达到 30%～50%，且需保持一定抑制时间（约 30min）时，才能使燃烧物彻底熄灭，不再复燃。灭火过程中要不断补充泄漏的 CO_2，使机内保持一定的浓度，否则可能复燃。

（2）CO_2 是一种窒息性气体，当 CO_2 浓度大于 9% 时，对人有生命危险，故一定要避免灭火系统误动作使 CO_2 气体外逸，灭火后要注意将 CO_2 置换干净，不能残留在机内或厂房内。

（3）液态 CO_2 可能凝固成雪花状干冰，使温度降低到 194.7℃，应避免在化雪时，因强冷却作用冻伤人。固态 CO_2（干冰）还可能堵塞灭火喷嘴造成灭火失效。

3. 卤代烷灭火方式

卤代烷灭火剂是通过对燃烧的化学抑制作用，即负催化作用而达到迅速灭火的。灭火时，卤代烷喷向燃烧区，遇高温迅速分解。在有活化氢存在时，其主要分解产物有氢卤酸（HF，HBr）、自由卤素（Br_2）及少量卤代碳酰（COF_2，$COBr_2$）。HF、HBr、Br_2 对燃烧有很强的抑制作用，它们可中断燃烧的链式反应，使火焰熄灭，因而具有很高的灭火效力，并可使灭火过程瞬间完成。一般卤代烷体积浓度达 2% 时，即可产生灭火效果，而且灭火时间短，灭火剂喷射时间约为 10s，灭火剂浸渍时间约为 5～10min。此外，它具有不导电、耐储存、腐蚀性小、灭火后不留痕迹、对发电机影响很小等优点。

卤代烷灭火剂也同样存在缺点。首先是价格昂贵，特别是 1301（三氟一溴甲烷，CRBr），经济性差。其次是 1211（二氟一氯一溴甲烷，CF_2ClBr）和 1301 灭火时都要进行分解，其分解物对人体有一定毒性。1211 浓度达到 4% 时，即可对人体的中枢神经产生毒害；1301 浓度达到 14% 时，接触几分钟即可使人出现心律不齐现象。另外，1211 和 1301 中都含有氟（F），大量使用可能导致地球臭氧层的破坏，对生态环境极为不利。近年来，国际上已限制氟元素成分化合物的使用，因此卤代烷灭火剂势必被其他的灭火剂所替代。

二、水灭火系统

如图 3-149 所示为环形灭火管道系统布置简图。此种灭火系统的上水管用角钢和管夹固定于上机架支臂上，下水管用管夹固定于下挡风板上，也有采用垫块和管夹固定于下机架支臂上。

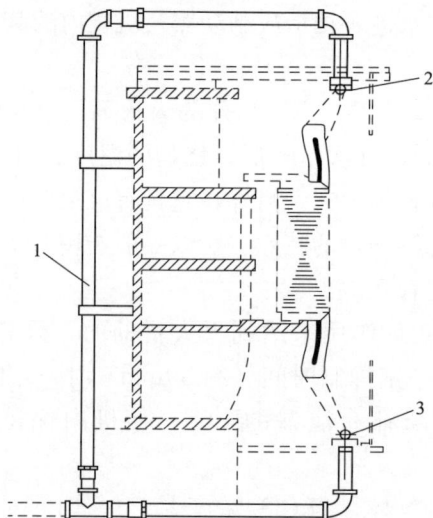

图 3-149　环形灭火管道系统布置

1—总进水管；2—上环管；3—下环管

为了便于制造和运输，环形管一般分成 2、4、6、8…份的管段。水灭火管道系统都采用双路进水结构，如图 3-150 所示。上、下灭火环形管通过三通与进水管相连。上、下灭火环形管采用紫铜管或不锈钢管或其他能防锈蚀的管材。进水管可用镀锌钢管。

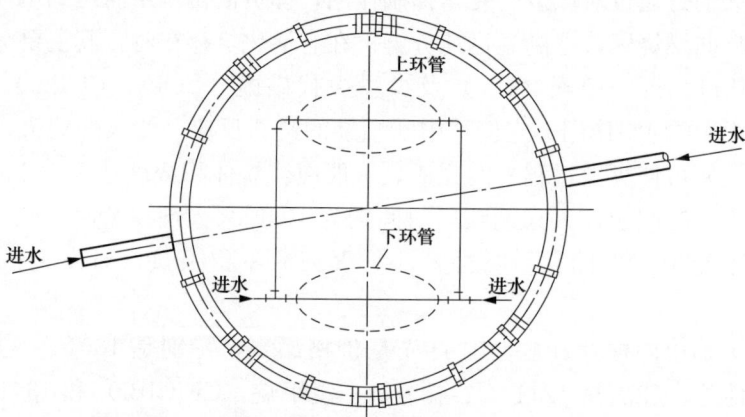

图 3-150　双路进水示意图

上下环形管上按照结构尺寸的许可，可适当布置一定数量的喷头。喷头的布置能使水雾喷射到定子绕组的所有部分，包括端部。喷头的间距可控制在 600～900mm。根据需要，喷头可采用两排或更多排交错分布。水灭火系统设计流量和喷头数量的确定，可参照以下进行估算。

（1）喷水作用面积 A（m^2）。

（2）选定喷水强度 p'。按照标准 p' 可选定为 $6.0L/(min \cdot m^2) = 0.1L/(s \cdot m^2)$。

（3）灭火系统喷水流量 $Q = (1.15 \sim 1.30)p'A = (1.15 \sim 1.30) \times 0.1A = (0.115 \sim 0.13)A(L/s)$。

（4）选定喷头直径 d，一般喷头直径 $d=15\text{mm}$。

（5）每个喷头的流量 $q=K\sqrt{\dfrac{p}{9.8\times 10^4}}(\text{L/min})$，其中，$p$ 为喷头工作压力，一般取 $p=9.8\times 10^4(\text{Pa})$；$K$ 为喷头流量特性，当喷头直径为 15mm 时，$K=80$。按以上数据代入可得，$q=80\sqrt{\dfrac{9.8\times 10^4}{9.8\times 10^4}}=80(\text{L/min})=1.33(\text{L/s})$。

（6）确定喷头数量 $N=\dfrac{Q}{q}$，对 N 进行圆整。

三、二氧化碳灭火系统

二氧化碳灭火主要靠二氧化碳稀释燃烧物周围空气中的氧气含量，使燃烧窒息而灭火。所以理论上可以根据被燃烧时所需的极限氧含量，求出二氧化碳的灭火浓度。各种物质维持燃烧所需的极限氧含量不同，故不同物质的二氧化碳灭火浓度也不相同。但通常各种物质的灭火浓度是采用实验测出的。

根据国家标准中"CO_2 设计浓度不应小于灭火浓度的 1.7 倍，并不得低于 34%"。对"带冷却系统的发电机"，其物质系数 $k_b=2.0$（k_b 为可燃物的二氧化碳对 34% 的二氧化碳浓度的折算系数），二氧化碳灭火的设计浓度应取 58%，灭火抑制时间为"至停转为止"。初步的估算，可参照以下进行。

（1）二氧化碳设计用量 M_s 计算，即

$$M_s=k_b(k_1A+k_2V)\quad(\text{kg}) \tag{3-35}$$

$$A=A_v+30A_o\quad(\text{m}^2) \tag{3-36}$$

式中　k_1——面积系数，取 0.2kg/m^2；

　　　k_2——体积系数，取 0.7kg/m^3；

　　　A——折算面积，m^2；

　　　A_v——发电电动机灭火区内侧面、底面、顶面的总面积（包括开口面积），m^2；

　　　A_o——开口总面积，m^2；

　　　V——发电电动机灭火区净空间容积，m^3。

（2）二氧化碳存储量 M_c 及储存容器数量 N_p 计算。

二氧化碳的理论储存量 M_c 等于设计用量 M_s 与残余量 M_r 之和。通常 M_r 可按 M_s 的 8% 考虑，故

$$M_c=M_s+M_r=1.08M_s\quad(\text{kg}) \tag{3-37}$$

在电站，二氧化碳存储于钢瓶中，通常为便于管理，只存储一种容积的二氧化碳钢瓶。设每个钢瓶中的二氧化碳充装量为 G（40L 钢瓶充装量为 25kg），则理论上钢瓶数量 N_p 为

$$N_p=M_c/G=1.08M_s/G\quad(\text{个}) \tag{3-38}$$

N_p 应圆整化，所以实际二氧化碳储存量 $M_c=GN_p(\text{kg})$

（3）二氧化碳喷射流量 Q 计算。

对于发电电动机的灭火，由于有抑制时间要求，二氧化碳用量的喷射时间应在 7min 之内，而且要求在头 2min 之内喷射的二氧化碳使灭火区的体积浓度大于 30%。因

此，在前 2min 内二氧化碳的平均喷射流量为

$$Q \geqslant \frac{0.3V\lambda}{t} = \frac{0.3V \times 1.977}{2} \approx 0.3 \quad (\text{kg/min}) \tag{3-39}$$

式中 V——发电电动机灭火空间净容积，m^3；

λ——二氧化碳的比重，$1.977kg/m^3$，实际喷射流量 Q 必须大于式（3-39）计算值。

在 2min 后，喷射流量可逐渐降低，一方面补充逸失的二氧化碳，另一方面将二氧化碳浓度升至 58% 左右，并维持灭火时间 30min 左右。

二氧化碳灭火系统主要由自动报警灭火控制系统、灭火剂储瓶、电磁瓶头阀、压力开关、箱体、喷嘴、管道等主要设备组成。其结构示意图如图 3-151 所示。

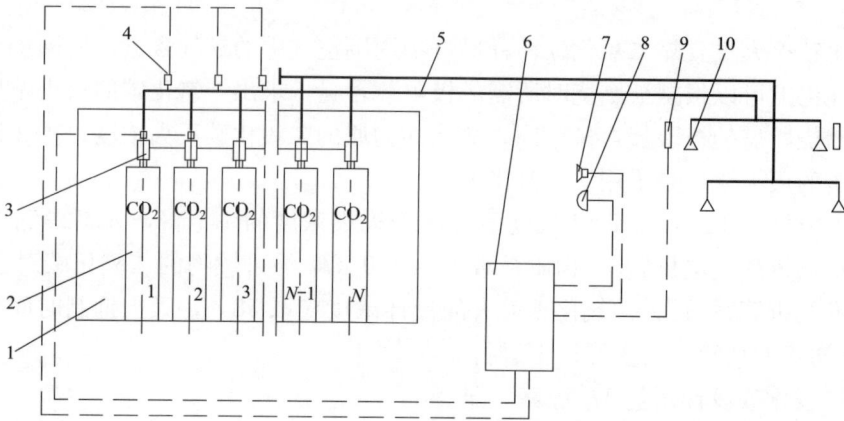

图 3-151 二氧化碳灭火系统示意图

1—箱体；2—灭火剂储瓶；3—电磁瓶头阀；4—压力开关；5—灭火剂输送管道；
6—报警灭火控制器；7—声光报警器；8—放气显示灯；9—管状探测器；10—喷嘴

对于不同的控制方式，其工作原理如下：

（1）自动控制。将报警灭火控制盘上控制方式选择键拨到"自动"位置时，灭火系统处于自动控制状态，当防护区发生火情，管状探测器探测到火灾信号，报警灭火控制盘即发出声、光报警信号，同时发出联动指令，关闭联锁设备，经过一段延时时间（也可取消延时），发出灭火指令，打开电磁瓶头阀，释放灭火剂，实施灭火。

（2）电气手动控制。将报警灭火控制盘上控制方式选择建拨到"手动"位置时，灭火系统处于手动控制状态。当防护区发生火情，可按下控制盘上启动按钮即可启动灭火系统释放灭火剂，实施灭火。在自动控制状态，仍可实现电气手动控制。

（3）机械应急手动控制。当防护区发生火情，控制盘不能发出灭火指令应通知有关人员撤离现场，关闭联动设备，然后扳动电磁瓶头阀上的手动手柄打开瓶头阀，释放灭火剂，实施灭火。注意，机械应急手动控制方式仅适用于保护区和灭火剂储瓶不在一个房间的场所。

（4）紧急停止。当火灾警报已发出，在延时时间内却发现有异常情况，不需启动灭火系统进行灭火时，可按下手动控制盒或控制盘上的紧急停止按钮，即可阻止控制盘灭火指令的发出。

第四章

发电电动机实验研究

发电电动机作为一种大型设备，技术程度复杂，多学科知识交叉、耦合，因此必须坚持计算分析与实验研究紧密结合。利用研究对象的相似性，针对关键技术问题，建立模型实验、测试，获取关键参数和数据，再将结果应用于产品设计。

本章将详细介绍发电电动机通风、双向推力轴承、绝缘、结构动力特性方面的实验研究情况。

发电电动机的通风系统有外加风机、轴向通风、径向通风、轴向径向混合通风多种形式，对于不同的机型，通风形式的选取也不相同。建立特定机型比例的通风模型，按相似性原理研究测试，并修正设计，可使通风系统的设计达到最优，不但能均匀散热，提高机组安全稳定运行的能力，还能将通风损耗降到最低，提高机组效率。

发电电动机推力轴承双向旋转，其与常规单向旋转的水电机组不同，推力轴承不能采用偏心支承方式，只能采用中心支承方式。一方面，中心支承方式推力轴承瓦出油边易形成油膜破裂区，将使推力轴承的承载能力大幅降低，推力轴承设计难度加大。另一方面，发电电动机运行工况多，暂态情况复杂，推力轴承的暂态能力直接关系到机组性能，而即使在电站现场，部分暂态也无法完全模拟进行实验，因此建立高速双向推力轴承实验台，对设计的双向推力轴承进行实验研究，可大大提高双向推力轴承设计的安全可靠性。

发电电动机频繁启停，绝缘系统冷热循环次数较常规水电机组多，绝缘系统的性能下降较常规机组严重，对发电电动机的绝缘系统实验研究、绝缘结构优化建立必要的标准体系，将有利于提高机组绝缘的可靠性。

发电电动机容量大、转速高，能量密度高，振动问题是设计过程中必须要关注的重大问题，计算分析与产品实体动力特性的实验测试相结合，积累大量的数据，才能真正做到在设计过程中准确有效避开振动频率，保证机组安全稳定性。

第一节　通风模型实验研究

一、通风模型设计原理

设计高效可靠的发电电动机通风系统是重点研究工作。针对特定通风结构和尺寸，按一定比例缩小的电机通风模型实验，不仅可以验证电机通风结构的合理性，同时可以验证计算方法，对真机通风系统设计提出改进意见。

（一）流体相似理论

很多时候依靠单纯的理论研究和一般的实验方法并不能圆满地解决复杂的实际问题，有的甚至根本无法解决。这促使人们去创造一种新的研究方法，使之既可以避免数学分析的困难，又可以使研究结果具有更普遍的使用价值。相似理论正是在这种客观需要的推动下产生和发展起来的，它综合了数学分析和实验研究两种方法的优点。相似理论从描述过程的微分方程导出所研究现象规律的相似准则的一般关系式，并将它作为实验和数据分析的依据，使一般性关系式具体化，从而得到解决具体问题的准则方程。这样得到的结果，不仅避免了求解微分方程时所遇到的困难，而且使实验结果具有普遍指导意义。现在这种方法已经得到广泛的应用。

1. 相似理论的发展和意义

1848 年，法国科学家勃朗特在分析力学方程的基础上首先建立了相似第一定理，即相似现象对应点的同名相似准则相等。该定理提出不久就广泛应用于流体力学、空气动力学、传热学等领域，并且有效地解决了很多工程实际问题。1911 年，俄国科学家费德尔曼提出了相似第二定理，确定了微分方程的积分结果可以用相似准则之间的函数关系来表示，其准则方程对于所有相似的现象完全相同。1931 年，苏联著名学者基尔皮乔夫和古赫曼提出并证明了相似第三定理，即现象相似的充分和必要条件是单值性条件相似，而且由单值性条件包含的物理量所组成的相似准则相等。相似第二定理和第三定理在基尔皮乔夫和古赫曼将其公式化以后，提高了相似理论的使用价值，应用范围显著扩大。

相似理论是一种完整的研究、整理和综合实验数据的一般方法论。根据相似理论，可将影响现象发展的全部物理量适当地组合成几个无量纲的相似准则，然后把这些相似准则作为一个整体，来研究各个物理量之间的函数关系。它奠定了模化实验的理论基础，使人们可以不直接研究自然现象或技术设备本身所进行的实际过程，而是利用与它们相似的模型来进行实验研究。

2. 量纲理论

量纲理论是相似理论的基础，其物理本质在于，描述现象的微分方程中各项量纲具有一致性。为此提出了无量纲数的概念。无量纲数由不同物理量通过乘除关系所组成的无量纲简单数群（例如雷诺数、马赫数、努塞尔数）和一些无量纲综合数共同组成，无量纲数能够深刻地体现事物的物理本质和内在联系。量纲分析的费德尔曼定理的数学表达形式如下

$$\phi_1(\pi_1, \quad \pi_2, \quad \pi_3, \quad \cdots, \quad \pi_r, \quad \cdots, \quad \gamma_1, \quad \gamma_2, \quad \cdots) = 0 \qquad (4\text{-}1)$$

式（4-1）表明，适用于任何单位制的物理方程，都可以表示为无量纲综合数群和简单数群的关系式，这些数群都由该方程中所包含的物理量组成。其中，无量纲综合数群 π 的数量等于方程中不同结构的项数减 1，简单数群 γ 的数量等于方程中同类量之比的个数。美国学者柏金汉给出重要的 Ⅱ 定理给出：由量纲分析所得到的无量纲综合数群的个数 N，等于影响现象的全部物理量数量 n 减去用以表达这些物理量的基本量的个数 i，即 $N = n - i$。

3. 流体相似准则

电机通风模型涉及的流体力学原理中，物理现象的相似性如下：

（1）物理量相似性（几何相似性）；

（2）运动相似性；

（3）动力相似性；

（4）单值性条件相似。

所谓单值性条件相似，是指系统初始条件和边界条件的相似。

根据动量微分方程导出的相似准则有其实际的物理意义。

（1）弗劳德准则 Fr 为

$$\frac{fl}{mU^2} = \frac{mgl}{mU^2} = \frac{gl}{U^2} = Fr \tag{4-2}$$

式中　f——重力；

　　　l——特征长度；

　　　m——质量；

　　　U——特征速度；

　　　g——重力加速度。

弗劳德准则反映了重力在运动方程中的相对重要性，即流体（或物体）所具有的势能与它所具有的两倍动能之比的度量，Fr 称为弗劳德数。

（2）欧拉准则 Eu 为

$$\frac{fl}{mU^2} = \frac{pFl}{Fl\rho U^2} = \frac{p}{\rho U^2} = Eu \tag{4-3}$$

式中　p——压力差；

　　　ρ——密度。

欧拉准则反映了压力差与惯性力之比的度量，表征由于压力差而使流体产生正加速度，Eu 称为欧拉数。当气体运动速度与声速可以比较时，一般可用马赫准则 Ma 来代替欧拉准则，表述为

$$\frac{1}{Eu} = k \left(\frac{U}{a}\right)^2 = Ma^2 \tag{4-4}$$

（3）雷诺准则 Re 为

$$\frac{fl}{mU^2} = \frac{F\mu \frac{U}{l} l}{Fl\rho U^2} = \frac{\mu}{l\rho U} = \frac{1}{Re} \tag{4-5}$$

式中　μ——动力黏度。

雷诺准则的物理意义是惯性力和黏性力之比的度量，表征由于受黏性力的作用而使流体产生负加速度。雷诺数 Re 较小时表示黏性力起主导作用，流体微团受黏性力约束而处于层流状态；雷诺数较大时惯性力起主导作用，黏性力不足以约束流体微团的混乱运动，流动就处于湍流状态。

（二）通风模型的特点

由于第三定理的全部相似条件在很多情况下难以同时实现，对一些复杂现象，要使

所有单值性条件都相似几乎是不可能的。因此，通过适当地放宽相似条件、近似模化方法、分析主要作用的因素而忽略次要因素来安排实验和处理实验结果，就成为研究工程问题的必要做法。

对于电机通风模型，其研究的目的是用模型产生的物理现象，揭示实际电机通风结构的物理规律。针对这一要求在设计和进行实验时必须分析模型模拟的范围和程度。实际上，冷却电机的气体的 ρ 密度和 μ 动力黏度在电机风路中的变化并不大，考虑基准温度 40℃，气体实际温度分布在 40～80℃之间，在这个范围内气体介质的密度变化并不十分明显。此外，黏性流体雷诺数在大于一定数值后的范围变化时，流体机械就具有了自模性特征，即流场相似性几乎不再发生变化。因此实际工程中，发电电动机通风模型设计和实验可以对相似准则进行一定程度的放宽，即采用近似模化的方法。

（三）通风模型的设计

1. 主要尺寸的确定

根据相似法则，通风模型的设计应充分考虑与真机流动边界上的相似性。模型的通风结构应保持与真机相同，主体部分仍由定子、转子、轴承系统、上机架、下机架、基础板等部分组成，模型和真机对应部位的过流面积严格按照相似比例进行设计。图 4-1 为通风模型设计方案布置，图 4-2 为通风模型装配。

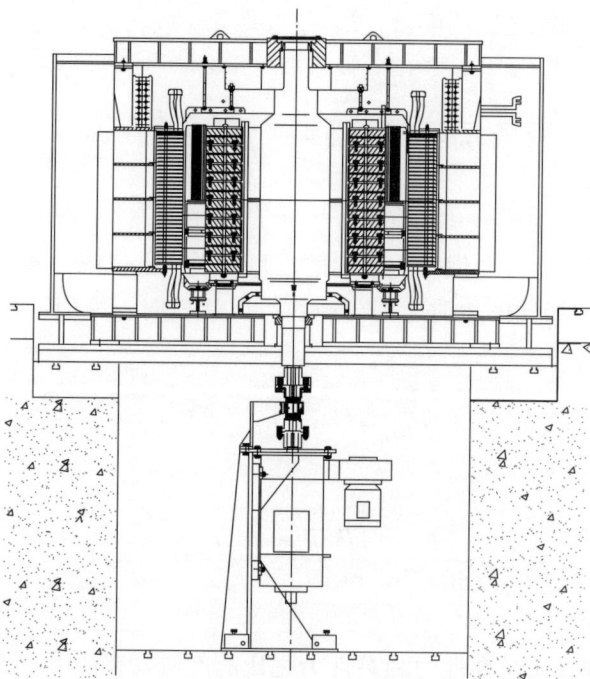

图 4-1 通风模型设计方案布置

对于某些特殊部位，如定子径向通风沟、转子磁轭环隙等，其真机的尺寸宽度就非常小，模型如果再依据相似比例进行设计，制造安装以及参数测量时的难度就非常大，为此就需要近似模化。模化的前提依然是保证该部位整体过流截面的面积严格按照相似比例进行设计,但风隙宽度尺寸可以适当做调整,或者就完全按照真机尺寸进行设计。众多的设计经验和实测数据表明,这种近似模化对于真机最终的通风特性分析并没有多少影响。

2. 模型的定子结构

通风模型定子主要由机座、定子铁芯、定子线圈撑块、定子线圈端部、通风槽片和冷却器等组成。机座由钢板焊接而成,机座环板间用立筋支撑,外壁采用薄钢板焊接于机座上。机座外壁按真机冷却器位置及面积折算开设长方形孔,为冷却器进风提供通道。铁芯用钢板叠压而成,两端各有一压板,用穿芯螺杆及定位筋把压圈、齿压板及铁芯与机座组成一个整体。铁芯轴向分为若干段,段与段之间布置通风槽片,为了保证定子铁芯的通风模拟条件,为考虑壁面边界和粗糙度的相似性,通风槽片和槽钢形状与真机完全相同。定子端部绕组采用钢板制成,上下层线圈成交叉安装,以达到端部线圈处的边界相似,上下层端部线圈用绝缘盒连接起来。汇流铜环用钢管外包绝缘进行模拟,力求达到表面粗糙度跟真机接近,汇流铜环布置与真机相同,保证流体边界相似。冷却器出风口采用真机相同结构,内层可以采用带孔绝缘板重叠结构,通过错位来调节冷却器的阻力系数,以模拟真机冷却器阻力。模型设计需考虑测量用传感器的固定架及穿线孔等,便于各处压力、风量等的测量。

3. 模型的转子结构

通风模型转子主要由转轴、转子支架、磁轭、磁极等部分组成。磁轭装压后,用拉紧螺杆把紧。转子磁极用沉头螺钉把在磁轭上。

转子磁轭、磁极采用铝制结构,在保证流动边界条件与真机相似的同时,需要对磁轭风沟的宽度、高度和数量进行合理折算。转子磁轭两端离心导扇叶结构、挡风板的安装需要检查漏风间隙的大小。图 4-3 为通风模型转子吊装。

图 4-2 通风模型装配

图 4-3 通风模型转子吊装

4. 模型的油槽、制动器和上下机架

油槽、制动器位于电机风路中,通风模型需要对这些结构进行对应的相似比例设计，保证风路特性的相似性。上下机架和电机机坑组成了电机外风路的边界，同样也需要按照相似比例进行设计。

二、通风模型实验方法

1. 基本测量方法

通风实验的主要任务是测量气体介质在旋转电机风路中的风速、风压和通风损耗。

现阶段对于流场测量主要有光学和非光学两种测量技术。光学测量技术中，以激光多普勒测速仪为代表的单点测量设备能够获得流场内速度时均量，用来测量稳态流速；数字式粒子图像测速仪等平面测量设备已实现对流场的瞬态观测，并已在世界范围内获得了普遍应用，成为研究复杂流动的先进实验手段。光学测量技术实现了无接触和无干涉测量，测试精度和效果最好，但是由于要为测量设计专门的透明观测窗，并为测量选择合适的示踪粒子，因此并不适用于发电机通风实验。目前通风实验主要依赖非光学测量技术。其中，热线风速仪基于热平衡原理，能够测量多维流动的平均速度和脉动速度，但是由于其方向性差，校准困难，流场干扰明显等缺点，无法应用于旋流和多相流。相比较而言，毕托管的测量原理简单，在一定范围内能够满足较高精度要求的测量需要，并且体积小，安装方便，是发电机通风测量最常用的方法。现场通风实验会将埋设在发电机风路中的毕托管测点通过风压测试引线，与远端的多通道压差变送器相连，并通过模/电信号转换装置，将测量结果显示在用户终端。图 4-4 为翼轮式风速测量仪，图 4-5 为 S 型毕托管（风速风压探针）。

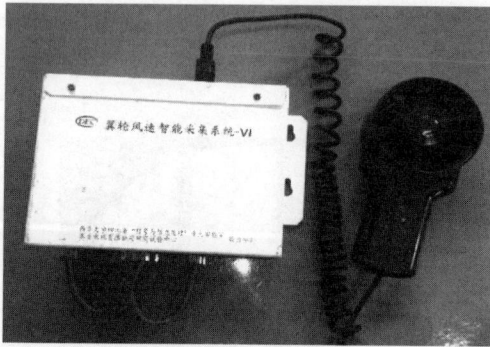

图 4-4 翼轮式风速测量仪

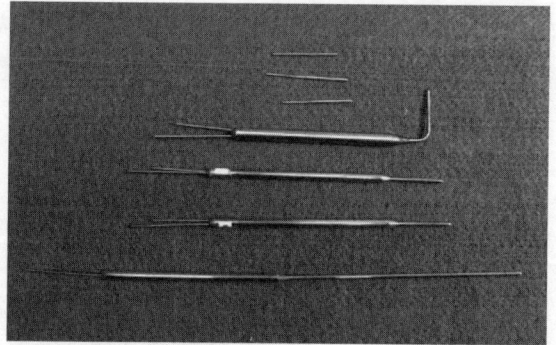

图 4-5 S 型毕托管（风速风压探针）

此外，由于电机内的气体介质通常为湍流状态，在不同时刻的风速和风压会存在一定脉动。这种湍流脉动的机理和现象非常复杂，同时也不是发电机通风实验所关心的，因此测试中采用时间平均法获取测试量的时均值，即湍流某一时刻的瞬时流速是随时间而变化的，如果将瞬时流速对某一时间段平均，就得到在这段时间内的平均流速。把紊流的运动要素进行时间平均以后，紊流运动可简化为没有脉动的时均流动，以方便研究。通风实验时在不同工况首先取一时段求平均值，记录测量结果，然后在不同时间对每一工况进行多次实验，再求各工况的平均值，通过这样的方法来实现实验数值的准确性，提高测量精度。通风实验还常使用叶轮式风速仪多次测量某些平面（如风扇、冷却器进出风截面）的平均风速，再与平面面积相乘就获得流过平面的风量。

模型通风损耗的测量有几种方法。一是采用量热法，即在模型空转热稳定工况下，测量模型包络面各个方向散发的热量，将这些换热量做代数加和，得到的值就是模型的通风损耗。但这种方法在通风模型实验中精度非常有限，实际中常常利用电功率法或扭矩测量法。电功率法通过测量模型拖动电机的输出功率，再减去模型上导和下导轴承的摩擦损耗获得模型的通风损耗。扭矩测量法通过在拖动电机与模型转子的联轴器之间安装扭矩传感器，直接测量转轴的扭矩，同时利用测速仪输出模型的转速信号。两测量信号通过屏蔽线传输到 PLC 终端，根据这两个参数和公式，可以计算出模型的轴功耗。转子轴功耗减去轴承的摩擦损耗，就获得模型的通风损耗。由于电机的输出功率是间接测量值，需要利用电机效率曲线获得，相比而言，扭矩测量法精度更高。

2. 实验内容

通风模型在正转和反转的条件下，分别对以下内容进行测试：

（1）测量冷却器出口风速，计算模型总风量并推算真机实际运行时的总风量；

（2）测量定子各风沟出口风速大小，推算真机实际运行时风沟风速轴向分布规律；

（3）测量定子风沟进出口压力；

（4）测量上、下风道风量，推算真机实际运行时上下端部风量分配比例；

（5）测量通风损耗，推算真机通风损耗，评价实际通风结构的效率；

（6）测量模型定子线圈端部、汇流铜排、主引线以及中性点引线等部位的风速，以检验真机实际运行时定子绕组冷却条件的好坏。

为实现以上测量内容，需要在通风模型内部安装足够的风速、风压测点。例如在每个空气冷却器的出口面上布置 3～9 个风速测点，测量整个出口面的平均风速；在定子铁芯的外圆侧，沿轴向的每条风沟出口布置 1 个风速测点，测量定子风沟出口风速的均匀性；在气隙侧定子内圆表面布置若干静压测点，测量气隙内的风压分布。通过模型测点采集的信号可以连接到多通道高速采集系统，并传输到上位机终端进行分析。

除此之外，有时还要采用飘带法或示踪法，对特定通风结构进行必要的流场观察，以确保模型各部分的空气流量符合设计者的初衷。

由于相似模型尺寸比真机尺寸小数倍以上，为了尽可能减小个别测点的样本数据与真实值之间的偏差，应对多个不同转速工况分别进行数据采集，如有必要，还应根据实际情况进行必要的测点位置调整，最终获得反映真实物理现象的测量值。

三、通风模型数据分析

当通风模型在自模区内运行时，其各部位的风速 V_M、风压 H_M、风量 Q_M、通风损耗 P_M 和发电电动机内各部位的相应参数 V_G、H_G、Q_G、P_G 之间的关系满足式（4-6）～式（4-9），即

$$V_G/V_M = (L_G/L_M)(n_G/n_M) \tag{4-6}$$

$$H_G/H_M = (L_G/L_M)^2 (n_G/n_M)^2 \tag{4-7}$$

$$Q_G/Q_M = (L_G/L_M)^3 (n_G/n_M) \tag{4-8}$$

$$P_G/P_M = (L_G/L_M)^5 (n_G/n_M)^3 \tag{4-9}$$

式中　L_M、L_G——模型和电机的几何尺寸；

n_M、n_G——模型和电机的旋转速度。

根据各参数之间的关系，可以将模型测量的数据推算至真机状态，从而了解和研究发电电动机通风系统内部实际的风速、风量、风压的分布，以及通风损耗的大小。

例如某台发电电动机额定转速为 n_G。经过相似论证，其通风模型的几何比例设计为 K。模型实验中分别对转速稳定在 n_{M1}、n_{M2}、n_{M3} 的工况下进行了各个参数的测量。当通风模型在自模区内运行时，总风量测量值 Q_M 和冷却器出口风速测量值 V_M 都应与模型转速 n_M 严格符合线性增长关系。在此基础上，将每个转速的模型总风量 Q_M 换算到真机额定转速时，应当得到一致的真机风量数据 Q_G，即

$$Q_G = \left(\frac{1}{K}\right)^3 \frac{n_G}{n_{M1}}Q_{M1} = \left(\frac{1}{K}\right)^3 \frac{n_G}{n_{M2}}Q_{M2} = \left(\frac{1}{K}\right)^3 \frac{n_G}{n_{M3}}Q_{M3} \tag{4-10}$$

电机各部位的风量、风速也应与模型各部位的风量、风速测量值满足上述关系。

同理，通风模型在自模区的风压测量值 H_M 与其转速 n_M 的二次方值，应严格符合线性增长关系。而将每个转速的模型风压测量值 H_M 换算到真机额定转速时，应得到一致的真机风压数据 H_G，即

$$H_G = \left(\frac{1}{K}\right)^2 \left(\frac{n_G}{n_{M1}}\right)^2 H_{M1} = \left(\frac{1}{K}\right)^2 \left(\frac{n_G}{n_{M2}}\right)^2 H_{M2} = \left(\frac{1}{K}\right)^2 \left(\frac{n_G}{n_{M3}}\right)^2 H_{M3} \tag{4-11}$$

通风损耗测量值 P_M 与其转速 n_M 的三次方值，应严格符合线性增长关系。而将每个转速的模型风压测量值 P_M 换算到真机额定转速时，也应得到一致的真机风压数据 P_G，即

$$P_G = \left(\frac{1}{K}\right)^5 \left(\frac{n_G}{n_{M1}}\right)^3 P_{M1} = \left(\frac{1}{K}\right)^5 \left(\frac{n_G}{n_{M2}}\right)^3 P_{M2} = \left(\frac{1}{K}\right)^5 \left(\frac{n_G}{n_{M3}}\right)^3 P_{M3} \tag{4-12}$$

图 4-6 表征了模型各项测量值与转速之间的关系。其中，角标 n 代表模型设计转速工况。

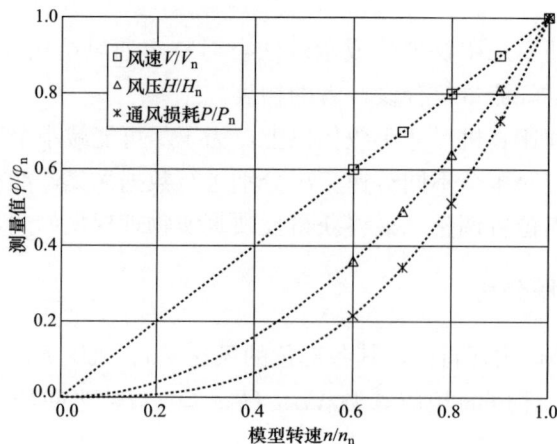

图 4-6　模型各项测量值与其转速之间的关系曲线

只有各工况实验结果满足上述关系时，才能够认为通风模型满足自模区相似条件。如果偏差较大，就需要提高模型的实验转速，以达到符合客观规律的测量值。

⊯ 第二节　双向推力轴承实验台设计与实验

双向推力轴承由于采用中心支撑，承载能力弱，易出现磨损、瓦温偏高等问题。为验证双向推力轴承在高速、重载下的运行性能，建立高速推力轴承实验台，对发电电动机推力轴承进行多工况性能实验验证十分必要。

与常规水轮发电机推力轴承实验台不同，高速推力轴承实验台存在以下特点：

（1）速度高。抽水蓄能机组额定转速可以达到 500r/min 以上，考虑飞逸转速，实验台转速至少要达到 725r/min。这就要求拖动电机、加载轴承、实验本体都要满足高转速的要求。

（2）双向旋转。实验台要满足机组正转与反转要求，包括拖动电机、静压轴承都要满足正转与反转要求。

（3）高损耗。在高速运行下，轴承损耗会急剧上升。对转速 500r/min 的推力轴承，按照轴承损耗公式，其轴承损耗可达 2000kW 以上，这对拖动电机功率、冷却器散热能力、静压加载轴承的散热都提出了很高的要求。

（4）大负荷。由于抽水蓄能机组转速高，其尺寸较小，轴承负荷可达 1000t 左右。实验台设计应满足真机推力轴承负荷实验要求，以验证推力轴承的可靠性。某型号高速双向推力轴承实验台全貌如图 4-7 所示。

图 4-7　高速双向推力轴承实验台

一、高速轴承实验台实验能力

按照发电电动机的运行要求，双向高速轴承实验台主要应达到以下要求：

（1）足够的轴向力施加能力。目前已运行和可以预见的抽水蓄能机组最大推力负荷在 1000t 左右。实验台设计实验推力为 1000t，最大可达 2000t，满足近期和可以预见的将来抽水蓄能机组和正常高速水轮发电机推力轴承实验的需要。

（2）足够高的实验转速和运行稳定性。目前已运行和可以预见的抽水蓄能机组的最大转速一般为 500r/min，飞逸转速 750r/min。实验台最大设计转速 850r/min。在此转速范围内，实验台轴系和台架具有足够的刚强度来保证实验台运行的稳定性。

（3）足够大的拖动轴功率和热交换能力。高速推力轴承的运行特点就是高损耗、高温度，要满足高速推力轴承实验要求，实验台采用特殊设计制造的交流电动机，电机功率 4500kW。采用变频调速，变频器按照变频器的安全裕度需要以及变频器的功率等级，推荐变频器按 8000～9000kVA 选取。为满足推力轴承、加载轴承和导轴承的热交换要求，配备相应的油水系统。

（4）完善的推力轴承润滑参数测试系统。推力轴承实验的目的就是通过模拟推力轴承的运行工况，了解轴承的运行状态，通过对运行中的油膜厚度、油膜压力、瓦体温度等润滑参数的测量，达到实验的目的。

二、实验台组成

全工况全尺寸高速双向推力轴承实验台主要由实验台机械结构本体、拖动调速系统、油压系统、油冷却系统、电气测控系统、风冷管路、冷却水系统等子系统组成，其主体结构如图 4-8 所示。

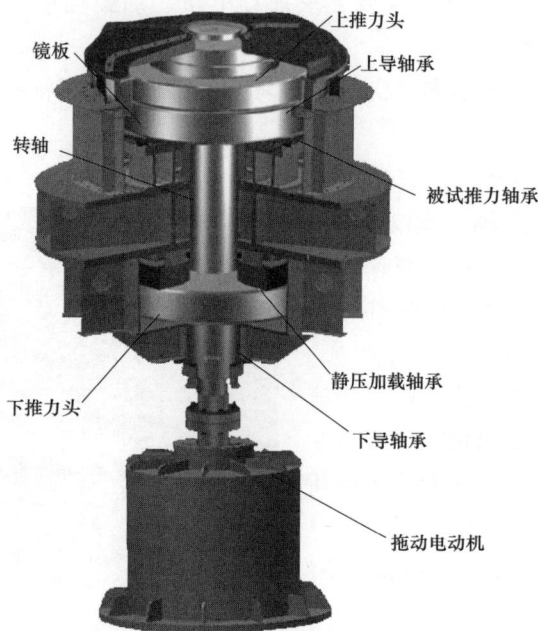

镜板
上推力头
上导轴承
转轴
被试推力轴承
静压加载轴承
下推力头
下导轴承
拖动电动机

图 4-8　高速推力轴承实验台主体结构

为适应换装不同直径的推力轴承进行各种实验的需要，将实验推力轴承放置在上机架上，而加载轴承放置在下机架内，上机架与其下面的下机架通过螺钉把合成一体。下机架支臂径向把合径向支撑，顶于下机架基坑壁。

实验推力轴承和静压轴承的推力头分别装于主轴的上下端部，主轴的下末端与电动机轴采用联轴器和轴向键连接。

当高压油注入加载轴承中 8 个加载油缸后，活塞向下运动，分别通过对应的 8 块静压瓦作用于静压推力头上，此载荷又通过大轴、实验推力头、镜板，传递到实验瓦上从而达到加载的目的。

推力台的下部为交流拖动电动机。系向内鼓风冷却单路通风系统，电动机通过电机支架支撑在基坑底的基础上。

（一）机械本体结构

机械本体结构以某型号为例进行介绍，某推力台机械结构本体由主轴、上推力头、镜板、被试推力轴承、下推力头、推力油槽、上机架、下机架、静压加载轴承、端面密封装置等部分组成，如图 4-9 所示。

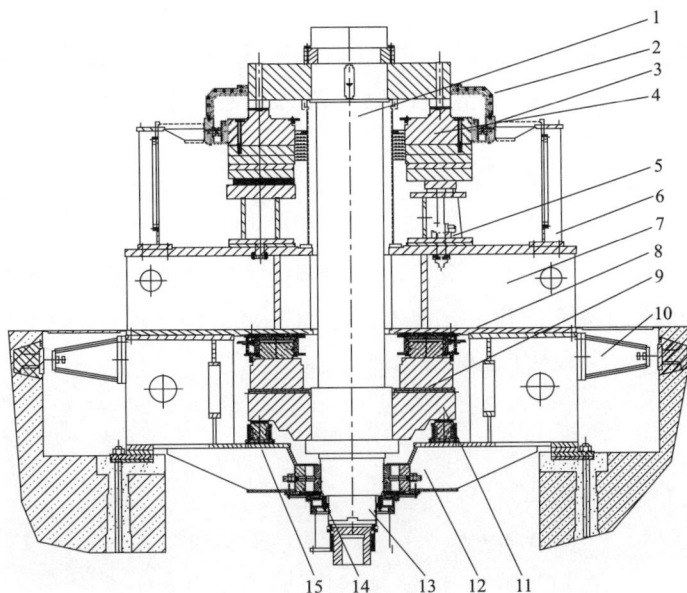

图 4-9　实验台本体

1—轴；2—密封；3—上导轴承；4—上推力头；5—被试推力轴承；

6—推力油槽；7—上机架；8—加载缸；9—静压加载轴承；10—径向支撑；

11—下推力头；12—下机架；13—联轴器；14—下导轴承；15—支撑

1. 被试推力轴承

实验台镜板内径为 1040mm、外径为 2500mm，最大可实验载荷为 1500t，比压为 6MPa。

在更换推力头和镜板的情况下，最大可以实验镜板内径为 1040mm、外径为 2800mm、8 块瓦的推力轴承，最大可实验载荷为 2000t，比压为 7MPa。

2. 加载系统

加载系统由加载缸座、加载缸和静压加载轴承组成。最大加载能力为 2000t。加载缸共 8 个，活塞直径为 320mm，最大油压为 3.05MPa。加载力由静压油膜传递给旋转的下推力头，再由轴传递给上推力头和镜板，从而对实验推力轴承施加推力负荷，加载力上下作用于上机架，因而地基不承受加载力。

静压加载轴承推力头内径为 900mm，外径为 1900mm。静压加载轴承有 8 个扇形油室，油室之间不设径向泄油沟，最大油室压力为 7MPa 左右，油室的压力油由同轴 8 个齿轮泵供给，为定流量供油方式，油室的进油管设小孔节流器以提高静压加载轴承油膜刚度。静压加载轴承装在下机架内，采用外加泵外循环方式冷却。

3. 上导轴承

上导轴承安装在推力油槽内被试推力轴承的上方，以推力头外径为滑转子工作面，目前直径为 2170mm，由 12 块非同心可倾瓦组成。

4. 下导轴承

下导轴承由 8 块非同心可倾瓦组成，安装在静压加载轴承下方的油槽内，直径为 600mm。下导轴承瓦间隙可在油槽外调节，不需要拆端面密封。

5. 轴

轴系一阶临界转速为 1629r/min，二阶临界转速为 2605r/min，扭转自振频率一阶为 73.1Hz，二阶为 591.6Hz。临界转速以及扭转自振频率均远避开实验转速，实验台动力特性良好。

（二）拖动调速系统

1. 拖动电机

实验台拖动电机采用交流电动机，用变频调速。拖动电动机安装在实验台下部的地坑内，外加鼓风机冷却系统，其主要技术参数如下：

拖动电机型号	BPYL4500-8
额定功率	4500kW
功率因素	0.91
效率	96.2%
额定转速	650r/min
最高转速	800r/min（出厂超速实验 850r/min）
相数	3
绝缘等级	F

2. 变频调速器

实验台采用变频调速，以满足实验台在不同转速下实验的要求。变频器主要技术参数如下：

稳定调速范围	40～650r/min
变频器稳定工作频率范围	2.66～65Hz
变频器主电源	AC 10kV，50Hz，3 相
变频器输出电压	6.6kV/±10%
变频器输出电流	590A
额定容量	6700kVA
系统总效率	＞97%
噪音等级	＜85dB

变频器采用自带的风机强迫空冷，热风通过风道直接排入厂房外。

（三）油压系统

1. 高压油顶起系统

实验台配置推力轴承高压油顶起系统，以满足验证推力轴承高压油顶起系统的要求。其主要技术参数如下：

设计流量　　　　　70L/min

设计压力   40MPa

供油温度   ≤65℃

2. 加载与顶轴系统

加载系统与顶轴系统共用一套油压系统,由电磁换向阀切换加载、顶轴和回油位置。在系统未通电或者断电的情况下,电磁换向阀自动处于回油位置。其主要技术参数如下:

设计流量   70L/min

设计压力   40MPa

供油温度   ≤65℃

3. 静压供油系统

静压供油系统向静压轴承油室提供压力油。为保护系统的可靠性,设计系统在突然失油时,系统压力能保持30s以上。其主要技术参数如下:

设计压力   20MPa

工作压力   ≤20MPa

供油温度   ≤65℃

供油流量   750L/min

(四)油冷却系统

实验台本体结构由于发热量大,采用水冷冷却管路系统。为环保考虑,实验台冷却用水采用循环用水,与水轮机实验用水共用水池。

1. 冷却水系统

冷却水系统由水泵从实验台附近的地下水池抽水,分别向推力轴承油冷却器和静压轴承板式油冷却器提供冷却水。其主要技术参数如下:

推力用地下水池容积   1500m³

推力冷却用水抽水泵1流量   150m³/h

推力冷却用水抽水泵2流量   100m³/h

静压用地下水池容积   800m³

静压冷却用水水泵流量   100m³/h

冷却热水经冷却塔送回水池。

2. 推力轴承冷却系统

实验台推力油冷却器配置4个管壳式换热器。单台油冷却器技术参数见表4-1。

表4-1 冷 却 器 技 术 参 数

换热容量	450kW	油流量	80m³/h
被冷却介质	L-TSA46 汽轮机油	用水量	70m³/h
冷却介质	水	进油温度	50℃
工作水压	0.2~0.6MPa	出油温度	38℃
水压降	0.02MPa	进水温度	30℃
允许工作油压	1.0MPa	油压降	0.1MPa

3. 静压轴承冷却系统

静压轴承油冷却系统由油泵、板式油冷却器、过滤器、阀门等组成，经冷却以后的润滑油送入静压供油系统的入口。其技术参数见表 4-2。

表 4-2　　　　　　　　　　　　静压冷却器技术参数

序号	参数	单位	数值
1	工作压力	MPa	0.4~1.0
2	工作介质	L-TSA46 汽轮机油	
3	供油温度	℃	≤65
4	供油流量	m³/h	60
5	冷却耗量	m³/h	90
6	冷却水进水温度	℃	≤30
7	冷却水		循环水
8	冷却水压力	MPa	0.3~0.4

静压加载轴承、下导轴承及外循环油泵设计冷却能力为 850kW，换热面积大于 $100m^2$。油槽油温最高控制在 45℃ 以内。

(五) 电气测控系统

电气测控系统由配电系统、监控和保护系统、测试系统和测控软件组成，具有以下特点：

(1) WINDOWS 操作平台，统一标准的界面；

(2) 通过计算机进行数字化通信和联网控制，实现系统的自动化；

(3) 采用 Labview 编程语言，便于系统的开发与维护；

(4) 支持网络数据传播、命令及状态传播；

(5) 开放的设计，便于系统的扩充；

(6) 实验过程自动或人机交互控制；

(7) 系统自动检测、异常自动处理及正常维护、检测和诊断；

(8) 实时数据采集、显示、报警；

(9) 可实现数据及曲线、图形分析。

1. 电气控制项目

控制系统采用 PLC（可编程逻辑控制器）分布式系统结构，保障实验站系统稳定可靠运行。工作站冗余设计，能够确保控制系统连续不间断工作。

控制系统能够对实验电源、实验台主体、高低压开关、油水系统及阀门等实验设备实时监控，控制系统能够按被试产品的实验工况要求对系统各种设备的运行状态进行实时监控。

控制系统是一套独立的 PLC 控制系统，与实验网络之间采用以太网接口连接，实现双向数据通信，将变频电源以及供油系统无缝接入。PLC 用于控制本系统的设备逻辑启停，系统通过交换机，实现在网络系统中对电气系统的完全控制。

2. 实验台测试项目

实验台测试项目分为：

（1）推力轴承瓦面油膜厚度分布；

（2）推力轴承油膜压力测试；

（3）推力轴承瓦面温度测试；

（4）推力轴承测温电阻 RTD 方式温度测试；

（5）上导轴承测温电阻 RTD 方式温度测试；

（6）下导轴承测试；

（7）冷却循环系统测试。

三、实验原理

（一）模化实验

推力轴承润滑性能研究涉及热力学、传热学、流体力学和热弹性力学等多门学科，所以长期采用的重要方法之一就是从实验的角度对推力轴承进行系统性研究。为降低实验难度，减少实验工作量，实验研究通常采用模化实验来预测推力轴承真机润滑性能。

通过模型实验来预测尚未建造出来的真机性能，来为真机设计提供实验依据。模化实验的关键点是如何建立模型和真机之间的相似模化关系。

建立相似模化关系就是通过对推力轴承进行量纲相似分析，把影响推力轴承运转性能的有关全部参数组合成量纲矩阵方程，通过求解量纲矩阵方程，得到以无量纲表示的相似准则，再以这些相似准则构成一个整体，来研究各个参数之间的函数关系，最后确定出各参数对推力轴承运转润滑性能的影响关系。由于推力轴承运转润滑性能是包含众多参数的复杂函数，难以归纳成具体的函数表达式，因此通过推力轴承模型实验来获取可靠的实验数据，并运用量纲相似理论对上述实验数据进行分析，以确定出对推力轴承必须测量的最基本参数，建立模型和真机之间的相似准则关系，预测某些影响真机推力轴承运转润滑性能的关键参数。

按照量纲相似理论，对推力轴承系统 14 个独立变量和性能参数（见表 4-3），应选择平均直径处圆周线速度（V）、黏度（η）、导热系数（λ）和推力轴承瓦宽（B）作为基本参数。

表 4-3　　　　　　　　　　　独立变量和性能参数表

项目	物理量	符号
几何尺寸	推力轴承瓦宽	B
	推力轴承平均弧长	L
	推力轴承瓦张角	α
	推力轴承瓦厚	H
油膜物理参数	黏度	η
	定压比热容	C_p
	导热系数	λ
	密度	ρ

项目	物理量	符号
运行参数	平均直径处圆周线速度	V
	单块瓦承受负荷	W
	进油温度	T_0
性能参数	最大油膜压力	P_{max}
	瓦体最高温度	T_{max}
	最小油膜厚度	h_{min}

（二）推力轴承模化实验应遵守的相似条件

根据相似第三定律：若推力轴承真机和模型保持相似，则它们之间的单值条件必须相似，而且由单值条件构成的决定性相似准则必须相等。

1. 几何相似

推力轴承真机和模型之间的物理相似前提是两者几何相似。几何相似条件为：推力轴承瓦体的内径和外径应保持几何相似（显然，瓦宽也就保持了几何相似），即

$$\frac{D_2'}{D_2} = \frac{D_1'}{D_1} = C_D \tag{4-13}$$

厚度也应保持相似

$$\frac{H'}{H} = C_D \tag{4-14}$$

其中有上角标"'"表示为模型，未加上角标为真机。

（1）推力轴瓦的张角应保持相等，则相应保证了平均弧长 L 相似，即

$$\alpha' = \alpha \tag{4-15}$$

（2）支撑点位置应保持相等

$$圆周方向 \frac{\theta_p'}{\alpha'} = \frac{\theta_p}{\alpha} \tag{4-16}$$

$$径向 \frac{R_p'}{R_1'} = \frac{R_p}{R_1} \tag{4-17}$$

2. 物理条件相似

对于推力轴承运转过程，主要介质为润滑油，所以真机和模型之间应保持润滑油物理性质相似，即

$$\frac{\eta'}{\eta} = C_\eta, \ \frac{\rho'}{\rho} = C_\rho, \ \frac{C_p'}{C_p} = C_{C_p}, \ \frac{\lambda'}{\lambda} = C_\lambda \tag{4-18}$$

（1）边界条件相似和热相似。推力轴承油膜温度分布在很大程度上取决于进油边温度，相应真机和模型的边界相似和热相似应满足

$$\frac{\lambda' T_0'}{\eta' V'^2} = \frac{\lambda T_0}{\eta V^2} \tag{4-19}$$

$$\frac{\eta' C_p'}{\lambda'} = \frac{\eta C_p}{\lambda} \tag{4-20}$$

（2）运动相似。运动相似表示推力轴承真机和模型在对应点上速度和方向一致，且

大小成比例，即两者应保持雷诺数相等这一相似条件

$$\frac{\rho' B' V'}{\eta'} = \frac{\rho B V}{\eta} \tag{4-21}$$

（3）动力相似。推力轴承真机和模型之间在对应点上，力的方向相同，且大小保持比例。相似条件为

$$\frac{W'}{\eta' B' V'} = \frac{W}{\eta B V} \tag{4-22}$$

前述几何相似和物理条件相似是保证推力轴承模化实验得以实现的相似条件。

将模型实验结果按 P_{max}、T_{RTD} 和 H_{min} 整理成准则方程关系式，才能使该准则关系式推广到推力轴承真机中。

（三）模化准则的讨论

对于油润滑滑动轴承而言，由于难以进行热相似模拟，因此不适宜采用缩小尺寸的实验台进行模拟，这就扩大了实验成本。实验台可以对电站真机轴承进行实验验证，包括进行下列实验：

1. 额定转速、额定负荷实验

推力轴承在额定转速、额定负荷下实验，可以验证推力轴承在此条件下的温度、损耗等，以判别轴承性能是否达到设计性能。

2. 最大负荷实验

发电电动机在各种不同的工况下，轴承负荷是不同的。轴承实验可以验证在最大推力负荷下，轴承的性能，以判别轴承的过载能力。

3. 飞逸转速实验

发电电动机在事故工况下，可能会出现飞逸工况，轴承实验飞逸工况，可以验证轴承是否损坏。由于飞逸时间短，轴承温度升高需要持续一段时间，故实验时温升不明显。且轴承仅在速度升高而温度没有同步升起的情况下，轴承油膜厚度加大。故轴承飞逸工况对轴承影响不大。但是拖动电机拖动功率及轴承损耗会急速上升，飞逸工况考验实验台的极限能力。

4. 高压油顶起实验

轴承在高压油顶起投入工况时，加载推力负荷，可以检验高压顶起下油膜厚度分布、压力分布是否达到设计要求。

5. 油循环冷却实验

一般而言，实验台配置有油冷却系统，实验台不再更换新油循环冷却系统，但实验台具备验证新型冷却结构的能力。

6. 惰性停机实验

高压油未投入情况下，机组需要停机，称为惰性停机。实验台可以加载至真机转动部件总重量下，不投高压油停机，以验证轴承是否损坏。这种工况，对一种新轴承结构可以反复实验，以验证惰性停机对轴瓦的影响。但对同一种轴承结构，无需每次均进行验证。

7. 断水运行实验

电站受循环水泵停泵的影响，可能出现断水工况。实验台可以模拟电站轴承断水运行。根据电站油槽油容量与实验台油容量，按比例确定断水实验时间。

在断水工况下，轴承损耗导致轴承油温升高。按能量转换，轴承发热量转化为油槽油温升，存在公式

$$\int_0^t H\mathrm{d}t = \rho CV(T_{\mathrm{warm}} - T_0) \tag{4-23}$$

式中　H——真机轴承损耗，kW；

ρ——润滑油密度，kg/m³；

C——润滑油比热容，kJ/(kg·K)；

V——真机油槽容积，m³；

T_0——真机油槽断水起始油温，℃；

T_{warm}——真机油槽断水终止油温，℃。

轴承损耗按平均损耗计算

$$H = \frac{1}{2}(H_{T_0} + H_{T_{\mathrm{warm}}}) \tag{4-24}$$

式中　H_{T_0}——油温为 T_0 时轴承损耗，kW；

$H_{T_{\mathrm{warm}}}$——油温为 T_{warm} 时轴承损耗，kW。

热油温度为

$$T_{\mathrm{warm}} = T_0 + \frac{1}{2}(H_{T_0} + H_{T_{\mathrm{warm}}})t/(\rho CV) \tag{4-25}$$

式中　t——断水时间，s。

实验台断水运行，到油槽油温升到 T_{warm} 时止。实验时长为

$$t_{\mathrm{r}} = \rho CV_{\mathrm{r}}(T_{\mathrm{warm}} - T_0)\Big/\left[\frac{1}{2}(H_{rT_0} + H_{rT_{\mathrm{warm}}})\right] \tag{4-26}$$

式中　V_{r}——实验台油槽容积，m³；

H_{rT_0}——在油温 T_0 时实验轴承损耗，kW；

$H_{rT_{\mathrm{warm}}}$——在油温为 T_{warm} 时实验轴承损耗，kW；

C——润滑油比热容，kJ/(kg·K)。

如果实验台镜板、推力头尺寸与真机相同，则 $H_{\mathrm{r}} = H$。

8. 镜板泵实验

镜板泵与导瓦泵均是轴承的自泵形式。其结构与性能均能在实验台进行验证。镜板泵实验需要验证的是镜板泵的流量是否能达到循环系统所需要的流量。如果实验镜板的尺寸与真机尺寸不同，需要对不同尺寸的镜板泵进行换算。

镜板泵最大泵压 H_0（ρ 为润滑油密度，K_{p} 为镜板泵压头系数）为

$$H_0 = K_{\mathrm{p}} \cdot \rho \cdot (V_{\mathrm{o}}^2 - V_{\mathrm{i}}^2) \tag{4-27}$$

其中，镜板泵出口速度为

$$V_{\mathrm{o}} = D_{\mathrm{o}}\pi n/60 \tag{4-28}$$

式中　D_{o}——镜板外直径。

镜板泵进口速度为

$$V_i = D_i \pi n / 60 \qquad (4\text{-}29)$$

式中　D_i——镜板内直径；

　　　n——机组转速。

泵孔面积相同。最大泵压相同时，实验转速与真机转速换算关系为

$$n_r = n \left[(D_o^2 - D_i^2) / (D_{ro}^2 - D_{ri}^2) \right]^{0.5} \qquad (4\text{-}30)$$

式中　n_r——实验台实验转速；

　　　D_{ro}——实验台镜板外直径；

　　　D_{ri}——实验台镜板内直径。

9. 新轴承验证实验

高速轴承实验台除进行常规轴承的验证实验以外，还可以进行新轴承开发实验研究，如高效率镜板泵结构、低损耗轴承研究等。

四、测试及实验方法

1. 油膜厚度

油膜厚度是表征轴承性能的最直接的参数。油膜厚度是小位移量，可以采用电涡流位移传感器、光反射测试、电容式测试方法。实验台采用电涡流位移传感器测试油膜厚度。

油膜厚度分布测试通过在瓦上安装多个电涡流位移传感器实现。传感器为 BENTLY3300 位移传感器（如图 4-10 所示），安装如图 4-11 所示。

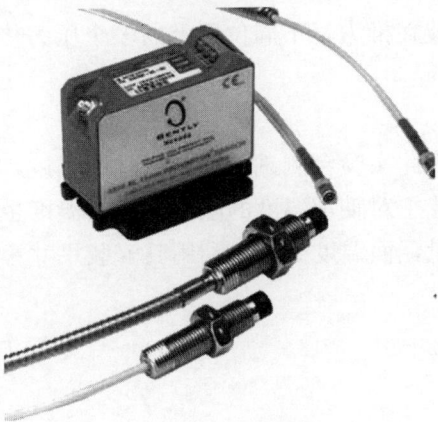

图 4-10　位移传感器　　　　　　　图 4-11　位移传感器安装

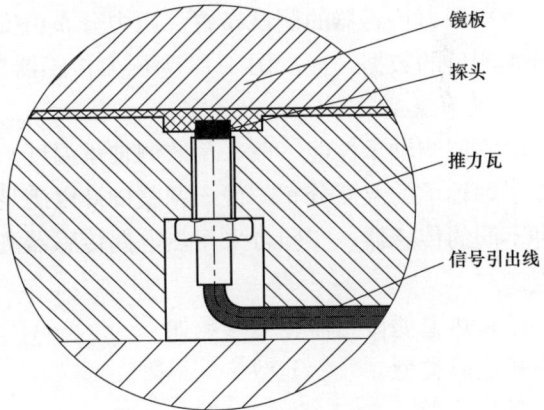

（1）电涡流位移传感器的技术参数如下：

传感器量程　　　　0～2mm

线性量程　　　　　2mm

分辨率　　　　　　≤0.1μm

线性度　　　　　　0.1%

零点温漂　　　　　0.02%/℃

满量程温漂　　　　0.025%/℃

输出信号　　　　　4~20mA

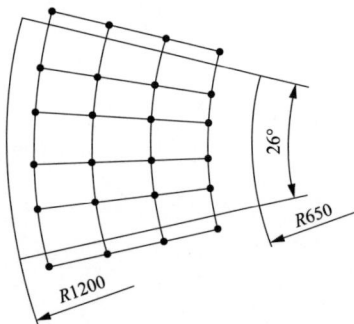

图 4-12　位移传感器布置

（2）推力轴承油膜厚度测试结构。在推力轴承瓦表面按图 4-12 中的分布，埋设电涡流位移传感器，再根据测试结果进行数据处理，可准确绘制出油膜在整个瓦面的厚度分布图。

2. 油膜压力

油膜压力是直接反映轴承承载能力的参数。为了测试油膜压力，需在轴承瓦上安装一定数量的压力传感器，以期能完全测试出油膜压力的分布，从而积分出瓦面的总承载力。压力传感器也有多种结构类型，实验台采用应变片式压力传感器，具有信号稳定、安装方便、测试准确的特点。

（1）压力传感器。油膜压力传感器的技术参数如下：

探头直径　　　　　16mm

压力范围　　　　　0~30MPa

分辨率　　　　　　≤0.01MPa

综合精度　　　　　0.25%

零点温漂　　　　　0.02%/℃

灵敏度温漂　　　　0.025%/℃

输出信号　　　　　4~20mA

（2）压力传感器的测试布置。压力分布由安装在推力瓦不同位置上的多个压力传感器分别测量的数据合成。图 4-13 为压力传感器布置。

3. 瓦面温度

电站监测轴承性能一般采用监测轴承温度。因此实验台测试需要测试轴承温度，以全面了解轴承的温度分布，便于调整设计以满足业主对轴承温度的限制。测量温度也有各种不同的传感器，实验台采用热电偶传感器测量瓦面温度分布，利用其安装尺寸小的优点。

（1）热电偶传感器相关参数如下：

热电偶类型　　　　T 型

量程范围　　　　　0~150℃

综合精度　　　　　±0.5℃

（2）热电偶布置。为全面显示瓦面温度分布，应尽可能多地布置测点。由于要测出机组在正转与反转下的最高温度点，测点沿瓦中心线应对称布置。为避免测点对瓦面润滑性能的影响，测点不与瓦面连通，而在瓦面下 4mm。这是由于瓦面巴氏合金具有良好的导热性，即使测点在瓦面下 4mm，测出的温度分布也能较为准确地反映瓦面温度分布。瓦面热电偶温度测点布置如图 4-14 所示。

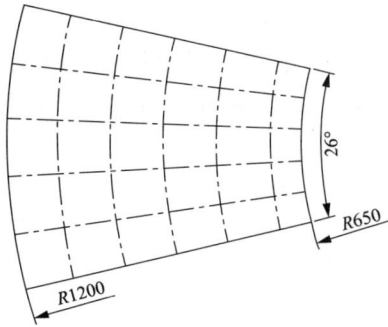

图 4-13　压力传感器布置

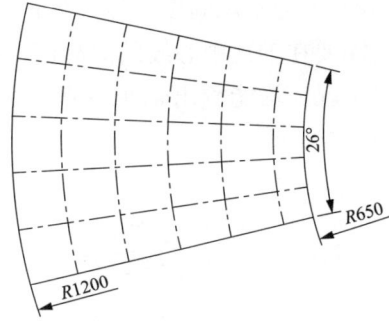

图 4-14　瓦面热电偶温度测点布置

4. 轴瓦 RTD 及油系统温度

由于电站一般采用热电阻（RTD）测量轴承温度，因此实验台也采用热电阻测量轴承瓦温，以与电站监测相一致。实验台测试轴瓦温度采用 Pt100 铂热电阻温度计。

（1）Pt100 铂热电阻温度计简介。Pt100 铂热电阻温度计是利用金属铂在温度变化时电阻值随之改变的特性来测量温度的。当被测介质中存在温度梯度时，所测得的温度是感温元件所在范围内介质中的平均温度。轴承用 Pt100 铂热电阻引线外部有波纹套管，安装可靠，测量精度高，性能稳定。

（2）实验台热电阻温度计布置。轴承温度缓变量均可以采用 Pt100 温度计测试，如轴瓦 RTD 温度，油温等。

1）实验台上导轴承温度布置。为保证轴承实验的正常运行，实验中需要在线监视上导轴承瓦温，以避免上导轴承温度超标破坏。与电站相似，每个上导瓦在进出油边各埋设一个温度计，如图 4-15 所示，可监视全部上导瓦的温度。

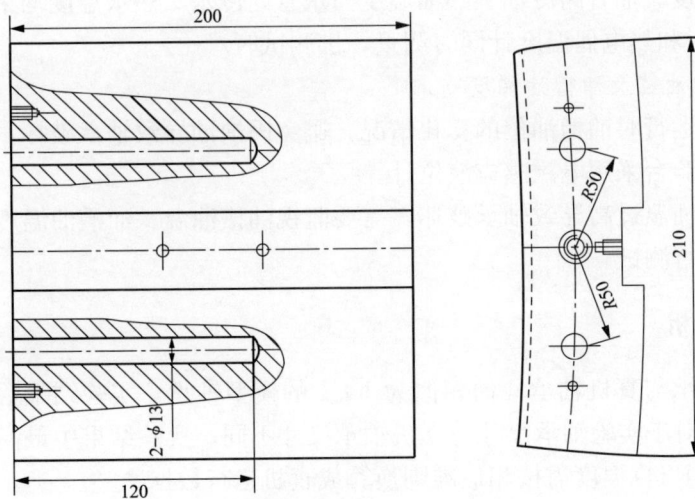

图 4-15　导瓦 RTD 测温孔

2）实验台推力轴承温度布置。发电电动机推力轴承要允许机组在正转或反转时不失效，因此需要在轴瓦中心线的对称两边均安装温度传感器，以检测出机组无论在发电工况或水泵工况，均能测出轴承高温区的温度。每个推力轴承瓦安装两个传感器，如图 4-16 所示。

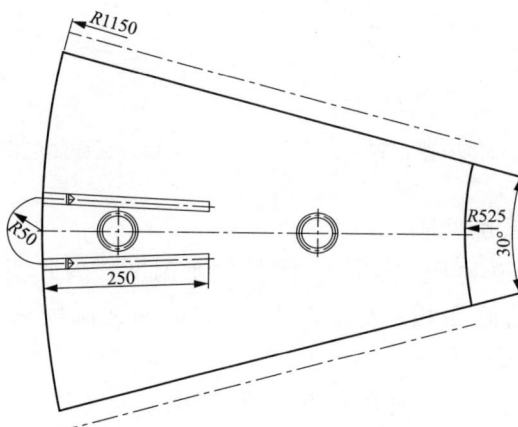

图 4-16　推力瓦 RTD 测温孔

5. 油水循环系统压力、流量及温度测试

为了测试油循环系统性能，需要对油、水循环系统的相关参数进行测试。循环系统参数通常指管路介质压力，流体流量和冷热介质的温度。具体来说，指循环进出油管油压、油流量及冷热油温度，冷却水管水压，水量及冷、热水温度。

（1）管路压力。管路压力包括管路中油压、水压，均采用压力传感器进行测试。

（2）管路流量。管路油流量采用涡轮流量计、水流量采用电磁流量计测试。

（3）管路温度。油管路冷油、热油温度与水管路冷水、热水温度均采用热电阻温度传感器（Pt100）和热电偶温度计同时测量，供测试时对比。

6. 轴承油槽油位及油槽油温度

为监视轴承运行时油槽油位的变化情况，避免因缺油导致轴承破坏，轴承油槽需要安装液位计。实验台采用电磁感应液位计。

为避免油槽油温过高导致轴承破坏，需要监视油槽油温。油槽油温度测试采用热电偶和铂热电阻进行测试。

五、数据分析

对于实验轴承与真机轴承几何相似为 1∶1 的模型轴承，实验结果数据可直接反映真机轴承性能。对于实验轴承尺寸与真机轴承尺寸不同，实验结果中最高瓦面温度最小油膜厚度、轴瓦 RTD 温度需按相似准则换算成真机运行数据。

除了以上所列三个参数外，实验中还获得了大量的其他数据。根据这些实验获得的测试数据，可以对实验轴承性能进行全面的分析。

实验数据主要为瓦面油膜厚度分布数据、瓦面油膜压力分布数据、瓦面温度分布数据、油循环冷却系统数据和油槽的各项参数。

1. 油膜厚度

根据测得的测点油膜厚度数据（如图 4-17 所示），按瓦面尺寸进行二次插值，可以获得轴瓦的油膜厚度分布，并采用绘图软件绘制轴瓦油膜厚度三维云图（如图 4-18 和彩图 4-18 所示）、等值线图（如图 4-19 所示），瓦不同截面油膜厚度图（如图 4-20 所示）。通过这些图，可以准确判断轴瓦任意截面油膜形状，分析轴瓦的变形等，也可以用来验证推力轴承计算程序计算结果的准确性。

图 4-17　油膜厚度测点值（测量单位：mm）

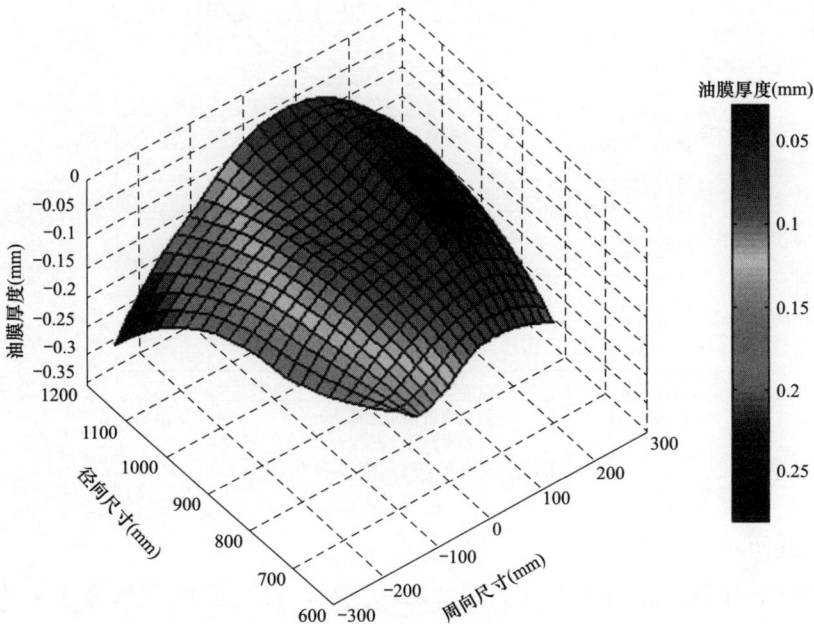

图 4-18　油膜厚度三维云图

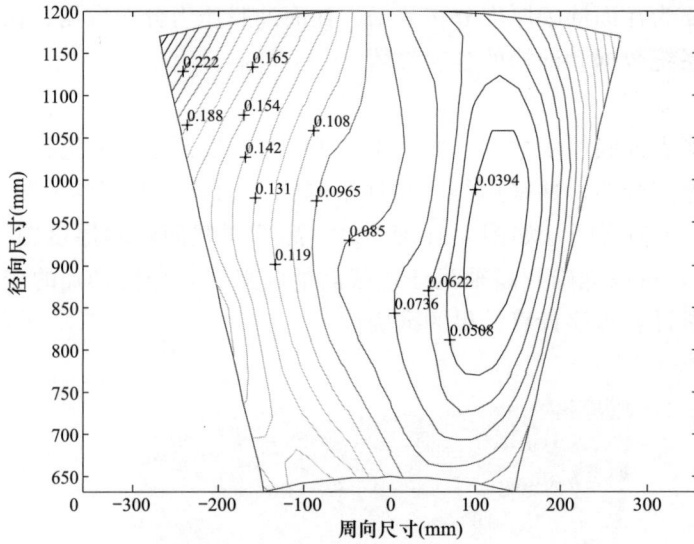

图 4-19　油膜厚度等值线图

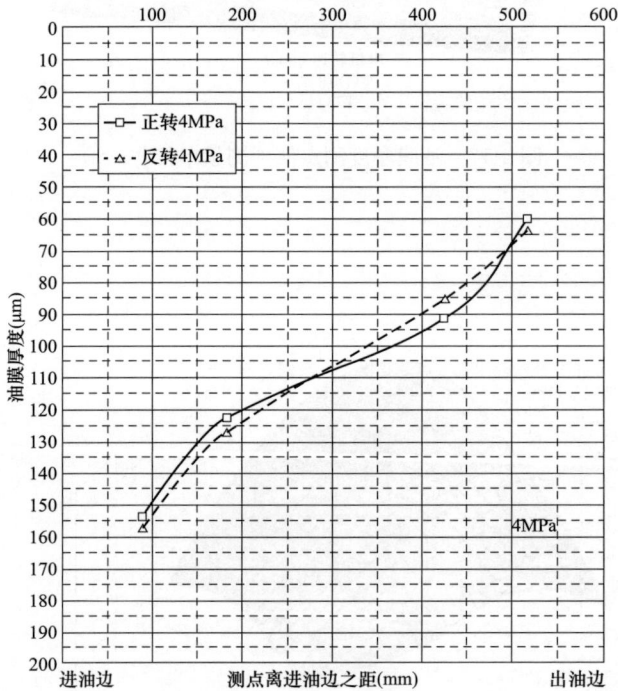

图 4-20　油膜厚度截面曲线

2. 油膜压力

根据油膜压力测点的测试值（如图 4-21 所示），及瓦面四周边缘压力为 0 的边界点，可以采用二次插值得到整个轴瓦油膜压力分布。并可以用绘图软件绘制轴瓦油膜压力分布云图（如图 4-22 和彩图 4-22 所示）、等值线图（如图 4-23 所示），瓦不同截面油膜压力图（如图 4-24 所示）。通过这些图表，可以判断推力轴承的承载能力，轴瓦对负荷增减的适应性，以及预测轴承的过载能力。

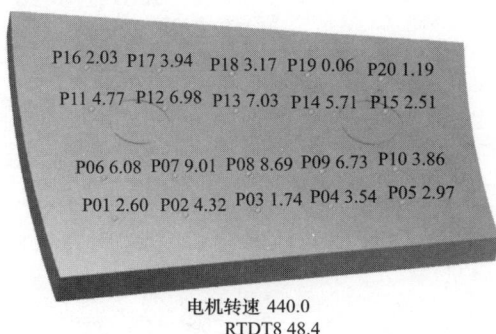

图 4-21 油膜压力测点值（测量单位：MPa）

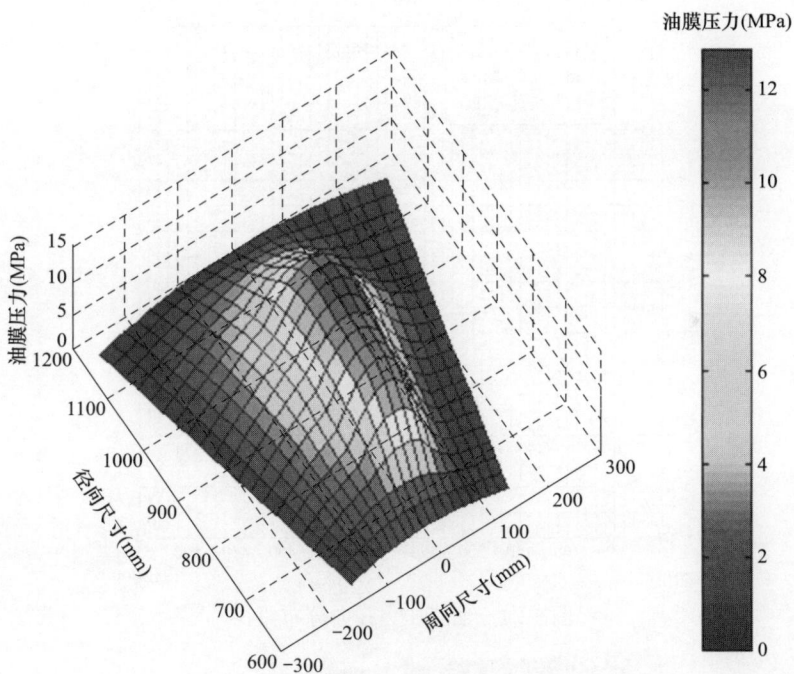

图 4-22 油膜压力分布云图

3. 瓦面温度

根据测得的瓦面温度（如图 4-25 所示），按瓦面尺寸进行二次插值，可以获得轴瓦整个瓦面的温度分布，并采用绘图软件绘制轴瓦瓦面温度等值线图（如图 4-26 所示）。通过这些图表，可以直观观看瓦面的温度分布，确定瓦面的最高温度分布区，与油膜厚度、油膜压力配合分析轴承的变形及轴承的承载能力及过载能力，以及验证轴承计算程序的准确性。

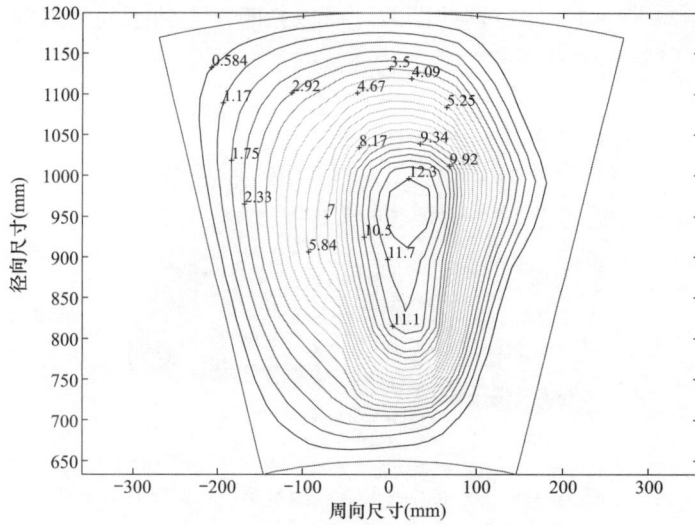

图 4-23 油膜压力等值线图（单位：MPa）

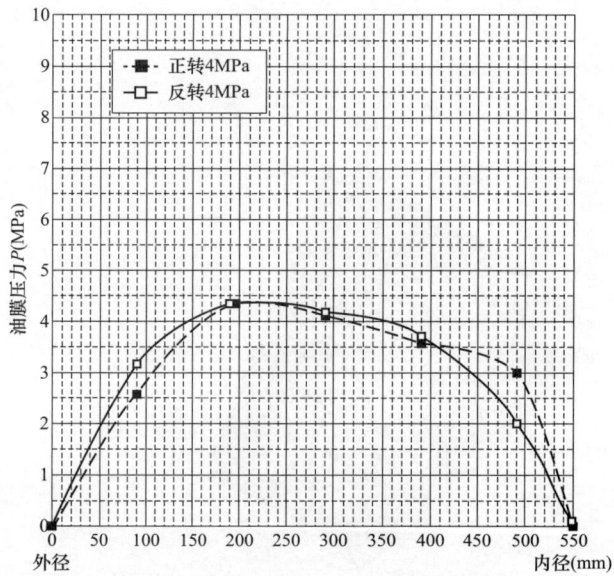

图 4-24 油膜压力径向分布曲线

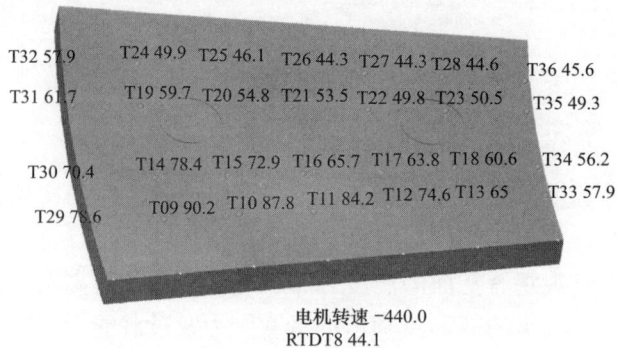

图 4-25 推力瓦瓦面温度（℃）

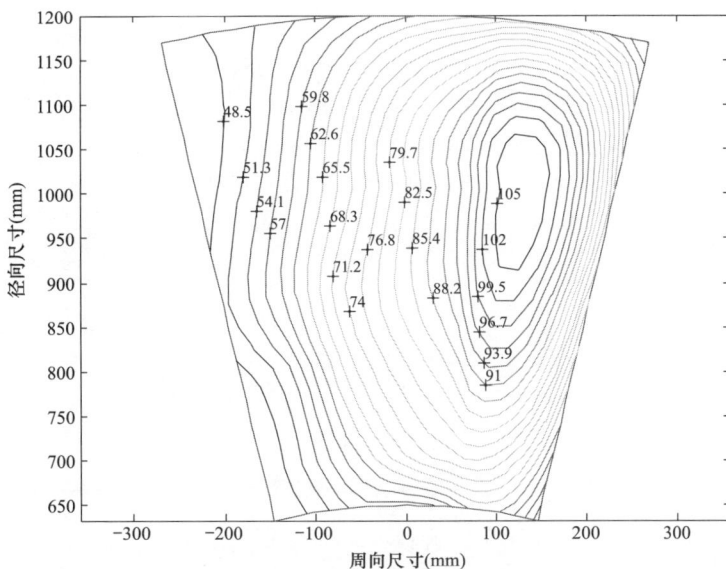

图 4-26　推力瓦瓦面温度等值线图（℃）

4. 轴瓦 RTD 温度

实验可以测出推力轴承瓦 RTD 温度（如图 4-27 所示）与导轴承瓦 RTD 温度（如图 4-28 所示），以检查是否达到设计要求轴瓦温度限制。

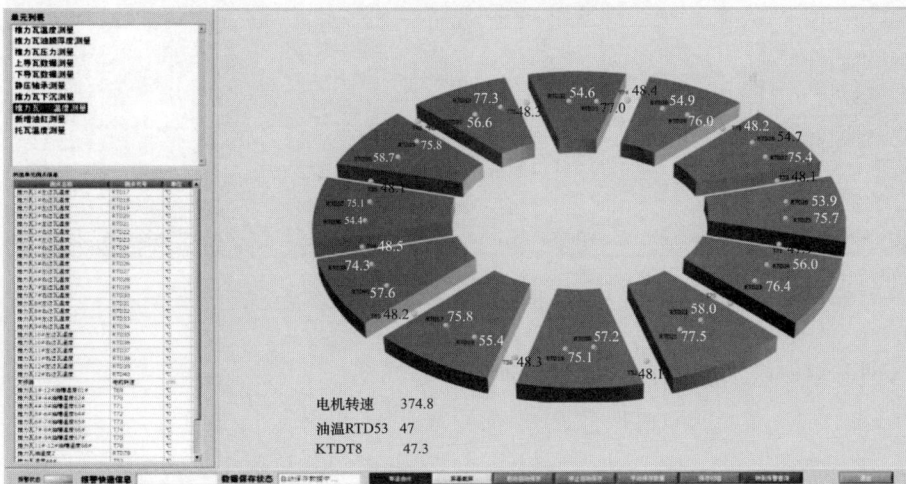

图 4-27　推力轴承 RTD 温度（℃）

5. 油水循环系统性能

油、水循环系统实测截图如图 4-29 所示。

测试结果可以反映冷却系统油侧油压大小，冷、热油温度高低，以及冷却系统是否满足换热要求。

根据测试结果数据，可以计算出推力油冷却系统轴承损耗。

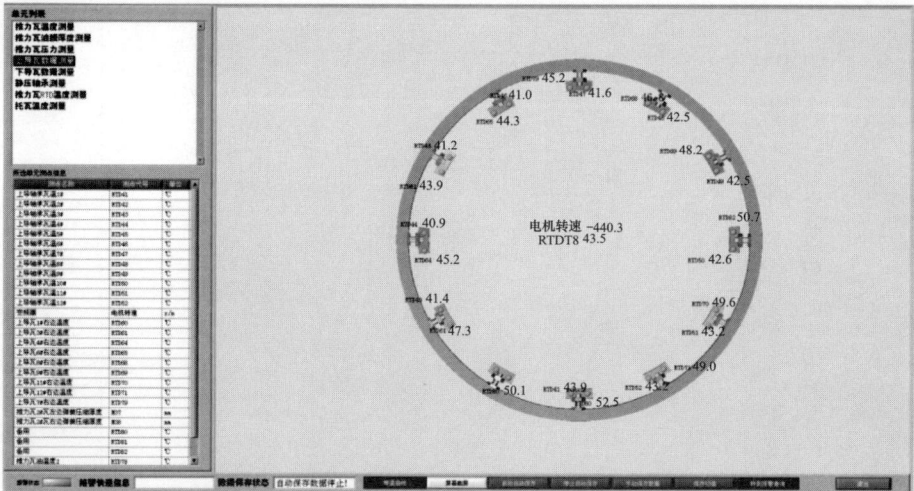

图 4-28 导轴承 RTD 温度（℃）

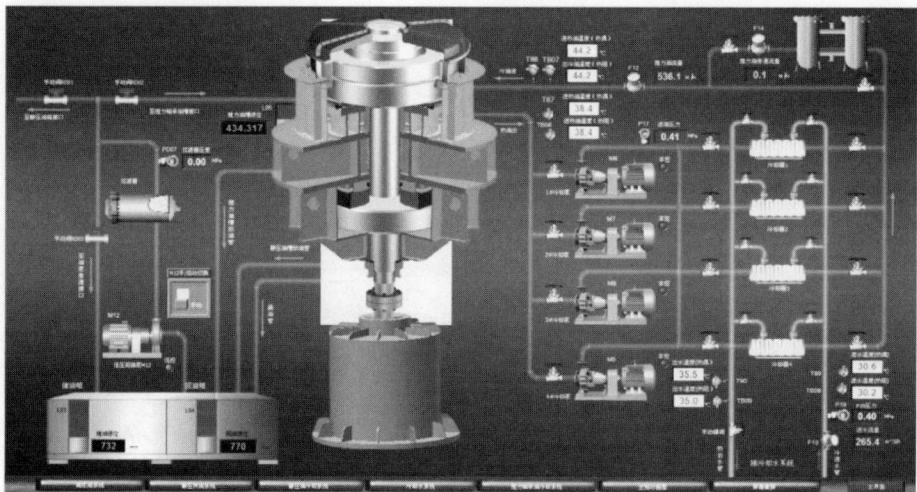

图 4-29 推力外循环系统测试参数

通过油流量、冷热油温差可以计算轴承油侧损耗。

$$H_{o} = \rho_{o} C_{o} Q_{o} \Delta T_{o} / 3600 \quad (W) \tag{4-31}$$
$$\Delta T_{o} = T_{o-warm} - T_{o-cold} \quad (K)$$

式中 ρ_{o}——润滑油密度，kg/m^3；

  C_{o}——润滑油比热容，$J/(kg \cdot K)$；

  Q_{o}——润滑油流量，m^3/h；

  ΔT_{o}——润滑油温差，K；

  T_{o-warm}——循环管路热油温度，℃；

  T_{o-cold}——循环管路冷油温度，℃。

通过水流量、冷热水温差可以计算轴承水侧损耗，即

$$H_{\mathrm{w}} = \rho_{\mathrm{w}} \cdot C_{\mathrm{w}} \cdot Q_{\mathrm{w}} \cdot \Delta T_{\mathrm{w}} / 3600 \quad (\mathrm{W}) \qquad (4\text{-}32)$$

$$\Delta T_{\mathrm{w}} = T_{\mathrm{w-warm}} - T_{\mathrm{w-cold}} \quad (\mathrm{K})$$

式中　ρ_{w}——冷却水密度，$\mathrm{kg/m^3}$；

$\quad\quad C_{\mathrm{w}}$——冷却水比热容，$\mathrm{J/(kg \cdot K)}$；

$\quad\quad Q_{\mathrm{w}}$——冷却水流量，$\mathrm{m^3/h}$；

$\quad\quad \Delta T_{\mathrm{w}}$——冷却水温差，$\mathrm{K}$；

$\quad T_{\mathrm{w-warm}}$——循环管路热水温度，℃；

$\quad T_{\mathrm{w-cold}}$——循环管路冷水温度，℃。

通常情况下，用油侧计算出的损耗与水侧计算出的损耗存在一定的误差，实际中常用二者的平均值作为最终的实测损耗。

6. 轴承油槽油位及油槽油温度等

图 4-30 为实测推力轴承油槽油位。为确保每次实验时油槽油容量相同，需要保证在停机时油槽的静态油位相等。轴承在不同转速下运行时，油槽油位会发生变化。当采用不同的轴承结构时，可以通过监视油槽油位的变化来了解轴承运行状态的差别。

图 4-31 为推力油槽油温实测截图。在实验时，需要监测推力油槽油温值。通过调整冷却系统的水量来调整油温，记录在不同油温下轴承的各项性能参数，以测试轴承在变油温时的性能变化。

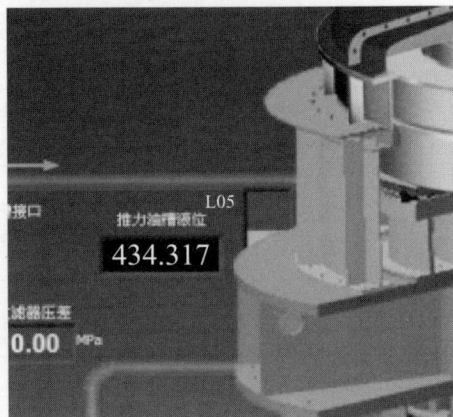

图 4-30　推力轴承油槽油位

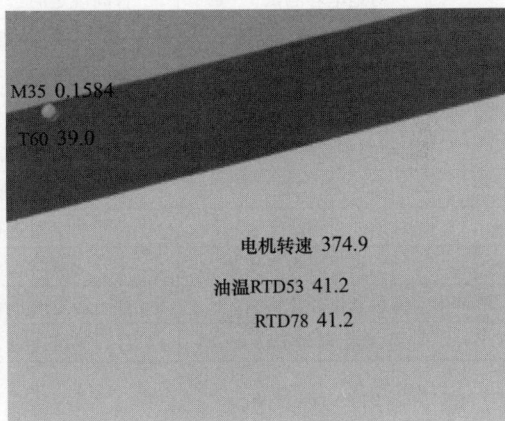

图 4-31　推力油槽油温实测截图（℃）

⊯ 第三节　绝缘实验及研究

定转子绕组绝缘材料、绝缘结构与成型工艺千差万别，电机产品绝缘性能也存在很大的差异。建立统一的绝缘性能实验方法及考核标准，是发电机设计、制造、运行和检修的绝缘质量及机组安全运行的重要保障。本节主要阐述大型发电电动机定转子绕组绝缘实验及研究的相关内容。

一、定子绕组绝缘实验

定子绕组绝缘实验项目众多且各自考核目标不同。例如，按照定子绕组绝缘实验目的划分，定子绕组绝缘实验包括定子绕组绝缘验收实验、定子绕组制造过程绝缘质量控制实验、定子绕组正式制造前的绝缘性能评定实验等；按照定子绕组组成部件划分，定子绕组绝缘实验包括单支定子线棒绝缘实验、定子绕组装配序间绝缘实验和定子冲片绝缘实验。一般来说，技术合同或国内外标准多按照部件划分定子绕组绝缘实验。

1. 单支定子线棒绝缘实验

对于单支定子线棒绝缘实验项目和实验方法已形成统一的技术要求，体现在国内外相关标准中，而对于单支定子线棒绝缘实验性能指标，大部分已形成统一的技术要求，只有少部分尚停留在企业标准中而未升级为国家或行业标准。

单支定子线棒绝缘实验项目、实验方法及标准见表4-4。

表4-4　　　　　　　　单支定子线棒绝缘实验项目、实验方法及标准

序号	实验项目名称	实验项目类型	实验方法及技术指标
1	股线短路实验	工厂全部检查	企业标准
2	槽部表面电阻率测试	合同规定时进行	企业标准
3	绝缘电阻测试	合同规定时进行	GB/T 20160
4	对地电容测试	合同规定时进行	JB/T 7068
5	室温介质损耗及增量测试	工厂抽样检查	GB/T 7894、JB/T 7068、GB/T 20834
6	热态介质损耗及增量测试	合同规定时进行	JB/T 7068
7	局部放电测试	合同规定时进行	GB/T 20833.1、GB/T 7354、GB/T 20834
8	工频交流耐电压实验	工厂全部检查	JB/T 6204
9	防电晕实验	工厂全部检查	GB/T 7894、GB/T 8564
10	对地冲击耐压实验	合同规定时进行	GB/T 22715
11	瞬时工频交流击穿实验	工厂抽样检查	GB/T 7894
12	电热老化寿命实验	合同规定时进行	NB/T 42005
13	电老化寿命实验	合同规定时进行	NB/T 42004

2. 定子绕组绝缘实验

定子绕组绝缘实验包括定子绕组装配序间实验和定子绕组绝缘性能实验。

装配序间实验目的为监控定子绕组装配质量并预防下序绝缘质量问题的发生，若技术合同或其引用国家或行业标准已明确序间绝缘实验技术要求，则应按照要求执行。若无明确规定，则按照企业标准进行序间绝缘实验。

定子绕组绝缘性能实验，多为定子绕组整体或部件装配完成后的绝缘性能验收实验，必须按照技术合同或其引用标准执行。对于定子绕组绝缘性能实验项目及实验方法，目前已形成统一的技术要求，体现在国内外相关标准中，而对于定子绕组绝缘性能实验性能指标，一部分已形成统一的技术要求，另一部分尚停留在企业标准中。

定子绕组绝缘实验项目、实验方法及标准见表 4-5。

表 4-5　　　　　　　　　　定子绕组绝缘实验项目、实验方法及标准

序号	实验项目名称	实验项目类型	实验方法及技术指标
1	绝缘电阻与极化指数测试	常规检查	GB/T 7894、GB/T 8564
2	序间工频交流耐电压实验	常规检查	JB/T 6204、GB/T 8564、GB/T 7894
3	序间直流耐压和直流泄漏实验	常规检查	GB/T 7894、GB/T 8564
4	槽电位或槽电阻测试	常规检查	GB/T 8564、T/CSEE 0008
5	手包绝缘直流电压实验（也名端部外移电位实验或局部泄漏实验）	合同规定时进行	T/CSEE 0008、企业标准
6	整机介质损耗因数（或功率因数）测试	合同规定时进行	IEEE std 286、T/CSEE 0008、企业标准
7	整机局部放电测试	合同规定时进行	GB/T 20833.1、GB/T 7354、企业标准
8	整机电晕实验	常规检查	GB/T 7894、GB/T 8564、企业标准

3. 定子冲片绝缘实验

定子冲片绝缘实验因冲片绝缘类型及成型工艺不同而差异较大。对于定子冲片绝缘实验项目及实验方法，目前大多已形成统一的技术要求，体现在国内外相关标准中，而对于定子冲片绝缘实验性能指标，大部分尚停留在企业标准中。

定子冲片绝缘实验实验项目、实验方法及标准见表 4-6。

表 4-6　　　　　　　　　定子冲片漆膜绝缘实验项目、实验方法及标准

序号	实验项目名称	实验项目类型	实验方法及技术指标
1	外观测试	常规检查	企业标准、NB/T 42003
2	厚度测试	常规检查	企业标准、NB/T 42003
3	附着性测试	常规检查	企业标准、NB/T 42003
4	柔韧性测试	常规检查	企业标准、NB/T 42003
5	固化度测试	合同规定时进行	企业标准、NB/T 42003
6	绝缘电阻测试	合同规定时进行	企业标准、NB/T 42003
7	叠压系数	合同规定时进行	企业标准

二、转子绕组绝缘实验

转子绕组绝缘实验包括单个转子磁极绝缘实验和转子绕组装配序间绝缘实验。

1. 单个转子磁极绝缘实验

对于单个转子磁极绝缘实验项目及实验方法，目前已形成统一的技术要求，体现在国内外相关标准中，而对于单个转子磁极绝缘实验性能指标，大部分尚停留在企业标准中。

单个转子磁极绝缘实验项目、实验方法及标准见表 4-7。

表 4-7　　　　　　　　单个转子磁极绝缘实验项目、实验方法及标准

序号	实验项目名称	实验项目类型	实验方法及技术指标
1	匝间绝缘实验	工厂全部检查	企业标准、JB/T 5810
2	绝缘电阻测试	工厂全部检查	企业标准、GB/T 7894、GB/T 8564

序号	实验项目名称	实验项目类型	实验方法及技术指标
3	工频交流耐压实验	工厂全部检查	企业标准、GB/T 7894、GB/T 8564
4	交流阻抗实验	工厂全部检查	企业标准、GB/T 7894、GB/T 8564

2. 转子绕组装配序间绝缘实验

对于转子绕组装配序间绝缘实验项目及实验方法，目前已形成统一的技术要求，体现在国内外相关标准中，而对于单个转子磁极绝缘实验性能指标，大部分尚停留在企业标准中。

转子绕组装配序间绝缘实验项目、实验方法及标准见表 4-8。

表 4-8　　　　　转子绕组装配序间绝缘实验项目、实验方法及标准

序号	实验项目名称	实验项目类型	实验方法及技术指标
1	绝缘电阻测试	现场安装全部检查	企业标准、GB/T 7894、GB/T 8564
2	工频交流耐压实验	现场安装全部检查	企业标准、GB/T 7894、GB/T 8564
3	交流阻抗实验	现场安装全部检查	企业标准、GB/T 7894、GB/T 8564

三、定转子绕组绝缘实验研究

近年来，随着电力行业对电力设备安全运行的重视程度越来越高，除了严格按照技术标准进行发电设备制造和检验外，业内对大型发电机定转子绕组绝缘质量的可靠性及预试技术也提出了进一步研究与探索的要求，以实现高效、实时、无损、简单的预防性绝缘检测和绝缘寿命评估。

1. 运行环境因素模拟实验

为模拟发电电动机组长期运行过程中，运行环境因素（如温度、潮湿、油污、粉尘等）对定子绕组绝缘性能的影响，建立运行环境模拟实验台进行实验研究，为发电电动机组定子绕组安全运行提供设计和实验依据。图 4-32 为环境模拟实验流程图。

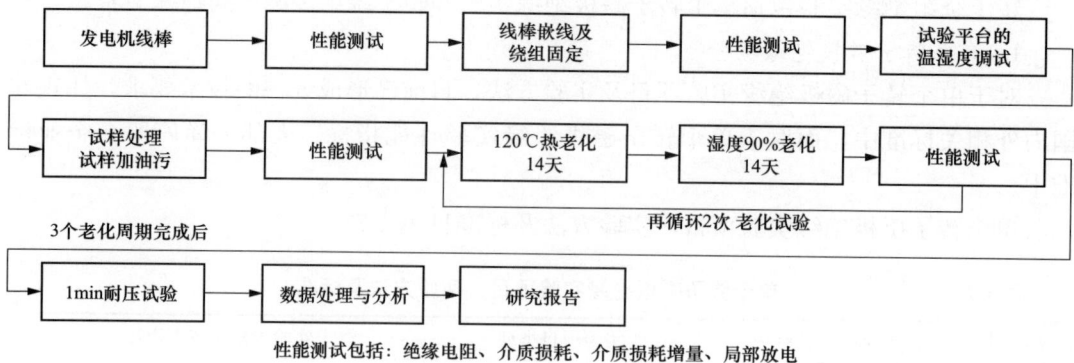

图 4-32　环境模拟实验流程图

2. 定子线棒端部弯形模拟实验

发电机定子条式成型线棒（特别是端部较短的定子线棒）在定子嵌线、并头焊接、端部绑扎、吊装等过程中，因线棒端部的行为尺寸不完全规整而需要端部弯形和校形等问题，这就可能不同程度的损伤定子线棒绝缘，影响定子线棒及绕组的绝缘性能，可能在后续操作或运行中逐渐出现定子线棒或绕组绝缘失效的问题。

国内外均以产品线棒为样本，模拟实际操作中线棒弯形和校形的过程，建立发电机条式定子线棒端部形变的实验平台和实验方法，系统研究线棒在端部弯形与校形过程中绝缘内部的应力-应变过程，定量研究端部变形量对线棒绝缘电气与机械性能的影响，通过短期与长期寿命实验推断定子线棒与绕组在不同形变量下的寿命，最终得到发电机定子嵌线工艺的相应限值。

3. 定子绕组端部电晕紫外成像实验

随着电动机制造技术的发展，对定子线棒端部电晕水平提出了更高的要求。目前国家标准与企业标准主要通过目测法对高压电机定子线棒端部进行电晕测试，该肉眼观察方法受到观察距离、观察人员、观察角度、周围环境等因素影响，只能实现粗略的定性判断，具有很大的局限性和不确定性。紫外电晕成像测试技术是近年来逐渐流行的一项电晕成像检测技术，可以通过测试晕光中紫外光子数，对电晕水平进行定量分析，同时还具有简单高效、定位准确等优点。

目前，紫外成像技术在国内外输变电行业，如输电线路、变压器、套管等电力设备等外绝缘缺陷与故障的检测上已有成熟应用，在大型发电机运行检修和故障检测上已积累一些经验。但紫外成像技术尚未作为发电机定子绕组电晕实验考核手段，而只是作为定子绕组电晕实验和电腐蚀检测的辅助手段。

4. 高海拔地区环境因素模拟实验

随着我国西部地区水电和热电能源的逐渐开发，高海拔严寒地区高压发电机需要系统化设计和整体性研究，而高海拔地区气候条件对大容量、高电压的发电机组的设计、安装、实验和运行等均提出了特殊的要求。特别是气压或密度小、气温低等气候条件对发电机定子线棒与绕组绝缘和防晕性能提出了更高的技术要求，需要开展高海拔对发电机定子线棒与定子绕组绝缘性能影响的系统研究，形成系统化高海拔机组绝缘设计。

业内沿用多年的海拔系数折算公式只能针对绝缘系统外特性（防晕和防放电实验项目）进行工程模拟，未形成高海拔机组定子线棒与绕组防晕和绝缘性能的系统化验证。国内外针对高海拔地区主要环境因素对定子绕组防晕和绝缘性能的影响，提出了在人工气候模拟的实际海拔条件下高海拔对定子线棒和定子绕组的绝缘性能影响的系统验证方案，并进行了系统的实验研究。

5. 发电机定子绕组绝缘结构尺寸及放电距离模拟实验

定子绕组绝缘结构尺寸（包括线圈斜边间隙、绕组对地距离、上下层线圈之间的层间距离、汇流排和引出线对地距离等）对发电机电磁方案与结构尺寸设计影响很大，也对定子绕组防放电与电晕性能影响较大。因此，国内外基于自身绝缘系统均开展定子绕组绝缘结构尺寸及放电距离分析与实验，验证结构设计参数的安全性和可靠性；同时根据各种设计输入条件，持续开展结构尺寸的优化设计与验证。

6. 基于多物理场耦合分析的发电机主绝缘老化机理和寿命预测研究

根据大型发电机运行应力特点及现代高压电机定子线棒绝缘结构，我国已开展基于多物理场耦合分析的发电机主绝缘老化机理和寿命预测研究，其基本原理在于选取真机定子线棒进行多周期的多因子老化实验，通过测量并分析非破坏性电气参数的变化趋势，在预先设置的终止条件下推断并评估绝缘寿命。图 4-33 为基于多物理场耦合分析的发电机主绝缘老化实验流程图。

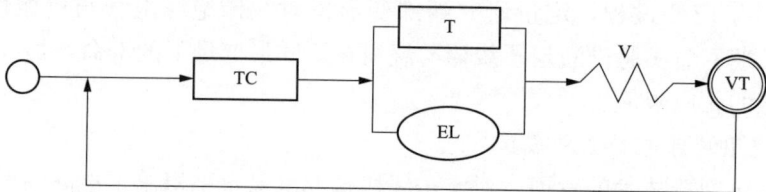

图 4-33　基于多物理场耦合分析的发电机主绝缘老化实验流程图
TC—冷热循环；T—温度场；EL—电场；V—机械应力；VT—交流试验

7. 发电电动机结构实验及研究

与普通的发电机相比，发电电动机的运行工况更复杂，包括发电工况、水泵工况、启动工况等，并且启停频繁，一般每天至少会经历两个启停，一个为发电工况启停，一个为抽水工况启停。这意味着发电电动机每天至少要经历四次开机/停机的过渡过程。机组在过渡过程中受到的非平稳载荷复杂，与常规机组相比，发电电动机对机组的结构动力稳定性及可靠性有更高的要求，需要实验验证的环节更多，实验也更加复杂，覆盖的面更广。

针对发电电动机结构实验，除了常规的振动测试分析，还包括关键部件的变形评估，主要部件的结构动力特性实验研究等，疲劳寿命评估更加严格。

第四节　结构动力特性实验研究

一、结构动力特性实验目的

发电电动机开展结构动力特性实验研究的目的主要有：

（1）获得结构的固有频率，可避免共振现象的发生。当外界激励力的频率接近振动系统的固有频率时，系统发生共振现象，此时系统最大限度地从外界吸收能量，导致结构产生过大有害振动。通过结构动力特性实验，准确获取关键部件的固有频率、阻尼以及振型，可以对结构的动力特性进行精准评估，固有频率以及振型是否与机组的主要激励源发生谐振，机组的动力响应水平是否满足要求。

（2）获取结构的动力响应特性，确定动强度，为结构疲劳预估提供实际的数据支撑。研究表明，任何线性结构在已知外激励作用下它的响应是可以通过每个模态的响应叠加形成的，通过结构动力特性实验研究，可以建立结构动态响应的预测模型，为结构的动强度设计及疲劳寿命的估计服务。

（3）机组振动与噪声控制。结构振动是各阶振型响应的迭加，只要设法控制相关频率附近的优势模态（改设计和加阻尼材料等或使用智能材料）就可以达到控制结构振动的目的。对发电电动机关键部件，也是同样的。由于辐射噪声是由结构振动"辐射"出来的，控制了结构的振动，也就实现了辐射噪声的控制。

（4）为结构动力学优化设计提供目标函数或约束条件。动力学设计，即对主要承受动载荷而动特性又至关重要的结构，以动态特性指标作为设计准则，对结构进行优化设计。它既可在常规静力设计的结构上运用优化技术，对结构的元件进行结构动力修改，也可从满足结构动态性能指标出发，综合考虑其他因素来确定结构的形状，乃至结构的拓扑（布局设计、开孔、增删元件）。动力学优化设计就是在结构总体设计阶段就应对结构的模态参数提出要求，避免事后修补影响全局。发电电动机开展结构动力特性实验，就是对结构动力学设计及优化的验证和确认，同时为结构的进一步优化提供数据支撑。

（5）有限元模型修正与确认。当今工程结构计算采用最广泛的计算模型就是有限元模型，再好的算法和软件都是建立在理想的结构物理参数和边界条件假设上的，结构有限元计算结果和实验往往存在不小差距，此时在模态实验可信的前提下，一般是以实验结果来对有限元模型进行修正和确认。经过修正和确认的有限元模型可实现优化概念下与实验结果最接近，可以进一步用于后继的响应、载荷和强度计算。

二、结构动力特性实验理论

结构动力特性实验理论主要有两部分，即结构模态分析理论及结构模态参数识别理论。

1. 模态分析理论基础

物体按照某一阶固有频率振动时，物体上各个点偏离平衡位置的位移是满足一定的比例关系的，可以用一个向量表示，这个就称之为模态。模态这个概念一般在振动领域用，可以初步理解为振动状态，每个物体都具有自己的固有频率，在外力的激励作用下，物体会表现出不同的振动特性。

一阶模态是外力的激励频率与物体固有频率相等的时候出现的，此时物体的振动形态叫作一阶振型或主振型；二阶模态是外力的激励频率是物体固有频率的两倍时候出现，此时的振动外形叫作二阶振型，以依次类推。

一般来讲，外界激励的频率非常复杂，物体在这种复杂的外界激励下的振动反应是各阶振型的复合。模态是结构的固有振动特性，每一个模态具有特定的固有频率、阻尼比和模态振型。这些模态参数可以由计算或实验分析取得，这样一个计算或实验分析过程称为模态分析。

模态分析是研究结构动力特性的一种方法，是系统辨别方法在工程振动领域中的应用。通过实验将采集的系统输入与输出信号经过参数识别获得模态参数，称为实验模态分析。如果通过模态分析方法搞清楚了结构物在某一易受影响的频率范围内各阶主要模态的特性，就可能预知结构在此频段内，在外部或内部各种振源作用下实际振动响应。因此，模态分析是结构动态设计及设备故障诊断的重要方法。

近十余年以来，模态分析的理论基础，已经由传统的线性位移实模态、复模态理论发展到广义模态理论，并被进一步引入到非线性结构振动分析领域，同时模态分析理论汲取了振动理论、信号分析、数据处理、数理统计以及自动控制的相关理论，结合自身的发展规律，形成了一套独特的理论体系，创造了更加广泛的应用前景。这一技术已经在航空、航天、造船、机械、建筑、交通运输和兵器等工程领域得到广泛应用。

模态实验就是通过实验方法得到机械结构在冲击 $h(t)$ 作用下的响应 $H(\omega)$，构造出机械结构动特性的频响函数矩阵，然后通过曲线拟合手段识别结构的模态参数：模态频率、模态阻尼及模态振型。根据频响函数的定义有 $H_{ik}=F_k/X_i$，其物理意义是在 k 点作用单位力时，在 i 点所引起的频率响应。根据线性叠加原理可得如下形式的多自由度系统频响关系式

$$\{X\}=\begin{Bmatrix}X_1\\X_2\\\cdots\\X_N\end{Bmatrix}=\begin{bmatrix}H_{11}&H_{12}&\cdots&H_{1N}\\H_{21}&H_{22}&\cdots&H_{2N}\\\cdots&&&\\H_{N1}&H_{N2}&\cdots&H_{NN}\end{bmatrix}\begin{Bmatrix}F_1\\F_2\\\cdots\\F_N\end{Bmatrix}=[H]\{F\}\qquad(4\text{-}33)$$

式中　$\{X\}$、$[H]$、$\{F\}$——频率响应、频率响应矩阵和激振力。

根据振动力学理论推导出

$$\{X\}=\left(\sum_{r=1}^{N}\frac{\{\varphi_r\}\{\varphi_r\}^T}{K_r-\omega^2M_r+\mathrm{j}\omega C_r}\right)\{F\}\qquad(4\text{-}34)$$

式中　$\{\varphi_r\}$、K_r、M_r、C_r——第 r 阶模态的固有振型、刚度、质量和阻尼。

由式（4-33）、（4-34）可得到频响函数矩阵的表达式

$$[H]=\left(\sum_{r=1}^{N}\frac{\{\varphi_r\}\{\varphi_r\}^T}{K_r-\omega^2M_r+\mathrm{j}\omega C_r}\right)\qquad(4\text{-}35)$$

频响函数矩阵中的任一行为

$$[H_{i1}H_{i2}\cdots H_{iN}]=\sum_{r=1}^{N}\frac{\varphi_{ir}}{K_r-\omega^2M_r+\mathrm{j}\omega C_r}[\varphi_{1r}\varphi_{2r}\cdots\varphi_{Nr}]\qquad(4\text{-}36)$$

频响函数矩阵中的任一列为

$$\begin{bmatrix}H_{1k}\\H_{2k}\\\cdots\\H_{Nk}\end{bmatrix}=\sum_{r=1}^{N}\frac{\varphi_{ir}}{K_r-\omega^2M_r+\mathrm{j}\omega C_r}\begin{Bmatrix}\varphi_{1r}\\\varphi_{1r}\\\cdots\\\varphi_{Nr}\end{Bmatrix}\qquad(4\text{-}37)$$

频响函数 $[H]$ 中的任一行和任一列包含了所有的模态参数，而该行或该列的第 r 阶模态的频响函数值的比值即为第 r 阶模态振型。

2. 多模态参数识别

（1）多模态频响函数的基本公式。

假设在实测频率范围内，包含有第 $i\sim m$ 阶模态，则系统的位移导纳函数表达式可

以写成如下形式

$$H_{\mathrm{lp}}(\mathrm{j}\omega) = H_{\mathrm{lp}}^{(L)} + \sum_{r=i}^{m} \frac{\alpha_{\mathrm{lp}r}}{(1-\overline{\omega}_r^2)+\mathrm{j}D_r} + H_{\mathrm{lp}}^{(H)} \tag{4-38}$$

式中　$H_{\mathrm{lp}}^{(L)}$、$H_{\mathrm{lp}}^{(H)}$——低频和高频部分各阶模态的影响，统称为导纳函数修正项或剩余导纳。

从频响函数曲线分析频段内的特性受到高频和低频的影响，若能正确地指出这种影响的效果就有可能得到感兴趣频段内精确的导纳函数，从而准确识别出分析频段内的模态参数。因此对邻近导纳函数的分析是正确进行模态参数识别的前提。下面分析低频修正项与高频修正项的不同特性。

（2）实模态导纳函数修正项。

在低频段，由于$\overline{\omega} \to 0$，因而

$$H_{\mathrm{lp}}(\mathrm{j}\omega) = \sum_{r=1}^{i-1} \frac{\varphi_{\mathrm{l}r}\varphi_{\mathrm{p}r}}{K_r\left[(1-\overline{\omega}_r^2)+2\mathrm{j}\xi_r\overline{\omega}_r\right]} = \sum_{r=1}^{i-1} \frac{\varphi_{\mathrm{l}r}\varphi_{\mathrm{p}r}}{-\omega^2 m_r} \frac{1}{K_r\left[1-(\omega_r/\omega)^2+2\mathrm{j}\xi_r(\omega_r/\omega)\right]}$$

$$= \sum_{r=1}^{i-1} \frac{\varphi_{\mathrm{l}r}\varphi_{\mathrm{p}r}}{-\omega^2 m_r} = -\frac{1}{\omega^2 M_{\mathrm{eo}}} = -\frac{Y_{\mathrm{lp}}}{\omega^2} \tag{4-39}$$

$$Y_{\mathrm{lp}} = \frac{1}{M_{\mathrm{eo}}} = \sum_{r=1}^{i-1} \frac{\varphi_{\mathrm{l}r}\varphi_{\mathrm{p}r}}{m_r} \tag{4-40}$$

因此，称 $H_{\mathrm{c}}^{(L)} = \dfrac{Y_{\mathrm{lp}}}{\omega^2}$ 为修正质量项或修正惯性项。它与 ω^2 成反比，相对而言，它对测量频率范围的频响函数数据影响较小，因此常忽略不计，或将其并入高额段，统称为剩余导纳。但对自由系统而言，仍需顾及低频刚体模态的影响。

在高频段，有

$$H_{\mathrm{lp}}^{(H)}(\mathrm{j}\omega) = \sum_{r=1}^{i-1} \frac{\varphi_{\mathrm{l}r}\varphi_{\mathrm{p}r}}{K_r} \frac{1}{\left[1-(\omega_r/\omega)^2+2\mathrm{j}\xi_r(\omega_r/\omega)\right]}$$

$$= \sum_{r=1}^{i-1} \frac{\varphi_{\mathrm{l}r}\varphi_{\mathrm{p}r}}{K_r} = Z_{\mathrm{lp}} \tag{4-41}$$

称 Z_{lp} 为修正刚度项。它是一个与 ω 无关的实常数，$H_{\mathrm{lp}}^{(H)}$ 只影响频响函数实曲线上下平移，故又称漂移分量。

由于 $H_{\mathrm{lp}}^{(L)}$ 和 $H_{\mathrm{lp}}^{(H)}$ 均为实数，因此在实用中为了排除或减小相邻模态的影响，通常均采用频响函数的虚频实测数据确定系统的模态参数。修正项的影响如图4-34所示。

三、发电电动机结构动力特性实验

发电电动机结构动力特性实验主要包括定子铁芯模态实验，定子端部模态实验，定子机座固有频率及动力响应实验。

1. 测试仪器及实验方法

（1）实验方法。工程现场，最常用的实验方法为单点激励多点响应锤击法，通过力

锤施加脉冲力，加速度传感器拾取振动响应信号，由接口箱将激振力和振动响应信号进行调理后送入计算机，计算机采集该激振力与振动响应信号，通过模态分析软件对测试数据进行分析处理，获得模态参数：固有频率、阻尼比和模态振型。该方法实施容易，实验结果一般都能满足工程设计要求。在少数情况下，会考虑采用激振器激励实验方法。

（2）测试仪器。测试仪器如下：

1）便携式计算机及模态分析系统。

2）激振力锤，加速度传感器。

2. 机座支撑板固有频率及铁芯模态实验

（1）测点布置。对定子机座立筋板 X、Y、Z 三个方向各布置 1 个测点，测点布置如图 4-35 所示。对定子铁芯上部、中部、下部各布置 21 个测点，三圈共 63 个测点，测点布置如图 4-36 所示。

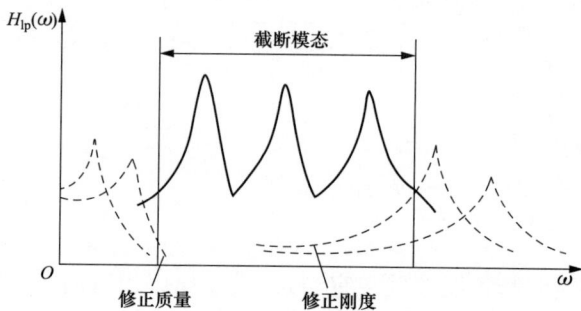

图 4-34　修正项的影响

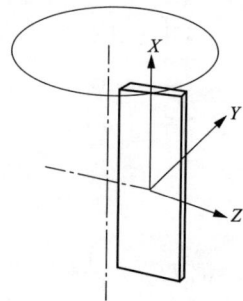

图 4-35　定子机座立筋
板 X、Y、Z 三个方向

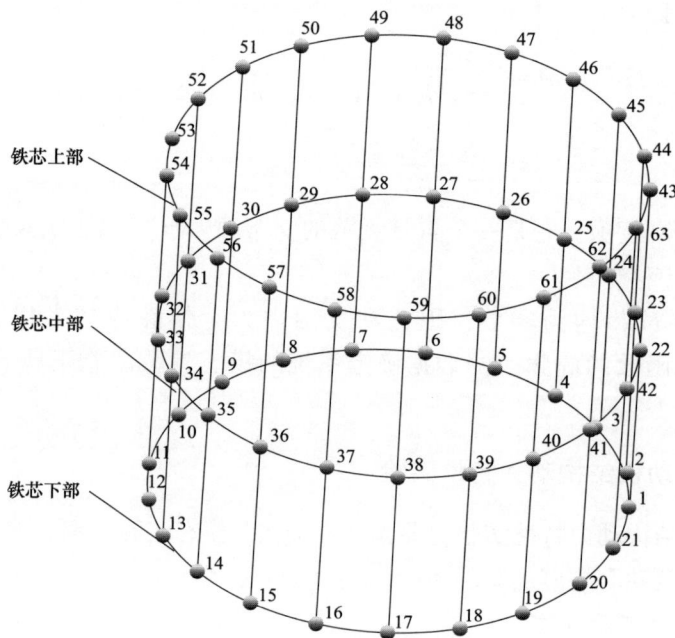

图 4-36　铁芯测点布置

（2）实验结果。定子铁芯各阶振动模态频率和阻尼比见表 4-9，频响函数曲线如图 4-37 所示，定子铁芯典型的模态振型见图 4-38～图 4-40，机座立筋板 X、Y、Z 三个方向固有频率见表 4-10。

表 4-9 定子铁芯各阶振动模态频率和阻尼比

阶次	频率	阻尼比（%）
1	26.57	23.35
2	49.27	27.22
3	73.11	9.24
4	91.57	13.33
5	127.97	5.18
6	136.79	6.10
7	152.67	6.67
8	175.21	1.08
9	190.38	3.36
10	221.87	6.04
11	238.70	2.98
12	272.50	6.67
13	295.00	6.67
14	320.00	60.0
15	355.24	1.99
16	382.50	6.67

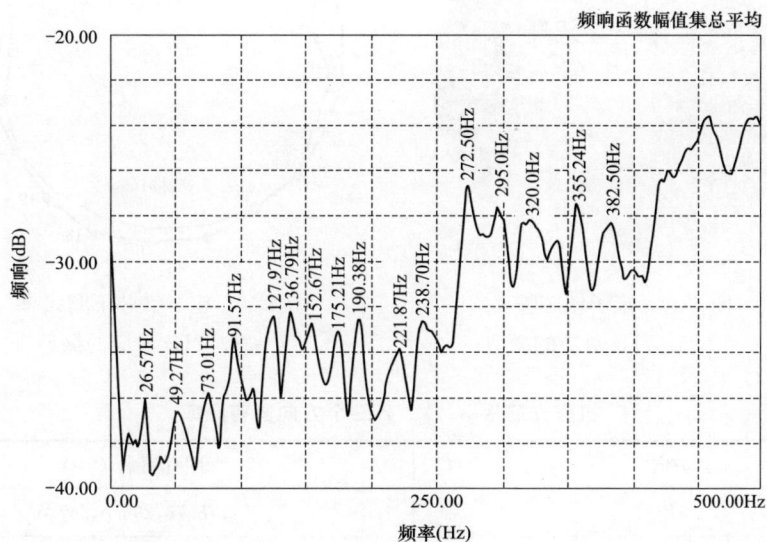

图 4-37 定子铁芯频响函数

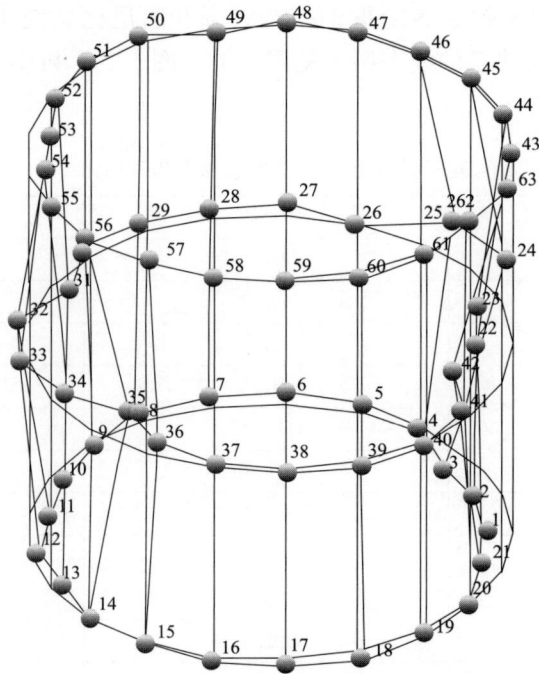

图 4-38　定子铁芯频率 $f=26.57\text{Hz}$ 对应的振型

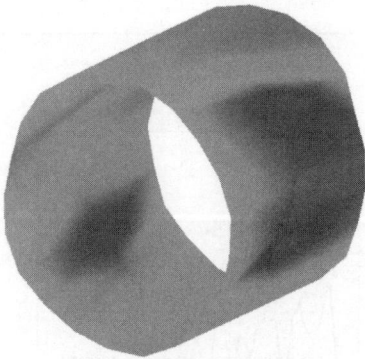

图 4-39　定子铁芯频率
$f=26.57\text{Hz}$ 对应的振型

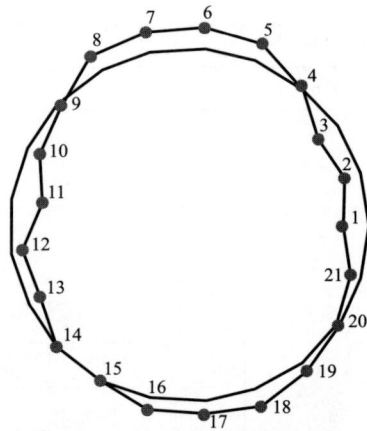

图 4-40　定子铁芯下圈频率
$f=26.57\text{Hz}$ 对应的振型

表 4-10　　　　　　机座立筋板 X、Y、Z 三个方向固有频率

方向	固有频率（Hz）
X	178.76,295.0,367.5
Y	180,208.75,236.0
Z	356.25,455.0

（3）考核要求。机组在运行过程中，主要的激励有机组转动部件传递的不平衡力、水力激励、电磁激励等，为了确保机组安全稳定运行，要求部件的模态频率或固有频率与机组的主要激励频率有足够的安全裕度，通常为10％。

四、机组振动测试及动平衡实验

(一) 实验目的

发电电动机进行振动测试及动平衡的目的主要为：

（1）评价机组的主要转动部件和静止的振动水平，是否满足标准规定的长期稳定运行的要求；

（2）测试机组不同工况下的振动水平和振动变化情况，综合分析数据，为机组故障诊断及处理提供数据支持；

（3）测试机组振动的幅值和相位，为机组动平衡提供必要的数据支持。

(二) 发电电动机振动测试

1. 现场实验引用的技术标准

GB/T 7894《水轮发电机基本技术条件》

GB/T 8564《水轮发电机组安装技术规范》

GB/T 6075.5《在非旋转部件上测量和评价机器的机械振动　第5部分：水力发电厂和泵站机组》

GB/T 11348.5《旋转机械转轴径向振动的测量和评定　第5部分：水力发电厂和泵站机组》

GB/T 18482《可逆式抽水蓄能机组起动试运行规程》

2. 实验方法

（1）测试仪器。摆度测量采用高精度电涡流位移传感器进行相对值测量，振动测量采用超低频速度传感器进行绝对值测量。

（2）动态信号分析仪。动态信号分析仪基于快速傅里叶变换原理和数字信号处理技术，对输入的模拟信号进行抗混滤波及防泄漏处理后，再经采样保持和模数转换，按不同要求对信号进行时域分析、频域分析和幅值域分析。

（3）测试系统组成。振动测试系统一采用美国Zonic公司生产的ZonicBook618E动态信号分析仪，基于快速傅里叶变换（FFT）原理及数字信号处理技术，对信号进行时域分析和频域分析，获取振动分析所需的各种数据和图表。

（4）测试主要内容。①在各工况下振动、摆度的通频值、转频值、相位值及各频率成分值。②各个测点在不同工况下的频谱分析。③振动、摆度在不同负荷下的水力分量，判断机组可能存在的不稳定区域。

（5）测点布置。测点的选择与布置是获取机组运行状态信号的重要环节。其选择和布置是否合理将直接影响信号采集的真实性以及数据分析和故障诊断的可信度。一般说，测点的选择取决于电气激励特性、水力激励性能、结构本身的布置以及机组的运行规律。

对于发电电动机机组而言，为了较为全面的获取机组的振动状态，需要对于机组的转动系统的支撑系统进行全面的监控和测试。监控和测试内容如下。

1）键相：每抬机必须设置 1 个键相点。

2）摆度：分别在上导、下导、水导位置布置互成 90 度的 2 个摆度测点。

3）振动：分别在上机架、下机架、定子机座和顶盖处设置 2 个水平振动和 1 个垂直振动测点。

图 4-41 为测试系统连接图。

3. 电站调试运行阶段的测试实验

机组的振动分为机械、电磁和水力三大类的振源。在机组调试阶段需要进行额定空转实验、变励磁实验、变负荷实验、甩负荷以及抽水及水泵突然断电实验等。实验不仅要将机械的不平衡振动降至最低，达到相应的振动标准要求，还要对机组调试各个实验工况的振动水平检测，确保机组的振动水平能够满足安全运行的要求。

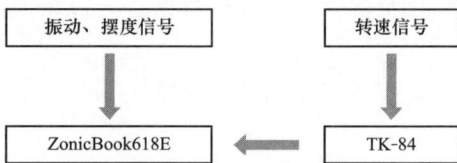

图 4-41　测试系统连接图

（1）额定空转实验。额定空转测试是指机组不带负荷和励磁电流的情况下，只变化转速的实验。通常是令机组在正常运行转速的范围内进行变化，测试导轴承支架（如上机架等）的振幅 A 和频率 f 随转速 n 的变化关系，绘制振幅 $A = f(n)$ 和频率 $f = f(n)$ 的关系曲线。额定空转记录起机升速过程和额定空转实验数据。根据额定空转实验情况，分析和评价转子的质量平衡情况。并根据测试数据进行配重。转子试加重公式为

$$P = (0.01 \sim 0.05)Mg/(2r\omega^2)$$

式中　M——发电机转子重量；

　　　ω——机组角速度；

　　　r——配重处半径；

　　　g——重力加速度。

（2）励磁电流变化测试。机组不带负荷，在额定转速下的运行，变化转子磁极的励磁电流。绘制测试部位的振幅和励磁电流的关系曲线 $A = f(I)$。若振幅 A 随励磁电流 I 的增加而增大，则不均衡磁拉力是机组振动的主要原因。此时需检查：

1）定转子之间的气隙是否均匀。

2）磁极线圈是否有匝间短路等。

（3）变负荷实验及调相实验。机组在正常转速下运行，变化机组负荷 P，绘出测量部位振幅和机组负荷关系 $A = f(P)$。

1）若振幅 A 是随 P 增加而增大，若水导位置的振动幅值较其余导轴承位置振动幅值变化敏感。且当机组作为调相机运行时，水轮机已不在水中运行，则机组的振动大为降低。根据这些现象判断，振动主要来自水力不平衡激励。主要原因有：①转轮叶片的水力不均匀力；②导叶间差异形成水力不平衡力；③转轮偏心；④转轮上、下止漏环间隙不均匀。

2）若在 40%～60%负荷区振动较大，其他负荷振动明显减小，振动频率为 0.2～0.4 倍转频，则振源是由尾水管低频涡带压力脉动引起。

（4）抽水蓄能机组特殊工况实验。

在抽水蓄能机组运行中，甩负荷、抽水过程突然断电属破坏性较大的运行工况，为检验机组在这些运行工况下的机组相关性能，也需在调试中进行实验。

实验内容：25%、50%、75%、100%负荷工况下甩负荷，测量分析机组的振动和摆度水平；水泵抽水工况下，突然断电，测量分析机组的振动和摆度水平。

第五章

发电电动机制造

　　大型抽水蓄能机组具有转速高、制造精度高的特点，发电电动机作为核心部分，在整个电站的运行中起着重要的作用。由于发电电动机的结构形式较常规水电机组结构形式更为复杂，因此大型发电电动机是水电机组中技术难度最大的机型，其制造工艺具有多样性和先进性。

　　通过数控设备如大型数控立式车床、重型数控卧式车床、重型数控镗床、数控龙门加工中心、窄间隙焊接装置、焊接变位机、冲片自动生产线、激光切割机、真空浸渍（VPI）绝缘线棒制造系统等形成高精度制造能力，来确保零部件的加工质量。

⊪ 第一节　定　子　线　棒

一、空冷定子线棒结构及制造工艺

　　定子线棒分为上、下层，分别放置在不同槽内，连接后组成一个完整的绕组。定子线棒由绕组线、排间绝缘、换位绝缘、换位填充、内均压层、对地绝缘、防晕层以及并头块等组成，线棒截面如图 5-1 所示。

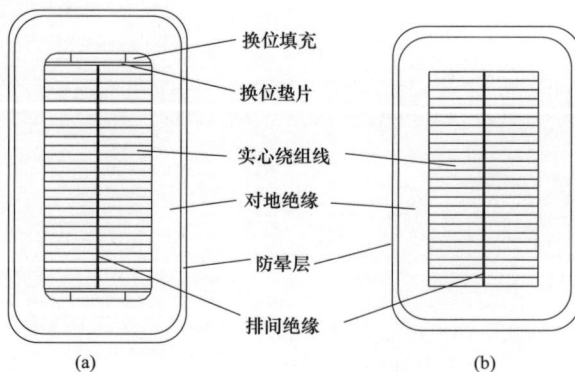

图 5-1　两排导线定子线棒截面
（a）槽部；（b）端部

　　高压电机定子线棒主绝缘为两种类型：一种为多胶云母带，另一种为少胶云母带。多胶云母带包扎前，线棒导线必须在 $110℃±10℃$ 温度下，烘焙 2h 及以上，去除潮气，如果不及时去除潮气，会影响主绝缘的整体性。少胶 VPI 线棒由于要进行预烘和真空

处理，可以不用进行烘焙。水轮发电机空冷定子线棒绝缘成型有多胶模压和少胶 VPI 两种，其工艺制造流程中的主要区别在绝缘包扎和压型工序，其制造工艺流程如图 5-2、图 5-3 所示。

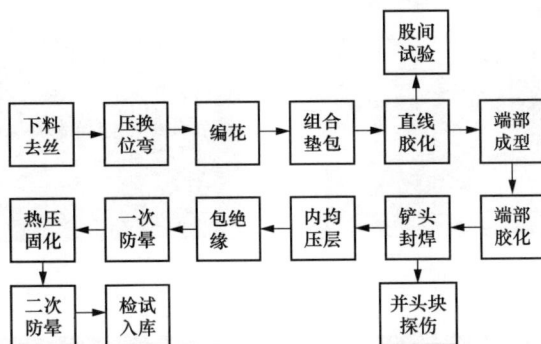

图 5-2　发电电动机空冷多胶定子线棒制造工艺流程

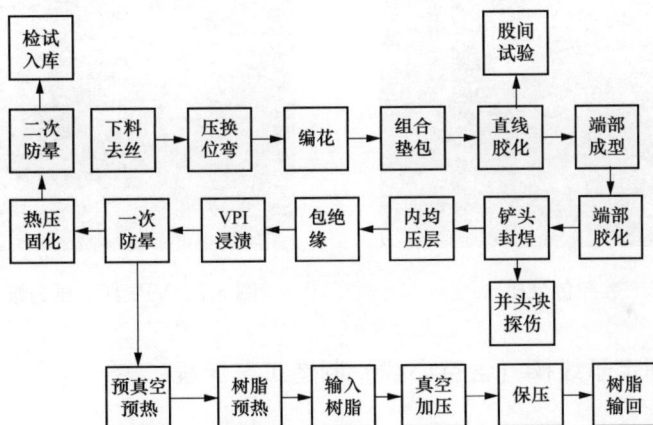

图 5-3　发电电动机空冷少胶 VPI 定子线棒制造工艺流程

主绝缘加热固化方式分两种：内加热，即线棒通电加热，外加热，即将压模放入烘炉中加热。多胶模压线棒大多采用内加热方式，一次只能压制一支线棒，模压时，将线棒放入绝缘压模中。少胶 VPI 线棒采用外加热方式，绝缘压模采用一模多压（端部夹板）结构和全模压结构，一次可压制多支线棒，线棒装入模具，采用液压油缸从模具中间向两端同时进行加压，加压完成后将模具放入烘炉中进行烘焙固化。关键工序如图 5-4～图 5-7 所示。

高压电机定子线棒的防晕处理是指线棒槽部和端部主绝缘表面做防晕处理，改善局部电场集中，避免产生电晕及局部放电，绕组产生电晕的部位有：①绝缘层内部气隙。②出槽口处及通风道口。③绝缘表面与槽壁之间空隙。④相邻线棒之间间隙、引线与端箍处。

根据电压等级的不同，采用不同的防晕结构形式，线棒槽部采用低电阻防晕层，出槽口外采用高电阻层。线棒主绝缘及一次防晕层固化完成后，对线棒表面进行清理，在线棒槽部涂刷低阻防晕漆，晾干后在端部涂刷高阻防晕漆。

图 5-4　直线胶化压机

图 5-5　数控成型机

图 5-6　数控包带机

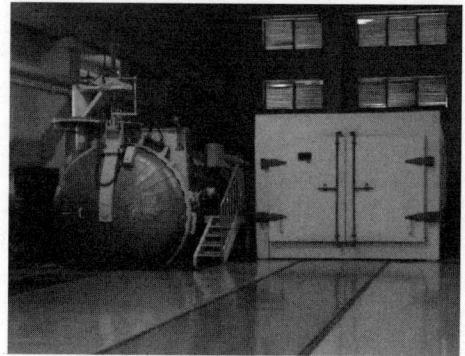

图 5-7　VPI 真空压力浸渍烘焙系统

二、蒸发冷却定子线棒（含空心线）制造工艺流程

蒸发冷却机组定子采用在定子线棒内部通入特殊介质，利用循环原理使机组达到冷却效果的内冷冷却方式，因此定子线棒导线是由空心电磁线和实心电磁线混合换位编织而组成的。定子线棒引线采用汽电分离焊接结构，如图 5-8 所示。在线棒制造过程中，为了保证空心线的流通性及汽接头的密封性，需要进行水压试验和氦检漏试验，以保证水电连接焊接质量。带空心线定子线棒制造工艺流程如图 5-9 所示。

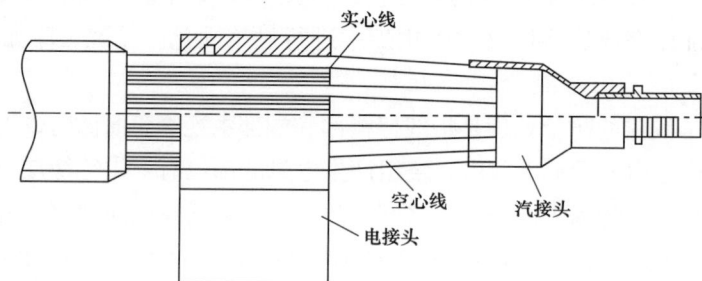

图 5-8　汽电连接示意图

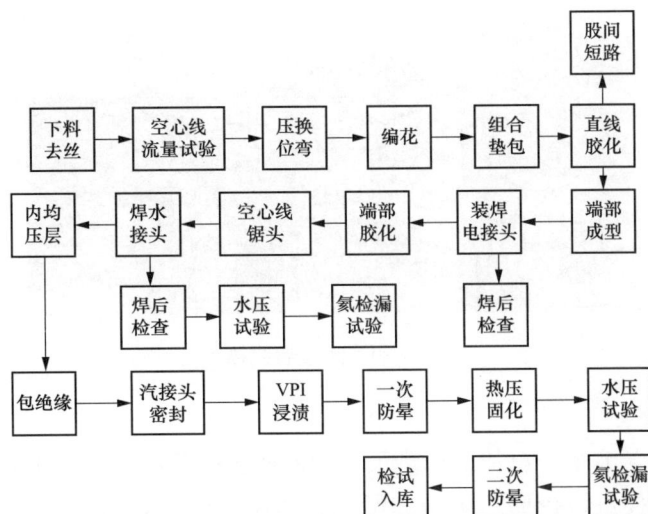

图 5-9　蒸发冷却定子线棒制造工艺流程

三、抽水蓄能定子线棒制造特点

抽水蓄能机组均为中到大容量机组，电压等级高，因此线棒有截面大、端部长等特点。定子线棒槽部均采用＜360°换位。为保证端部形状的一致性，端部成型全部采用数控成型机完成，并在端部胶化模上完成端部固化、引线铲头、引线封焊工序。抽水蓄能定子线棒引线头分为 L 形并头块和引线封焊两种结构，均采用中频感应焊。对带有并头块的线棒，焊接完成后需按要求进行探伤检查。

线棒主绝缘包扎前需进行内均压处理，主绝缘采用少胶云母带，云母带胶含量为 5%～10%，利用数控包带机进行主绝缘的包扎，保证云母带包扎平整，半叠包准确，数控包带机恒定的张力也能保证云母带在包扎的过程中不受损伤。主绝缘包扎完成后，将线棒放入浸渍罐中进行 VPI 处理。通过设备检测保证线棒的浸渍质量。

抽水蓄能线棒防晕采用一次成型加二次涂刷的防晕结构，因此在浸渍后需在线棒表面包扎一次防晕带，槽部包扎低电阻防晕带，端部包扎高电阻防晕带，并随主绝缘一起热压固化，保证防晕带与主绝缘的黏结良好。将线棒放入 VPI 绝缘压模中并加压，加热固化采用外加热，将模具放入烘炉中，外加热时线棒受热均匀，绝缘整体性好。由于抽水蓄能线棒端部尺寸较长且要求高，因此绝缘压模采用一模 4 压的全模压结构，全模压结构能有效控制线棒几何形状。模具采用数控加工，4 个模具型腔尺寸一致，确保线棒的互换性。

线棒固化完成后，对线棒进行二次涂刷，直线涂刷低电阻防晕漆，端部涂刷高电阻防晕漆，如图 5-10 所示。

四、检查与试验

1. 截面尺寸

用游标卡尺测量线棒槽部和端部的宽度及高度尺寸。要求截面尺寸满足图纸要求。

图 5-10　防晕后线棒

2. 几何形状

对线棒的升高、节距、总长进行测量，为保证线棒几何尺寸的正确性，线棒生产完毕后，需放入校验模进行校验。按铁芯尺寸制作校验模，对线棒的升高、节距、总长、斜边间隙等几何尺寸进行校验。

3. 外观

检查线棒表面无余胶及其他杂物，直线平直，绝缘固化良好，无尖角、台阶或鼓包等。防晕漆涂刷均匀、无漆瘤、无气泡，涂刷层的首、末端整齐且与线棒轴向垂直。

4. 表面电阻测定

对于进行防晕处理的条式定子线棒，采用绝缘电阻表或数字式万用表连接标准测量电极（两电极系统）对其槽部表面低电阻防晕层进行测量。表面电阻率的数值应在 $1 \times 10^3 \sim 1 \times 10^5 \Omega$ 之间。

5. 起晕电压试验

为了考核防晕处理质量，高压定子线棒应测试电晕起始电压，一般是在暗室内以目测法测定电晕起始电压。将被试线棒直线部分包裹导电材料接地，引线部分接入高压线，然后匀速升压到 $1.5U$（额定电压），在暗室内，离线棒 2m 处目测线棒端部是否出现电晕。

6. 介质损耗 tanδ 试验

高压线棒的 tanδ 值，除与绝缘材料的性能有关外，还取决于绝缘的整体性和紧密性。绝缘层内存在气泡时，外施电压超过一定数值就会在气泡内产生游离放电，使得 tanδ 值急剧增加。

试验前将线棒包上铝箔（测量极和保护极），铝箔外用白布带包扎紧，试验电压为工频交流电压，电压范围为 $0.2U_N \sim 1.0U_N$（电机额定电压）。从 $0.2U_N$ 开始测量，每隔 $0.2U_N$ 测试一点，到 $1.0U_N$（或最高试验电压）为止。

7. 对地耐压试验

交流耐压试验是检查绝缘介电强度最有效和最直接的试验项目。高压线棒在嵌装前都要进行耐压试验。耐压试验是保证绕组绝缘可靠性的重要措施，耐压试验对不良的绕组绝缘有破坏作用，因此只有外观检查合格的半成品及绝缘电阻测定合格的半成品，才能进行耐压试验。定子线棒耐电压试验为 $2.75U_N + 4.5kV$（电机功率小于 10000kW，电压小于 6.3kV)；$2.75U_N+6.5kV$（电机功率大于或等于 10000kW，电压大于或等于 6.3kV)。耐压试验时间 1min。

✤ 第二节　定子铁芯冲片

一、定子扇形冲片的结构

发电电动机定子扇形冲片的材料是 0.5mm 厚的冷轧含硅量较高的硅钢片。定子铁芯冲片由主扇形冲片、通风槽片和叠在铁芯两端的多种短齿扇形冲片组成。主扇形冲片如图 5-11 所示，后几种扇形冲片都是由主扇形冲片改制而成。

考虑到叠片方便，定子扇形冲片鸽尾槽应比鸽尾尺寸适当放大，为避免叠片时相邻扇形片边缘搭叠，接缝边留有 0.2～0.3mm 的间隙，为防止接缝处槽底错牙损伤线棒绝缘，将接缝处的半槽槽底直角处冲成 30°的斜边。

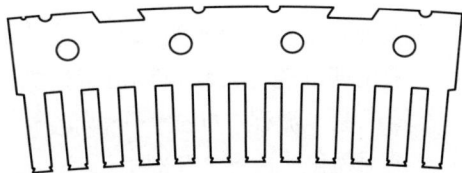

图 5-11　定子主冲片

二、定子扇形冲片的制造工艺

几种铁芯冲片的主要制造流程：

定子主扇形冲片工艺流程为落料、去毛刺、刷漆。

铁芯两端的短齿扇形冲片工艺流程为落料、切圆弧、切断、去毛刺、刷漆。

定子通风槽片工艺流程为落料、扩槽切边、点焊、去毛刺、喷漆。

1. 定子扇形冲片的冲制

大容量发电电动机，每台定子需堆叠扇形冲片几万至几十万张，因此用单一复式冲模冲制是比较经济而且质量又好。用分离冲模将主扇形片切成两部分制成小扇形片，用圆弧切边冲模按图样尺寸将主扇形片齿部切去一部分而制成多种短齿扇形冲片。目前定子主扇形片的冲制已实现了从卷料送进、冲制、工件与废料送出、分离、冲片抓取、码垛、废料收集的单机自动化生产。

2. 定子扇形冲片去毛刺

冷冲压出来的定子扇形冲片周边常有毛刺，它是有害的，因为它的锐边在装配好的铁芯中会形成闭合回路，从而使铁芯的温度升高，损伤线棒的绝缘和铁芯。因此必须在专用的去毛刺机上将定子扇形冲片周边的毛刺去掉。经过去除毛刺的扇形冲片，仍有残留毛刺，其最大值不得超过 0.01mm。在去毛刺的过程中应特别注意：冲片表面毛刺不能出现倒伏于断面的现象如图 5-12 所示，这种情况叠片后会导致线棒绝缘损坏。一旦有此现象，应用手工或用断面毛刺机进行去除。

图 5-12　毛刺倒伏于断面

3. 定子扇形冲片涂漆

为了减小铁芯中的涡流损耗，扇形冲片必须进行绝缘处理。铁芯冲片主要有水溶剂稀释的半无机漆和有机溶剂稀释的有机漆两种绝缘体系，其中前者是近十年我国发电机行业逐渐形成的冲片绝缘体系，与有机漆相比，其主要特点是：

（1）环保性比有机漆好。

（2）依靠漆中的无机填料绝缘，绝缘性能稳定，铁芯不会因漆膜老化而减小压紧力，提高电动机运行的可靠性。

（3）水溶剂漆半无机填料的绝缘性能好，涂层比有机漆薄，因而提高了铁芯叠压系数。

（4）水溶剂漆黏度大，填料多，在冲片上液体的内聚力大，因此流平性不好，工艺参数严格。

（5）由于流平性不好，如果用双滚轮涂漆装置，无法严格控制涂到冲片上的漆量，多余的漆都聚集在边缘附近，产生涂漆的边缘效应。因此涂漆机头比有机漆涂漆机头复杂，要采用四滚轮（带漆量调节辊）涂漆装置。

涂漆的基本流程：配漆—分散搅拌—漆液进入漆槽（循环装置）—冲片进入涂漆机—流平—烘干固化—冷却—下件。

4. 定子通风槽片的结构及制造

对于采用径向通风系统的中、大容量水轮发电机，各段铁芯间叠装通风槽片形成通风沟，以便流动空气流冷却定子。

通风槽片由通风槽板以及固定其上的通风槽钢及衬口环组成，通风槽板所用材料普遍采用0.65mm厚酸洗钢板或低硅钢板，其表面应平整光滑，无氧化膜、锈蚀、污物。由于点焊时的热变形和机械变形而引起通风槽板齿部变形，装入铁芯后，导致凸出定子铁芯槽形，因此必须将其槽扩大。

通风槽钢通常采用Q235系列或不锈钢热轧圆钢，经工厂拉、轧制成形后，再用模具按需要长度进行切断。衬口环的材料为3mm厚的Q235系列钢板，通过模具在冲床上落料和成形。采用点焊的工艺方法将通风槽钢和衬口环固定于通风槽片上，焊点的间距为50～60mm，衬口环点焊三点，如图5-13所示。

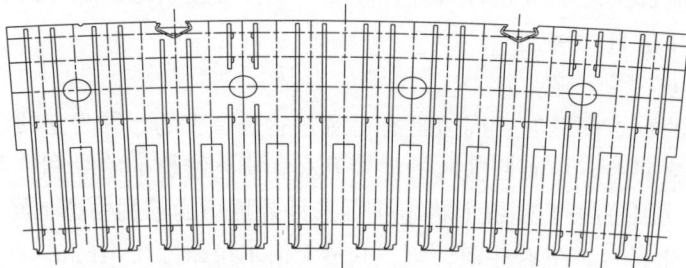

图5-13 通风槽片

定子通风槽片的点焊质量要求：

（1）通风槽钢在通风槽板上的位置必须准确一致，这样可保证定子铁芯的各个通风沟内的通风槽钢沿纵向断面对齐成一条直线，提高定子铁芯的紧度。

（2）焊点必须牢固，其检查方法：观察焊点的附近，不允许在通风槽板上有烧穿孔洞；将通风槽钢打掉后，通风槽钢上粘有通风槽板母材，且通风槽板的焊点位置出现孔洞。

（3）将点焊完成的通风槽片与主冲片重合对照，通风槽片和槽钢不允许有挡住主冲片槽形的现象。

（4）表面质量：无毛刺和焊渣附着于表面。

三、定子扇形冲片的质量检查

1. 扇形冲片的尺寸检查及叠检

在复式冲模合格的基础上进行冲片试冲，首片由专业质量检验人员进行手检或三维检测。其尺寸公差体系符合图纸或有关标准，合格后冲制叠检所用冲片，叠检是在工厂内模拟电站叠片的工艺操作方法进行质量指标检查的过程。用冲片槽形定位，按电站安装叠片方法将冲片叠成整圆，如图 5-14 所示。

初步叠完的整圆冲片，根据外圆尺寸大小等分为若干点，用钢卷尺或红外线测量仪测量各点到相对应点的直径距离。根据与理论尺寸比较，进行圆周的"内敲"或"外敲"。在实际中，可能要反复多次操作才能达到铁芯外径的要求值。

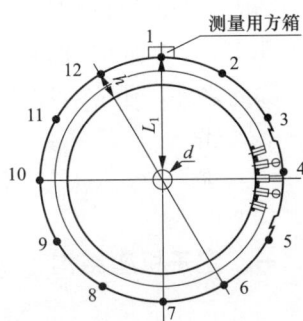

图 5-14 叠检示意

实测直径尺寸的平均值计算公式如下

$$D_{avg} = 2\left[(L_1 + L_2 + \cdots + L_n)/n\right] + d$$

式中　　　　D_{avg}——实测冲片直径尺寸的平均值；

L_1，L_2，$\cdots$，L_n——各等分点测量长度尺寸；

n——总的测量点数；

d——测量用中心柱直径。

实测平均尺寸符合要求后，用槽形检查块、鸽尾检查块对所有槽形进行检查。

2. 扇形冲片的毛刺检查

冲片毛刺检测主要在冲制和毛刺机去毛刺两个阶段。

（1）冲制阶段的毛刺控制指标。新模具试冲首件毛刺长度小于或等于 0.03mm，不超过 3 处尖角毛刺长度小于或等于 0.06mm，且尖角不呈线性分布。

毛刺长度小于或等于 0.08mm，不超过 3 处尖角毛刺长度小于或等于 0.12mm，且尖角不呈线性分布。超过指标，则需进行模具复刃。

（2）去毛刺后控制指标。经毛刺机去除毛刺后，残留毛刺长度小于或等于 0.01mm，且不允许将毛刺打到进入槽内与齿端面位置，有特殊要求的按特殊要求标准执行。

3. 扇形冲片的绝缘质量检查

（1）外观检查。漆膜色泽均匀，无外来杂质，无气泡，无边缘增厚，无未分散填料颗粒，冲片与传输接触面应无明显的划痕。

（2）绝缘厚度检查。采用平均漆膜厚度测量仪进行厚度测量，一般以 20 片为一组，在冲片上标记出若干测量点，分别测量涂漆前、后各点的厚度值，测量仪自动计算出涂漆的平均厚度值（包括叠压系数）。水轮发电机冲片绝缘厚度约为 0.012～0.018mm（不含预涂层）。

（3）绝缘电阻测量。根据冲片涂漆种类及产品要求，一般有两种测试方法：

富兰克林仪测试法：将单张冲片置于测试仪下台面加热板上，通过开关使上电极压在冲片上进行测量（冲片正、反面各测 2～3 处）。其测试电压为直流 0.5V，电极面积 6.45cm^2，加热板温度 150℃，施加 3MPa 压力，读取流过单层漆膜电流值。此值越小，说明绝缘电阻越大。

层间（片间）电阻测试法：将两片冲片重叠（毛刺方向相同）置于片间绝缘电阻测试仪台板上，上、下台板一边缘的中间部位镂空，使冲片边缘在此处露出，两个测量电极分别固定在露出的冲片上、下刺破表面漆膜处，连接电源和测量绝缘电阻表，施加压强 1.5MPa，施加 6V 的直流电压，读取稳定时的电阻值。

除此之外，还应对冲片漆膜固化度、柔软性、附着性等按有关标准进行检查。

🔸 第三节　定　子　机　座

一、定子机座结构

发电电动机的定子机座通常采用两种结构型式：盒形筋结构（如图 5-15 所示）、斜元件支撑结构（如图 5-16 所示）。两种结构形式的制造过程基本一致，以下以斜元件支撑结构为例进行介绍。

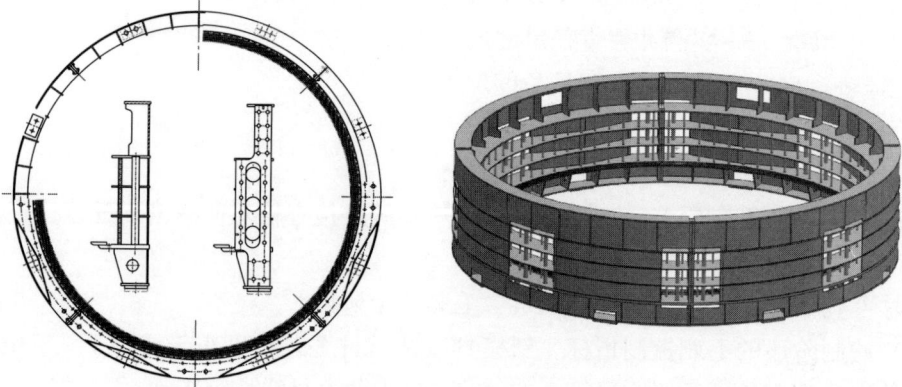

图 5-15　盒形筋结构定子机座示意

二、定子机座焊接制造工艺流程

多边形定子机座外轮廓的对边尺寸一般超过 6000mm，由于运输尺寸的限制，机座在圆周方向分瓣（多为两瓣），在厂内进行装配、焊接，加工后进行整体预装，采用定位法兰及定位销把合，在工地进行定子机座组圆、焊接。因此，定子机座焊接制造工艺流程分为厂内和工地两部分，厂内和工地的焊接制造工艺流程分别如图 5-17、图 5-18 所示。

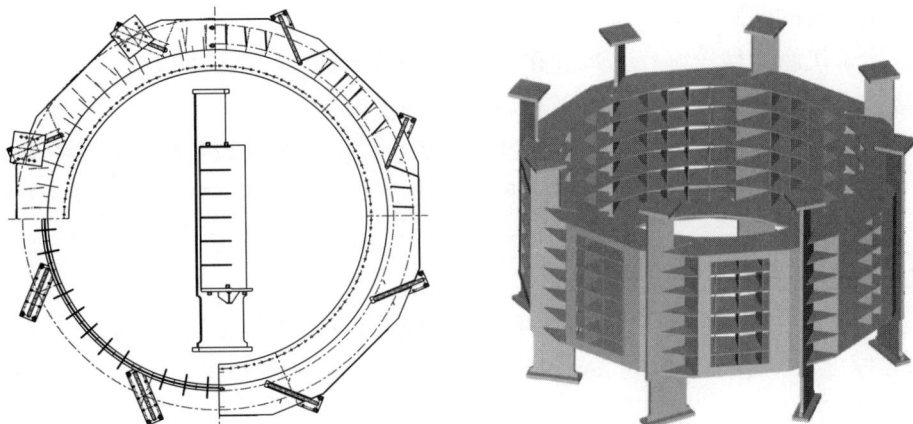

图 5-16　斜元件支撑结构定子机座示意

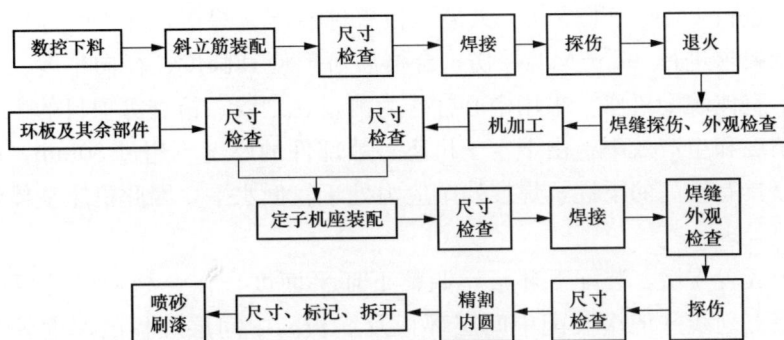

图 5-17　定子机座厂内焊接制造工艺流程

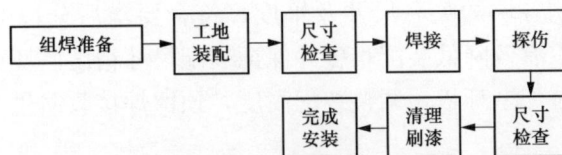

图 5-18　定子机座工地焊接制造工艺流程

三、焊接制造工艺

(一) 定子机座焊接制造应满足的一般要求

(1) 焊接工艺评定：对构件所使用的材料进行焊接，应有焊接工艺评定的支持。

(2) 焊工（或焊接操作工）及无损检测人员资质：焊工（或焊接操作工）应当按照标准规定进行培训、考试取证，其资质应在有效期内；无损检测人员应具有 ASNT-TC-1A Level Ⅱ级以上资格证书者或国家劳动人事部门颁发的锅炉压力容器无损检测Ⅱ级以上资格证书者。

(3) 装焊时，应尽量减小零部件之间的装配间隙。一般坡口间隙应不大于 2mm，立筋与各层环板的间隙控制在 1mm 为宜。

（4）定子机座柔性较好，其焊缝在圆周上对称分布，应采用小规范、分段、对称均匀的焊接方式，以减小定子机座变形和焊接残余应力。

（5）立筋、大齿压板等板厚较大的部件入炉去应力热处理以消除焊接残余应力。严格控制升温速度、保温温度、保温时间和降温速度，并应有热处理记录曲线。具体要求可以参考第三章。

（二）焊接制造工艺

定子机座采用焊接性优良的 Q345 和 Q235 钢板，Q345 钢板用于立筋、下环板（大齿压板），厚度一般在 60～100mm，其他零部件一般采用 Q235 钢板，厚度在 10～30mm。

进行原材料复检，合格后用数控切割机按图纸要求下料。立筋单件装配、焊接和焊后去应力热处理退火，立筋的重要受力焊缝打磨成一定 R 值的圆弧与母材圆滑过渡，并按图纸要求进行 UT＋MT 探伤。大齿压板单件装配、焊接，并进行焊后的去应力热处理，按图纸要求进行 UT＋MT 探伤，合格后矫形使其圆度、径向平度、周向平度满足图纸要求。整体装配机座，采用中心柱作为测量、划线、检查等项目的工具，可极大地提高装配精度和生产效率。由于定子机座多数部件的厚度不超过 30mm，同时尺寸较大，使得机座具有较高的柔性，焊接残余应力处于较低水平，因此机座整体焊接后不再进行去应力热处理。

在平台上放置支墩，装配下环板，调整下环平面度，在合缝处用搭板进行搭焊固定，在下环板上划线并依次装配中间层环板及筋板。中间层环板的厚度较小，一般在 15～20mm，180°环板的尺寸较大，具有较大的柔性，装配时起吊将产生较大的变形，影响装配的尺寸精度，下料时在装配立筋缺口处将其分割为多块，单块参加机座的装配，装配时调整、控制各块的关联尺寸及平度，符合要求后分块部位用工艺块搭接固定，这种装配方式可以有效降低装配难度并保证装配尺寸精度。环板装焊时，调整立筋缺口位置保持一致。装配上环板，调整装配高度，预留焊接收缩量。插装立筋，调整其垂直度。

焊接顺序：焊接筋板与中间层环板、上层环板的焊缝；焊接中环板、上环板与立筋的焊缝；焊接立筋与下环板的焊缝。借助中心柱精割机座各层环板内圆，按图纸要求调整各层环板合缝处间隙和错口，焊接定位法兰。

定子机座工地组焊按厂内所做标记，将分瓣机座把合成整体。安装并调整中心柱。测量机座尺寸满足设计要求。根据机座测量结果，预留焊接收缩量。在机座合缝处焊接定位搭板。在下环板上安装百分表，用于监测焊接变形。焊前清除焊接区的油、锈、漆、水分等杂质。按相应的焊接工艺评定及相关的工艺文件进行焊接。焊接时采用对称焊接，除第一层和最后一层焊缝，对焊缝逐层进行锤击，以消除焊接应力，根据监测数据调整焊接顺序，控制下环板的平面度。所有焊缝全部焊完后，清除小合缝块和定位搭板。将清理区域补焊、磨平。按图纸要求进行 UT＋MT 探伤，并检查、记录尺寸。按图纸要求清理、补漆。

四、关键尺寸控制

定子机座焊接制造的关键尺寸为：①大齿压板平度；②立筋平板高程、与水平面的平行度，立筋的垂直度以及弦距。定子机座装焊以大齿压板为基准，大齿压板应单件矫形，控制其平面度径向不大于 1mm/m，周向不大于 2mm/m，整圆平度不大于 5mm，装配立筋的缺口弦距偏差不大于 2mm；立筋装配时，控制各件的平板高程差不大于 1mm，与水平面的平行度不大于 0.5mm，立筋的垂直度不大于 2mm，各立筋之间弦距偏差不大于5mm，焊接时，单件立筋两侧的焊量应基本一致，在圆周上，对称位置的立筋焊量保持一致。

五、焊接质量过程控制

定子机座焊接制造的过程质量控制有以下几个主要方面：

（1）钢板原材料的复验。根据合同或采购规范对原材料进行化学成分、力学性能、无损探伤等复验，以文件见证或现场见证的方式进行。

（2）零部件待焊区域的无损检测。对于厚度超过 50mm 的板件，装配前对重要焊缝的待焊坡口及其相邻区域（一般不小于 60mm）进行磁粉探伤（MT）或渗透探伤（PT）。

（3）焊接过程的跟踪、监督。装配、焊接预热、焊接规范参数、焊后热、去应力热处理等应全过程跟踪，每一工序、工步应有真实的、可供追溯的记录。

（4）焊缝的最终无损检测。焊缝的无损检测项目根据图样和工艺的规定，一般由制造商具有资质的无损检测人员进行，必要时，可由业主方聘请的第三方具有资质的无损检测人员和制造商无损检测人员组成团队进行，也可由业主方聘请的第三方无损检测人员单独进行。

⤞ 第四节　磁　　极

大型抽水蓄能机组容量大、转速高，由于每极容量大，发电电动机的磁极数量少，单个磁极呈现外形尺寸大、磁极重量较重的特点，定速发电电动机励磁通常采用直流电，磁极分为准向心磁极（又称矩形磁极）和向心磁极（又称塔形磁极）两种形式（如图 5-19、图 5-20 所示）。

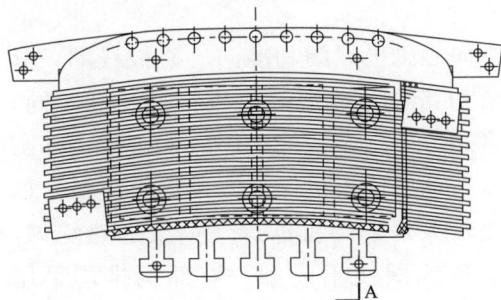

图 5-19　准向心磁极

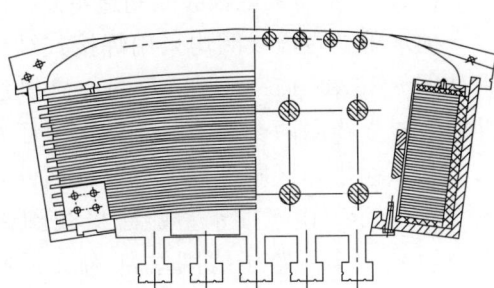

图 5-20　向心磁极

准向心磁极的磁极线圈和磁极铁芯与常规水电的制造水平一致，但由于存在切向分力，磁极固定根据计算需要，可在极间加撑块来确保转子运行安全。

向心磁极结构复杂、外形尺寸大且精度要求高，极靴呈圆弧、两侧面呈夹角，使得塔形磁极线圈和磁极铁芯的制造难度加大，对加工工艺制造水平要求高。超高水头抽水蓄能机组，采用向心磁极由于磁极线圈夹角制造有误差，存在少量切向分力无法完全消除，因此除采用塔形磁极线圈外，还增设围带或磁极间撑块进行周向固定，以提高安全性。

一、磁极线圈

（一）磁极线圈制造工艺

磁极线圈分扁绕式和焊接式二种制造工艺方法。扁绕式磁极线圈采用扁绕机和专用扁绕模绕制而成，焊接式磁极线圈采用钎焊方法将铜线焊接成一个线圈。两种方法的工艺流程分别如图 5-21、图 5-22 所示。

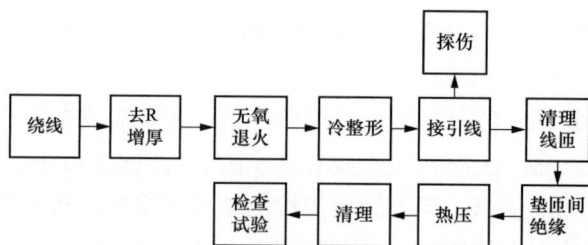

图 5-21　扁绕式磁极线圈制造工艺流程

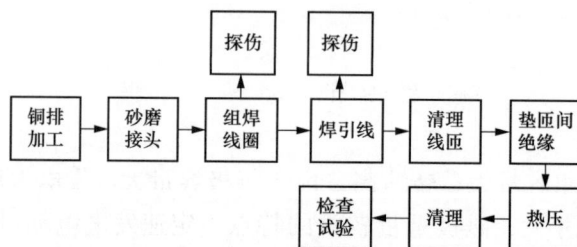

图 5-22　焊接式磁极线圈制造工艺流程

（二）抽水蓄能磁极线圈制造特点

抽水蓄能磁极线圈均采用焊接式结构，分为向心磁极线圈和准向心磁极线圈，分别如图 5-23 和图 5-24 所示，向心磁极线圈两长边带夹角，端部每匝铜排长度不同，准向心磁极线圈两长边平行，端部每匝铜排长度相等。由于线圈组焊后才进行端部圆弧压制，铜排焊接质量至关重要，因此均采用全自动感应焊机保证铜排焊接质量，如图 5-25 所示，由于抽水蓄能磁极线圈铜排截面较大，采用机器焊，铜线加热均匀，焊料填充饱满。鉴于线圈端部为圆弧状，为了使线圈便于成型，端部铜排均采用软态。

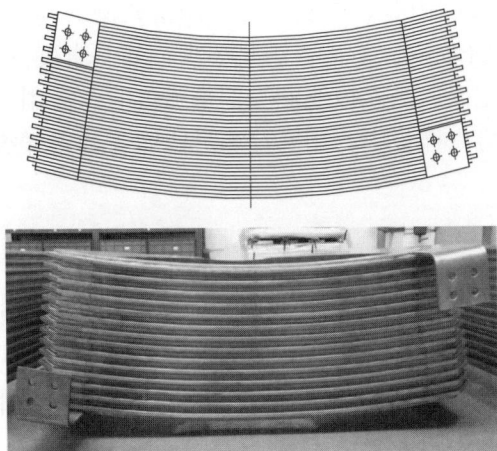

图 5-23 向心磁极线圈

图 5-24 准向心磁极线圈

磁极线圈匝间绝缘材料主要使用上胶玻璃毡布、上胶玻璃坯布和上胶绝缘纸。线圈垫匝间绝缘材料前，对铜排和匝间绝缘材料厚度进行抽样检测，根据材料偏差确定绝缘加垫层数，确保在要求的压力下线圈热压后高度尺寸满足要求。将线圈放在油压机平台上，热压时严格按照规定的压力和温度，并检查线圈上下弧面与压圈是否帖服，由于线圈首末匝散热，需在上、下压圈增加加热片，使整个线圈温度均匀并满足要求，如图 5-26 所示为磁极线圈热压。热压完成后，自然降温后磁极线圈方可出模，确保匝间绝缘黏结质量和线圈形状。

图 5-25 磁极线圈铜排焊接

图 5-26 磁极线圈热压

磁极线圈表面清理完成后，在线圈内、外表面均匀涂刷一层室温固化胶。在胶固化后，再在线圈内表面涂刷一层红瓷漆。

（三）检查与试验

1. 尺寸检查

检查线圈内框尺寸是否符合图纸，绕线式磁极线圈以通过模拟铁芯（含极身绝缘）

为准，焊接式磁极线圈用卷尺或游标卡尺测量线圈内宽、内长尺寸。测量线圈的高度、外宽及外长尺寸是否满足图纸要求。检查线圈的形位公差是否满足要求，如垂直度等。测量引线到线圈中心线的距离，确保引线位置正确。当磁极线圈端部带弧度时，需用检查样板对端部弧度进行检查，将线圈吊入弧度检查样板中，用塞尺测量线圈与检查样板之间的间隙。

2. 外观检查

要求磁极线圈表面平整，线匝参差不齐度满足要求。匝间绝缘黏结良好，无烧焦、松散、开匝等现象。引线焊缝平整，无裂缝、无氧化物。

3. 电气性能试验

（1）直流电阻测量。在相同条件下测量每个磁极线圈直流电阻，电阻差值满足标准要求。测量磁极线圈直流电阻可采用双臂电桥。

（2）匝间短路试验。在磁极线圈引线两端施加 10 倍额定电压的工频电压有效值，根据电流大小及局部发热情况检查匝间是否短路。

（3）匝间绝缘冲击耐电压试验。所谓冲击试验，就是对试品施加一种冲击波，在冲击电压作用下，若匝间绝缘有损坏或缺陷则会被击穿。匝间短路判别采用波形比较法，以被试线圈的波形与正常波形比较。匝间冲击耐压试验通过后，不需进行匝间短路检查试验。抽水蓄能机组均采用匝间冲击耐电压试验。

二、磁极冲片

1. 磁极冲片结构

磁极冲片多采用 1.5～3mm 厚的钢板冲制成如图 5-27 所示的形状，孔与螺杆的配

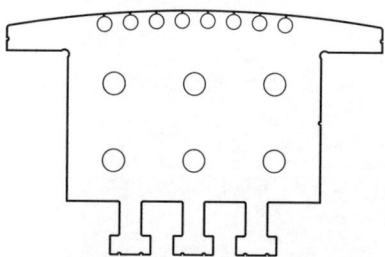

图 5-27　磁极冲片

合间隙为 0.2～0.4mm，阻尼孔与阻尼条的配合间隙为 0.4～0.5mm。磁极冲片 T 尾的尾部，常冲有半径 $R=3$mm 的半圆缺口，磁极铁芯叠压后，沿铁芯轴向长度满焊半圆槽，以提高磁极 T 尾的整体性。

2. 磁极冲片的制造工艺

磁极冲片一般都采用复式冲模一次冲成，这种工艺虽需要用较复杂的冲模冲制，成本较高，但生产效率高，精度高，叠片错牙小。由于薄钢板的厚度沿着轧制方向相差较小，沿着宽度方向的厚度，通常中间与两边相差较大，因此磁极冲片应套裁冲制，应考虑磁极铁芯装配时其厚度差能得到相互补偿。冲制排样可根据冲片大小和原材料尺寸，进行单排或双排套裁，如图 5-28 所示的磁极冲片为双排套裁方式，通常 T 尾的厚度与靴部的厚度相差 0.02～0.05mm，沿轧制方向可冲出多件，这样冲片叠到一起，就消除材料各点位置厚度不一致的影响，叠装磁极时，使靴部的长度和 T 尾的长度一致。这样正、反排样还可以节约原材料。

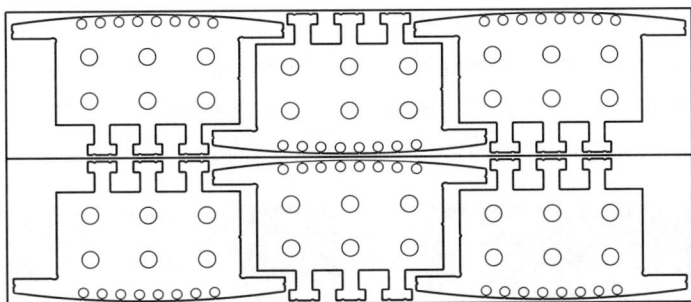

图 5-28 磁极排样图

三、磁极铁芯

叠片磁极铁芯由冲片、磁极压板、拉紧螺杆等零件组成，采用拉紧螺杆紧固成整体。铁芯叠压系数应不低于 0.98，拉紧螺杆按照油压压力考核或者螺杆伸长值、力矩值把紧，螺母不得凸出磁极压板表面。

目前大容量发电电动机中磁极采用 T 尾或鸽尾形式，T 尾结构呈现数量多、尺寸较大，由于它的制造工艺、受力及固定较鸽尾简单，因此 T 尾形式的应用要更加广泛。

1. 磁极压板

大型高速发电电动机磁极压板多采用高强度整体锻件，锻件粗加工后做超声波探伤，对加长试样进行机械性能测试。向心磁极压板与准向心磁极压板相比极身不等宽（如图 5-29、图 5-30 所示），靴部均为几段圆弧组成，部分关键尺寸无法直接测量，其制造工艺如下。

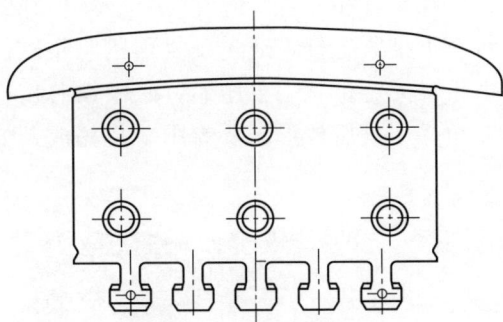

图 5-29 准向心磁极压板

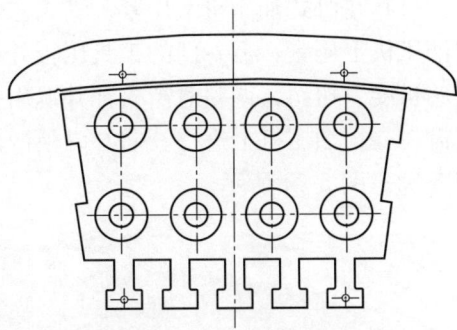

图 5-30 向心磁极压板

（1）首先将磁极压板在数控镗床粗铣底面、端头；然后在数控龙门铣床铣把合孔、再以中心孔定位装在铣胎上精铣台阶面、铣檐部内圆弧段、在檐部直线段铣找正带、铣外圆圆弧及两端平面、在侧面及 T 尾处铣找正带、翻面装胎、精铣背面及沟槽、铣外圆沟槽；在卧式加工中心，根据檐部找正带铣檐部直线段，根据侧面找正带铣侧身及方槽，线切割机以找正带找正后割 T 尾。

通过高精度数控设备保证磁极压板加工精度，由于加工过程涉及多个机床、多个工件装夹状态，加工及数控程序要保证所有尺寸基准一致。对于无法直接测量的关键尺寸，采取在三维数控机床检测合格，对加工工艺及数控程序进行验证。图 5-31 所示为检查磁极压板，图 5-32 所示为加工完成的压板。

图 5-31　检查磁极压板

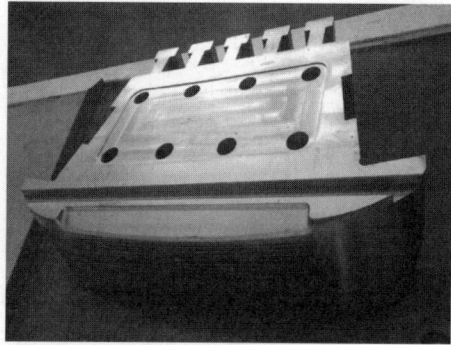

图 5-32　加工完成的压板

（2）磁极压板靴部外形呈圆弧状，尾部有 T 尾和鸽尾两种形式。T 形或鸽尾的加工有两种方式：一种采用成型刀精加工，刀具种类多且费用较高。另一种是线切割方式，线切割是靠钼丝通过电腐蚀切割金属，利用连续移动的细金属丝作电极，对工件进行脉冲火花放电切割成型，具有加工余量小、加工精度高、制造成本低等特点，特别适用于硬材料、形状复杂零件。我国多采用高速走丝数控化生产，利用数控加工程序走完各种型线，采用数控线切割代替成型刀加工 T 形或鸽尾槽，加工精度提高的同时降低制造成本。

2. 磁极铁芯装压方式

（1）在卧式油压机上压紧。其工艺过程是：先在叠片胎上叠片并穿螺杆，然后在卧式油压机上压紧，需专门的工具压板并在压紧状态下把紧螺杆，通过反复预压调整磁极铁芯长度、扭斜，调整时需松开并退出螺杆，由于在无定位状态下压紧，磁极铁芯校直还需在立式油压机上进行。向心磁极两侧面呈夹角，压紧后校形需要专用工装完成，如图 5-33、图 5-34 所示。

图 5-33　向心磁极冲片

图 5-34　磁极铁芯侧面校形

（2）采用液压拉伸装置完成。其工艺过程是：首先将待装压铁芯放在一个装压胎中叠片，此装压胎侧压板在平台上可滑动，用来调整侧面间隙和冲片整形时定位，冲片叠装完毕后启动液压拉伸装置压紧铁芯，经过预压和调整后穿入拉杆拉紧完成装压工作。整个装压工艺只需一次装胎，铁芯压时的弯曲变形小无需平直，在调整铁芯长度尺寸和几何形状时操作方便，生产效率较高，如图 5-35 所示。

图 5-35　磁极铁芯在液压拉伸胎装压

3. 磁极铁芯装压检查

磁极铁芯装压后要求长度尺寸满足图纸要求，外形公差要满足相关标准，如极身、极靴各面的平直度，各个面的长度尺寸上下之差即涨量，各个平面的对角线之差即扭斜，端头与长度方向的垂直度，及冲片表面的不平度等，这些指标决定了铁芯装压质量及安装质量，具体见表 5-1。

表 5-1　铁芯装压质量及安装质量

序号	检查项目	检查部位	质量标准
1	铁芯长度	用卷尺测量铁芯长度 0～－2mm 之间	按图纸要求
2	铁芯平直度		≤0.20mm/m
3	铁芯垂直度		≤0.8mm

序号	检查项目	检查部位	质量标准
4	铁芯涨量		2mm/m，最大值≤4
5	铁芯顶面侧面扭斜度		2mm/m，最大值≤4

四、磁极装配

首先磁极铁芯进行对地绝缘装配，包括角部加强绝缘及极身绝缘。极身绝缘主要有粉云母箔围包绝缘、NOMEX 纸围包绝缘、层压玻璃布板绝缘、层压玻璃布板与压制件的复合绝缘等绝缘结构，根据绝缘规范按不同的励磁电压等级进行选择。

然后放置绝缘托板，套入磁极线圈，使用专用工装压紧线圈与托板无间隙，配装围带、垫块或其他磁极线圈固定件。

磁极装配各项试验合格后，需要对每个磁极称重并将重量打在铁芯 T 尾或鸽尾上，再整体喷漆。准向心磁极装配与向心磁极装配如图 5-36、图 5-37 所示。

图 5-36 准向心磁极装配中

图 5-37 向心磁极装配完成

五、磁极装配厂内试验

1. 匝间绝缘冲击试验

单个磁极装配完成后、交流阻抗试验前，由电容器放电产生的冲击电压直接施加于磁极线圈的引出线间，试验考核匝间绝缘承受冲击电压能力，目的是检验装配过程中对线圈有无损坏。

2. 对地绝缘试验

（1）绝缘电阻测试。在室温为 10~40℃用绝缘电阻表测试施加电压 1min 时的磁极对地绝缘电阻。单个磁极绕组装配完成后、发运包装前、挂极前测试对地绝缘电阻，要求对地绝缘电阻不低于 200MΩ。

（2）工频交流耐压试验。绝缘电阻测试满足要求后进行工频交流耐压试验。磁极线圈各工序工频交流耐压试验的试验电压（有效值）见表 5-2。

表 5-2　　　　磁极线圈各工序工频交流耐压试验的试验电压（有效值）

试验阶段	试验电压（V）	备注
单个磁极线圈完工后	$10U_N+1800$	试验电压最低不得少于 3300V
挂极前	$10U_N+1500$	试验电压最低不得少于 3000V
挂极后	$10U_N+1000$	试验电压最低不得少于 2500V

注　U_N 为额定励磁电压。

3. 磁极绕组交流阻抗试验

试验前清理干净磁极表面灰尘、杂物，若出现污染现象，应用干净的抹布蘸适量的丙酮将表面清理干净，晾干 4h 以上后再试验。用绝缘电阻表测试磁极绝缘电阻，在其绝缘电阻不低于 5MΩ 时，方可进行交流阻抗测试。

交流阻抗试验受环境（温度、湿度，特别是场地周围摆放的物品）影响较大，对同一台磁极进行交流阻抗试验时，需确保试验环境一致。

第五节　转子磁轭及转子支架

一、磁轭冲片

发电电动机扇形磁轭冲片一般用厚 2~6mm 的高强钢板，外缘为多边形。冲片的弦长与一张扇形磁轭冲片上的极数以及叠片方式有关，通常电动机极数应能被一张扇形片上的极数整除，两者的比值是构成一整圆的扇形片数。为了增加通风量，在磁轭冲片间形成通风间隙，实际弦长小于名义尺寸，通风间隙尺寸一般取 30~100mm。

1. 扇形磁轭冲片上的槽和孔

磁轭冲片外侧的键槽用于固定磁极，内侧的键槽用于将磁轭固定于支架或轴上，中间的螺杆孔用于把紧磁轭本体，图 5-38 为磁轭冲片外形。

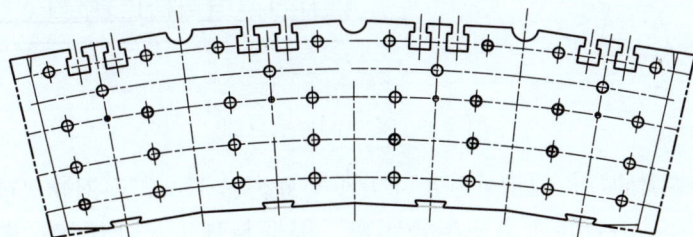

图 5-38　磁轭冲片外形

磁轭冲片上的拉紧螺杆孔和销孔，沿 T 尾槽中心线的两侧均匀分布，使冲片受力均匀。通常每张扇形磁扼冲片上的螺杆孔面积应不小于扇形片净面积的 3%～4%。为了磁轭叠片时定位，每极位置布置一个销孔。

2. 扇形磁轭冲片的制造

扇形磁轭冲片采用冲床冲制和激光切割机加工两种加工方式。

（1）冲床冲制，用大型复式冲模一次冲成。这种工艺方法须要上千吨的大型冲床，模具制造也十分复杂，但效率高，质量稳定性好。随着模具精密加工设备和冲压工艺技术的发展，阶梯冲制，斜刃冲制，阶梯＋斜刃冲制工艺技术广泛应用于实际生产中，使冲裁力大于冲床额定压力一倍的磁轭冲片也能一次复式冲出。冲制加工一般适用厚度4mm 以下以及冲片数量多、发电机台份多的磁轭冲片生产。

（2）激光切割加工，用激光切割机切出单张磁轭冲片全形。这种方法只需要制作过程质量控制的检查工装，工装成本低，切割断面好，但效率低，且磁轭冲片数量太多时，其成本会超过冲制生产成本，因此激光加工适用于厚度不小于 4mm 及数量较少的磁轭冲片生产。

3. 去毛刺

冲制件一般都有毛刺，激光切割加工的冲片还存在挂渣、拉紧孔断面接刀痕等缺陷。随着对产品高质量要求的提高，大型发电机磁轭冲片用手提砂轮机逐片清除毛刺。

4. 磁轭冲片尺寸检查

在复式冲模合格的基础上进行冲片试冲，采用激光切割的冲片进行试切割。首片由专业质量检验人员进行手检或三维检测。其尺寸公差体系符合图纸或有关标准，合格后冲制叠检所用冲片，叠检是在工厂内模拟电站叠片的工艺操作方法进行质量指标检查的过程。用冲片上拉紧螺杆孔定位，按电站安装叠片方法将冲片叠成整圆，叠片高度约100mm，如图 5-39 所示。

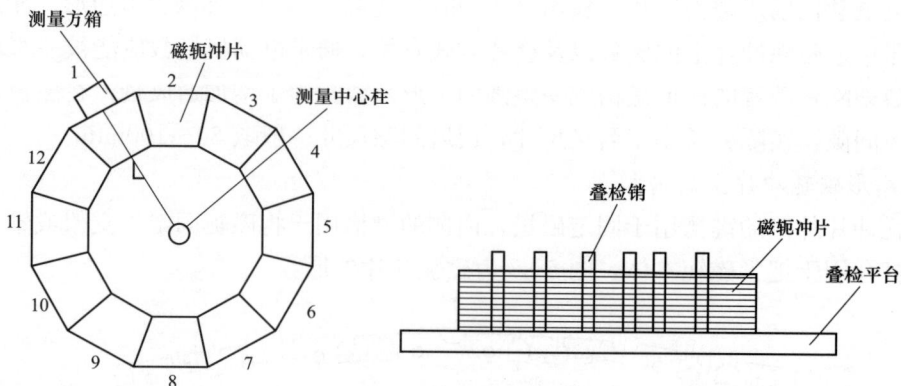

图 5-39　叠检测量示意图

初步叠完的整圆冲片，根据外圆尺寸大小等分为若干点，用钢卷尺或红外线测量仪测量各点到相对应点的直径距离或半径距离。根据与理论尺寸比较，进行圆周的"内敲"或"外敲"。在实际中，可能要反复多次操作才能达到磁轭铁芯外径的要求值。并根据下式计算各等分点的外半径和直径。

$$H_1(H_2\cdots H_n) = L_1(L_2\cdots L_n) + d/2$$
$$D = 2[(H_1 + H_2 + \cdots + H_n)/n]$$

式中　$H_1(H_2\cdots H_n)$——实测冲片各等分点的外半径；

　　　　$L_1(L_2\cdots L_n)$——中心柱到等分点之间的距离；

　　　　n——总的测量点数；

　　　　d——中心柱尺寸；

　　　　D——实测直径。

实测平均尺寸符合要求后，使用检查圆柱销逐个对磁轭拉紧螺杆孔进行检查，使用键槽通规和 T 型槽通规插入并能全部通过。叠检合格后才能大批生产，对于激光切割的磁轭冲片，还要用检查胎具工装进行过程质量控制。图 5-40 为某机组叠检情况。

图 5-40　叠检好的磁轭冲片

二、整体磁轭圈加工

发电电动机也有采用整体磁轭圈结构形式，磁轭圈材料牌号为 780CF 其抗拉强度不小于 760MPa，单张厚度为 50~80mm 不等的优质高强度钢板，由高强度螺杆分段把合再整体把合加工而成。磁轭圈的制造难度、成本及周期比磁轭冲片高，其制造工艺简介如下：

（1）钢板以调质状态交货，通过各项力学性能检验，逐张进行超声波检查。单张磁轭圈通过加工保证平面度，或者使用钢厂轧制而成的厚板，不再加工，控制把合后的缝隙。

（2）导风带装焊时，容易导致焊后环板翘曲过大，及出现导风带焊后位置偏差问题，因此采用样板以把合孔或 T 形槽定位，并在焊接过程中采取防变形的措施。

（3）对于磁轭圈中非标准的内外键槽、极间外形，由于材料强度非常高，而且是断续切削，数控走刀加工效率低，需要减少圆弧数量、T 尾数量，同时选择合理的铣刀种类、加工参数提高键槽的加工效率及精度。

（4）小段磁轭圈加工后把成整体后再铣键槽，要求键槽平面的平面度、垂直度的装配质量不低于叠片磁轭质量标准。整体磁轭加工对机床的要求很高，如果整体磁轭的高度超过机床的加工范围，整体磁轭将分段进行加工，需要考虑多段磁轭圈的定位、起吊及精度保证等问题，或者提供专用设备对键槽进行整体加工。小段磁轭如图 5-41 所示。

图 5-41　小段磁轭

三、转子支架

（一）转子支架焊接结构

发电电动机机转子支架多采用轮毂状结构，通常由中心体、大立筋、切向腹板构成。中心体可采用整体铸造或整体锻造，也可采用锻（铸）焊结构，圆筒及上、下圆盘单件锻造加工。各部件所选择的的材料及厚度范围：中心体采用铸钢件，材质多为ZG20SiMn，采用锻件，材质多为A668D，厚度 200～280mm；大立筋采用钢板，材质多为 Q345，厚度 160～200mm；切向腹板采用钢板，材质一般为 Q345，厚度 32～40mm。转子支架径向尺寸较小，刚强度大，能满足发电电动机转子的高转速要求，其焊接结构如图 5-42 所示。

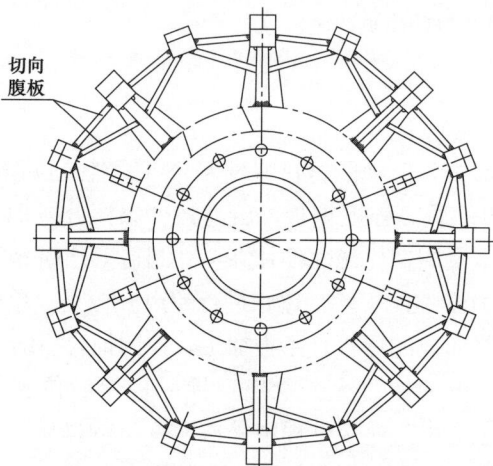

图 5-42　转子支架焊接结构示意

（二）转子支架焊接制造工艺

轮毂式转子支架因其结构紧凑，尺寸相对较小，切向腹板部位焊接操作空间狭窄，无法满足焊接操作的可视性、可达性要求，焊接制造中采用了分步装配、焊接的工艺，通过序间尺寸检测、无损检测来确认构件的尺寸、焊缝质量等是否符合要求，在出现偏差的情况下及时进行纠偏、修复，避免后序完成后才发现前序所产生的偏差、缺陷，此时往往因后序所装配的部件极大地限制了前序部件的作业空间，造成纠偏难度、修复难度、成本大幅度升高，甚至到不进行结构解体就无法进行纠偏、修复的程度，因此其工艺流程较长。图 5-43 为转子支架焊接制造工艺流程。

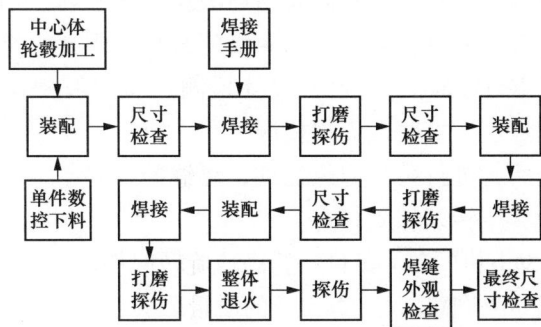

图 5-43　转子支架焊接制造工艺流程

1. 焊接制造的一般要求

为了保证焊接质量，转子支架的焊接制造应满足以下要求：

（1）焊接工艺评定。对构件所使用的材料进行焊接，应有焊接工艺评定的支持。

（2）焊工（或焊接操作工）及无损检测人员资质。焊工（或焊接操作工）应当按照标准规定进行培训、考试取证，其资质应在有效期内；无损检测人员应具有 ASNT-TC-1A Level Ⅱ级以上资格证书者或国家劳动人事部门颁发的锅炉压力容器无损检测Ⅱ级以上资格证书者。

（3）装焊时，应尽量减小零部件之间的装配间隙。一般坡口间隙应不大于 2mm（局部允许 3mm，但长度不应超过坡口总长的 10%），大立筋与中心体坡口的间隙控制在 1mm 为宜。

（4）为避免焊后残余应力引起较大的变形或产生裂纹，应采用分段、对称、小规范的焊接工艺。

（5）转子支架焊接后应进行去应力热处理以消除焊接残余应力。严格控制升温速度、保温温度、保温时间和降温速度，并应有热处理记录曲线。具体要求如下：

入炉炉温　≤200℃；

升温速度　30～60℃/h；

保温温度　580±15℃；

保温时间　按热处理炉中结构件的最大厚度尺寸计算确定。形状复杂的构件可适当延长时间，但其累计保温时间不得超过工艺评定允许的最长时间；

降温速度　30～60℃/h；

出炉温度　以降温速度降至 350℃炉冷，≤150℃出炉。

2. 制造工艺

中心体装配、焊接。转子支架中心体圆筒、上、下圆盘锻（铸）件验收、加工，合格后进行组装、焊接，组装时控制圆筒与圆盘的同轴度不大于 φ1，焊后打磨焊缝使其与母材平齐，热处理后对焊缝按图样进行探伤。

大立筋装配、焊接。以中心体为基础装配、焊接大立筋，装配时控制立筋外侧面及腹侧面垂直度不超过 1.5mm，焊后打磨焊缝圆弧过渡处，粗糙度应不低于 Ra12.5，焊趾部位无咬边，进行中间过程的尺寸检测及超声波探伤＋磁粉探伤。

切向腹板装配、焊接。先进行内侧切向腹板的装配、焊接，焊后打磨焊缝至图样要求的 R，粗糙度不低于 Ra12.5，中间过程尺寸检测及超声波探伤＋磁粉探伤，然后进行外侧切向腹板的装配焊接、打磨、无损检测。

转子支架装焊完成后，进行去应力热处理，焊缝的最终超声波探伤＋磁粉探伤，尺寸检测，表面清理及涂漆，转入加工状态。

发电电动机转子是发电机的核心部件，为高速旋转部件，而且所受载荷交变，因此要求转子支架焊接件具有高的焊接质量。焊接件的质量取决于构件焊缝的质量，为此，在转子支架的焊接制造中采用先进的焊接方法和技术，以获得质量符合标准且稳定的焊缝。

3. 窄间隙埋弧自动焊（中心体焊接）

转子支架中心体由圆筒及上、下圆盘构成，如图 5-44 所示，圆筒壁厚通常超过200mm，它与上、下圆盘的焊接属于大厚板焊接，焊接量大，常采用半自动气体保护焊进行焊接，但焊缝质量往往因受到焊工技能水平以及自身状态等因素的影响而不稳定。因此，采用先进的焊接方法是保证焊接质量关键。根据中心体的结构特点，窄间隙埋弧自动焊是合理的选择，如图 5-45 所示。图 5-46 为外侧切向腹板单面焊双面成型。

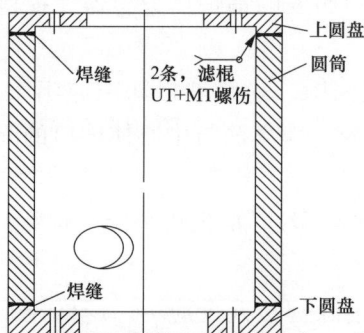

图 5-44 转子支架中心体焊接结构示意

图 5-45 转子中心体窄间隙埋弧自动焊

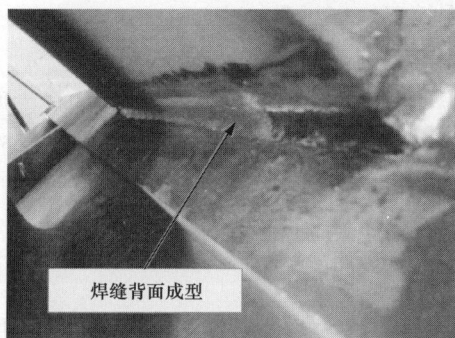

图 5-46 外侧切向腹板单面焊双面成型

窄间隙埋弧自动焊相较于半自动气体保护焊，具有如下优点：

（1）焊接质量稳定、焊缝成型好。由于其焊接过程基本属于全自动焊接，只要前期的技术准备充分、科学合理，包括焊接材料的选择、焊接规范的确定、焊接接头坡口的设计及焊接操作工的培训，焊接过程一般不需要人工干预，焊接过程连续、稳定，焊接质量的稳定性远高于其他非自动焊接方法。

（2）焊接效率高，一般是半自动气体保护焊的 3～4 倍，是手工电弧焊的 5～6 倍。

（3）填充金属减少降低了制造成本。窄间隙坡口角度较小或不带角度，坡口的金属熔敷量一般仅为坡口金属熔敷量的 1/3。

（4）环保，没有弧光辐射。

（5）自动化程度高，降低了焊接操作工劳动强度，提高了可靠性。

窄间隙埋弧自动焊要求设计合理的接头型式，合理选择焊接材料、合适的焊接规范参数。接头的设计，尤其是坡口尺寸的确定是关键要素，它关系到整个接头的焊接工艺性能。与坡口尺寸有关的除常规的电流、电压、焊接速度外，最重要的是焊头的规格形式和所选择的焊接材料。焊丝和焊剂合理匹配，焊丝应具有良好的抗裂性能，焊剂应具有良好的脱渣性、优良的焊缝成型性能，焊接电流、电压和焊接速度的合理匹配，才能保证焊缝的质量，焊接过程的连续稳定。

4. 焊接变位

焊接过程中，为降低操作的难度，需将转子支架轴向水平放置，以使坡口处于船形位，这就需要多次变位，采用常规的行车起吊、牵引变位方法十分不便。为解决这一问题，可设计工艺环板，将其固定在转子支架的两端，转子支架置于滚轮架上就可旋转变位，待焊坡口能便捷地调整到船形位置，降低了焊接操作的难度与强度，同时便于焊缝的无损检测，有效保证了焊缝质量，转子支架焊接变位如图 5-47 所示。

图 5-47　转子支架焊接变位

（三）焊接质量过程控制

焊接是一个特殊的作业过程，焊接质量无法仅根据最终的检测、检验结果来判定，作业过程中的跟踪、监控、检测、检验是保证焊接质量的有效方法。转子支架焊接制造的过程质量控制有以下几个主要方面：

（1）锻件、钢板验收与复验。锻件按标准或采购规范进行验收，钢板下料复验。

（2）零部件待焊区域的无损检测。装配前对待焊坡口及其相邻区域（一般不小于 60mm）进行探伤。对锻件为必须选项，对钢板零部件，一般情况下厚度超过 50mm 需满足此项要求。

（3）焊接过程的跟踪、监督。成型、装配、焊接预热、焊接规范参数、焊后热、去应力热处理等应全过程跟踪，每一工序、工步应有真实的、可供追溯的记录。

（4）焊缝的最终无损检测。焊缝的无损检测项目根据图样和工艺的规定，一般由制造商中具有资质的无损检测人员进行，必要时，可由业主方聘请的第三方具有资质的无损检测人员和制造商无损检测人员组成团队进行，也可由业主方聘请的第三方无损检测人员单独进行。

对于抽水蓄能分段轴组合式结构的转子支架，外形尺寸不大，但转子支架上下止口同轴度、键槽的弦距公差和与底面垂直度要求较高。先在立车半精车、翻身精车上下圆盘平面及止口，对平面高点处的对应外圆打高点标记"H"；然后在数控镗铣床上利用镗模加工孔，保证与主轴把合孔的圆度和位置度；通过数控镗床利用回转工作台分度进行铣键槽，以已加工面找正，精铣立筋平面及键槽。

（四）加工质量控制

为保证转子支架质量，加工过程中需对加工精度进行严格控制，具体要求如下：

（1）为保证转子支架与上端轴及下端轴止口段的配合同心，转子支架中心体上下圆盘止口同轴度应不超过 0.03mm，由于工件需要翻身且高度较高，可通过工艺段满足找正实现同心要求。

（2）为保证转子支架外圆键槽弦距公差，利用数控回转工作台的精准分度，同时满足键槽与底面即中心体圆盘的垂直度，如果满足不了要求可利用数控机床的插补功能实现。

第六节　推力轴承的主要结构部件

一、推力轴承瓦

抽水蓄能机组推力轴承为满足双向旋转且频繁启动要求，应保证轴承钨金浇铸质量、尺寸精度、表面粗糙度及形位公差。对于浇铸轴承钨金，其工艺流程为：瓦坯下料→去氢处理→预热搪锡→浇钨金（静力浇铸或离心浇铸）（空冷或水冷）→半精加工钨金面→超声波检查→精加工钨金面。

1. 钨金浇铸过程中需满足的要求

（1）轴承合金浇铸前先进行试样浇铸，对试样进行化学成分、硬度测试及金相分析，其结果符合相关规范要求，轴瓦实际浇铸时工艺参数与试样保持一致。

（2）瓦基的清理搪锡决定了轴承合金与瓦基结合质量的好坏，出现搪锡不完全的情况会在浇铸过程中产生脱壳现象，因此须严格保证搪锡质量。

（3）轴瓦合金的金相组织质量，取决于轴承合金浇铸过程中的温度、再结晶速度、冷却速度的快慢以及合金分量，冷却速度快则晶粒细、硬度高。通常来说，轴承合金浇铸重量一般为设计重量的 5 倍左右。

（4）在轴承瓦浇铸完成后，经过半精加工留钨金面厚度加工还有少许余量时进行探伤，合格后精加工到尺寸及表面粗糙度。

2. 加工质量控制

为提高机组的运行稳定性，一套推力轴承瓦的加工厚度差要求尽量小，要求钨金面的平面度及与钢面的平行度高。推力瓦是单层厚瓦结构（如图 5-48 所示），采用磨削推力瓦的底面，利用精度高的机床精车钨金面满足厚度要求，如果是双层瓦结构（如图 5-49 所示），托瓦的高度上下面均采用磨削，来保证推力瓦和托瓦全套瓦的厚度差满足要求。

图 5-48 单层厚瓦

图 5-49 双层瓦（推力瓦和托瓦）

二、推力头

推力头是承受轴向推力负荷和传递转矩的部件，因此内孔圆度、底面的平面度、键槽与底面的垂直度及对称度，影响热套能否到位进而影响着轴线摆度，加工时注意控制形位公差。

推力头在发电机主轴热套方式分为立套和卧套。立套：竖立主轴找垂直，将推力头加热后套于主轴；卧套：主轴水平卧放，将推力头加热后套于主轴，在推力头热套后和冷却过程中使用推力头顶紧工具，确保推力头轴线和主轴轴线平行。较卧套而言，立套更容易控制精度效果更好，因此多采用立套方式。

三、镜板

镜板是推力轴承的关键部件，平面度、平行度及粗糙度的要求高。先粗车取试样及探伤面，并打硬度选择 HB 值在 200～250 之间为镜面，再精车通过砂轮磨削两面，镜面加工一种是先用研磨膏研磨再用绒布抛光，或者采用豪克能技术，利用金属在常温下冷塑性的特点，对金属表面施加压应力获得理想的粗糙度加工方式，同样满足镜面粗糙度要求。

第七节 轴 加 工

一、轴焊接

（一）轴的焊接结构

发电电动机的轴系目前有三种结构：整体式、两段式、三段式。整体式轴由上端轴段、转子中心体段、下端轴段构成，通过焊接连接为整体，结构紧凑、简单，如图 5-50

所示；两段式轴由瓶形轴、下端轴构成，现场安装过程通过螺栓把合连接为整体，如图 5-51 所示；三段式轴由上端轴、转子中心体、下端轴构成，现场安装过程通过螺栓把合连接为整体，如图 5-52 所示。后两种轴因采用螺栓连接，连接部位就需要设计较厚的把合法兰及连接螺栓，这增加了结构的复杂程度，结构的质量相较整体式轴增加 20％左右，制造成本增加，因此，在运输条件允许的情况下，发电电动机目前倾向于采用整体式轴，但它的焊接制造难度较大，后面将对其焊接制造进行说明，本节中轴焊接特指的是整体式轴的焊接。

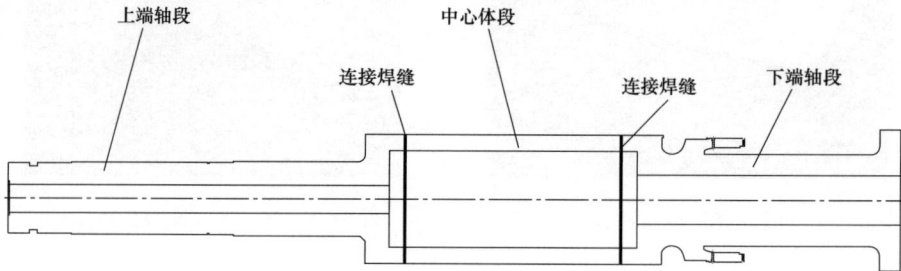

图 5-50 整体式轴结构示意

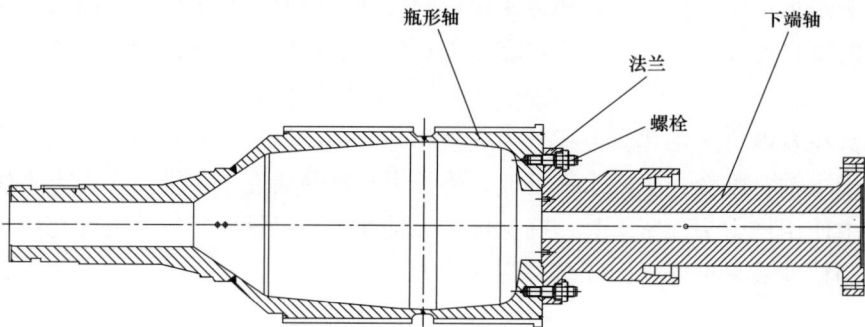

图 5-51 两段式轴结构示意

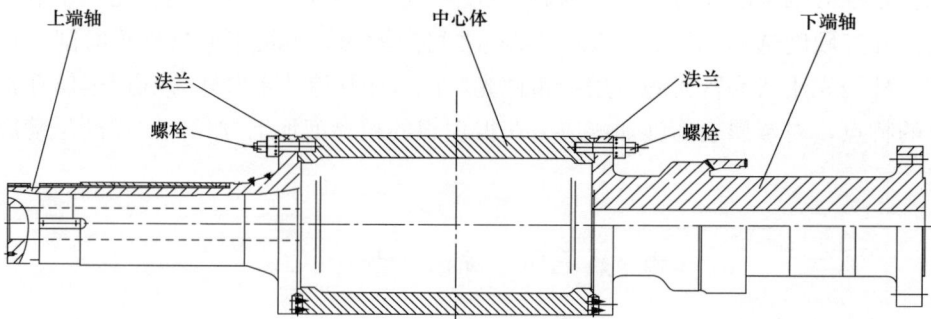

图 5-52 三段式轴结构示意

（二）轴的焊接工艺

整体式轴的结构紧凑、简单，但由于其为中间大、两端小的变截面瓶形结构，其内腔无法进行焊接作业（如图 5-53 所示），焊接完成后内径无法加工，焊接制造中需采用分步装配、焊接的工艺，通过序间尺寸检测、无损检测来确认构件的尺寸、焊缝质量等是否符合要求，在出现偏差的情况下及时进行纠偏、修复，因此，其焊接工艺流程相对较长。图 5-54 为轴焊接制造工艺流程。

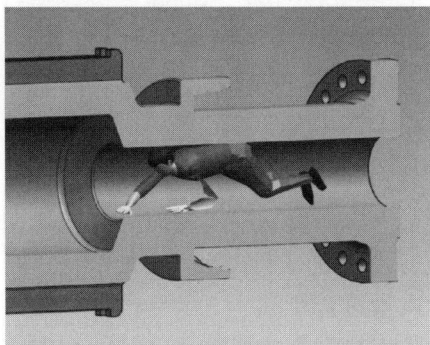

图 5-53　小内径轴内腔焊接作业三维模拟示意

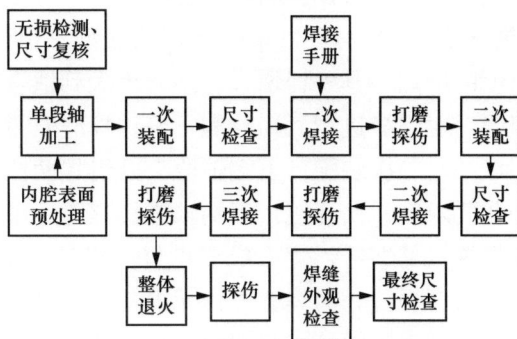

图 5-54　轴焊接制造工艺流程

1. 焊接制造的一般要求

轴的焊接制造应满足的一般要求：

（1）焊接工艺评定。构件所使用的材料进行焊接，应有焊接工艺评定的支持，遵照的标准依合同约定或供货商与用户的书面约定。

（2）焊工（或焊接操作工）及无损检测人员资质。焊工（或焊接操作工）应当按照标准规定进行培训、考试取证，其资质应在有效期内；无损检测人员应具有 ASNT-TC-1A Level Ⅱ级以上资格证书者或国家劳动人事部门颁发的锅炉压力容器无损检测Ⅱ级以上资格证书者。

（3）大厚度轴的焊接，应有有效的预热方法和设备，确保焊接过程中的预热、保温、缓冷加热。

（4）轴焊接后应进行整体入炉去应力热处理以消除焊接残余应力。严格控制升温速度、保温温度、保温时间和降温速度，并应有热处理记录曲线。具体要求如下：

入炉炉温　≤200℃；

升温速度　30～60℃/h；

保温温度　580℃±15℃；

保温时间　按热处理炉中结构件的最大厚度尺寸计算确定。一般需保温 6h 以上，但其累计保温时间不得超过工艺评定允许的最长时间；

降温速度　30～60℃/h；

出炉温度　以降温速度降至 350℃炉冷，≤150℃出炉。

2. 焊接工艺

整体式轴的中心体段一般为锻件，材料常用锻钢 A668D（或锻钢 A668E），壁厚 200～260mm（铸件壁稍厚），上、下端轴段为锻件，壁厚 200～300mm。轴母材本身的焊接性优良，焊接制造的难度主要在于如何保证小直径大厚度轴单面焊焊缝质量，设计科学、合理、可执行性强的焊接工艺方案——选择先进、合理的焊接方法、设备，设计合理的接头型式，是解决这一问题的有效途径。轴的焊接制造工艺如下：

（1）轴各单段加工后，进行坡口及邻近区域的无损检测、相关尺寸复核，对内腔表面进行喷砂、涂刷高温漆（对待焊区域进行保护）→一次装配：上端轴段＋中心体段，控制同轴度≤ϕ1，检测确认装配尺寸符合工艺要求→一次焊接：窄间隙钨极氩弧自动焊（热丝 TIG 自动焊），单面焊双面成型，保证焊缝根部熔透，背面成型良好。随着焊缝厚度的增加，其外径增大，当其增大到适合采用窄间隙埋弧自动焊时，停止焊接。修磨焊缝，对焊缝进行无损检测，确认焊缝质量符合要求。

（2）二次装配：下端轴段＋已组焊两段，控制同轴度≤ϕ1，检测确认装配尺寸符合工艺要求→二次焊接：下端轴连接焊缝，窄间隙钨极氩弧自动焊，单面焊双面成型，保证焊缝根部熔透，背面成型良好。当其增大到适合采用窄间隙埋弧自动焊时，停止焊接。修磨焊缝，对焊缝进行无损检测，确认焊缝质量符合要求。

（3）三次焊接：窄间隙埋弧自动焊，完成两条焊缝剩余的焊接量，打磨焊缝，对焊缝进行无损检测，确认焊缝质量符合要求→消应力热处理：按专用热处理工艺整体入炉热处理→最终无损检测：探伤表面采用布砂轮打磨、抛光，对焊缝进行超声波探伤（UT）＋磁粉探伤（MT）或渗透探伤（PT）→清理：清除工艺块，打磨焊疤，清理区进行磁粉探伤（MT）→最终检查：轴的焊后尺寸及焊缝外观。

轴的焊接制造中采用了窄间隙钨极氩弧自动焊（热丝 TIG 自动焊）＋窄间隙埋弧自动焊（SAW）的焊接技术，是不同先进焊接方法、焊接设备在工程中的创新性组合应用，有效解决了轴的焊接难题，充分利用了不同焊接方法、设备的特点和优点。

（1）窄间隙钨极氩弧自动焊（热丝 TIG 自动焊）。埋弧自动焊熔敷效率高、焊接质量稳定，但对内径较小的主轴，采用窄间隙埋弧焊打底，打底层熔合及脱渣性不佳，无法保证根部质量，必须进行清根处理。由于窄间隙埋弧焊使用焊剂保护，因此在焊接位置上的适应能力较差，主要应用在平焊位置，如果在弧面上进行焊接，则必须要求焊接位置近似于平面，其一为防止焊剂滑落，焊剂滑落则无法对熔池进行有效保护，形成密集性气孔、夹渣等影响产品质量的缺陷；其二为防止熔池流淌，流淌则造成未熔合等焊接缺陷。对内径较小的主轴全部采用埋弧焊不太适合，因此采用热丝 TIG 自动焊＋埋弧自动焊相结合的焊接方法。热丝 TIG 自动焊主要是将填充焊丝在送入焊接熔池之前由独立的电源电阻进行加热，提高了焊丝的熔化速度和熔敷率，能调整焊接熔池的热输入量，降低了母材的稀释率，使得热丝 TIG 自动焊应用广泛。热丝 TIG 自动焊的电弧稳定性高，焊缝成形良好，焊接过程中无飞溅。因此利用热丝 TIG 自动焊焊缝表面无熔渣、焊接无飞溅和焊缝成形均匀的特点，可解决埋弧焊打底层熔合及脱渣性不佳，无法保证根部质量的问题。热丝 TIG 自动焊具有良好的焊接位置适应能力，适合于内径较小的轴类零件的焊接。采用横焊窄间隙热丝 TIG 焊接系统，焊接时一般采用单道多层或双道多层的熔敷方式，利用倾斜钨极的摆动功能，能实现窄坡口两壁母材的充分熔合。热丝 TIG 自动焊相较于埋弧自动焊，它的熔敷效率较低。发电电动机轴属于内径较小，壁厚较大的构件，采用热丝 TIG 自动焊打底，当外径适于埋弧自动焊时，采用窄间隙埋弧自动焊，如图 5-55～图 5-57 所示。

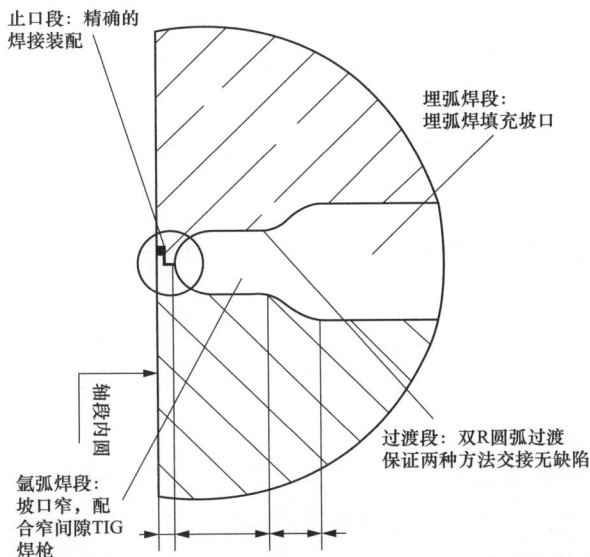

图 5-55 轴的热丝 TIG 自动焊＋埋弧自动焊

图 5-56 轴的热丝 TIG 自动焊

图 5-57 轴的埋弧自动焊

（2）坡口结构设计。小内径轴单面焊坡口需要设计成特殊的截面形状。打底层焊缝采用热丝 TIG 自动焊，焊炬厚度尺寸较小，坡口宽度尺寸可以设计的小一些，焊接熔敷金属量较小，提高制造的效率，但要考虑焊缝的横向收缩——坡口宽度尺寸变小，造成坡口侧壁夹住焊炬的问题；外侧焊缝采用窄间隙埋弧自动焊，熔敷效率高，坡口可带一定角度，宽度尺寸可以较大，利于脱渣。坡口结构型式如图 5-58 所示。

C_1——热丝 TIG 自动焊段坡口的宽度，C_1 要小于 C_2；C_2——埋弧自动焊段坡口的宽度；H——坡口深度；H_1——热丝 TIG 自动焊段坡口的深度；H_2——热丝 TIG 自动焊段＋埋弧自动焊过渡段坡口的深度；R_1——热丝 TIG 自动焊段坡口根部半径；R_2、R_3——埋弧自动焊过渡段坡口半径；p_1、p_2——止口厚度，p_1、p_2 可以取不同的数值；k——止口高度，内外止口的高度可以为不同值；Y——止口宽度；b——止口搭接宽度。

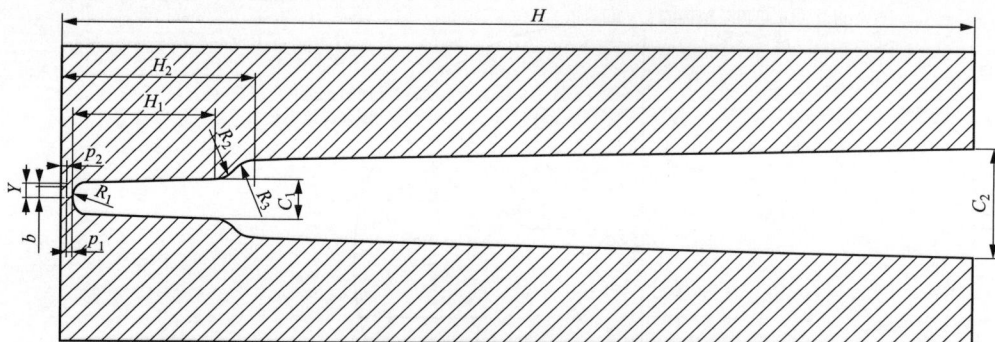

图 5-58 热丝 TIG 自动焊＋埋弧自动焊坡口结构型式

3. 焊接质量过程控制

焊接是一个特殊的作业过程，焊接质量无法仅根据最终的检测、检验结果来判定，作业过程中的跟踪、监控、检测、检验是保证焊接质量的有效方法。轴焊接制造的过程质量控制有以下几个主要方面：

（1）锻件、铸件验收与复验。锻件、铸件制造过程应安排专业人员进行过程监控，关键工艺过程现场见证，制造完成后按标准或采购规范进行验收、复验。

（2）零部件待焊区域的无损检测。装配前对待焊坡口及其相邻区域（一般不小于60mm）进行超声波探伤（UT）＋磁粉探伤（MT）或渗透探伤（PT）。

（3）焊接过程的跟踪、监督。装配、焊接预热、焊接规范参数、焊后热、去应力热处理等应全过程跟踪，每一工序、工步应有真实的、可供追溯的记录。

（4）焊缝的最终无损检测。焊缝的无损检测项目根据图样和工艺的规定，一般由制造商具有资质的无损检测人员进行，必要时，可由业主方聘请的第三方具有资质的无损检测人员和制造商无损检测人员组成团队进行，也可由业主方聘请的第三方无损检测人员单独进行。

二、单件轴加工

水轮发电机轴系，按其推力轴承的分布位置可分为悬式结构和半伞式或伞式结构。悬式结构的轴系分为一根轴结构、瓶形轴＋主轴两段结构以及上端轴＋转子支架＋主轴的三段结构；半伞式结构轴系包括上端轴、转子支架和主轴结构，近年来部分水轮发电机基本信息详见表 5-3。他们之间通过定位销及联轴螺栓连接传递扭矩。每种轴结构差异较大，加工难点各不相同，需要采取不同的工艺措施。

表 5-3　　　　　　　　　　　部分发电电动机基本信息

项目	绩溪	仙居	仙游	呼和浩特	黑麋峰
单机容量	300MW	375MW	300MW	300MW	300MW
额定转速	500r/min	375r/min	428.6r/min	500r/min	300r/min
推力结构	悬式	半伞式	悬式	悬式	半伞式
轴系段数	一段	三段	三段	两段	三段
轴系总长	5682	9668	9145	8927	10272
轴系总重	138t	103t	80t	60t	101t

（一）一根轴加工

在水轮发电机轴系中，一根轴结构的优点是结构简单、制造方便，机组轴线易调整，适用于中、小容量水轮发电机和大容量悬式发电机。

1. 常规一根轴加工

由于一根轴为推力头、导轴承和转子支架一体，通过加工来保证导轴承与轴线的同轴度。一根轴的加工常采用一卡一托的加工方式，先粗车轴身进行探伤及残余应力检查，合格后进行精加工，注意事项如下：

（1）转轴粗车、粗钻法兰孔，进行排量加工；

（2）对于具有引线槽的转轴，先将转子引线槽加工出来，装入槽楔后同车外圆；

（3）转轴与各部件的配合公差满足图纸要求；

（4）在导轴承滑转子套轴前，应将挡油管套于轴上并固定好；

（5）发电机轴与水轮机轴联轴找摆合格后，同钻铰联轴销孔；

（6）对于采用键传递扭矩的推力头结构，键槽的对称度不大于 0.03mm；

（7）轴精加工完后，要标记法兰面的高点和低点。

2. 发电电动机一根轴加工

对于采用悬式结构的超高水头大容量高转速发电电动机，转子支架外径尺寸较小，采用一根轴结构。由于其一根轴长度比常规机组更长，上下导轴承的滑转子与轴可以同车，可消除多段轴因加工和安装误差导致运行过程中机组轴线摆度过大的弱点，对高速机组有非常重大的意义。

由于加工精度要求非常高，常规一卡一托装夹方式无法满足精度要求，为了对具有质量重、加工精度高特点的发电电动机轴进行加工，采用如下加工工艺：

（1）选择高精度的大型卧车进行加工，满足质量和精度要求。

（2）采用万向节传递扭矩，减小机床设备误差、主轴挠度对轴加工精度的影响。

（二）瓶形轴加工

1. 瓶形轴结构及加工难点

瓶形轴是由上端轴和转子支架焊接成一体，由于瓶形轴质量重、加工精度要求高，另一端无轴身，采用一卡一托的加工方式就无法进行，机床卡盘卡住小头端时，另一端就无法用中心架支撑，如果采用一卡一顶，即机床的顶尖顶住转子支架的中心，那么对机床顶尖与卡盘的中心提出了很高的要求，机床的精度无法满足，加工就保证不了端面平面度及外圆跳动的要求。图 5-59 为瓶形轴结构示意图。

2. 瓶形轴加工工艺

瓶形轴加工方式：①瓶形轴的加工在高精度大型卧车上采用一卡一顶的方式精车，然后将主轴立放利用大型镗床回转工作台铣键槽。②在转子支架端装把工艺轴，按照常规一根轴结构在卧车加工，同时由于有了两个中心架支撑可采用卧铣键槽，避免立轴后高度过高造成的倾斜，因此瓶形轴的加工难度较大。

发电机轴系如果由瓶形轴和主轴组成的，还需将瓶形轴与主轴把合找摆后同钻铰销孔，来保证轴系的同轴度。图 5-60 为瓶形轴与发电机主轴联轴后加工。

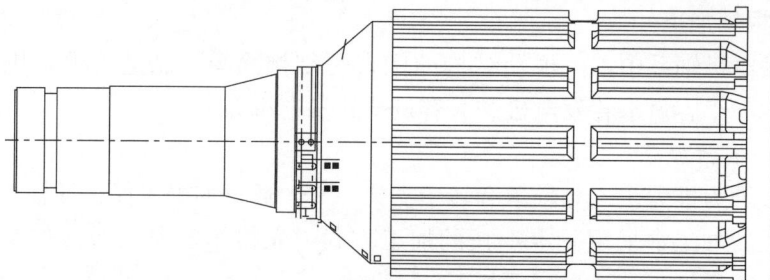

图 5-59 瓶形轴结构示意图

图 5-60 瓶形轴与发电机主轴联轴后加工

（三）上端轴、转子支架、主轴三段悬式结构轴系加工

大型发电电动机为提高转子支架加工及安装需要，将悬式一根轴分成了上端轴、转子支架与主轴三段，支架与主轴通过把合螺栓连接定位销传递扭矩。

上端轴、转子支架、主轴单件加工好后进行发电机轴轴系找摆，对各导轴承部位进行找摆（如图 5-61 所示），合格后进行钻铰销孔。

图 5-61 上端轴、转子支架、主轴单件加工好后进行发电机轴轴系找摆

（四）推力头与主轴合为一体的主轴加工

发电电动机伞式机组常采用三段轴结构，其中主轴常使用推力头与主轴一体结构，或者推力头、镜板与主轴一体结构。由于主轴推力端外圆尺寸较大，推力头或镜板平面度要求高，设备能力能够满足精度要求可采用一卡一托的方式，如果无法直接用中心架

支撑，可采用装把工艺轴，在大型卧车上进行法兰、导轴承外圆、止口和推力头或镜面加工，为满足镜面粗糙度要求进行车磨抛光处理。图 5-62 为发电机主轴加工。

图 5-62　发电机主轴加工

三、轴系加工

轴系加工是指通过一定的加工工艺，对发电机轴和水轮机轴的联轴孔进行加工，确保两轴联轴把合后位置精度的加工方法。目前常用的轴系加工方法有两种，一种是镗模加工，另一种是发电机轴、水轮机轴联轴找摆合格后同铰销孔的方法。

（一）镗模加工

镗模加工是区别于同钻铰的一种连接部件把合孔的加工工艺。使用该方法加工联轴孔时，不需要将两连接部件（水机轴＋发电机轴）进行联轴把合，而是使用特制的镗孔模具分别对连接部件的联轴销孔进行加工，确保两连接部件各把合孔加工后的对应位置精度，满足装配后的联轴要求。

1. 镗模的设计、制造及保存要求

（1）镗模材料应有较好的强度和刚性，经多次使用不得变形。因此如果采用钢板拼焊结构，在加工前应进行消应力处理。

（2）镗模正背面应有平面度要求，外圆应与加工工件法兰外圆尺寸一致，为加工找正基准。

（3）镗模设置与工件相配的凸止口和凹止口，并与镗模外圆应有同心度要求。

（4）镗模使用锥销、螺栓与连接法兰定位，并设置调整块和顶丝，便于安装、调节、找正。

（5）镗模正背面一一对应标记孔号，起吊螺孔设置在正背面和外圆位置。

（6）镗模制造完后，应按相关标准对镗模各加工面进行防护处理，并在使用和存放过程中定期重新进行防护，以避免镗模生锈影响加工精度。

（7）镗模在使用及存放时都需要采取合理的防变形措施，储存时需平放。

（8）镗模应设置专用的储存箱，以便运输及储存时对镗模进行保护。

（9）镗模加工完后由检查员对镗模各尺寸及形位公差、标记进行检查，合格后方可使用。

2. 镗模的安装

（1）标识工件法兰面高点和低点。主轴连接法兰面精加工后，需打表检查法兰面的高低点位置，并在凸止口或凹止口端标记高低点位置。

（2）镗模与连接法兰的安装步骤如下：

1）主轴安放好后，按精加工的法兰面进行找正。

2）吊装镗模时，禁止钢丝绳直接接触镗模，须轻吊轻放，防止镗模拉伤及变形。

3）镗模安装时检查其与主轴连接法兰的配合情况。

4）镗模按相关要求及标准定位后，把紧镗模固定螺栓，同钻铰定位锥销孔，装入锥销。

5）镗模安装定位后，应抽检复测相关定位公差，合格后方可进行联轴孔的加工。

3. 法兰联轴孔的加工

（1）联轴孔的加工要求如下：

1）使用高精度的镗铣床进行联轴孔的镗铣加工。

2）联轴孔在使用镗模定位精加工前应进行粗加工，以尽可能减小精镗时（因去除余量过多）造成变形。

3）使用浮动微调镗刀片或高精度镗头对联轴孔进行精镗加工。

（2）联轴孔的加工步骤如下：

1）在镗模的第一个标记孔位置加工第一个孔。

2）使用百分表打表找镗模孔中心。

3）精加工法兰联轴孔，单边留余量。

4）使用百分表重新找镗模中心。

5）精加工法兰联轴孔。

6）使用内径千分尺沿两垂直方向检查联轴孔的加工尺寸。

7）使用百分表检查联轴孔与把合面的垂直度及法兰联轴孔与镗模对应孔的同心度。

8）装入检查销检查。

9）按上述步骤加工并检查其余孔，并按镗模孔编号一一对应标记法兰联轴孔。

4. 镗模加工的检查

主轴法兰联轴孔加工完成后，由专检人员对镗模的安装、已加工联轴孔的形位公差和加工精度等进行检查，检查合格后方可拆下镗模。

（二）轴系加工

1. 常规机组轴系加工

常规发电机轴、水轮机轴分别在单件加工后、工件未松动前，打表检测和记录导轴承轴颈表面、法兰的凹或凸止口内外圆面、法兰外圆柱面等部位的径向跳动量和端面跳动量，实际结果应符合设计图纸要求，并将端面跳动量的最大、最小位置做出临时标记。由于发电机轴与水轮机轴联轴后轴系较长，因此其轴系的找摆常在卧车上进行，常采用一卡一托或双托、卧车卡盘传扭方式，如图 5-63 所示，两轴的联轴需注意以下事项：

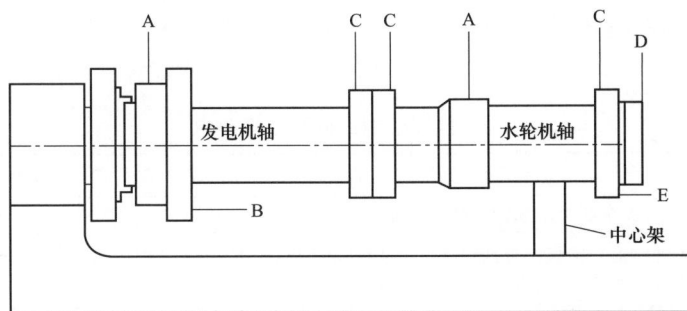

图 5-63　一卡一托的联轴找摆方式（各加工面要求见表 5-4）

（1）在相邻两轴组合时，一根轴端面跳动量最大位置，应面对另一根轴端面跳动量最小的位置。

（2）对于大型轴，尺寸大、质量较重，一般在机床上把合。两轴把合时，每隔一个把合孔装把一临时联轴螺栓，按对称两点一次把紧的顺序把紧螺栓，把紧后用塞尺在外圆进行检查。

（3）对于小型轴，尺寸小、质量较轻，可在平台上把合，如在平台上把合，在将轴吊放在卧车上前，应先调中心架高度。把紧时需要装把所有螺栓，按对称两点一次把紧，把紧后用塞尺在外圆进行检查。

2. 抽水蓄能机组轴系加工

抽水蓄能机组轴系额定转速高，对零部件的要求也日益提高，轴系摆度精度是机组安装考核的主要技术指标之一。抽水蓄能机组轴系长、结构复杂、重量重，常规一卡一托或双托、机床卡盘传扭方式已不能满足长径比大、高转速、高精度抽蓄机组轴系找摆的要求。

从影响轴系找摆精度的主要因素分析：单轴加工的精度控制、机床床头的承载、机床主轴的旋转精度、轴系重量产生的挠度、联轴状态与加工状态精度不一致性、联轴预紧方式等，轴系采用万向节传扭联轴找摆工艺，轴系找摆采用三点支撑结构，减少轴系挠度对联轴找摆的影响，提高轴系找摆精度的准确性和可靠性。轴系找摆示意图如图 5-64 所示。

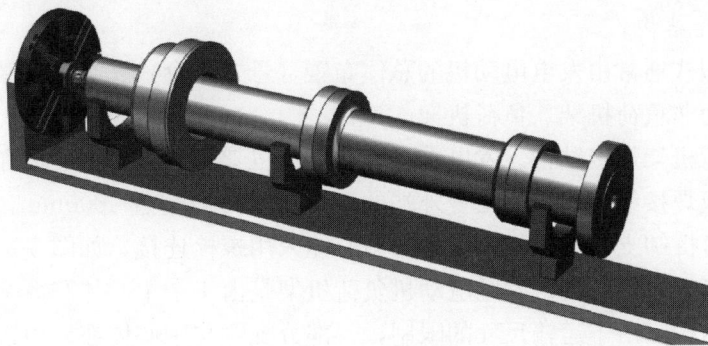

图 5-64　轴系找摆

摆度检测部位及摆度要求，轴系找摆检测部位及摆度按 ANSI/IEEE 810 相关要求，详见表 5-4。

表 5-4　　　　　　　　　　　　　**轴系找摆检测部位及摆度要求**

检测部位	允许公差（mm）
A 全部导轴承轴颈圆柱表面	0.076
B①推力头（与大轴整锻）镜板把合面；②推力头（与大轴不是整锻）表面油卡环槽表面或靠近推力头的轴肩摆度计算	0.019 0.038
C 法兰外圆面	0.038
D 法兰凸止口或凹止口	0.038
E 法兰把合表面	0.038

操作要求如下：

（1）两轴把和前对接法兰面必须严格清理干净，去净毛刺、痘点等杂物，把合时两轴单件检测时的端面高点应相互错开。

（2）两轴把合时对接法兰面必须按对称两点依次把紧的顺序进行把紧，把紧后用 0.02mm 塞尺检查，其局部间隙必须保证塞尺塞不进去，把紧合格后方可进行同轴度检测。

（3）两轴同轴度检测，如同轴度偏差超过了规定的数值，则必须进行调整，调整后两轴必须重新把紧、重新用塞尺检查，其结合面间隙满足要求，联轴螺栓则把紧合格后方可进行同轴度检测。

（4）两轴同轴度检查合格后，对大型轴必须在卧车上同钻铰联轴螺栓销孔。对于中、小型轴法兰孔径超出卧车能力时，允许吊离卧车在镗床上镗孔，为防止起吊和找正装卡时两轴相对窜动，吊轴前需要先钻铰、装径向销。

⠿ 第八节　机架及导轴承结构部件

一、机架的制造工艺要求

（一）机架焊接

1. 机架焊接结构

机架结构型式通常由发电电动机的总体布置（悬式、伞式、半伞式结构）确定，按其承载性质分为非负荷机架、负荷机架。

（1）非负荷机架焊接结构。发电电动机非负荷机架是由 1 个中心体和数个辐射型斜支臂组成的钢板焊接结构。机架支臂外端的对边尺寸一般超过 4000mm，由于运输尺寸的限制，采用可拆卸支臂的机架，支臂与中心体采用螺栓连接，如图 5-65 所示。

（2）负荷机架焊接结构。发电电动机负荷机架是由 1 个中心体和数个辐射型支臂组成的钢板焊接结构，由于运输尺寸的限制，一部分支臂与中心体在厂内进行组装焊接成整体，一部分支臂与中心体在厂内预装，在工地焊接，如图 5-66 所示。

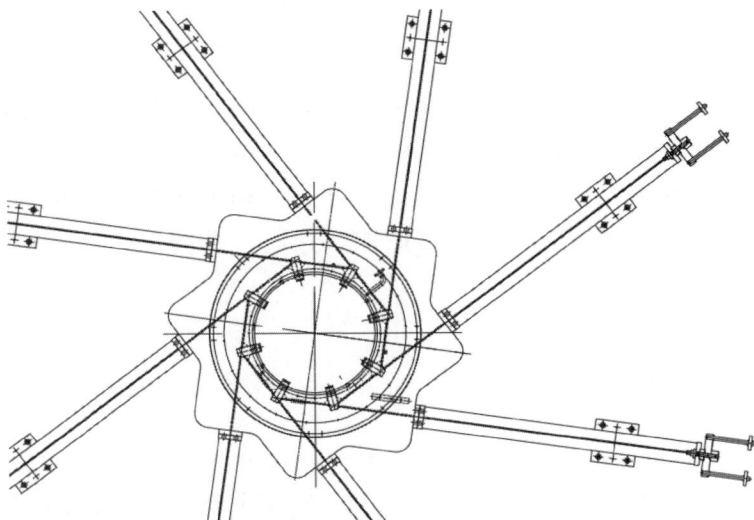

图 5-65　非负荷机架结构示意

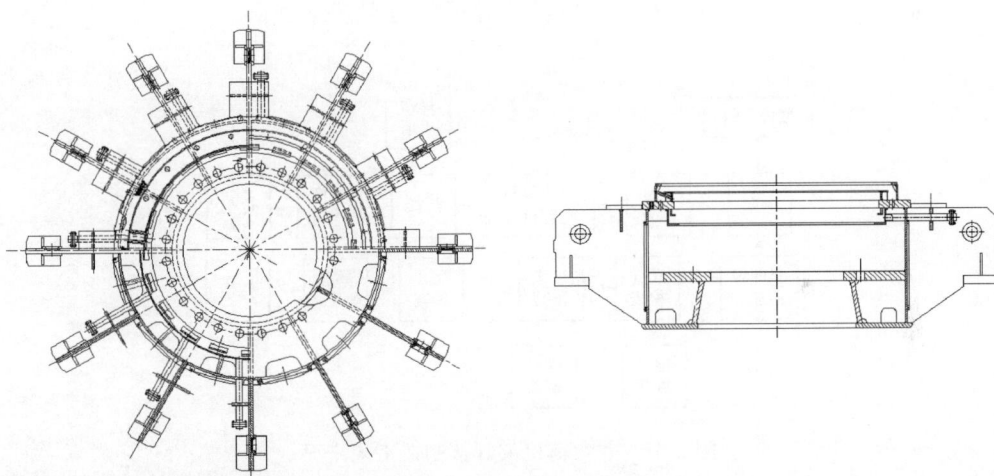

图 5-66　负荷机架结构示意

2. 机架焊接制造工艺

(1) 机架的焊接制造应满足的一般要求如下：

1) 焊接工艺评定。对构件所使用的材料进行焊接，应有焊接工艺评定的支持。

2) 焊工（或焊接操作工）及无损检测人员资质。焊工（或焊接操作工）应当按照标准规定进行培训、考试取证，其资质应在有效期内；无损检测人员应具有 ASNT-TC-1A Level Ⅱ级以上资格证书者或国家劳动人事部门颁发的锅炉压力容器无损检测Ⅱ级以上资格证书者。

3) 装焊时，应尽量减小零部件之间的装配间隙。一般坡口间隙应不大于 2mm（局部允许 3mm，但长度不应超过坡口总长的 10%），腹板与合缝板、翼板等的坡口的间隙控制在 1mm 为宜。

4）对于连续封闭的焊缝，应采用小规范、分段、对称均匀的焊接方式，以减小机架变形和焊接残余应力。

5）机架结构上的半封闭腔、封闭腔在装焊、热处理后无法清理、涂漆，各单件内腔面在装焊前应进行表面预处理、涂高温漆。

6）机架焊接后应进行整体入炉去应力热处理以消除焊接残余应力。严格控制升温速度、保温温度、保温时间和降温速度，并应有热处理记录曲线。具体要求如下：

入炉炉温 ≤200℃；

升温速度 30~60℃/h；

保温温度 580±15℃；

保温时间 按热处理炉中结构件的最大厚度尺寸计算确定。按 2h（25mm）+15min/25mm 计算，但其累计保温时间不得超过工艺评定允许的最长时间；

降温速度 30~60℃/h；

出炉温度 以降温速度降至 350℃炉冷，≤150℃出炉。

（2）非负荷机架。图 5-67 为非负荷机架焊接制造工艺流程。

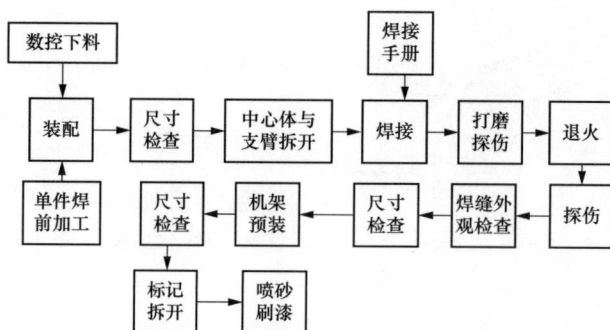

图 5-67 非负荷机架焊接制造工艺流程

斜支臂非负荷机架中心体是由上、下环板、立筋和合缝板组装成的焊接结构，如图 5-68 所示。中心体采用焊接性优良的 Q345 钢板，上、下环板厚度为 30~50mm，立筋厚度为 80~120mm，合缝板厚度为 60~80mm。

中心体的上、下环板用数控气割机下料，拼焊。在平台上确定中心体的中心，装配下环板。在下环板上划线并装配立筋、腹板、壁板，调整垂直度，其次装配上环板，调整装配高度，预设高度方向焊接收缩反变形量，最后装配合缝板，预设切线方向，焊接收缩反变形量。按要求进行焊接。焊后对中心体进行退火，消除应力。按图纸要求，对焊缝进行无损探伤。

（3）支臂。非负荷机架支臂是由上、下翼板、腹板和合缝板组装成的盒形截面（或工字型）的焊接结构，如图 5-69 所示，上、下翼板、腹板厚度为 20~40mm，合缝板厚度为 60~80mm。

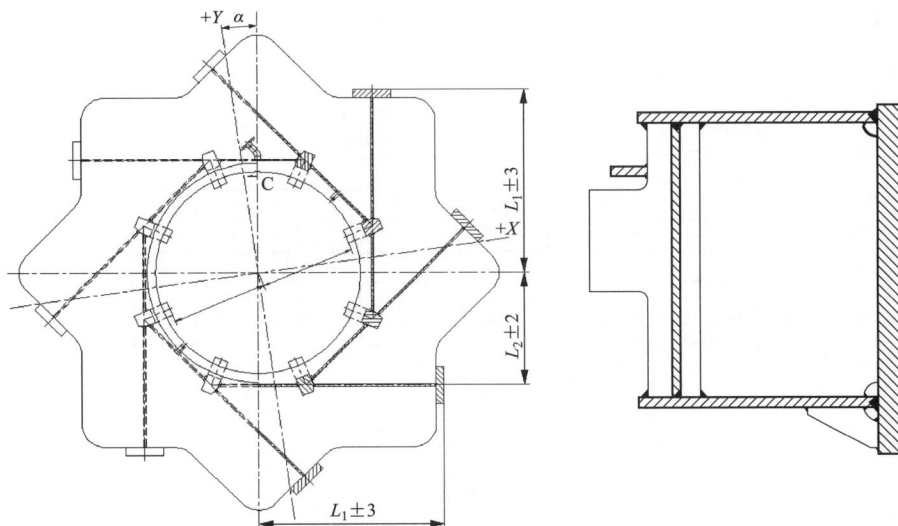

图 5-68　非负荷机架中心体结构示意

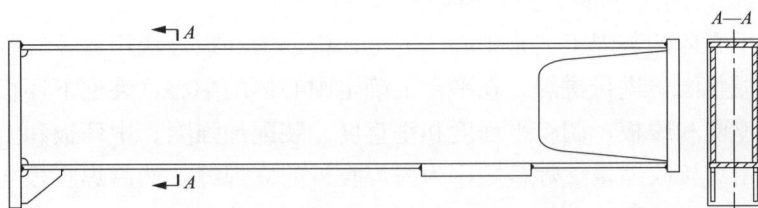

图 5-69　非负荷机架支臂结构示意

支臂的装焊是按照图纸，在平台上依次装配下翼板、腹板和上翼板，调整上翼板平面度。上、下翼板与腹板间一般采用外侧单面焊接。焊接时采用从中心向两边对称焊，控制焊接变形。斜支臂焊后去应力热处理，按图纸要求，对焊缝进行无损探伤。

非负荷机架中心体与斜支臂的预装，将焊接完工后的中心体吊放到平台上，调平垫稳。依次装配各斜支臂，调整中心体和支臂合缝板之间的错边和间隙，调整支臂至中心轴线的距离及支臂间的弦距。按图纸及工艺要求检查合格后，打标记、解体。对工件进行喷砂、清理、涂漆。经检查合格后转下序。图 5-70 为非负荷机架预装。

图 5-70　非负荷机架预装

（4）负荷机架。图 5-71 为负荷机架焊接制造工艺流程。

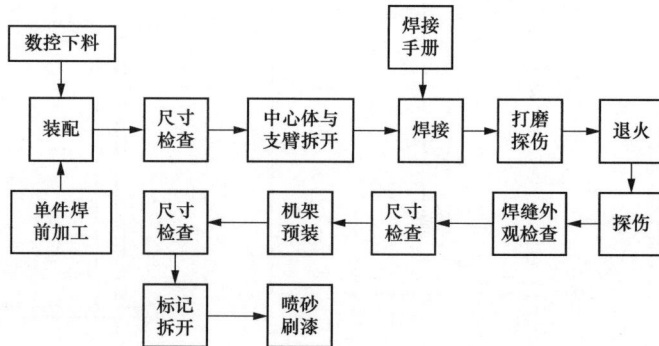

图 5-71　负荷机架焊接制造工艺流程

负荷机架采用焊接性优良的 Q345 钢板，上、中、下环板，支臂腹板及基础板，厚度为 60～120mm，其他零部件厚度一般在 30～50mm。

负荷机架中心体的装焊工艺是中心体的上、中、下环板分块用数控气割机下料，按图纸要求组装成整圆，进行拼焊。在平台上确定中心体的中心，装配下环板。在下环板上划线并装配座圈和腹板，调整平面度和垂直度。装配加强圈、中环板和上环板，调整装配高度，预留焊接收缩量。焊接顺序为先焊腹板的立焊缝，然后焊腹板与上、中、下环板的平焊缝。焊后按图纸及热处理规范的要求对中心体进行退火。按图纸要求，热处理前后对焊缝各做一次无损探伤（NDT）。

负荷机架支臂的装焊工艺是按照图纸，以中心体为基准，在平台上依次装配基础板、腹板和上翼板，调整上翼板平面度。上翼板、基础板与腹板间设置工艺支撑，控制焊接变形。焊后按图纸及热处理规范的要求对支臂进行退火。按图纸要求，热处理前后对焊缝各做一次无损探伤（NDT）。

图 5-72　负荷机架预装

负荷机架中心体与支臂的预装，如图 5-72 所示，将加工后的中心体吊放到平台上，调平垫稳。依次装配各支臂，调整中心体和支臂之间的错边和间隙。焊接中心体与支臂间坡口焊缝。按图纸要求进行无损探伤（NDT）检查。对工件进行喷砂、清理、涂漆。

3. 焊接质量过程控制

机架焊接制造的过程质量控制有以下几个主要方面：

（1）钢板原材料的复验。根据合同或采购规范对原材料进行化学成分、力学性能、无损探伤等复验，以文件见证或现场见证的方式进行。

（2）零部件待焊区域的无损检测。对于厚度超过 50mm 的板件，装配前对重要焊缝的待焊坡口及其相邻区域（一般不小于 60mm）进行磁粉探伤（MT）或渗透探伤（PT）。

（3）焊接过程的跟踪、监督。装配、焊接预热、焊接规范参数、焊后后热、去应力热处理等应全过程跟踪，每一工序、工步应有真实的、可供追溯的记录。

（4）焊缝的油密性检验。负荷机架外壁与上、下环板的相关焊缝，与油槽门框的焊缝，与进、出油管的焊缝，它们均有油密性要求，其检验、试验应现场监督、见证，确认检验、试验项目得到了有效执行。

（5）焊缝的最终无损检测。焊缝的无损检测项目根据图样和工艺的规定，一般由制造商具有资质的无损检测人员进行，必要时，可由业主方聘请的第三方具有资质的无损检测人员和制造商无损检测人员组成团队进行，也可由业主方聘请的第三方无损检测人员单独进行。

（二）机架加工

对于大型水轮发电电动机的上、下机架，一般由机架中心体与支臂组焊构成，机架中心体在大型数控立车、大型镗铣床上加工，加工完成后与支臂进行预装、划检、钻销孔等工作，预装后支臂转镗床进行铣面、划钻孔工作。为满足加工质量要求，应采取合理的工艺措施：

（1）对于负荷机架，为节省装配空间，推力轴承与导轴承采用一个油槽，机架焊后应进行退火处理，退火后再进行机械加工工序。

（2）对于非负荷机架的合缝面，可先加工后焊接。焊接时应对机架中心体进行调平找正，然后根据中心体吊放、调整支臂，调好后划支臂加工线、焊接找正块，组焊时要采用合理的焊接方法和顺序，焊后合缝面的间隙应符合有关技术要求。

（3）对于机架的基础板，在工地安装、调整好机架中心、高度后按实际情况配刨其厚度后进行安装、焊牢，焊接时应注意采取对称焊接的方法来控制机架中心偏心超差。

图 5-73 为负荷机架在立车加工。

图 5-73　负荷机架在立车加工

二、导轴承结构部件

导轴承的主要结构部件有导轴承瓦、导轴承支柱螺钉、滑转子。

（一）导轴承瓦

发电电动机导轴承一般采用分块瓦结构，导轴承瓦由瓦坯、轴基合金等部件组成。

1. 导轴承瓦结构

（1）瓦坯。瓦坯可采用铸钢铸造或厚钢板加工，首先进行粗车、粗铣外形，然后在导瓦内圆浇铸钨金，最后精车钨金、精铣瓦外形及瓦背。为了确保所有导瓦钨金面圆弧半径的一致性，钨金面精车时要求所有导轴承瓦一起同车。

（2）轴承合金。多采用锡基轴承合金（ZSnSb11Cu6），浇铸在轴瓦内圆面上，起到良好的减磨作用、导热作用等。

2. 导轴承瓦金相检测

为确保发电电动机导轴承瓦质量，需要进行金相检测，具体要求如下：

（1）检测频次。

1）同一炉批次、同一图号的轴瓦进行检测。

2）对生产该批轴瓦的原材料合金锭以及试浇铸的合金进行金相检测。

（2）检测项目、方法和标准。

按相关标准检测并评定相关材料 β 相的边长等级、形状及分布等级。

（二）滑转子

为消除机组轴电流的影响，可在滑转子与滑转子套筒之间围包绝缘。滑转子与套筒之间、套筒与转轴之间的装配都是通过热套完成。套筒与转轴之间的热套与常规机组类似，但套筒与滑转子之间的热套较为复杂。

为了满足机组在高转速、频繁正反转的情况下，滑转子与滑转子套筒之间不发生相对位移，二者之间需要有足够高的紧度。然而随着紧度的增加，滑转子加热温度也会相应提高，套筒绝缘（H级）的耐热温度为180℃，远低于热套温度，短时间内不会使绝缘损毁失效，但瞬时的高温常会使最外层绝缘受热鼓包，这增大了发电电动机滑转子的热套难度。图5-74为滑转子。

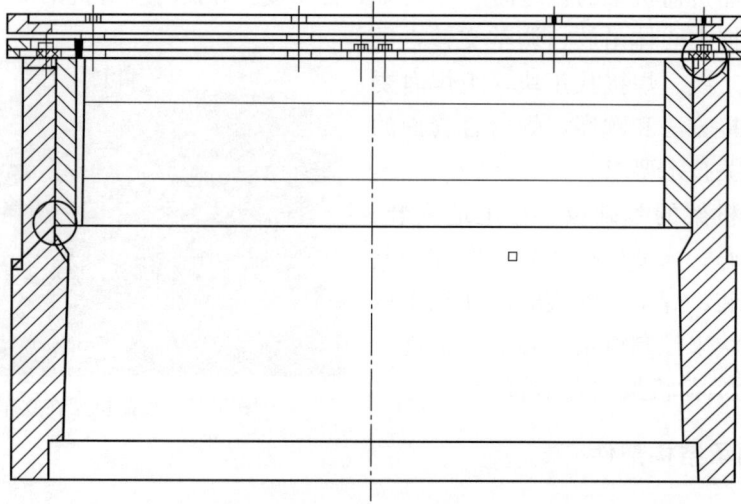

图 5-74 滑转子

滑转子与滑转子套筒的热套工艺：

（1）由于滑转子套筒与滑转子之间紧量较大，滑转子套筒围包绝缘时，要确保绝缘材料贴紧滑转子套筒，避免绝缘材料的褶皱导致滑转子套筒热套失败。

（2）热套应在热套平台上进行，确保热套前滑转子的状态为水平。

（3）套筒绝缘包好后，将其吊起放于滑转子上方，调整套筒与滑转子四周间隙，间隙调好后将滑转子套筒套于滑转子上。

第六章

发电电动机安装

发电电动机安装是机组投入运转之前的一项关键性工作，安装质量的好坏，直接关系到将来电站的安全经济运行。因此，采用先进合理的安装工艺和正确的操作方法，对保证安装质量和机组的使用寿命有着重要的意义。

▦ 第一节 安 装 概 述

一、安装准备

1. 安装的一般规定

（1）在安装工作开展之前，施工单位应熟悉图纸、安装说明书及有关文件。施工单位应熟悉所有专用工具的性能及操作要领，并在安装前逐一进行清点。重要工具须由经过培训并获得合格证书的熟练工人操作。

（2）安装场地应能防风、防雨、保持清洁并有足够的照明。环境温度不低于 5℃，空气相对湿度不大于 75%。

（3）设备安装前应进行全面清扫、去毛刺、高点、锈蚀、油污或其他污物。对某些重要部件的主要尺寸及配合公差进行校核，以便安装时根据实际情况进行调整或处理。

（4）设备基础垫板的埋设，其高程偏差一般不超过 $^0_{-5}$ mm，中心和分布位置偏差一般不大于 10mm，水平偏差一般不大于 1mm/m。采用敲击的办法检查，设备基础板应浇实，不得有空洞等缺陷存在。

（5）调整用楔子板应成对使用，搭接长度在 2/3 以上。使用前应研配，确保所有工作面的接触面积大于 70%。临时调整用或放置用的楔子板，与部件精加工面之间应垫有不小于 0.2mm 的紫铜皮以保护部件的加工面。

（6）设备安装应在基础混凝土强度达到设计值的 70% 以后进行，基础板二期混凝土应浇筑密实，一般宜使用微膨胀水泥。

（7）设备组合面、滑动配合面应光洁、无毛刺，合缝用 0.05mm 塞尺检查应不能通过。允许有局部间隙，用 0.10mm 塞尺检查深度不应超过组合面宽度的 1/3、总长不超过组合面周长的 20%；组合螺栓及销钉周围不应有间隙，有特殊要求的，应符合相关规定。组合缝处的装配面错牙符合设计要求，设计无要求时，一般不超过 0.10mm，过流面一般不超过 2mm，且应打磨光滑过渡。部件组合时，对有密封要求

343

的组合面应按设计要求安装密封条、涂抹密封胶，其他配合面应涂黄干油或凡士林等润滑脂。

（8）在安装细牙螺纹及 M56 以上螺栓时，应涂刷润滑剂进行研磨、试装，连接螺栓应分次均匀把紧。有预紧力要求的螺栓，应检查螺栓的伸长值，与设计值的偏差一般不应超过±10％。螺栓、螺母、销钉均应按设计要求锁定、点焊或者涂抹螺纹锁固剂以防止松动。

（9）机组安装用的 X、Y 基准线标点及高程点，测量误差不应超过±1mm。机组中心测量所用的铅垂线直径一般为 0.30～0.40mm，其拉应力不小于 1200MPa。使用铅垂线时应避开强气流和强磁场。铅锤应带有 4 个以上的翼翅。

（10）发电电动机组现场安装时，必须注意配合标记。多台机组在安装时，每台机组应用标有同一系列号码的部件进行装配。

（11）轴承安装后，在转动部件上进行电焊时，应把电焊机地线直接接到待焊部件上，并采取安全保护措施，防止轴承损伤或电焊飞溅掉入轴承。

（12）水轮发电电动机组启动之前，应进行全面检查（特别是转动部分），保证没有螺栓、螺母、工具等各种杂物丢在其中。

2. 设备的储存与保管

（1）设备的储存。库房分为四类：一类库，指盖篷布在露天存放；二类库，指敞棚或就地建棚；三类库，指永久性仓库；四类库，指保温库。所有设备验收后，应立即分类入库存放（见表 6-1）。零部件上的各种标号应保持完整，小部件应有标签。

表 6-1　　　　　　　　　　　　零部件入库分类表

库类别	适用范围
一类库	预埋管道及附件、裸装件及庞大沉重的非精加工部件
二类库	上/下机架支臂与中心体、梯子、挡风板、操作架、外罩、轴、管道、盖板、基础板、踏板、定子机座
三类库	转子支架、联轴螺栓、销钉、空气冷却器、磁轭冲片、拉紧螺杆、制动闸、推力头、推力轴承、各种泵与阀、磁极、导轴承轴瓦、密封条或密封圈、定子冲片、定位筋、油冷却器等
四类库	电动机、仪表、导线、自动化元件、定子线棒、镜板、集电环、电刷、导电零件、漆胶类货物、云母带（冷库）

（2）仓库条件。在库区周围 20m 范围内，不得有住宅及电焊、锻压等车间，库区内应设置必要的消防设施和避雷设施。仓库应选择地势较高处，地基应坚实，周围开挖有足够泄水能力的排水沟、仓库区内不得积水。库区内应保持清洁，防止老鼠、白蚁等危害。仓库内地面不得有野草、积水、污物。仓库内门窗应完整，既能通风又能密闭。

保温库内应设置温度计和湿度计。库内应防寒、防潮、防尘、防火、防温差过大。宜用冷暖空调、除湿机等控制调节库内温度和湿度，严禁使用明火升温。零部件与取暖、除湿装置应保持 1m 以上距离，不足 1m 时应有隔离措施。

（3）设备的保管。仓库应定期检查，如发现包装损坏或内部零件锈蚀，应及时处理。零部件冬天入库时，一般需移入库内 24h 后再开箱，以免零部件表面结露引起锈蚀。在条件较差的仓库内，可利用原包装箱保管，但箱内填料应清除，并放入适量干燥剂，包装箱应坚固、干燥、严密。箱内应铺衬防潮纸，大的包装箱应在适当位置设检查门。当库内相对湿度大于库外，温度等于、高于或小于库外时，均应选择自然通风。零部件上的各种标号应保持完整，小部件应有注明的标签，如装箱保管应有装箱单。

部件精加工面（镜板等）应避免作为支点，如作为支点时应垫衬垫。大中型部件存放的支承点距离和支承部件的确定，应以部件受力均匀、不致产生变形为原则。重要部件不允许重叠放置。电气设备（定子线棒等）应存放在保温库内，可维持原包装保管，应避免重叠堆放，以防变形。橡胶、塑料制品应防止阳光直接照射和油类污染，并放置在远离高温热源的地方。轴类的法兰（主轴、转子起吊轴等）不宜直接与支座接触，支座的位置和数量应保证受力均匀，每隔三个月 180°翻转一次。精密加工件的表面不得有锈蚀及伤痕，轴瓦、推力瓦瓦面应无裂纹及脱落现象，每隔三个月应检查表面涂的防腐油脂，若发现变质，应及时清除更换。

二、安装流程

发电电动机安装流程与发电电动机结构形式直接相关。抽水蓄能电站发电电动机多采用立式结构，根据推力轴承布置的位置不同，具体包括悬式发电电动机安装流程和伞式发电电动机安装流程。

1. 悬式发电电动机安装流程

悬式发电电动机的推力轴承布置在转子上部，把整个发电电动机机组转动部分悬挂起来。悬式发电电动机安装过程中，推力轴承在下机架、转子、上机架吊装后安装，要求现场热套推力头，常采用抱紧上导轴承瓦的刚性盘车进行机组轴线检查，并通过研刮推力头卡环或者加垫的方式进行轴线调整。悬式发电电动机安装流程如图 6-1 所示。

2. 伞式发电电动机安装流程

伞式发电电动机的推力轴承布置在转子下部，把整个发电电动机机组转动部分如伞状一般支撑起来。伞式发电电动机安装过程中，推力轴承在下机架吊装后以及转子吊装前安装，要求直接连接转子和推力头，常采用抱紧下导轴承瓦的刚性盘车或者同时抱紧上导轴承瓦、水导轴承瓦的弹性盘车进行机组轴线检查，并通过推轴法（推轴法就是通过在几个转动部件的旋转中心之间进行平移、推动调整）进行轴线调整。伞式发电电动机安装流程如图 6-2 所示。

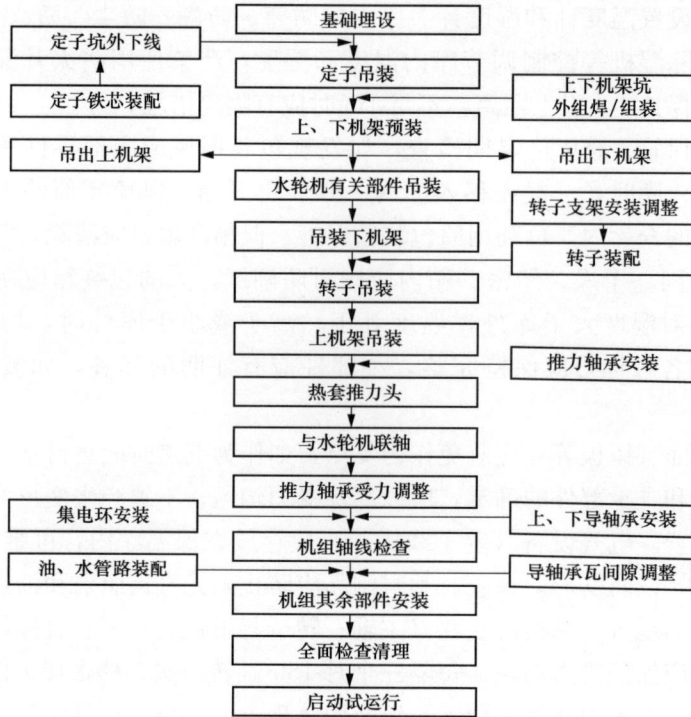

图 6-1 悬式发电电动机安装流程

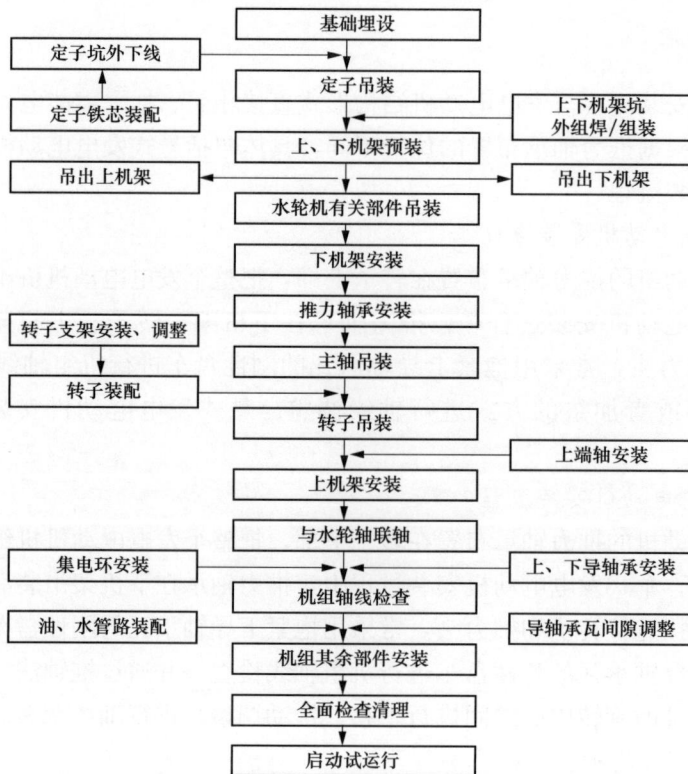

图 6-2 伞式发电电动机安装流程

🔶 第二节　定　子　安　装

定子装配和安装工作全部在电站现场完成，具体包括机座组装与焊接、定位筋安装与焊接、铁芯叠装、定子下线以及定子安装。定子装配工作可以在安装间进行，也可以在机坑内进行，一般推荐在安装间完成定子铁芯叠装及定子下线后，再整体吊入机坑内进行后续工作。

一、机座组装与焊接

定子机座分瓣制造和运输，在电站现场组装与焊接成整体。

1. 机座组装

定子机座吊装组合前，应仔细检查、清理机座基础垫板表面、定子铁芯叠片支墩基础表面和定子铁芯叠片支墩上、下表面，除去其相应接触面的毛刺、油污、高点、锈蚀等。清洗定子机座合缝组合螺栓、螺母，并将其预先配对；清理定子机座合缝装配把合面并除去相应接触面的毛刺、油污、高点、锈蚀等。清理并检查定子基础板及螺栓、销钉等附件，根据厂内编号，预装定子机座和基础板，并检查把合面间隙是否满足规范要求。

将分瓣定子机座吊装于铁芯叠片支墩上。吊装时，应采取有效措施防止机座倾斜，并要求其主、中引出线方位应与图纸要求一致。利用合缝块、钢管及钢板等将定子机座把合成整体，检查整个定子机座合缝面，包括对接焊缝坡口的间隙及轴向错牙（下环板接缝处轴向错牙不超过 0.30mm，其余环板接缝处轴向错牙不超过 2mm；合缝处各环板间隙应符合图纸要求）。

2. 测圆架安装

测圆架安装前，用有效的外径千分尺校核测圆架中心柱直径。组装成一整体后，先将中心测圆架与基础进行初步固定。图 6-3 为常用定子测圆架结构。

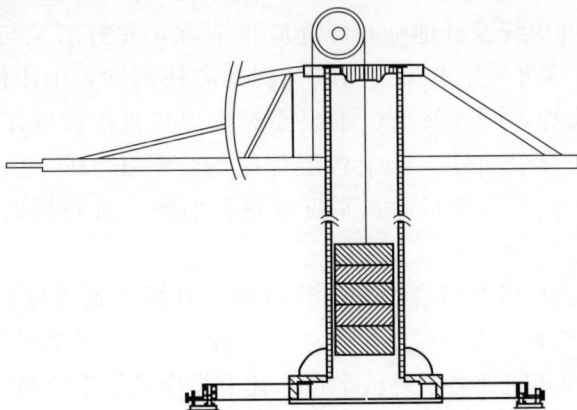

图 6-3　定子测圆架结构

第一步，调整测圆架中心柱的中心。以机座大齿压板内圆为基准，利用测圆架底盘调整螺钉，将测圆架中心柱与机座大齿压板内圆的同心度初调整到 0.50mm 以内。

第二步，调整测圆架中心柱的垂直度。在测圆架中心柱的两个相互垂直的方向上悬挂钢琴线，利用钢琴线对测圆架中心柱进行找正，要求其垂直度不应大于 0.02mm/m，且最大不应超过 0.05mm。

第三步，测圆架中心柱垂直度合格后，再次校核测圆架与定子机座大齿压板内圆的同心度应在 0.50mm 以内；利用在转臂上放置精密水平仪（精度 0.02mm/m）的方法检验中心柱转臂水平度，使水平仪的水泡在转臂处于任意回转位置时，均能保持在精度规定的范围内；利用中心测圆架转臂重复测量圆周上任意点的半径，误差不得大于 0.02mm，旋转一周测头的上下跳动量不得大于 0.50mm。

第四步，沿测圆架中心柱上下移动中心测圆架的测量旋转臂，其旋转臂的极限行程位置应能满足测量整个定子铁芯部分轴向高度的要求；将中心测圆架的底盘与基础固定，锁紧全部调节螺钉；复查测圆架上所有组合螺栓，所有组合螺栓应锁牢，以防使用中松动而影响测量结果。

注意，在测圆架的使用过程中，应分阶段校核测圆架的准确性。

3. 机座焊接

焊接前，清除焊接坡口以及坡口两侧各 50mm 范围内以及加热片放置处的所有锈蚀、油污、毛刺、油漆等；检测定子机座有关焊接控制尺寸，如定子机座大齿压板内圆半径等；在焊缝两侧打上测量焊接收缩变形的参考点（用游标卡尺测量），并在适当位置安装焊接引弧板，以保证焊接质量。

焊接时，对合缝面坡口间隙大于 3mm 处，应先进行镶边焊，要求对坡口进行整形，打磨后进行着色探伤；根据实际情况安装并点焊下环板合缝上临时加强板，同时采用至少 2 个焊工对称施焊加强板，注意保持焊接的同步；根据实际情况对焊部位进行预热，一般情况下下环板焊接前应预热至 105~120℃，其余各环板不需加温，但焊接件温度不得低于 10℃；应采用多层多道退步焊，在任何情况下，手工焊的单道焊道宽度都不允许超过焊条直径的 4 倍，气体保护焊的单道焊道宽度不允许超过16mm；装配时的辅助焊缝及其他临时焊缝应被清除，并打磨至与母材齐平，进行磁粉或着色探伤，搭板等可采用电弧气刨或气割的方法清除，但不能采用敲击的方法；无论是点焊或正式施焊，圆周及上、下层要对称焊接且焊接顺序一致，每条焊缝应分段退步焊，除打底及盖面外，其余各层焊缝均应锤击消除应力；在焊接过程中，对焊缝收缩、半径变化及可测量面水平度等进行监测，并根据监测情况合理改变焊接顺序。

焊接后，去除加强板以及组合块并进行打磨、补焊及着色探伤检查；打磨所有焊缝，对焊缝进行外观检查和无损探伤检查；测量测圆架与定子机座下环板的同心度应在 0.60mm 以内；测量定子机座各层环板半径，其半径应满足定位筋安装的需要，否则应对环板内圆进行修配处理；测量定子机座下环板的圆周波浪度及径向水平满足相关规范或要求，且内径侧不得低于外径侧。

二、定位筋安装与焊接

为减少定位筋安装与焊接的累积误差，定位筋安装与调整采用等分弦距法，即先后安装与调整基准定位筋、大等分定位筋和小等分定位筋。定位筋安装与焊接过程中，应严格按要求使用其专用内径千分尺，同时，应注意定期复查测圆架的准确性。定位筋正式安装与焊接前，要求现场预装、试焊定位筋，以准确掌握定位筋及其托板焊接过程中定位筋各项质量数据的变化规律；且要求用专用平台对定位筋的径向和周向直线度进行检查，要求直线度不大于 0.10mm，否则应对定位筋进行校直。

在定位筋安装时，应检查定位筋鸽尾与托板鸽尾之间的间隙，并用楔子板将定位筋与托板楔紧。

1. 基准筋安装与调整

选用 1 根直线度和扭曲度较好的定位筋作为基准筋，初步调整基准筋托板的径向与周向位置，并用专用工具将基准定位筋托板初步固定在定子机座环板上。检查定位筋鸽尾与托板鸽尾之间的间隙，并用楔子板将定位筋与托板楔紧。

调整基准定位筋，使基准筋鸽尾中心线与图纸标记的周向偏差不大于 1mm，用中心测圆架以及悬挂钢琴线的方法测量并调整基准定位筋。其有关要求如下：

（1）用内径千分尺测量基准定位筋在内切圆半径，其绝对半径较设计值偏差应满足要求，一般推荐取正偏差 0～+0.20mm（测量半径时应加上中心柱的半径）；

（2）径向及周向垂直度偏差不大于 0.05mm/m，全长范围内不大于 0.15mm；

（3）向心度不应大于 0.05mm；

（4）用测圆架测量基准筋相邻环板处相对半径偏差不大于 0.05mm。

基准定位筋调整合格后，利用专用工具将基准定位筋的托板固定在定子机座环板上。按图 6-4 所示点焊顺序，将基准定位筋上每层定子机座托板点焊到垫板上，点焊焊缝长度约为 10～15mm。点焊完成后，须复查基准定位筋径向及周向垂直度、绝对半径偏差以及向心度。

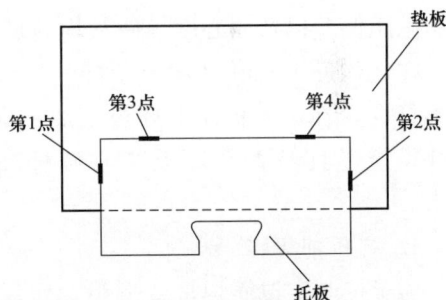

图 6-4 定位筋托板点焊顺序示意图

2. 大等分定位筋安装与调整

根据定位筋设计数量，确定合适的大等分数量。基准定位筋检查合格后，将大等分定位筋及托板分别吊放在相应位置处，按基准定位筋调整的方式分别调整各大等分定位筋。调整各大等分定位筋，使其鸽尾中心线与定子下环板上的位置中心线偏差不大于 1mm，并用专用工具将各大等分定位筋托板初步固定在定子机座环板上。用中心测圆架以及内径千分尺在中间部位的两托板处测量并调整各位置大等分定位筋的内径以及其与相邻定位筋的弦距。反复调整圆周内大等分定位筋，使其达到如下要求：

（1）以基准定位筋为基准的相对半径偏差为±0.05mm；

（2）径向及周向垂直度偏差不大于 0.05mm/m，全长范围内不大于 0.15mm；

（3）向心度不应大于 0.05mm；

（4）相邻大等分定位筋在同一横切面上的弦距偏差应不大于±0.15mm。

大等分定位筋调整合格后，利用专用工具将大等分定位筋的托板固定在定子机座环板上。按图 6-4 所示点焊顺序，将大等分定位筋上每层定子机座托板点焊到垫板上，点焊焊缝长度约为 10～15mm。点焊完成后，须复查大等分定位筋径向及周向垂直度、半径偏差、弦距偏差以及向心度。

3. 小等分定位筋安装与调整

大等分筋检查合格后，将大等分区间内的定位筋及托板分别吊放在相应位置处。调整各小等分定位筋，使其鸽尾中心线与定子下环板上的位置中心线偏差不大于 1mm，并用专用工具将各小等分定位筋托板初步固定在定子机座环板上。用中心测圆架以及内径千分尺在中间部位的两托板处测量并调整各位置处大等分定位筋之间的区间定位筋的内径以及弦距。反复调整各区间定位筋，使其达到如下要求：

（1）以大等分定位筋为基准的相对半径偏差为±0.05mm；

（2）同一横切面上的定位筋弦距偏差不大于±0.15mm，且相邻两定位筋在同一横切面上的弦距偏差应不大于±0.10mm；

（3）向心度不应大于 0.05mm。

小等分定位筋调整合格后，利用专用工具将小等分定位筋的托板固定在定子机座环板上。按图 6-4 所示点焊顺序，将小等分定位筋托板点焊到垫板上，点焊焊缝长度约为 10～15mm。点焊完成后，复查大等分定位筋径向和周向垂直度以及小等分定位筋的半径偏差、弦距偏差以及向心度，使其均满足要求。

在定位筋下端叠 2 层定子冲片，检查定位筋安装的正确性。如果需要现场加工穿心螺杆孔，在定子机座下环板上加工穿心螺杆孔，并叠装几层定子冲片，利用穿心螺杆孔检查工具检查下环板穿心螺杆孔的位置偏差，应使其满足图纸穿心螺杆装配要求。

4. 定位筋焊接

为了控制定位筋焊接变形量，建议使用 CO_2 气体保护焊。圆周及上、下层要对称焊接且焊接顺序一致，每条焊缝应分段退步焊，除打底及盖面外，其余各层焊缝均应锤击消除应力。在焊接过程中，进行焊缝收缩、半径变化及可测量面水平度等的监测，并根据监测情况合理改变焊接顺序。

焊接前，利用双头千斤顶周向固定定位筋，将定位筋周向顶牢，再次检查定位筋的各项数据应满足要求，然后进行施焊，托板每层焊缝焊后冷却至室温时方可拆除千斤顶。

焊接时，焊缝分层对称逐次完成，所有托板第一层焊缝全部焊完后，应检查每根定位筋的半径、向心度和定位筋间的弦距，观察变化的趋势，合格后方可继续焊接第二层。对于同层焊缝，建议由中间环板起上下环板交替的顺序展开，先径向焊缝再周向焊缝。且径向焊缝可由机座中心朝外焊接，也可以由外朝内；可以先左后右，也可以先右后左，但同层必须方向一致。

定位筋焊接结束后，在冷态下检查和测量定位筋，应符合下列要求：

（1）各环板处的定位筋绝对半径与设计值的偏差应在 0～＋0.50mm 以内，相邻两定位筋在同一高度上的半径差值应小于 0.15mm；

（2）同一高度上的弦距偏差应不大于±0.25mm；

（3）向心度不应大于 0.10mm；

（4）对焊缝进行外观检查和无损探伤检查，要求焊渣应清除干净，焊缝不应有裂纹、气孔、夹渣及咬边等缺陷，焊角应饱满，焊高满足设计要求。

三、铁芯叠装

定子铁芯叠装配场地应清洁、干净、布置整齐且通风良好，为避免外部干扰影响铁芯叠装质量，应将定子叠片区域与外部分隔开，形成相对独立的施工区域。铁芯叠装主要的具体工作包括铁芯叠片、铁芯压紧以及铁损试验。

1. 铁芯叠片

（1）正式叠片前准备。重新校核定子测圆架的准确性；定子冲片外观、厚度抽样检测（建议按箱抽样）；根据图纸所标注的每段定子铁芯高度，初步计算出每段定子铁芯冲片的所需叠装层数，并分列出各类特殊定子铁芯冲片的具体使用位置；下压指安装完成，要求内圆半径偏差应为±1mm，周向波浪度不大于 1.0mm，相邻压指的高差不大于 0.5mm，同一压指的内径侧应比外径侧高 1.5～2.0mm，相邻压指的弦距偏差不大于±1mm，用定子冲片检查周向位置偏差不大于 1mm；下压指测温电阻安装完成，配套引线布置完成；定子机座整体清扫检查及补漆完成；若设计有穿心螺杆现场包绝缘处理，应在清理穿心螺杆、绝缘套管等零部件（将螺杆上的油污等杂质清理干净）后，通过测量穿心螺杆外径和绝缘套管内径以确定绝缘包扎的层数，然后对穿心螺杆进行绝缘包扎（方法为用 0.1×25 无碱玻璃丝带平包或者叠包，包扎的边缘应平整，且包扎前后均应涂刷室温固化环氧胶）。

（2）正式叠片。首先，叠下端粘胶段，一般设计有 3 小段，呈阶梯状；下端粘胶段叠完后，沿圆周均匀地塞入槽样棒，以周向固定定子冲片，每张冲片至少两根，注意槽样棒不应紧靠槽底放置，并使用整形棒进行定子铁芯整形、用通槽棒进行检查；注意铁芯槽底错牙及鸽尾弯曲情况；邻层定子冲片之间应错开适当数量槽距进行叠放，可顺时针错开或逆时针错开，一旦开始叠片时确定错开方向，所有的粘胶片、冲片、通风槽片以及通风槽片装配均需按此方向错开槽距叠装；所叠装冲片应清洁、无油污与灰尘，有裂纹、漆膜不均等缺陷的冲片不得叠入，且定子冲片应紧靠定位筋；铁芯叠片过程中，注意检测每小段的高度和调整铁芯的齿涨与波浪度，要求每次预压完成后，编制调整片添加表，并将所叠冲片种类及其数量进行逐一记录以便确定定子铁芯实际叠片总重量；叠装过程中要随时用整形棒整形（不允许用铁锤敲打铁芯和整形棒），每叠完一小段，还要统一整形一次，并随时调整槽样棒的位置以保证定子槽形的几何尺寸；每小段定子铁芯叠装完成后，应叠装一层通风槽片装配，且各段通风槽片装配的小工字钢在高度方向应上下对齐、防止通风槽片边缘突出定子铁芯槽内；按图纸要求在相应高度叠装配制有测温电阻安装槽的定子冲片以及其他特殊冲片；当铁芯高度叠至超过相应层定位筋托板时，应将定位筋与托板之间的垫片及时拔出。

2. 铁芯压紧

定子铁芯分数次预压和一次最终压紧，其每次预压高度约为 500～600mm。每次预压前、后，均应测量、记录铁芯的圆度、波浪度和高度，从而确定出定子铁芯下一次的预压高度。铁芯预压使用专用预压工装（包括压板、套筒、螺杆等），最终压紧在上压板和产品螺杆安装完成后进行。

铁芯压紧注意事项。每次压紧前必须将铁芯全部整形一次；定子铁芯预压时，槽样棒与槽楔槽样棒不得露出铁芯，注意采用一层废定子冲片以保护铁芯；每次压紧过程中，应以定子铁芯圆周方向上波浪度较大的位置为起点，采用顺时针、逆时针相结合的把紧方式进行多次对称压紧；每次压紧时，应使用拉伸器或者力矩扳手，按 25%、50%、75%、100% 逐渐加大穿心螺杆的拉伸力，使其最终符合要求，工具螺杆或者产品螺纹应涂上二硫化钼；铁芯预压时，在压紧状态下，应测量定子铁芯轭部、槽底及槽口铁芯高度、定子铁芯的半径以及圆周波浪度；定子铁芯整体把紧后，整体测量铁芯内径、圆度、各点高度及波浪度，其中分上、中、下三个断面进行铁芯半径测量，每个断面测点不少于 16 个。

铁芯叠片质量控制指标包括铁芯内径、圆度、高度及波浪度，质量检查详细要求如下：

（1）各点半径较设计值偏差应在 0～0.50mm 之内，定子整体圆度（最大值与最小值之差，下同）一般不大于设计空气间隙的 1.5%，最大不大于 0.60mm，各断面定子铁芯相对中心偏差不大于 0.10mm；

（2）测量铁芯槽底的铁芯高度，其压紧后槽底高度较设计高度偏差应在 -1～+6mm，铁芯波浪度不大于 3mm，同一纵截面铁芯内外圆高差不大于 3mm；

（3）铁芯螺杆最终螺杆拉伸力检查合格，用 500V 绝缘电阻表测量穿心螺杆绝缘值应不小于 25MΩ，计算定子铁芯的实际叠压系数不得小于 0.96；

（4）拔出全部槽样棒，用通槽棒对定子铁芯槽形进行逐槽检查，应全部通过。

3. 铁损试验

铁损试验用于检验铁芯装配整体质量，以防止发电电动机在运行中，定子铁芯因局部涡流过大而引起铁芯局部过热，造成烧伤定子绕组或烧伤铁芯的事故。试验准备、要求、方法等详细情况参考 GB/T 20835《发电机定子铁芯磁化试验导则》。铁芯铁损试验接线图如图 6-5 所示。

铁损试验注意事项。试验前，对定子进行彻底的清扫，全面检查机座和铁芯，应无残留异物，尤其是金属物件；定子机座、支撑支墩、测温电阻等可靠接地；布置铁损试验的绕线，励磁绕组在整个铁芯圆周上均匀缠绕，在铁芯或者定子机座的尖角处，用绝缘橡皮对试验电缆进行保护；温度测量可采用红外线热成像仪、酒精温度计或者热电偶，不允许使用水银温度计；铁损试验过程中，避免金属物件靠近铁芯，测量励磁绕组电压与电流，按测量绕组感应电压值计算磁感应强度应在 1T 左右，最低不低于 0.9T，否则应改变励磁绕组的匝数；每隔 10min 记录各表计的读数及温度，如出现温升或者温差超出标准限制值，应切断电源、停止试验，试验持续时间为 90min；监视定子铁芯振动情况，如出现冒烟、局部发热及严重异常声响时，应切断电源、停止试验（注：试验中由定位筋引起的振动及撞击声属正常现象）。

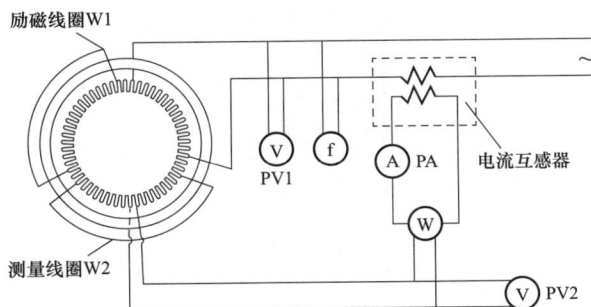

图 6-5　铁芯铁损试验接线图

铁损试验检验标准。由各次测得的结果计算出单位铁损、最高铁芯温升、最大铁芯温差和铁芯与机座最大温差，以及记录振动噪音的分贝值；将磁通密度折算到 1T 情形下，要求铁芯最高温度不高于 70℃，铁芯最大温升不高于 25K，铁芯各测点最大温差不大于 15K，铁芯与机座最大温差不大于 15K；若超出上述标准中的任一标准，均应切断电源、停止试验，试验不合格，须查明相关原因；铁损试验合格后，按设计拉伸力大小再次拉伸定子铁芯穿心螺杆，用 500V 绝缘电阻表测量穿心螺杆绝缘值，应不小于 25MΩ。

四、定子下线

定子铁芯装配合格后，即可按要求进行定子下线工作。定子下线工作需铺设牢固和安全的工作平台，同时在定子上下方增设足够的固定照明、在定子下端加装足够数量的作业行灯。下线场地内应干净、无尘，并具有良好的防尘措施；施工场地内的昼夜温度应在 5℃ 以上，并有足够的通风措施；当相对湿度超过 80％ 时，应加装加热器或除湿机。定子下线主要具体工作包括线棒安装、槽楔安装、并头焊接、汇流环及跨接线安装、绝缘盒安装以及电气试验。

（一）线棒安装

线棒安装主要包括线棒槽内固定和线棒端部固定装配。其中线棒槽内固定由槽底垫条、层间垫条、导电槽衬、调节垫条、楔下垫条、波纹板、槽楔等构成，如图 6-6 所示；线棒端部固定由端箍、间隔块、槽口垫块等构成。

1. 线棒安装前准备

槽口垫块、间隔块在使用前应用无水酒精洗净并烘干以除去潮气。线棒包装箱开箱后，检查线棒绝缘应无任何损伤。搬抬线棒的过程中，严禁操作人员裸手接触线棒端部防晕部位（线棒直线部位末端至引线 R 部位之间）；搬抬线棒人员的手套、衣服应干净、干燥，无油污，无灰尘，不得污染线棒，特别是线棒端部防晕部位；对线棒进行安装前耐压试验，具体试验项目、标准等在电气试验部分的耐压试验会进行详细介绍。

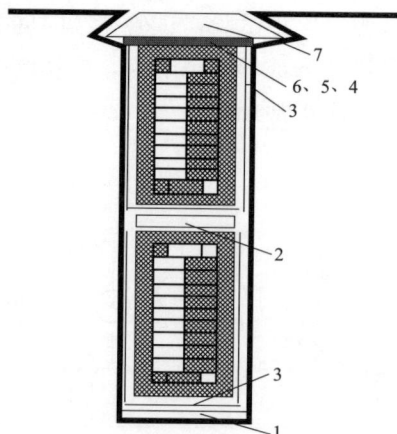

图 6-6　线棒槽内固定

1—槽底垫条；2—层间垫条；3—导电槽衬；4—调节垫条；5—楔下垫条；6—波纹板；7—槽楔

对定子铁芯槽及通风沟进行吹扫，使用白布把铁芯槽清扫干净，用不干胶带粘贴铁芯齿端面和齿压板；在定子铁芯槽底和齿部表面以及定子测温元件上喷环氧半导体防电晕漆（喷漆时，应注意保护定子压指、压板，防止半导体防电晕漆喷于这些部件上；所喷漆膜应均匀且厚度适中，以从各个角度观察时，均不能看见定子铁芯的本色为宜）。

按定子接线图纸所示，以＋Y方向所对应的铁芯槽号为基准，确定铁芯第1号槽的位置，然后按图纸规定方向依次每隔10槽，用红瓷漆进行编号；同时，用红瓷漆在定子铁芯上分别标明引出线、跨接线的槽号位置以及测温元件的槽号及槽内具体位置并记录。清理检查所有下线用绝缘材料，特别是有保质期要求的漆、胶以及云母带等材料使用时应在保质期内，对所有漆、胶等材料按照规定配比进行试配和固化试验，合格后方能正式使用。用250V绝缘电阻表测量的测温电阻线棒对地绝缘电阻值应大于20MΩ；检查所有测温元件的起始电阻值，测温元件线棒电阻值相互之间差异在10%以内。

用游标卡尺抽样测量适量线棒的宽度尺寸，计算平均值；同时用游标卡尺测量铁芯槽宽尺寸，计算平均值；根据两者之间的差值估算每根线棒导电腻子的用量；建议线棒正式安装前，试下线棒以掌握单根线棒的导电腻子使用量。

2. 端箍安装

沿定子圆周上均匀临时嵌入一定数量几何尺寸较理想的下层线棒，其中每段端箍上不少于3根，且分布在每段端箍两侧及其中间部位；下层线棒嵌入时，首先用粘胶带将导电玻璃布粘在临时所嵌线棒槽的槽底，线棒中心线应与铁芯中心线对齐，并用压线工具将线棒压靠槽底，检查下层线棒与定子铁芯间应无间隙。安装上、下端箍及其支撑装配，上、下端箍与嵌入的下层线棒间的间隙应均匀，要求其间隙大小应既能保证定子下层线棒下线后其下层线棒与定子槽底之间不存在任何间隙，又能保证定子下层线棒与定子端箍之间的间隙要求。将端箍牢固地绑扎在绝缘支撑板上以及锁定后支撑角钢与其绝缘支撑板后，将临时嵌入的下层线棒取出。

3. 线棒安装工艺过程

（1）安装槽底垫条，用胶带将其两端粘在齿压板上，以防其扭曲。

（2）裁剪导电槽衬，要求导电槽衬的宽度大于线棒两个大面与一个小面的宽度之和，长度大于定子铁芯长度约 20mm。

（3）将导电槽衬平铺在刮导电腻子的专用工作台上，两边压紧，刮导电腻子。注意使用导电腻子梳齿均匀地从一端向另一端梳理导电腻子，要求线棒大面接触部分的腻子凸起部分饱满、线棒底面基本无导电腻子平整。

（4）将线棒中间与导电槽衬中间对齐，线棒大面与导电槽衬的大面重合，线棒底部与槽衬底部重合，将槽衬折起，使得线棒的另一个大面与槽衬紧贴，整理平整线棒表面的导电槽衬，注意槽衬两端不得有导电腻子挤出，一旦出现立即清理干净。

（5）用线棒起吊装置吊线棒，开始嵌装线棒。

（6）将裹包导电槽衬的线棒嵌入槽内，在入槽前，调整线棒上下端距离铁芯端部的轴向距离符合设计要求。注意在整个线棒上均匀用力，使得线棒沿水平方向进入铁芯槽内；嵌装上层线棒时还需调整上层线棒接头与已安装的下层线棒接头的切向、轴向错位及径向间隙。

（7）拆除铁芯槽口的端部尖锐处不干胶带。

（8）调整新安装的线棒的高程、斜边间隙、接头等与已安装的下层线棒一致。

（9）用压线工具将定子下层线棒临时压紧。

（10）将挤出的多余腻子从线棒下端向上端刮去、收集，严禁腻子掉落到线棒端部，切去多余的导电槽衬。

（11）检查线棒端部与端箍之间以及线棒与定子铁芯槽底之间的间隙，要求必须保证在端部不受力的状态下，线棒与定子铁芯槽底无径向间隙；如果线棒端部与端箍之间有间隙，垫入浸室温固化环氧胶的涤纶毛毡适形。根据图纸等要求，将线棒端部与端箍绑扎在一起，要求绑扎牢靠、美观，且绑扎的有效层数不少于三层。

（12）继续安装下一根线棒。

4. 线棒安装注意事项

（1）以测量铁芯端部到线棒电接头的距离为基准，确定线棒高程。

（2）检查线棒高程、接头等应与已安装的线棒一致。

（3）检查线棒斜边间隙，斜边间隙应均匀，且应保证最小斜边间隙值。

（4）每根线棒嵌装前，线棒接头待焊区域应打磨清洁，无任何损伤。

（5）安装下层线棒的同时，垫入层间垫条，具有测温电阻的线槽应安装测温电阻垫条。

（6）线棒嵌装期间，通过纤维板垫在线棒上敲打，并凸出铁芯齿高，不允许用锤子直接用力敲击线棒。

（7）整个下线过程中，所有线棒端部（特别是线棒 R 部位）、端箍及层间端箍等表面应保持干净，不得有导电腻子胶残留在其表面。

（8）切勿忘记引出线等特殊线棒的安装槽号。

（9）线棒一旦下入槽内严禁轴向窜动，避免槽衬皱褶和腻子在通风沟内的堆积。

（10）装设压线工具前切勿忘记在线棒上装入压线垫条。

5. 槽口垫块、间隔块安装

（1）槽口垫块安装。在线棒端部划线，确定槽口垫块的位置，用浸有室温固化环氧胶的涤纶毛毡包裹槽口垫块后塞入线棒之间，检查间隙是否满足要求，必要时，可通过修磨槽口垫块、加包绝缘垫条或增加毛毡厚度来调整槽口垫块的紧度。上、下层线棒槽口垫块均安装完成后，再一同进行槽口垫块的绑扎固定。

（2）间隔块安装。在线棒端部划线，确定间隔块的位置，用浸有室温固化环氧胶的涤纶毛毡包裹间隔垫块后塞入线棒之间，要求塞入深度一致、高度整齐，检查间隙是否满足要求，必要时，可通过修磨间隔块、加包绝缘垫条或增加毛毡厚度来调整间隔块的紧度。用浸有室温固化环氧胶绑扎带绑扎间隔块和线棒，要求在垂直于线棒的方向上叠绕的宽度等于间隔块的长度；平行于线棒的方向上叠绕的宽度等于间隔块的宽度；绑扎的有效层数不少于3层，绑扎后，将线头塞到内部，保持外部光滑平整。绑扎完成后，在绑扎带未固化时必须及时涂刷另一种室温固化环氧胶；并在绑扎带上的室温固化胶完全固化后，对线棒端部、间隔块及绑绳喷涂或者涂刷高阻防晕漆以实现全防晕功能，要求漆膜均匀、无遗漏、无漆瘤，不得污染线棒低阻及绝缘部分。

（二）槽楔安装

槽楔安装前，利用深度尺测量从槽口到上层线棒之间的距离（尽量每根槽楔下均测量一点）以及波纹板压缩量，计算出打紧槽楔时，楔下所需垫入垫条的厚度。

安装槽楔时，在线棒和槽楔之间分别放入高强度层压板、波纹板，打紧槽楔，应根据槽楔紧度对楔下垫条进行适当增减；应注意槽楔下垫条伸出槽口的长度不得超越槽楔，尤其不允许与线棒高电阻半导体漆相碰；槽楔上通风沟与铁芯通风沟的中心对齐，偏差不得大于3mm；所有槽楔伸出铁芯槽口长度应符合设计要求，相互高差不大于2mm，否则应对端部槽楔进行修配处理；槽楔表面不得高出铁芯内圆表面。要求定子铁芯每槽上、下端槽楔敲击时不应存在发空现象，其余每根槽楔局部发空部分总和不得超过槽楔的1/3，否则，则应将槽楔退出后重打。对于有测温电阻的定子铁芯槽，应每打完该槽槽楔后均要检查测温电阻是否有损坏。

（三）并头焊接

并头焊接前，用校型工具逐根调整线棒端头，使上、下层线棒的端头的钎焊面平齐，整形时应对线棒端部进行加固，避免损伤线棒端部绝缘；逐根清洗线棒端头及并头块，彻底去除表面的氧化物、绝缘胶，露出铜的本色；清除线棒端头及并头块边缘的毛刺，若线棒端头及并头块钎焊面有凸起，需用锉刀清除；用酒精、丙酮、砂纸等清扫线棒端头及并头块处的环氧胶、氧化物等杂质；处理后的钎焊面避免触摸污染，做好线棒端部的防护工作；将焊接所需的干净水源和干燥气源引至定子并头焊接区域，按照银铜焊机操作规程调整的银铜焊机的水压、气压应满足要求；在并头块与线棒的搭接长度处安装并头块，同时，在并头块与线棒端头之间放置一片钎焊料，并用多用钳将并头块夹紧，要求相邻线棒并头块之间的高差不大于3mm，所有并头块之间的高差最大不应大于 5mm。

并头焊接时，应防止并头块局部过热而熔化，用钎焊料进行并头块与线棒间以及线棒股线间间隙的填充，每个并头块与上、下层定子线棒端部之间分两次焊接。为防止线棒端部绝缘损伤，焊接时必须用冷却水套夹钳，夹住靠近线棒端部绝缘的线棒端头部位；焊接完成后，不得马上松开焊钳和冷却水夹钳，待线棒端头降温到约 100℃时，方可拆除冷却水套夹钳。

并头焊接完成后，清理焊接部位的表面氧化物，去除凸起焊瘤；逐一检查线棒头与并头块间的焊缝，要求焊缝填充饱满，无气孔、裂纹、未焊透、毛刺及尖锐棱角，接头表面清理干净，表面光亮；若有焊缝缺陷，需要重新加热补焊；在冷态下，测量定子线棒各支路直流电阻，其相互偏差不应大于最小值的 2％；必要时，可测量各线棒焊接并头的接触电阻，以检查并头焊接质量。

（四）汇流环及跨接线安装

汇流环及跨接线安装前，根据预装标记，清点铜环及引出线数量，应符合铜环引线图、主引出线装配图和中性引出线装配图要求；预装第一层铜环，调整、布置铜环引线夹及其垫铁实际安装位置，将垫铁焊到定子上齿压板上，焊接时，应采取措施防止焊渣掉入定子铁芯。

按铜环引线、主引出线装配和中性引出线装配设计图，进行定子跨接线、各层铜环以及主、中性引出线配装和焊接。配焊时，严格按照线棒与连接线、连接线与铜环、铜环与铜环以及引出线与铜环间的有关要求，进行各个接头之间的配装和焊接，要求铜环配装后，其有关空间分布位置应符合图纸要求。焊接时，应采取有效措施防止损坏绝缘，并严格控制各焊接接头处的银铜焊质量。每个接头焊接完成后，应及时检查接头的焊接质量。要求焊缝填充饱满，无气孔、裂纹、未焊透、毛刺及尖锐棱角，接头表面清理干净，表面光亮。

将焊接部位表面清理干净，用室温固化填充泥消除并头块与引出线、跨接线以及线棒间的台阶。用环氧桐马粉云母带对接头进行绝缘包扎，半叠包层数应满足不同电压等级绝缘规范要求，层间涂刷室温固化环氧胶，在最外面半叠包一层无碱玻璃丝带；所叠包的云母带与定子线棒、跨接线以及汇流环原有绝缘的有效搭接绝缘长度应满足不同电压等级绝缘规范要求。

汇流环及跨接线安装完成后，把紧支撑板固定螺栓，并按要求进行锁定。用五维玻璃丝带将各层铜环绑扎到相应绝缘支撑板上，并按要求加固跨接线和引出线。在冷态下，测量定子绕组各相直流电阻，在校正由于引线长度不同而引起的误差后，其相互间差值不大于 2％，否则，应查明原因。

（五）绝缘盒安装

1. 上端绝缘盒安装

绝缘盒套入前，用无水酒精清理绝缘盒，并存放在干净无灰尘的地方进行阴干。仔细清理每个并头块焊接接头，并头块焊接接头表面应具有金属光泽，不应有污斑。检查绝缘盒质量，有裂纹、气泡者不能使用。根据线棒端头尺寸和绝缘盒尺寸制作上端绝缘盒浇灌用堵漏板。用记号笔在定子线棒上端部沿圆周划出安放上端绝缘盒浇灌用堵漏板的具体位置，用无缆带将堵漏板支撑（环氧垫条）固定在定子线棒上，并将上端绝缘盒浇灌用堵漏板安放在堵漏板支撑上。测量每根定子线棒端部堵漏板上方的绝缘搭接长度，确保绝缘盒与定子线棒绝缘搭接的长度满足设计要求，若定子线棒绝缘与绝缘盒之间搭接长度无法达到上述要求，可在浇灌绝缘盒填充胶前，对定子线棒的搭接部分进行半叠包绝缘处理。

安放定子线棒上端绝缘盒，要求相邻绝缘盒之间顶部高差应小于 3mm，沿圆周顶部高差应不大于 5mm，绝缘盒与并头块之间距离应均匀，绝缘盒与定子线棒绝缘搭接的长度满足设计要求。调整好上端绝缘盒安装位置后，现场配制室温填充泥进行堵漏，并将上端绝缘盒套装就位。

根据安装场地的环境温度，试配绝缘盒填充胶，确定其实际固化时间。绝缘盒浇灌时，应先在每个绝缘盒中灌入少量绝缘盒填充胶，以确定堵漏板无渗漏现象，待其固化后，再一次性进行灌满。并应及时将浇灌过程中掉到绝缘盒表面上的填充胶擦去。绝缘盒填充胶固化后，如因绝缘盒填充胶收缩而导致其低于绝缘盒表面时，应重新用绝缘盒填充胶填满；拆除其堵漏板以及堵漏板支撑，全面清理绝缘盒表面。

2. 下端绝缘盒安装

下端绝缘盒浇灌前，应先采用临时支撑来调整绝缘盒与定子线棒主绝缘间的搭接长度，满足绝缘要求。再用电话纸包好绝缘盒外部，便于下端绝缘盒浇灌完成绝缘盒表面清理，以免影响美观，最后按上端部绝缘盒浇灌所述方法进行下端绝缘盒的浇灌。下端部绝缘盒填充胶固化后，拆除绝缘盒外部电话纸，并全面清理绝缘盒表面。

（六）电气试验

1. 电气试验的一般要求

（1）试验所使用的仪器、仪表的准确度应不低于 0.5 级（不含绝缘电阻表），温度计的误差不超过 ±1℃。

（2）绝缘电阻测量，规定用 60s 的绝缘电阻值；吸收比的测量，规定用 60s 和 15s 的绝缘电阻比值（R_{60}/R_{15}）进行测量；极化指数采用 10min 和 1min 的绝缘电阻比值（R_{10min}/R_{1min}）进行测量。

（3）在进行与温度有关的试验时，应同时测试被试品和周围环境的温度。电气试验时，被试品温度与周围环境温度不宜低于 5℃、高于 40℃。

（4）进行电气试验前，将被试品表面清理干净，要求被试品表面无灰尘等其他任何污物；被试品的耐压试验应在干净的环境里进行，要求试验场地不能有积水现象，不能有灰尘等污染。

2. 电气试验的注意事项

（1）电气试验过程中，实验人员必须严格遵守《高压安全操作规程》的规定，做好实验前的安全检查，确认无误后方可进行试验。

（2）进行高压试验时，整个试验过程必须确定专人指挥，且必须保证两人及以上进行操作；试验接线时，必须一人接线，另一人检查；未经试验负责人许可，任何人不得随意更改试验设备的固定接线和原有接线方式和结构。

（3）试验区域应设置危险标志，高压设备必须有"高压危险"等警示标志；进行高压试验时应有醒目的信号装置，无关人员严禁进入试验区。

（4）试验接线必须牢固，以确保人身安全及试验的准确性；试验设备外壳与定子线棒有联系的装置均应接地，且接地牢固。

3. 主要电气试验项目

（1）绝缘电阻试验。绝缘电阻试验在耐高压试验前及高压试验后进行。定子线棒安装前，用2500V绝缘电阻表进行单根线棒绝缘电阻试验，要求绝缘电阻值一般不应低于5000MΩ；定子线棒安装后，用2500V绝缘电阻表进行下层线棒绝缘电阻试验，要求冷态绝缘电阻值一般不应低于每千伏1MΩ（依据额定定子电压计算）。

（2）槽电位试验

上、下层线棒安装完成后，分别进行抽样槽电位试验。要求在额定相电压下任意抽取铁芯槽数的10%，每槽两端的测量点距铁芯槽口处的距离不少于200mm、中间等距离测量点不少于5点，使用真空毫伏表或者数字万用表和屏蔽测量线测量，要求测量探头端面与线棒表面接触面应不小于3mm²，各测点槽电位值应不大于10V。在试验前，使用2500V绝缘电阻表对定子绕组进行绝缘电阻测量，要求冷态绝缘电阻不低于每千伏1MΩ（依据额定定子电压计算）。

（3）耐压试验。定子绕组主要电气耐压试验详见表6-2。

表6-2　　　　定子绕组主要电气耐压试验（U_N 为额定电压）

序号	试验阶段	耐压标准（kV）	时间（min）	试验条件及备注
1	单根线棒安装前	$2.7U_N+2.5$	1	抽查5%，绝缘电阻不低于5000MΩ，如高压试验全部通过可不再进行试验，$1.5U_N$下不起晕。当海拔高度超过1000m时，电晕起始电压试验值参照JB/T 8439进行修正
2	下层线棒嵌装后	$2.5U_N+2.0$	1	下层线棒全部安装完成，绝缘电阻满足要求，分相进行，不参加的绕组、测温电阻等应可靠接地
3	上层线棒嵌装、槽楔安装完成后	$2.5U_N+1.0$	1	上下层线棒全部安装完成，绕组端部安装及防电晕处理完成，槽楔装配完成。绝缘电阻满足要求，分相进行，不参加的绕组、测温电阻等应可靠接地
4	定子绕组整体直流泄漏	$3.0U_N$		试验电压按每级逐步升压（$0.5U_N$、$1U_N$、$1.5U_N$、$2U_N$、$2.5U_N$、$3U_N$），每段升压要均匀，直至（$3U_N$）最高试验电压，每阶段停留1min，读取泄漏电流值（记录施加每级试验电压后15s、30s、45s、60s时的泄漏电流值）。要求泄漏电流不随时间延长而增大，各相泄漏电流之差不大于最小泄漏电流的50%（在最高试验电压下）

序号	试验阶段	耐压标准（kV）	时间（min）	试验条件及备注
5	定子绕组整体交流耐压试验	$2.0U_N+3.0$	1	定子绕组安装、绝缘及防电晕处理完成。绝缘电阻满足要求，分相进行，不参加的绕组、测温电阻等应可靠接地
6	定子吊装就位后绕组整体检查性交流耐压试验	检查性试验，推荐按$1.5U_N$或最后一次耐压试验值的0.8倍进行	1	定子吊装完成并调整合格，定子基础二期混凝土浇筑前

五、定子安装

定子装配完成，整体电气试验合格后，将定子整体吊入机坑进行安装、调整以及基础混凝土浇筑。定子吊装使用专用工具进行吊装。定子吊入机坑后，以水轮机基准高程为基础使用楔子板进行高程微调，并根据水轮机基准中心悬挂钢琴线进行中心调整。定子调整完成后，进行定子基础混凝土浇筑。

1. 吊装

（1）定子吊装前准备。清扫定子基础坑，不能有杂质和污水，检查每个混凝土基础坑的尺寸，不得影响定子吊装；清扫定子基础预埋板，并检测其水平、高程，要求水平不超过0.05mm/m、高程应满足定子吊装要求；定子整体电气试验合格后，标出定子铁芯中心线（全圆周至少均布8点）；清扫、打磨可调节楔子板的组合面，要求组合面的间隙不超过0.05mm；在基础预埋板上布置楔子板，根据定子相应位置处的高程调整楔子板顶面高程，保证定子吊装后高程在设计值的+2～+4mm之间；在定子基础螺栓头部焊接小螺母并穿入铁丝，将定子基础螺栓放置在定子基础预埋孔内；在下机架混凝土基础面布置支墩和千斤顶做配合；检测桥机，确认桥机工作正常、动作准确，且满足定子吊装；组装定子铁芯吊具，在吊具螺纹上涂二硫化钼，利用桥机将定子吊具与定子把合在一起，按设计要求把紧螺栓。

（2）定子吊装。在定子上下端的+Y、+X、-Y和-X四个方位分别架设百分表，表座固定在定子铁芯上，表头指向定子线棒；将定子缓慢吊起至刚离开地面，静置约30min，检查百分表的读数，检查桥机、定子起吊装置等均应无异常；再次将定子吊起约300mm高度，并来回起落几次，检查桥机的制动系统应无异常；将定子缓慢吊起，清理定子机座与基础板把合平面，用刀口尺检查应无污物、高点、毛刺等，根据预装编号，将各基础板放置于定子对应的斜立筋下方，将定子平稳下落至离基础板约100mm处，安装定子基础板，按要求拉紧把合螺栓，检查把合面间隙是否满足要求；将定子吊入机坑，定子方位以主、中性引出线位置为基准，保证主引出线和中性引出线的正常连接；提起定子基础板地脚螺栓，并带上螺母，要求地脚螺栓顶面高出螺母上端面的螺口符合设计要求，同时，地脚螺栓应处于自然垂直状态。

2. 坑内调整

利用架设在下机架混凝土基础面的支墩和千斤顶做配合，以水泵水轮机基准高程为基础，调整铁芯的高程，用水准仪测量定子中心线的高程，根据水泵水轮机座环的实际安装高程，并考虑水泵水轮机主轴、发电电动机主轴的长度偏差等综合进行，一般情况下，要求定子铁芯平均中心线比转子磁极平均中心线高 2mm；以水轮机的基准中心为准吊挂钢琴线，在定子铁芯内表面的上、中、下三个断面处各标出至少 16 个均布的测点，用内径千分尺测量定子的圆度应不大于定转子设计空气间隙值的 2%，根据测量数据计算出定子与机组的基准中心的同心度在 0.15mm 以内。

3. 基础浇筑

将定子基础板与楔子板、楔子板与楔子板以及楔子板与定子基础预埋板焊牢，固定、防护好基础螺栓，并沿定子机座外沿布置加固千斤顶，以防止基础浇筑过程中跑位。浇注定子基础二期混凝土，使定子基础和混凝土形成整体，推荐使用非收缩水泥 SIKA。待定子基础板二期混凝土养护合格后，复测定子中心、圆度、高程等，应满足要求，并把紧定子基础螺杆。

第三节 转 子 安 装

转子装配和安装工作全部在电站现场完成，具体包括转子支架安装、磁轭叠装、磁极安装以及转子安装。转子装配工作在安装间的预埋转子磁轭迭装基础和转子中心体支墩基础上进行，磁极安装完成后，整体吊入机坑内进行后续工作。

一、转子支架安装

转子支架在厂内加工成整体，且整体发运，需要在电站现场完成转子支架吊装、调整以及测圆架安装的工作。

（一）转子支架吊装

1. 转子支架吊装准备

（1）检查、处理转子中心体支墩基础以及转子中心体支墩的表面，除去其表面上的局部高点、油污及毛刺等。检查转子中心体支墩基础板的水平应在 0.50mm/m 以内。

（2）将转子中心体支墩吊放在转子中心体支墩基础上并用螺栓把紧。检查支墩与基础间的间隙应符合要求，如有间隙，必须用垫片填充。

（3）检查中心体支墩顶部的水平应在 0.02mm/m 内，如果支墩顶部水平在整个圆周上达不到要求，则必须用磨光机对支墩顶部进行处理，直至符合要求为止。

（4）将转子支架运进安装间。对中心体的上、下法兰面进行清扫，检查高点并除去毛刺。对中心体下法兰与安装支架接触的加工止口进行仔细清扫和修磨，保证其绝对干净和无损坏。

（5）试装转子中心体下法兰与主轴法兰的连接销钉，并做好标记。将所有螺栓孔和销钉孔涂抹防锈油脂。

2. 转子支架吊装

（1）安装转子支架吊具，完成转子支架立轴，注意立轴过程中做好防护。

（2）在中心体法兰面上涂抹一层透平油，并在中心体支墩上平面上均匀垫上一层 0.10mm 厚的铜皮。

（3）将转子支架吊装就位，并用螺栓将转子支架把紧在支墩上。

（二）转子支架调整

转子支架吊装就位后，在转子支架靠外侧加 3 个以上千斤顶，用以调整转子中心体上法兰面水平，要求其水平不大于 0.02mm/m。合格后，检查发电电动机转子支架下法兰面与中心体支墩法兰接触面间是否存在局部间隙，其局部间隙应用垫片进行填充处理。同时，检查转子上、下法兰止口同心度，要求同心度不大于 0.05mm。

转子支架调整完成后，检查转子支架磁轭键键槽的径向、周向垂直度以及弦距应满足设计要求；检查转子支架挂钩高程应满足设计要求，各挂钩圆周高差不大于 0.5mm，同一键槽两侧的挂钩高差不大于 0.3mm，否则应进行修磨处理。

（三）转子测圆架安装

将转子测圆架吊放于转子中心体上法兰并用螺栓把紧。在测圆架支臂上放置合像水平仪，旋转测圆架，读取水平仪在圆周上的水平值，其支臂合成水平不大于 0.02mm/m；用光学水准仪测量支臂外侧旋转一周的跳动量应不大于 0.20mm；利用中心测圆架转臂重复测量圆周上任意点的半径误差不得大于 0.02mm；调整测圆架与转子中心体下法兰的同心度应不大于 0.05mm。

转子测圆架调整合格后，应将测圆架上所有组合螺栓锁牢，以防使用过程中松动而影响测量结果。同时，检查中心测圆架旋转臂轴向测杆长度，其旋转臂轴向测杆长度应能满足测量整个转子磁轭叠片的轴向高度的要求。在测圆架的使用过程中，应分阶段校核转子测圆架的准确性。

二、磁轭装配

磁轭装配场地应清洁、干净、布置整齐且通风良好，应能防风、防雨、防尘，特别注意防止金属粉尘混入。磁轭装配应搭建牢固和安全的叠片平台及扶梯，以便于转子磁轭的叠装。磁轭装配有叠磁轭冲片和磁轭圈两种设计，主要区别在于叠装过程，打键过程一致。

（一）磁轭装配准备

（1）全面清理磁轭装配所需的所有安装、调整工具，并将其按转子磁轭装配的先后顺序进行编号、分类。

（2）抽样检查转子磁轭冲片的分类、清洗情况，检查冲片表面油、锈迹和毛刺等，并用干净抹布将冲片表面清擦干净。应从每类磁轭冲片抽取 10 张冲片，用千分尺测量每张磁轭冲片的实际厚度，要求每张磁轭冲片测量点应不少于 12 点，且测量点沿每张冲片外边缘尽可能均匀分布。并根据各类冲片的测量结果，计算出每类冲片的实际平均厚度。参照每类磁轭冲片的实际平均厚度，确定转子磁轭叠装表，将单张重量大的磁轭冲片叠装在转子磁轭下端。

（3）清理导向键、叠片销钉、磁轭支撑用千斤顶等叠片工具。清理磁轭键，并检查每对磁轭键的配对情况。

（4）安放磁轭叠片支墩配套键和调整用千斤顶，初步调整其顶部高程和水平。

（二）磁轭叠片与压紧

1. 磁轭叠片

（1）将转子下磁轭压板吊放于转子支架挂钩上，下部用千斤顶进行支撑。调整下磁轭压板的中心偏差、周向水平和径向水平，要求与转子中心体的中心偏差不大于0.10mm，制动环把合面的周向水平不大于1mm、径向水平不大于0.50mm，检查下磁轭压板与支架挂钩之间，应无间隙，允许局部有不超过0.50mm的间隙；调整下磁轭压板上的键槽缺口与转子支架键槽的周向位置偏差不大于1mm。

（2）在下磁轭压板上试叠装约150mm高度的磁轭冲片。利用内径千分尺、测圆架等工具，调整至该段磁轭冲片半径较设计半径的偏差为±0.20mm，圆度不大于0.30mm，与转子中心体下法兰的同心度不大于0.05mm，检查磁轭冲片与对应键槽的周向位置偏差不大于0.50mm。

（3）检查磁轭冲片上的拉紧螺杆孔与下磁轭压板上拉紧螺杆孔的位置偏差，其偏差不得影响拉紧螺杆的安装，否则必须对下风扇座上的螺孔进行修磨处理。

（4）安装磁轭叠片导向键。用内径千分尺、测圆架和钢琴线调整导向键的半径、周向和径向垂直度以及弦距，要求磁轭导向键外侧应紧靠所试叠的转子磁轭键槽，磁轭导向键径向垂直度不大于0.10mm，周向垂直度不大于0.10mm，相邻导向键的弦距偏差不大于0.50mm。

（5）根据磁轭叠片示意图和磁轭叠片堆积表，继续进行磁轭基准段的叠装，在叠片过程中用叠片销钉和导向键进行定位。当磁轭叠至约300mm高度时，调整圆度不大于0.30mm，与转子中心体下法兰的同心度不大于0.05mm，检查磁轭冲片与对应键槽的周向位置偏差不大于0.50mm。

（6）清理磁轭拉紧螺杆，将所有拉紧螺杆穿入已经调整合格的基准段磁轭。注意螺杆短螺纹段在磁轭下部，并对螺杆进行防护。

（7）根据磁轭叠片示意图和磁轭叠片堆积表，继续叠片。交替进行叠片、预压等工序，并根据磁轭预压的波浪度，利用磁轭调节垫片进行转子磁轭圆周波浪度、径向水平的调整，以确保磁轭上部圆周波浪度不得大于3mm，其径向水平不得大于1mm。在整个磁轭叠装过程中，其磁轭冲片正反面应一致，并用铜棒随时对冲片进行整形，以保证磁轭冲片与转子支架立筋外圆的间隙均匀，并定期检查和调整转子的磁轭圆度（建议每叠装200mm高度后，对磁轭整体整形、测量一次），以免磁轭不圆或中心偏移。

（8）磁轭叠装完成后，复查转子中心体水平以及测圆架中心、水平等。分六个横断面检查并调整磁轭，整体圆柱度不大于0.40mm，计算与转子中心体下法兰的同心度不大于0.10mm，磁极键槽的周向垂直度不大于1.0mm。

2. 磁轭压紧

（1）磁轭压紧通过预压和最终压紧实现，预压次数与磁轭设计高度有关，一般情况下，每次预压的高度约为600～700mm。每次预压前后均需复查转子中心体水平以及测圆架中心、水平，同时检查磁轭的半径、整体圆柱度等。

（2）预压时，安装磁轭预压工具，应分 4 次（设计压紧力的 25％、50％、75％、100％）逐步将螺杆的压紧力增加至设计值；每次压紧时，利用液压拉伸器分 2 组或 4 组在对称方向上同时进行，并采用中圈→内圈→外圈→中圈的顺序进行磁轭压紧。每次压紧完成后，均应检查圆柱度不大于 0.40mm，与转子中心体下法兰的同心度不大于 0.10mm，磁极键槽的周向垂直度不大于 0.30mm。如出现超标，则采用在下次预压时调整压紧顺序的方法来进行校正。同时，检查磁轭的高度、计算磁轭的径向高差和周向波浪度，要求磁轭上部圆周波浪度不得大于 3mm，其径向水平不得大于 1mm。

（3）磁轭第一次预压完成后，在磁轭内、外圆处沿圆周分别均匀布置 16 根拉筋，一端点焊于磁轭下沿，另一端点焊于磁轭上沿，以固定第一大段磁轭，防止磁轭圆度、同心度等发生较大变化。拆除磁轭压紧工具。

（4）最终压紧前，吊装上磁轭压板，安装时应注意与转子支架的方位标记一致。压紧时，应分 4 次（设计压紧力 25％、50％、75％、100％）逐步将螺杆的压紧力增加至设计值；每次压紧时，利用液压拉伸器分 2 组或 4 组在对称方向上同时进行，并采用中圈→内圈→外圈→中圈的顺序进行磁轭压紧。每次压紧完成后，均应检查以确保磁轭的圆度不大于 0.40mm，计算与转子中心体下法兰的同心度不大于 0.10mm，磁极键槽的周向垂直度不大于 1.0mm。如出现超标，则必须松开拉紧螺母进行重新调整。当所有螺母的压紧力达到设计值后，应再对所有螺母进行两次压紧，确保所有螺母的压紧力均达到设计值。检查磁轭的高度较设计高度差为 −1～+5mm，磁轭的径向高差不大于 1.0mm，磁轭的周向波浪度不大于 3.0mm。

（三）磁轭圈叠装

1. 首段磁轭圈安装

（1）磁轭圈根据转子结构的不同，可采用两种安装方式。方式一，如图 6-7（a）所示，采用专用工具利用桥机的主钩吊装或者主、副钩联合抬吊。主、副钩联合抬吊方式的磁轭吊装工具共有 4 个吊点，该工具设计允许磁轭圈在空中水平旋转。这种方式需要的起吊高程低，但依赖专用工具。在起吊高程不受限的条件下，也可按图 6-7（b）的方式二吊装磁轭圈。这种方式操作简单，仅需要钢丝绳，无需专用工具。

（2）安装吊装工具，吊装首段磁轭圈，套主轴时桥机主副钩下降速度不得超过 0.60m/min。当磁轭下端靠近主轴立筋时，吊钩停止下降。安装人员站在移动平台上手动转动磁轭，直至磁轭键槽与转子键槽大致对齐。当调整至对齐时，撤走移动平台，吊钩继续下降，直至磁轭段落在立筋挂钩上。

（3）磁轭圈吊装过程中，由于主、副钩同步偏差，或者自身重心的偏移，则吊装过程中存在倾斜，此时可通过单独起落主钩或副钩进行找平。为防止磁轭内径与转子支架干涉，要求主副钩同步偏差不得大于 25mm。

（4）磁轭圈水平度取决于挂钩的水平度，而挂钩水平度主要通过厂内加工挂钩平面，以及安装现场立轴后打磨挂钩平面来保证。为了保证磁轭圈叠装过程中水平度不发生变化，在磁轭支墩上放入楔形板，再调节各楔子板高度，使得首段磁轭圈水平度满足要求。

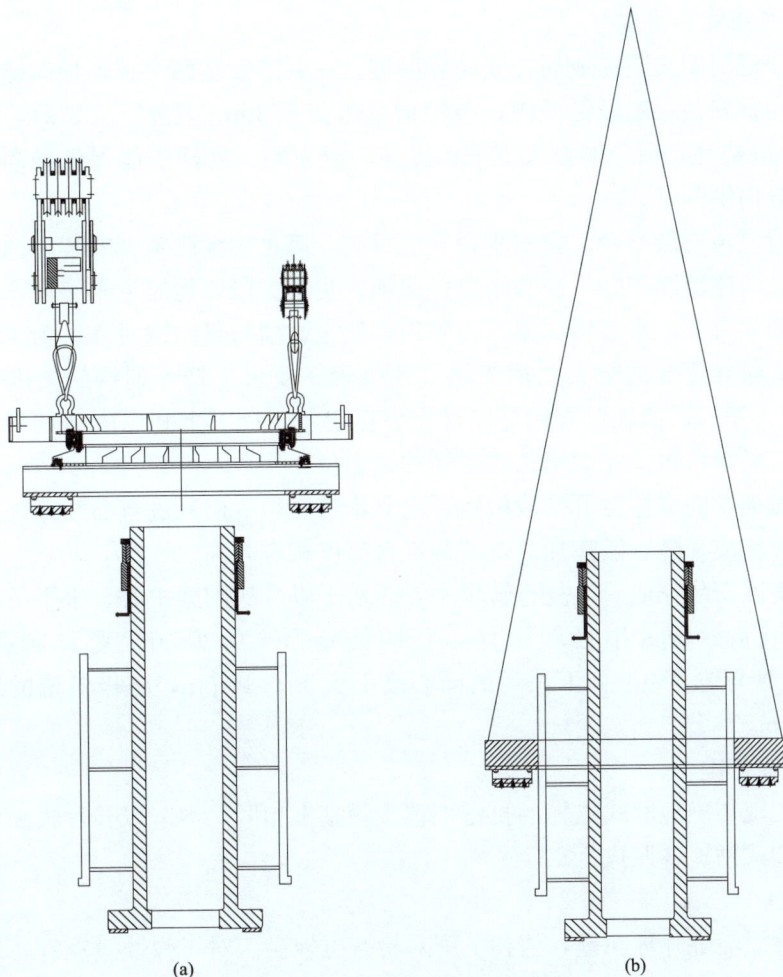

图 6-7 磁轭圈吊装

(a) 磁轭圈吊装方式一；(b) 磁轭圈吊装方式二

（5）调整磁轭圈周向位置偏差。在间隔 90°的四个立筋切向键的键槽内各打入一对短的工具楔形键来调节磁轭周向位置。当磁轭圈圆周最大半径与最小半径差值小于等于 0.50mm 时，可认为磁轭与转子支架周向位置偏差符合要求。注意：打键前在键与键接触面、键与键槽接触面涂二硫化钼。调整到位后退出楔形键。

（6）调整磁轭圈与转子支架的同心度。通过打径向键进行调节，在每个立筋径向键的键槽内均打入楔形调节键，详见图 6-8。测量并调整磁轭与转子支架同心度在 0.05mm 以内。同心度调整好以后，径向调节键暂时点焊在立筋底面，待磁轭全部叠装后拆除，以保证首段磁轭在整个磁轭安装过程中保持不动。

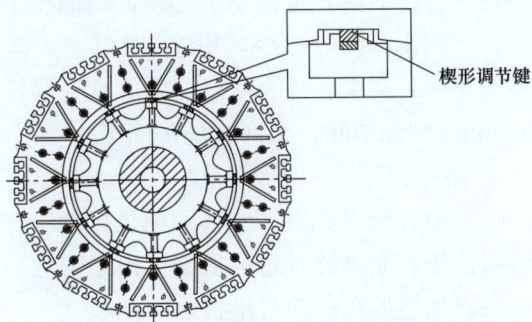

图 6-8 用径向调节键调节磁轭与转子轴同心度

2. 其他段磁轭圈安装

（1）首段磁轭圈安装完成后，安装导向键。一共需安装两个磁轭导向键，呈180°对称布置。导向键安装在磁极键槽内，与键槽单边留有2mm间隙。安装时，在导向键一侧垫入侧2mm垫片，另一侧楔入楔子板将导向键楔紧。这样既能保证导向键与键槽间隙，又能将导向键固定。

（2）布置磁轭安装平台。要求平台安全可靠，满足后续磁轭圈安装、调整。

（3）第二段磁轭圈安装。吊装第二段磁轭，当第二段磁轭靠近第一段磁轭时，安装人员站在安装平台上，水平转动第二段磁轭，使之键槽与导向键对齐。为了防止第二段磁轭水平度太差导致导向键无法插入第二段磁轭，要求主钩、副钩的高度偏差不大于25mm。此时，第二段磁轭已利用导向键完成粗定位，接下来利用磁轭调整专用工具继续调整第二段磁轭位置，完成第二段磁轭的精定位。

（4）将磁轭导向键移至下一段磁轭，重复步骤（1）～（3）进行后续磁轭圈安装，直至磁轭圈安装完成。随着磁轭加高，安装平台高度相应升高。

（5）磁轭圈安装完成后，复查转子中心体水平以及测圆架中心、水平等。分六个横断面检查并调整磁轭的半径较设计半径的偏差为±0.20mm，整体圆柱度不大于0.40mm，计算与转子中心体下法兰的同心度不大于0.10mm，磁极键槽的周向垂直度不大于1.0mm。

（四）磁轭打键

叠片式磁轭与磁轭圈式磁轭的打键工艺步骤基本相同，本节以叠片式磁轭为例进行介绍，磁轭圈式磁轭参照执行。

1. 冷打键

（1）拆除磁轭叠片导向键，清扫、配对检查磁轭键。对于弹性磁轭键，用刀口尺和塞尺检查弹性键上与垫板的配合段间隙，在全长范围内均应不小于0.5mm。

（2）检查磁轭键键槽，对突出键槽内的磁轭冲片进行拉削处理，以保证键槽的平整度。

（3）安装磁轭键。安装时，应在磁轭键的主键和副键的摩擦配合面上涂抹润滑剂，以减少在冷打键过程中的摩擦力；同时，应采取措施防止异物掉入磁轭键槽的空隙中。磁轭主键伸出副键的长度应满足磁轭冷打键和热打键的要求并留有适当的余量，并要保证磁轭热打键后磁轭主键小头必须伸出磁轭下沿。

（4）用18磅（约为8.16kg）及以上大锤对磁轭键进行冷态打紧，打紧过程中应进一步调整磁轭圆度、垂直度以及同心度。弹性键结构冷打键时，应将弹性键与垫板之间的0.6mm间隙消除，允许有局部间隙。

2. 热打键

（1）冷打键完成后，计算磁轭热打键应打入的长度，在磁轭主键上划线标记并临时安装限位块。如果此时磁轭主键伸出副键的长度不能满足热打键的要求，可根据图纸要求在磁轭加热后在磁轭与垫板之间加垫。

（2）根据现场条件选用合适的加热方法加热磁轭。一般采用电加热片进行磁轭加热，采用电加热片加热时，其电加热片应均匀地布置在转子磁轭层与层之间的通风沟处。磁轭加热时，应采取良好的保温措施，通常采用隔热效果较好的石棉布和篷布进行保温。

（3）在加热的过程中，应注意控制磁轭的温升以及磁轭与转子支架之间的温差，并对转子磁轭及支架立筋间的温差进行定期检测、记录。磁轭加热时间一般不应超过12h。

（4）当转子磁轭及支架立筋间的温差达到要求后，应进行保温，并检测转子支架与磁轭之间的间隙。当间隙符合要求后，即可停止加热，并按照磁轭热打键标记，对称均匀地打紧磁轭键。

（5）热打键完成以后，在转子磁轭冷却过程中，应采取适当的保温措施，使磁轭从下向上的顺序冷却，以防止磁轭上串，同时，应有效控制磁轭冷却速度，以免磁轭温度骤然降低而导致磁轭中心偏移、不圆或转子中心体变形，待磁轭冷却到40℃以下时，方可揭开保温篷布。

（6）转子磁轭完全冷却后，按要求用液压拉伸器对磁轭再次进行压紧，合格后，按要求点焊所有磁轭压紧螺杆螺母。同时，复查转子中心体水平、测圆架准确度以及磁轭半径、圆度等。

三、磁极安装

（一）磁极挂装

1. 磁极挂装准备

（1）复查转子中心体水平，用不小于1m的平尺检查磁轭外表面与磁极铁芯配合段的平直度，对突出片进行局部打磨，以保证磁极铁芯与磁轭配合良好。

（2）用专用铣刀拉铣转子磁极挂装用"T"尾槽。

（3）用有机溶剂清洗转子磁极键表面防锈漆以及油污，除去磁极键表面的锈斑以及毛刺等，将转子磁极键配对，并检查每对磁极键接触情况。

（4）开箱并全面清扫所有磁极，检查所有磁极表面。按要求检查磁极直流电阻，要求磁极直流电阻值（同一温度下）相互之间差值不超过最小值的2%，每个磁极的绝缘电阻不应低于200MΩ。检查磁极交流阻抗，其交流阻抗相互之间比较应无明显差别（一般不大于平均值的10%），否则应查明原因并予以处理。对每一个磁极进行交流耐压试验，试验电压为$10U_f+1500V$，试验合格后方允许挂装磁极。

（5）以转子中心体下法兰面为基准，按照设计要求，并参考定子铁芯的实际平均中心高程，确定出转子磁极中心线高程；测量每个磁极铁芯的实际长度，确定每个磁极铁芯中心位置。并根据磁极铁芯实际长度和磁极铁芯中心高程，确定出每个磁极下部挡块的高程，对挡块进行配加工。

2. 磁极正式挂装

（1）安装磁极下部挡块，并复核其高程，应满足磁极挂装的要求。

（2）按照编号对称进行转子磁极挂装，磁极挂装位置要与转子引线的位置相对应。

（3）打紧磁极键，每隔24h打紧一次，前后共计3次，每次以在相同的锤击力下其磁极键轴向移动小于1mm为合格。要求磁极键打紧后，其磁极键的下端部不得突出于磁轭下端面，否则，应将其切除；检查磁极铁芯与磁轭之间的间隙，间隙应符合有关规范要求，否则，应将磁极吊出后对磁轭外表面进行修磨处理。

（4）打紧所有转子磁极键后，测量单个磁极线棒的交流阻抗值，其相互间不应有显著差别，试验所加电压不应大于额定励磁电压。每个磁极的绝缘电阻不应低于5MΩ。对每一个磁极进行交流耐压试验，试验电压为$10U_f+1000V$。

（5）校核转子磁极的挂装高程，要求各磁极挂装高程偏差不应大于±2.0mm，对称方向上磁极挂装高程差不大于1.5mm。分上、中、下三个断面测量各转子磁极铁芯轴对称线位置处的半径，磁极半径偏差满足设计要求，圆柱度不大于0.60mm，与转子中心体下法兰止口的同心度不大于0.15mm。

（6）将磁极键多余部分割除，磁极键的点焊固定在机组完成过速试验并再次打紧后进行。

（二）磁极极间连接装配

1. 阻尼环连接片安装

（1）清理磁极阻尼环及阻尼环连接片把合面，除去其表面油污及毛刺等。

（2）安装阻尼环连接片，并用专用工具将阻尼环连接片和阻尼环夹紧，阻尼环连接片应与阻尼环平齐，不得凸出阻尼环外圆。

（3）以阻尼环上孔为样板在阻尼环连接片上配钻把合螺栓孔。

（4）把紧阻尼环连接片把合螺栓，用0.05mm塞尺检查阻尼环连接片与阻尼环的接触面，塞入深度不得超过5mm。检查合格后，应将把合螺栓锁定牢靠。

2. 极间连接线安装

（1）全面清理磁极引线头把合面及磁极极间连接线把合面，除去其表面油污及毛刺等，检查同一磁极极间连接线所把合的相邻磁极引线头间高程差。

（2）预装各磁极极间连接线。根据极间连接线的实际布置以及设计要求，布置磁极极间连接线支撑垫铁以及其绝缘垫块，检查各磁极极间连接线和磁极引线头间的搭接，应符合设计要求。必要时，可对极间连接线的支撑垫铁、绝缘垫块等进行加垫、修磨等处理，以满足极间连接线的装配要求。将支撑垫铁焊接于磁轭压板或风扇座上，焊接时，应采取相应的保护措施。

（3）将极间连接线安装就位。检查极间连接线和磁极引线头间是否存在间隙，否则，应进行处理，以满足极间连接线和磁极引线头把合面间隙要求；同时，检查各极间连接线是否压紧，否则，应在线夹内可靠地垫入浸有室温环氧浸渍胶的涤纶毛毡，然后把紧线夹，确保其压紧极间连接线。

（4）极间连接线和磁极引线头间隙满足要求后，用专用工具将极间连接线和磁极引线头夹紧，以磁极引线头上的把合螺栓孔为样板，配钻极间连接线上的把合螺栓孔。把紧极间连接线和磁极引线头间的把合螺栓，用0.05mm塞尺检查极间连接线和磁极引线头间的接触面，塞入深度不得超过5mm。检查合格后，将所有极间连接线和磁极引线头间的把合螺栓以及其绝缘支撑垫块把合螺栓用螺纹锁固剂和止动垫圈锁定牢靠。

（5）测量整体转子磁极的直流电阻以及绝缘电阻，其中，转子绕组绝缘电阻测量值不应小于5MΩ，否则，应进行干燥；干燥后当转子绕组温度降至室温时，测量转子绕组绝缘电阻以及直流电阻值，对转子磁极整体进行交流耐压试验，试验电压为$10U_f$。

（三）转子引线装配

（1）预装转子引线及其配套线夹装配，要求其相邻引线间的相互搭接长度应满足要求，且转子引线的长度应满足其与集电环引线接间的连接。

（2）根据实际预装结果，以引线有孔端为样板配钻转子支架上所有引线的无孔端把合孔。同时，装焊线夹装配。

（3）将转子引线安装就位，按标准力矩要求把紧转子引线接头间的把合螺栓，用0.05mm塞尺检查引线接头间的接触面，塞入深度不得超过5mm，合格后，锁紧所有转子引线接头把合螺栓。

（4）用把合螺栓将转子引线与其支撑垫铁以及其绝缘支撑垫块把合为一体。检查各转子引线是否压紧，否则，应用浸有室温环氧浸渍胶的涤纶毛毡可靠地垫入，然后把紧线夹，确保其压紧引线转子安装。检查合格后，锁紧所有转子引线头把合螺栓以及其绝缘支撑垫块把合螺栓。

（5）转子引线安装完成后，全面检查整个转子引线装配，测量转子引线的绝缘电阻，应不小于5MΩ；对转子引线进行交流耐压试验，试验电压为$10U_f+1000$，时间为1min（与磁极端断开）。

（6）测量整个转子绕组（含磁极、转子引线装配）的直流电阻以及绝缘电阻，其中，转子绕组绝缘电阻测量值不应小于0.5MΩ，否则，应进行干燥。干燥后当转子绕组温度降至室温时，测量转子绕组绝缘电阻以及直流电阻值，对转子磁极绕组进行交流耐压试验，试验电压为$10U_f$。

四、转子安装

转子装配完成，整体电气试验合格后，将转子整体吊入机坑进行安装、调整以及转动部分重量转移等后续工作。转子吊装使用专用工具进行吊装，吊入机坑后，落到制动器上。

（一）吊装

1.吊装准备

（1）吊具检查。检查吊具几何尺寸，确保各部件的良好配合；吊装用平衡梁的所有焊缝进行电压互感器检查；清扫连接部件，检查吊具连接销、卡环，并测量记录其直径及厚度数据，确保良好的装配配合。

（2）桥机检查。对两台桥机机械部分、电气部分进行全部的维修及检查，确认桥机运转状态良好；桥机起升机构、钢丝绳缠绕系统、安全保护装置应重点进行检查与调整；检查抱闸闸瓦是否完好，调整抱闸间隙，确保刹车牢靠；对两台桥机进行电气及机械并车，检查大车行走、小车行走、起升是否同步。

（3）吊具安装。清扫转子主轴与吊具配合面，应无杂物及毛刺；将两台桥机进行并车试验合格后与平衡梁进行连接，保证挂钩在平衡梁中心；桥机开至转子上方将平衡梁与转子主轴进行连接，安装卡环，转子主轴应在平衡梁中心。

（4）机坑安装准备。转子下部的水轮机部件已吊装就位，发电电动机大轴法兰、推力头与转子中心体装配方位正确；联轴螺栓及螺母配合良好，做好螺栓与螺母配合标记；下机架按图安装调整合格；制动器系统安装、调试完成，制动器顶部高程调整（依据实际计算值）满足要求；高压油系统安装、调试完成及推力轴承安装完成（伞式机组）；全面清扫、检查定子装配，检查定子装配应完全满足图纸要求且定子铁芯通风沟、定子机座环板等部位不得存在异物；全面清扫、检查转子装配，其转子装配应完全满足图纸要求，且无任何异物存在。

2. 转子吊装

转子在安装间组装完成后，通过桥机整体吊入机坑就位，根据发电电动机轴系的不同，转子的起吊方式大致分为三种。

（1）转子为三段轴形式的吊装。转子轴系由上端轴、转子支架、主轴（下端轴）组成，如图 6-9 所示，主轴先吊入机坑，与水轮机轴通过法兰固定。转子支架的上圆盘与专用起吊轴连接，起吊轴再与平衡梁连接，起吊转子。这种形式转子起吊所需高程较小，对厂房高度也无特殊要求。

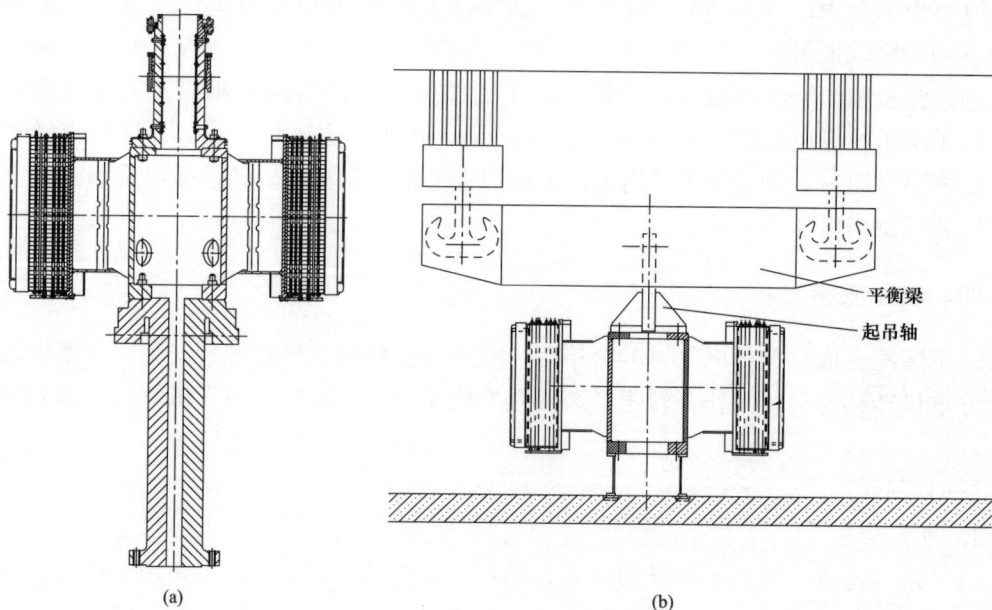

图 6-9　转子为三段轴形式的吊装
（a）三段轴轴系；（b）转子装配起吊

（2）转子为两段轴形式的吊装。如图 6-10 所示，上端轴和转子支架为一体，主轴与转子支架在下端把合。安装时主轴先吊入机坑，与水轮机轴连接固定。起吊轴与转子在上端连接，再与平衡梁连接，起吊转子。这种形式转子起吊所需高程较前一种方式高。

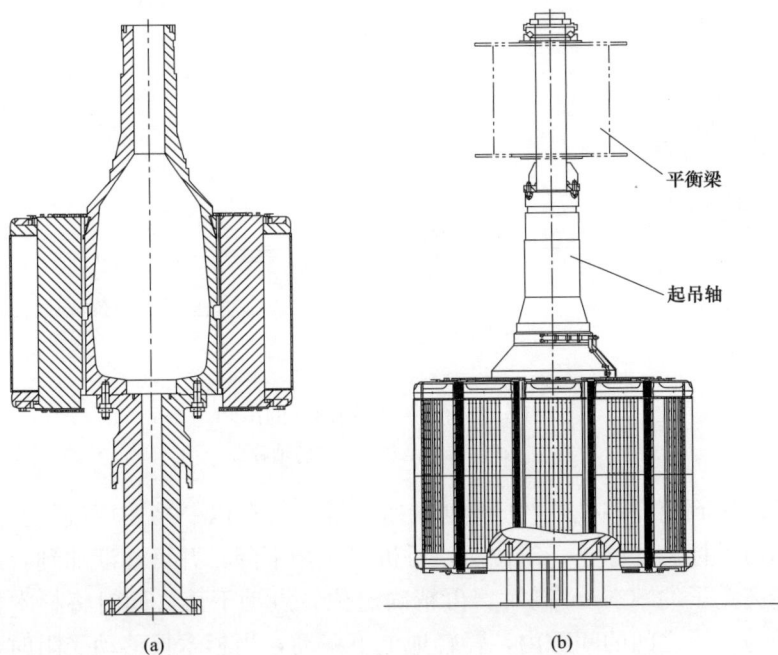

图 6-10　转子为两段轴形式的吊装
（a）两段轴轴系；（b）转子装配起吊

（3）转子为一段轴形式的吊装。如图 6-11 所示。对于高速机组采用一段轴结构形式，一方面可减少法兰把合面增加轴系可靠性，另一方面也可减小轴系长度，提高临界转速，增强轴系的稳定性，因而在高速机组中使用较多。但这种结构起吊高度较高，在设计使用时要充分考虑安装及吊装。一段轴形式在安装间需设地坑以方便磁轭及磁极安装，主轴翻身及转子起吊占用的厂房高度较高，一般需要增加厂房高度。

转子吊装过程中，应注意：

（1）起升转子约 10mm 停止，检查桥机、平衡梁与转子主轴的连接是否可靠，确保安全后继续起升高度约 50mm，起升机构停止上升，确认桥机各机构运行正常、制动机构、安全装置可靠。而后，再起落转子两次，起升高度为 100mm、200mm，进行安全性检查可靠后方可进行后续动作。

（2）确定桥机起升机构及起吊装置各部正常后，以合适档位起升转子到合适高度，对转子主轴下法兰进行清扫、检查，去掉法兰面的高点和毛刺。检查合格后，主小车同步以一挡速度向下游方向行走约 500mm 时停止，对桥机小车行走机构、制动器进行检查，确保安全后方可继续行走小车；将主小车行走到机组中心线所对应的桥机上的标志处。桥机大车以一挡速度行走约 500mm 后制动，对桥机大车行走机构、制动器进行检查，确保安全后方可继续行走大车，并加速到合适挡位运行。

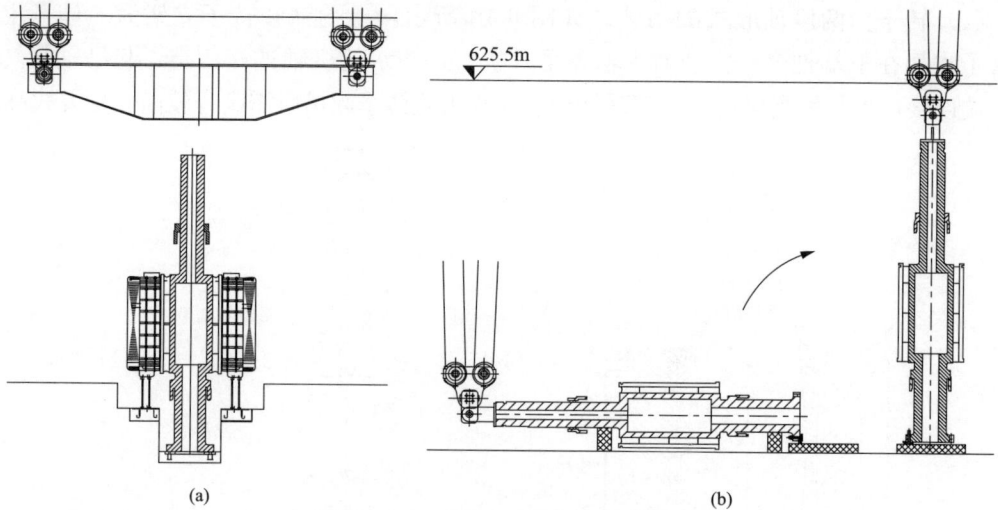

图 6-11 转子为一段轴形式的吊装

（a）一段轴转子吊装；（b）转轴翻身

（3）转子吊运到离安装位置约 5m 处减速，桥机大车以一挡速度进行行走定位，桥机运行到大车轨道标志处停止。定位后，桥机以一挡下降，并可逐渐加到合适挡位速度下降。当转子离定子约 500mm 高时，再精确定位，点动下落，同时将杉木板每隔一个磁极插入转子与定子之间的间隙内，轻轻地上下移动，当杉木板移动受阻时，及时对转子中心进行微调。自由上下移动后，缓缓将转子下落在制动器上，卸除转子的吊具。

（二）转子联轴（设计有发电电动机主轴）

检查主轴与转子联轴法兰的厂内标记是否在同一方位，安装双头螺柱及螺母。在圆周对称的四个方向，用拉伸器对称、均匀提升主轴，每次提升高度不得超过 2mm，其他螺母应及时旋紧。主轴提升过程中，应注意法兰止口及销钉孔，避免止口出现磕伤问题；同时应注意不得有异物进入连接法兰之间。

当主轴法兰与转子中心体下法兰距离约 10mm 时，再次清理主轴法兰及转子法兰，装入圆柱销。继续提升主轴至两法兰面完全靠紧。对称预紧圆周均布的四个双头螺柱，拉力及拉伸值为设计值的 50%，旋紧螺母。按照对称、均布原则，用拉伸器将其余双头螺柱预紧至设计拉力及伸长值的 50%、100%。将原来的四件双头螺柱预紧至设计拉力及伸长值。检查主轴法兰与转子中心体法兰之间的间隙，用 0.05mm 塞尺检查应满足规范要求。

（三）转动部分重量转移

转子联轴完成后，在承重机架安装、推力轴承装配完成的前提下，进行转动部分重量转移。

在圆周均布的四个方位上，安装四块下导轴承瓦或上导轴承瓦，使其与主轴滑转子抱紧，抱紧前在滑转子与轴瓦间浇适量的透平油。利用与制动器高压油管路连接的电动油泵顶起转子，拆除制动器机械锁定装置，然后缓慢卸掉油泵压力，落下转子，拆除转子吊装过程中放在每个制动器制动块上的平整钢板，使发电电动机转动部分重量的转移到推力轴承上。实测机组转动部分的重量转移到推力轴承上后承重机架的挠度，并初步推算出额定推力负荷下机组承重机架的挠度。

◆ 第四节　机　架　安　装

机架分为上机架和下机架，机架安装包括机架组装和预装、机架安装。因推力轴承装配分布位置的不一致，预装和安装过程存在一定的区别。为此，特定义靠近推力轴承装配的机架为负荷机架，另一个则为非负荷机架。

一、机架组装和预装

机架主要由中心体与支臂组成，支臂与中心体间有螺栓把合结构和直接焊接结构。支臂和中心体在厂内预装后拆分开运至电站，现场需要对机架进行组装、质量检查。

（一）机架组装

1. 机架组装准备

（1）清理机架支臂加工及机架中心体合缝面。

（2）将机架中心体临时支墩和调整楔子板放置在合适位置处，初调楔子板顶面高程差调整至 1mm 以内。

（3）准备一定数量千斤顶，用于临时支撑、调整机架支臂。

2. 支臂与中心体螺栓把合

（1）将机架中心体吊放在调整楔子板上，注意其方位，调整机架中心体水平度不大于 0.05mm/m。

（2）按厂内预装标记对称吊装机架支臂，调整、测量各支臂半径值、支臂间弦长值等在设计公差范围内。

（3）检查中心体上法兰面的水平、各支臂与中心体间的配对标记，然后通过螺栓等部件连为一体。组装后检查各支臂分布半径、相邻两支臂间的弦长、支臂基础板与中心体间的轴向位置以及机架各支臂基础板的高差等，应在设计公差范围内。尺寸检查完成后应将所有紧固件锁紧固定。

3. 支臂与中心体焊接

（1）先焊接支臂与中心体立缝焊接，再焊接中心体与支臂上、下翼板间的对接焊缝。

（2）焊接时，采用分层分段退步焊的焊接方法，对称地焊接；焊接过程中，焊缝的每道焊层完成后，应及时测量机架各支臂外侧距中心的距离、相邻两支臂间的弦长、支臂基础板与中心体间的轴向位置等，以便及时采取相应的措施；每道焊层焊接完成后，应用风铲锤击焊缝表面，以消除焊接时的焊缝的焊接应力；焊接完成后，应全面检测、调整机架中心体上法兰面的水平度，测量机架各支臂外侧分布半径、相邻两支臂间的弦长、支臂基础板与中心体间的轴向位置等。

（3）支臂与中心体立缝焊接时，应从立缝的中部开始，对称且上、下交替地进行同一支臂腹板与中心体间的对接立缝焊接，以保证焊缝焊接质量。

（4）中心体与支臂上、下翼板间的对接焊缝焊接时，先同时进行支臂上、下翼板与中心体间对接焊缝的上（下）部坡口的某一焊层的焊接，焊接后，再对称进行支臂上、下翼板与中心体间对接焊缝的下（上）部坡口的同一焊层的焊接；焊接过程中，应严格进行环形对接焊缝的背部清根、检查。

（二）机架预装

机架预装在水轮机导水机构预装完成后进行，建议与定子安装同步进行。

1. 机架预装准备

（1）清理、检查机架各支臂基础板组合面，除去其局部高点、油污以及毛刺等，并按厂内编号将基础板与其相应支臂把合到一起，检查基础板的接触面是否良好。

（2）配对检查各支臂基础板地脚螺栓与螺母，将基础板的地脚螺栓放入地脚螺栓基础坑内。

（3）准备一定数量千斤顶，用于临时支撑、调整。吊装机架时，注意周向方位。

2. 上机架预装

（1）将上机架吊放到定子机座上环板上。

（2）调整上机架中心体高程、水平。利用定子铁芯中心，用钢琴线调整上机架中心体中心，调整后，要求上机架中心体中心偏差不应大于 0.50mm；若上机架为非负荷机架，要求中心体高程偏差不超过设计值的 ±1.0mm；若上机架为负荷机架，中心体高程最终确定，应在满足设计高程的基础上，综合考虑水轮机座环的实际安装高程、定子安装高程偏差、水轮机主轴和发电电动机主轴的轴向长度加工偏差、推力头轴向高度加工偏差、上机架在额定推力负荷下的扰度、转轮的安装高程等因素，控制偏差控制在 0～2mm 范围内。

（3）可根据上机架受力面的水平、高程及上机架基础垫板下表面与定子机座支脚上表面间的间隙情况，加工上机架与定子机座连接装配中的调节垫板。

（4）调整合格后，检查上机架相关尺寸，将上机架各连接部件做好配对标记。按要求浇注上机架基础板二期混凝土，注意正式浇筑前采取措施防止基础螺栓发生偏斜等，浇筑过程中采取措施防止上机架发生偏移，浇筑完成后复查上机架中心、水平等。

（5）上机架预装完成后，将上机架各基础垫板把合螺栓松开，并将上机架吊出机坑。

3. 下机架预装

（1）将下机架吊入机坑，提起下机架基础板地脚螺栓，并带上螺母，要求地脚螺栓顶面高出螺母上端面的螺口不得少于一个螺距，并将下机架支臂基础板地脚螺栓，用钢筋搭接在基础坑内的钢筋上。

（2）调整下机架中心体高程、水平。以水泵水轮机基准中心为基准，用钢琴线调整下机架中心体中心，若下机架为非负荷机架，要求中心体高程偏差不超过设计值的 ±0.50mm，中心偏差不应大于 0.50mm、水平偏差不应大于 0.05mm/m；；若下机架为承重机架，要求中心体中心偏差不应大于 0.25mm，水平偏差不应大于 0.02mm/m，其高程最终确定，应在满足设计高程的基础上，综合考虑水轮机座环的实际安装高程、定子安装高程偏差、水轮机主轴和发电电动机主轴的轴向长度加工偏差、推力头轴向高度加工偏差、下机架在额定推力负荷下的扰度、转轮的安装高程等因素，控制偏差控制在 0～1mm 范围内。

（3）调整合格后，检查下机架相关尺寸，将下机架各连接部件做好配对标记。按要求浇注下机架基础板二期混凝土，注意正式浇筑前采取措施防止基础螺栓发生偏斜等，浇筑过程中采取措施防止下机架发生偏移，浇筑完成后复查下机架中心、水平等。

（4）下机架预装完成后，将下机架各基础垫板把合螺栓松开，并将下机架吊出机坑。

二、机架安装

机架安装在机组总装阶段进行。安装时，按机架预装时标记回装机架，检查其机架基础板与其垫板间间隙，检查机架中心体的中心、高程及水平，应与机架预装时数值一致。检查合格后，把紧机架基础螺栓，并进行机架内其他配套部件的安装。

⊯ 第五节　轴承安装及轴线调整

轴承安装包括推力轴承安装和调整、导轴承安装和调整。轴线调整，是发电电动机组总装过程中最重要的一道工序，其主要检测方法就是盘车。

一、推力轴承安装

推力轴承因支撑结构方式不一样，安装和调整存在比较大的区别，在此，特选取发电电动机常用的刚性支柱式、液压式（包括液压支柱式和无支柱液压式）和弹簧束式三种支撑结构进行展开。推力轴承安装检查时应搭设全封闭遮盖棚，以防灰尘及其他外界杂物的污染。

（一）刚性支柱式推力轴承安装

1. 安装准备

（1）清扫负荷机架中心体，特别是负荷机架中心体与油盘、推力轴承装配之间的接触面，彻底清扫整个推力油槽内部。检查负荷机架中心体上与推力轴承座把合面的水平不大于 $0.02\mathrm{mm/m}$。

（2）彻底清扫、检查推力轴承装配中的（包括镜板）各部件，包括推力瓦、托瓦、支柱螺栓等。试配各旋转部件，要求其灵活度与接触面积符合设计要求。

（3）设计有托瓦、托盘结构的，需要提前将托瓦与推力瓦、托瓦与托盘研配。将托瓦和推力瓦进行配对检查，用红丹粉检查配合面的接触面积不应小于 75%，否则应对托瓦进行研配处理；检查推力瓦与托瓦上的键之间的滑动灵活性，推力瓦在径向方向上应能来回滑动灵活，不得有卡阻现象，否则应对键进行修磨处理。研配托盘和托瓦，要求托瓦与托盘接触圆环的接触面之间接触面积应达 80% 以上；且研磨后保证托盘与托瓦不接触圆环与托瓦相应面之间隙在 $0.03\sim0.05\mathrm{mm}$；否则，应进行研磨处理。

2. 推力轴承安装

（1）将推力轴承座吊放于负荷机架中心体上，将推力轴承座把合在负荷机架中心体上。有绝缘结构设计的，安装推力轴承座时按设计要求安装绝缘件，并用 $1000\mathrm{V}$ 绝缘电阻表检查推力轴承座与大地绝缘电阻值，要求其绝缘电阻不小于 $5\mathrm{M\Omega}$。

（2）检查推力轴承座与负荷机架中心体把合面之间的间隙，用 0.05mm 塞尺不得通过，否则，应对把合面进行修磨处理。检查并调整推力轴承座上平面的水平不应大于 0.02mm/m。

（3）安装支柱螺栓，并测量、调整支柱螺栓顶面高程。

（4）安装托盘、托瓦以及推力瓦。将三块基本对称的推力瓦的支柱螺栓按所计算的高程旋到位，其余推力瓦的高度均低于此三块基准瓦。

（5）利用连板连接托瓦及推力瓦。在推力瓦表面均匀抹上合格的透平油。

（6）吊装镜板，控制好镜板水平后将镜板吊放到上推力瓦上。调整三块基准推力瓦下面的支柱螺栓，将镜板水平控制在 0.02mm/m 以内，镜板水平调整需要兼顾高程。将其余支柱螺栓旋起，使所有推力瓦与镜板接触，但不破坏镜板的水平。复测镜板水平，要求不大于 0.02mm/m。

（7）推力头安装。对于伞式机组，推力头可以与镜板一同吊装，将推力头吊装到镜板上方，调整、安装到位后，检查两者之间的间隙，0.02mm 塞尺应无法塞入；对于悬式机组，则需要在转子吊装后热套推力头。

（8）热套推力头安装。测量推力头与主轴之间配合面配合尺寸，核查二者之间的配合尺寸是否与设计相符；清理、检查主轴扭矩键表面，除去其键槽及其表面毛刺、棱角等，分别在主轴和推力头上进行试装配；清理、检查锁圈（卡环）及其所对应的主轴卡槽，除去其二者表面的锈蚀、毛刺、棱角等，并预装锁圈，要求锁圈在主轴卡槽内应灵活转动；采用悬挂钢琴线的方法，在相互垂直的两个方向上，测量主轴垂直度应不大于 0.10mm/m，以便于推力头套装；用桥机将推力头吊起一定高度，调整推力头水平，其水平应不大于 0.02mm/m；按主轴键槽方位调整好推力头位置，确保推力头热套时不用再转动；根据热套间隙确定其加热器总容量及加热时间，推力头热套加热时，应将其温升速率控制在 5~8℃/h，并要求推力头热套温升一般不应超过 100℃；应定期测量、记录推力头温升及内径；实测间隙满足要求后，迅速吊装推力头，然后，迅速将卡环安装就位，并用拔推力头专用工具对称、均匀把紧拉紧螺杆或者直接把转动部分落在推力瓦上面，检查卡环上、下受力面的间隙，用 0.02mm 塞尺不能通过；当推力头温度降到室温时（注意降温过程中采取措施控制温降不大于 10℃/h），松开并取下拔推力头专用工具，再次检查卡环上、下受力面的间隙。

（二）液压式推力轴承安装

液压式推力轴承（包括液压支柱式推力轴承和无支柱式液压推力轴承）的安装跟刚性支柱式推力轴承的安装大体一致，主要区别在于液压式推力轴承的液压装置（一般是指弹性油箱）和推力轴承底盘是结合在一起的整体。安装时，弹性油箱底盘与负荷机架把合面间应无间隙；确定镜板高程和水平过程中，应考虑弹性油箱承重后的压缩量，为此，需要相应提高镜板高程。

（三）弹簧束式推力轴承安装

弹簧束式推力轴承的特点是用弹簧束装配代替前面两种装配支柱螺栓和弹性油箱装配，推力轴承座的水平的好坏直接决定镜板的水平。安装时，第一步，清扫、检查所有弹簧装配的高度，偏差应满足设计要求；第二步，在推力轴承座安装、调整到位后，在推力轴承座上安装间隔块和弹簧挡块；第三步，在弹簧挡块之间布置弹簧装配，检查弹簧装配与各弹簧挡块之间应有约 0.5～1.0mm 间隙；第四步，在弹簧上方按编号安放托瓦和推力瓦，调整托瓦进、出油边与间隔块之间的间隙值符合设计要求；第五步，用精密水准仪测量各推力瓦上平面的高差，要求每块瓦测量四个点，所有测点的高差一般不大于 0.10mm；第六步，弹簧束式推力轴承其他部件安装参照刚性支柱式推力轴承的安装。

二、推力轴承调整

机组轴线调整前，可进行机组受力初步调整；等机组轴线盘车检查、处理合格后，再对推力轴承受力进行最后的调整。

（一）刚性支柱式推力轴承调整

刚性支柱式推力轴承调整常用方法有三种，分别是人工锤击调整法、百分表调整法、应变仪调整法。

1. 人工锤击调整法

（1）将转动部分调整到机组中心，检查镜板水平在 0.02mm/m 内，确保主轴处于垂直状态、转动部分处于自由状态。

（2）在水轮机轴承两个相互垂直的方向架设两个百分表，表头与水导轴承滑转子接触，监视主轴垂直状态的变换情况。

（3）合理选择榔头的大小，以打紧一下支柱螺栓（受力较好）后水导轴承偏移 0.01～0.02mm 为宜。

（4）在水导轴承与推力轴承处分别安装通信设备，需要有经验的人负责检测指挥与支柱螺栓打紧工作。

（5）用已选定的扳手与榔头，均匀用力地依次把支柱螺栓打紧；每打紧一圈后，应对受力偏小和镜板相对低方位的支柱螺栓进行酌量补打紧，使所有推力瓦受力趋于均匀、镜板面保持水平。这样把紧应进行若干遍（每次把紧力宜小，而遍数则宜多）。在最后三遍把紧时，每打一榔头，水导轴承处两块百分表读数变化值之和应在 0.010～0.015mm 范围内；且最后一遍，每锤一榔头引起主轴倾斜变化值与其平均值之差不超过平均值的 -10%～10%、千分表偏离原位置不大于 0.020mm，即表明推力瓦受力已达到均匀，受力调整结束。

（6）调整完成后，锁定好支柱螺栓。再次检查镜板的水平应不大于 0.02mm/m，复查定、转子空气间隙值和水轮机止漏环间隙值以确保转动部分在机组的中心。

2. 百分表调整法

百分表调整法的实质是测量推力瓦托盘的变形。镜板传递下来的轴向力，经推力瓦传给托盘，再到支柱螺栓。托盘受力时，其应变跟应力大小成正比。通过在每块托盘同一位置轴向架设百分表，通过读取百分表的读数来反映托盘的应变情况。

（1）在每块托盘同一位置轴向架设百分表。

（2）顶起转子，将所有百分表大针对"0"、小针调至刻度中间。

（3）落下转子，记录每块百分表的读数，并计算百分表读数的平均数以及每块百分表读数与平均数之间的差值。

（4）再顶起转子，根据差值的大小调整支柱螺栓的高度（差值为正值时应旋低，差值为负值时应旋高），然后将各百分表重新对"0"。

（5）重复上述步骤，经多次调整，使每块百分表读数与平均值之差不大于平均值的－10％～10％为合格。

3. 应变仪调整法

（1）在每块托盘同一位置贴应变片，一般情况下应贴在接近支柱螺栓中心的部位，并将应变片的出头用导线引至托盘外。

（2）由于各块托盘加工和贴片位置的误差，应先进行受力和应变关系的实验。即将托盘支撑在支柱螺栓上，螺栓拧在专制的大螺母内，在压力机下用应变仪进行载荷和应变关系的测定，并绘制托盘受力与应变的关系曲线。

（3）将经过标定的托盘正式安装在推力轴承上，注意引线向外侧放置以便接线。

（4）在水轮机轴承两个相互垂直的方向架设两个百分表，表头与水导轴承滑转子接触，监视主轴垂直状态的变换情况。

（5）在确认转动部分落在推力轴承并处于自由状态后，用应变仪测量各托盘的应变值，对照托盘受力与应变的关系曲线求取各推力瓦的实际载荷值。

（6）综合镜板水平情况，用应变仪测量监视，分别把受力低于平均值的推力瓦支柱螺栓用锤击办法旋高，使其受力值达到平均值。

（7）重复上述步骤，经多次调整，使各推力瓦受力与平均值之差不大于平均值的－10％～10％为合格。

（二）液压支柱式推力轴承调整

液压支柱式推力轴承调整常用方法有两种，分别是百分表调整法、应变仪调整法。

1. 百分表调整法

由于液压支柱式推力轴承自调能力很强，故在安装调整时要求相对要低。当推力轴承承受转动部分荷重后，用百分表监视推力瓦高度差或者弹性油箱压缩量的偏差在 0.20mm 以下即可。调整时，要求主轴处于强迫垂直状态，使用上导轴承瓦和水导轴承瓦抱紧主轴，间隙调整至 0.03～0.05mm。具体过程如下：

（1）在每个弹性油箱保护罩上安装测杆，测杆应沿径向分布。在每个测杆下方设置二块百分表，表头在测杆下方且应与测杆垂直。

（2）在机组轴系处于自由状态下，分别抱紧相邻瓦间互成 90°夹角的四块上导轴承瓦及水导轴承瓦，抱紧前应在各导轴承瓦工作面上抹上干净的透平油，抱瓦时应用百分表监视相应位置处瓦位移情况，以防止抱瓦过程中机组转动部分中心发生改变。

（3）利用手动压力油泵及制动器顶起转子，将所有百分表大针对"0"、小针调至刻度中间，然后，释放制动器油压，让转子平稳地落下，等转动部分稳定后，分别将抱紧的四块导轴瓦松开，分组读取每个弹簧油箱的测杆下的二块百分表读数。

（4）计算各弹簧油箱的中心压缩量、平均值以及每块百分表读数与平均数之间的差值，并根据差值的大小调整支柱螺栓的高度（差值为正值时应旋低，差值为负值时应旋高），然后将各百分表重新对"0"。

（5）重复上述步骤，经多次调整，直至各弹簧油箱中心压缩量之间的偏差不得大于0.20mm，且镜板水平不大于0.02mm/m。

2. 应变仪调整法

应变仪调整法过程与刚性支柱式推力轴承采用应变仪调整一致，贴应变仪的位置应为弹性油箱变形明显的部位，一般贴在弹性油箱的中部或者贴在另外布置的应变梁上。要求调整至各弹性油箱压缩量的偏差在0.20mm以下即可。

（三）弹簧束式推力轴承调整

弹簧束式推力轴承一般不需要调整受力。当机组轴线调整合格后，检测镜板水平不大于0.02mm/m，即可认为推力轴承受力均匀。如果追求使推力瓦受力更均匀、推力瓦温度更均匀，可以采用应变仪的办法来检测各推力瓦受力情况，并辅以在弹簧束装配下面加减垫片或者适量取掉部分弹簧装配的方法来调整受力。

三、轴线测量与调整

发电电动机组轴线，具体由发电电动机上端轴、主轴、转子、水泵水轮机主轴、转轮等相互连接而成，其调整的本质是指各导轴承之间同心度的调整，通过机组转动部分盘车配合实现。轴线调整过程自发电机转子吊装后，伴随整个机组总装的全过程。

轴线测量和调整，其主要检测方法就是盘车。盘车指借助外力转动机组的转动部分，通过在各轴颈位置架设百分表等监测转动过程中各导轴承的摆度和机组转动部分与固定部分间隙均匀度，实际上即各导轴承同心度的检查。各部位摆度应符合表6-3所允许的范围。

表6-3　　　　　　　　　　机组轴线允许的摆度值（双振幅）

轴名	测量部位	摆度类别	轴转速 n(r/min)				
			$n<150$	$150 \leqslant n<300$	$300 \leqslant n<500$	$500 \leqslant n<750$	$n \geqslant 750$
发电电动机轴	上、下轴承处轴颈及法兰	相对摆度[1]（mm/m）	0.03	0.03	0.02	0.02	0.02
水泵水轮机主轴	导轴承处轴颈	相对摆度（mm/m）	0.05	0.05	0.04	0.03	0.02
发电机轴	集电环	绝对摆度[2]（mm）	0.50	0.40	0.30	0.20	0.10

注　在任何情况下，水泵水轮机导轴承处的摆度不得超过以下值：
　　转速在250r/min以下的机组为0.35mm；
　　转速在250～600r/min以下的同组为0.25mm；
　　转速在600r/min及以上的机组为0.20mm。
　　以上均指机组盘车摆度，并非运行摆度。
　1　相对摆度：绝对摆度（mm）与测量部位至镜板距离（m）之比值。
　2　绝对摆度：指在测量部位测出的实际摆度值。

盘车方法按外力源划分，有机械盘车、电动盘车和自动盘车3种。机械盘车是把盘车架固定于推力头或端轴上，利用人力推动转动部分使机组旋转，或利用桥机、拉链、滑轮等推动机组旋转。电动盘车是往发电电动机定、转子绕组中通入交直流电流，使机组变成电动机进行选择盘车。自动盘车利用自动盘车装置驱动机组旋转进行盘车，该装置一般由机架、驱动电机、连轴机构、减速机构、离合机构五部分构成。

一般情况下，刚性支柱式推力轴承、弹簧束推力轴承和弹簧梁式推力轴承均采用刚性盘车检查机组各处摆度值，而液压式推力轴承在条件许可时，也应按刚性方式盘车检查机组各处摆度值，同时采用弹性盘车方式检查镜板外沿轴向跳动。刚性盘车时，抱紧距离推力轴承最近的一部导轴承瓦；弹性盘车时，抱紧距离推力轴承最近的推力轴承上、下两部导轴承瓦。

（一）轴线测量

轴线测量主要方法就是盘车。盘车测量的前提条件是，转轴测量部位是一个标准圆，即转轴中心到转轴表面任意一点的距离相等，这才可以利用轴颈表面测量数据来代替测量转轴的中心。也就是说，转轴转动时，转轴表面相对于固定点的变化就反映了转轴中心相对于旋转中心的变化。

1. 轴线测量准备工作

（1）转动部分重量转移到推力轴承，机组推力轴承初步受力调整完成。

（2）镜板水平、大轴垂直度以及机组转动部分中心符合要求，要求大轴倾斜度不得大于 0.02mm/m，镜板水平不得大于 0.02mm/m，机组转动部分处于中心位置。

（3）按照要求安装机组轴线检查（盘车）工具。

（4）沿机组轴系从上到下分别在集电环上下环、上导滑转子、推力头、镜板外圆、下导滑转子、发电电动机主轴与水泵水轮机大轴连接法兰以及水导轴承滑转子等处，将其圆周分成八等份，并分别按俯视逆时针方向从 1～8 进行编号，要求各部位所对应的同一编号点，应位于同一轴截面的同一方位。

（5）在各测量部位以及镜板轴向的 X、Y 方向上各架设一块百分表，表头应垂直于测量面，并动作灵活。

（6）在机组轴系处于自由状态下，安装推力轴承附近的导轴承瓦（刚性支撑悬式为上导轴承瓦，伞式为下导轴承瓦，弹性盘车为上导轴承和水导轴承瓦），按单侧间隙 0.02～0.03mm 抱紧相邻瓦间互成 90°夹角的四块导轴承瓦，抱瓦前应各导轴承瓦工作面上抹上干净的透平油，抱瓦时应用百分表监视相应位置处轴位移情况，以防止抱瓦过程中机组转动部分中心发生改变。

（7）高压油系统安装、调试完成。没有设计高压油系统的，盘车前，需要用制动器顶起转子，在推力瓦面涂洁净的润滑剂。

（8）清除转动部件上的杂物，检查各转动与固定部位之间的间隙处，应绝对无异物卡阻及刮碰。

2. 盘车测量

准备工作完成后，各部位百分表派专人监护、记录。在统一指挥下，使转动部分按机组发电方向缓慢转动，每次均须准确地停在各等分的测点上。解除盘车动力对转动部分的外力影响，再次推动轴系，以验证轴系处于自由状态，然后再通知各监表人准备记录各百分表读数。如此逐点测出一圈八个点的读数，并检查百分表回"0"情况，一般应不大于 0.05mm。

盘车测量时，为减小测量与读数误差，通常要求正式读取百分表读数之前，先匀速预盘车 1～2 圈，检查各百分表归零情况。正式盘车与记录百分表读数时，采取连续点盘 2 圈，一般以第 2 圈百分表读数为依据进行轴线分析，因为转第 2 圈时，推力瓦与镜板间的油膜比较均匀，测量出来的数据也相对比较精确。

3. 盘车分析与计算

（1）盘车数据准确性判断。

同一轴线测量位置在一圈盘车过程中，排除测量位置圆周方向局部突变、百分表问题、百分表架设问题以及读数问题，测量数据应具有以下两个特点：

其一，精确回零，偏差小于 0.05mm；

其二，以测量值为纵轴，以等分点为横轴，绘制出的二维曲线接近正弦曲线，且过渡平滑、无明显角度位移，具体参见图 6-12。

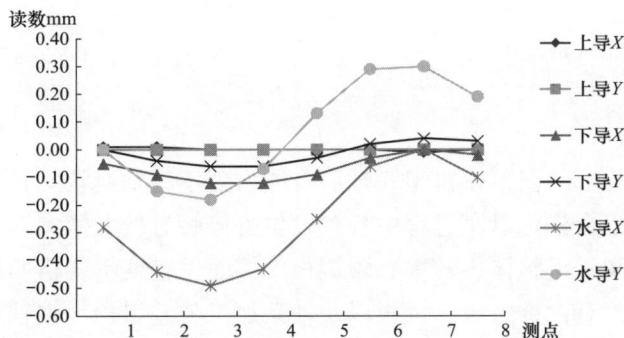

图 6-12　盘车测量数据分布曲线

（2）盘车绝对摆度基本计算原理。

设用百分表测得靠近推力头导轴承的读数为 CTi，测得转动部件的读数为 CRi，测量部位的偏心角为 θ_i，i 表示圆周方向各等分点位（$i＝1～8$）或坐标轴方向（X、Y等），则基本计算原理公式如下：

靠近推力头导轴承旋转中心（CR）偏心值为

$$CR_{TX}＝(2/n)\sum C_{Ti}\cos\theta_i \tag{6-1}$$

$$CR_{TY}＝(2/n)\sum C_{Ti}\sin\theta_i \tag{6-2}$$

转动测量部件旋转中心（CR）偏心值为

$$CR_{RX}＝(2/n)\sum C_{Ri}\cos\theta_i \tag{6-3}$$

$$CR_{RY}＝(2/n)\sum C_{Ri}\sin\theta_i \tag{6-4}$$

转动部件相对靠近推力头导轴承的净偏心值为

$$CR_X＝CR_{RX}-CR_{TX} \tag{6-5}$$

$$CR_Y＝CR_{RY}-CR_{TY} \tag{6-6}$$

则转动部件的绝对摆度（R）、偏心角（a）分别为

$$R = (CR_X^2 + CR_Y^2)^{1/2} \tag{6-7}$$

$$\alpha = \tan^{-1}(CR_Y/CR_X) \tag{6-8}$$

（3）盘车全摆度和净摆度计算。

同一测量部位对称两点百分表读数之差叫全摆度，同一方位测点上下两部位全摆度之差叫净摆度。设 CT_0 为靠近推力头导轴承未旋转时读数，$CT_{180°}$ 为靠近推力头导轴承旋转 180°时读数，CR_0 为转动部件未旋转时读数，$CR_{180°}$ 为靠近转动部件旋转 180°时读数，e 为轴系径向位移量，j 为转动部件与靠近推力头导轴承之间的倾斜值，计算公式如下

靠近推力轴承导轴承处全摆度（R_a）为

$$R_a = CT_{180°} - CT_0 = e \tag{6-9}$$

转动部件处全摆度（R_b）为

$$R_b = CR_{180°} - CR_0 = 2j + e \tag{6-10}$$

转动部件处净摆度（R_{ba}）为

$$R_{ba} = R_b - R_a = 2j + e - e = 2j \tag{6-11}$$

转动部件倾斜值（j）为

$$j = (R_b - R_a)/2 \tag{6-12}$$

（二）轴线调整

由于加工和装配上的误差，机组联轴后可能出现不同轴线状态，造成轴线测量产生摆度。若机组轴线不合格，盘车过程中各轴颈位置势必有较大摆度，主要有各轴颈旋转中心同心度不合格和机组整体旋转中心跟镜板摩擦面垂直度不合格两种。而导致轴线不合格产生的具体因素有：推力头、镜板以及轴系加工公差累积、主轴本身弯曲、联轴法兰与轴系中心不垂直、推力头热套后推力头把合面与轴系中心不垂直、卡环厚薄不均或受力不均等。

根据机组盘车计算所得机组轴系的不垂直度及其方位，若超过表 6-3 规定标准，就需要进一步计算其调整的量值和方位，并根据上述提到的具体因素采取相应的调整方法。

轴线调整的具体方法因发电电动机结构形式的不一样略有区别，主要方法有推轴法、修刮法和加垫法。

1. 推轴法

推轴法常用于半伞式发电电动机轴线调整，主要就是通过在几个转动部件的旋转中心之间进行平移、推动调整，其基本点是使可调部件或比较容易调整部件的中心向不可调部件或者调整困难部件的中心靠近，最终达到各转动部件的旋转中心同心度合格。假如某次盘车只有 3 个旋转中心，分别为转子中心体中心、推力头中心、水导轴承中心，且它们之间存在较大同心度需要调整，操作基本原则为选择其中比较容易调整部件的中心去靠近另外两旋转部件中心连线的中点位置，比如选择调整推力头的中心向转子中心体与水导轴承中心连线的中点位置靠近。

具体操作为：水导轴承轴颈摆度盘车检查时，若轻微超标，可以根据摆度的方向在联轴螺栓伸长值容许范围内改变相应方向的螺栓伸长值，对联轴螺栓重新拉伸以使轴能够发生微小的倾斜，使摆度随之产生很小的变化；若超标较大，可重新松开联轴螺栓调整主轴与转子相对位置；或者松开推力头与转子的联轴螺栓，调整推力头与转子的相对位置，由于转子与主轴已经连接，主轴与推力头的相对位置随着转子与推力头的相对位置变化而发生变化，水导轴承轴颈处的摆度随之变化；如果主轴的垂直度、转子中心体上法兰动态水平超差，可以通过微调下机架水平使之达到要求；转子中心体下法兰和水轮机主轴上下法兰之间的直线度不合格，应根据数据调整转子中心体下法兰与水轮机主轴之间的联轴螺栓力矩；如果转轮与底环、顶盖同心度超差，则可以通过平移整个转动部分调整；如果上导轴承轴颈摆度超差，则可以通过松开上端轴联轴螺栓平移上端轴的办法调整；如果集电环摆度超标，则应松开集电环与上端轴的联轴螺栓进行调整；如果定、转子同心度不好，可以直接调整定子使之与转子同心。

2. 修刮法

修刮法适用于悬式和半伞式发电电动机轴线调整，但常用于悬式发电电动机。主要指通过修刮推力头与镜板之间的绝缘垫、推力头底面或者推力卡环的方法调整轴系垂直度，最终达到轴线调整的效果。若轴系联轴法兰结合面折弯过大，造成轴线调整困难，也可以通过修刮联轴法兰的方法进行处理。修刮法示意图详如图 6-13 所示。

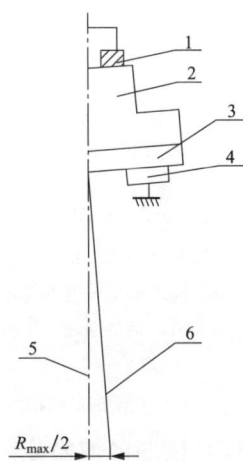

图 6-13　修刮法处理示意图
1—卡环；2—推力头；3—镜板；
4—推力瓦；5—机组旋转中心线；
6—机组轴线

最大修刮量计算。设轴线不垂直度为 j，机组轴线最大摆度为 R_{max}，最大摆度测量位置距离卡环修刮面距离为 L_F，最大摆度测量位置的偏心角为 a，修刮面的直径为 D，卡环最大修刮量为 Δh_{max}，则

$$j = R_{max}/2L_F \tag{6-13}$$
$$\Delta h_{max} = jD \tag{6-14}$$

最大修刮量和方位确定后，即可进行待修刮部件处理。具体工艺如下：

（1）实测待修刮部件修刮前厚度；

（2）制作刮刀，宜采用合金钢刀片；

（3）根据待修刮部件材料选用材料接近的一块钢板进行试刮；

（4）根据盘车摆度，把待修刮部件先划分几个均等区域；

（5）修刮前用油笔或者红丹粉涂抹整个面，防止有漏刮区域，刮一遍涂抹一遍；

（6）按照区域划分，过渡计算每个区域需要刮除的量，推荐修刮一遍递减一个区域的办法，即最大修刮厚度区域需要刮除区域数减 1；

（7）修刮过程中，切记均匀用力；

（8）全部修刮完成后，用浸有透平油的天然油石或者 1000 目砂纸蹭掉区域的高点，

383

实测修刮部件厚度。

3. 加垫法

加垫法适用于悬式和半伞式发电电动机轴线调整，但常用于悬式发电电动机。主要指通过在推力头与镜板之间、联轴法兰结合面间加垫的方法调整轴系垂直度，最终达到轴线调整的效果。加垫法示意图详如图 6-14 所示。

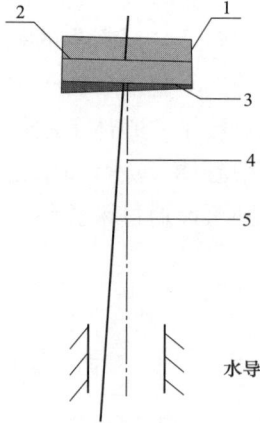

采用加垫法时，其最大加垫厚度，原则上与采用修刮法处理时最大修刮量相等，但其方向相反。垫片的材质，一般可用黄铜、紫铜或钢垫等。加垫的形式，可以用台阶式或楔形形式。尽量将台阶或楔形垫之差减小，最小可以达到 0.005mm。

最大加垫量和方位确定后，即可进行加垫处理。具体工艺如下：

（1）沿圆周标记准备加垫结合面；

（2）制作垫片，宜采台阶式或楔形形式；

（3）根据盘车摆度，把准备加垫结合面先划分几个均等区域；

（4）拆开准备加垫结合面，并使用临时支撑以便加垫；

图 6-14 加垫法处理示意图
1—发电电动机主轴下法兰；
2—最大加垫厚度方位；
3—水泵水轮机主轴上法兰；
4—机组旋转中心线；
5—水泵水轮机主轴轴线

（5）按照区域划分，过渡计算每个区域需要加垫的厚度，并按区域加入适量厚度的垫片；

（6）加垫过程中，注意保证垫片平整放置；

（7）加垫完成后，装复加垫结合面。

（三）轴线测量与调整常见问题

（1）若仅一个部位导轴承摆度大，而其余各处摆度正常或有规律。可以在摆度大的导轴承处架百分表测量，检查该处导轴承是否存在摩擦面与轴系不平行的情况，即滑转子是否倾斜。

（2）若盘车某一测点以下或以上测量数据线性增大，则应多设测量断面，检查是否存在折弯。

（3）若导轴承摆度合格，而镜板跳动偏大或无规律，则应考虑推力轴承受力有问题或镜板至转子支架处有问题。

（4）若导轴承摆度合格，而镜板水平不合格，则应考虑推力轴承受力有问题。

四、导轴承安装与调整

机组盘车及推力轴承受力调整均合格后，即可进行各部导轴承的安装与调整。导轴承安装前，首先调整机组整个转动部分中心，使水泵水轮机止漏环和发电电动机定、转子间空气间隙均匀，轴系处于机组中心位置。在各部轴承固定部件合适的位置沿圆周方向均布 4 个测点，测量转轴与测点之间的距离，记录后作为复查转轴中心位置的依据。

导轴承间隙调整时，在附近轴系的 X、Y 方向设两块百分表监视轴系中心位置，其中心应是机组的旋转中心，并根据导轴承设计间隙、盘车摆度及轴系位置进行，最终达到导轴承双边间隙符合设计值。

（一）导轴承安装

1. 导轴承安装准备

（1）检查导轴承瓦应无密集气孔、裂纹、硬点及脱壳等缺陷，瓦表面无明显损伤及刮痕。

（2）清理并全面检查、处理导轴承瓦装配各部件，要求导轴承瓦装配各部件表面应清洁、干净，无任何高点以及毛刺；按导轴承瓦装配设计要求装配垫块，检查垫块与瓦间不得有间隙；有绝缘要求的，其槽型绝缘应压紧，用 1000V 绝缘电阻表测量其绝缘电阻，应不小于 $50M\Omega$。

（3）全面检查、清理导轴承瓦支撑件。对于支柱螺栓式结构，应将支柱螺栓与导轴承支架螺纹孔配装检查，螺栓应能灵活旋入；对于楔子板结构，应配对检查楔子板。

（4）检测各导轴承瓦测温元件电阻值，并根据设计方位以及实际位置布置各导轴承瓦测温引线线夹。

2. 导轴承安装

（1）安装导轴承瓦座圈，以其与主轴的间隙来调整中心位置，偏差应不大于 0.05～0.10mm。设计有销钉的在固定后钻铰销钉孔。

（2）安装托板、绝缘托板，要求安装后与导轴承瓦座圈相对垂直，轴颈间隙符合设计要求。

（3）全面检查、清理油槽，必要时吊出导轴承瓦座圈。

（4）支柱螺栓式结构的，在检查抗重螺母（套筒）与轴承瓦座圈接触严密后，按编号装上支柱螺栓，要求螺栓配合松紧合适。

（5）在导轴承瓦瓦面涂抹少许透平油后，按编号将导轴承瓦吊放于座圈的托板上。

（6）在百分表监视转轴不动的情况下，每块瓦用 2 只（瓦高时用 4 只）小楔子板或者特制螺旋小千斤顶顶在瓦背两侧使瓦顶靠轴颈（最好两对边同时进行）。检查瓦与托板接触情况，应设法消除翘角。

（7）安装导轴承瓦支撑部件，并进行瓦间隙测量与调整。

（二）导轴承调整

1. 导轴承瓦安装调整间隙确定

（1）各导轴承的总间隙由设计确定，安装时，间隙的分配应以转轴实际位置为测量基准，结合机组转动部分的支承结构而定。

（2）当转轴处于实际回转中心时，悬式机组的上导轴承、伞式机组的下导轴承以及采用弹性盘车时抱紧转轴的两部轴承（一般情况下为上导轴承和水导轴承），其间隙为均匀调整；而其他轴承应考虑转轴在该处的盘车摆度大小及方位进行间隙调整。各导轴承轴瓦间隙分配为

$$\delta_i = \frac{\delta}{2} - \frac{R_{\max}}{2}\cos\alpha_i \qquad (6\text{-}15)$$

式中　δ_i——各瓦（或测点）的应调整间隙值，mm；

　　　δ——该轴承设计总间隙值，mm；

　　$R_{\max}$——该轴承处盘车的最大净摆度，mm；

　　　α_i——各轴承瓦中心或者测点与该轴承处最大摆度位置的夹角，(°)。

（3）当转轴与实际回转中心有少量偏心时，各导轴承在上述第（2）条规定分配后，再作相应的增减，使转轴在运转后移至实际中心。各导轴承瓦或者测点间隙的增减值为

$$\Delta_i = \Delta_{\max}\cos\beta_i \qquad (6\text{-}16)$$

式中　Δ_i——各瓦（或测点）的应增（负值）减（正值）量，mm；

　　$\Delta_{\max}$——转轴与实际回转中心的最大偏心值，mm；

　　　β_i——各轴承瓦中心或者测点与转轴偏心方位的夹角，(°)。

（4）当水导轴承与止漏环同心（如已经预装定位），而轴系在轴瓦内任一位置时，发电电动机导轴承间隙应按水导轴承瓦实测间隙来确定，具体如下：

上导轴承瓦间隙计算为

$$\delta_{ui} = \delta_{si} + \frac{R_{si}}{2} - (\delta_s - \delta_u) \qquad (6\text{-}17)$$

$$\delta_{ui180} = 2\delta_u - \delta_{ui} \qquad (6\text{-}18)$$

式中　δ_{ui}——上导轴承瓦（或测点）的应调整间隙值，mm；

　δ_{ui180}——上导轴承瓦（或测点）相对侧的应调整间隙值，mm；

　　δ_{si}——水导轴承瓦相应点的实测间隙值，mm；

　　R_{si}——水导轴承处相应点盘车的净摆度，mm；

　　δ_s——水导轴承瓦单侧设计间隙值，mm；

　　δ_u——上导轴承瓦单侧设计间隙值，mm。

下导轴承瓦间隙计算为

$$\delta_{li} = \delta_{si} + \left(\frac{R_{si}}{2} - \frac{R_{fi}L_x}{2L_1}\right) - (\delta_s - \delta_l) \qquad (6\text{-}19)$$

$$\delta_{li180} = 2\delta_l - \delta_{li} \qquad (6\text{-}20)$$

式中　δ_{li}——下导轴承瓦（或测点）的应调整间隙值，mm；

　δ_{li180}——下导轴承瓦（或测点）相对侧的应调整间隙值，mm；

　　R_{fi}——水发连轴法兰处相应点盘车的净摆度，mm；

　　L_1——上导轴承测点至水发连轴法兰处测点的距离，m；

　　L_x——上导轴承测点至下导轴承测点间的距离，m；

　　δ_l——下导轴承瓦单侧设计间隙值，mm。

2. 导轴承瓦安装调整间隙测量与调整

（1）各导轴承瓦间隙测量：对于支柱螺栓式结构，以测瓦背抗重垫块与螺栓球面的间隙为准；对于固定于瓦上的调整块式结构，以测量调整块与轴瓦座圈之间间隙为准；对于楔子板结构的，以测量楔子板与瓦背半圆形垫块间隙为准，但主要应以楔子板提升

高度为准。

（2）各导轴承瓦间隙调整：对于支柱螺栓式结构，当轴瓦顶靠轴颈后，检查螺栓球面与抗重垫块接触点的环向位置（即瓦的实际偏心距）应符合设计要求，调整支柱螺栓使被测间隙达到调整值，偏差不大于 0.02mm，锁紧支柱螺栓后再复测间隙值；对于固定于瓦上的调整块式结构，当轴瓦顶靠轴颈后，检查、研刮调整块与轴瓦座圈的接触面，一般要求宽度在 5mm 以内、高度不少于瓦高的 1/2，合格后，把调整块插入轻轻打紧、做好标记，然后按斜度计算其应退出的长度以调整瓦间隙，调整并锁紧后，复测调整块与轴瓦座圈之间的间隙，应满足预设调整值，偏差不大于 0.02mm；对于楔子板结构的调整方法，除了不用检查和研刮接触面外，其余步骤同固定于瓦上的调整块式结构的调整。

（3）导轴承瓦调整完成后，按设计要求锁定，并安装导轴承其他部件。

第七章

发电电动机运行与维护

发电电动机日常运行启停频繁，操作设备多，维护工作量大，只有科学合理地安排好运行维护的各项工作，才能保证机组长期安全可靠运行。本章主要介绍发电电动机启动方法、调试试验、试运行及检修维护中需注意的问题。

第一节　抽水工况启动方法

一、启动方法概述

抽水蓄能机组每天多次启停，启动问题在抽水蓄能机组的日常运行中占据非常重要的地位。为使发电电动机作抽水工况运行启动时，能获得足够大的电磁转矩克服水泵阻转矩、机械摩擦转矩，而启动电流不至过大，对电网不产生扰动，启动过程迅速、平稳，必须采用专门的电气设备及操作方法。发电电动机启动的方式较多，常见的启动方法有同轴小电动机启动、异步启动、背靠背启动、静止变频启动四种。

（一）同轴小电动机启动

同轴小电动机启动是通过装在发电电动机顶部的一台小容量绕线式异步电机进行启动和加速。它一般比主机要少 1～2 对磁极，相应的同步转速比主机额定转速要高。为了调节转速，需在小电动机的转子回路接液体可变电阻器，并有独立的循环冷却系统，供启动过程中液体冷却。启动过程中调节液体电阻器，使小电动机保持一定的转矩启动主机，当主机接近同步转速时，进行同步并网，切断小电动机电源完成启动过程。电气连接图如图 7-1 所示。

同轴小电动机启动的特点如下：

（1）由于小电动机与主机同轴连接，一台小电动机只能启动与之相连的发电电动机，故独立性强。

（2）启动电动机的容量与主机的转动惯量、启动和加速时间有关。在转轮压水情况下，启动电机的容量约为主机容量的 5%～8%。

（3）小电动机电源取自电网或厂用电，对电网的影响较小。

（4）不需要设启动母线，但要配置电源开关设备、液体可变电阻器及其冷却系统等设备，增加了厂房布置面积。

（5）小电动机位于主机顶部，增加了主机高度，有时会因此增加主厂房高度。小电动机对主机轴系振动也会带来影响，尤其是高速机组。

（6）主机完成启动后，小电动机仍随主机空转，增加了主机损耗。

（7）小电动机的电源可引自发电机母线，主变压器第三绕组或厂用电系统，如图7-1所示。若电源取自厂用电，则应考虑启动时对厂用电母线电压波动的影响。

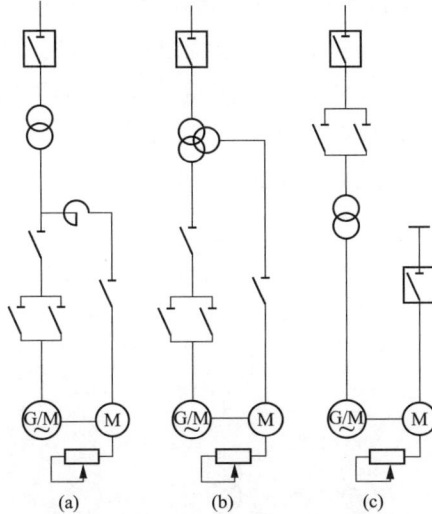

图7-1 同轴小电动机启动电源连接方式

（a）引自母线电压；（b）引自主变电压；（c）引自厂用电

（二）异步启动

异步启动是在机组励磁绕组短接情况下，直接将发电电动机并入电网，利用转子磁极上阻尼绕组产生的异步力矩使机组启动并加速，在接近同步转速时加上励磁拉入同步。异步启动加电压的方式有全压启动、降压启动和分割部分绕组启动等。

（1）全压启动。当机组的容量占电网的比例不大，启动时电网电压降在允许范围内时，可采用全压启动。全压启动的主要优点是启动转矩大、启动时间短（1min以下）、接线简单。缺点是启动电流大，对电网的冲击大，启动过程中阻尼绕组还将产生热应力和严重发热。其附加的动态转矩将对轴产生很大的应力。虽然可以采用阻尼绕组水内冷和转子实心磁极等改善措施，但这样会使机组造价升高。此外，定子绕组在启动过程中也要承受较大的机械应力。一般情况下，全压异步启动方式只适用于中小容量抽水蓄能机组。但决定采用全压启动方式的主要因素还是电网容量，即电网能承受多大的电压降。

卢森堡菲安登（Vianden）抽水蓄能电站位于西欧电网中心，1975年安装的10号机组，功率为230MW，是世界上采用全压启动的最大机组，在转轮充水情况下启动时间45s，高压端电网的电压降为5%。

（2）降压启动。降压启动是利用变压器抽头或串联电抗器的方法，降低启动的电源电压，在转速升到接近额定转速时换成全压，然后投入励磁，拉入同步。为了在切换过程中减小对电网的冲击，也可先在半压下同步，然后切换为全压。降压启动相对全压启动来说，对电网冲击减小了，但启动力矩也将降低，故启动时间要长些，同时也需增加一些辅助设备。对中小型机组可以多台电机共用一套降压设备，但需增设启动母线和切换装置。我国岗南电站和密云电站的11MW发电电动机、溪口电站的40MW的发电电动机等都使用降压异步方式启动机组。

采用主变压器抽头的主要缺点是由启动电压切换到全压时会有一个时间间隔，同时在主变压器上装设抽头的费用并不低于设置电抗器或专门启动变压器的费用。

（3）分割部分绕组启动。这种启动方法是在启动时只用定子的一部分绕组，人为地增大启动阻抗。这样可以使启动电流降为全绕组启动时的 $50\%\sim80\%$，不过同时启动转矩减为原来的 $45\%\sim70\%$。这种方法要求定子绕组由两条或两条以上的并联支路组成，以便能根据需要改变其并联组数。

各种异步启动方法的电气连接简图如图 7-2 所示。

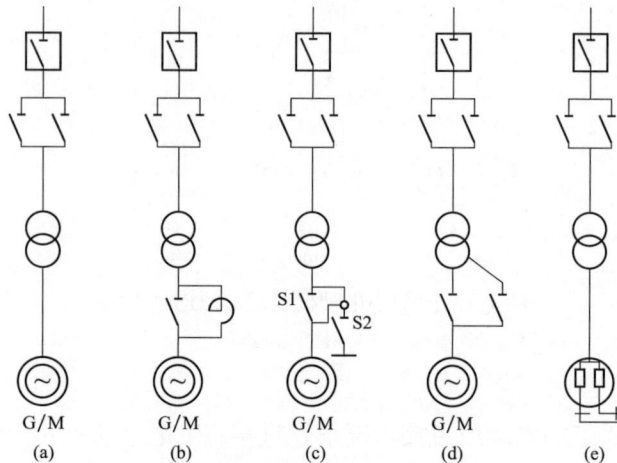

图 7-2　异步启动电源连接方式

（a）直接启动；（b）电抗器启动；（c）启动变压器启动；
（d）主变压器启动；（e）分割部分绕组启动

（三）背靠背启动

背靠背启动（back to back，BTB）是用本电站或相邻电站的一台常规发电机组或蓄能机组运行来启动其他蓄能机组。开机前将被启动机组（电动机）与启动机组（发电机）在电气上连接，并分别加上励磁。用转动起来的发电机产生的低频电源直接加在电动机定子上，电动机在同步转矩作用下随发电机逐步升速。发电机组的水泵水轮机导叶缓慢开启，发电机转速上升，电动机也随着同步升速。

背靠背启动方式对发电电动机没什么特殊要求，启动时也没有冲击，关键在于启动初期被启动机组的转速小于同步转速的 3% 这一时期能否接受同步。它的缺点是：发电机完成一次启动后要停机才能进行另一次启动；启动过程的调整和操作比较复杂；电站的最后一台机组不能用此种方法启动，还需装置其他方式的启动设备。在混合式蓄能电站或抽水蓄能电站附近还有常规水电站的场合，可用常规水轮发电机来启动蓄能机组抽水，此时背靠背方式的优越性是明显的。一般大型抽水蓄能电站的可逆式机组都装有按背靠背同步启动操作的控制设备，可以作为变频启动的备用启动方式。

（四）静止变频器启动

静止变频器启动方式是利用变频器产生频率可变的交流电源对发电电动机进行启动，实际是采用交直交电流型自控式同步电动机方式。近年来技术日臻完善，静止变频器启动方式在抽水蓄能电站中得到广泛应用，新建的大型抽水蓄能电站中很多都采用这一方式。

静止变频器（static frequency converter，SFC）包括两组三相桥式可控硅线路，其中一组用于整流，一组用于逆变。启动时，依靠转子位置检测器检测出转子位置来触发逆变器使相应可控硅导通，逆变器的六个可控硅每两个同时导通，在电动机各相定子绕组中产生互差120°的矩形波。随着时间推移，定子磁势的轴线位置在空间以步进形式旋转变动，与转子磁势相作用，产生力矩，使电动机旋转。可控硅的关断有两种方式：在电机转速低于5％时，转子励磁绕组在定子绕组中产生的反电势很小，不能用于可控硅自然换流，必须设法使逆变器的输入电流下降到零，强迫换向，即逆变器每次换向时整流器短时控制电流为零；在超过5％额定转速后，利用反电势实现自然换流。

静止变频器启动方式的优点是设备静止、维修方便；多台机组可以合用一台变频装置；另外变频装置可兼做主机的电气制动，缩短由发电工况到抽水工况的切换时间。缺点是基本设备价格高，占地面积大，主要适用于单机容量大、机组台数多的抽水蓄能电站。

（五）背靠背启动与静止变频器启动比较

背靠背启动（BTB）与静止变频器启动（SFC），是抽水蓄能电站最常用的启动方式，一般以静止变频器启动（SFC）为主要启动方式，背靠背启动（BTB）启动方式作为辅助和备用，两者的比较见表7-1。

表7-1　　　　　　　　　　　背靠背启动与静止变频器启动的比较

项目	背靠背启动	静止变频器启动
单机容量	大、中、小	大、中
主机台数	多	多
启动容量（相对于机组容量的百分比）（％）	15～20	5～8
从系统中吸取电流（为机组额定电流的百分比）（％）	0	4～12cosφ=0.8
启动时间（min）	2～5	5～10
启动设备要求	拖动机组（有单独的励磁电源）、启动母线	SFC、启动母线
电站布置要求	无需考虑	SFC 的布置
对机组可用性的影响	需设拖动机组，拖动时该拖动机组不可作为电网备用	无

二、背靠背启动基本原理及过程

（一）背靠背启动基本原理

背靠背同步启动可作为静止变频器启动的备用方式，在一些抽水蓄能电站仍有应用，而对于装机在6台及以上的电站，也可采用2套静止变频器启动，互为备用，不再设背靠背启动设备。

　　背靠背启动的基本形式如图 7-3 所示。两台机组电气上连接，G 作为发电机，靠水轮机提供动力带动其转动，M 为电动机，下端连接水泵。启动过程中，在两台机组都处于静止状态时，首先给两台机组投励建立励磁电流，然后开启水轮机导叶，发电机 G 逐渐加速，感应电势频率相应增加，电动机 M 靠发电机 G 提供的频率逐渐升高的电流，建立旋转磁场启动，带动水泵转速上升，最后达到同步转速附近进行并网。

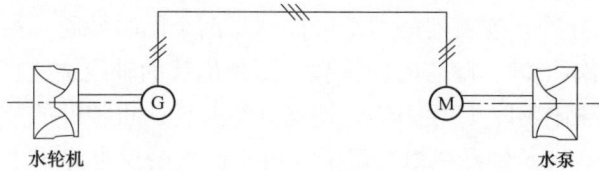

图 7-3　背靠背启动电气连接图

　　当背靠背启动的两台机组额定电压不同，或距离较远传输线阻抗较大时，需采用变压器连接。发电机和电动机定子通过变压器和传输线直接连接在一起，计算中需将变压器、传输线的电阻电抗值分别折算至发电机和电动机，并加入电机定子的电阻和漏抗进行计算。

　　根据同步电机在 d、q 坐标轴下的 Park 方程及转子运动方程联立状态方程，可对背靠背启动过程进行仿真计算。

　　图 7-4、图 7-5 分别为背靠背启动成功和失败的仿真计算结果。

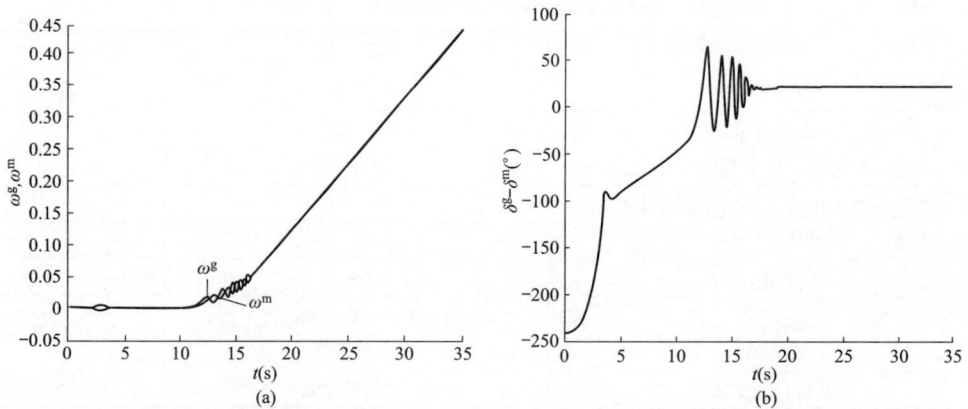

图 7-4　恒励磁电流背靠背启动成功时两机角速度和机间转角差
（a）两机角速度随时间变化曲线；（b）两机间转角差随时间变化曲线
ω^g—发电机角速度；ω^m—电动机角速度；δ^g—发电机角速度；δ^m—电动机角速度

　　如图 7-4 所示，两机经过一段时间的振荡之后都能平稳地过渡到同步加速阶段，机间转角差也逐渐趋于平稳，机组背靠背启动成功。其初始条件为：发电机励磁电流 $i_{fd}^g = 1$，电动机励磁电流 $i_{fd}^m = 0.8$；初始转角设为发电机 $\delta^g = -4\pi/3$，电动机 $\delta^m = 0$；导叶按一定速度匀速开启到既定开度的 20%。

如图 7-5 所示，两机角速度经过一段时间的振荡未能同步，发电机与电动机脱离，最终发电机单独加速，同时，机间转角差也不能稳定，背靠背启动失败。其初始条件为：发电机励磁电流 $i_{fd}^g = 0.6$，电动机励磁电流 $i_{fd}^m = 0.5$；其余条件同图 7-4。

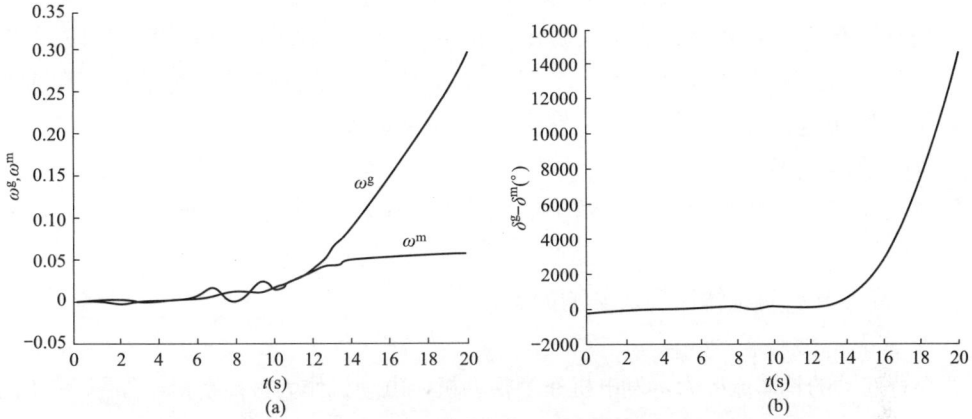

图 7-5　恒励磁电流背靠背启动失败时两机角速度和机间转角差
（a）两机角速度随时间变化曲线；（b）两机间转角差随时间变化曲线
ω^g—发电机角速度；ω^m—电动机角速度；δ^g—发电机角速度；δ^m—电动机角速度

结合图 7-4、图 7-5，分析背靠背启动的物理过程大致可以分为两个阶段，即启动同步阶段和同步加速阶段。

1. 启动同步阶段

（1）水轮机和水泵静止阶段。水泵转轮室压水后，两机高压油顶起装置开始注入高压油顶起转子并缓慢开启水轮机导叶，此时的启动阻力矩相对较大，水轮机和水泵均保持静止状态。

（2）水轮机开始启动阶段。在水轮机导叶开启到一定开度能够克服水轮机组的启动阻力矩后，水轮机开始缓慢启动。

（3）水泵开始启动阶段。水轮机开始启动后，由于两机已预先通入励磁电流，水轮机的转动必然会产生发电机的感应电势，使发电机定子产生的低频电流经启动母线流向电动机定子，电动机定子低频电流在电动机内部形成旋转磁场，与电动机励磁作用产生驱动水泵的电磁转矩。当电动机的电磁转矩逐步增大到能够克服水泵的启动阻力矩时，水泵开始缓慢启动。

（4）转角调整阶段。背靠背启动稳态同步加速时，启动母线上的传输功率保持恒定，加上两机的励磁电流维持不变，而两机稳态同步加速时的机间转角差与启动母线上的传输功率以及两机的励磁电流有关，因此也必定是一个确定值，这个确定值称为既定条件下的目标转角差。

由于两机初始转角差的随机性，一定会存在一个由初始转角差向目标转角差调整的转角调整阶段，此阶段从水泵启动后开始。从仿真的结果来看，两机初始励磁电流越大，机间转角差的调整反而越慢，启动所需的时间也就越长。

（5）同步加速前振荡阶段。发电机和电动机转角差接近目标转角差时，将形成同步加速，而此时其电磁转矩都会出现一个阶跃过程，两者在短时间内达到平衡，平衡值（其绝对值）约为稳态同步加速时水轮机机械转矩的一半。发电机和电动机电磁转矩的跃变是其转角差、转速和相关电气量都发生振荡的直接原因。

由仿真结果来看：背靠背启动失败绝大部分都发生在同步加速前振荡阶段。背靠背启动失败的表现形式主要分为两种：一种是单机加速，发电机脱离电动机而单独加速；另一种是两机转速、转角差等相关量发生持续性的振荡而不能稳定。

2. 同步加速阶段

振荡恢复平稳，两机进入稳态同步加速阶段。最终，电动机同期并网，背靠背启动成功。

（二）背靠背启动具体过程及影响因素

1. 背靠背启动过程

背靠背启动的具体流程为：发电机作为拖动机，电动机作为被拖动机，如图7-6所示。

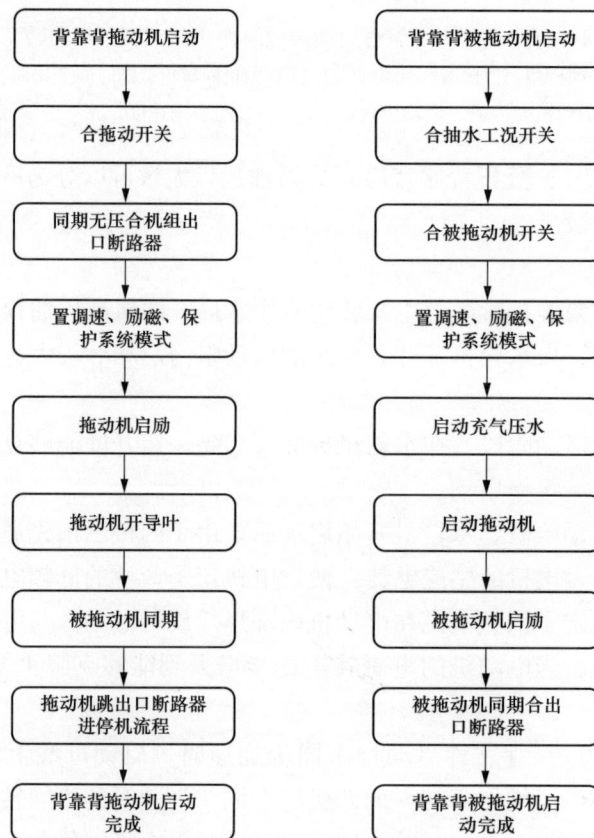

图 7-6　背靠背拖动过程简图

第一步：合拖动机拖动开关，合拖动机出口断路器，合被拖动机启动母线开关，合被拖动机抽水工况开关，合被拖动机被拖动开关；

第二步：在建立拖动机与被拖动机电气链路后设置拖动机调速系统、励磁系统和保护系统的拖动态模式，被拖动机调速系统、励磁系统和保护系统的抽水调相态模式；

第三步：开启拖动机球阀与导叶，启动拖动机与被拖动机励磁系统，待条件满足，启动被拖动机同期装置；

第四步：被拖动机同期合出口断路器，拖动机跳出口断路器，被拖动机进抽水调相工况，拖动机进水轮机方向空载工况，走停机流程，整个背靠背拖动过程结束。

2. 背靠背启动影响因素

背靠背启动现已广泛应用于国内外抽水蓄能电站，其启动成功率与调速器、励磁系统、保护系统、调相压气装置以及导叶漏水量均有密切关系。

（1）调速器对背靠背拖动的影响。拖动机组作为整个拖动过程的原动机，随着导叶的逐步开启，为整个拖动系统提供源源不断的能量。调速器控制能量供应大小和速率。导叶慢速开启能够保证两台机组的转速逐步上升，防止发生失步，但是机组长期处于低速蠕动，不利于机组导瓦油膜形成，有烧瓦的可能；快速开启导叶能给机组提供较大动力源，使机组快速转动，但是有可能造成拖动机与被拖动机的转速有较大差值，造成失步，也会导致阻尼绕组电流过大发热；因此合理的导叶开启速率是背靠背拖动成功的关键。

当前我国抽水蓄能电站导叶开启规律多有不同，这主要是由机组的物理特性决定的，一般推荐先快后慢的开机方式（如图 7-7 所示）。

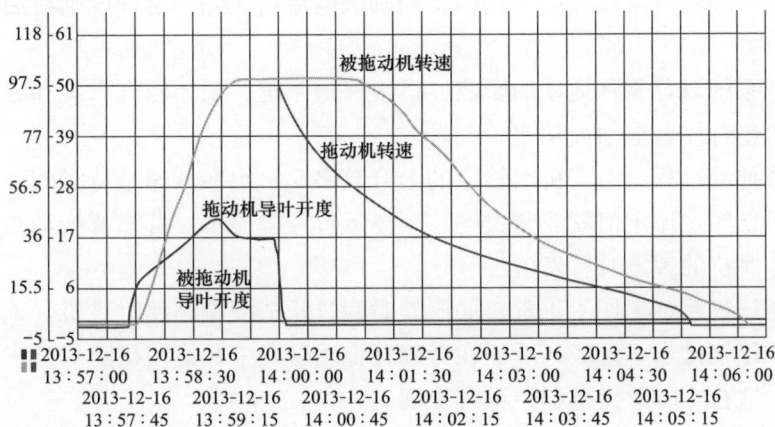

图 7-7　背靠背拖动过程中导叶开度与机组频率图

水轮机导叶先迅速开起，输入机械转矩增大，发电机逐渐加速。当机械转矩增大到 20%～30%额定转矩时，开始减小导叶开启速率，输入机械转矩减小，发电机转速继续上升，但升速变小，使其慢慢接近同步转速。

此策略的好处是：在初期以较大速度开启时，机组转动惯量是主导因素，机组能够转动起来且不会造成失步，同时可以避免机组长期低速蠕动；在机组建立了转动惯性后，降低导叶开启速率，能够保证拖动机与被拖动机的同步。

通过背靠背拖动过程中拖动机导叶开度和拖动机频率图可以看出：采用先快后慢的

拖动策略，机组频率上升平稳，拖动进程快速；同时被拖动机与拖动机频率无差异，整个拖动过程十分合理。

（2）励磁系统对背靠背拖动的影响。在背靠背启动时，拖动机与被拖动机励磁系统均采用恒励磁电流闭环工作方式，当两台机组转速同步加速到 80％ 之后，两台机组励磁控制方式改为恒机端电压闭环工作方式。拖动机与被拖动机励磁电流的设置比例因电站而异，具体设置数据见表 7-2。

表 7-2   各电站背靠背启动励磁电流对比

电站	额定空载励磁电流（A）	拖动机励磁电流（A）	被拖动机励磁电流（A）
天荒坪（300MW）	953	918.5	893.4
泰山（250MW）	856	840	759.52
蒲石河（300MW）	934.6	896	896
十三陵（200MW）	1136	1040	1040

在某电站现场调试时发现：若拖动机采用 100％ 额定空载励磁电流，被拖动机采用 80％ 额定空载励磁电流，背靠背拖动能够成功，但是整个拖动过程时间较长。如果拖动机与被拖动机均采用 80％ 额定空载励磁电流时，机组能启动，但拖动过程中会发生失步从而跳机。

现场调试经验证明，在背靠背启动过程初期发电机励磁电流发挥主导作用，而启动过程后期电动机励磁电流发挥更大作用。当励磁电流增大到一定程度则对启动过程影响不大。

（3）其他系统对背靠背拖动的影响。机组保护系统、调相压气系统和导叶漏水量问题也会影响机组背靠背拖动成功率。

在背靠背拖动过程中由于机组转速的上升较慢，机组在低速维持时间较长，此时保护系统设置的低频过流定值就非常关键，现场运行经验显示：背靠背拖动过程中，由于低频过流动作跳机的现象时有发生。

由于调相压气系统工作不正常，如压气时间过长造成流程超时跳机，或者液位变送器故障，造成压气排水不彻底，从而在背靠背拖动过程中被拖动机阻尼过大，造成背靠背拖动失败。这在实际运行过程中都有出现。

在机组运行过程中，也出现过由于导叶漏水量较大，在背靠背启动过程中出现两台机组存在转差从而跳闸，造成背靠背拖动失败的情况。

⊪ 第二节 调 试 和 运 行

一、调试试验及试运行

1. 调试试验

机组首次启动多以发电机模式进行，也可以电动机模式进行。首次启动成功后，按照有关规定进行机组现场调试试验，并记录机组功率、转速、电压、电流、油位、流量、压力、温度、振动、摆度、空气间隙等相应参数；在进行机组发电工况和水泵工况甩负荷试验后，应对机组转动部分进行全面仔细检查。按照合同规定，进行发电电动机相关性能测试试验。

2. 试运行

机组完成现场各项调试试验并检查、验收合格后，机组才能进行考核试运行。机组考核试运行期间，应定期对机组进行巡检，并记录机组功率、转速、电压、电流、油位、流量、压力、温度、振动、摆度、空气间隙等相关参数。机组考核试运行期间，若出现故障停机，应查明原因，如为机组故障原因，其时间不得累积。

考核试运行后，应停机对机组进行全面检查，消除试运行过程中所存在的缺陷，并按有关程序进行机组初步移交验收工作。

3. 额定工况运行

(1) 发电电动机按照铭牌规定数据运行，此为额定运行方式，在额定运行方式以下发电电动机可长期运行。

(2) 发电电动机采用 F 级绝缘，一般运行的定子线圈温度不得超过 120℃，转子温度不得超过 130℃，导轴承温度不超过 75℃，推力轴承温度不超过 85℃。

(3) 发电电动机投入运行后，在未进行特殊的温升试验以前，不允许超过铭牌的额定数值运行，也不允许无根据的限制容量。如果经过特殊的温升试验，证明发电电动机在温升方面有较大的裕度，对发电电动机的结构所进行的分析也证明能够超过额定数值运行时，经过专家讨论同意，并将分析报告报送上级主管部门批准后，才可超过额定数值按新数据运行。

(4) 发电电动机的运行工况有：停机（静止）、发电、发电调相、抽水调相、抽水五种。

(5) 发电电动机的主要工况转换方式有四种：静止→发电；发电→静止；静止→抽水；抽水→静止。

(6) 发电电动机抽水启动有静止变频器启动（SFC）和背靠背启动（BTB）两种方式，其中静止变频器启动（SFC）为主用启动方式，背靠背启动（BTB）为辅助启动方式。

二、运行日常巡检

在运行机组不停机的情况下，除了每天的日常运行监视外，还应每天一次对机组的运行情况做巡视检查，记录发电电动机设备本体情况和运行情况。巡检包括对监测数据的检查确认，对设备形态、声响、气味、颜色等方面的现场确认。日常的巡检、维护可以减少发电电动机的故障发生率，保障其安全稳定运行。

(一) 一般规定

1. 运行一般规定

(1) 发电电动机在运行中盖板应保持密闭，防止外部灰尘、潮气进入发电电动机内部；当长期停机时，必须采用适当的方法维持发电电动机内部温度不低于 10℃。

（2）冷却水应清洁，如有泥沙、杂草或其他污物应先过滤；油、水、气系统管路畅通；轴承润滑油油位、油质正常。

（3）辅助部分所需的厂用电电源供电正常；启停机过程应投入高压油顶起系统；任何一个系统发生故障时，机组不得启动，须查明原因并消除故障后才可继续启动。

2. 日常巡检一般规定

（1）做好记录，主要应包括工作计划、级别、项目、主要技术措施、进度安排等。

（2）对记录的数据进行对比分析，尽可能提前发现隐患。

（3）为了使发电电动机安全和长期稳定运行，要求发电电动机各部件应保持清洁，以免影响发电电动机的通风及使用寿命。

（二）主要部件日常巡检

1. 定子铁芯日常巡检

定子铁芯装配主要包括定子基础板、机座和铁芯。日常巡检工作内容如下：

（1）外观检查基础板、机座是否有变形、开裂、变色等；外观检查螺母、焊缝是否有开裂，螺杆是否有断裂，销钉是否窜动等；外观检查基础板处混凝土是否有开裂、粉化、变色等。

（2）铁芯噪声是否正常。

（3）铁芯温度、齿压板温度、机座振动、铁芯振动等监测数据是否有异常。

2. 定子绕组日常巡检

定子绕组主要包括线棒（圈）、绝缘盒、槽楔、汇流环、主引出线、中性点引出线等。日常巡检工作内容如下：

（1）外观检查主引出线、中性点引出线处是否有变色、绝缘处是否出现流胶或碳化等，是否有异常的烟尘、气味、火光、声响等。

（2）主引出线、中性点引出线接头处连接螺栓、螺母是否有脱落等。

（3）线棒温度、定子绕组出口电流、定子绕组出口电压、三相不平衡电流、相间不平衡电流等监测数据是否正常。

（4）利用点温枪或红外线热成像仪对主引出线、中性点引出线处和汇流环温度进行检测（每月一次）。

3. 转子日常巡检

转子主要包括转子支架、磁轭、键、制动环、磁极及转子引线等。日常巡检工作内容如下：

（1）检查是否有周期性的擦碰噪声等。

（2）检查转子一点接地、转子电流、转子电压是否正常。

4. 上、下机架日常巡检

上、下机架主要包括基础板、径向支撑、支臂、轴向支撑、中心体等。日常巡检工作内容如下：

（1）外观检查基础板、径向支撑是否有变形、开裂、变色等；径向支撑连接键是否脱落等；外观检查基础板螺母是否脱落，螺杆是否断裂，销钉是否窜动等。

（2）检查机架振动等监测数据是否正常。

5. 轴承日常巡检

轴承主要包括导瓦、推力瓦、支柱螺钉、弹簧束、瓦架、轴承支架、绝缘垫板、间隔块、挡块、测温电阻等。日常巡检工作主要是检查瓦温、油温、摆度等监测数据是否正常。

6. 油槽日常巡检

油槽主要包括内挡油圈、油槽盖、接油槽、油槽侧盖板、溢油管等。日常巡检工作内容如下：

（1）检查集电环室内油槽盖处是否有漏油；轴承及推力油槽处是否有漏油。

（2）检查油槽油位是否正常。

（3）检查是否存在油混水现象、油质是否正常。

7. 轴系日常巡检

轴系主要包括主轴、上端轴、推力头、镜板、联轴螺栓等。日常巡检工作内容如下：

（1）检查滑转子（轴领）是否上窜。

（2）检查轴系摆度等监测数据是否正常。

8. 集电环、刷杆座日常巡检

集电环、刷杆座主要包括集电环、集电环支架、刷杆座、刷杆座支架、电刷、刷握等。日常巡检工作内容如下：

（1）检查电刷与集电环之间是否有打火。

（2）检查集电环、刷杆座位置是否有周期性摩擦异声。

（3）检查电刷长度及碳粉堆积是否正常。

（4）检查集电环、电刷架表面是否有变色等。

（5）检查集电环室内气味是否正常。

（6）检查集电环、电刷架、集电环支架上固定螺栓是否有松动。

（7）检查集电环室是否有水珠、水凝现象。

（8）利用点温枪或红外线热成像仪对转子引线接头处温度进行检测（每年一次）。

9. 冷却器日常巡检

冷却器包括空气冷却器、油冷却器等。巡检工作内容如下：

（1）空气冷却器无泄漏、碰伤等。

（2）空气冷却器各部件完好，无缺失。

（3）空气冷却器及其固定支架的螺栓、螺母应无松动、缺失等。

（4）空气冷却器铭牌完整。

（5）空气冷却器本体无污染、锈蚀等。

（6）油冷却器压力监测数据是否正常。

（7）油冷却器、空气冷却器进出水流量监测数据是否正常。

（8）空气冷却器冷、热风温度是否正常。

10. 制动器及制动粉尘收集系统日常巡检

制动器巡检工作内容如下：

（1）制动器制动、复位监测数据是否正常。

（2）制动器运行中制动、复位是否正常。

（3）释放油压后检查制动器复位情况，必要时可利用撬棍复位制动器。

（4）检查制动粉尘收集系统运行情况是否正常。

11. 照明灯具日常巡检

照明灯具主要包括端罩照明灯具、上风洞照明灯具、下风洞照明灯具等。巡检工作内容如下：

（1）检查照明灯具是否有松动、掉落等。

（2）检查照明灯具是否有不亮、闪烁、亮度不足等。

12. 中性点接地装置日常巡检

中性点接地装置主要包括接地变压器、隔离开关、柜体等。巡检工作内容如下：

（1）检查中性点接地装置电流监测数据是否正常。

（2）检查接地开关正常投入，变压器本体无异常。

13. 振摆监测系统日常巡检

振摆监测系统巡检工作内容如下：

（1）检查现地监测柜、上位机监测柜内固定螺栓是否有松动、掉落等。

（2）检查现地监测柜、上位机监测柜是否有异响、发热、异味等。

（3）检查振现地监测柜、上位机监测柜是否有元器件及接线松动、脱落等。

（4）检查振现地监测柜、上位机监测柜相关指示灯、监测数据是否正常。

14. 盖板日常巡检

盖板主要包括上盖板、下盖板等。巡检工作内容如下：

（1）检查上盖板是否有变形、破损、掉漆等。

（2）检查上盖板上方及周围是否有积水、积油等。

（3）检查上盖板处接缝密封条无破损、缺失，下方毛毡未露出等。

15. 接触式油挡日常巡检

接触式油挡主要包括上导轴承密封装置、下导轴承密封装置等。巡检工作内容如下：

（1）检查密封装置损情况是否正常。

（2）检查密封装置是否羁留油。

（3）检查密封装置是否有螺栓松动、掉落等。

16. 吸排油雾系统日常巡检

吸排油雾系统主要包括上导轴承吸排油雾系统、下导轴承吸排油雾系统等。巡检工作内容如下：

（1）检查吸排油雾系统运行情况是否正常。

（2）检查吸排油雾系统吸油管是否羁留大量油、破损等。

（3）检查吸排油雾系统螺栓是否有松动、掉落、损伤等。

⊕ 第三节 检 修 和 维 护

发电电动机机组在运行中必须能安全可靠地发电、抽水。为了使机组具有很高的运行可靠性，保证经常处于良好的工作状态，就必须对机组进行有计划的检查和处理，以便及时发现问题，消除隐患，防止事故停机。出于更换设备易损件以及检查并调整易松动部件的需求，有计划地安排专门的时间停机进行的更换、处理工作称为检修和维护。

一、检修和维护分类

按照检修和维护检修工作的周期进行划分，可以将其分为 A、B、C、D 四个等级和状态检修。其检修间隔周期、检修停用时间取决于发电电动机的运行状态，宜结合水轮机检修间隔周期确定。一般情况下，推荐发电电动机的检修间隔周期、检修停用时间按表 7-3 执行。

表 7-3 检修推荐间隔周期及停用时间表

序号	检修项目	检修推荐周期	推荐停用时间
1	D 级检修	出现影响发电电动机安全运行缺陷时	1～3 天
2	C 级检修	0.5～2 年	5～12 天
3	B 级检修	3～8 年或根据情况而定	20～60 天
4	A 级检修	8～10 年或根据情况而定	30～90 天
5	状态检修	根据情况而定	待定

状态检修是指根据状态监测和诊断技术提供的设备状态信息，评估设备的状况，在故障发生前进行检修的方式。

D 级检修是指当机组总体运行状况良好，而对主要设备的附属系统和设备进行消缺。D 级检修除进行附属系统和设备的消缺外，还可根据设备状态的评估结果，安排部分 C 级检修项目。

C 级检修是指根据设备的磨损、老化规律，有重点地对机组进行检查、评估、处理、清扫。C 级检修可进行少量零件的更换、设备的消缺、调整、预防性试验等作业以及实施部分 B 级检修项目或定期滚动检修项目。

B 级检修是指针对机组某些设备存在问题，对机组部分设备进行解体检查和处理。B 级检修主要是为了解决运行中出现并经 C 修无法予以消除的严重设备缺陷，并按照规定的数值进行调整工作。这步工作往往在不吊出水轮机转轮的情况下进行，不进行机组解体，只是局部拆修。拆卸部件多少，视机组设备损坏的程度。B 级检修可根据机组设备状态评估结果，有针对性地实施部分 A 级检修项目或定期滚动检修项目。

A 级检修是全面、彻底地检查机组每一部件（包括埋设部件）的结构及其技术数据，并按规定数值进行处理。这是一种为消除运行过程中，由于零部件的严重磨损、损坏，导致整个机组性能和技术经济指标严重下降的机组修复工作。扩大性大修要吊出发电电动机转子和水轮机转轮。通常要将机组进行解体、拆卸。检修所有损坏的零部件。有时还要进行较大的技术改进工作。协调机组各部件和各机构间的相互联系，修复和改造机组的某些部分。

二、检修和维护主要内容

1. 主要项目

发电电动机检修和维护主要内容包括检修和维护主要项目、主要测试项目以及检修后启动试验项目。

（1）检修和维护主要项目。检修和维护主要项目详见表 7-4。

表 7-4   检修和维护主要项目表

部件名称	标准检修项目	A 级	B 级	C 级	D 级	备注
定子	定子清扫、检查	√	√	√	√	
	定子消缺	√	√	√	√	
	测温装置、元件和回路检查、消缺	√	√	√	√	
	定子机座检查（含组合螺栓、基础螺栓、销钉、焊缝等）	√	√			
	定子铁芯压紧螺栓或者穿心螺栓检查	√	√			
	定子绕组检查，包括端部、槽口、铜环及其支撑等	√	√	√		
	齿压板更换	√	√			特殊项目
	铁芯压紧螺栓或者穿心螺栓更换	√	√			特殊项目
	铁芯松动处理	√	√			特殊项目
	测温元件更换	√	√			特殊项目
	铁芯圆度处理	√	√			特殊项目
	绕组更换	√	√			特殊项目
	绕组防晕处理	√	√			特殊项目
	机组中心测定	√	√			特殊项目
	铁芯重新叠片	√	√			特殊项目
转子	空气间隙检查	√	√	√		
	转子清扫、检查	√	√	√		
	转子缺陷处理	√	√	√	√	
	制动环清扫、检查以及消缺	√	√	√	√	
	集电环清扫、检查及消缺	√	√	√	√	
	刷杆座以及电刷清扫、检查及消缺	√	√	√	√	
	转子支架检查、处理，包括焊缝、组合螺栓等	√	√			
	磁轭键、磁轭拉紧螺栓、磁轭切向键等检查、处理	√	√			
	磁极检查、处理，包括磁极线圈、阻尼环、极间连接线等	√	√			
	转子引线检查、处理，包括转子引线各连接头	√	√	√		
	不吊转子前提下更换少量磁极	√	√			特殊项目
	磁轭下沉处理	√	√			特殊项目
	磁轭键修复	√	√			特殊项目

续表

部件名称	标准检修项目	A级	B级	C级	D级	备注
转子	磁极线圈更换	√	√			特殊项目
	转子引线更换	√	√			特殊项目
	阻尼环更换	√	√			特殊项目
	磁极匝间绝缘处理	√	√			特殊项目
	集电环加工或者更换	√	√			特殊项目
	转子动平衡试验	√	√			特殊项目
	转子喷漆	√	√			特殊项目
	转子圆度调整、处理	√	√			特殊项目
	磁极高程测定、调整	√	√			特殊项目
	磁轭重新叠片	√	√			特殊项目
轴承	轴承清扫、检查	√	√	√		
	轴承缺陷处理	√	√	√	√	
	油槽渗漏检查、处理	√	√	√	√	
	高压油系统清扫、检查及消缺	√	√	√	√	
	瓦温、油温、油位、油混水、振动、摆度检查以及其回路检查、处理	√	√			
	油槽排油、充油、油化验或者换油等	√	√	√		
	导轴承瓦间隙复测、瓦面抽检等	√	√			
	油槽油冷却系统严密性试验检查	√	√			
	推力头、镜板清扫、检查以及消缺	√	√			特殊项目
	轴承座检查、处理	√	√			
	推力轴承支撑检查	√	√			
	推力瓦、导瓦检查、修复或者更换	√	√			特殊项目
	轴承绝缘检查、消缺	√	√			
	油槽渗漏试验	√	√			
	油槽油冷却器检查、修复、更换	√	√			特殊项目
	镜板研磨	√	√			特殊项目
	油槽密封结构改进	√	√			特殊项目
轴系	轴系清扫、检查	√	√			
	轴系缺陷处理	√	√	√		
	接地装置清扫、检查或消缺	√	√	√	√	
	轴系检查处理，包括法兰、轴颈等	√	√			
	联轴螺栓检查、处理	√	√			
	轴系检查、调整	√	√			
机架	机架清扫、检查	√	√			
	机架缺陷处理	√	√	√	√	
	机架支撑清扫、检查	√	√	√		
	机架组合螺栓、基础螺栓、调整螺栓等检查、消缺	√	√	√		
	下机架基础轴向调整键检查、消缺	√	√	√		
	上机架基础径向调整键检查、消缺	√	√	√		
	机架组合面检查、消缺	√	√			特殊项目

403

部件名称	标准检修项目	A级	B级	C级	D级	备注
机架	机架中心、水平调整	√	√			特殊项目
	机架高程调整	√	√			特殊项目
辅助系统	制动器闸板与制动环间隙检查	√	√			
	制动柜检查	√	√	√		
	制动吸尘系统清扫、检查及消缺	√	√	√	√	
	空气冷却器清扫、检查及消缺	√	√	√	√	
	挡风板、盖板清扫、检查及消缺	√	√	√		
	补漆、标识标牌修复或者更换	√	√	√		
	油、水、气管路清扫、检查及消缺	√	√	√	√	
	制动器检查，包括严密性耐压试验等	√	√			
	空气冷却器严密性耐压试验	√	√			
	表计检查、检定	√	√	√		
	制动系统电气回路清扫、检查、消缺	√	√			
	制动闸板更换	√	√			特殊项目
	制动器修复、更换	√	√			特殊项目
	挡风板修复或更换	√	√			
	盖板修复或更换	√	√			
	油、水、气管路气密性耐压试验	√	√			
	空气冷却器修复或更换	√	√			特殊项目
	高压油泵修复或更换	√	√			特殊项目
其他	励磁引线及其回路清扫、检查、消缺	√	√	√	√	
	中性点设备清扫、检查、消缺	√	√	√	√	
	自动化元件清扫、检查、校验、消缺	√	√	√		
	在线监测系统及其回路清扫、检查、消缺	√	√	√	√	
	互感器清扫、检查、消缺	√	√	√	√	
	各接线接头、端子紧固及试验	√	√			

注　特殊项目根据实际情况选择性执行。

（2）检修和维护主要测试项目。检修和维护主要测试项目详见表7-5。

表 7-5　　　　　　　　　　检修和维护主要测试项目表

部件名称	检修测试项目	A级	B级	C级	D级	备注
定子	绕组绝缘电阻、吸收比和极化指数测试	√	√	√		
	绕组泄漏电流及直流耐压试验	√	√	√		
	直流电阻测试	√	√	√		
	交流耐压试验	√	√			
	槽部线棒防晕层对地电位测试	√				
转子	绝缘电阻测试	√	√	√		
	直流电阻测试	√	√	√		
	交流耐压试验	√				
	交流阻抗和功率损耗测试	√				

续表

部件名称	检修测试项目	A 级	B 级	C 级	D 级	备注
其他	表计和自动化元件校验	√	√	√		
	二次回路绝缘测试	√	√	√		
	保护装置校验	√	√	√		
	制动系统电气试验	√	√	√		
	互感器直流电阻、绝缘电阻测试	√	√	√		
	接地系统导通测试	√	√	√		

（3）检修后启动试验项目。检修后启动试验项目详见表 7-6。

表 7-6　　　　　　　　　　检修后启动试验项目表

检修后启动试验项目	A 级	B 级	C 级	D 级	备注
手动开、停机试验	√	√	√		
自动开、停机试验	√	√	√		
零起升压试验	√	√			
自动启励试验	√	√	√		
机组并网及带负荷试验	√	√	√		
励磁系统动态试验	√	√			
同期试验	√	√			
甩负荷试验	√	√			
过速试验	√				
升流试验	√				
水泵空载试验	√				
水泵抽水试验	√				
工况转换试验	√				

注　如果实际需要，可进行稳定性试验、进相试验、效率试验、温升试验等。

2．工艺和质量一般要求

（1）应根据发电电动机的主要结构、性能、技术和运行状态，制定发电电动机现场检修规程。检修前，准备工作应符合以下要求：

1）查阅设备台账、缺陷记录、运行分析成果、历次检修技术报告、技术监督计划、反事故措施计划、检修计划和技术改造计划，分析设备状况，核定检修的标准项目和特殊项目，编写检修工期进度计划，并在设备拆开以后根据检查结果做出修正；

2）编制发电电动机检修作业指导书，主要包括职责权限，危险点分析及预控，现场平面布置及现场作业定置管理图，人员、工器具、备品备件、材料及图纸等资源准备，检修现场作业工序、工艺质量要求、质检点和检修记录等内容；

3）编制技术复杂项目和重大项目的技术方案和施工方案；

4）编制检修安全、环保、消防等技术措施；

5）向工作负责人及工作成员进行安全、技术交底；

6）专用工器具、安全防护用品、备品备件、材料、仪器仪表、试验设备等应检查、试验合格，作业人员应具备相应资质。

（2）发电电动机检修时，检修场地应考虑检修部件放置后的承载能力，场地应光线充足，部件放置时地面应垫有胶皮，精密部件应做好防锈、防尘措施及垫有毛毡或胶皮。

（3）风洞执行专人登记制度，所有人员、工具、材料及其他物品进出风洞应登记或注销，进入发电电动机内部时，与工作无关的物品不应带入。

（4）零部件分解拆卸前，首先检查所拆卸部件配合处的记号，没有记号或记号不清晰时应重新做好标记。对精密配合的零件，若无定位销钉，应在其结合面处互成 90°方向上打明显的标记。配合尺寸应进行测量并做好记录，标记应具有唯一性。

（5）零部件分解拆卸时，应先拆销钉，后拆螺栓；装复时应先装先装销钉，后装螺栓。在拆卸零部件的过程中，发现异常和缺陷时应做好记录。拆卸零部件时，不得直接锤击其加工面或易损变形部位，必要时垫上铜皮或用铜棒敲击。在分开法兰和组合面止口时，扁铲、楔子等工具不应打入过深，防止损坏密封面和结合面。

（6）部件分解后，应及时清洗零部件，检查零部件完整与否，如有缺损应进行更换或修复，同一部件拆卸的销钉、螺栓、螺母、垫圈需放在同一箱内或袋内，标签标识清楚，不宜互换。螺栓、螺母要清点数目，妥善保管，主要部件螺栓应进行无损检测。

（7）轴颈、轴瓦、镜板等精加工表面，以及联轴法兰和销孔面，应做好抗氧化、防锈蚀等防护措施。

（8）管阀拆卸前，先排余压，并注意排除残余介质流，与检修相关管路或基础拆除后露出的孔洞应及时进行有效封堵。

（9）各部件组合面、键和键槽、销钉和销钉孔、止口、螺栓和螺孔等修理后，应保持光滑、无高点和毛刺，不得改变其配合性质，安装前组合面应清扫干净。

（10）拆卸时各组合面加垫的厚度、密封条大小应做好记录，装复时采用原规格的垫片、盘根；对由密封件造成渗漏的应重新计算确定密封件规格型号。

（11）装复时，各组合面合缝间隙用 0.05mm 塞尺检查不能通过，允许有局部间隙，用 0.10mm 塞尺检查，深度不应超过组合面宽度的 1/3、总长度不应超过周长的 20%，组合螺栓及销钉周围不应有间隙，组合缝处的安装错牙不宜超过 0.10mm。

（12）装复时，易进水的或潮湿处的螺栓应涂以二硫化钼，各转动部分螺母应点焊或采取其他防松动措施。采取防松动措施前，应逐个确认螺栓的紧固情况。

（13）装复管路切割密封垫时，其内径应稍微比管路内径大，不得小于管路的内径。若密封垫直径较大需拼接时，先削制接口，再粘接。

（14）各螺栓连接均应按规定拧紧，有预紧力要求的螺栓连接，装复时其预应力偏差不应大于规定值的±10%。若无明确要求时，预应力应小于工作压力的 2 倍，且不大于材料屈服强度的 3/4。细牙螺栓连接回装时，螺纹应涂润滑剂。螺栓连接应分次均匀紧固，采用热态拧紧的螺栓，紧固后应在室温下抽查 20%左右螺栓的预紧度。

（15）冷却器应按设计要求的试验压力进行强度耐压试验，设计无规定时，试验水压力一般为工作压力的 1.5 倍，保持压力 60min，无渗漏现象；冷却器及其连接件严密性耐压试验，试验压力为 1.25 倍工作压力，保持压力 30min，无渗漏现象；冷却系统严密性试验，试验压力为工作压力，保持压力 8h，无渗漏现象。

（16）冷却器如有单根冷却铜管破裂，可采用楔塞堵死钢管的方法处理破损铜管，但堵塞铜管的根数不应超过总根数的 10%，否则应更换冷却器。

（17）起重用的钢丝绳、绳索、滑车等应在使用前进行检查、试验，钢丝绳的安全系数按安全规程选用。

（18）零部件起吊前，应检查连接件是否拆卸完，起重工具的承载能力是否足够。

（19）在发电电动机内使用明火作业，如电焊、气焊、气割等，应办理动火工作票，并做好防火和防飞溅的安全保护措施，防止焊渣等杂物进入发电电动机内部。作业完成后，应仔细清理焊渣、熔珠等作业残留物，确认无火种。在转动部件上进行电焊时，接地线应可靠地接在转动部件施焊部位上，其中转子不安装接地线不应进行电焊作业。

（20）检修中应做到文明施工，做到国家能源局颁发的《防止电力生产事故的二十五项重点要求》里面的相关要求。

（21）必要时，发电电动机检修过程中，其主要结构件、焊缝应采用无损探伤检查无缺陷。

（22）检修和维护前，需准备常用损耗件，包括清洗剂、白布、润滑剂、面漆、毛毡、破布、螺纹锁固胶、探伤剂、密封圈、密封橡胶、密封胶、砂纸、垫圈等。

（23）检修和维护前，需准备常用工器具，包括各种规格扳手、铁锤、锉刀、撬棍、螺丝刀、千斤顶、塞尺、游标卡尺、吸尘器、钢板尺、卷尺、求心器、电焊机、内径千分尺、外径千分尺、百分表及表座、砂轮机、电弧刨、力矩扳手、液压拉伸器、加热板等。

（24）发电电动机检修和维护主要项目一般质量标准详见表 7-7。

表 7-7　　　　　　　　　　　检修和维护主要项目一般质量标准

序号	检修主要部件	质量标准
1	上机架	上机架径向、垂直支腿固定螺栓无松动，切向键无脱落，基础板侧边顶丝无松动，支座焊缝无裂纹
		上机架结构焊缝无开裂
		上机架中心体内、外壁爬梯固定牢固、无松动
		上机架中心体内的滤网清洁
		上机架上的滑环室引风管支撑稳固无松动，软管接头管箍无松动
		上机架+X/+Y 径向振动不超过 105μm
		上机架清扫干净，无异物，补刷面漆
2	上导轴承	瓦面平滑，无划痕、碰伤、裂纹和气孔，无异物嵌入；巴氏合金层与瓦体无脱壳；瓦背垫块、排油铜管无松动
		上端轴轴领应无划痕、毛刺、锈蚀、高点等缺陷
		油槽密封圈、密封垫全部更换
		油槽做煤油渗漏试验，保持至少 4h 无渗漏
		油、水管路支撑稳固，阀门、接头、法兰无渗漏
		上导轴承承重环内外圈的绝缘良好，经测试不小于 0.5MΩ
		上导瓦间隙调整符合设计要求
		用钢板尺实测油槽油位，油位符合设计的静止油位要求
		上导轴瓦温度不超过 75℃

序号	检修主要部件	质量标准
2	上导轴承	上导油槽温度不超过 60℃
		上导＋X/＋Y 摆度不超过 GB/T 11348.5—2008 图 A.2 中所规定的 A 区上限 0.14mm，且不超过导轴承设计总间隙的 70％
		上导油槽无漏油、无甩油
		上导轴承及附属部件清扫干净，无异物
3	定子	定子机座无移动、变形
		定子外壁爬梯固定牢固
		定子铁芯压紧螺栓紧固，力矩符合设计要求
		基础板螺栓无松动，紧固力矩符合设计要求，键无松动
		定子机座平键焊点无开裂
		定子机座无过热变色、异物、油漆脱落、污垢、锈蚀、移动或变形现象，结构焊缝无开裂
		定子齿压板油漆无脱落、压指无变形或变黑现象
		定子机架＋Y 径向振动不超过 $200\mu m$
		空气间隙内无异物
		定子线棒绝缘无破损、电晕痕迹，无污痕；定子线棒所有绑扎带应紧固，无放电、变色痕迹
		上、下端环氧绝缘盒应清洁无松动、下坠及损伤、开裂，环氧填充物无裂纹、气孔现象；过桥接头绝缘应无裂纹、损伤、老化现象，无电晕、放电痕迹
		铜环支撑绝缘应清洁无裂纹、破损及老化现象，无电晕、放电痕迹；绑扎带应清洁紧固，无裂纹、变色现象；上下端接地连接良好，绝缘支撑块无开裂，螺栓紧固无松动，支撑环接地螺丝无松动
		铜环绝缘应清洁无裂纹、破损及老化现象，无电晕、放电痕迹；汇流环各绝缘支架无开裂，螺栓紧固无松动
		过桥、引出线和中性点绝缘清洁，无裂纹及老化现象，无电晕、放电痕迹；CT（电流互感器）底座无松动、二次线连接正确、绝缘完好；引出线接头、中性点铜排清洁无过热变色、放电痕迹；各连接螺栓紧固无松动，对损伤及松动的螺栓进行更换及拧紧处理
		绝缘盒更换后要求绝缘盒与并头铜板间的四周间隙尽量均匀，盒间距相等，盒内灌注胶填充饱满，无气孔、裂纹
		用专用钩针或小铜锤对上、下端部槽楔进行检查，应无空洞的声音，底部和顶部槽楔必须全紧，槽楔松动不超过其全长的 25％，任何槽内不能有两个相邻的槽楔都松动，否则进行重新打紧处理
		定子铁芯无松动，无发热、变色痕迹，铁芯无变形现象，压指无松动、锈蚀；铁芯片间绝缘良好，无断裂；通风沟无油污及杂物、通风良好且无堵塞现象
		定子电气试验顺利完成
		机座表面清扫干净，刷奶黄油漆
4	转子	转子支架各部焊缝无裂纹
		磁轭压紧螺栓紧固螺帽焊点无开裂
		磁轭键焊缝无开裂，无松动
		转子联轴螺栓（上端轴和大轴）固定销钉及焊点无开裂脱落，大轴连接螺栓中心孔的封堵螺栓无松动

序号	检修主要部件	质量标准
4	转子	推力头定位销钉压板固定螺栓紧固，无松动
		中心体内转子与大轴连接法兰处的径向定位销钉压板固定螺栓紧固，无松动
		上端轴顶丝无松动，焊缝无开裂
		磁极键用1.8kg（4磅）手锤全部打紧一遍，敲键时检查磁极体钢与磁轭的接触情况
		推力头与转子连接螺栓紧固力矩符合设计要求
		转子配重块焊缝无开裂
		磁极应无异状、损伤
		磁轭、磁轭键无松动，压紧螺栓及磁轭键无开焊
		制动环螺栓无松动，检查制动块是否有松动迹象
		磁极及转子引线各电气连接接头接触良好，无过热变色、变形现象；绝缘无过热、老化干裂及损伤现象；各连接螺栓紧固，拧紧或更换已松动或损坏的螺栓；励磁电缆的支撑块固定牢固、完好无损
		阻尼铜棒完好，无断裂、损坏，阻尼铜棒与阻尼铜板焊缝无开裂、脱焊
		转子电气试验完成
		转子支架清扫干净，刷补面漆
5	空气冷却器	空冷器解体后全面清洗，水管表面翅片清洁、内壁干净无泥污
		空冷器回装时法兰面涂密封胶，螺栓涂锁固胶
		空冷器组装后按要求打压，无渗漏
		空冷器U形卡无松动、无脱落
		空冷器上、下端部密封无漏水，管路连接法兰螺栓无松动，阀门位置正确，管路各阀门、接头、法兰连接处无渗漏水
		管道保温层完好，无松动、脱落
		空冷器法兰螺栓无松动、脱落，无渗漏水
		空冷器与机座应无间隙
		空冷器表面补刷面漆
		压力表检验合格，指示正常
		空冷器及附属部件清扫干净，无异物
6	下机架	下机架结构焊缝无裂纹
		下机架基础螺栓无松动、脱落
		下机架爬梯稳固，无松动
		下机架＋Y径向振动不超过$105\mu m$
		下机架＋X/＋Y轴向振动不超过$105\mu m$
		下机架中心体人孔门关闭，固定螺栓无松动
		下机架基础板平整，无高点、毛刺
		下机架表面补刷面漆
7	推力/下导轴承	油槽内壁油漆无起皮、脱壳，否则铲平清根后补刷耐油漆
		油槽密封全部更换新密封
		冷却器表面清洁无异物，按要求打压，无渗漏
		推力瓦、下导瓦全面清扫干净，瓦面平滑，无划痕、碰伤、裂纹和气孔，无异物嵌入；巴氏合金层与瓦体无脱壳；瓦背垫块无松动

序号	检修主要部件	质量标准
7	推力/下导轴承	镜板表面光滑，无磨痕、锈斑
		推力头焊缝无裂纹，轴领表面光滑，无磨痕、锈斑
		推力支撑弹簧无损坏
		推力瓦温度不超标
		下导轴瓦温度不超标
		推力/下导油槽温度不超标
		下导+X/+Y 摆度不超过 GB/T 11348.5—2008 图 A.2 中所规定的 A 区上限 0.14mm，且不超过导轴承设计总间隙的 70%
		油槽无明显甩油，盖板无漏油
		油槽密封盖板固定螺栓和密封块固定螺栓无松动，密封块与推力头之间密封间隙为 0mm
		呼吸器安装牢固，无松动、堵塞
		推力/下导轴承及附属部件清扫干净，无异物
		接触式密封无间隙，压缩量适中，密封块动作灵活
		冷却水管无破损，保温层完好
		下导瓦间隙调整符合设计要求
		实测油槽油位，油位符合设计静止油位要求
8	高压油润滑系统	管路支撑牢固、无松动
		管路表面洁净、无污物，各接头无渗漏、松动
		油泵密封处无渗漏
		粗、精过滤器滤芯用酒精、白布清扫干净，无油污及异物
		管路供油阀门一路在开启位置，另一路在关闭位置，阀门操作灵活
		压力表校验合格，接头无渗漏、指示正常
		过滤器无堵塞，管路按要求进行打压试验，无渗漏
		高压润滑油系统清扫干净，无异物
9	制动系统	风闸分解，清扫，按要求打压合格，风闸与管路应无渗漏
		固定在下机架外侧的顶转子楔子板固定牢固、无松动
		风闸闸瓦厚度满足设计要求，闸瓦应无裂纹、损伤、掉块
		制动环板紧固螺母应无松动，螺栓头部不高出制动环表面
		管路支撑稳固，接头牢固、无渗漏
		围板无变形，紧固螺栓无松动
		风闸的导向杆无松动或脱落
		顶起泵工作正常，油泵无漏油，切换阀、压力调节阀操作灵活
		装配工艺正确；"O"和"V"形密封圈安装平顺，方向正确到位，缸体及活塞外圆面无锈斑、毛刺。回复弹簧完好，预压力正常，活塞装入完毕，活塞应上下运动灵活
		通入适量压力制动气风闸全部抬起；排气后在弹簧的作用下，风闸应能全部下落到位，无卡阻
		制动环板固定牢固，无松动、裂纹、变形
		风闸制动吸尘金属软管无破损，固定牢固，管卡无松动、脱落
		吸尘柜内清扫干净，无粉尘；清扫把手转动灵活、无发卡，侧板固定螺栓无松动

序号	检修主要部件	质量标准
9	制动系统	制动电磁阀接头无漏气
		制动器起落试验动作灵活，无卡阻，能正常复位
		压力表指示正常
		制动系统清扫干净，无异物
10	上、下挡风板	挡风板无严重裂纹、变形
		挡风板固定拉杆无裂纹，螺栓无松动、脱落
		挡风板之间连接螺栓紧固、无松动
		挡风板端部胶皮应与定子接触良好，无破损、脱落
		挡风板本体外缘与定子无硬性接触，间隙满足设计要求
		与上挡风板相连的两根引风软管固定牢固，管箍紧固无松动
		上、下挡风板清扫干净，无异物，无油迹
11	灭火系统	灭火水环管支架无松动，焊缝无开裂，支撑牢靠
		灭火喷头无松动、掉落
		灭火管路接头无松动，法兰连接螺栓无松动、脱落
		灭火控制柜内的管接头、阀门及其支架无松动，连接螺栓无松动、脱落
		灭火系统清扫干净，无异物
12	集电环及刷杆座	集电环及刷杆座清扫干净、无异物
		集电环及刷杆座各紧固件无松动、损伤
		电刷长度合适，无异常声音，电刷在刷握内活动自如、无卡涩；刷握无松动、损坏；集电环表面无麻点、凹凸、划痕现象；刷辫固定紧固，无发热、断股、脱落现象；励磁电缆接头无发热、变色现象
		集电环表面应清洁无划痕，无变色现象；电刷与集电环表面吻合，接触面积达3/4以上，电刷安装方向正确，电刷长度不得小于原长度的1/3；刷握完好，应与集电环成5°夹角；电刷架绝缘子及绝缘隔板完好，无开裂；各连接螺栓紧固，拧紧或更换已松动或损坏的螺栓
		集电环无炭屑，表面光亮无发热痕迹；螺纹槽外边缘无麻点、刷印或沟纹
		集电环连接螺栓紧固，励磁电缆正、负极标识正确

三、主要部件检修和维护

（一）定子的检修和维护

定子主要检修和维护项目、测试项目详见表7-4、表7-5，检修和维护主要项目一般质量标准详见表7-7。这里主要针对具体项目展开主要工艺、要求等介绍，按定子机械部分与电气部分分别展开。

1. 定子机械部分检修和维护

（1）检查定子基础板螺栓、销钉和定子机座合缝处的状况，应符合以下要求：基础螺栓、组合缝螺栓应紧固达到要求力矩值，螺母点焊处无开裂，销钉无窜位；定子机座组合缝间隙用0.05mm塞尺检查，在定子铁芯对应段、组合螺栓周围以及定位销周围不应通过；定子机座组合缝焊缝无裂纹；定子机座与基础板的接触面应符合检修与维护工艺和质量的一般要求。

（2）检查定子铁芯及通风槽无异常，定子上、下端部、定子铁芯通风沟内及铁芯背部机座环板上无任何杂质和异物堵塞。

（3）定子铁芯定位筋、托板、齿压板、拉紧螺杆（或穿心螺杆）等应无松动、裂纹或开焊，齿压板压指与铁芯之间应无间隙、错位，接触紧密，各螺母点焊处无开裂，铁芯冲片无短缺、错位、弯曲、断裂或翘曲，且外表面无附着黑色油污等；铁芯紧量是否正常，且有无烧伤、局部过热、锈蚀、磨损等。若有附着物，须用带电清洗剂等清洗铁芯表面、铁芯通风沟、齿压板、机座环板等。

（4）发电机空气间隙测量，要求各点实测间隙的最大值或最小值与实测平均值之间差值同平均间隙值之比不大于±8%。

（5）复测定子高程时，定子铁芯平均中心高程与转子磁极平均中心高程基本一致，其偏差值不应超过定子铁芯有效长度的±0.15%，最大不超过±4mm。

（6）复测定子铁芯高度。在铁芯槽底和背部均布的不少于16个测点上测量铁芯高度，各点测量值与设计值的偏差不应超过表7-8的规定。一般取正偏差。

表7-8 定子铁芯各测点高度的允许偏差 （mm）

铁芯高度 h	$h<1000$	$1000\leqslant h<1500$	$1500\leqslant h<2000$	$2000\leqslant h<2500$	$h\geqslant2500$
偏差	−2～+4	−2～+5	−2～+6	−2～+7	−2～+8

（7）复测定子铁芯波浪度。铁芯上端槽口齿尖的波浪度不大于表7-9规定。

表7-9 铁芯上端波浪度允许值 （mm）

铁芯高度 l	$l<1000$	$1000\leqslant l<1500$	$1500\leqslant l<2000$	$2000\leqslant l<2500$	$l\geqslant2500$
偏差	6	7	9	10	11

（8）定子铁芯压紧螺杆（或穿心螺杆）检查时，其螺杆预紧力与设计预紧力应一致，且压紧螺杆无损伤，配套螺母无损伤。注意穿心螺杆结构还得检查绝缘电阻值。

（9）必要时，主要结构件、焊缝（机座组合缝、定子铁芯拉紧螺杆等）应按 DL/T 1318《水电厂金属技术监督规程》检查无缺陷。

2. 定子电气部分检修和维护

（1）定子绕组上、下端部检修和维护后，应符合以下要求：定子绕组端部应清洁、包扎密实，无过热、电晕放电及损伤，表面漆层无裂纹、脱落及流挂现象；定子绕组接头绝缘盒及填充物应饱满，无流蚀、裂纹、变软、松脱等现象；定子绕组端部各处绑绳及绝缘垫块应紧固，无松动、断裂等现象；定子绕组端部弯曲部分无电晕放电痕迹；上、下槽口处定子绕组绝缘无被冲片割破、磨损现象；定子绕组无电腐蚀，通风沟位置无电晕痕迹。

（2）定子铁芯齿槽检修和维护后，应符合以下要求：铁芯槽齿无烧伤、过热、锈蚀、松动等；铁芯槽齿冲片无错位；与定子线棒接触部位冲片无松动现象，轻微松动可加绝缘垫楔紧，由于松动而产生的锈粉应清除、并涂刷绝缘漆。

（3）定子槽楔检修和维护后，应符合以下要求：槽楔应完整、紧固，无松动、过热、断裂等现象；槽楔斜口应对准通风沟方向，并与通风沟对齐，楔下垫实，无上窜、下窜现象；槽楔应不凸出定子铁芯内圆表面。

（4）定子铜环引出线和中性点引出线检修和维护后，应符合以下要求：铜环、引出线绝缘应完整，无损伤、过热及电晕痕迹等；用螺栓连接的接头应牢固、接触良好，用 0.05mm 塞尺检查，对于宽度在 80mm 以上的引出线接头，其塞入深度不应超过 6mm；对于宽度在 80mm 以下的引出线接头，其塞入深度不应超过 4mm；铜环支架应牢固无松动，绝缘套管应完整、表面清洁，无损伤及过热现象；焊接接头应无气孔、夹渣，表面应光滑。

（5）定子绕组线棒有以下情况之一，应当更换：耐压试验不合格；主绝缘受到机械损伤严重；接头股线损伤其导体截面积减少 15％以上；严重变形、主绝缘可能损伤的线棒；防晕层严重破坏。

（6）定子绕组线棒安装、槽楔安装、接头焊接以及绝缘处理详见本书相应章节。

（7）定子绕组干燥时，温度应逐步上升，每小时温升为 5～8K。绕组最高温度，用酒精温度计测量时不应超过 70℃；以埋入式电阻温度计测量时不应超过 80℃。

（8）测量定子绕组绝缘电阻值时，当满足下列条件，方可不进行干燥：

定子绕组的每相绝缘电阻值，在换算至 100℃时，不得低于式（7-1）计算的数值

$$R = \frac{U_N}{1000 + 0.01S_N} \tag{7-1}$$

式中 R——对应温度为 100℃的绕组热态绝缘电阻计算值，$M\Omega$；

U_N——水轮发电机额定线电压，V；

S_N——水轮发电机额定容量，KVA。

对于干燥、清洁的发电电动机，在室温 t（℃）时的定子绕组绝缘电阻 R_1（$M\Omega$），可据式（7-2）修正

$$R_t = R \times 1.6^{(100-t)/10} \tag{7-2}$$

式中 R——对应温度为 100℃的绕组热态绝缘电阻计算值，$M\Omega$。

在 40℃以下时，绝缘电阻吸收比 R_{60}/R_{15} 不小于 1.6 或极化指数 $R_{10min/1min}$ 不小于 2.0。备注：进行干燥的定子，其绝缘电阻稳定时间一般为 4～8h。

（9）定子检修后，则需按参照表 7-10 进行电气预防性试验项目测试。

表 7-10　　　　　　　　　　　发电机定子电气预防性试验项目、要求

序号	项目	要求	说明
1	定子绕组的绝缘电阻、吸收比或极化指数	（1）绝缘电阻值若在相近试验条件（温度、湿度）下，绝缘电阻值降低到历年正常值的 1/3 以下时，应查明原因； （2）各相或各分支绝缘电阻值的差值不应大于最小值的 100％； （3）吸收比或极化指数吸收不应小于 1.6 或极化指数不应小于 2.0	（1）采用 5000V 绝缘电阻表测量； （2）推荐测量极化指数

续表

序号	项目	要求	说明
2	定子绕组的直流电阻	发电机各相或各分支的直流电阻值，在校正了由于引线长度不同而引起的误差后相互间差别以及与初次（出厂或交接时）测量值比较，相差不得大于最小值的 2%，超出要求者，应查明原因	在冷态下测量，绕组表面温度与周围空气温度之差不应大于±3℃
3	定子绕组泄漏电流和直流耐压试验	（1）试验电压如下：全部更换定子绕组时为 $3U_N$；局部更换定子线棒时为 $2.5U_N$；运行 20 年内大修前为 $2.5U_N$；运行 20 年以上大修前为 $2.0U_N$；小修时和大修后均为 $2.0U_N$； （2）在规定试验电压下，各相泄漏电流的差别不应大于最小值的 100%，相间差值与历次试验结果比较，不应有显著的变化； （3）泄漏电流不随时间的延长而增大	（1）一般在热态下进行； （2）试验电压按每级 0.5 倍额定电压分阶段升高，每阶段停留 1min，读取泄漏电流值； （3）不符合标准（2）、（3）之一者，应尽可能找出原因，并将其消除
4	定子绕交流耐压试验	（1）试验电压如下：全部更换定子绕组时为 $2.0U_N+1.0kV$；局部更换定子线棒时为 $1.5U_N$；大修前为上一次耐压值的 0.8 倍；小修时和大修后均为 $1.5U_N$。 （2）整机起晕电压应不小于 1.0 倍额定线电压	（1）交流耐电压试验分相进行，升压时起始电压一般不超过试验电压值的 1/3，然后逐步升至试验电压值，一般历时 10~15s 为宜； （2）试验前应将定子绕组内所有的测温电阻短接接地； （3）耐压前，必须测量绝缘电阻及吸收比，并先进行直流耐电压试验； （4）耐电压时，在额定线电压下，端部应无明显的金黄色亮点和连续晕
5	定子绕组槽电位试验	线棒嵌装后一般应在额定相电压下测定表面槽电位或槽电阻，槽电位一般小于 10V	在下层线棒整体交流耐压试验前和槽楔安装前进行

注 U_N 为额定电压。

（二）转子的检修和维护

转子主要检修维护项目、测试项目详见表 7-4、表 7-5，检修和维护主要项目一般质量标准详见表 7-7。这里主要针对具体项目展开主要工艺、要求等介绍，按转子吊出、转子机械部分与转子电气部分分别展开。

1. 转子吊出检修和维护

（1）转子吊出，应具备以下要求：转子上部无妨碍转子吊出的部件，电气各引线均已拆开；发电机定、转子之间空气间隙检查测量完毕；伞式机组的推力头与转子中心体、转子中心体与主轴之间的联轴螺栓、销钉已拆除（具备带轴吊装的转子除外），悬式机组发电机主轴与水轮机主轴联轴螺栓已拆除；水轮机转轮已固定牢固；顶起转子，制动器锁定投入，将转子落在制动器上；起吊轴、平衡梁等转子吊装工具检查、安装完毕（清扫转子以及起吊轴配合法兰面；安装转子起吊轴，装入配套联轴螺栓，并使用液压拉伸器紧固联轴螺栓；桥机检查合格后，使用桥机将平衡梁吊装到位；连接平衡梁与转子起吊轴，确认卡环卡紧到位）；起吊桥机电气与机械部分已全面检查、试验合格，动作可靠、定位准确；厂用电系统运行正常，供电可靠；转子检修场地已清理，中心基础板打磨平整、支墩布置到位；转子吊装通道已清理；转子吊出引导木板条已准备好。

（2）转子吊出过程中的程序及工艺要求如下：起吊全过程，应加强对桥机的制动器、减速器、卷筒、滑轮、绳夹、电气设备和安全防护装置等的监视检查，以便及时监测、预警和处理故障；起吊静载荷试验时，将转子提升 20mm，脱离止口，主钩制动，停留 3~5min，检查桥机各部位是否正常；检查吊具的水平和空气间隙是否均匀；缓慢起升，待转子与推力头法兰脱开 150~200mm 时，停下，用钢板尺对称 4 个方位测量二法兰面的间距，根据测量结果，将转子调平；起吊动载荷试验时，将转子升降两次，第一次起升 100mm、落下 50mm，桥机主起升制动有效；第二次起升 400mm、落下 200mm，桥机主起升制动有效；转子在定子内起吊过程中，沿定子圆周每隔两个磁极设一个专人用木板条（根据定子铁芯高度、磁极宽度、定转子空气间隙尺寸制作）插入转子磁极极靴表面中线和定子之间的空气间隙中，并不断抽动，当木板条出现卡住现象时，应立即报告指挥人员，停止起落转子，待找正中心后再起吊；转子起吊高度应超过沿途最高点 200mm，按指定路线匀速行走至检修场地，没有异常情况中途不宜停顿；转子在检修场地下落，距离地面约 1500mm 时停止下降，清扫转子下部结合面、螺栓孔、销钉孔，在转子中心法兰面涂上凡士林或黄油；保养防护完成后，将转子平稳落在支墩上；转子绝对稳妥牢固后，拆除转子吊具，调整转子水平小于或等于 0.05mm/m，并可靠固定；转子吊出后，应及时对水轮机主轴法兰、推力头等进行清扫除锈，涂上凡士林或黄油，防止锈蚀；转子回装吊入机坑要求及准备条件同吊出，只是程序刚好相反。

2. 转子机械部分检修和维护

（1）转子在机坑内检修和维护，应符合以下要求：结构焊缝、配重块焊缝应完好，各把合螺栓点焊完整、无松动；磁轭键、磁极键等键装配无松动、位移、点焊无开裂；制动环板无损伤，把合螺栓无松动、位移、点焊无开裂；中心体相对轴无位移痕迹等；支架及中心体、磁轭、磁极表面灰尘、油污等清扫干净；是否有磁轭严重变形、相对支架位移等；必要时，主要结构件、焊缝应按 DL/T 1318《水电厂金属技术监督规程》检查无缺陷。

（2）转子在机坑内拆装磁极，应符合以下要求：吊出磁极时应在磁极上装入专用吊装工具；磁极在吊出过程中防止与定子相碰撞；拔出的配套磁极键应配对编号保管；磁极装复前，检查磁极应平直、干净，磁轭 T 形键槽内清理干净无杂物，检查磁极键配对良好；磁极键打入后，其配合面接触良好，用手摇晃不动，磁极键打入深度不小于磁极铁芯高度的 90%，磁极键打入完成后，其上端留出 200mm 左右的长度，下端键头应割至与磁轭底面平齐；在阻尼环处测量磁极与相邻磁极的相对高度不超过 1mm；更换新的磁极后应进行配重试验。

（3）转子吊出检修和维护后检查，应达到以下要求：各结构焊缝、配重块焊缝应完好，各把合螺栓点焊完整、无松动；必要时，转子主要结构焊缝（转子支架组合焊缝、磁轭键、磁极键、磁轭拉紧螺杆等）按照 DL/T 1318《水电厂金属技术监督规程》检查无缺陷；制动环无裂纹，固定制动环的螺栓应凹进摩擦面 2mm 以上，制动环接缝处应有 2mm 以上的间隙，错牙应不大于 1mm，制动环径向水平偏差应在 0.5mm 以内，沿整个圆周的波浪度不应大于 1mm；支臂与中心体的接合面应无间隙；中心体上、下法兰工作面应无锈蚀、划痕等；磁极键、磁轭键等键装配无松动、点焊无开裂；磁轭通风沟和其他隐蔽部件上无异物；磁轭压紧螺栓用扭矩扳手沿圆周方向对称、有序检查，检查数量不低于总数的 10%，检查发现问题时需扩大检查范围；对转子整体补漆完成。

（4）转子圆度检修、测量、检查，应符合以下要求：测圆架本身刚度良好，调整合格，重复测量圆周上任意一点的误差不大于 0.1mm；测点应设在每个磁极极靴表面中轴线上，测点表面漆应消除干净，测量过程中测圆架应始终保持转动平稳；测量部位应有上、下两个部位（视情况可增设测点），检查转子磁极圆度，各半径与平均半径之差不应大于设计空气间隙值的 ±4%，转子的整体偏心值不大于 0.50mm。

（5）磁极高程偏差测量、检查，应符合以下要求：利用转子测圆架检测转子圆度的同时，检测转子磁极高程偏差，要求磁极高程偏差不大于 ±2.0mm；单个磁极挂装左右高程差不大于 2mm。

3. 转子电气部分检修和维护

（1）转子磁极及磁极接头检修后应符合以下要求：磁极线圈表面绝缘完好，匝间主绝缘及整体绝缘良好，测试交流阻抗、绝缘电阻，交流耐压合格；磁极接头无松动、断裂、开焊，接头把合螺丝与绝缘夹板应完整无缺，螺栓连接的磁极接头，固定螺栓应紧固，锁片应锁紧。

（2）转子阻尼环及其接头检修后，应符合以下要求：阻尼环与阻尼条连接良好，无断裂开焊，螺栓应紧固，锁片应锁紧；阻尼环及其软接头无裂纹、变形、断片，螺栓无松动；阻尼条无裂缝、松动、磨损、断裂。

（3）转子引线检修后，应符合下列要求：绝缘应完整良好，无破损及过热；引线固定完好，固定夹板绝缘良好，固定牢靠，无松动。

（4）集电环及励磁引线检修后应符合下列要求：集电环表面应光滑无麻点、无刷印或沟纹，表面不平度不大于 0.5mm；集电环负极运行中磨损较快，为使两集电环磨损一致，必要时将极性调换；刷架刷握及绝缘支柱应完好，固定牢靠，刷握距离集电环表面间隙符合设计要求；电刷与集电环接触良好，接触面积不小于电刷截面的 75%；电刷弹簧压力均匀，电刷与刷盒间应有 0.1～0.2mm 间隙，电刷在刷握里滑动灵活，同一刷架上每个电刷压力调整一致；新换电刷应与原电刷型号一致；励磁引线及电缆绝缘应完好无损伤，接头连接牢固，固定夹板完好。

（5）转子喷漆、补漆的主要工序工艺应符合下列要求：机械及电气检修工作全部结束；喷漆前转子清扫干净，再用清洁干燥的压缩空气吹扫；检查所有的螺栓已紧固，锁片已锁；磁极绕组电气试验合格；喷漆均匀，无流挂现象；待漆干后，磁极按原编号标记。

（6）转子磁极发现有下列缺陷之一时应分解检修或更换：主绝缘不良，绕组匝间短路，磁极阻尼条松动或阻尼条断裂，磁极线圈松动。

（7）转子磁极分解检修的主要工序为：拆开磁极线圈接头螺栓，安装磁极吊装工具，吊拔磁极，磁极线圈与铁芯分解，铁芯及线圈清扫检查，检修极身主绝缘、匝间绝缘，磁极线圈与铁芯组装。

（8）转子磁极线圈组装的主要工序为：检查线圈、铁芯各部无异常；用专用工具将线圈套入铁芯；调节磁极线圈高度和垫板，在压紧状态下，垫板与铁芯高度差应符合设计要求，无规定时不应超过 1mm；绕组与铁芯间塞入极身绝缘，楔紧磁极线圈；磁极干燥（必要时）；测量单个磁极绝缘电阻应不小于 5MΩ；交流耐压试验合格。

（9）转子磁极极间连接发现下列缺陷时应进行更换处理：极间连接接头铜片断裂；极间连接接头损伤使导电截面减少 15％以上及有裂纹；极间连接接头与磁极线圈接触不良，接触电阻不合格。

（10）转子磁极极间连接检修和维护后，应符合下列要求：接头错位不应超过接头宽度的 10％，接触面电流密度应符合设计要求；接头与接地导体之间应有不小于 10mm 的安全距离。

（11）转子检修后，则需按参照表 7-11 进行转子电气预防性试验项目测试。

表 7-11 发电机转子电气预防性试验项目、要求

序号	项目	要求	说明
1	转子绕组的绝缘电阻试验	绝缘电阻值在室温条件下不小于 0.5MΩ	采用 1000V 绝缘电阻表测量
2	转子绕组的直流电阻试验	与初次（交接或大修）所测结果比较，其差别一般不超过 2％	在冷态下测量，还应对各磁极线圈间的连接点进行测量
3	转子绕组交流耐压试验	试验电压如下：全部更换转子绕组时为 $10U_f$；局部更换转子磁极时为 $5U_f$；大修后为 $5U_f$	额定励磁电压为 U_f
4	转子绕组交流阻抗和功率损耗试验	阻抗和功率损耗值自行规定。在相同的试验条件下与历年数值比较，不应有显著变化	每次试验应在相同的试验条件、相同电压下进行，试验电压峰值不超过额定励磁电压
5	单个磁极电气试验	检修过程中，单个磁极修复后，绝缘电阻值不小于 5MΩ；直流电阻、交流阻抗值同比同条件下与好的磁极无明显差别	采用 1000V 绝缘电阻表测量

注 U_f 为额定励磁电压。

（三）轴承的检修和维护

轴承主要检修维护项目如下。这里主要针对具体项目展开主要工艺、要求等介绍，按一般要求、推力轴承部分与导轴承部分分别展开。

1. 一般要求

（1）轴承排油、充油前应接通充排油管，并检查排油、充油管阀应处的位置，确认无误后方可进行。排油、充油时应将通气孔打开，并设专人监视。

（2）轴承分解过程中，拆下的温度计、油位计、流量计、压力开关等自动化元件应

妥善保管，并进行检定，检定合格后方可使用；拆下的绝缘垫等绝缘件应进行干燥处理。

（3）轴承冷却器分解后，检查铜管的管口、焊缝等锈蚀情况，并做除锈、刷防锈漆处理，更换配套密封垫、密封条。

（4）轴承冷却器试验及其处理应符合检修和维护的一般工艺和质量要求。

（5）在不吊转子情况下，推力瓦抽出检查前，应将转子重量落在制动器上，不允许在抽出一块或者数块推力瓦时将发电机转动部分重量转移到推力轴承上。

（6）油槽盖板接合面更换密封，各电气引线密封、盖板端面密封、平面密封检查应良好。

（7）检查油槽有无甩油现象，挡油圈等部位紧固螺栓应无松动。

（8）必要时，轴承主要部件、焊缝等须按照 DL/T 1318《水电厂金属技术监督规程》检查。

（9）轴承外循环冷却系统检修应符合以下要求：对冷却装置油箱、油过滤器、阀门及管路进行清扫、检查，阀门动作应灵活，管路畅通，滤网无破损、杂物；外加泵外循环冷却系统的油泵电动机检修和试验按 GB 755《旋转电机　定额与性能》的规定进行，油泵的试验应合格、效率正常；安全阀、溢流阀、电磁阀及阀组动作试验正确、无渗漏。

2. 推力轴承检修和维护

（1）推力轴承检修和维护的基本工艺应符合以下要求：推力轴承分解过程中，应检查推力头上、下组合面接触良好，油槽密封良好，油槽底部无杂质，油槽内壁耐油漆无脱落，推力瓦磨损正常，各配套螺栓及锁定无松动或断裂现象；镜板在拆卸前，应在对称四个方向测量实际高程以及镜板与瓦架的距离，在镜板复装后应复测；不分解推力头时，应对镜板镜面进行防锈保养，采用无水乙醇清扫干净并涂透平油，外围使用干净塑料布或白布包扎，检修期间每周检查一次镜面情况；拆除推力基础环前，应做好组合面配合记号以及其他附件安装编号，检查配套螺栓、销钉、垫圈等应完好；检查推力轴承高压油顶起装置的进油管、出油管、高压油管等应无损伤或渗漏，配套单向阀、溢流阀等工作正常，必要时可以进行高压油润滑系统耐压试验和喷油试验；检查推力瓦瓦间间隔块、稳油板等紧固螺栓应无松动；用 250V 绝缘电阻表测量推力瓦温度计，绝缘电阻值不低于 50MΩ；封油槽之前，应彻底清理推力轴承油槽、油冷却器、各油槽内管路等与油可能接触的所有部件，耐油漆完整，确认不存在可损伤推力瓦的微小杂物，并在落转子之前检查推力瓦摆动灵活、无卡阻；转子落下时推力瓦应完全复位，然后方可充油。

（2）推力瓦现场研磨应符合以下要求：检查瓦面有无硬点、脱壳或坑孔，对局部硬点应剔除，坑孔边缘应修刮成坡弧，脱壳占推力瓦面积应在 5% 以下，且在推力瓦的主承载区或以油室的出油孔为中心半径 100mm 的范围内不得有脱壳现象，否则应更换新推力瓦；研磨应采用与镜板和研磨平台研磨的方法，必要时可采用盘车研瓦的方法；修磨时应对瓦面局部磨损严重位置重点修磨；瓦面接触点应为每 1～3 点/cm²；瓦面局部不接触面积，每处不应大于推力瓦面积的 2%，但最大不超过 16cm²，且总和不应超过推力瓦面积的 5%。

（3）镜板现场研磨应符合以下要求：镜板镜面的研磨宜在清洁的环境或专门搭起的研磨棚内进行，以防止落下异物划伤镜面；镜板放在研磨平台上应调整好镜板的水平和中心，其水平偏差不大于 0.05mm/m，其中心与研磨中心差不大于 10mm；研磨前，可用天然油石除去镜板上的划痕和高点，天然油石只能沿圆周方向研磨，严禁径向研磨；镜板的抛光材料采用粒度为 M5～M10 的氧化铬（Cr_2O_3）研磨膏 1:2 的重量比用煤油稀释，用细绸过滤后备用；在研磨最后阶段，可在研磨膏液内加 30% 的猪油，以提高镜面的光洁度；研磨平板不应有毛刺和高点，并包上厚度不大于 3mm 的细毛毡，再外包金丝绒布，二者应分别绑扎牢靠；更换研磨液或清扫镜板面时，只能用白布和白绸缎，严禁用棉纱和破布，且工作人员禁止戴手套工作；镜板进行抛光时，抛光机转向应与镜板旋转方向一致，抛光工作要连续进行 24h 以上，以达到镜板表面粗糙度的要求；镜板研磨合格后，镜面的最后清扫应用无水酒精作清洗液，镜面用细绸布擦净，待酒精挥发后，涂上中性凡士林或透平油等进行保护。

（4）多点弹簧束支撑推力轴承检修应符合以下要求：检查推力瓦周边挡块应无损伤、松动；检查小弹簧应无损伤，外观检查无锈蚀、折断、裂纹等现象，否则应除锈或更换；检查用于固定小弹簧的螺钉及上、下夹板应无损伤、松动；检查推力瓦无损伤；抽查弹簧束高度，偏差满足设计要求。

（5）刚性支撑推力轴承检修应符合以下要求：推力支柱螺栓拆前应测量记录瓦架距离；清洗支柱螺栓、螺母丝扣，检查配合丝扣应无毛刺或滑牙；检查支柱螺栓头部球面，若有凹痕，应处理；托盘背面用百分表测量凹痕深度应满足要求，否则应重新磨光处理；托盘与推力瓦接触面积满足设计要求，否则应重新研配；支柱螺栓锁定牢靠；支柱螺栓装复时，支柱螺栓、螺母丝扣应涂有合格的透平油防锈，用手转动螺栓应不发卡。

（6）液压弹性支撑推力轴承检修应符合以下要求：检查推力弹性油箱、连通管及有关零件装配形成密闭的连通器应无渗漏；检查用于固定弹性油箱的支铁无损坏；检查推力瓦支架与油槽基础绝缘垫板、连接螺栓和销钉的绝缘套应完好；测量液压弹性支撑的压缩量应满足设计要求，否则应进行处理或更换；测量并记录推力基础环水平；检查液压支撑结构的推力瓦底部与固定部件之间应有足够的间隙，由于负荷增加引起推力瓦下沉，保证其运行应能保持灵活性不受影响。

（7）弹簧梁支撑推力轴承检修应符合以下要求：检查弹簧梁各面有无伤痕及变形，否则应按要求进行处理，检查清理各弹簧支撑下面的调整垫片，并做好记录，调整垫片应完好无损，否则按垫片厚度情况进行更换。其他部分要求见刚性支撑推力轴承检修的有关要求。

3. 导轴承检修和维护

（1）导轴承检修和维护的基本工艺应符合以下要求：检修前，应对各导轴瓦做好记号，轴系处于中心位置，在 X、Y 十字方向，测量、记录轴颈到瓦架加工处的距离，测量、记录导轴瓦间隙；检查导轴承处轴颈应光洁无毛刺，对局部轴电流烧损或划痕的位置可用天然油石磨去毛刺，再用细毛毡、研磨膏研磨抛光，最后应使用白布或丝绸和无水乙醇将轴颈外表面清扫干净；检查导瓦支撑结构及附件，应无损伤，表面应光洁、无麻点和斑坑，瓦背垫块座无高点等；安装时，导轴承中心一般应依据机组中心测定结果而定，要求导轴承轴位和机组中心测定的结果误差应在 0.02mm 以内。

（2）巴氏合金导轴承瓦检修维护应符合以下要求：检查巴氏合金瓦应无密集气孔、裂纹、硬点及脱壳等缺陷；导轴承瓦现场修刮以瓦受损程度来定，对于轻微损伤（瓦面受损每处不应大于瓦面积的 2%，且总和不应超过瓦面积的 5%），可现场修磨修复，要求导轴承瓦面接触点应不少于 $1\sim3$ 点/cm^2，且瓦的接触面积达整个瓦面积的 85% 以上；导轴瓦的抗重块与导轴瓦背面的垫块座、抗重螺母与螺母支座之间应接触严密；导轴瓦抗重块表面应光洁、无麻点和斑坑；导轴承座圈与导轴瓦的绝缘垫以及导轴承座圈与上机架绝缘垫的对地绝缘均用 500V 绝缘电阻表测量，绝缘电阻值应不低于 5MΩ；用 250V 绝缘电阻表测量导轴瓦温度计，绝缘电阻值不下于 50MΩ。

（3）导轴承瓦装复应符合以下要求：轴瓦装复应在机组轴线及推力瓦受力调整合格后，水轮机止漏环间隙及发电机空气间隙均符合要求，即机组轴线处于实际回转中心位置的条件下进行，为了方便复查轴承中心位置，应在轴承固定部分合适地方建立测点，并记录有关数据；导轴瓦装配后，间隙调整应根据主轴中心位置，并考虑盘车的摆度方位和大小进行间隙调整，安装总间隙应符合设计要求；导轴瓦间隙调整前，必须检查所有轴瓦是否已顶紧靠在轴领上（一般用四个方向四块轴瓦抱紧轴颈，然后通过调整轴瓦由紧靠轴颈向抱瓦间隙值调整）；分块式导轴瓦间隙允许偏差不应超过±0.02mm。

（4）导轴承装复应符合以下要求：导轴承油槽清扫后进行煤油渗漏试验，至少保持 4h，应无渗漏现象；油质应合格，油位高度应符合设计要求，偏差不超过±10mm；导轴承冷却器试验及其处理应符合检修和维护的一般工艺和质量要求。

（四）机架的检修和维护

机架检修和维护包括上机架和下机架，其检修和维护主要项目详见表 7-4，检修和维护主要项目一般质量标准详见表 7-7。检修和维护后，应符合以下要求：机架拆卸前，应测量负荷机架的静挠度，应在正常范围；检查上机架、下机架的组合缝焊接情况，应无裂纹和脱焊的地方，连接螺栓应无松动、点焊牢固，必要时，对机架主要部件、焊缝按照 DL/T 1318《水电厂金属技术监督规程》检查；上机架拆卸和复装时应有防止晃动造成碰坏轴颈、集电环的保护措施；下机架拆卸和复装时应有防止晃动造成定子损伤的保护措施；机架结合面、销钉、销孔、螺栓等清扫、处理合格；机架支撑结构检查应无损伤，受力调整满足要求；检查机架与其基础板之间各组合面间隙，接触面检查应符合检修和维护的一般工艺和质量要求；测量上、下机架中心、高程、水平是否异常；上机架、下机架及其附件补刷漆。

第八章

可变速发电电动机

随着我国能源结构调整，风电、太阳能等清洁能源在电力系统中的比重逐渐加大，其功率波动性和间歇性对电网的安全稳定带来了挑战。可变速抽水蓄能技术能极大提升传统定速抽水蓄能机组柔性控制运行水平，使响应时间、调节速度，调节范围等性能更优，有功功率、无功功率快速独立跟踪，可有效缓解风电、太阳能等新能源并网时对电网的冲击，因此受到电力系统青睐，是抽水蓄能机组未来技术发展的重要方向。本章重点介绍了几种典型的可变速发电电动机。

⊯ 第一节 发电电动机变速方式概述

由电机学理论可知，要实现稳定的机电能量转换，必须保证定、转子旋转磁场相对静止。因此，在交流电机稳定运行时，定子磁场旋转速度 n_1、转子磁场旋转速度 n_2（相对转子）、转子速度 n 满足以下关系

$$\begin{aligned} n_1 &= n \pm n_2 \\ n_1 &= 60f_1/p \\ n_2 &= 60f_2/p \end{aligned} \tag{8-1}$$

式中 f_1——定子侧绕组供电频率，Hz；

f_2——转子侧绕组供电频率，Hz；

p——电机极对数。

由式（8-1）所知，发电电动机的运行转速主要与供电频率以及电机极对数相关，即

$$n_1 = 60(f_1 \pm f_2)/p$$

对于直流励磁同步发电电动机（转子侧电频率 $f_2 = 0$），实现变速运行存在以下三种方式：

（1）调节定子侧电频率的变频调速，使发电电动机能够在一定的转速范围内连续运行；

（2）改变电机极对数的变极调速，发电电动机仅能在有限的极对数（通常为两挡极对数）对应的转速切换运行；

（3）同时改变定子侧电频率和电机极对数的联合调速，发电电动机能够在一定的转速范围内连续运行。

对于交流励磁发电电动机（转子侧电频率 $f_2 \neq 0$），实现变速运行的方式不但可以

421

通过改变定子频率或/和电机极对数外，还可以通过调节转子频率来实现。

在需要变速调节的抽水蓄能电站中，根据电站的水利特点以及电力系统的特殊要求，发电电动机的变速方式主要采用两大类方式：

（1）变极变速。定子侧与电网直接相连，即定子侧供电频率为工频，通过定、转子绕组物理连接的改变，使得接线改变前后形成不同的极对数，发电电动机在两档不同极对数对应的运行转速之间切换；

（2）可调式连续变速。存在两种可调速连续变速方式：①常规直流励磁发电电动机在定子侧与变频装置联合应用。利用变频装置的变频调节特性，实现常规发电电动机变速的特性。由于此种方式下变频装置连接在定子侧，其额定功率需与电机功率相匹配。②交流励磁发电电动机在转子侧与变频装置联合应用，定子侧与电网连接。利用转子侧变频器对转子绕组变频供电，调节转子磁场相对转子的旋转速度 n_2，来适应转子机械速度 n 的变化，进而使得机组能够在一定的转速范围内连续变化。对于转子侧的变频装置，其额定容量与变速范围相关，一般工程应用中其容量不超过电机功率的 30%。

这里涉及抽水蓄电站的一个重要参数——额定转速的选择。在抽水蓄能电站特征水头（扬程）及机组出力已定的条件下，额定转速的选择实际上就是水泵水轮机比转速的选择，而比转速的高低，将直接影响到机组的尺寸、重量及能量、空蚀、稳定性能等。通常可大致认为比转速水平越高，机组能量水平越高，机组尺寸越小，但稳定性能偏弱，反之亦然。所以合理的选取额定转速对机组安全稳定运行及机组制造的经济性有重要意义。

对于可调式连续变速抽水蓄能电站机组来说，除考虑额定转速的选取外，变速范围也是需要注意的问题。通常变速范围的设定主要考虑经济性和技术性两方面。经济性方面，最主要就是变频器的成本。技术性方面，主要指功率的可调整范围，主要考虑电网的需求和水泵水轮机自身的能力。电网方面对连续可调变速水泵水轮机组的要求已不是承担简单的调峰填谷任务，而是利用水泵工况的输入功率可调，实现频率调整，从而提高供电质量。就这一点来说，当然变速范围越大实现功率可调范围越大也就越好。那么机组的变速范围就要考虑去实现电站（电网）所要求的水泵工况调节容量。另外，其实水泵水轮机自身的性能决定了其调速范围，主要由水泵工况的最大入力、驼峰、压力脉动、空化等要求限定的稳定运行范围决定。在水力设计上，只有优化加大泵工况的稳定运行范围，才可实现更大的变转速范围。

从已有的转速变幅范围来看，转速变化范围大致在 $\pm 4\% \sim \pm 10\%$ 之间，大多在 $\pm 6\%$ 以下。相应的，水泵工况输入功率调整范围可达最大输入功率的 27%～41%。

针对水头变化较大（最大扬程与最小水头比值较大）的抽水蓄能电站，变极变速发电电动机早在 20 世纪 60 年代就已经实现工程应用。换言之，变极变速抽水蓄能机组主要解决电站扬程水头变幅大的问题。表 8-1 列出了部分国内外已经投入运行的变极式双转速运行发电电动机基本参数。

表 8-1　　　　　　　　　国内外双转速运行抽水蓄电站的基本参数

电站名	容量（MVA）	运行转速（r/min）	变极前后极对数	变速方式	首台机投运年份	所在国家
岗南	15	250/273	24/22	定子单绕组变极	1968	中国
密云	15	150/166.7	40/36	定子单绕组变极	1973	中国
潘家口	98	125/142.8	48/42	定子单绕组变极	1991	中国
响洪甸	55	150/166.7	40/36	定子双绕组变极	2000	中国
奥瓦斯平	25	375/500	16/12	定子双绕组变极	1970	瑞士
尤克拉	48	375/500	16/12	定子双绕组变极	1974	挪威
马尔塔	70	375/500	16/12	定子双绕组变极	1977	奥地利

可调式连续变速抽水蓄能机组，由于加入了变频装置（在定子侧或是转子侧），使得电机的实际运行转速与电网供电频率解耦，可以有效地延伸水轮机和水泵的工作范围。对于水泵工况，由于输入功率与运行转速直接相关，机组能够快速响应电网的负荷变化；对于水轮机工况，扩大了运行水头范围并能够获得最佳性能指标。表 8-2 列出了部分国外已经投入运行的可调式连续变速抽水蓄能电机的基本参数。

表 8-2　　　　　　　　国外可调式连续变速运行发电电动机的基本参数

电站名	容量（MVA）	同步转速（r/min）	调速范围（r/min）	调速方式	首台机投运年份	国家
成出	22	200	190～210	交流励磁	1987	日本
矢木泽	85	142.9	130～156	交流励磁	1990	日本
高见	140	230.8	208～254	交流励磁	1993	日本
大河内	400	360	330～390	交流励磁	1993	日本
盐源	360	375	345～405	交流励磁	1995	日本
冲绳	30	450	423～477	交流励磁	1999	日本
奥清津二期	345	428.6	405～450	交流励磁	1996	日本
小丸川	340	600	576～624	交流励磁	2010	日本
京极	230	500	475～525	交流励磁	2014	日本
葛野川	475	500	480～520	交流励磁	2017	日本
金谷（Goldisthal）	330	333.3	300～347	交流励磁	2004	德国
AVCE	195	600	576～626	交流励磁	2009	斯洛文尼亚
格里姆瑟尔 2（Grimsel 2）	90	750	680～765	全功率	2013	瑞士

❖ 第二节　双转速发电电动机

变极调速在交流电机应用中较为常见，是一种应用广泛的传统调速方式。对于双转速运行的凸极式同步发电电动机，调速时需要同时改变定子绕组极对数和转子极对数，使得电机运行时定转子旋转磁场仍然相对静止，能够进行稳定的机电能量转换，双转速抽水蓄能机组系统示意图如图 8-1 所示。

双转速发电电动机与常规发电电动机的不同之处主要在于定子绕组和转子磁极设计不同。由于采用物理连接的改变实现调速，因此其定子绕组引出线、转子引线、转子磁轭以及集电环的设计具有特殊性，其他部套诸如机架、轴承、定子铁芯与常规机组设计相同。

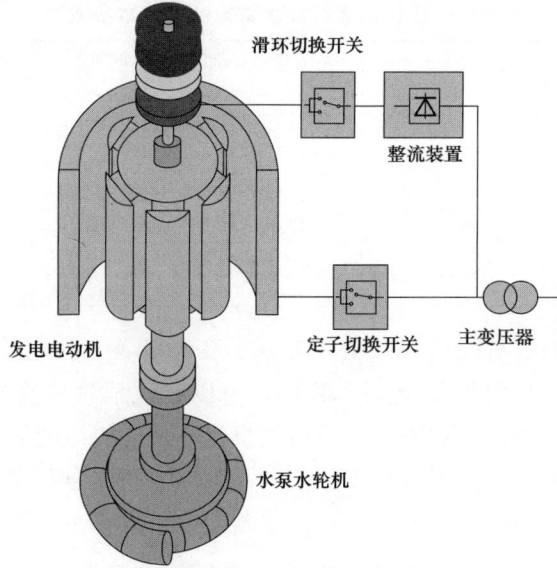

图 8-1　双转速抽水蓄能机组系统示意图

一、定子绕组变极

双转速发电电动机的定子绕组变极可分为两大类，一类是针对两种不同极对数设计两套绕组，需要变速运行时定子侧只是切换两套绕组的引线头，每套绕组的内部连接不发生改变；另一类是针对两种不同极对数设计一套定子绕组，同时每相绕组由两段或多段组合构成，在变速切换时绕组的内部连接发生改变。

1. 双绕组变极

在定子铁芯槽内嵌入两套不同绕组，一套绕组布置在所有奇数槽的上层和偶数槽的下层，另一套刚好相反。为了保证绕组端部的一致性，还需规定两套绕组每匝线圈的节距相同，图 8-2 为一台双绕组变极电机的定子绕组接线图。

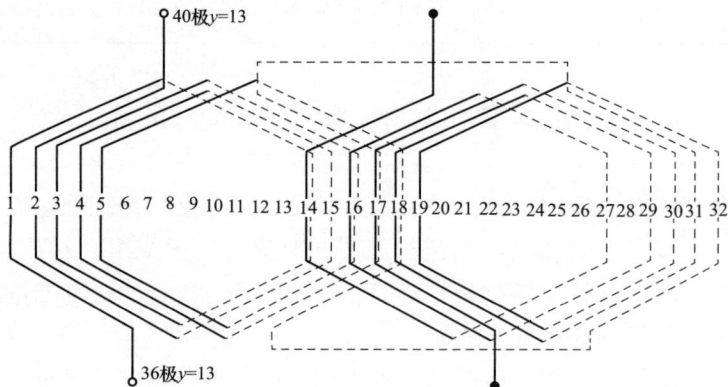

图 8-2　双绕组变极电机的定子绕组接线图

电机运行时，总是一套定子绕组工作，另一套绕组闲置，物理布置上是双层绕组，实际上是等元件的单层绕组。定子双绕组变极方式的优点是接线简单，每相绕组中间不存在抽头。两套绕组尽管导体数和节距相同，其每套绕组（对应不同极对数）的绕组系数都可分别选取得较高。另外，这种变极方式也存在如下一些明显缺点：

（1）运行时总存在一套绕组闲置，绕组利用率低。

（2）电机正常运行时，单个定子铁芯槽内的两根线棒只有一根载流，另一根闲置。等效的单槽内有效散热面积小，不利于线棒冷却。同时，一冷一热同槽两根线棒间产生相对运动，不利于绕组的槽内固定。

（3）每套绕组都是单层绕组布置，相比于单套双层绕组，其串联匝数较少，故此类电机其定子并联支路数为1。其单根线棒截面积大，导致绕组端部的空间布置紧张，相邻线棒之间的间隙小，容易放电导致线棒烧损。

（4）定子槽较深，定子漏抗加大，引起直轴瞬变电抗增大，电机的动态稳定性变差。

（5）定子电枢反应磁势谐波含量丰富，可能存在次谐波激振。

（6）定子绕组用铜量显著增大，导致电机经济性变差。

采用此种方案的潘家口电站，定子两套绕组的参数见表8-3，变极前后具体的实际绕组排列见表8-4和表8-5。图8-3为潘家口电站的定子绕组实物图片。

表8-3　　　　　　　　　潘家口电站发电电动机定子两套绕组基本参数

参数	转速一	转速二
极对数	42	48
槽数	324	324
每极每相槽	2+4/7	2+1/4
绕组节距	7 (9)	7
绕组系数	0.9199	0.9522

表8-4　　潘家口电站发电电动机48极方案定子绕组单套接线图（以U相为例）

顺接的接线次序	上导体槽号 2U₁	1	15	29	43	57	69	83	97	111	109	123	137	151	165	177	191
	下导体槽号 ↓	8'	22'	36'	50'	64'	76'	90'	104'	118'	116'	130'	144'	158'	172'	184'	198'
	上导体槽号	205	219	217	231	245	259	273	285	299	313	3					
	下导体槽号	212'	226'	224'	238'	252'	266'	280'	292'	306'	320'	10'					
反接的接线次序	上导体槽号 ↑	23	9	319	305	307	293	279	265	251	239	225	211	197			
	下导体槽号	30'	16'	2'	312'	314'	300'	286'	272'	258'	246'	232'	218'	204'			
	上导体槽号	199	185	171	157	143	131	117	103	89	91	77	63	49	35	→	2U2
	下导体槽号	206'	192'	178'	164'	150'	138'	124'	110'	96'	98'	84'	70'	56'	42'		

表8-5　　潘家口电站发电电动机42极方案定子绕组单套接线图（以U相为例）

顺接的接线次序	上导体槽号 1U₁	30	14	324	308	294	292	276	262	248	246	230	216	200	186	
	下导体槽号 ↓	23'	7'	317'	301'	287'	285'	269'	255'	241'	239'	223'	209'	193'	179'	
	上导体槽号	184	168	154	140	138	122	108	92	78	76	60	46	32		
	下导体槽号	177'	161'	147'	133'	131'	115'	101'	85'	71'	69'	53'	39'	25'		
反接的接线次序	上导体槽号 ↑	38	52	54	70	84	98	100	116	130	146	160	162	178	192	206
	下导体槽号	31'	45'	47'	63'	77'	91'	93'	109'	123'	139'	153'	155'	171'	185'	199'
	上导体槽号	208	224	238	254	268	270	286	300	314	316	8	22	→	1U2	
	下导体槽号	201'	217'	231'	247'	261'	263'	279'	293'	307'	309'	1'	15'			

图 8-3　潘家口电站发电电动机
定子绕组实物图

2. 单绕组变极

定子绕组设置一套绕组，将每相绕组分成若干段，用改变各段之间的连接来改变极数，根据连接方式不同，工程应用上主要采用移相变极和反接变极。

移相变极法是把基本极的每相绕组分成三段，变极后把三相中全部九段绕组打破相的界限重新组合为另一种极对数的新绕组。响洪甸、岗南、密云等电站就是采用此种方式，图 8-4 为响洪甸电站发电电动机定子绕组三相分段连接原理图。表 8-6 列出了不同工况转换时对应定子变极开关切换动作。

表 8-6　　　　　　　　响洪甸电站发电电动机定子变极开关切换

工况	转速（r/min）	关闭开关	打开开关
发电工况（2p＝40）	150	K1　K4　K6	K2　K3　K5
电动工况 1（2p＝36）	166.7	K2　K3　K5	K1　K4　K6
电动工况 2（2p＝40）	150	K2　K4　K6	K1　K3　K5

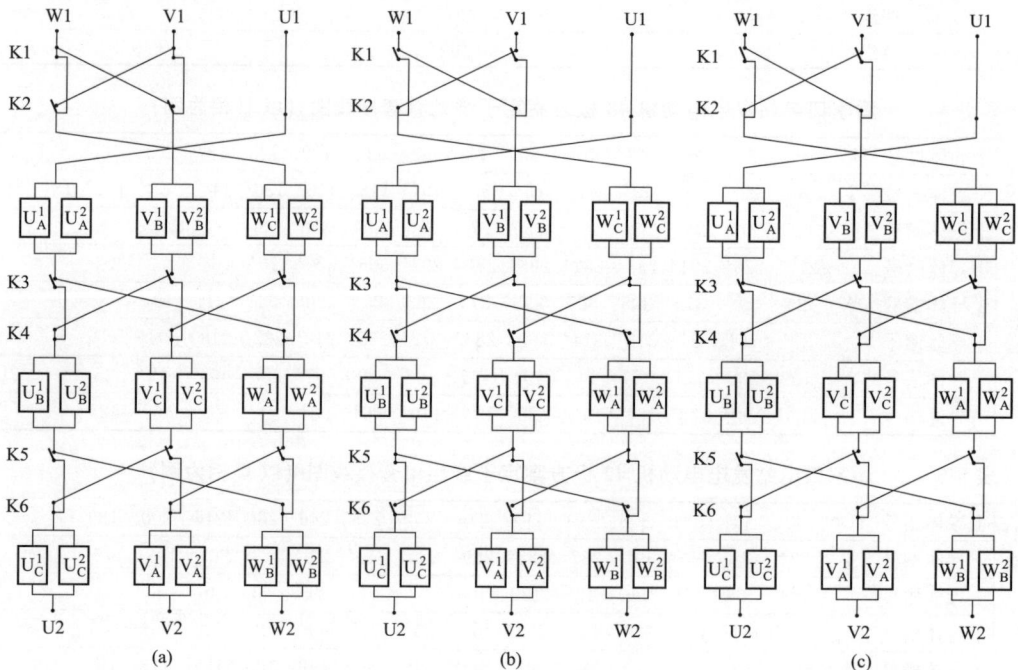

图 8-4　响洪甸电站发电电动机定子绕组三相分段连接及变极开关布置原理图

（a）发电工况 40 极；（b）电动工况 36 极；（c）电动工况 40 极

电机运行时，所有的绕相组全部接入，单槽内的两个线棒同时载流。定子单绕组变极方式的优点是绕组利用率高，电机的结构尺寸与单转速方案相当，不会影响到电站的厂房设计和布置。同时线棒和定子槽型无需特殊设计，整套绕组的槽内固定以及线棒散热条件良好。

同时，绕组端部间隙在保证安全放电距离基础上留取余量，受空间限制相对较小。另外，这种变极方式也存在一些明显缺点，如：

（1）设置了变极开关，不同转速以及不同工况下都需进行切换，增大了绕组连接可靠的风险；

（2）定子绕组引出线接头多，结构复杂；

（3）绕组系数相对较低，采用对称轴线法设计的变后极的绕组系数在 0.8 左右；

（4）定子电枢反应磁势谐波含量丰富，可能存在次谐波激振。

二、转子绕组变极

转子绕组变极是通过对磁极物理连接的改变实现。与常规发电电动机将磁极连接到正、负极两个集电环上不同，转子绕组变极把磁极绕组分段连接到多个滑环上，切换转子变极开关来重新组合变极后的接线。基于理论分析及计算，工程应用通常采用大小磁极和不等距的磁极布置，小磁极采用小间距布置，将小磁极并极或是丢极后的励磁磁势波形畸变控制在最小，防止谐波引起的电磁激振。

1. 丢极法

丢极法就是将小磁极的电气连接利用变极开关在变后极切除，即为"丢掉"。一般情况下，根据变极前后极数差 P 值将所有磁极分成 P 组，每组中包含的大磁极个数和小磁极个数根据磁场波形的需要设定。所有的磁极分成同极性组、反极性组和丢极组三种类型，并分别连接至 5 个集电滑环上。任意相邻的两磁极组分界处的小磁极属于丢极组，它的一侧为同极性组，另一侧为反极性组。如潘家口电站发电电动机，其总极数为 48 个，变极后极数为 42。故其在方案设计时，所有磁极分成 6 组，每组中含有 5 个大磁极和 3 个小磁极，在少极运行时，利用滑环切换开关，将每组中 1 个（共 6 个）小磁极切除。

图 8-5 给出了潘家口电站转子变极变换示意图，发电电动机共设置有 5 个滑环。48 极方式运行时第 4 号滑环不接入回路，42 极运行时第 3 号和第 5 号滑环均不接入回路。图 8-6 为潘家口电站发电电动机变极前后转子磁场示意图，切换至少极模式时，第 8 号和 16 号磁极均不接入回路。为了控制由于小磁极切除后引起的电机磁场波形畸变，潘家口电站发电电动机还设计不含磁极线圈的辅助磁极来削弱谐波的影响，辅助磁极如图 8-7 所示。响洪甸电站发电电动机，其总极数为 40 个，所有磁极分成 4 组，每组中含有 7 个大磁极和 3 个小磁极，在少极运行时，利用滑环切换开关，将每组中 1 个（共 4 个）小磁极切除。其切换原理和操作过程与潘家口电站类似。

2. 并极法

并极法是指相邻的两个小磁极变后极是同极性，相当于合成为一个马鞍形的"等效

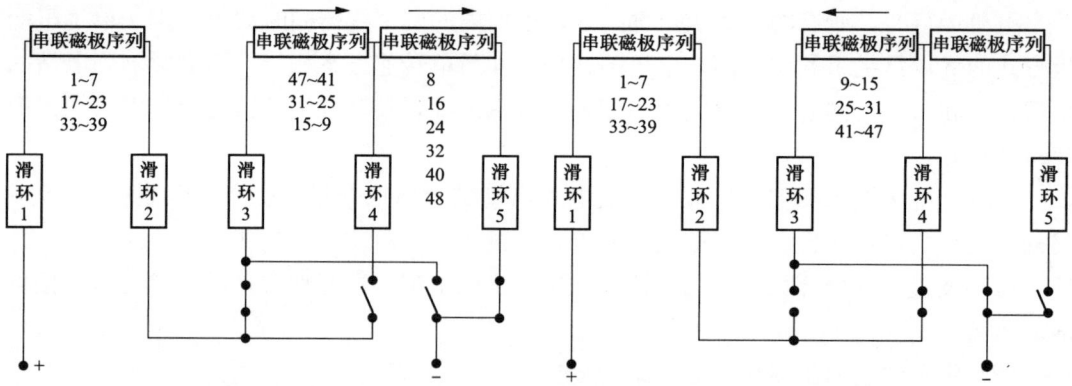

图 8-5　潘家口电站发电电动机转子变极变换示意图（48/42 极）

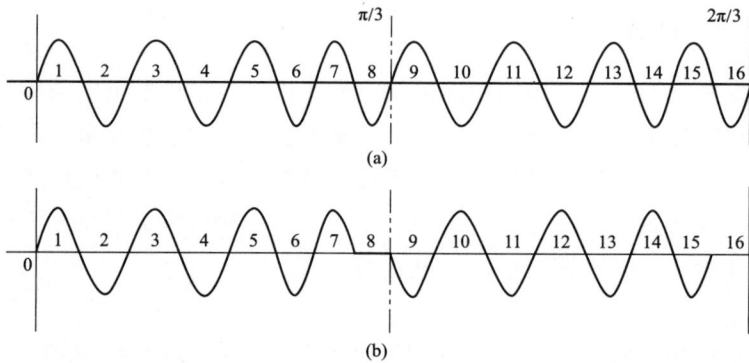

图 8-6　潘家口电站发电电动机转子变极变换示意图

（a）48 极方式磁极示意图；（b）42 极方式磁极示意图

图 8-7　潘家口电站发电电动机转子磁极

大磁极"，来实现从多极向少极切换的效果。图 8-8 所示为变极法变极前后的磁场图。并极法只需要 4 个滑环，比丢极法少设置一个滑环。磁极绕组一半为同极性组，另一半为反极性组，变极前后的磁极极性相反。两种不同极性组在圆周交替排列，以保证所有磁极极性始终保持 NS 交替排列。密云电站发电电动机就是采用此类变极方式。

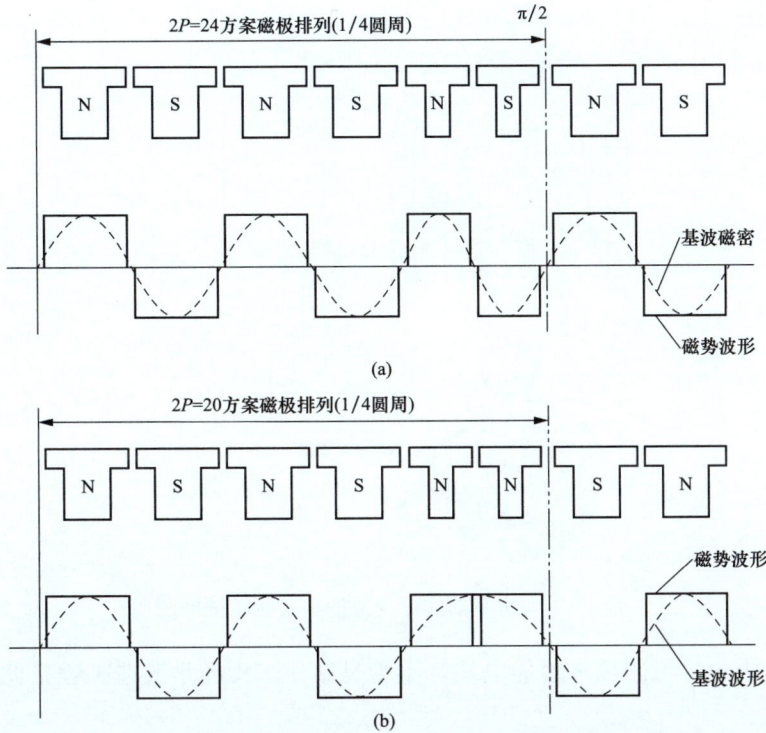

图 8-8　变极法转子变极前后的磁势和基波磁密对比

(a) 变前极 24 极；（b) 变后极 20 极

综上所述，双转速发电电动机通常采用的变极方式，增加了结构的复杂性以及电气切换开关，同时由于变极前后定子磁场和转子磁场的波形都有不同程度的畸变，使得谐波含量较为丰富，除了对电磁参数产生影响外，还需重点关注谐波可能引起的电磁激振。随着电力电子器件以及交流控制理论的发展，应用于变速抽水蓄能电站电机的双转速调节方式逐步被全功率方式或是转子交流励磁方式所取代。

第三节　全功率变频可变速发电电动机

全功率方式可变速抽水蓄能系统属于变速恒频方式的一种，其系统框图如图 8-9 所示。在发电电动机的定子与主变压器之间设置了一个与发电电动机功率相同的变流器。在变速范围内运行时，发电模式下，将发电电动机发出的变频变幅值的交流电，经过 AC/DC/AC 变流后，变成恒频恒压交流电，进而与电网直接相连。电动模式下，将电网的工频恒压交流电经变频器变换后，转换成不同幅值不同频率的交流电适应变转速运行的要求。

全功率方式连续可变速抽水蓄能电站得到关注主要因其有如下优点：

（1）机组与电网完全解耦，其连续变速范围更宽，同时在电网异常和故障状态下，变流器的兼容运行能力更强。

（2）与交流励磁方式的可变速抽水蓄能机组相比，启动程序简单。机组从静止状态加速到运行转速，能以额定转矩进行加速，同步并网无时间延迟。

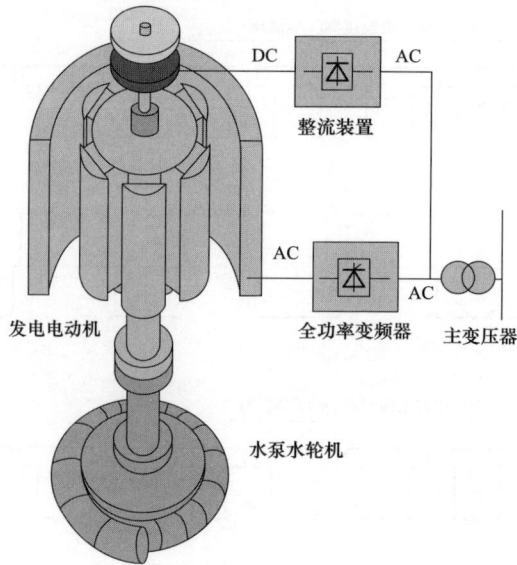

图 8-9 全功率方式可变速抽水蓄能系统框图

（3）对于中小容量的抽水蓄能电站，不管是新建工程还是改造工程，此种方式具有较强的经济性。

（4）配套设计的发电电动机为常规发电电动机，发电电动机的设计制造难度没有增加。

同时，此种方式的可变速抽水蓄能机组应用也存在一些缺点：

（1）全功率变频器总体成本高，对于大容量的机组经济性能相对较差。

（2）由于变频器功率部件的损耗，整个机组的效率下降。

（3）大容量全功率变频器装置及其冷却系统总的结构尺寸大，对电站的空间布置提出更高要求。

随着半导体功率器件技术的发展以及变频器成本的下降，全功率方式对大容量可变速抽水蓄能机组也变得更有吸引力。

对于全功率变频方式的可变速抽水蓄能机组，可以采用两种不同的布置形式，如图 8-10 所示。第一种接线方式，全功率变频器与发电电动机始终连接，发电电动机同步转速与电网供电频率完全解耦；第二种接线方式，发电电动机在与变频器连接的方式外增设一条直通旁路，在不需变速时，利用直通旁路与电网相连。

设置有直通回路布置形式的机组，能获得所有同步定速的优点：高性能和可靠性。在变频器维护期间，机组仍可以工作在定速方式。这种方式有利于当前一些工程项目，在水轮机工况发电电动机做定速运行，在水泵工况下连续变速运行。特别是在直通方式运行时，全功率变频器装置的损耗不会被计及，整个系统的效率会提高。

变频器与发电电动机始终连接布置形式，对新机组提供了设计低投入成本发电电动机的可能性。同步发电电动机机可以按功率因数为 1 设计，相应的磁极对数的选择更为灵活，依据水泵水轮机给定的额定运行转速，发电电动机可以对多个转速方案进行优选。例如，第二种布置方式中采用的发电电动机，单机容量为 100MVA，功率因数为

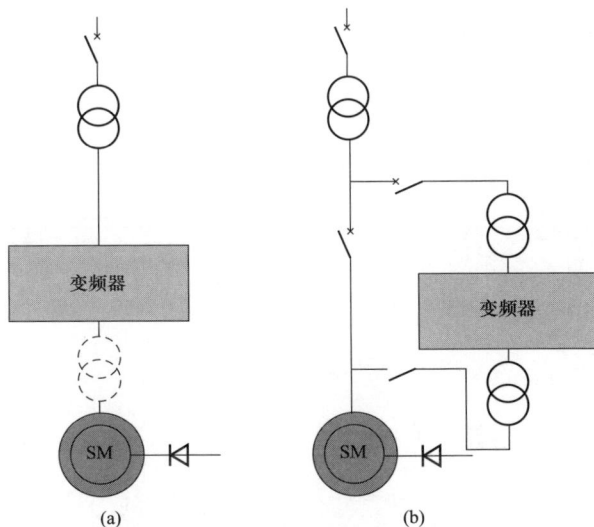

图 8-10　全功率变频方式的可变速抽水蓄能机组的布置形式
（a）方式一；（b）方式二

0.85，运行同步转速为 500r/min，电网频率为 50Hz，对应发电电动机转子磁极对数为 6。如若采用第一种布置方式，可以将发电电动机替代为更低投入的机组，如单机容量为 85MVA，功率因数为 1.0，发电电动机转子磁极设计为 5 对极。当运行机组与变频器连接时，对电网无功功率补偿的功率由电网侧的变频器产生。发电电动机工作的功率因数为 1。因此这种发电电动机的容量基本上等于轴功率。相应的电网侧整流逆变单元的功率需要加大，同样，所能承载逆变电流或短路电流的能力也需加大。

瑞士的格里姆瑟尔 2（Grimsel2）抽水蓄能电站就将原定速方式运行的发电电动机通过增加设置全功率变频器改造成为变速机组。原抽水蓄能机组采用分体三机式结构，水泵和水轮机分别布置在发电电动机两侧，其布置如图 8-11 所示。基于快速适应电网功率波动的需求，要求该抽水蓄能机组能够变转速运行。与发电电动机连接的全功率变频器容量为 100MW，采用模块级联方式，其单线图如图 8-12 所示。

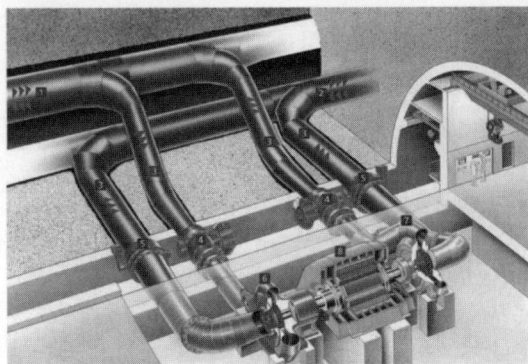

图 8-11　全功率方式可变速抽水蓄能系统图

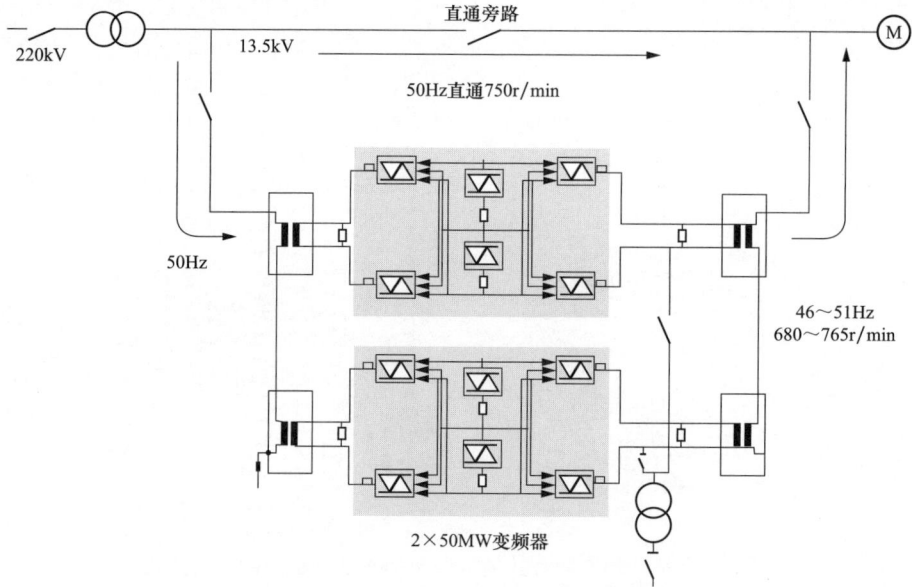

图 8-12　瑞士格里姆瑟尔 2 电站全功率变频器原理图

对于全功率变频方式的可变速抽水蓄能机组控制常采用恒压频比控制，发电电动机机端电压与运行转速同比例变化。发电电动机可根据同步运行点进行电磁方案设计，同时对其他不同运行的转速点进行参数校核。结构设计与定速发电电动机相似，但需注意，在最低运行转速时，要对发电电动机的通风冷却能力以及轴承性能（尤其是油膜厚度的建立）进行详细的分析复核；高于同步转速运行时，轴承损耗增大，需对轴承的温升特别关注。

全功率方式可变速抽水蓄能机组在网侧采用解耦控制，能够在发电和抽水模式下灵活切换，独立的调节电网的有功功率与无功功率的波动，从而调节系统频率和电压。此外，在电网故障状态下，机组对有功功率和无功功率的支撑有助于电网的快速恢复，并减轻频率和电压波动带来的不良影响。

第四节　交流励磁可变速发电电动机

交流励磁方式的可变速抽水蓄能机组原理框图如图 8-13 所示，发电电动机的转子采用绕线式结构，在发电电动机的转子与励磁变压器之间设置了一个变流器。在变速范围内运行时，变频器将工频交流电转换成低频对转子供电。目前大容量可变速抽水蓄能机组都采用此种方式，变速范围一般不超过 ±10%，相应的变频器容量约为发电电动机容量的 20%。

一、交流励磁发电电动机的基本原理

交流励磁发电电动机同样属于双馈电机范畴。其定子侧接电网，转子上采用三相对称分布的励磁绕组，由幅值、频率、相位以及相序任意可调的变频器提供励磁。系统原理图如图 8-14 所示，当发电电动机的转子绕组通以频率为 f_2 的对称交流电时，根据交

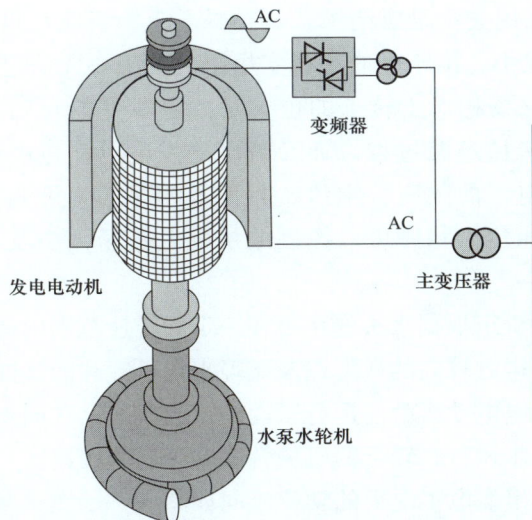

图 8-13 交流励磁可变速抽水蓄能机组系统框图

流电机绕组的基本理论，电流在电机气隙中会产生一个相对转子旋转的磁场，其转速为 n_2，并且转速与变频器电流频率满足

$$n_2 = 60f_2/p \tag{8-2}$$

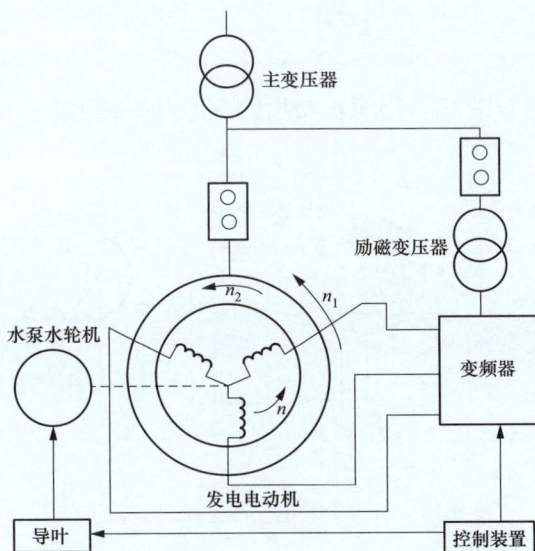

图 8-14 交流励磁可变速抽水蓄能系统原理图

转子机械转速为 n，定子绕组三相对称电流产生磁场相对定子转速 n_1。当转子转速变化时，通过调节转子电流频率控制励磁磁场速度，以维持定、转子磁场相对静止。转速平衡满足关系

$$n_1 = n_2 \pm n \tag{8-3}$$

传统同步发电机采用集中励磁绕组，其励磁电流为直流，只能控制励磁电压的幅值来控制励磁电流的大小。由于受静态稳定极限的约束，无法进入深度吸收无功的运行状态。另外其转子磁场相对于转子的位置是固定不变的，当进行有功、无功调节时必然伴随着转子的机械过渡过程。而交流励磁发电电动机由于转子励磁绕组为三相对称绕组，且励磁电压的频率、幅值、相位及相序均为可调，进而通过调节励磁电压的幅值、频率、相位、相序可以控制电机励磁磁场大小及其相对于转子本体的位置。

交流励磁发电电动机组根据水头变化可在一定的转速范围内运行，以满足水泵水轮机接近最优单位转速而得到较高的效率以及减轻水轮机叶片的气蚀和泥沙磨损。根据转速的不同，交流励磁发电电动机就需运行于两种不同模式：次同步运行，转子的机械转速小于同步转速；超同步运行，转子的机械转速高于同步转速。

可变速抽水蓄能机组发电工况下的功率流向如图 8-15、图 8-16 所示。

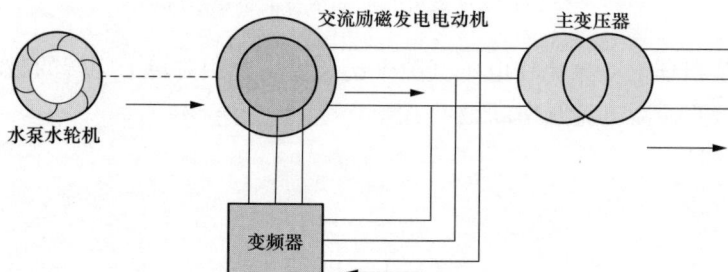

图 8-15 次同步发电工况系统功率流向图

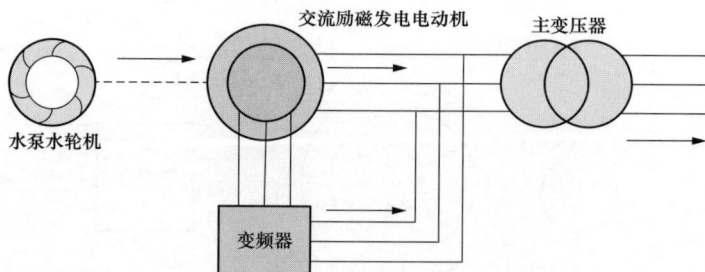

图 8-16 超同步发电工况系统功率流向图

（1）次同步运行模式：发电机向电网输出有功功率，同时电网通过变流器向转子绕组馈入有功功率。

（2）超同步运行模式：发电机向电网输出有功功率，同时转子绕组通过变流器向电网馈入有功功率。

相应的可变速抽水蓄能机组电动工况下的功率流向也依据速度的不同而变化，如图 8-17、图 8-18 所示。

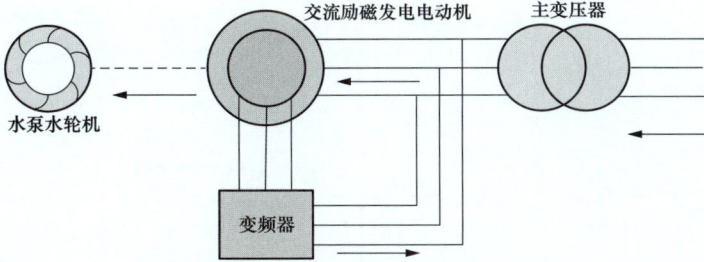

图 8-17　次同步电动工况系统功率流向

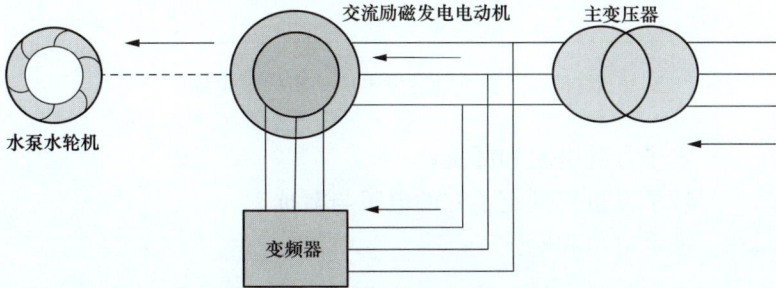

图 8-18　超同步电动工况系统功率流向

（1）次同步运行模式：电网向发电机馈入有功功率，同时转子绕组通过变流器向电网输出有功功率。

（2）超同步运行模式：电网向发电机馈入有功功率，同时电网通过变流器向转子绕组馈入有功功率。

二、交流励磁发电电动机的电磁设计特点

交流励磁发电电动机定子、转子结构与绕线式异步电机结构相同：其定子和传统同步发电机的定子完全一样，转子上嵌有两相或三相对称绕组，当采用交流励磁方式时，转子的转速与励磁频率有关，从而使得交流励磁发电电动机的内部电磁关系既不同于异步电机，又不同于同步电机，但它却具有异步电机的某些特点，同时也具有同步电机的某些特点。交流励磁发电电动机与绕线式异步电机不同之处在于当其正常运行时，转子绕组非滑环短接而是外接交流电源励磁。

当定子方电压电流正方向按发电机惯例，转子方电压电流正方向按电动机惯例，电磁转矩与转向相反为正，转差率 s 按转子速度小于同步转速为正，大于同步转速为负，参照异步电机的分析方法，将转子方的量折算到定子方，可得交流励磁发电电动机的等效电路，如图 8-19 所示。

根据等效电路图可得交流励磁发电电动机的基本方程式为

$$\dot{U}_1 = -\dot{E}_1 - \dot{I}_1(R_s + jX_{s\sigma})$$

$$\frac{\dot{U}_2'}{s} = -\dot{E}_2' + \dot{I}_2'\left(\frac{R_r'}{s} + jX_{r\sigma}'\right)$$

$$\dot{E}_1 = \dot{E}'_2 = -\dot{I}_m(R_m + jX_m)$$

$$\dot{I}_1 = \dot{I}'_2 - \dot{I}_m \tag{8-4}$$

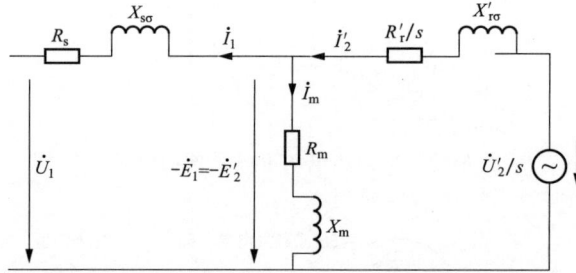

图 8-19　交流励磁发电电动机等效电路

式中　R_s、$X_{s\sigma}$——定子方的电阻和漏抗；

　　　R'_r、$X'_{r\sigma}$——转子方折算到定子方的电阻与漏抗；

　　　R_m、X_m——励磁电阻和电抗；

$\dot{U}_1$、$\dot{E}_1$、$\dot{I}_1$——定子方的电压、感应电势和电流；

$\dot{U}'_2$、$\dot{E}'_2$、$\dot{I}'_2$——转子方折算到定子方的电压、感应电势和电流。

　　根据交流励磁电机的基本方程式，若忽略铁耗角，可以作出交流励磁发电电动机在不同运行状态时的相量图，如图 8-20、图 8-21 所示。

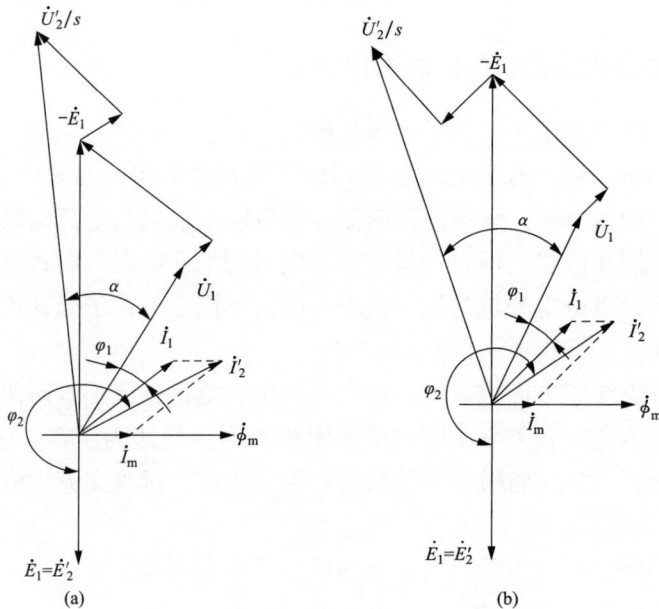

(a)　　　　　　　　　　　(b)

图 8-20　变速发电电动机发电工况相量图

（a）次同步运行（发出无功）；（b）超同步运行（发出无功）

436

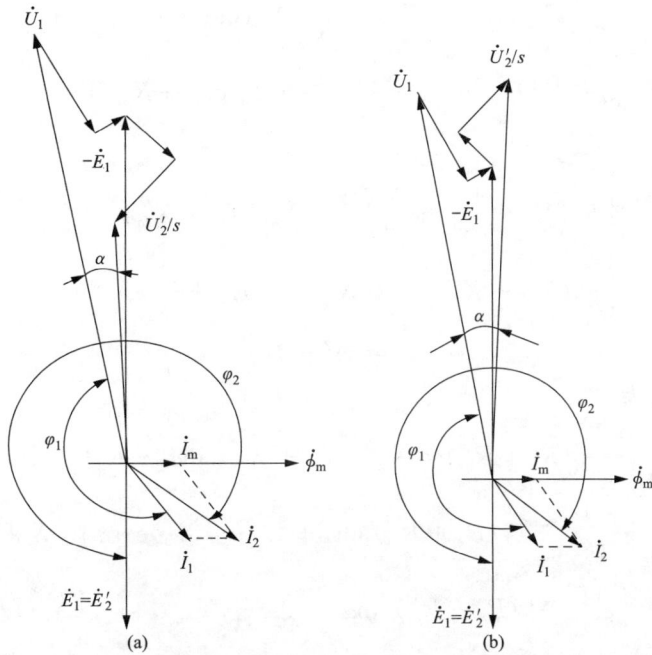

图 8-21　变速发电电动机电动工况相量图

（a）次同步运行（发出无功）；（b）超同步运行（发出无功）

图中 ϕ_m 为交流励磁发电电动机的气隙磁通，α 为转子电压相量 $\dot{U}_2'/s$ 超前定子电压相量的相角，φ_1 为定子的功率因数角，φ_2 为转子电流 $\dot{I}_2'$ 滞后 $\dot{E}_1 = \dot{E}_2'$ 的相角，对于传统的异步电机 $\dot{I}_2'$ 的大小和滞后 $\dot{E}_2'$ 的相角 φ_2 在定子电压一定时，仅取决于转差率 s 和转子参数，也即当转差率 s 一定时对异步电机，$\dot{I}_2'$ 的大小和滞后 $\dot{E}_2'$ 的相位 φ_2 也就确定，从而使得其定子电流 $\dot{I}_1$ 的大小和相位以及定子有功、无功功率也就确定，不管 s 为何值，异步电机都必须从电网吸收滞后无功励磁。

而对于交流励磁发电电动机，$\dot{I}_2'$ 的大小不仅取决于 s，同时更重要的是它将随着转子励磁电压相量 $\dot{U}_2'$ 的变化而变化，从相量图中，可以看到，交流励磁发电电动机的转子电流 $\dot{I}_2'$，可以认为是由两个分量构成，一个是气隙电势 $\dot{E}_2'$ 确定的 $\dot{I}_{21}'$ 分量，另一个是转子励磁电压 $\dot{U}_2'/s$ 确定的 $\dot{I}_{22}'$ 分量，改变转子励磁电压 $\dot{U}_2'$ 的大小和相位，虽然 $\dot{I}_{21}'$ 不变，但由 $\dot{U}_2'/s$ 确定的 $\dot{I}_{22}'$ 将随之改变，进而可改变 $\dot{I}_2'$ 的大小和相位，可使其在空间任一位置，从而使得交流励磁发电电动机工作于任何有功、无功组合状态。

根据交流励磁发电电动机的基本方程式，可求得定、转子电流 $\dot{I}_1$ 为

$$\dot{I}_1 = -\left\{ \begin{array}{l} \dfrac{A}{C}\left[U_1\left(R_m + \dfrac{R_r'}{s}\right) - \dfrac{U_2'}{s}(R_m\cos\alpha - X_m\sin\alpha) \right] \\[3mm] + \dfrac{B}{C}\left[U_1(X_m + X_{r\sigma}') - \dfrac{U_2'}{s}(X_m\cos\alpha + R_m\sin\alpha) \right] \end{array} \right\}$$

$$-j\left\{\begin{array}{l}\dfrac{A}{C}\left[U_1(X_m+X'_{r\sigma})-\dfrac{U'_2}{s}(X_m\cos\alpha+R_m\sin\alpha)\right]\\-\dfrac{B}{C}\left[U_1\left(R_m+\dfrac{R'_r}{s}\right)-\dfrac{U'_2}{s}(R_m\cos\alpha-X_m\sin\alpha)\right]\end{array}\right\} \tag{8-5}$$

其中

$$A=\left[R_s\left(R_m+\dfrac{R'_r}{s}\right)+\dfrac{R'_r R_m}{s}-X_{s\sigma}(X_m+X'_{r\sigma})-X_m X'_{r\sigma}\right]$$

$$B=\left[R_s(X_m+X'_{r\sigma})+R_m X'_{r\sigma}+X_{s\sigma}R_m+\dfrac{R'_r}{s}(X_{s\sigma}+X_m)\right]$$

$$C=A^2+B^2$$

转子电流的折算值为

$$\dot{I}'_2=\dfrac{A}{C}\left\{\begin{array}{l}\dfrac{U'_2}{s}\left[(R_s+R_m)\cos\alpha-(X_{s\sigma}+X_m)\sin\alpha\right]-R_m U_1\\+\dfrac{B}{C}\left\{\dfrac{U'_2}{s}\left[(R_s+R_m)\sin\alpha+(X_{s\sigma}+X_m)\cos\alpha\right]-X_m U_1\right\}\end{array}\right\}$$
$$+j\left\{\begin{array}{l}\dfrac{A}{C}\left[\dfrac{U'_2}{s}\left[(R_s+R_m)\sin\alpha+(X_{s\sigma}+X_m)\cos\alpha\right]-X_m U_1\right]\\-\dfrac{B}{C}\left[\dfrac{U'_2}{s}\left[(R_s+R_m)\cos\alpha-(X_{s\sigma}+X_m)\sin\alpha\right]-R_m U_1\right]\end{array}\right\} \tag{8-6}$$

经由气隙传递的电磁功率为

$$P_{em}=R_e(\dot{E}_1\,\dot{I}'^*_2) \tag{8-7}$$

由式（8-5）和式（8-6）可得

$$P_{em}=-\dfrac{U_1^2}{C}\left[\dfrac{R'_r}{s}(X_m^2+R_m^2)+R_m X'_{r\sigma}(X_{s\sigma}+X'_{s\sigma})-X_{s\sigma}X'_{r\sigma}R_m\right]$$

$$+\dfrac{U'^2_2}{s^2 C}\left[R_s(X_m^2+R_m^2)+R_m(X_{s\sigma}^2+R_s^2)\right]$$

$$+\dfrac{U_1 U'_2}{sC}\left[\begin{array}{l}\left[\begin{array}{l}\dfrac{R'_r R_m^2}{s}+X_{s\sigma}X'_{r\sigma}R_m-R_s X_m^2-R_s R_m^2-\dfrac{R_s R'_r R_m}{s}\\-R_s X_m X'_{r\sigma}+\dfrac{R'_r X_{s\sigma}X_m}{s}+\dfrac{R'_r X_m^2}{s}+\dfrac{2R_s R'_r R_m}{s}\end{array}\right]\cos\alpha\\+\left[\begin{array}{l}X'_{r\sigma}R_m R_s+\dfrac{R'_r X_{s\sigma}X_m}{s}-\dfrac{R'_r X_{s\sigma}R_m}{s}+R_m^2 X'_{r\sigma}+X_{s\sigma}R_m^2\\+\dfrac{R_s R_m X_m}{s}+X_{s\sigma}X_m^2-\dfrac{R'_r R_m X_m}{s}+X_m^2 X'_{r\sigma}+X_{s\sigma}X_m X'_{r\sigma}\end{array}\right]\sin\alpha\end{array}\right] \tag{8-8}$$

从式（8-8）中可知，交流励磁发电机的电磁功率在电机参数一定的条件下，由三部分组成，第一部分仅与定子电压和转差率 s 有关。当 s 为负时，功率由气隙传递到定子，为发电功率，当 s 为正时，功率由定子传递到气隙，为电动功率，它实际上是由定子电压所引起的异步功率分量。第二部分仅与转子电压大小和频率有关，在转子电压 $\dot{U}'_2$ 一定时，仅与转差率 s 的绝对值有关，s 的正负与功率特性无关，皆为发电功率，它是由转子电压所引起的异步功率分量。第三部分与前两部分则不同，在 s 一定时，它不仅取决于定子、转子电压大小，同时还由定子、转子电压相位差 α 决定，式（8-8）表明交流励磁发电电动机的电磁功率既包含了定子、转子电压各自产生的异步功率，也包含由定子、转子电压大小和相位所决定的同步功率部分，且异步功率分量为不可控分量，而同步功率分量为可控分量。

由于交流励磁发电电动机的运行方式既不同于异步电机也不同于同步电机，其电磁设计也应有其自身的特点。根据交流励磁发电电动机的运行原理以及其工作方式，在设计中应主要考虑以下几点。

1. 气隙的选择

传统同步发电机，由于受静态稳定性的限制，一般其同步电抗不能太大，因而气隙不能太小，但对于交流励磁发电电动机，由于不存在静态稳定性问题，气隙的选择可不考虑其对受静态稳定性的影响，但交流励磁发电电动机在定子输出一定时，励磁容量与励磁电抗 X_m 有关，建立气隙磁场所消耗的无功功率为

$$Q'_{qx} = I_m^2 X_m = \frac{E_1^2}{X_m} \tag{8-9}$$

当忽略定子漏阻抗时，$E_1 \approx U_1$，因而有

$$Q'_{qx} \approx \frac{U_1^2}{X_m} \tag{8-10}$$

当气隙较大时，励磁电抗 X_m 较小，Q'_{qx} 较大，其励磁容量也将增大，传统同步电机励磁容量一般为额定容量的 2% 左右，而交流励磁发电电动机的励磁容量在转速变化较大时可高达额定容量的 20%～30%，为尽可能地降低其励磁容量，交流励磁发电电动机应减小气隙长度，但气隙也不能过小，否则磁导齿谐波所产生的附加损耗又将增大，所以对于交流励磁发电电动机应在不影响效率、制造工艺能达到的前提下，尽可能减小气隙长度。

2. 与主要尺寸相关的计算容量

电机的主要尺寸，在转速一定时，主要与计算容量有关，对于传统的同步电机或异步电机其能量传递的方向一般只有两种情况：一种为定子吸收电功率，转子输出机械功率，此时的计算容量与额定值的关系为

$$P' = \frac{(1-\varepsilon)P_N}{\eta_N \cos\phi_N} \tag{8-11}$$

式中　$1-\varepsilon$——额定运行时的电势系数。

第二种为转子输入机械功率，定子输出电功率，其计算容量为

$$P' = \frac{(1-\varepsilon)P_N}{\cos\phi_N} \tag{8-12}$$

式（8-11）和式（8-12）的实质是计算容量应等于电机在能量转换过程中，通过气隙传递的容量，传统的同步或异步电机，其额定功率要么是定子输出的电功率，要么是转子输出的机械功率，因而可用额定功率 P_N 来表示其计算容量。但对于交流励磁发电电动机，其能量的出入口有三个：一个是定子的电功率，一个是转子轴上的机械功率，还有一个是转子励磁口的电功率，其能量流程与传统的电机存在着较大的差异，其定转

子方均可输入电功率，正是由于此原因，交流励磁发电电动机又被人们称之为双馈电机。由上面分析可知，交流励磁发电电动机存在一个临界转差率 s_P。当运行转差不等于 s_P 时，其励磁的电功率，有可能是输入，也有可能是输出，这将取决于其运行状态。因此对于交流励磁发电电动机其计算容量应根据电机运行状态以及转差率 s 的大小取不同的计算值，参照基本电磁关系的分析可得：

交流励磁发电电动机运行于发电机状态，且 $s > s_P$ 时，其计算容量为

$$P' = \frac{(1-\varepsilon)P_N}{\cos\phi_N} \tag{8-13}$$

交流励磁发电电动机运行于电动机状态，且 $s < s_P$ 时，其计算容量为

$$P' = \frac{(1-\varepsilon)P_N}{\eta_N\cos\phi_N} \tag{8-14}$$

交流励磁发电电动机运行于发电机状态，且 $s < s_P$ 时，其计算容量为

$$P' = \frac{(1-\varepsilon)P_N}{\eta_N\cos\phi_N}(1-s) \tag{8-15}$$

交流励磁发电电动机运行于电动机状态，且 $s < s_P$ 时，其计算容量为

$$P' = \frac{(1-\varepsilon)P_N}{\eta_N\cos\phi_N}(1+s) \tag{8-16}$$

3. 谐波引起的电磁激振

传统同步发电电动机，由于只有定子侧开槽，为防止电机振动，设计时主要考虑抑制转子高次谐波与齿谐波作用产生的高频激振以及定子磁势谐波作用引起 2 倍供电频率的激振。对于交流励磁发电电动机，由于定、转子侧的开槽都会产生相应的磁导齿谐波，气隙中的谐波分量更为丰富，相互作用会产生不同特性的激振力波分量。

电磁力波分量也是关于空间和时间的函数，作用与定子铁芯时产生形变引起振动，在计算电磁振动时主要考虑节点对数不为零的力波分量。故在定、转子槽数选择时，除满足电磁性能外还应满足磁场谐波作用产生的主要激振力波频率远离相同节点对数的结构固有频率，以避免电机振动。

4. 时间高次谐波的影响

正常运行时，交流励磁发电电动机转子工作电流为低频三相交流电。实际运行是由变频器供电，不管是三电平拓扑还是其他结构，由于开关频率的影响，除基波电流外，高次谐波电流也会进入转子绕组并建立谐波磁场。

电压型变频器供电的交流励磁发电电动机，由于定、转子绕组中的电流除了基波电流分量外，还存在一系列谐波电流。所以，在发电机的气隙中将同时存在基波磁势和一系列时间谐波磁势。这些时间谐波磁势虽然和基波磁势的极对数相同，但它们的转速和转向却不同。使得气隙合成磁通略有增加。这导致主磁路和漏磁路饱和程度增加，使漏抗和励磁电抗变小。

由于电机气隙中存在基波磁势和一系列时间谐波磁势，因而除了基波转矩外，还将产生一系列谐波转矩。这些谐波转矩可以分为两大类，一类为大小和方向都不变的稳定谐波转矩，另一类是脉动的谐波转矩。当给转子供电的逆变电源中有 k 个电压谐波时

（包括基波），就形成 k^2 个转矩，其中包括一个基波转矩，（$k-1$）个稳定谐波转矩和（k^2-k）个脉动谐波转矩。工程上应用中主要考虑基波磁通与 5、7、11、13 次转子电流产生的谐波磁通相互作用产生的脉动转矩。

当电机由变频器供电时，除了基波分量产生的损耗之外，还增加了谐波分量产生的损耗，通常称为谐波损耗，可分为以下三种：①定、转子绕组谐波电流产生的铜耗；②电源谐波产生的铁耗；③除了上述两项外电源谐波产生的其他附加损耗，称为谐波杂散损耗，主要包括谐波磁场在定、转子端部产生的铁损耗。端部谐波漏磁损耗是由沿轴向进入定、转子端部的谐波漏磁磁场在端部铁芯中产生的涡流损耗。

5. 交流励磁发电电动机的方案选型

交流励磁发电电动机的主要尺寸是指发电机的定子铁芯内径（D_i）和铁芯长度（l_t）。在研究交流励磁方式可变速发电电动机主要尺寸时需要考虑以下因素：

1）选择的发电电动机主要尺寸应考虑电磁参数的合理性；

2）主要尺寸应满足机组 GD^2 的需要；

3）主要尺寸应满足厂房限制条件；

4）主要尺寸应与通风冷却系统相匹配；

5）主要尺寸应使其总体布置合理。

（1）定子铁芯内径。对于变速抽水蓄能发电电动机，在进行发电机电磁方案选择时，发电机的最大周速是直接影响电机定子铁芯内径（D_i）的选取。而发电机转子冲片材料性能和绕组端部固定结构又直接制约发电机周速的选择。目前已运行的定速西龙池抽水蓄能电站，发电电动机的最大周速约为 179.4m/s，正在建设的敦化抽水蓄能电站，发电电动机的最大周速约为 184m/s。国外设计的变速抽水蓄能的发电电动机的最大圆周速上限值达到了约 190m/s。最大圆周线速度与转子线棒的端部尺寸确定了端部支撑结果的设计制造难度，在进行电磁设计及决定主要尺寸时充分考虑了这一制约因素，在电磁参数选取满足技术要求条件下，控制电机最大圆周线速度与定速机组相当水平。

（2）铁芯长度。发电电动机铁芯长度是抽水蓄能发电电动机设计另一个制约因素。因为它直接影响机组的稳定性和制造工艺、安装以及运输等。在电磁设计时它的选取又与电机的通风冷却系统及冷却方式直接相关，铁芯越长，通风的均匀性以及线棒轴向温差越难控制。目前已运行的国外古里发电机定子铁芯长度为 3.8m，而我国的小湾发电机定子铁芯长度为 3.65m。对于同一电站，对于电机铁芯长度，变速范围为 7%，变速方案较定速方案长约 20%。因此，在采用变速方案时，应将发电电动机的铁芯长度进行适度控制。

（3）电磁方案的分析与选取。

1）额定电压。发电电动机电压等级与单机容量密切相关，不同的电压将影响发电机槽电流的大小，从电磁设计角度出发，槽电流与转速和发电机的支路数密切相关；而发电机的铁芯长度又直接与发电机电压成比例。如何确定电压等级，对于采用空冷方式的发电电动机，定子线棒的散热主要是通过其外表面，主绝缘厚度是影响定子线棒散热的关键性因素之一。低电压等级主绝缘厚度相对薄有利于线棒散热冷却，但选用低电压等级对应的额定电流较大，直接影响槽电流和线负荷。选择何种电压等级，还应结合发电机转速、并联支路数和槽电流以及合适的定子线负荷等参数进行选择。由于转子侧电压等级需与变频器相匹配，目前国外运行的可变速机组对应的变频器常用 3.3kV 和 6kV 等级。

2）同步转速和并联支路数。同步转速由水泵水轮机根据水力条件确定，并联支路数将结合额定电压、槽电流、线负荷等主要参数进行选取，特别是转子侧支路数还需与变频器相适应。

3）电机槽数和定子线负荷。发电电动机槽数的选择应结合支路数和槽电流等因素，并遵从电机绕组的对称条件，同时应避免选择易引起分数次谐波振动的槽数。发电机槽数将直接影响定子线负荷值，而定子线负荷的大小将直接影响发电机的铁芯长度。同时定子槽数的选取还需考虑与转子槽数的配合，防止由于磁势谐波和磁导谐波引起的电磁激振。电磁参数和定子槽电流、线负荷、气隙磁密等参数值均在一般空冷电机的范围内，转子的线负荷可相对取高，这是因为冷却空气首先冷却转子发热部件。在电磁设计时通过增加转子绕组截面减小电密，从而使其热负荷控制在安全范围，另外转子绕组的整体散热效果要好于定子绕组，故其热负荷值略高对温升的影响有限。相比较而言，可变速发电电动机定子侧线负荷控制范围与定速机组相当，对于 300MW 级机组，定子线负荷在 $800 \sim 900 \mathrm{A/cm}$ 范围较为合适，转子侧线负荷可取值 $1000 \mathrm{A/cm}$ 左右。线负荷提高后，磁负荷降低，就有条件降低铁芯长度，对于高速机组降低铁芯长度后的好处很多：首先有利于铁芯把紧，减小振动；其次有利于通风，中间段铁芯及线棒的通风环境与两端差异不大，保证铁芯及线棒轴向温升均匀；再其次缩短轴系长度后，提高了临界转速，增加了轴系的稳定性。

（4）参数的有限元计算。以有限元仿真软件 FLUX 为平台，在分析计算过程中考虑了铁芯饱和、转子旋转、材料的非线性特质以及电机内的电、磁、力及运动等多种物理场间复杂的耦合作用，更客观地再现电机运行状态，提高了计算结果的可靠性、确保了结果的高精度，为电机设计参数的选择、优化提供了重要依据。图 8-22～图 8-24 及彩图 8-22～彩图 8-24 为某交流励磁发电电动机有限元计算模型及部分计算输出结果。

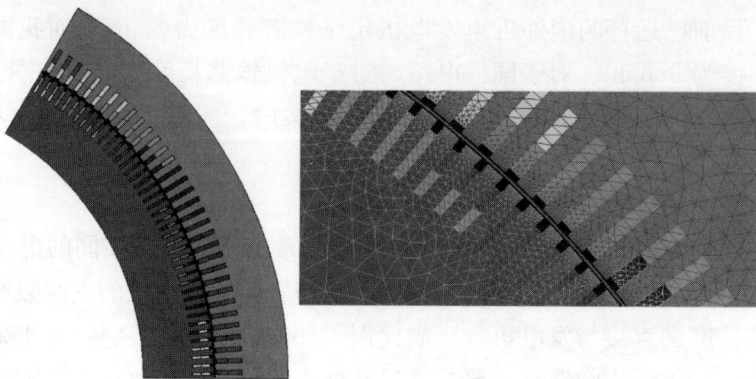

图 8-22　某交流励磁发电电动机有限元模型

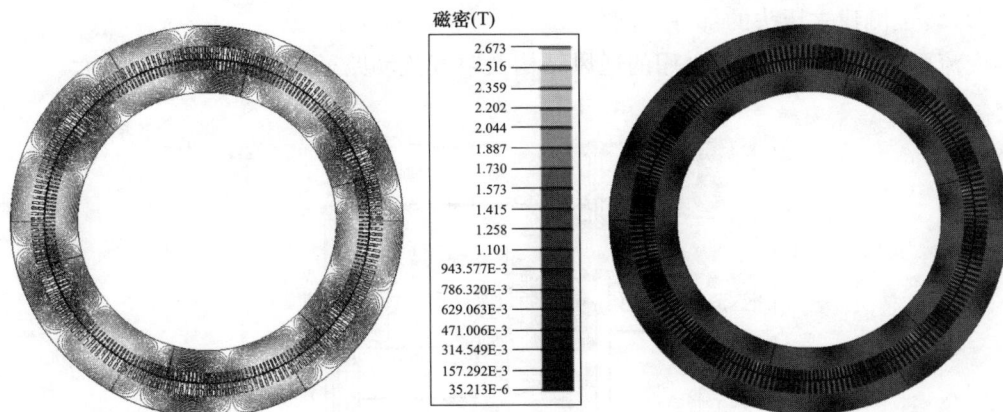

图 8-23　某交流励磁发电电动机磁力线分布和磁密云图

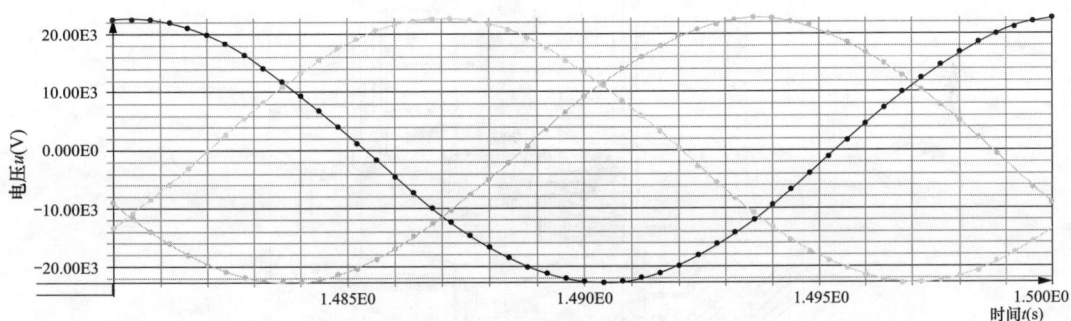

图 8-24　某交流励磁发电电动机定子电压波形

某交流励磁发电电动机推荐方案的主要技术参数见表 8-7。

表 8-7　　　　　　　　交流励磁发电电动机 T 型电路参数

T 形等效电路参数	推荐参数值
定子漏抗 $X_{s\sigma}(\Omega)$	0.061
转子漏抗 $X'_{r\sigma}(\Omega)$	0.084
励磁电抗 $X_m(\Omega)$	1.78
定子电阻 $R_s(\Omega)$	1.03E−3
转子电阻 $R'_r(\Omega)$	6.5E−4
定转子绕组变比	0.366

三、交流励磁发电电动机的通风设计特点

交流励磁发电电动机与常规采用全空冷方式的水轮发电机的通风冷却系统并无本质不同，其主要区别在于：

1）发电电动机在实际运行过程中转速在一定转速区间连续变化。

2）发电电动机运行在发电机和电动机状态时转向不同。

3）转子侧建立压头的部件不同。

交流励磁发电电动机机采用的通风结构及空气流动路径如图 8-25 所示。

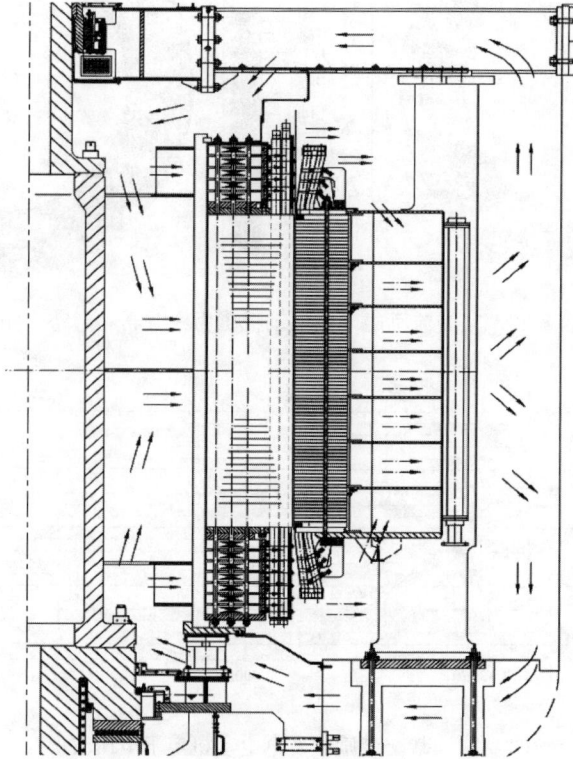

图 8-25　交流励磁发电电动机通风示意图

分析可知，该通风结构具有以下特点：

1）定转子本体段为全径向通风结构，线圈及铁芯冷却任务主要由流经铁芯段间风道的空气承担，通过调节风道个数、高度及转子铁芯过风面积可以控制流经电机本体风量和表面散热面积。

2）定转子线圈端部及连接线由转子端部铁芯旋转提供冷却空气，带走端部发热部件热量后经过定子机座上的风道进入冷却器，因而，通过调节机座上风道过风面积可以对流经端部空气流量进行调节。

3）流动空气先冷却转子部件再冷却定子部件，其带走的所有热量通过空冷器传递给二次冷却水带到电机外部。

全空冷发电电动机实际运行过程中包括绕组损耗、铁耗、通风损耗等绝大部分损耗由电机内流动空气带走。电机空冷系统的根本任务是必须将这些损耗全部带到电机本体外部，以满足各部件的冷却要求，并且要保证电机各部位的温度分布比较合理和均匀，以防止冷却不均造成的机械变形。

发电电动机实际运行时产生的损耗与其实际转速和工作状态密切相关，按产生最大可能损耗及空气在冷却器中温降25℃计算可得，要满足交流励磁发电电动机冷却需要，其通风结构产生的风量应不小于135m³/s。

（1）计算方法和模型。为了优化发电电动机冷却风量、风速分布及通风损耗，利用通风网络进行方案比较、优选及最终结构尺寸的确定。通风系统网络采用流体管网分析软件（Flowmaster）建模，模型用到的通风结构阻力系数、相关几何尺寸定义方法、表面粗糙度、流体特性等重要参数的取值都经过研究人员试验分析，计算精度经过多台已运行电机实际测量的验证。

通风计算模型中考虑的各处压头元件和产生风阻的结构：

转子支架——入口和转弯、孔、压头、出口分流

转子风沟——入口附加损失、壁面摩擦阻力、出口扩散、压头

气隙——轴向入口、轴向流动阻力、径向入口、径向出口分流

定子风沟——入口附加损失、壁面摩擦阻力、出口扩散

定子机座——孔板

冷却器——入口、冷却器管簇压降、出口扩散

定子端部——压指漏风、端部线圈间隙

转子风扇——压头、内部阻力、挡风板漏风

外部风路——风路截面的弯曲、收缩和扩大

网络模型表征该电机完整闭合的通风系统，并能够得到其内部风量、风速及压力的分布规律。其中，发电电动机径向叶片及转子支架、铁芯的旋转作用均可产生离心压头，若忽略体积力引起的压力降，其压力-流量特性方程均可统一为

$$\frac{L}{A} \times \frac{\mathrm{d}m}{\mathrm{d}t} = P_1 - P_2 - \frac{fL}{d} \times \frac{m|m|}{2\rho A^2} \tag{8-17}$$

式中　P_1，P_2——进、出口压力，Pa；

　　　　m——质量流量，kg/s；

　　　　L——过流通道的长度，m；

　　　　d——过流通道的等效直径，m；

　　　　f——过流通道摩擦系数；

　　　　ρ——流体密度，kg/m³；

　　　　A——过流截面面积，m²。

整体通风网络计算可以综合考虑定转子风沟配置、转子支架及机座过风面积的大小对发电电动机总风量及其分布的影响，通过多种方案的对比选择可确定最优方案以满足发电电动机实际运行对通风冷却系统的要求。

（2）总风量随转速变化。根据图通风网络，通过计算该发电电动机在398.6～458.6r/min转速区间运行时其通风结构能够产生的总风量如图8-26所示，该发电电动机在其转速区间运行时其通风结构产生的总风量不小于143.6m³/s，能够满足电机的冷却需求，且发电电动机总风量与实际转速呈线性关系，与理论相符。

（3）正反转对发电机通风系统的影响。某交流励磁发电电动机采用密闭循环的全径

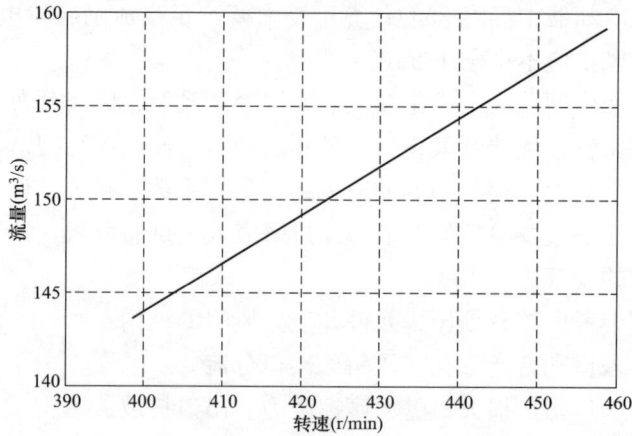

图 8-26　电机风量与转速关系

向通风结构，空气流动的驱动压头完全由转子风沟和转子支架径向叶片旋转产生。由于转子支架为全径向辐射型结构，转子风沟为径向通道，支架立筋叶片亦采用径向设计，这些特点保证了转子顺、逆时针旋转时所产生的离心压力相同；同样通风结构的阻力特性也不会随电机转向的变化而发生变化。针对多个电站的实际测量和通风模型试验结果表明：采用该结构型式发电电动机转向对总风量及各部位风量、风速分布的影响不超过1%。其主要通风计算结果见表 8-8。

表 8-8　　　　　　　　　　　转速 398.6r/min 时主要通风计算结果

有效总风量		143.6m³/s	
位置	风量 （m³/s）	风速 （m/s）	占总风量的百分比 （%）
冷却器	143.6	3.9	100.0
定子风沟	104.3	29.2	72.6
转子风沟	88.2	23.2	61.4
定子端部线圈附近	34.5	1.6	24.1
转子端部线圈附近	69.5	4.0	48.3
上部风扇	32.5	7.4	22.6
下部风扇	37	9.7	25.7

表 8-8 可见，该发电电动机实际运行时其各部位风量、风速分布比较合理，在定转子线圈直线段附近平均速度可达 23m/s 以上，端部线圈附近的风速可达 1.6~4m/s，能够满足电机冷却需要。

根据计算结果，发电电动机定转子风沟轴向风速分布规律分别如图 8-27 和图 8-28 所示。

（4）定转子温升计算。基于通用流体动力学仿真计算分析软件 Fluent 进行该电机

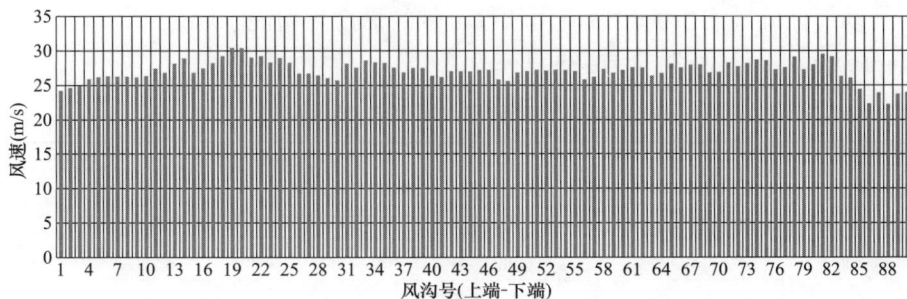

图 8-27 定子风沟轴向风速分布规律

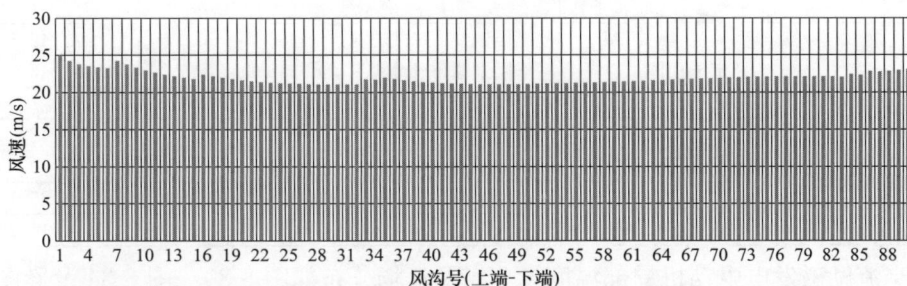

图 8-28 转子风沟轴向风速分布规律

流场和温度场耦合分析以获得其定转子线圈温升水平，其主要特点在于软件对电机局部结构变化反应非常灵敏且能够细致的模拟电机内部风速、压力、温度等重要参数的分布规律，同时软件将流道表面对流换热系数当作一个未知量来求解，而非作为一个已知量或中间变量使用，从而大大降低了计算误差。计算模型如图 8-29 和彩图 8-29 所示。

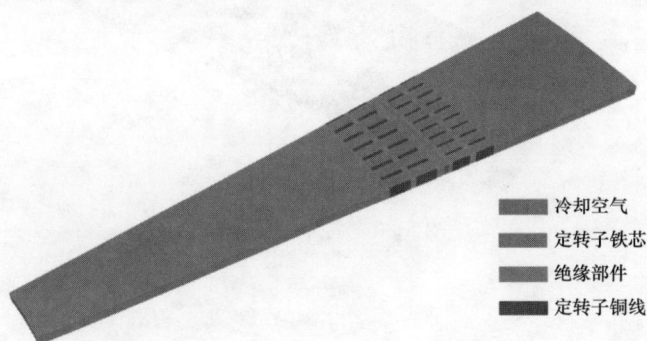

冷却空气
定转子铁芯
绝缘部件
定转子铜线

图 8-29 定转子温升计算模型

计算中采取的主要边界条件如下：

1）模型主要发热部件的损耗来源于电磁及损耗分析结果，流经模型的风量来自通风网络分析计算结果。

2）定转子线圈损耗用自定义函数实现损耗密度随温度变化并考虑定子线圈上下层的不同。

3）线圈股线和绝缘分开建模，且将股线绝缘和主绝缘作为一个整体考虑。

4）考虑定子铁芯齿部和轭部损耗不同和定转子铁芯传热的各向异性。

5）转动部件旋转产生的热效应由软件自带的黏性热功能求解。

定转子线圈主要计算温升结果见表 8-9。

表 8-9 电机温升计算数据（冷风温度：40℃）

转速（r/min）	结构件		最高温度（℃）	最高温升（K）
398.6	定子线圈	上层铜线	87.5	47.5
		下层铜线	86.8	46.8
		层间垫条	71.2	31.2
	定子铁芯	铁芯齿部	68.1	28.1
		铁芯轭部	66.9	26.9
	转子线圈		71	31
	转子铁芯		56	16
458.6	定子线圈	上层铜线	82.5	42.5
		下层铜线	82.3	42.3
		层间垫条	69	29
	定子铁芯	铁芯齿部	67	27
		铁芯轭部	66	26
	转子线圈		66.1	26.1
	转子铁芯		54.2	14.2

某交流励磁发电电动机局部温度场分布及流场分布如图 8-30～图 8-34 及彩图 8-30、彩图 8-31 所示。

图 8-30 局部温度分布

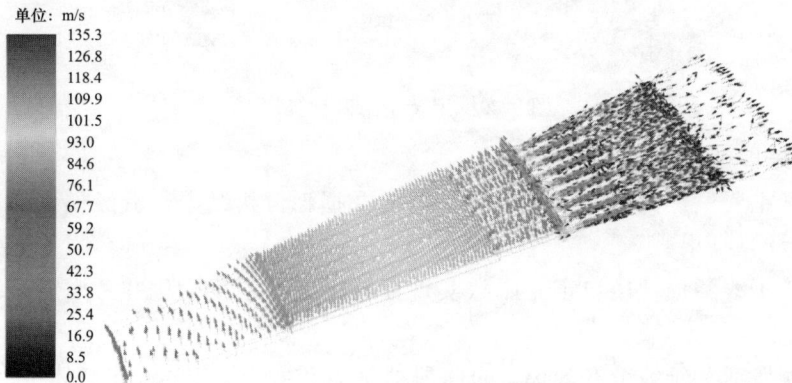

图 8-31 局部流场分布

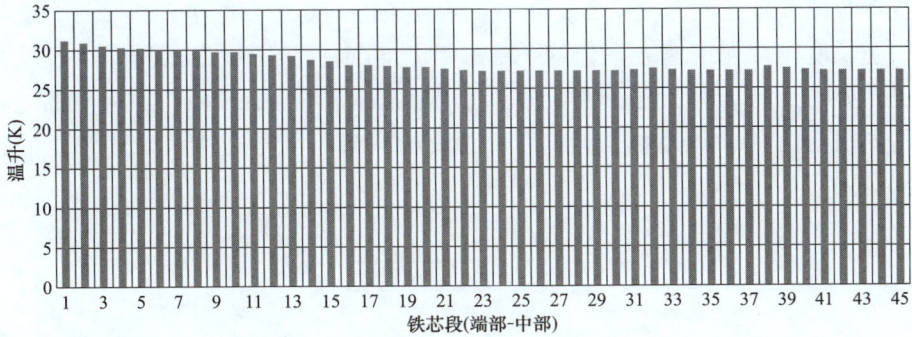

图 8-32　定子层间 RTD 轴向温升分布

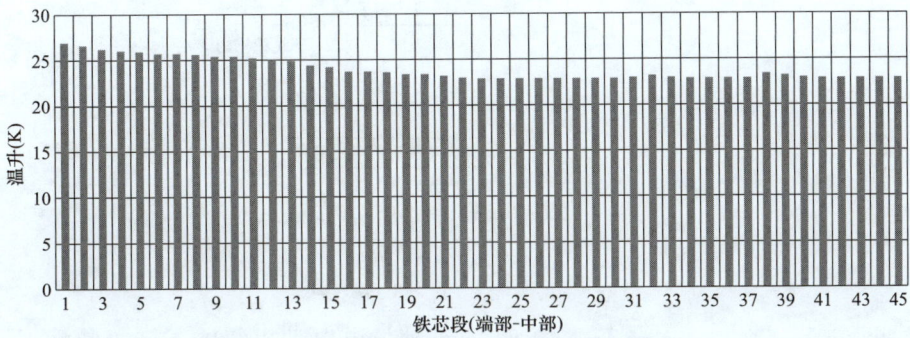

图 8-33　定子铁芯轴向温升分布

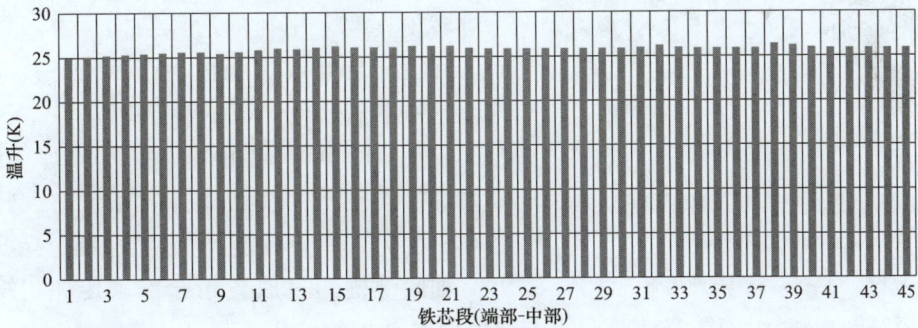

图 8-34　转子铜线轴向温升分布

通过现有的计算软件分析，可以对交流励磁发电电动机的通风冷却精确计算，使得总风量能够满足电机各部件冷却需要且风量、风速分布比较合理。各发热部件在不同工况下运行时温度均位于绝缘要求的温度限值范围之内，定转子轴向温升分布均匀。

四、交流励磁发电电动机的结构设计特点

交流励磁电机和凸极同步电机的结构差别如图 8-35 所示，在定子、推力轴承和导轴承、上下机架以及辅助设备等方面两者的区别不大，其主要差别体现在绕线式转子、

交流集电系统以及外接的交流励磁变频器。相同条件下对于发电电动机设计，交流励磁方案的铁芯长度较常规定速方案长约 20%，因此对定、转子铁芯的压紧以及轴系稳定提出了更高要求。同时由于定、转子铁芯都开有齿槽，丰富的磁场谐波产生的电磁激振力波和附加损耗也需要重点关注。图 8-36 为交流励磁可变速方案和定速方案的转子装配的结构对比。

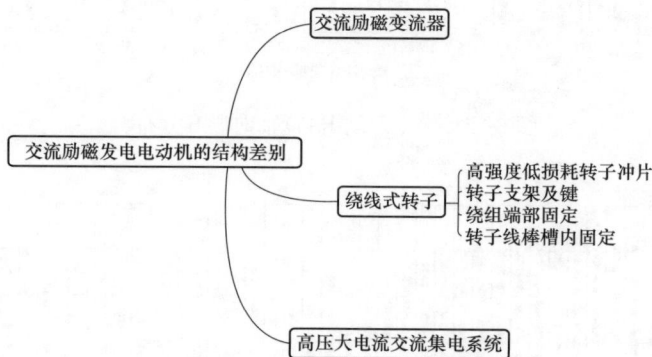

图 8-35　交流励磁发电电动机的结构差别

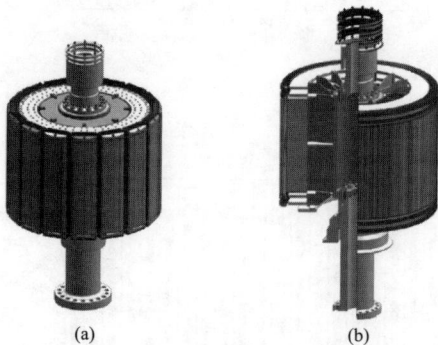

图 8-36　定、变速电机转子装配对比
(a) 定速发电电动机转子装配；
(b) 变速发电电动机转子装配

1. 绕线式转子

变速发电电动机绕线式转子装配由转子支架、转子铁芯、三相交流绕组、绕组固定系统和制动环等构成。

转子支架采用径向通风结构，由圆盘式中心体和径向支臂或是肋板组合而成。其既能支撑转子铁芯和绕组，又在旋转时提供空气流量压头。此外，转子也可采用整体轴焊筋结构。整体焊接于轴上的肋板支撑转子铁芯。转子铁芯和中心体采用热打键/楔方式固定。立筋外缘开有轴向键槽通过放置组合键来传递扭矩，同时承受短路时电磁力。图 8-37 为某可变速发电电动机的转子支架。

转子尺寸的设计不仅要考虑电气需要，还要考虑调节保证要求转动惯性矩 GD^2 的需要以及拆除下机架的需要。同时考虑到转子绕组端部固定装置既要适应线棒端部的轴向热膨胀以及离心力作用下的径向位移，又要保证结构的稳定。因此，需要保证转子的动平衡的配重块需要精细化设计，防止产生振动。转子应带制动环，制动环为分块结构，便于拆除更换。

为了减小磁场引起的涡流损耗，转子铁芯可采用高强度等级低损耗导磁硅钢片重叠压而成，冲片两面刷有 F 级绝缘漆或是相同性能的其他材料。也有电站的变速发电电动机转子铁芯冲片采用高强度钢板叠装，因为实际运行时旋转磁场相对转子为转差速度，在转子铁芯表面感应涡流的交变磁场频率为低频（通常不超过5Hz），引起的附加损耗发热程度可以忽略，仅需考虑启动初始阶段高转差率时感应涡流的影响。转子铁芯材料选择需满足其屈服强度能够承受飞逸工况下的离心力。外缘有齿槽的铁芯冲片一层一层交错叠装而成，叠压方式的选择需满足等效应力增大系数最小，以提高整个铁芯装配的稳定裕量。通过轴向全绝缘的穿心螺杆拉紧整段铁芯，如果采用涂漆硅钢片，拉紧力大小设置需满足产生的冲片片间压力不破坏漆膜。在冲片内径侧，由于回路中磁密幅值较小，也可对内径侧螺杆不绝缘。轴向两端采用高强度的压板压紧铁芯，压板外缘铣成压指状便于将压力均匀传递到转子齿上，防止铁芯齿部松动。

作为磁回路的一部分，转子铁芯需要从磁场和通风方面进行优化设计，与定子铁芯类似，转子铁芯沿轴向方向设有通风沟。随着转子中心体的旋转，通风沟使得风压上升产生冷风气流，带走转子铁芯和绕组损耗产生的热量。通风槽钢采用非磁性材料，与定子点焊方式不同，为防止槽钢在自身离心力作用下飞出，转子通风槽钢需铆接于通风槽片上。图8-38为转子通风槽片。转子铁芯在机械设计时需考虑承受的负荷，包括高速旋转时的离心力、电磁力以及热打键后的收缩力。

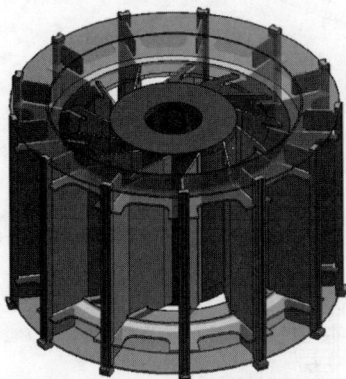

图 8-37　斜支臂方式转子支架　　　　图 8-38　带通风槽钢的冲片

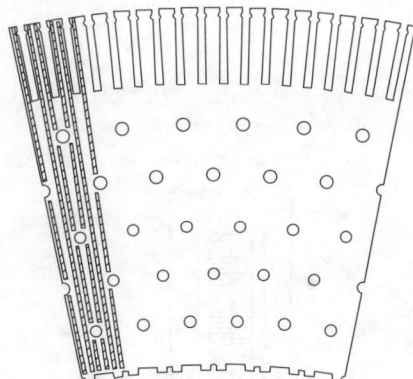

转子采用3相对称双层波绕组，线棒在槽部需采用换位方式以减小股线间环流引起的附加损耗，另一方面基于转子磁场交变频较低，股线涡流损耗发热不再是限制因素，故转子线棒股线规格可选用高度方向较厚的股线，以提高线棒端部自身抗弯曲能力。特别的，由于转子槽的下半部漏磁较小，下层线棒可直接采用铜排，以降低线棒端部固定结构的设计和制造难度。由于转子相电势与定子相电势存在电压变比的关系，可以通过改变每相每支路串联匝数来调节变比大小。在绕组的支路数选择时既要考虑电、磁负荷范围，还需考虑转子侧电压等级与变频器的协调。目前应用于大型交流励磁可变速机组的变频器，其电压等级一般不超过6kV。图8-39为某交流励磁发电电动机的转子绕组引线图。

对于转子线棒的槽内固定，采用在定子绕组验证过的半导体槽衬绕包结构。单根的线棒与滑动垫条、填充垫条和半导体层组合一起固定于转子槽中。但由于转子绕组要承受巨大的径向离心力，槽内固定时不应设置弹性波纹板，高强度楔下垫条固定于槽内给线棒施加稳定的压力以承受各种离心力和电磁力。图 8-40 为定、转子槽内固定方式对比。

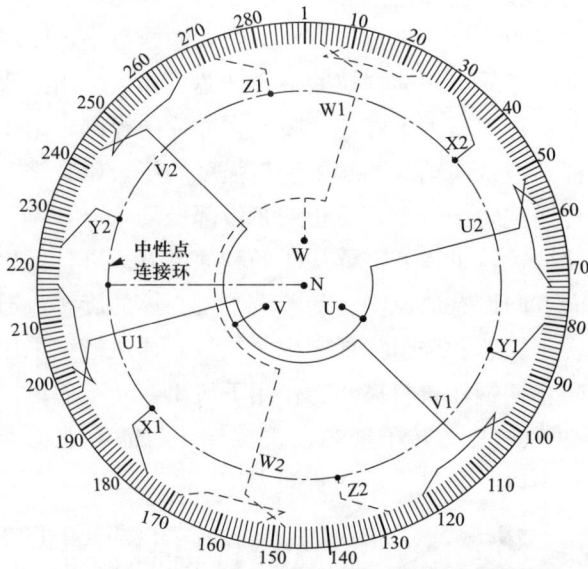

图 8-39 变速发电电动机转子绕组引线图

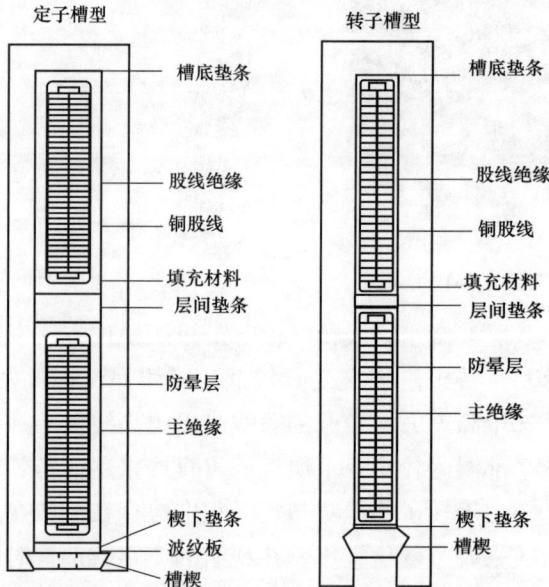

图 8-40 定、转子槽内固定结构对比

转子绕组绝缘系统设计时需考虑暂态运行、绕组三相短路、电压波形毛刺以及电压型逆变器的电压回馈等工况引起的电压升高。同时线棒设计时要考虑有足够的安全裕度来抑制电压振荡引起的内部故障。为了保证转子绕组端部与冷风进行充足的热交换，上下层线棒并头块可采用不包绝缘盒或是环氧浇注方式。电机运行时，此部分还起到了一个附加的径向风扇的作用，冷却转子绕组。整个转子绕组采用星形联结，其中性点与地之间绝缘。转子绕组的主引出线用位于转子轴上的集电环短接。

对于绕组端部的固定，目前国外机组已经应用的方式主要有四种。

（1）绕组端部径向螺栓固定。转子铁芯两端，在轭部位置沿轴向分别叠有延伸部分，用来固定转子绕组端部。延伸部分由仅有轭部的冲片交错叠压而成，叠装高度与绕组端部长度相同。延伸部分叠压完成后和转子轭部作为整体压紧。延伸部分同样设有通风沟，旋转的径向风沟提供冷风气流冷却定转子绕组端部。绕组端部需在径向离心力作用下安全可靠。采取的措施是沿圆周方向布置玻璃纤维板，并用径向螺栓固定在转子铁芯延伸段的 T 尾或鸽尾槽内。此类固定结构如图 8-41 所示。

（2）绕组端部 U 形螺栓固定。U 形螺栓从绕组端部间隙穿入，并与绕组端部内侧的定位环接触。不同高度的定位环通过轴向垫块焊接成整体。通过拧紧螺母施加预紧力，直到其值等效飞逸工况下离心力。U 形螺栓端头内侧固定螺母附有液压调整，防止运行过程中的松动。图 8-42 为某国外电站采用 U 形螺栓方式的绕线式转子装配图。

| 图 8-41 径向螺栓固定结构 | 图 8-42 U 形螺栓固定结构 |

（3）绕组端部金属护环固定。金属护环采用热套方式，对绕组端部施加一定的预紧力。其设计与汽轮发电机非磁性金属护环相似，特点是其绕组端部内侧还设置一个内环，内环的膨胀取决于转子磁轭部分的离心力。图 8-43 为金谷（Goldisthal）电站的转子金属护环结构图。护环结构技术成熟可靠，但考虑到发电电动机转子结构尺寸较大，使得其制造难度增加，平均锻造 3 件成品仅有 1 件能够通过高标准的性能检测，成本相应地显著升高。另外，护环结构由于其整体部件的特点，可以大幅缩短工地转子装配的安装周期。

（4）绕组端部用高强度纤维带绑扎固定。与双馈风力发电机转子绕组端部固定方式相同，采用高强度绑扎带在预紧力条件下绕制成型后固化，图 8-44 为绕组端部采用高强度纤维绑扎带固定方式。由于密度低，自身重量产生的离心力较小，使得此种方式在考虑固定结构的强度方面存在巨大的优势。随着材料制造技术的发展，目前已有多种纤维带的强度等级能够在变速发电电动机中应用。其中聚酰胺纤维带的抗拉强度可达到

1400MPa。另外，绑扎带的弹性模量小，整个结构的形变较其他方式要大，同时由于绑扎了整个转子绕组的端部，对线棒端部的通风散热会产生不良影响。

图 8-43 金属护环结构

图 8-44 高强度纤维绑扎固定结构

2. 交流集电系统

由于转子采用交流励磁，集电环系统应至少含 3 层滑环，并带电刷和刷握。同时由于转子绕组中性点引出，通常设置一层中性环将转子绕组的中性点短接，如图 8-45 所示。各环轴向交错布置，防止在更换、调整电刷时造成环间爬电引起短路。由于励磁电流幅值较大，每相集电环配置的电刷个数较多，就需优化电刷的布置空间，在励磁引线与集电环连接位置选择时应计及串联电阻的影响，防止各电刷的电流分布不均。

集电环应能承受带转差频率的最大的转子电流，在启停过程中，集电环应能承受 50～60Hz 的电流。由于变频器输出的高频电流，每相电流均应由一对相同集电环分开传输。励磁引线的截面积比正常要求的截面至少大 30%，以满足最大转子电流的要求。励磁引线应当经过特殊设计以便保证通风不好的轴内镗孔处温度在极限值之内。

对于大型交流励磁发电电动机，由于集电系统电刷的电气和机械损耗可达几十千瓦，可采用外加冷却器或是自循环冷却方式。装设冷却器的集电装置冷却系统如图 8-46 所示。对于自循环冷却方式，在集电环支架设置有径向筋板，转动的筋板形成径向风扇产生冷风冷却集电环和电刷，强迫空气将电刷与集电环之间的电气损耗和摩擦损耗带出，同时减少电刷磨损堆积在集电环表面的碳粉。由于筋板叶片的风扇作用，可以保证集电装置能够承载高电压大电流的要求。同时应采用碳粉收集装置，防止碳粉出现在集电环室。

交流励磁方式可变速抽水蓄能机组水泵工况输入功率可宽范围调节，满足电网潮流波动快速调节的要求，增加了机组抽水蓄能的运行时间，适应间歇性能源发电快速发展的趋势，更好地促进节能环保发电方式。同时系统供电频率与电机运行转速成为可控的柔性连接，有利于定、转子磁场的再同步，提高了机组的稳定性和电网可靠性。我国的交流励磁方式可变速抽水蓄能工程应用已进入实施阶段。

图 8-45　三相交流集电环图

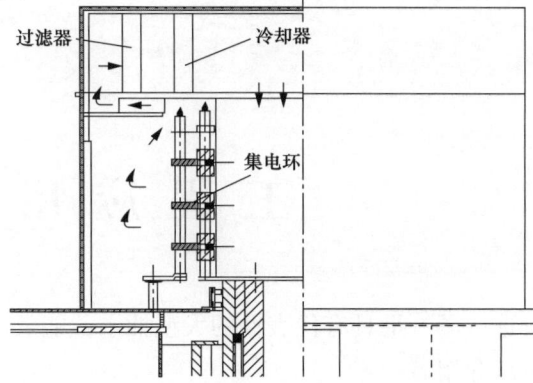

图 8-46　集电装置循环冷却系统

第九章

工 程 应 用 案 例

本章选取了一批具有代表性的大型抽水蓄能发电电动机，对其主要参数、结构特点进行了重点介绍。

一、天荒坪抽水蓄能电站

（一）发电电动机参数

天荒坪抽水蓄能电站位于浙江省安吉县，安装了 6 台单机容量 300MW 的发电电动机组。表 9-1 为天荒坪发电电动机参数。

表 9-1　　　　　　　　　天荒坪发电电动机参数

发电工况额定容量（电气输出）	333MVA
电动机工况额定容量（轴输出）	336MW
发电工况允许连续过负荷能力	350MVA（功率因数 $\cos\varphi=0.95$ 滞后）
额定电压	18kV（调压范围±5%）
额定功率因数	发电工况：0.9
	电动工况：0.975
额定转速	500r/min
额定效率	发电电动机在额定容量、额定电压、额定功率因数、额定转速时的效率
	发电工况：不小于 98.729%
	电动工况：不小于 98.856%
加权平均效率	发电工况：不小于 98.561%
	电动工况：不小于 98.832%
飞轮力矩（GD^2）	发电电动机飞轮力矩不小于 3500t·m²
灭火方式	水灭火

（二）发电电动机结构型式

发电电动机为立轴、悬式结构，与水泵水轮机直接相连。两个导轴承分别位于转子上方和下方，推力轴承位于上机架上，采用空气冷却器的密闭式通风系统。机组总体布置如图 9-1 所示。

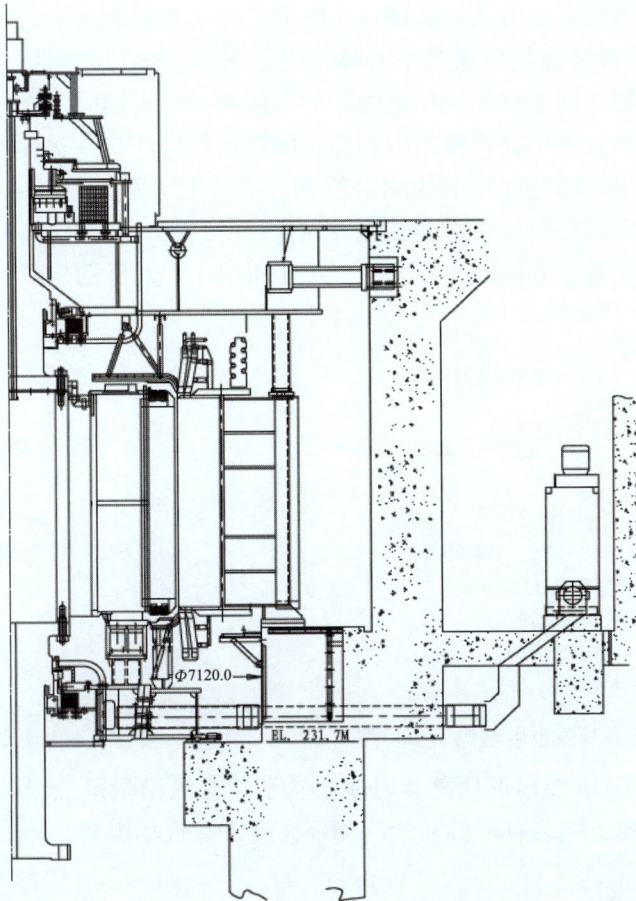

图 9-1 天荒坪发电电动机剖面图

1. 定子

定子机座分 4 瓣运输，经现场拼装焊接成圆形整体。定子采用在现场安装场叠片、下线的整圆叠装结构。叠片下线后的定子，利用平衡梁和起吊梁整体吊入发电电动机机坑。定子绕组为分相绕组、丫形接线，每相为 4 分支绕组构成。发电电动机主引线和中性点引线分别布置在第四象限和第二象限，中性点设备经电缆相连布置在第三象限。为了保证定子在温度波动状态下的变形均匀、对称，减少气隙的不均，GE 采用独特的基础板结构设计。沿定子机座底板均布 8 个径向滑动基础板装置。它们能够传递扭矩，但对于定子径向的滑动不做足够的约束，任意方向的滑动实际上受到其他各个方向导向板的约束。因此定子在各种外力的作用下的任何径向变大或缩小，都是对称、向心的，这种技术措施对保证气隙均匀、减少机组振动是十分必要的。图 9-2 为天荒坪发电电动机定子基础。

2. 转子

转子由焊接结构的转子支架、叠片磁轭、磁极、制动环和励磁集电环组成。叠片磁轭分为两段，由贯穿的高强度螺杆压紧。为了控制转子的变形，GE 公司采取了独特的转子支架与转子磁轭键连接方式,如图 9-3 所示。转子支架上、中、下与磁轭相连部位共有 30 个鸽尾形连接键连接磁轭与中心体(上、下各 12 个,中间 6 个)。连接键在磁轭一侧由一对楔形键紧固于磁轭鸽尾槽内,另一侧由一对平键固定在槽形块中。该槽形块焊接于转子支架的嵌槽中。这种结构和磁轭间造成切向约束,实现扭矩的传递。在径向不产生过度的约束,即允许径向的相对位移。事实上沿圆周布置的 12 对键装置指向不同方向,任意方向的径向位移受到其他方向位移的约束,形成整体相互约束,任何径向位移只能是发生在各个方向的、均匀的、关于机组中心对称的变形。

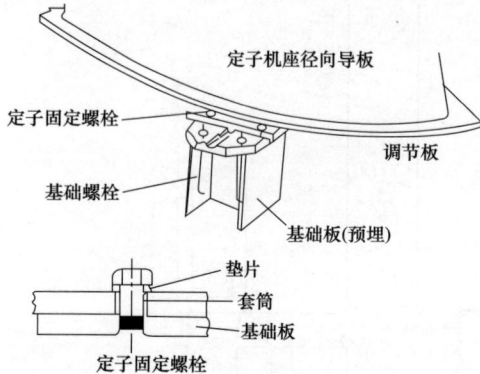

图 9-2 天荒坪发电电动机定子基础　　图 9-3 天荒坪发电电动机磁轭固定

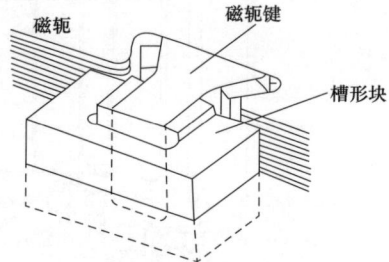

转子磁轭由 7.4mm 厚扇形片叠装而成。转子装有纵横阻尼绕组,滑环和电刷安装在转子上方。在磁轭下端装有可拆卸的制动环。转子在现场组装。

3. 上导轴承和上机架

上导轴承的 10 块导轴承瓦布置在上机架中心体内,导轴承为油浸式自循环分块瓦可调式结构。上机架为辐射型框架钢板结构,由中心体和 8 个径向臂构成。框架外缘对称的四处与机坑混凝土壁相连,上机架结构的最大特点是可以把由导轴承传出的径向力经机架而转变成切向力,以减少对混凝土机坑壁径向力的作用。根据 GE 提供的设计资料,在额定工况下,上机架对机坑壁的径向力和切向力分别为 0kN 和 160kN。图 9-4 为天荒坪发电电动机上机架。上机架所承受的径向力 P 通过转换,以切向力 T 的形式传递到基础上。

4. 下导轴承和下机架

下导轴承的 10 块导轴承瓦布置在下机架中心体内,导轴承为油浸式自循环分块瓦可调式结构。下机架为辐射型框架钢板结构,由中心体和 8 个径向臂构成。中心体与支臂之间由螺栓连接,以利于下机架中心体从定子膛中取出。下机架 8 个支臂端部利用基础板加以支撑。基础板预埋在混凝土基础中。径向力和轴向力经下机架基础板传至厂房混凝土基础。下机架具有以下两个主要功能:一是在下导轴承处为轴系提供径向支撑,二是当检修时承受顶起发电电动机和水泵水轮机的转动部分的重量。同时,下机架承担机组机械制动时的作用力。

5. 转轴

发电电动机轴包括上端轴和主轴,其均采用中碳钢锻造而成。主轴具有足够的刚度和强度以承担正常和异常运行情况下作用于轴上的各种转矩和力。

6. 推力轴承

推力轴承采用预压应力多弹簧支撑结构，如图 9-5 所示。蜂窝状预压弹簧和它们所支撑的分块瓦具有均匀的弹性承载力。推力瓦采用铜底钨金瓦。轴承能够补偿荷载变化及温度和应力造成的变形，保持一定的油膜厚度。

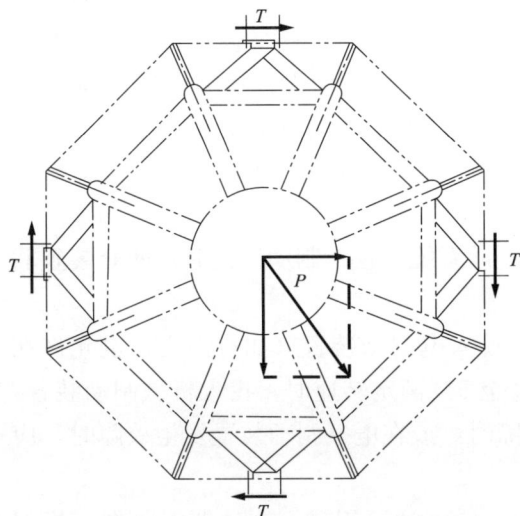

图 9-4　天荒坪发电电动机上机架　　　　图 9-5　天荒坪发电电动机推力轴承

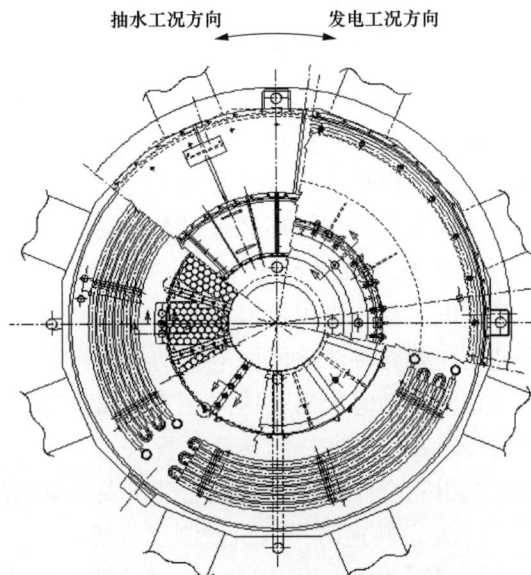

轴承采用自润滑系统，可不断地为润滑面提供恒定的低温油流。推力头中设计了径向沟槽，作用相当于离心泵，可将轴承内侧的油排往冷却油槽。随着轴承转动部分镜板的旋转，冷却润滑油流入推力轴瓦之间，从轴瓦中流出的热油被导入冷却器。推力轴承油槽油量为 2350L，推力轴承油冷却水量为 9L/s。

推力瓦数量为 10 块。正常运行时温度为 82℃左右，飞逸时轴瓦最高温度不大于 100℃。当轴承冷却器的冷却水中断时，允许机组在额定工况下运行 15min，此时轴瓦的温度不大于 115℃。

每台机推力轴承配有一套高压油顶起装置，用于机组启停机时向轴承表面注入高压油。高压油泵在机组启动前启动，在机组转速达 50%～80% 额定转速时关闭。在机组停机过程中，当机组转速下降至 80%～50% 额定转速时，启动高压油泵，并在机组完全停机 3min 后关闭高压油泵，上述操作自动进行。两台电动高压油泵中交流电动泵（配有 50Hz、三相、380V 异步电动机）用于正常开机和停机，直流电动泵用作备用（配有 220V 直流电动机）。两台泵能自动切换。

7. 通风冷却系统

发电电动机通风冷却系统采用无外加电动风机的径、轴向混合通风方式。机组转动时转子支架辐板成为离心式风扇叶片，将冷风压入转子铁芯通风槽，冷却转子铁芯和磁极，然后通过气隙进入定子铁芯通风槽，冷却线棒及定子铁芯。热风通过定子机座进入

8个水冷却器再成为冷风，流经电机上、下风道冷却定子线棒端部后，被吸入转子完成闭合循环。少部分冷风自上下风罩直接进入磁极间的空间注入定子，仍具有冷却磁极和定子的作用。根据合同要求，为了验证天荒坪电机的冷却效果，GE公司专门进行了通风冷却相似模型试验。发电机通风冷却模型试验提供了机组自冷却效能和温升指标的特性参数。天荒坪机组总通风量为 $82.5\text{m}^3/\text{s}$。

空气冷却器采用高导热、耐腐蚀的材料制成。集水箱的上、下盖板为可拆式的，且不影响管路连接。每个冷却器设有集水箱、排水阀、自动排气阀等排水、排气装置。冷却器按水压力为尾水管内最大水压力（包括水锤压力）加 0.3MPa 设计，为 2.0MPa。试验水压力为 1.5 倍设计压力，保持 30min，然后将压力降为设计压力，保持 30min。冷却器进、出口压力表计之间的水压降为 34.5kPa。机座外侧对称安装 8 个空气冷却器。冷却器用冷却水环管布置在风洞混凝土墙内侧。空气冷却器冷却水量为 8.75L/s。

8. 制动及顶起系统

发电电动机采用机械制动和电气制动两套制动系统。正常制动停机时，两套装置联合使用，并允许单独使用电制动或机械制动。

正常制动时，当转速降至 50% 额定转速，投入电制动装置（如有需要，也允许在额定转速及以下的任何转速时投入），当转速降至 5% 额定转速时，投入机械制动装置，直至机组完全停机。在发电电动机发生电气故障时，或在电气制动装置发生故障时，应在 20% 额定转速时投入机械制动装置。

机械制动由 6 组（24 个）制动器、管路和顶转子油泵组成。制动器安装在下机架上，其具有活塞复位装置，当机组投入机械制动时，制动管路中通入 0.7MPa 的压缩空气，顶起制动器活塞，实现机械制动。

机械制动装置可兼作液压顶起装置。当机组需要顶转子时，启动顶转子油泵产生 11~13MPa 的高压油，通过阀门控制，使高压油进入制动器，达到顶转子的目的。

电制动装置包括定子三相短路开关和逻辑控制装置、制动励磁装置等。电制动停机时励磁电源取自机组励磁变压器。

在机组需要停机时，在发电电动机断路器断开且机组灭磁后，发电机转速下降至 50% 额定转速时，采用电动操作的短路开关将发电机出线端三相短路。然后重新励磁，使定子绕组中感应出电流为 1.1 倍定子额定电流的电流，使之产生制动力矩以缩短机组制动时间。

9. 灭火装置

发电电动机采用水灭火方式。每台发电电动机配有一套水灭火装置。水灭火装置由两环形镀锌钢管组成。两管分别位于定子绕组端部的上方和下方。环管上有足够数量交错布置的喷嘴，能将形成的水雾直接喷向定子绕组端部，并全部加以覆盖。消防用水取自电站下水库。

二、广蓄Ⅰ期

（一）发电电动机参数

广蓄Ⅰ期电站位于广东省广州市从化区，安装了 4 台单机容量 300MW 的发电电动机组。表 9-2 为广蓄Ⅰ期发电电动机参数。

表 9-2 广蓄Ⅰ期发电电动机参数

发电工况额定容量（电气输出）	333.3MVA
电动机工况额定容量（轴输出）	326MW
额定电压	18kV
额定功率因数	发电工况：0.9
	电动工况：0.95
额定转速	500r/min
飞逸转速	725r/min
额定效率	发电电动机在额定容量、额定电压、额定功率因数、额定转速时的效率 发电工况：不小于 98.44% 电动工况：不小于 98.54%
飞轮力矩（GD^2）	不小于 3300t·m²
灭火方式	CO_2 灭火

（二）发电电动机结构型式

发电电动机为立轴、半伞式结构，在转子上下方装有两套尺寸相同的导轴承，推力轴承位于发电电动机下机架与水泵水轮机顶盖之间，并通过推力支撑架，支撑于顶盖之上。发电电动机采用封闭式强迫通风系统，在定转子结构上，采用了特殊措施以满足强迫通风系统对风路的要求。机组总体布置见图 9-6。

1. 定子

定子机座为普通钢板焊接的多边形结构，机座总高 5808mm，最大外对边尺寸 7300mm，机座壁上开有 8 个空气冷却器窗口，每两个为 1 组，分为 4 组，每组冷却器窗口上方外侧开有 2 个鼓风机孔，机座上开有 8 个这样的孔，另有 8 个鼓风机布置在下机架圆盘上。为了加强定子机座的轴向刚度和保证铁芯装压质量，在正对定子铁芯压板顶丝的位置，布置有槽钢及 $\phi114mm \times 10mm$ 的钢管支撑，并在两种冷却器窗口间的大跨度范围内的机座环间采用折边盒形筋板，既增大了机座刚度，也有利用导风。机座在制造厂内分为 4 瓣，每处合缝用 10 个小定位块定位，工地组焊成整体。

定子铁芯采用 0.5mm 优质硅钢扇形片叠成，比损耗 1.1W/kg。定子铁芯累积 4400mm，外径 5630mm，铁芯长度 3350mm，槽数 171，通风沟为 8mm×64；压指宽度 12mm，高 67mm，其屈服限为 280MPa。定子压板上、下均为小齿压板，每压板对应 6 个齿（全圆仅 1 块对应 3 个齿）。鸽尾筋采用平板型托板与机座环板焊接固定。定子铁芯上、下每对压板用 2 根拉紧螺杆拉紧，每根螺杆预紧力 330kN。铁芯首末端各 30mm，采用粘接结构，保证铁芯装配质量及减小因铁芯振动对槽口定子绝缘的影响。

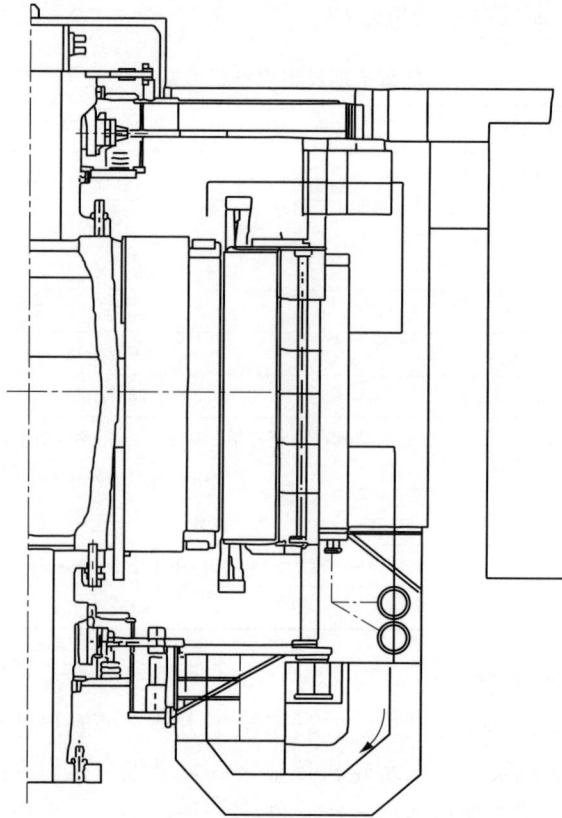

图 9-6 广蓄Ⅰ期发电电动机剖面图

2. 转子

转子轮毂采用铸钢结构，其屈服限为 300MW，通过上下端的法兰面与发电电动机上端轴、下端轴连接，法兰面的把紧采用双头螺杆，并采用特殊的预紧和锁定措施。其扭矩靠法兰面上的径向销传递，下端 12 个，上端 6 个。径向销的中心线在法兰分界面上，径向销在销孔内由弹簧圈锁紧。转子支架与轮毂一体铸成。

磁轭冲片采用 3mm 厚的优质钢板冲制而成，其材料为 TLJ60，屈服限为 600MPa，冲片外对边尺寸 3580mm，内对边尺寸 2290mm，磁轭总高 3654mm。全圆共 4 片，每片 3 极，每极开有 5 个 T 尾槽、12 根拉紧螺杆孔和一个径向键槽，在冲片外沿的极间开有小 T 尾槽，用以固定极间连接线的拉杆，如图 9-7 所示。

磁轭与转子支架的连接，采用双向热打键固定的结构，其打键紧量为 0.7mm，磁轭拉紧螺杆直径 45mm，螺杆材料屈服限 700MPa，磁轭两端用压板压紧，对应每极上下各 2 个。

磁极冲片有 5 个 T 尾，10 个阻尼孔和 6 个拉紧螺杆孔，极身为塔形，磁极冲片材料屈服限为 450MPa。

磁极压板采用铸钢，材料屈服限 450MPa，极身部分剖面为长方形，转子线圈采用六边形铜排焊接而成。

磁极铁芯与磁轭通过 5 个 T 尾相连接。磁极线圈下托板两端每个 T 尾处,均设有一个角钢支撑,角钢直接焊于磁轭压板上。磁极线圈与铁芯间用绝缘板分段支撑,其间留有足够的间隙,以保证磁极装配后的内风路通道。

阻尼环布置在磁极压板内侧,并由压板上的止口径向定位和压紧,并与阻尼条焊为一体。横向阻尼连接通过另外的方法实现,即在磁极压板上开有两道槽,用以固定柔性连接片的一端,通过固定在磁轭压板上的支架,将柔性连接片的另一端固定在磁轭的铜环上,以实现阻尼的横向连接。

3. 上机架与上导轴承

上机架为圆盘式结构,如图 9-8 所示,主圆盘正对上导轴承中心。圆盘厚度 80mm,外径 7080mm,根据运输条件,圆盘按 5200mm 宽度平行对称切开,到工地再组焊成整圆。圆盘延伸到油槽内部,并把合带有 8 个齿形缺口的座圈,作为导轴承瓦的支撑。

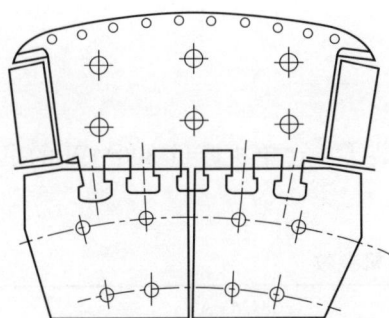

图 9-7 广蓄 I 期转子冲片结构图   图 9-8 广蓄 I 期上机架结构图

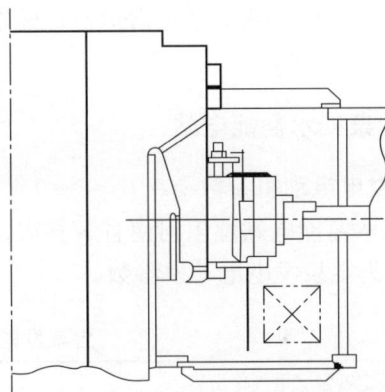

油槽主圆盘上焊有 8 条支腿,支腿外端焊有凸形板,通过固定在基础壁上的基础板周向键连接,可将导轴承所受到的各种不平衡径向力,转换成基础所受周向力。导轴承支撑于几何中心线,外圆开有轴向槽,以通过楔形板、锁块及双头螺栓,将导轴承与座圈连接。导瓦下端外圆开有矩形槽,并在座圈上开有对应销孔,打入销钉后,可对瓦周向限位。

下导轴承结构与上导轴承结构完全相同。

4. 下机架

下机架为多边形盘式结构,分为内外两部分,通过主圆盘上的止口和下部的小合缝板连接定位,主圆盘正对导轴承中心线上,主圆盘延伸到油槽内与座圈连接。内圈主圆盘外径 3900mm,厚 80mm。外圆多边形盘厚 80mm,由 8 个均布的三角支撑组成多边形支臂,其对边最小距离为 6600mm。在多边形支臂的上平面外端,加工了一段用以直接固定发电电动机定子。在外部支臂的多边形盘上,开有 8 个方孔,用以安装下部风路中的 8 台鼓风机。为了方便安装和维修,下机架中心部分可从定子中吊出。

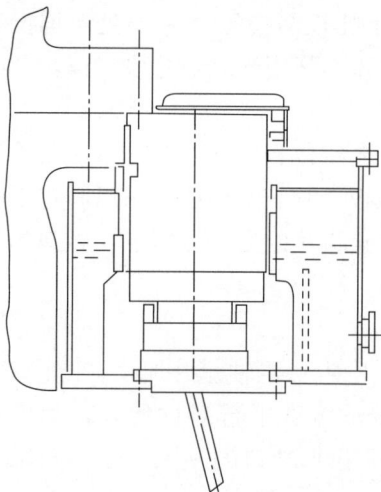

图 9-9 广蓄Ⅰ期推力轴承结构图

5. 推力轴承

推力轴承采用外循环系统。推力头与镜板合为一体，直接与发电机下端法兰把合定位，并与水轮机走法兰有一小配合段，为了结构需要，发电电动机下端轴法兰直径大于水泵水轮机轴法兰，如图 9-9 所示。推力瓦外径 2675mm，内径 2130mm，全圆共 10 块瓦。为防止油雾的溢出，推力油槽设有 6 道密封，在推力头内圆油线以下设有小间隙密封。

在油槽的内圆方向，设有 4 道进油管口；外圆方向设有 4 个抽油管口，抽油口设在适当结构的抽油区内，使油槽外径方向的热油能较均匀地抽出，防止出现局部抽空现象。

推力瓦带有高压油顶起和杆式测温元件，测温点位于瓦的几何中心线上。正常运行，发电工况推力负荷 570t，电动工况 660t，推力瓦单位压力约为 2.03MPa。

三、宝泉抽水蓄能电站

（一）发电电动机参数

宝泉抽水蓄能电站位于河南省辉县市，安装了 4 台单机容量 300MW 的发电电动机组。表 9-3 为宝泉发电电动机参数。

表 9-3　　　　　　　　　　　　　宝泉发电电动机参数

发电工况额定容量（电气输出）	334MVA
电动机工况额定容量（轴输出）	315.4MW
额定电压	18kV（调压范围±5%）
额定功率因数	发电工况：0.9
	电动工况：0.975
额定转速	500r/min
飞逸转速	725r/min
额定效率	发电电动机在额定容量、额定电压、额定功率因数、额定转速时的效率
	发电工况：不小于 98.72%
	电动工况：不小于 98.81%
加权平均效率	发电工况：不小于 98.49%
	电动工况：不小于 98.77%
飞轮力矩（GD^2）	不小于 3750t·m²
灭火方式	水灭火

（二）发电电动机结构型式

发电电动机为立轴、悬式结构。推力轴承与上导轴承共用一个油槽，固定于上机架上；下导轴承位于转子下方，安装在下机架上，采用空气冷却器的密闭式通风系统。机组总体布置如图 9-10 所示。

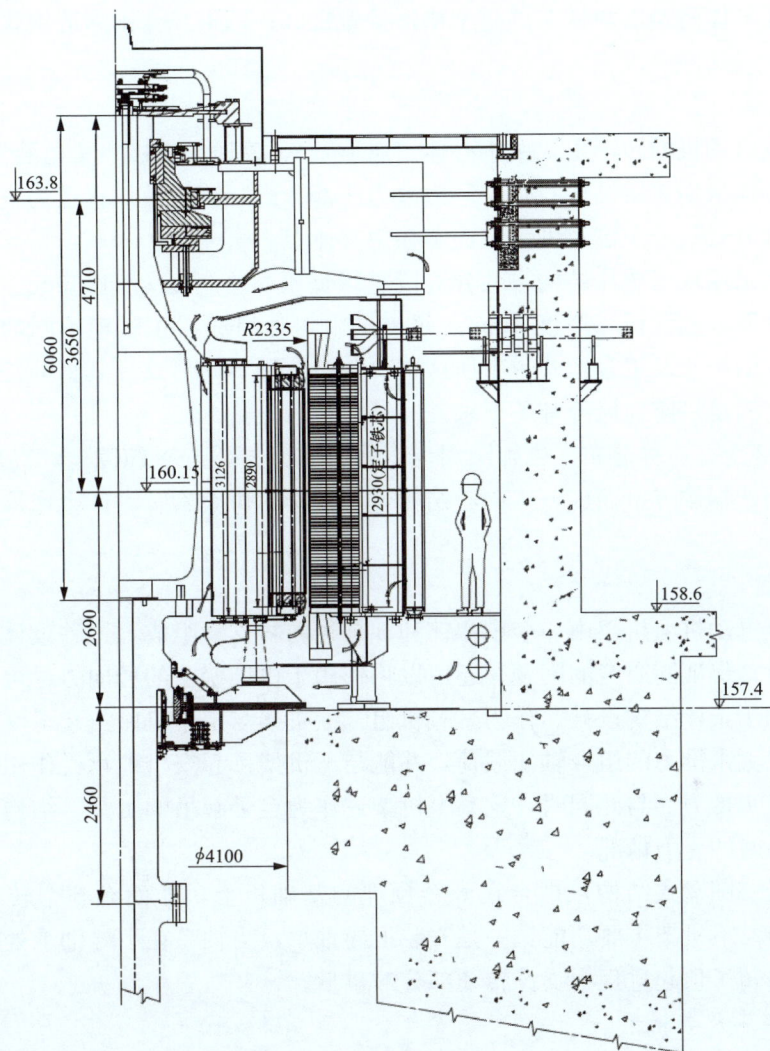

图 9-10 宝泉发电电动机剖面图

1. 定子

定子机座分 3 瓣运输，经现场拼装焊接成圆形整体。定子机座采用斜支撑设计方式，圆周布置 6 根沿径向倾斜的支腿。这些倾斜的钢板作为机座的支撑脚与基础钢板采用螺栓连接。这样的结构保证了机座具有足够的刚性可以避免产生异常的位移及扭曲，又允许了定子在一定程度上同心的热膨胀，可有效避免刚性固定机座可能引起的定子铁芯翘曲问题。

定子采用在现场安装场叠片、下线的整圆叠装结构。定子硅钢片厚度为 0.35mm，牌号 35H210。铁芯内径 4670mm，高度 2930mm。定子绕组采用双层、叠绕、Y 形接线，每相为 3 分支绕组构成。绕组采用 F 级绝缘并采用真空加压浸渍，使绝缘和线棒成为无空隙的严密而均匀的整体；在下线工艺上采取低阻布及微膨胀绝缘胶结合的方式，使线棒上的半导体防晕层与铁芯的整个槽形接触良好；每根线棒由多股铜线采用 360°换位方式。

2. 转子

宝泉发电电动机的转子主要由中心体（瓶形轴）、磁轭、磁极、集电装置等组成。

转子中心体采用铸钢结构，在工厂内分为三部分进行铸造后焊接成为一个整体。磁轭采用热打键方式（分主键及副键）固定在中心体上。

转子磁轭采用现场叠片结构，共分 6 段进行叠压，总高度为 3136mm。磁轭冲片采用高强度的优质合金钢板，厚度 4mm，每一层由 4 片组成。在磁轭不同的高度，组成每层磁轭冲片的尺寸及组合形式也有所区别，共有 7 种不同形式。其目的是在磁轭上形成通风沟槽，满足机座通风冷却的要求。

磁极共 12 个，对称分布在磁轭圆周上，采用多 T 尾键与磁轭固定，高度 2890mm。磁极线圈采用紫铜排焊接而成，为向心结构，可以避免机座旋转时产生作用在磁极线圈上的切向力。

3. 上下机架

宝泉发电电动机上机架由一个中心体和 6 个径向斜支臂组成，这种设计可以解决机架在热膨胀时，保证同心度的问题，还可以将作用于机坑壁上的径向力尽可能地转化为切向力，有利于土建结构设计。作为悬式机组，上机架与定子机座一起承受所有转动部分的重量和最大水推力的组合轴向载荷，并能与下机架一起安全地承受作用于水泵水轮机上的不平衡水推力。与此同时，宝泉上机架还作为定子起吊的工具，结构设计中也充分考虑了起吊时的受力情况。

下机架为一圆盘式结构，把合在 6 个预埋的基础板上，上面有 6 个转子顶起装置（油压千斤顶）。下机架主要功能：一是安装下导轴承，为轴系在下导轴承处提供径向支撑；二是检修转子顶起过程中支撑转动部分的重量。

4. 推力轴承及导轴承

推力轴承设于转子上方的上机架内，主要包括推力头、镜板、推力瓦、瓦托、抗重螺栓等。推力瓦共 12 块，采用巴氏合金瓦。每块瓦中间有一个油孔，高压油从该孔注入推力瓦中用于建立油膜，每两个推力瓦之间还设置有一个挡油板，瓦的结构和几何形状便于在机组正反两个方向旋转时形成油膜。另外，每个抗重螺栓内部都有一个用于测量瓦荷载和变形的传感器。

导轴承为自润滑、油浸式、分块瓦可调结构，上导轴瓦为 12 块，下导轴瓦为 8 块。上导及推力轴承共用一个油槽，采用外加泵外循环的方式，配有两台外循环油泵（一主一备），将油槽内的热油泵出至机坑外的冷却器。下导轴承采用内循环冷却方式，冷却器位于下导油盆内部。

四、泰安抽水蓄能电站

(一) 发电电动机参数

泰安抽水蓄能电站位于山东省泰安市,安装了 4 台单机容量 250MW 的发电电动机组。表 9-4 为泰安发电电动机参数。

表 9-4   **泰安发电电动机参数**

发电工况额定容量 (电气输出)	278MVA
电动机工况额定容量 (轴输出)	274MW
发电工况允许连续过负荷能力	290MVA (功率因数 $\cos\varphi = 0.95$ 滞后)
额定电压	15.75kV (调压范围 $\pm6\%$)
额定功率因数	发电工况: 0.9
	电动工况: 0.975
额定转速	300r/min
额定效率	发电电动机在额定容量、额定电压、额定功率因数、额定转速时的效率 发电工况: 不小于 98.59% 电动工况: 不小于 98.73%
加权平均效率	发电工况: 不小于 98.52%
	电动工况: 不小于 98.72%
飞轮力矩 (GD^2)	不小于 7745t·m²
灭火方式	水灭火

(二) 发电电动机结构型式

发电电动机为立轴、半伞式结构,与水泵水轮机直接相连。两个导轴承分别位于转子上方和下方,推力轴承位于下机架上,采用空气冷却器的密闭式通风系统。机组总体布置如图 9-11 所示。

1. 定子

定子机座为钢板焊接结构,外径 8.2m,分 2 瓣运输到现场后,拼装为整体。定子采用在现场安装间叠片、下线的整圆叠装结构。叠片下线后的定子,利用平衡梁和起吊梁整体吊入发电电动机机坑。定子绕组为单匝叠绕、Y 形接线,每相为 4 分支绕组构成。

定子机座下方设 6 块基础板。机座与基础板间由径向力矩键固定,以允许定子机座径向膨胀。机座与基础板接触面涂以二硫化钼润滑剂。

定子铁芯采用 0.5mm 厚硅钢片,内径 6m,高度 2.4m。

2. 转子

转子由焊接结构的转子支架、叠片磁轭、磁极、制定环和集电环组成。叠片磁轭由贯穿的高强度螺杆压紧。磁极利用 T 形键固定在转子磁轭上。

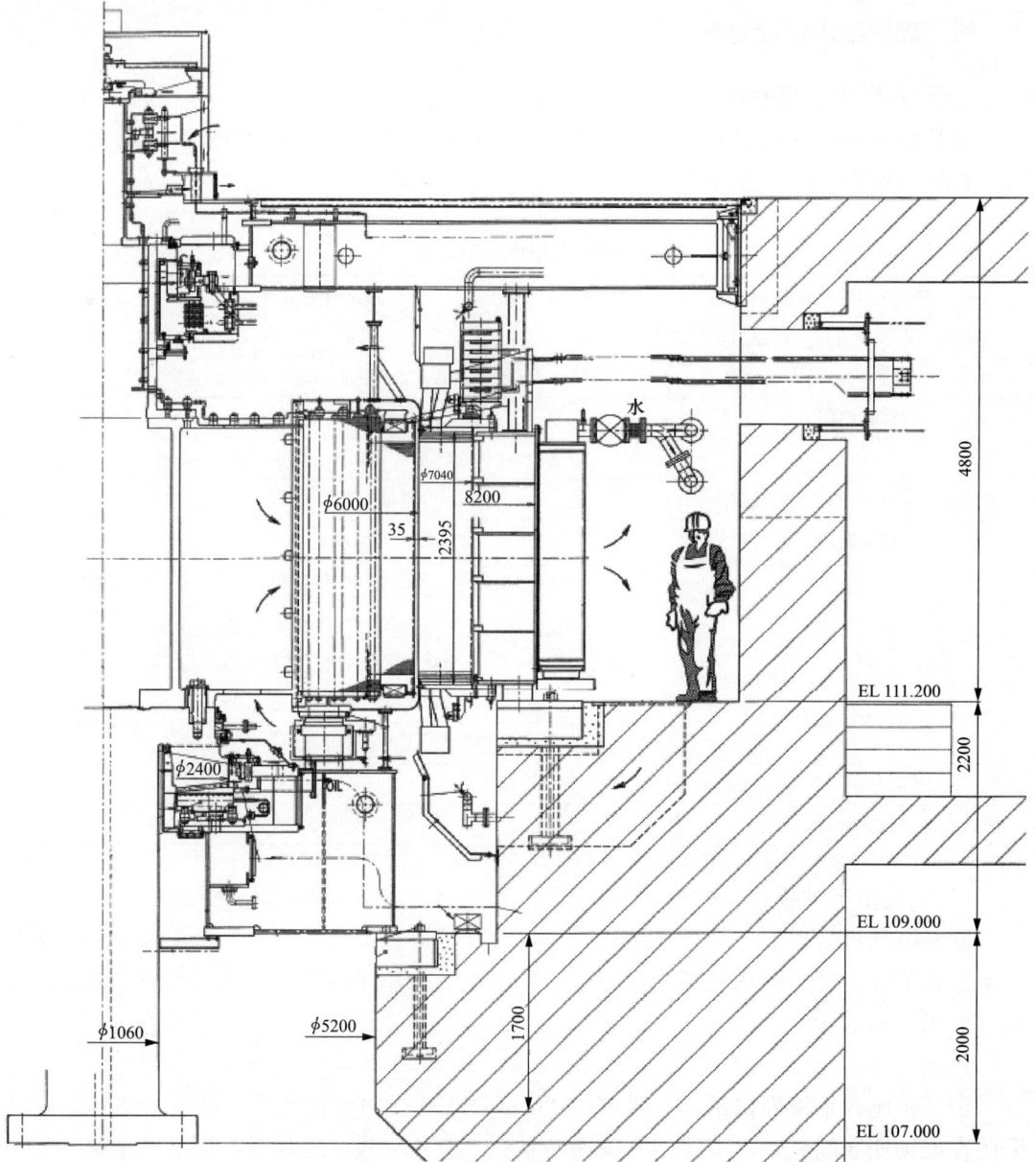

图 9-11 泰安发电电动机剖面图

转子支架采用钢板焊接，圆盘式结构，支臂数 10 个。圆盘上设通风孔，支臂幅板有一定的风扇作用。制定环由 16 块扇形块组成，利用螺栓安装在转子磁轭的下端板上。

3. 推力轴承及导轴承

推力轴承与下导轴承采用同一油槽，置于下机架上。冷却方法采用自身镜板泵，通过主轴上的径向泵孔离心泵作用实现油循环冷却。推力轴承瓦为 10 块，靠一对弹簧盘支撑。上部弹簧盘固定在推力瓦下，下部弹簧盘固定在下机架上。

下导轴承的 16 块瓦布置于下机架中心体内，导轴承为油浸式自循环分块瓦可调结构。上导轴承的 16 块瓦布置于上机架机架中心体内，结构形式与下导相同。

4. 上下机架

下机架为钢板焊接结构，由中心体和 6 个径向臂构成。其中 4 个支臂焊于中心体上，其余 2 个可从中心体上拆除。由于运输的限制，运输过程中不带上述 2 个可拆支臂。上机架同样为 6 支臂结构，2 个可拆。

五、响水涧抽水蓄能电站

（一）发电电动机参数

响水涧抽水蓄能电站位于安徽省芜湖市三山区峨桥镇，安装了 4 台单机容量为 250MW 的发电电动机组。表 9-5 为响水涧发电电动机参数。

表 9-5　　　　　　　　　　　响水涧发电电动机参数

发电工况额定容量（电气输出）	277.8MVA
电动机工况额定容量（轴输出）	277.15MW
额定电压	15.75kV（调压范围±6%）
额定功率因数	发电工况：0.9
	电动工况：0.98
额定转速	250r/min
极数	24
并联支路数	4
槽数	360

（二）发电电动机结构型式

发电电动机为立轴半伞式密闭自循环全空冷三相凸极可逆式发电电动机。发电电动机主要包括顶罩、上盖板、上机架、上导轴承、转子、定子、下机架、推力及下导轴承、下盖板和辅助部分。机组总体布置见图 9-12。

1. 通风结构

发电电动机采用密闭自循环、双路径向、旋转挡风板、无风扇和端部回风方式。这种通风系统结构风量分配较为均匀，上、下风路对称，机组运行安全可靠。发电电动机内的空气由转子支架、磁轭和磁极旋转而形成压力，使气流经过磁扼、气隙、定子铁芯和定子机座进入空气冷却器，由空气冷却器冷却后的气流又经上、下风道流回转子。

为了保证发电电动机定子线棒上、下端部和铜环的冷却效果，在定子线棒上端部和铜环上方设置挡风板，在定子线棒下端部对应处的定子机座加强筋板上开通风孔，这样不仅可以迫使冷却空气流经定子线棒上、下端部和铜环，并对其进行冷却，而且可以使通风系统上、下风路的风量分配较为均匀。

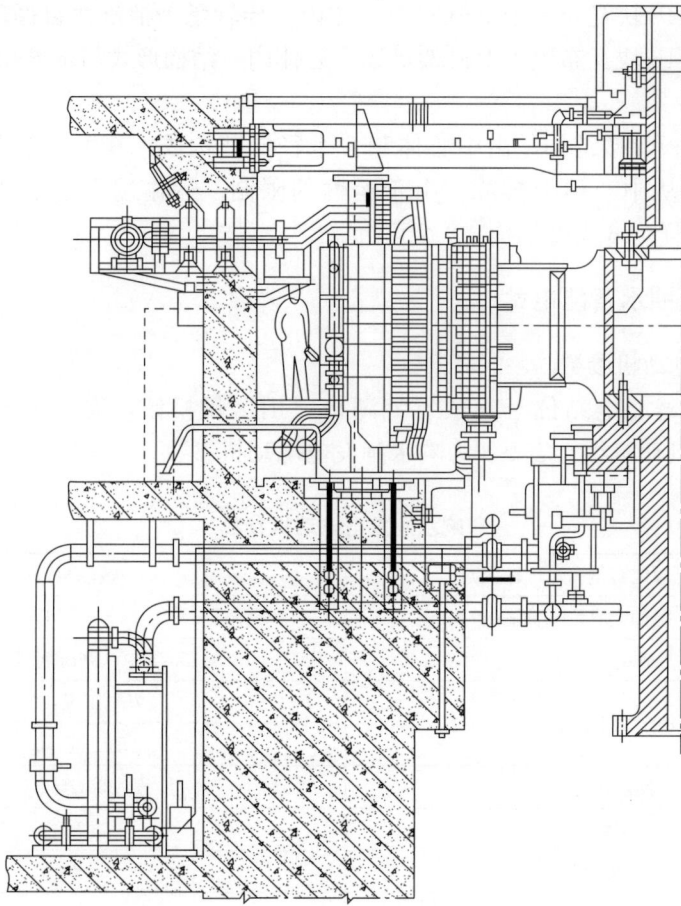

图 9-12　响水涧发电电动机剖面图

　　为尽量减少定子和转子上下两端气隙处漏风，采用了旋转挡风板结构。在发电电动机定子机座外壁对称布置 8 个空气冷却器。冷却器设计的裕量可满足在 1 台冷却器退出运行的情况下，发电机仍可正常运行。

　　2. 定子装配

　　定子装配由定子机座、定子铁芯和定子绕组等部分组成。

　　定子机座。定子机座由 6 层支撑环、8 个垂直的斜元件、垂直筋板以及机座外壁组成。支撑环由热轧钢板焊接成多边形，用以支撑定子铁芯。斜元件由优质热轧钢板制成，与径向方向成 45°。

　　定子铁芯如图 9-13 所示。定子铁芯采用低损耗、高质量、高导磁率、无时效的优质冷轧硅钢片 50W250。每片冲片去毛刺并且两面涂 F 级绝缘漆。铁芯外径 $\phi 8500\text{mm}$，铁芯内径 $\phi 7500\text{mm}$，铁芯长度 2350mm。

　　定子绕组如图 9-14 所示。为 F 级绝缘，并采用模压固化，使绝缘和线棒成为无空隙的严密而均匀且有一定弹性的整体。定子绕组 Y 形接线，采用单匝、双层、波绕组。定子绕组导体为电解铜，纯度不低于 99.9%。

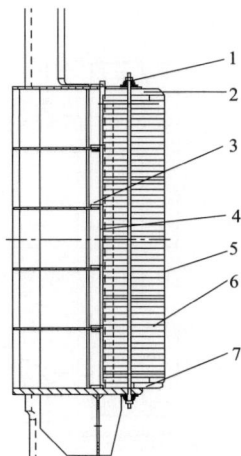

图 9-13 定子铁芯

1—拉紧螺杆；2—上齿压板；3—托块；
4—鸽尾筋；5—通风槽片；6—定子冲片；7—下齿压板

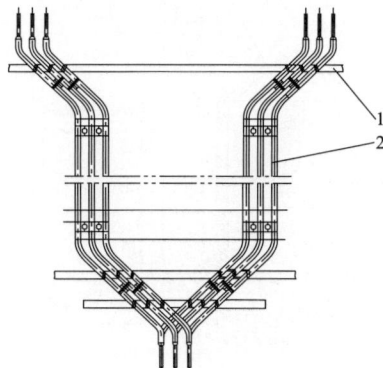

图 9-14 定子绕组

1—端箍；2—定子线棒

定子绕组在定子槽内固定采用主、副槽楔，波纹板，半导体槽衬以确保与铁芯之间紧密无间隙。线棒在整个定子铁芯长度上采用 313.33° 不完全换位的换位方式，以减小股线在槽部漏磁场中不同位置产生循环电流而引起的附加损耗和股线电势差及温差。

3. 转子装配

转子装配包括转子支架、磁轭、磁极、顶轴、主轴和转子引线等部件。发电电动机采用旋转挡风板，挡风板的材料是环氧酚醛玻璃布板，分别挡在转子上下端的极间和极靴处。磁极键为斜键，在转子上下端 T 尾处打键，T 尾配合处垫一定厚度垫条以调整转子外圆。转子在相邻的两个磁极之间设置极间支撑。

转子支架见图 9-15，为斜立筋圆盘式焊接结构。在厂内组焊成整体并进行加工。转子支架的斜立筋结构具有保证转子支架环形稳定性和向心稳定性的能力，在热打键时能吸收一部分能量，减小立筋刚度对热打键的影响，改善中心体的受力，减小热打键时转子支架与转轴配合处变形。机组运行时，斜立筋对转子产生的热膨胀、离心力也有较好的抵消作用，有利于保证气隙的均匀度。

转子支架共有 12 个立筋，并在厂内加工立筋上的键槽与磁轭键槽对应精确。转子中心体上、下端面精加工法兰面与顶轴和大轴相联。

转子磁轭如图 9-16，由磁轭冲片、上下压板和拉紧螺杆、螺母等组成。磁轭冲片用冷轧钢板冲制而成。磁轭冲片每片 3 个极，每层 4 片，层间相错一个极距并正反向叠片。磁轭用拉紧螺杆沿轴向拉紧，以形成一个整体。磁轭与转子支架采用径向、切向复合键连接结构，径向键为凸键，用垫片调节热打键紧量，磁轭的分离转速为 275r/min。制动环固定在磁轭下部，分块结构，便于拆卸和更换，制动环设计考虑了散热因素，使制动环不会因热膨胀而变形。

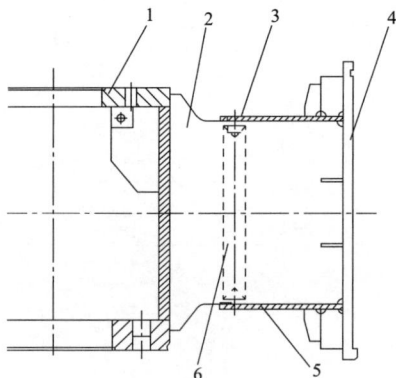

图 9-15　转子支架
1—中心体；2—斜立筋；3—上扇形板；
4—主立筋；5—下扇形板；6—加强筋

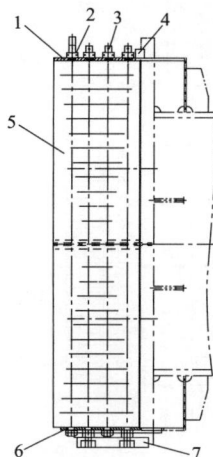

图 9-16　转子磁轭
1—上磁轭压板；2—螺母；3—拉紧螺杆；4—卡键；
5—磁轭冲片；6—下磁轭压板；7—制动环

磁极线圈采用特制的铜排四角银焊而成，有散热匝、向心线圈结构，F 级绝缘，铜排采用无氧退火铜排。线圈结构的设计是使侧面的磁极线圈的离心力在水平方向的分力非常小，并且与极靴端部相作用所抵消，并且在沿极靴表面方向的分量为零，此结构设计过程中考虑了制造、安装等误差，使磁极极靴与线圈的接触部分大于线圈宽度的 2/3，使磁极线圈侧面无向外翻转破坏的可能，结构简单，安全可靠。阻尼绕组包括阻尼条和阻尼环及连接件，阻尼条和阻尼环嵌在磁极铁芯部。阻尼环在磁极铁芯内的部分离心力由阻尼环上的凸台承受。

4. 推力及下导轴承装配

推力及下导轴承由下机架、下导轴承、推力轴承、挡油管、油冷却器和油槽密封盖板等组成。

下机架为负荷机架，包括 1 个中心体和 8 个支臂如图 9-17，用优质热轧钢板焊接而成。支臂与中心体在厂内预装，在工地组焊。中心体高 2015mm，最大至对边尺寸 3665mm。在中心体的外壁上开有 8 个窗口，用于检修推力瓦。

推力轴承设 12 块推力瓦。推力瓦为轴承合金瓦，钨金层厚度 4mm。推力轴承支撑包括托盘、支柱及支座等部件。托盘位于推力瓦与支柱之间，可以起到减小轴瓦变形和避免轴瓦中部应力集中的作用。支柱顶面为球面，在安装时可以通过对支柱进行高度调节，使各瓦载荷达到均衡。

推力负荷为 8330kN，考虑到适应正反转的需求，机组的推力瓦单位压力选取为 2.7MPa。

推力及下导轴承循环润滑冷却系统如图 9-18，利用下导瓦自身泵的作用维持油路循环。油冷却器设置在机坑外，冷却器容量配置满足在一台冷却器退出运行时机组在额定工况下安全连续运行而推力轴承的温度不超过允许保证值。

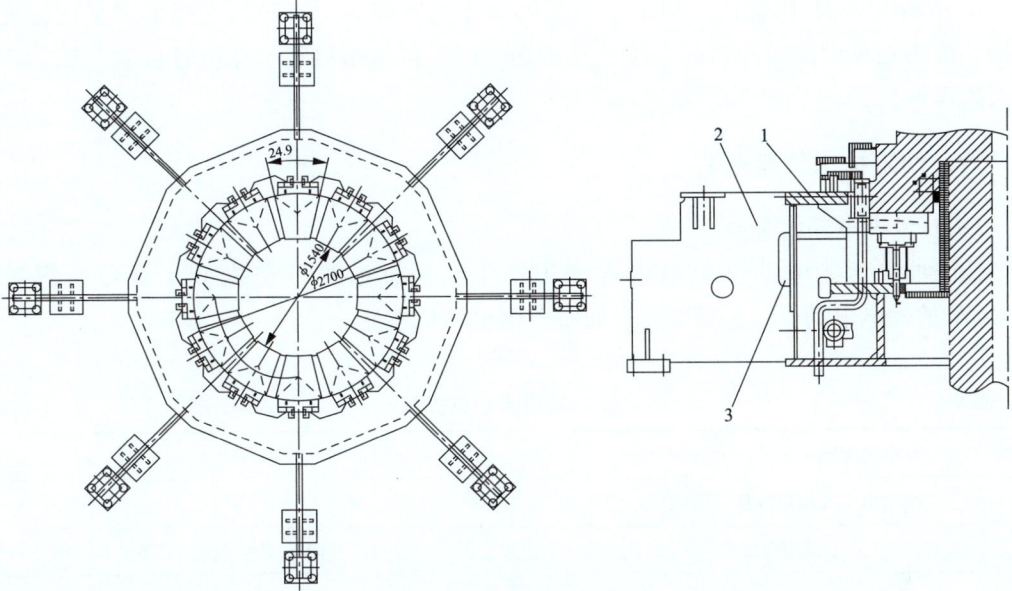

图 9-17　下机架

1—中心体；2—支臂；3—检修窗

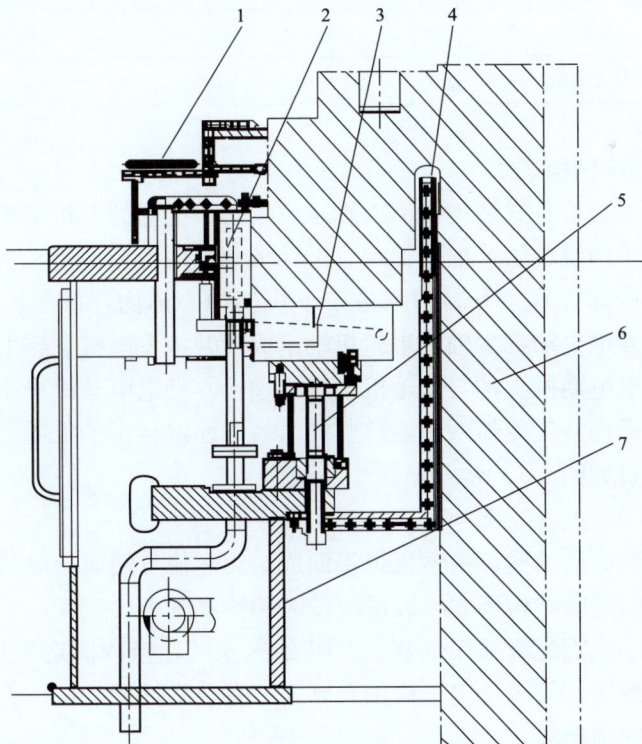

图 9-18　推力及下导轴承

1—密封盖板；2—下导泵瓦；3—推力瓦；4—挡油管；5—支柱；6—主轴；7—下机架

下导轴承有 12 块轴瓦，利用推力头外圆作为摩擦面。下导瓦支撑形式采用键支撑结构。推力轴承设高压油顶起系统。正常运行时，供机组启动、停机时自动向轴承表面注入高压油。

六、仙游抽水蓄能电站

（一）发电电动机参数

仙游抽水蓄能电站位于福建省莆田市下辖的仙游县，安装了 4 台单机容量为 300MW 的发电电动机组。表 9-6 为仙游发电电动机参数。

表 9-6　　　　　　　　　　仙游发电电动机参数

发电工况额定容量（电气输出）	333MVA
电动机工况额定容量（轴输出）	325MW
额定电压	15.75kV（调压范围±7.5%）
额定功率因数	发电工况：0.9
	电动工况：0.98
额定转速	428.6r/min
飞逸转速（GD^2）	620r/min
极数	14
并联支路数	7

（二）发电电动机结构型式

发电电动机为立轴、悬式结构，推力轴承位于转子上部的上机架中心体内，推力头的外径兼作上导轴承的滑转子，推力轴承、上导轴承共用一个油槽和一个润滑系统，且采用外加泵外循环冷却方式。下导轴承位于下机架中心体内，机组轴系由发电机上端轴、转子中心体、发电电动机主轴和水轮机轴组成，并由发电机上、下导轴承和水轮机水导轴承支撑。发电电动机主轴与水轮机轴直接连接。发电电动机采用带径向风扇的双路径轴向混合密闭循环空气冷却系统，热空气由 8 个固定在定子机座周围的高效冷却器冷却。机组总体布置如图 9-19 所示。

1. 定子结构特点

定子机座采用斜立筋结构，由钢板焊接而成，为运输方便而分成两瓣，在工地组焊成整圆。定子采用斜支臂结构形式，以适应铁芯的热膨胀。

发电电动机定子线圈绝缘采用 F 级、VPI 绝缘系统，槽内固定采用绝缘槽衬结构，在线棒表面形成弹性层，使之与定子槽结合紧密，有效降低槽电位。为防止端部线棒磨损，设计中采取了两项措施：

（1）采用低温升电磁计算方案及端部回风通风方式，降低端部温度，减小热膨胀引起的磨损。机组运行中的端部红外照片表明，线棒端部温度均在 50℃ 以下。

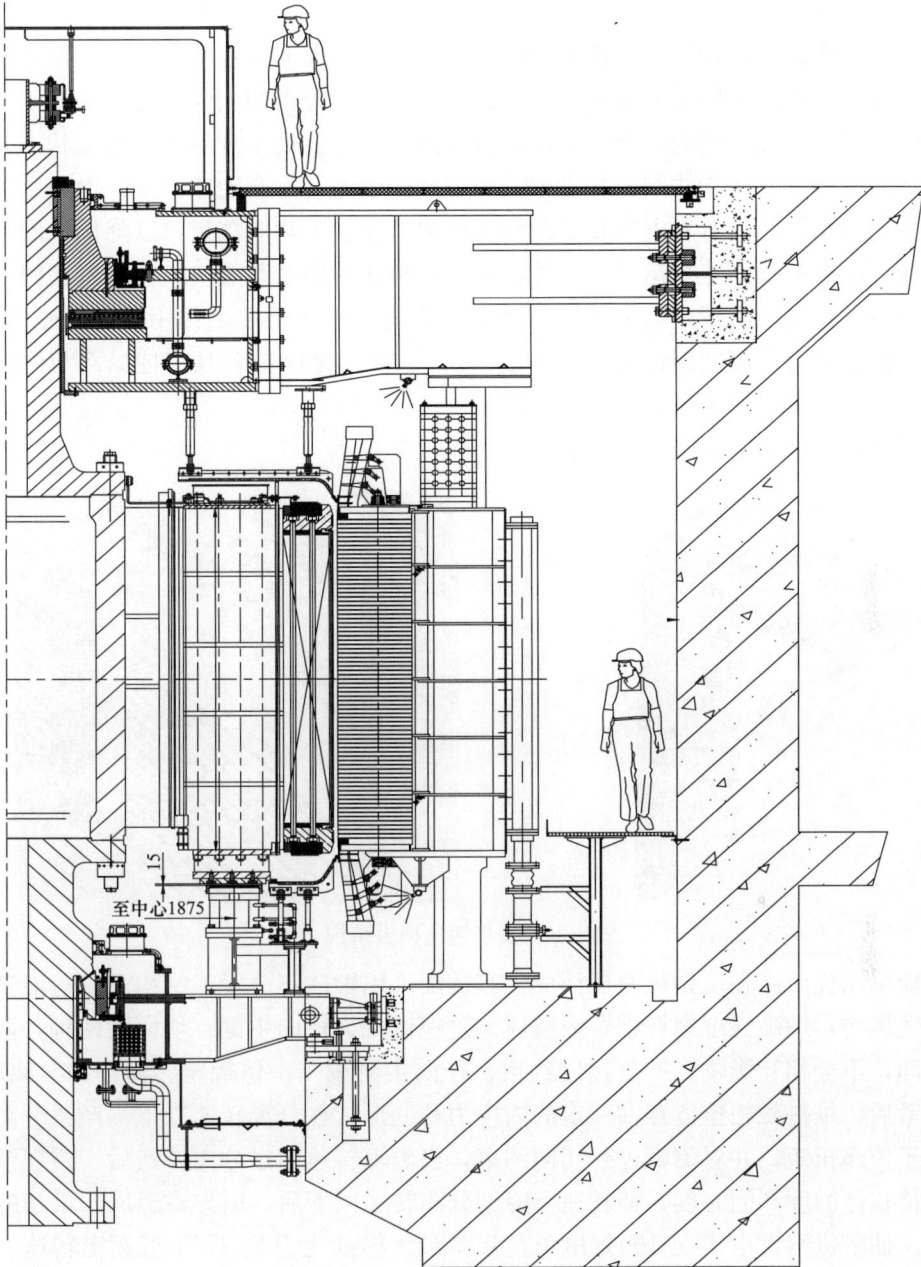

图 9-19　仙游发电电动机剖面图

（2）采用三层端箍形式及加强端部线棒绑扎方法，提高端部固有频率，减小机械振动引起的磨损。现场对定子线棒的模态试验表明，上下线棒端部固有频率均避开了100Hz。

定子在安装间内组圆、叠片、下线。叠片下线后的定子用平衡梁、起吊梁整体吊入发电电动机机坑。

2. 转子结构特点

磁极采用塔形结构，同时磁极轴向设有两个挡板，大大增强了磁极的安全性。虽然从理论上说，采用完全塔形磁极几乎可以完全消除线圈受到的侧向分力，但由于实际制造、装配过程中存在一定的公差，所以磁极线圈并不完全处于理论上向心的状态，还会有微小的侧向分力作用于线圈。尽管就线圈本身强度而言完全能够承受，但为了进一步加强线圈的安全性，仙游发电机转子磁极设计中，加装了侧向挡板，以降低线圈受力及变形，保证磁极的长期安全运行。此外，由于高转速的抽水蓄能机组在调试期间或工况转换的短时段，可能出现较大振动，因此加装侧向挡板的另一个作用是加固磁极线圈，增强线圈抗振能力。侧向挡板采用金属止口、$3\times M12$ 螺栓把合及工地局部与磁极铁芯点焊方式，三重锁定保证结构的可靠性。

磁极侧向挡板结构如图 9-20 所示。

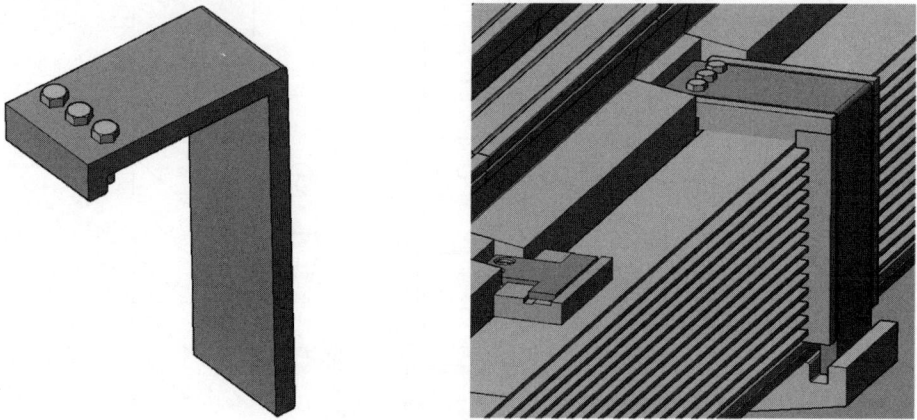

图 9-20　磁极侧向挡板结构

磁轭采用优质高强度钢板叠压而成，其装配采用轴向不分段式结构。磁轭沿轴向设有 4 道通风沟，用高强度螺杆把合成整体。磁轭键分为径向主键、切向键两种，两种键功能不同，不会相互影响，产生过度约束。径向主键按 1.1 倍额定转速作为分离转速，加热打紧后，维持磁轭整体存在一定的内应力和变形，在分离转速以下不产生分离；切向键用于传递扭矩，并对磁轭进行切向约束，当磁轭转速超过分离转速后，磁轭浮动中仍能维持整体圆度和同心度，待转速下降到分离转速以下后，引导磁轭回归最初的位置与状态。仙游机组发电工况 100% 甩负荷后，最大转速上升到 1.34 倍额定转速，超过分离转速，检查后再次开机，各部分振动、摆度变化较小，没有进行再次配重，表明磁轭过速浮动后按设计意图回到初始状态。

弹性主键和切向键分别如图 9-21、图 9-22 所示。

3. 上、下机架

发电机上、下机架均为焊接结构。上机架为负荷机架，由中心体和 8 个斜支臂组成。斜支臂下部靠 8 个支墩固定于定子机座斜筋板上，径向固定于机坑基础壁上，将部分因偏心磁拉力而在上机架产生的径向力传递给混凝土基础。下机架为 8 条支臂辐射形支架，为加强径向支撑刚度，提高轴系临界转速，设置有径向支撑。

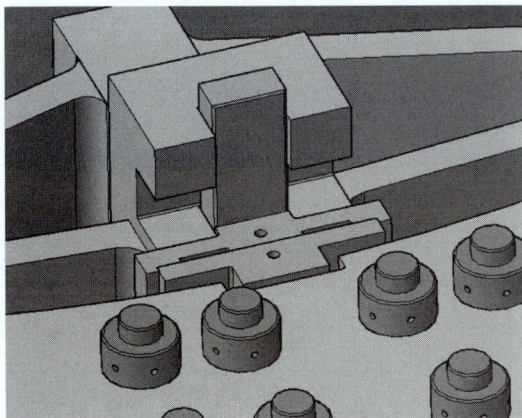

图 9-21 弹性主键

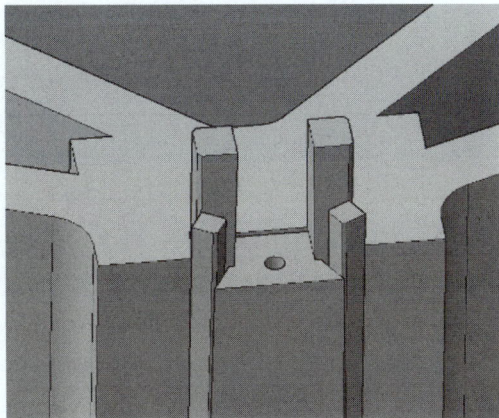

图 9-22 切向键

4. 推力轴承结构特点

发电电动机推力轴承固定于上机架中心体内，额定推力负荷 750t，共设有 12 块扇形瓦。推力瓦采用巴氏合金钨金瓦，并配有高压油压入孔。因推力瓦需适应正反两个方向的旋转受力要求，所以推力瓦的支撑中心即为其几何中心，推力轴承采用弹簧束支撑结构，如图 9-23 所示。

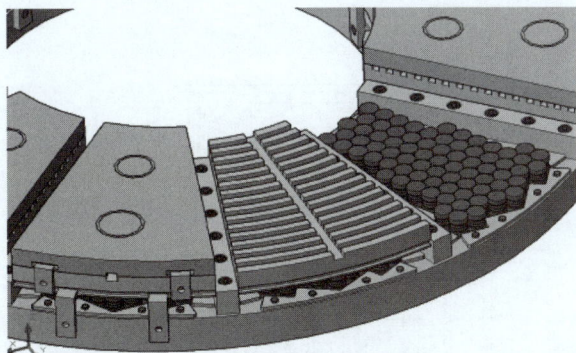

图 9-23 弹簧束支撑结构

弹簧束支承双向推力轴承具有以下优点：瓦块在油膜压力作用下产生的凹变形能够部分抵消瓦块的热凸变形和镜板、推力头的热凸变形，最终效果是轴承径向油膜厚度和油膜压力分布比较均匀，而且机械力引起的凹变形，能够动态适应发热引起的凸变形的变化；主承载区油膜较厚，在较宽的推力负荷和瓦间油温波动范围，轴承具有相近的最小油膜厚度和主承载区油膜厚度。因此，弹簧束支承推力轴承能够运行在较高的油槽温度下而不烧瓦，相应地降低了轴承损耗，提高了机组效率；自动均衡瓦间推力负荷不需要调整瓦块受力；轴承承载能力大，温升低，运行平稳。

七、清远发电电动机

（一）发电电动机参数

清远抽水蓄能电站位于清远市清新县太平镇，安装了 4 台单机容量为 320MW 的发电电动机组。表 9-7 为清远发电电动机参数。

表 9-7 　　　　　　　　　　　　清远发电电动机参数

发电工况额定容量（电气输出）	356MVA
电动机工况额定容量（轴输出）	331MW
额定电压	15.75kV
额定功率因数	发电工况：0.9
	电动工况：0.975
额定转速	428.6r/min
飞逸转速（GD^2）	690r/min
极数	14
并联支路数	7

（二）发电电动机结构型式

清远抽水蓄能电站机组发电电动机为立轴半伞式、三相凸极同步发电电动机，采用密闭自循环、空气冷却的通风冷却方式。机组总体布置如图 9-24 所示。

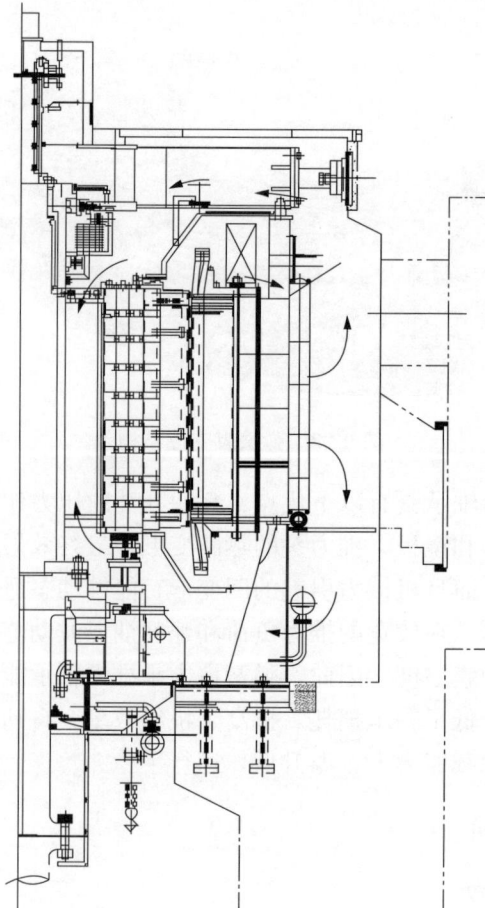

图 9-24　清远发电电动机剖面图

1. 定子

定子由定子机座、定子铁芯、定子绕组等组成。在工地安装场地进行定子机座组装、铁芯叠装和绕组下线工作。

定子机座为焊接结构，正十六边形，对边尺寸为 8300mm，高 4515mm。机座在工厂组焊加工，受运输条件限制，分 2 瓣运至工地，合缝面上设有多个连接螺栓及铰制螺栓，在现场安装间直接进行把合，使机座成为一体。为了适应现场安装的需要，在合缝位置的上环和外侧分别设有骑缝销，以方便现场将两分瓣位置按照出厂前解体位置迅速进行对齐组装。

定子机座设上环、中环和下环，穿过中环沿圆周与鸽尾筋相对应位置设置支撑棒，作为铁芯压紧时齿压板外径侧的支撑点。定子机座具有足够的强度和刚度，使其在制造、运输、安装时能承受各种力的作用而不产生有害变形。

定子机座与下机架共用一个环形基础，为了适应抽蓄机组频繁开停机的运行条件，减少由于定子机座和铁芯热膨胀的差异引起的作用在铁芯上的压应力，避免铁芯在过大的压应力作用下发生翘曲变形，机座与环形基础的支座间采用松螺栓连接，螺栓轻轻带上即可。现场定中心工作完成后，在定子与环形基础支撑座结合位置加工径向销孔，通过径向销来传递扭矩。径向销固定在机座上，机座可随径向销相对基础发生径向滑动。

定子铁芯内径 $\phi 5300$mm，外径 $\phi 6570$mm，铁芯高度 3320mm。采用单片一叠、1/2 搭接叠片方式，定子铁芯叠装工作在机座组圆后进行。这种整体结构的定子铁芯无接缝，运行中的铁芯振动小，无槽底错位，刚度、圆度、整体性好。

定子铁芯压紧采用分块式上、下齿压板压紧结构。为了增加定子铁芯防翘曲的强度，采用 1.5MPa 片间压力压紧，并设有高性能碟簧压紧，保证机组长期运行后铁芯的压紧。拉紧螺杆为矩形结构，两端为螺纹部分，铁芯段装鸽尾筋，设置于铁芯外径侧，不会形成涡流回路，不需要对拉紧螺杆进行绝缘处理，结构简单。定子铁芯依靠装于鸽尾筋（拉紧螺杆）内径侧的鸽尾键定位。定子的整体重量通过整个定子机座来承受的这种分块式小齿压板压紧结构使铁芯具有较高抗翘曲的强度。压指采用非磁性材料，以减小漏磁引起的附加损耗导致的端部发热。

定子绕组为双层条式波绕组，为 7 支路星形联结。定子线棒采用槽内 360°罗贝尔换位，以降低附加损耗和均衡线棒中股线间的温差。绕组绝缘等级为 F 级，线棒采用真空液压多胶 VPR 绝缘制造工艺，环保且线棒的各项电气性都能得到可靠保证，这是东芝公司特有的定子线棒绝缘工艺。对于定子线棒这样的关键部件，清远 1 号机组的定子线棒由日本东芝生产供货，根据国家标准及清远机组国产化的要求，2 号机组以后由东芝水电供货，东芝水电在已有的 VPR 绝缘技术基础上，通过对绝缘材料及工艺的全方位改善，生产出综合性能不亚于 1 号机组的定子线棒。

为了防止发电电动机长期运行后定子线圈下沉，在定子线圈上端出槽口的斜边处，每隔一槽设置一组线棒止沉块，止沉块支撑于上齿压板的压指上，并绑扎在线棒上。绕组端部用非磁性端箍固定，线棒和线棒间用斜边垫块进行可靠绑扎。

2. 转子

转子由磁极、磁轭和转子支架等组成。在工地进行磁轭组装和磁极挂装工作。

转子支架由转轴、上中下三层环板及环板外侧的 7 个楔形磁轭键用的立筋组成，转子支架的所有焊接和加工均在厂内完成，现场不需焊接。转子支架的上、下环板上各开有 7 个通风用孔及风量调节用板安装用孔，中间环板不设通风孔。

转子支架通过螺栓固定在发电电动机下端轴上，并通过径向销传递扭矩。

发电电动机转子外径为 5225mm，其飞逸周速度高达 188.8m/s，鉴于抽水蓄能机组频繁开停机的特点，在转子材料选择时，还需要进行疲劳强度的校核，因此，磁轭材料强度等级要求高，转子选用屈服强度等级为 640MPa 的材料，以确保其能满足在额定运行时最大集中应力小于 $0.55\sigma_s$，甩负荷时最大集中应力小于 $1.1\sigma_s$。

磁轭由 50mm 和 75mm 厚的高强度环形钢板组成，在轴向每 300mm 或 350mm 磁轭段设置一通风道，每段磁轭用对应长度的螺杆连接成一体。9 段磁轭间通过内径侧的止口进行定位，磁轭尺寸大，厂内加工要求高，但现场只需进行 9 段磁轭的叠装工作，安装周期短。厚板环形磁轭的整体刚性好，对高转速机组来说尤为适用。

清远磁轭为浮动式结构，磁轭与中心体之间通过组合 T 形磁轭键周向楔紧，在现场打入 T 形键两侧的打入键。在转子磁轭具有足够的刚度，磁轭键数量合适的前提下，均可以通过设置这样的圆周方向采用楔形键形式的组合式磁轭键结构，这种辐射型布置的多个磁轭键的限制下，机组运行时磁轭只能同心伸缩。冷态下，即机组停机状态下转子支架和磁轭不受径向力。这种磁轭键结构简单，现场组装方便，无需热打键。图 9-25 为磁轭键结构。

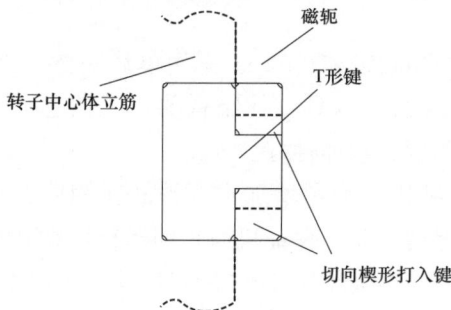

图 9-25　磁轭键结构

磁极铁芯由 1.6mm 厚高强度专用冷轧磁极冲片叠成，通过 6 个拉紧螺杆压紧。

磁极线圈由异形断面的半硬紫铜排焊接而成，具有散热面积大，散热效果好的特点。线圈匝间垫以 Nomex 绝缘纸，与铜排热压成一体。线圈与铁芯间用绝缘板塞紧，线圈内侧铁芯四周设有角部绝缘，对地绝缘可靠。磁极线圈设上绝缘法兰。磁轭侧的第一匝贴好层间绝缘后用无碱玻璃丝带半叠包一层，用硅胶填满极身与线圈间的间隙，磁极到现场后无需脱出线圈清扫即可直接挂装。

磁极挂装时，在磁极铁芯 T 尾两侧沿半径方向打入长楔形键将磁极楔紧在磁轭上，再用压板将楔形键进行锁定。磁极线圈之间轴向设置 4 处线圈支撑，防止磁极在运行过程中由于离心力的作用而产生有害变形和应力。两端设置有挡风板，减少磁极端部风的涡流引起的损耗。

极间连接采用多层薄磷铜片制成的柔性连接片连接，用螺栓固定在磁轭上，安装、拆卸和检修方便，同时防止由于极间连接线所产生的离心力使磁极绕组末匝产生变形和滑动。

转子设有纵横阻尼绕组，阻尼条与阻尼环的连接采用银铜焊，阻尼绕组间采用双 Ω

柔性连接，用螺栓固定在磁轭上，防止因振动和热位移而引起故障。其连接既牢固可靠，又便于检修拆卸。

3. 轴承

推力轴承装于下机架中心体的油槽内。推力轴承承受水轮发电电动机组所有转动部件的重量和水推力构成的组合载荷。推力轴承由 12 块扇形瓦组成，采用巴氏合金瓦，并采用东芝公司特有的小弹簧簇支承结构均衡每块推力瓦负荷，推力瓦平均面压为 3.9MPa，平均周速度为 49.5m/s，其 PV 值高达 194.3MPa·m/s，轴承损耗大。为适应抽水蓄能机组正反两方向旋转的需要，每块瓦下面的弹簧簇呈中心对称布置，弹簧簇支撑具有性能可靠、瓦间受力均匀、瓦变形小和安装维护方便等优点。

推力瓦可以通过旋转推力弹簧座，从检修窗口单独取出，对推力轴承进行就近或机坑外检修。为适应抽水蓄能机组频繁的开停机需要，为推力轴承配置了高可靠性能的推力高油顶起装置，交流电机和直流电机互为备用。

上、下导轴承均采用分块、油浸式、自润滑、可调式巴氏合金瓦结构。通过调整螺栓，可方便调整轴承瓦与滑转子之间的间隙。瓦的背面有球面支柱，径向力通过球面支柱传到机架上。

上导轴承由 12 块瓦组成，采用蛇管内藏式油冷却器进行冷却。下导轴承与推力轴承共用同一油槽，都由 18 块瓦组成，采用外加泵＋外置板式油冷却器循环冷却方式。板式油冷却器结构简单，换热容量大，体积小，并列布置在机坑外面，安装维护方便，每台机组 3 只，其中 1 只备用。

4. 机架

上机架为非负荷机架，承受转子径向机械不平衡力和因气隙不均匀产生的单边磁拉力的作用。上机架由中心体和 8 条支臂组成，支臂与中心体在现场进行组焊。上机架与风罩间采用防振支撑，将上机架所受径向力通过顶丝螺栓传递到风罩上，根据机组机械不平衡力的大小，对螺栓进行一定的初期预紧，以保证各支臂对混凝土基础始终保持有一定的压力。防振支撑基础板为弹性板，可吸收机架支臂热膨胀的位移，不会使基础混凝土产生有害变形。

下机架为负荷机架，承受机组所有转动部件重量、水轮机的轴向水推力、下机架自重和推力轴承、下导轴承重量以及各种工况下作用在下机架上的径向和切向负荷。下机架通过与定子共用的环形基础板用地脚螺栓固定在基础上。下机架为圆盘式整体结构。下机架可通过发电电动机定子内腔整体吊出机坑。下机架同时也兼作推力和下导油槽的一部分，受定子铁芯内径的影响，油槽自身的容积很难设计得很大，难以满足大容量高转速机组的需要，因此在环形基础的外侧设有辅助油槽，以增大油槽体积，保证在冷却水中断 15min 的情况下推力轴承仍安全运行。

八、仙居抽水蓄能电站

（一）发电电动机参数

仙居抽水蓄能电站位于浙江省仙居县，处在浙东南中心地带，安装了 4 台单机容量为 375MW 的发电电动机组。表 9-8 为仙居发电电动机参数。

表 9-8 仙居发电电动机参数

发电工况额定容量（电气输出）	416.7MVA
电动机工况额定容量（轴输出）	413MW
额定电压	18kV（调压范围±5%）
额定功率因数	发电工况：0.9
	电动工况 0.975
额定转速	375r/min
飞逸转速	555r/min
极数	16
并联支路数	4
额定效率	发电电动机在额定容量、额定电压、额定功率因数、额定转速时的效率
	发电工况：不小于 98.65%
	电动工况：不小于 98.785%
加权平均效率	发电工况：不小于 98.41%
	电动工况：不小于 98.69%
飞轮力矩（GD^2）	不小于 9000t·m²

（二）发电电动机结构型式

仙居发电电动机采用立轴半伞式结构。上导轴承位于上机架中心体内，推力轴承位于转子下部的下机架中心体内，推力头外径兼作下导轴承的滑转子。推力轴承与下导轴承共用一个油槽和同一个润滑油系统，采用具有东方电机专利技术的镜板泵顺流外循环冷却方式。机组轴系由发电机上端轴、转子中心体、发电机主轴和水轮机轴组成。发电机采用"端部回风"密闭空气循环，轴、径向混合通风的冷却方式。热空气由 8 个固定在定子机座周围的高效冷却器冷却。发电电动机总体布置剖面图如图 9-26 所示。

图 9-26 仙居发电电动机剖面图

1. 定子特点

定子机座采用斜立筋结构，为方便运输分成 2 瓣，工地组焊成整圆。为便于现场组装，机座大齿压板在厂内加工、预组装，并配有钻好螺栓孔的法兰和销钉。在工地焊接的部位预先厂内加工完成坡口，到工地后便不再进行机械加工。

定子冲片采用高导磁、低损耗、无时效优质进口硅钢片冲制而成。铁芯轴向均匀设有一定高度的通风沟，通风槽钢采用非磁性、工字形钢制成。为减小附加损耗，定子铁芯两端叠成阶梯形，并在齿部开有小槽。

压指及端箍均采用非磁性材料制成。鸽尾定位筋在工地安装间焊好后，进行铁芯叠装。定子铁芯每两槽设 1 根穿芯螺杆拉紧，穿芯螺杆采用高强度合金钢制成，并用套管绝缘。穿芯螺杆端部设有碟形弹簧，通过液压拉伸器定量压紧使铁芯达到一定的单位压紧力。铁芯压紧后穿芯螺杆具有一定伸长值，加上碟簧有一定压缩量，以保证定子铁芯在长期运行后不会发生松动。

定子绕组由杆式叠绕线棒组成，定子铁芯在安装间装配后下线，再吊入机坑。定子线圈接头焊接采用电阻焊方式。线棒采用不完全换位，以减小股线间环流，使股线间温度均匀，改善线圈股线温差，延长线圈寿命，并减小附加损耗。

2. 转子特点

转子支架为东方电机特有的刚性支臂加弹性键结构。支架由圆筒及 8 根大立筋和 8 对切向键小立筋组成。转子支架在厂内整体加工，严格保证圆盘及立筋的同心度，如图 9-27 所示。磁轭采用进口优质高强度钢板叠压而成，并用高强度螺杆把合成整体。磁轭键分为功能不同的径向主键、切向键两种，不会相互影响，产生过度约束。径向主键按 1.1 倍额定转速作为分离转速，加热打紧后，在分离转速以下不产生分离；切向键用于传递扭矩，并对磁轭进行切向约束，当磁轭转速超过分离转速后，磁轭浮动中仍能维持整体圆度和同心度，待转速下降到分离转速以下后，引导磁轭回归最初的位置与状态。

磁极采用塔形结构，线圈重心与支撑面径向重合，将侧向分力消除。磁极轴向设有两个挡板，可以大大增强磁极的安全性。上托板和极身处留有供冷却风进入的通道，以达到对线圈内侧的冷却，如图 9-28 所示。

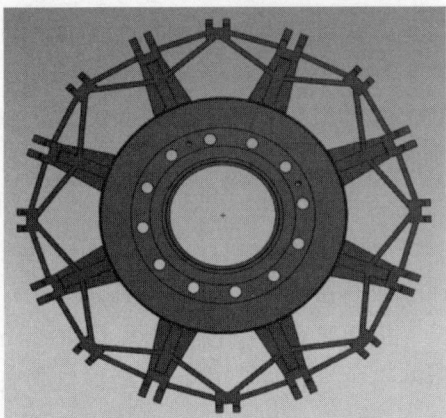

图 9-27 转子支架图

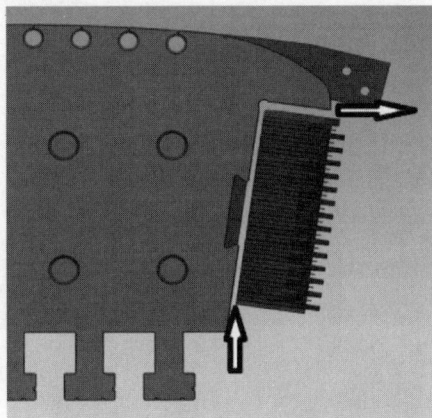

图 9-28 磁极内侧通风

3. 上下机架

发电机上下机架均为焊接结构。下机架为负荷机架，由中心体和 12 条辐射型支臂组成，径向固定于下机架机坑基础壁上，将偏心磁拉力等在下机架产生的径向力传递给混凝土基础。

上机架为斜支臂结构，共 8 条支臂。为避免与水轮机转轮叶片通过频率发生共振，采用盒支臂形式，支臂轴向固定于定子机座斜立筋上垫板，并设有径向支撑固定于机坑基础上。下机架能通过发电机定子内径整体吊出。

4. 导轴承

发电机上下导轴承均为分块扇形钨金瓦结构，采用支柱螺钉来调节轴承间隙，以达到调整轴承的受力。导轴承瓦能方便地单个取出和更换。上导轴承产生的损耗靠设于上机架中心体油槽内的油冷却器带走。

5. 推力轴承

发电机推力轴承固定于下机架中心体内，额定推力负荷 970t，共设有 12 块扇形推力瓦。推力瓦采用巴氏合金钨金瓦，并配有高压油压入孔。推力轴承采用弹簧束支撑结构，靠弹簧束的自调节达到每块瓦上的负荷均匀分配。

轴承润滑系统采用东方电机具有自主知识产权的镜板泵顺流外循环冷却方式，能更好地冷却推力瓦。机坑外设置 5 台高效油冷却器，推力油槽内的热油经镜板上所开的导流孔打出后，泵入油冷却器冷却，再注入推力瓦间内侧，冷却推力瓦。下导轴承与推力轴承共用一个油槽和同一个油循环系统。

油雾的密封靠接触式油挡、气封和外部抽出并冷凝的方式实现。在挡油筒与轴间设有微小间隙，可形成压差而产生泵油效应来实现防甩油现象。

每台机高压油顶起系统配备两套单独的油泵。油泵采用三相交流 380V、50Hz 和直流 220V 的全封闭式电动机驱动，以保持轴瓦表面具有恒定油膜所需的压力。该两套油泵中，一套为工作油泵，另一套为备用油泵，两套油泵能进行自动和手动切换。

6. 通风系统特点

发电电动机采用转子上带离心风扇叶片的"端部回风"密闭循环空气冷却方式。这

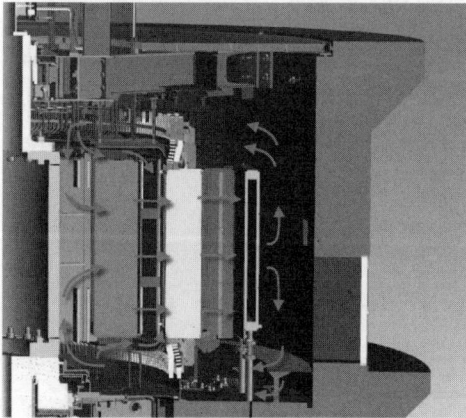

图 9-29 发电电动机通风冷却系统图

种通风方式的优点是风路简洁、风损小、冷却效果好，东方电机已将该方式应用于多个大型水电机组，并进行了真机实测。铁芯上下端部设有玻璃钢弧形挡风板，其与设于转子磁轭端部的径向风扇形成一个密闭压力腔，将冷风压入极间，进入定子铁芯，从而达到冷却的目的，如图 9-29 所示。

电机通风系统特性分析采用 Flowmaster 流体网络仿真软件完成，模型详细考虑了定转子通风结构的局部特征，所用局部风阻系数均经过工程实例验证。定转子通风结构风速轴向分布规律如图 9-30 所示。

定子机座外部均匀布置了 8 个高效空气冷却器，空气冷却器设计压力为 2.3MPa，试验压力为 3.5MPa。

7. 辅助系统

机组设 12 个制动器，装于下机架上环板上。机组安装和检修时，可将机组转动部件顶起。顶起时采用移动式试压泵供油顶起，并采用压缩空气及弹簧复位。

单位：m/s

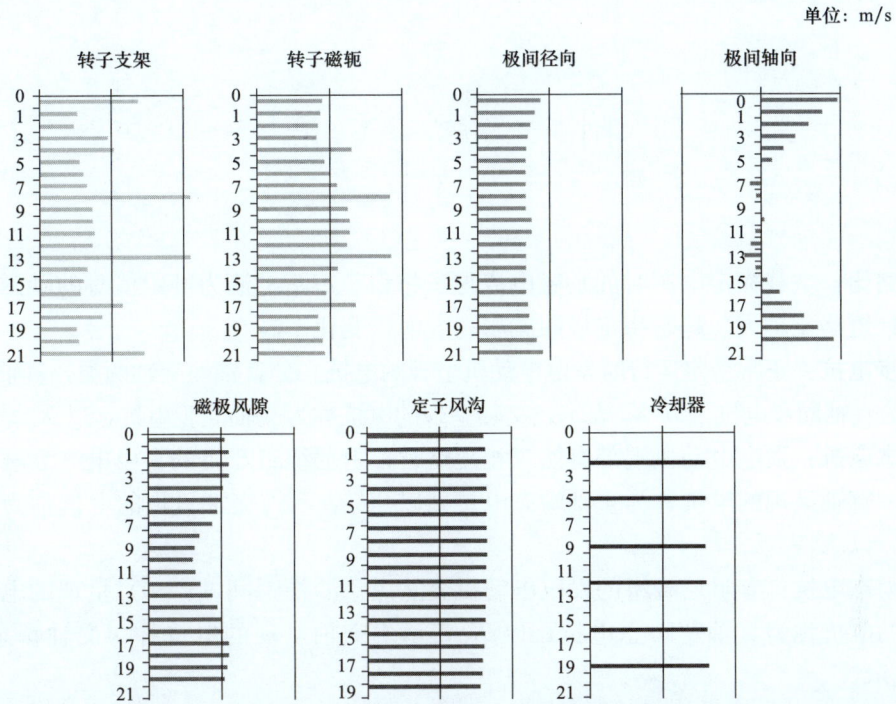

图 9-30　定转子通风结构风速轴向分布规律

机坑盖板为分瓣式钢框架结构，框架内装有隔音材料，下方装有减振单元，每块盖板可独立拆卸。

附 录 术 语

短路比：空载额定电压时的励磁电流与三相稳态短路电流为额定值时的励磁电流之比，通常短路比越大，静态稳定极限就越高，电压变化率越小。

同步电抗：正常稳定运行时发电电动机呈现的电抗。分直轴与交轴两类，直轴呈现的电抗称为直轴同步电抗，以 X_d 表示，交轴呈现的电抗称为交轴同步电抗，以 X_q 表示。

瞬态电抗：发电电动机端部突然三相短路时，阻尼绕组产生的自由电流衰减后呈现的电抗。直轴呈现的电抗称为直轴瞬态电抗，以 X'_d 表示；交轴呈现的电抗称为交轴瞬态电抗，以 X'_q 表示。

超瞬态电抗：有阻尼绕组的发电电动机突然短路的初瞬间（$t=0$）呈现的电抗。直轴呈现的电抗称为直轴超瞬态电抗，以 X''_d 表示；交轴呈现的电抗称为交轴瞬态电抗，以 X''_q 表示。

负序电抗：当转子正常同步旋转，励磁绕组短路，电枢绕组加上一组对称的负序电压时，负序电枢电流所遇到的电抗，以 X_2 表示。由于负序旋转磁场与转子有两倍同步转速的相对运动，随着转子相对位置的变化，负序电抗值将在 X''_d 及 X''_q 之间变化。

零序电抗：当转子正向同步旋转，励磁绕组短路，电枢通过的零序电流所遇到的电抗，以 X_0 表示。零序电流在电枢绕组只能产生漏磁通和 3 次谐波气隙磁通。

不对称运行：发电电动机每相负荷的电流值及其相角处于互不相等情况下的一种运行方式。

进相运行：发电电动机处于欠励运行，以吸取电力系统剩余的容性无功功率，而又送出有功功率的一种运行方式。

调相运行：发电电动机只发出无功功率，并消耗电力系统有功功率的一种运行方式。

转子动平衡：使发电电动机转子在运行中动力矩基本平衡的方法。发电电动机在运转过程中，存在着机械、水力、电磁几方面不平衡的因素，若所产生的附加惯性离心力，使其中心惯性主轴与旋转轴不一致而无法稳定运行时，必须通过其转子的动平衡校正，使其达到动力矩平衡的目的。

铁耗：当磁通随时间交变时，铁芯中将产生磁滞损耗和涡流损耗，两者合称为铁耗。

铜耗：电流在绕组电阻上引起的损耗称为铜损耗，简称铜耗。

铁芯：承载磁通的磁路部件，不包括气隙。

气隙：磁路内铁磁性部分中的间隙。

机械角度：从几何上把电机圆周分成 360°，为机械角度。

电角度：对于交流电机来说，电枢线圈中感生的按正弦变化的电势的一个周期为 360°电角度。若电机有 p 对磁极，电机旋转时的电角度为 p 倍的机械角度。

参 考 文 献

[1] 陆佑楣，潘家铮. 抽水蓄能电站. 北京：水利电力出版社，1992.

[2] 梅祖彦. 抽水蓄能发电技术. 北京：机械工业出版社，2000.

[3] 高苏杰. 中国抽水蓄能成套设备自主化十年历程与成就. 北京：中国电力出版社，2015.

[4] 许实章. 电机学. 3 版. 北京：机械工业出版社，1995.

[5] 汤蕴璆. 电机学. 5 版. 北京：机械工业出版社，2015.

[6] 高传昌. 抽水蓄能电站技术. 郑州：黄河水利出版社，2011.

[7] 刘公直. 大型发电电动机国产化的战略部署. 大电机技术，2005（3）：1-4.

[8] 赵政. 发电电动机的安全稳定运行. 大电机技术，2011（3）：13-16.

[9] 赵政. 抽水蓄能电站发电电动机的主力机型 // 中国水力发电工程学会电网调峰与抽水蓄能专业委员会. 抽水蓄能电站工程建设文集 2015. 北京：中国电力出版社，2015：4.

[10] 戴庆忠. 国外大型空冷水轮发电机技术进展. 东方电机，2007（6）：1-32.

[11] 戴庆忠. 论抽水蓄能电站的效益和抽水蓄能机组的特点. 东方电机，1994（2）：69-83.

[12] 戴庆忠. 日本抽水蓄能机组技术发展近况. 东方电机，2008，22（4）：2-11.

[13] 郑小康. 用单根线棒连接法增加水轮发电机可选对称支路数. 大电机技术，1989（3）：36-40.

[14] 丁舜年. 大型电机的发热与冷却. 北京：科学出版社，1992.

[15] 王丰. 相似理论及其在传热学中的应用. 北京：高等教育出版社，1990.

[16] 张宏，武中德，吴军令，等. 深圳蓄能机组塑料瓦双向推力轴承试验研究. 大电机技术，2015（7）：108～112.

[17] 杨培平，钟海权，杨仕福，等. 仙游抽水蓄能电站发电电动机弹性支撑双向推力轴承研发 // 中国水力发电工程学会电网调峰与抽水蓄能专业委员会编. 抽水蓄能电站工程建设文集 2013，北京：中国电力出版社，293-296.

[18] 陈志澜，吕新广，陈渭，等. 推力轴承模化实验的量纲分析. 润滑与密封，1998（2）：59-61.

[19] 马永良. 大型水轮发电机定子铁心翘曲问题浅析. 大电机技术，2014（4）：25-29.

[20] 《电气电子绝缘技术手册》编辑委员会. 电气电子绝缘技术手册. 北京：机械工业出版社，2008.

[21] 电机工程手册编辑委员会. 电机工程手册（第二版）：电机. 北京：机械工业出版社，1997.

[22] 朱德恒，严璋. 高电压绝缘技术. 2 版. 北京：中国电力出版社，2007.

[23] 李建明，朱康. 高压电气设备试验方法. 北京：中国电力出版社，2001.

[24] 淡淑恒，赵子玉. 电气设备绝缘与试验. 北京：中国电力出版社，2010.

[25] 朱德恒，严璋. 高电压绝缘技术. 2 版. 北京：中国电力出版社，2007.

[26] 赵智大. 高电压技术. 2 版. 北京：中国电力出版社，2006.

[27] Schijve J. Fatigue of Structures and Materials Second Edition Springer. 2008.

[28] Hobbacher A. Recommendations for Fatigue Design of Welded Joints and Components International Institute for Welding, 2016.

[29] 陈昌林. 桥巩电站水轮发电机气隙稳定性分析. 东方电机，2007（2）：23-26.

[30] 陈昌林. 红岩子电厂贯流式水轮发电机气隙稳定性分析. 东方电机，2006，31（3）.

[31] 曾攀，雷丽萍，方刚. 基于 ANSYS 平台有限元分析手册结构的建模与分析. 北京：机械工业出版社，2011.

[32] 王文亮，杜作润. 结构振动与动态字结构方法. 上海：复旦大学出版社，1985.

[33] 王正. 转动机械的转子动力学设计. 北京：清华大学出版社，2015.

[34] 梁维燕. 中国电气工程大典：第 5 卷，水力发电工程. 北京：中国电力出版社，2010.

[35] 陈锡芳. 水轮发电机结构运行监测与维修. 北京：中国水利水电出版社，2008.

[36] 白延年. 水轮发电机设计与计算. 北京：机械工业出版社，1982.

[37] 王维俭. 电气主设备继电保护原理与应用. 北京：中国电力出版社，2002.

[38] 熊信银，张步涵. 电气工程基础. 2 版. 武汉：华中科技大学出版社，2010.

[39] 赵政. 抽水蓄能电站发电电动机的比较设计//中国水力发电工程学会电网调峰与抽水蓄能专业委员会. 抽水蓄能电站工程建设文集 2012. 北京：中国电力出版社，2019：9.

[40] 赵政. 抽水蓄能电站发电电动机国产化. 大电机技术，2010 (1)：5-9.

[41] 黄小红，吴金水，小野田勉. 清远抽水蓄能电站发电电动机设计特点. 水电与抽水蓄能，2016，2 (5)：45-50.

[42] 戴庆忠. 水轮发电机灭火系统述评. 大电机技术，1997 (4)：4-9.

[43] 郭海峰. 电气制动技术及其在大型抽水蓄能机组的应用. 水电站机电技术. 2007 (1)：16-18.

[44] 张宏，武中德. 三峡机组推力轴承高压油顶起系统. 水电站机电技术. 2007 (5)：17-18.

[45] 李志民，张遇杰. 同步电动机调速系统. 北京：机械工业出版社，1996.

[46] 骆林，马志云. 抽水蓄能发电电动机组背靠背起动过程仿真研究. 大电机技术，2005 (6)：11-15.

[47] 马嵬，郑小刚. 可逆式抽水蓄能机组背靠背启动过程控制探讨. 水电自动化及大坝监测，2009，33 (5)：33-38.

[48] 周喜军，周攀，秦俊. 大型抽水蓄能机组背靠背启动的实现. 水电站机电技术，2014，37 (6)：13-15.

[49] 邵宜祥，吕宏水，冯勇. 抽水蓄能机组背靠背启动规律的仿真. 水电自动化及大坝监测，2008 (4)：5-9.

[50] 戴庆忠. 抽水蓄能电站用调速发电电动机. 东方电气评论，1995 (2)：81-85.

[51] 许实章，马志云. 大型变极同步发电—电动机定子变极方式的分析. 华中工学院学报，1980 (4)：79-88.

[52] 贺建华，刘世洪. 响洪甸电站发电电动机结构设计. 东方电机，2000 (2)：23-30.

[53] 周理兵，马志云，贺建华. 响洪甸抽水蓄能变极同步发电/电动机模拟样机设计与试验研究. 电工技术学报，2003 (1)：1-4.

[54] 李建国. 潘家口抽水蓄能机组发电电动机的变极特点. 大电机技术，1996 (1)：12-18.

[55] 寇正华. 潘家口蓄能机组变速运行特点分析. 水利水电工程设计，1997 (2)：47-50.

[56] 畅欣. FSC 可变速抽水蓄能机组功率调节特性研究. 华北电力大学 (北京)，2016.

[57] 王鸿奇. 可变速抽水蓄能机组的应用. 水利水电技术，1994 (11)：15-21.

[58] 刘文进. 大型变转速抽水蓄能发电电动机核心技术综述. 上海电气技术，2012，05 (3)：44-51.

[59] 刘健俊，郑小康，钱昌燕，等. 可变速抽水蓄能发电电动机的设计. 东方电机，2014 (4)：39-44.

[60] Neumayer F，满宇光. 大型异步水轮发电机转子绕组端部固定方式. 国外大电机，2012 (2)：

1-4.

[61] Funke H C，冷晓梅. 现有抽水蓄能电站机组变速运行的改造. 国外大电机，1999（2）：1-8.

[62] 宁玉泉. 双馈变速同步电机的工作特性及在蓄能机组的应用. 大电机技术，1994（5）：1-5.

[63] 赵政，强祖德. 天荒坪抽水蓄能电站发电电动机. 华东水电技术. 2000（2）：164-166.

[64] 沙滨. 宝泉抽水蓄能电站发电电动机. 2010年度电气学术交流会议文集，2010.

[65] 骆林. 仙游抽水蓄能机组发电电动机特点［A］. 中国水力发电工程学会电网调峰与抽水蓄能专业委员会. 抽水蓄能电站工程建设文集2014［C］. 北京：中国电力出版社，2014：4

[66] 刘小松、黄智欣，邓文武. 仙居抽水蓄能机组发电电动机特点. 东方电气评论，2016，30（01）：30-33.

[67] 安志华，刘平安，秦光宇，等. 抽水蓄能发电电动机冷却方式研究. 水电与抽水蓄能，2017，3（2）：54-58.

[68] 李铁军，管亚军. 大型抽水蓄能发电电动机环形磁轭结构分析. 水电与抽水蓄能，2017，3（3）：92-94.

[69] 张飞，樊玉林，卢伟甫，等. 发电电动机励磁引线硬连接设计的几个问题. 水电能源科学，2018，36（9）：155-158.

[70] 王小建，肖先照，宗树冬. 溧阳抽水蓄能电站发电电动机推力及下导组合轴承结构及其运行性能. 水力发电，2018，44（10）：51-52.

[71] 张法，苗彩凤，王海龙，等. 蒲石河抽水蓄能电站发电电动机磁极线圈匝间开裂问题分析与处理. 上海大中型电机，2018（2）：47-49.

[72] 陈涵. 清远抽水蓄能电站发电机高阻接地设备参数校验. 黑龙江水利科技，2017，45（6）：104-106.

[73] 魏力，章存建，高从闯，等. 溧蓄发电电动机结构及运行性能. 大电机技术，2017（5）：40-42.

[74] 严天豪，颜广文，李垠钢. 发电电动机下部组合轴承油流量低原因分析及处理. 水电站机电技术，2017，40（9）：16-18.

附：彩图

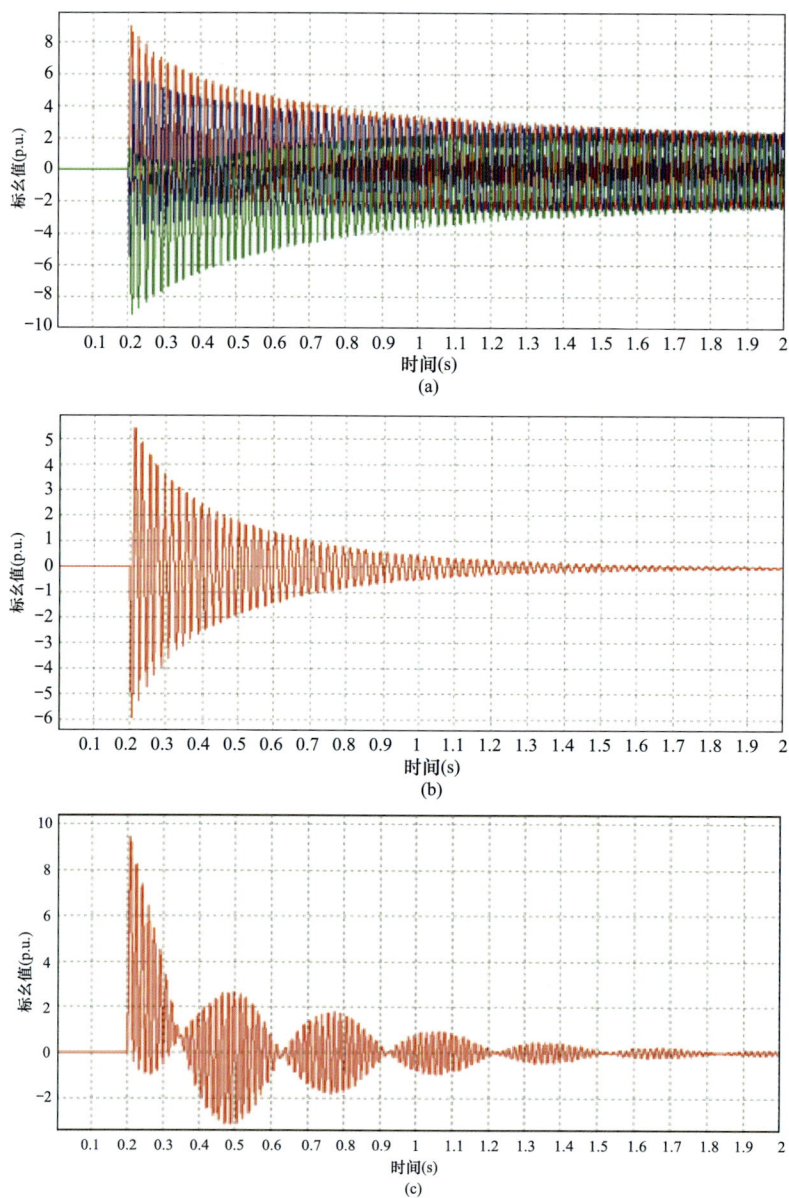

彩图 2-23　三相突然短路及 120°非同期并网瞬态过程（一）

（a）三相突然短路电流曲线；（b）三相突然短路电磁转矩曲线；

（c）120°非同期并网 A 相电流曲线

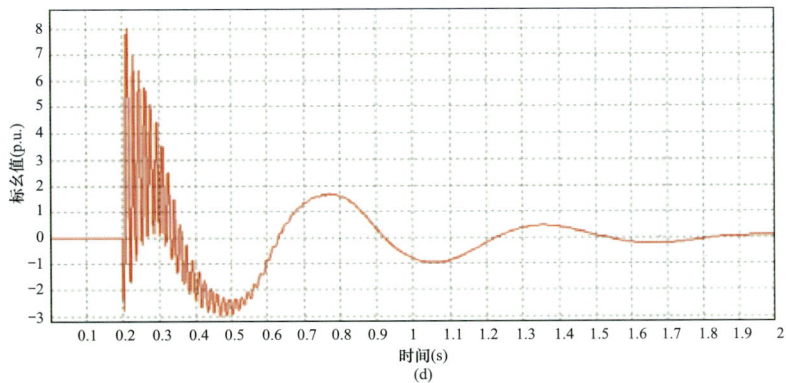

彩图 2-23　三相突然短路及 120°非同期并网瞬态过程（二）

(d) 120°非同期并网电磁转矩曲线

彩图 2-24　定子端部受力分析几何模型

彩图 2-25　120°误并网定子端部电动力矢量分布

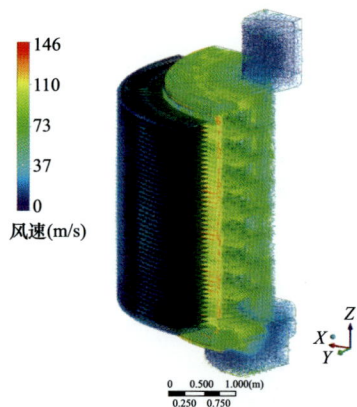

彩图 2-47 某发电电动机
内部风速分布矢量图

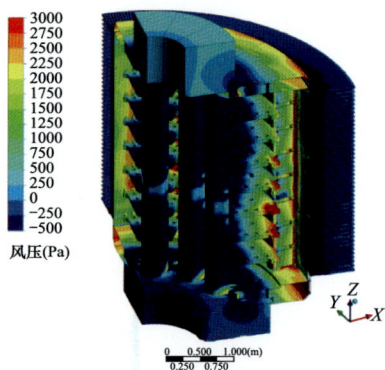

彩图 2-48 某发电电动机
内部风压分布云图

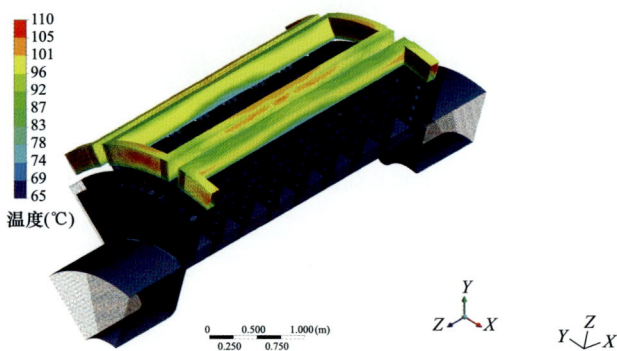

彩图 2-49 某发电电动机转子
温度分布云图

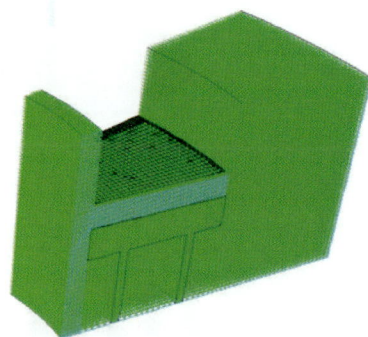

彩图 2-68 推力轴承油槽
计算网格剖分

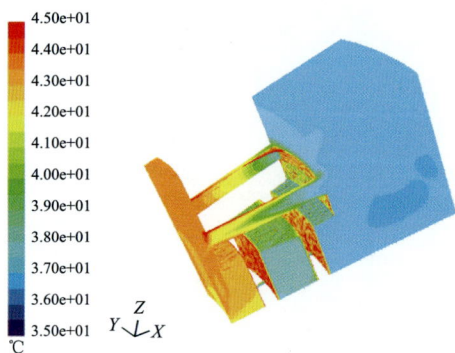

彩图 2-69 油槽油温度分布

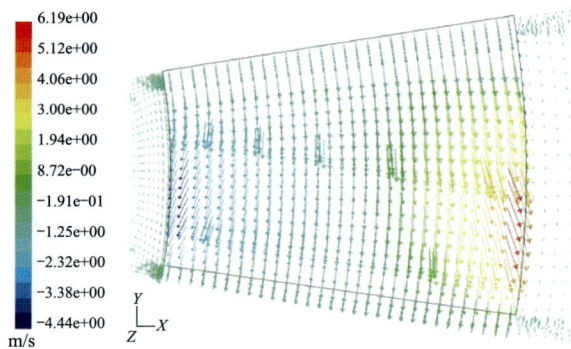

彩图 2-72 油膜油流速分布

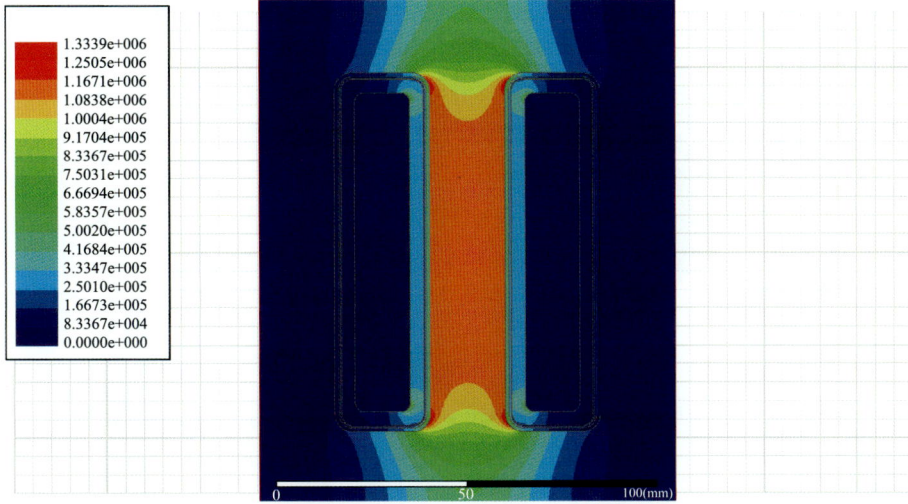

彩图 2-102　定子绕组端部斜边间隙电场分布仿真计算结果

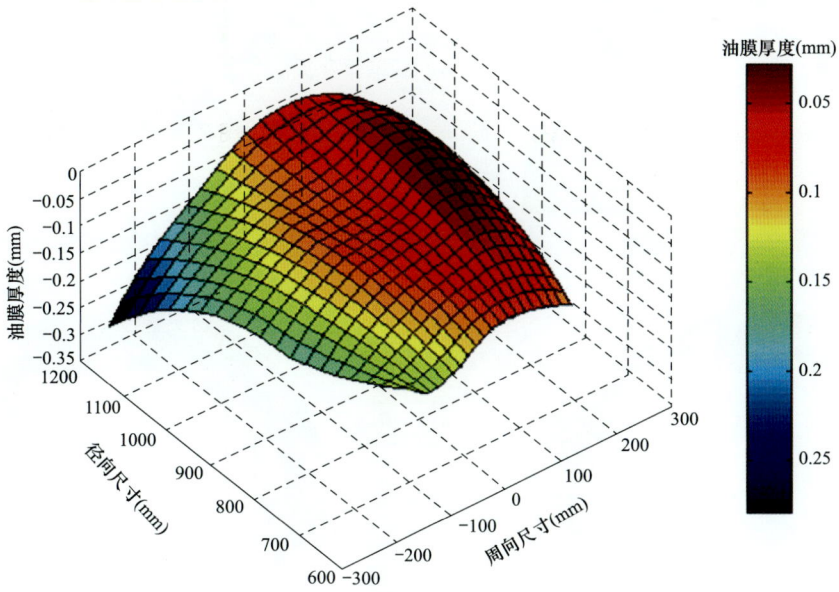

彩图 4-18　油膜厚度三维云图

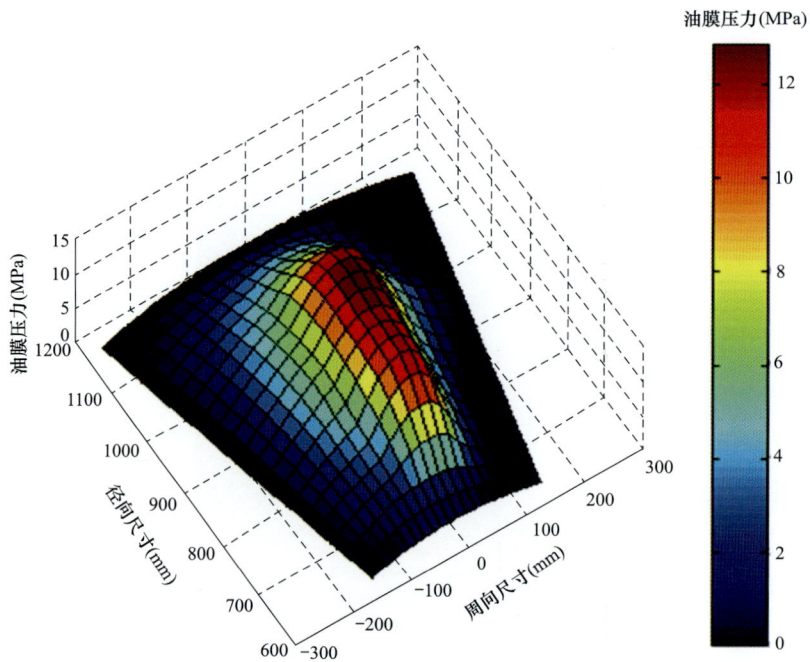

彩图 4-22　油膜压力分布云图

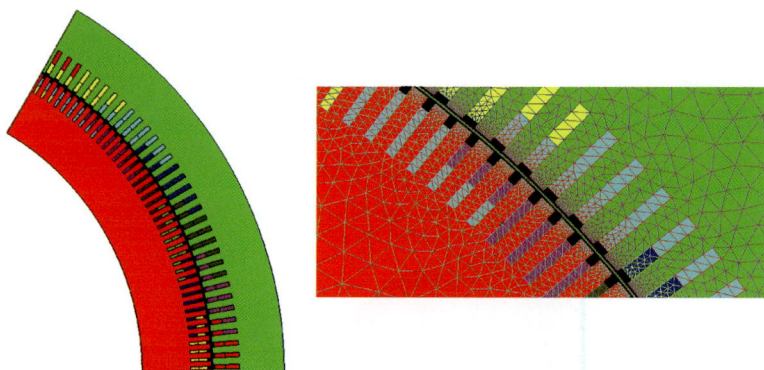

彩图 8-22　某交流励磁发电电动机有限元模型

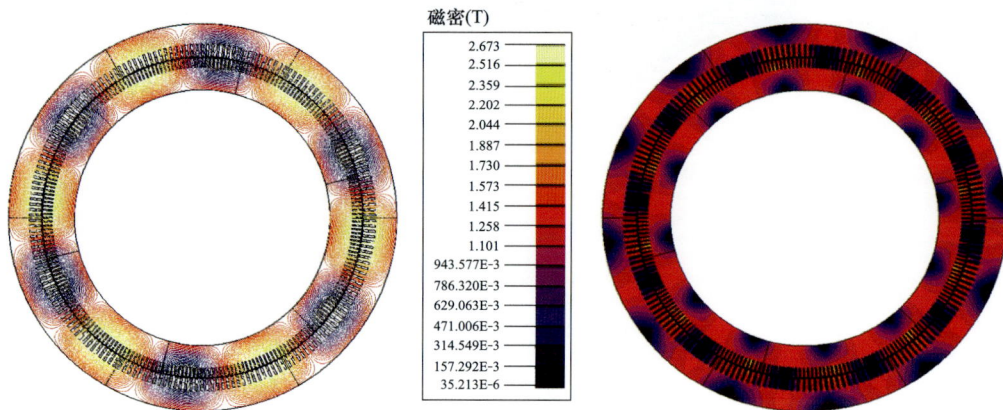

彩图 8-23　某交流励磁发电电动机磁力线分布和磁密云图

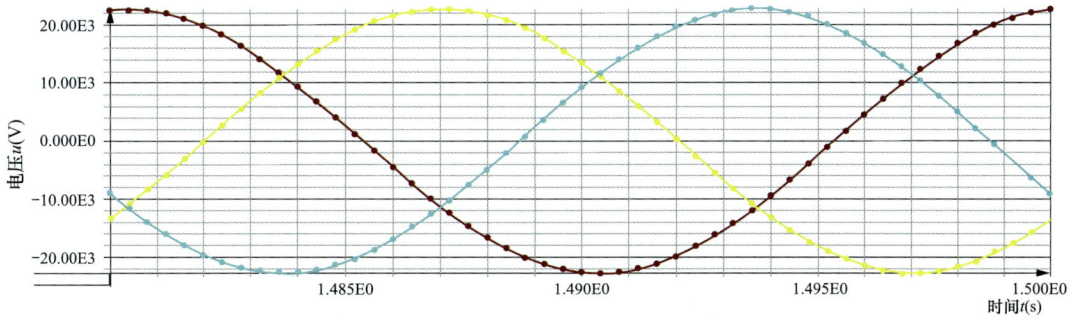

彩图 8-24　某交流励磁发电电动机定子电压波形

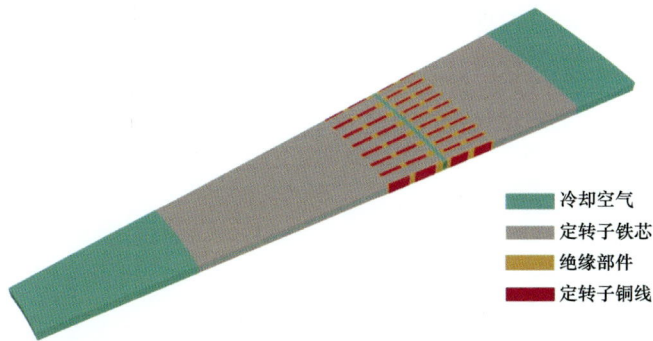

■	冷却空气
■	定转子铁芯
■	绝缘部件
■	定转子铜线

彩图 8-29　定转子温升计算模型

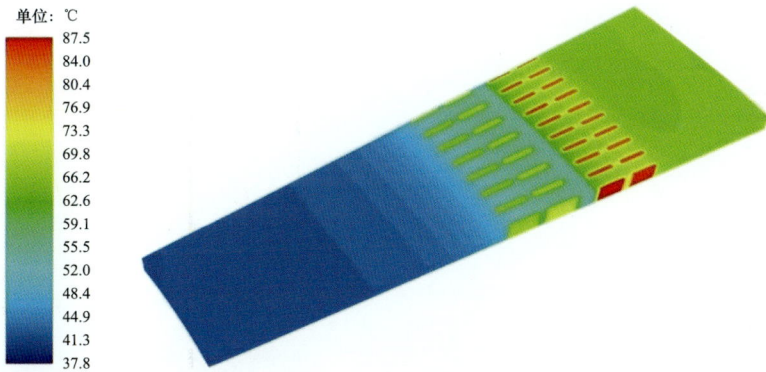

彩图 8-30　局部温度分布

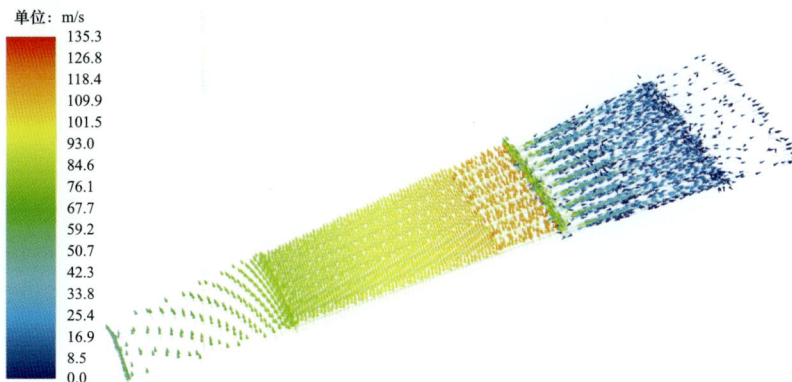

彩图 8-31　局部流场分布